数控机床故障诊断与维修从入门到精通

刘蔡保　编著

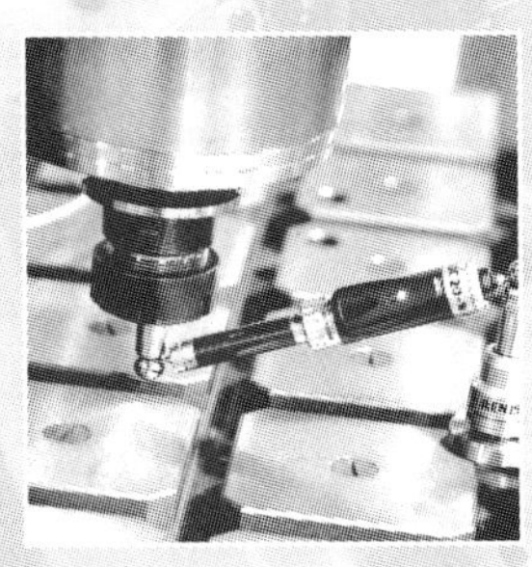

化学工业出版社

·北京·

本书以实际应用为主导，重点讲述了企业生产中常见的数控机床故障诊断与维修方法，内容包括数控机床维修概述、数控机床维修的基本工作方法、数控机床维修的电气基础、数控机床的安装与调试、数控机床的管理与维护、数控机床 PLC 的应用与故障诊断、数控系统的故障诊断与维修、数控机床机械故障诊断与维修概述、伺服系统的故障诊断与维修、主轴设备的故障诊断与维修、进给系统的故障诊断与维修、液压系统的故障诊断与维修、气动系统的故障诊断与维修、自动换刀装置及工作台的故障诊断与维修、润滑系统的故障诊断与维修、其他装置的故障诊断与维修、数控机床的大修。书中知识全面，图文并茂，可读性强。

本书可作为数控机床操作与维修相关技术人员使用，也可供其他相关技术人员、管理人员参考。

图书在版编目（CIP）数据

数控机床故障诊断与维修从入门到精通/刘蔡保编著．—北京：化学工业出版社，2020.2
ISBN 978-7-122-35705-2

Ⅰ.①数…　Ⅱ.①刘…　Ⅲ.①数控机床-故障诊断②数控机床-维修　Ⅳ.①TG659

中国版本图书馆 CIP 数据核字（2019）第 242466 号

责任编辑：韩庆利　　装帧设计：张　辉
责任校对：杜杏然

出版发行：化学工业出版社（北京市东城区青年湖南街 13 号　邮政编码 100011）
印　　刷：三河市航远印刷有限公司
装　　订：三河市宇新装订厂
787mm×1092mm　1/16　印张 30¼　字数 745 千字　2020 年 3 月北京第 1 版第 1 次印刷

购书咨询：010-64518888　　售后服务：010-64518899
网　　址：http://www.cip.com.cn
凡购买本书，如有缺损质量问题，本社销售中心负责调换。

定　　价：99.00 元

前言

数控机床是高度机电一体化的产品，数控机床出现故障不能及时修复，将会给生产企业造成很大的损失，学习和掌握数控维修技术，对企业的维修技术人员和操作人员就显得非常重要。

本书以实际生产为主导，重点讲述了企业生产中常见数控机床故障的维修方法。本书以知识提炼＋结构精讲＋图文阐述＋故障分析的“1＋1＋1＋1”的学习方式，逐步深入地讲解机床的结构、故障的诊断维修方法，编写中力求理论表述简洁易懂，步骤清晰明了，便于掌握应用。全书分为上、中、下三篇，共十七章。

上篇为第一～六章，详细描述了数控机床维修的基本工作方法、电气基础、安装与调试、管理与维护和数控机床 PLC 的应用与故障诊断，介绍了数控维修的必备知识，以及数控机床的维护保养。

中篇为本书的重点，约占全书篇幅的 3/5，详细讲解数控系统的故障与维修。第七章，数控系统的故障诊断与维修，主要讲述数控系统的故障的类型、表现和基本故障的解决方法，细分为软、硬件故障的详细阐述和 FANUC、SIMENS 数控系统特有故障的解决。第八章，数控机床机械故障诊断与维修概述，主要对数控机床的机械故障做了一个概述，引出了下面章节的详细维修说明。第九～十六章，详细对故障诊断以及维修方法作了讲解，力求简明扼要、直达要点。

下篇为第十七章，数控机床的大修，此章主要讲述数控机床大修的原理、流程、方法以及维修的注意事项，并且以主轴电动机的拆卸作为一个着力点，力求使读者先期对设备大修有一个概念上的认识，为以后机床的大修做好理论上的准备。

本书由刘蔡保编著，编写中得到了徐小红女士的倾力协助，在此表示感谢！

希望大家通过本书的学习，提升自己的数控维修技能，更加有效率地进行生产。

另外，相关维修实例请查阅配套的姊妹图书《数控机床故障诊断与维修实例宝典》，将其与本书参照学习。

由于编者水平有限，书中难免存在不足之处，敬请指导。

刘蔡保

目录

上篇　数控维修基础知识

第四章　数控机床的安装与调试

第五章　数控机床的管理与维护

第十章 主轴设备的故障诊断与维修

第十一章 进给系统的故障诊断与维修

第十六章 其他装置的故障诊断与维修

下篇　数控机床大修

第十七章　数控机床的大修

附录一　FANUC系统报警信息一览

附录二　SIEMENS系统报警信息一览

参考文献

上篇
数控维修基础知识

第一章　数控机床维修概述

数控技术是集计算机技术、自动控制技术、测试技术和机械制造技术为一体的综合性高新技术。它将机械装备的功能、可靠性、效率质量及自动化程度等提高到一个新的水平。数控机床的故障诊断、故障维修在内容、手段和方法上与传统机床有很大区别，具备数控机床故障诊断维修技术是正确使用数控机床的基础。本章重点讲述数控机床故障、维修的基本知识点，这是进行数控机床故障诊断和维修的基础。

第一节　数控机床维修的相关概念

一、数控机床维修的意义

数控机床的故障维修是数控机床使用过程中的重要组成部分，也是目前制约数控机床发挥作用的主要因素之一。通常情况下，数控机床生产厂家应加强数控机床故障诊断和维修的力量，提高数控机床的可靠性，以利于数控机床的推广和使用。与此同时，数控机床的使用单位也要培养掌握数控机床的故障诊断与维修的技术人员，以利于提高数控机床的加工能力和使用效率。随着数控机床的进一步推广和应用，企业和工厂也越来越迫切需要培养更多的熟悉和掌握数控机床故障诊断技术的高素质人才。

数控机床是一种过程控制设备。这就要求它在实时控制的任一时刻都准确无误地工作。它是一个复杂的系统，它涉及光、电、机、液、计算机等方面，包括数控系统、可编程序控制、伺服系统、测量与检测组成的反馈系统、机床机械、网络通信等部分。数控机床内部各部分联系非常紧密，自动化程度高，运行速度快。大型数控机床往往有成千上万的机械零件和电器部件，无论哪一部分发生故障，都会使数控机床工作失效或部分失效，给生产造成损失，甚至造成停产。机械锈蚀、机械磨损、机械失效、电子元器件老化、插件接触不良、电流电压波动、温度变化、干扰、噪声、软件丢失或本身有隐患、灰尘、操作失误等都可导致数控机床出现故障，甚至是整个设备的停机。在许多行业中，数控机床均处在关键工作岗位的关键工序上，若出现故障后不能及时修复，将直接影响企业的生产率和产品质量，会对生产单位带来巨大的损失。所以熟悉和掌握数控机床的故障诊断与维修技术，及时排除故障是非常重要的。

二、数控设备的重要指标

数控机床故障诊断与维修的基本目的就是提高数控设备的可靠性，数控设备的可靠性是指在规定时间内、规定工作条件下维持无故障工作的能力。测量数控设备可靠性的重要指标是平均无故障时间、平均修复时间和平均有效度。

平均无故障时间是指数控机床在使用中两次故障间隔的平均时间；平均修复时间是指数控机床从开始出现故障直至排除故障、恢复正常使用的平均时间；平均有效度是对数控设备正常工作概率进行综合评价的指标，它是指一台可维修数控机床在某一段时间内维持其性能的概率。

$$\text{平均无故障时间}=\frac{\text{总的故障时间}}{\text{故障次数}}$$

$$\text{平均有效度}=\frac{\text{平均无故障时间}}{\text{平均无故障时间}+\text{平均维修时间}}$$

因此，数控设备故障诊断与维护的目的就是要做好两个方面：一是做好数控设备的维护工作，尽量延长平均无故障时间；二是提高数控设备的维修效率，尽快恢复使用，以尽量缩短平均修复时间。也就是说从两个方面来保证数控设备有较高的有效度，提高数控设备的开动率。

提高数控机床的可靠性、延长平均无故障时间是保证数控机床正常使用的重要方面，但是数控机床不可能是一次或几次消耗品，为了提高数控机床的有效率，降低机床使用成本，缩短平均修复时间是至关重要的。因此，提高机床操作人员的机床故障维修能力，是目前数控技术发展的重点问题。

三、数控机床修理的内容

针对数控机床的组成和结构，列出数控机床修理的内容，见表 1.1.1。

表 1.1.1　数控机床修理的内容

序号	修理名称		修理内容
1	定期性计划修理	大修	①将设备全部解体，修换全部磨损件，全面消除缺陷，恢复设备原有精度、性能和效率，达到出厂标准
			②对一些陈旧设备的部分零部件作适当改装，以满足某些工艺上的要求
		中修	有针对性地对设备作局部解体，修换磨损件，恢复并保持设备的精度、性能、效率
		小修	清除设备在使用中造成的局部故障和零件的损伤，保证设备工艺上的要求
		二级保养	维修恢复其局部精度，达到工艺要求
		项修	针对精、大、稀设备的特点而进行。针对不同设备存在的主要问题实施部分修理，以满足工艺要求
		定期性的工艺检查	对于重点设备在计划检修和间隔检修中，应进行定期性的检查
2	计划外修复	故障修理	设备临时损坏的修理
		事故修理	因设备发生事故而进行的修理

第二节　数控机床故障的特点和分类

一、数控机床故障的特点

按照数控机床发生故障频率的高低，数控机床的使用寿命可以分为 3 个阶段，即初始使用期、相对稳定运行期以及寿命终了期，图 1.2.1 为数控机床发生故障频率，表 1.2.1 详细描述了数控机床的各个使用阶段的特点和故障现象。

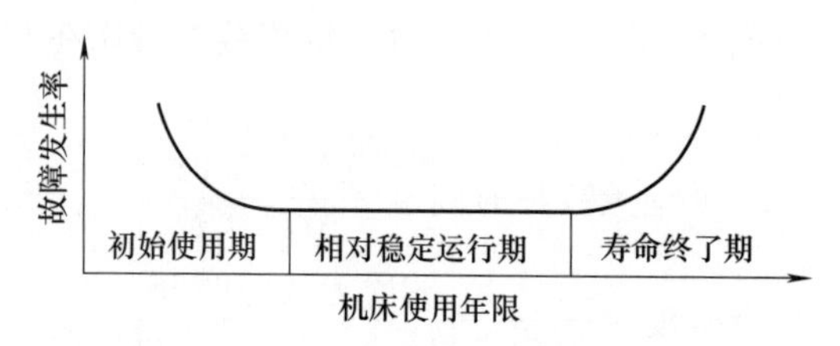

图 1.2.1　数控机床发生故障频率

表 1.2.1　数控机床的使用阶段

序号	使用阶段	详细说明
1	数控机床初始使用期	从整机安装调试后，开始运行半年至一年期间，故障频率较高，一般无规律可循。从机械角度看，在这段时期，主机虽然经过了试生产磨合，但由于零件的加工表面还存在着微观和宏观的几何形状偏差，所以在完全磨合前，表面还较粗糙；部件在装配中还存在着形位误差，在机床使用初期可能引起较大的磨合磨损，使机床相对运动部件之间产生过大间隙。另外，新的混凝土地基的内应力还未达到平衡和稳定，也会使机床产生某些精度偏差。从电气角度看，数控机床控制系统及执行部件使用大量的电子器件，这些元件和装置在制造厂虽然经过严格筛选和整机考机等处理，但在实际运行时，由于交变负荷及电路开、关的瞬时浪涌电流和反电动势等的冲击，使某些元器件经受不起初期冲击，因电流或电压击穿而失效，致使整个设备出现故障。一般来说，在这个时期，电气、液压和气动系统故障发生率较高，为此，要加强对机床的监测，定期对机床进行机电调整，以保证设备各种运行参数处于技术规范之内
2	数控机床相对稳定运行期	设备在经历了初期阶段各种电气元件的老化、机械零件的磨合和调整后，开始进入相对稳定的正常运行期，此时各类元器件的故障较为少见，但不排除偶发性故障的产生，所以，在这个时期内要坚持做好设备运行记录，以备排除故障时参考。另外，要坚持每隔 6 个月对设备做一次机电综合检测和校核，这段时期，机电故障发生的概率小，且大多数可以排除。相对稳定运行期较长，一般为 1～10 年
3	数控机床寿命终了期	机床进入寿命终了期后，各类元器件开始加速磨损和老化，故障率开始逐年递增，故障性质属于渐发性和品质性的。例如橡胶件的老化、轴承和液压缸的磨损、限位开关接触灵敏度以及某些电子元器件品质开始下降等。大多数渐发性故障都有规律性，在这段时期，同样要坚持做好设备运行记录，所发生的故障大多数是可以排除的

二、数控机床故障的分类

为了便于数控机床的维修诊断，一般按照故障部件、故障性质及故障原因对数控机床的常见故障做分类，见表 1.2.2。

表 1.2.2　数控机床常见故障分类

序号	分类原则	具体分类	具体说明
1	按故障发生的部件分类	主机故障	数控机床的主机部分主要包括机械系统、润滑系统、冷却系统、排屑系统、气动系统与防护系统等。常见的主机故障有因机械安装、调试及操作使用不当等原因引起的机械传动故障与导轨运动摩擦过大故障。表现为噪声大,加工精度低。比如轴向传动链的挠性联轴器松动,主轴震动引起加工精度低,导轨润滑不良以及系统参数设置不当等原因都可以引发以上故障。对于液压、润滑与气动系统的故障现象主要是阻塞管道和密封不严
		电气故障	电气故障又可分为弱电与强电故障。弱电部分主要指 CNC 装置,PLC 显示器以及伺服、输入、输出装置等电子电路。常见故障有集成电路芯片、分力元件、插接件等硬件故障和加工程序、系统程序和参数的改变等软件故障。强电部分故障指继电器、接触器、开关、电源变压器、电动机、电磁铁、行程开关等电气元件及所组成的电路故障。这部分故障十分常见
2	按故障性质分类	系统性故障	系统性故障,是指只要满足一定的条件,就必然会发生的故障。比如,液压或气压系统的压力升高或降低到一定值时,就会产生液压或气压报警;当电网电压过高和过低时,系统就会产生电压过高或过低报警;如果在加工时,切削用量选择过大,超过机床负荷,必然产生过载或超温报警,使系统迅速停机
		随机性故障	随机性故障,是指在同样的条件下,偶尔出现一次或两次的故障。这类故障比较难以找到原因,因为要重复出现不太容易,有时很长时间也很难碰到。相对来讲,这类故障往往与机械结构的局部松动、错位,数控系统中部分元件工作特性的漂移,元器件品质下降,以及操作失误、维护不当和工作环境影响有关。例如印制电路板上的元器件虚焊,继电器触点、各类开关触头污染锈蚀造成的接触不可靠等
3	按故障产生时有无报警分类	有报警显示故障	在数控系统中有许多指示故障部位的警示灯,如控制操作面板、位置控制印制电路板、伺服控制单元、主轴单元、电源单元等部位常设有这类警示灯,这可根据硬件指示灯的情况,很快找到故障部位 现在的数控系统都有较丰富的自诊断功能,上千种的报警信号都可以在显示器上显示出来。这类报警常见的有存储器警示、过热警示、伺服系统警示、超程警示、程序出错警示及过载警示等,这为故障判断和排除提供了极大的帮助。但是需要引起注意的是,有很多情况虽然有报警显示,但是并不是报警的真正原因
		无报警显示故障	有时候,数控机床没有任何报警显示,但是机床确实在不正常的状态下。排除这类故障比较困难,需根据故障前后的变化状况来判断
4	按有无破坏性分类	破坏性故障	指故障发生时会对机床或者操作者造成伤害,如飞车、超程运动等。这类故障发生后,维修人员来维修时,绝不能出现第二次伤害
		非破坏性故障	大部分故障属于非破坏性故障,可以通过现象及对这种故障分析、判断,找到原因所在
5	按故障发生的原因分类	数控机床自身故障	由于机床自身的原因引起,与外部环境没有关系,绝大多数故障属于此类
		数控机床外部引起的故障	由外部原因所造成,比如外部电压波动太大,温度、湿度过高或过低,粉尘侵入,人为因素等
6	按故障发生的部位分类	软故障	大都由于程序编制错误、操作错误或者电磁干扰等偶然因素造成。经过修改程序或作适当调整后故障即可消除。当首次使用 CNC 系统时,绝大部分故障都属于这一类。只要认真阅读有关资料,熟悉机器和系统的正确操作方法及编程知识,这类故障是不难排除的
		硬故障	由于数控机床元件损坏而造成,常需要更换元器件
7	按故障发生的时间分类	早期故障	早期故障具有两个特征:一是故障率高;二是故障率随时间迅速下降。这一时期的设备故障往往与设计、制造、装配、安装、调试等有关。一旦找准原因加以消除,故障率会很快下降

续表

序号	分类原则	具体分类	具体说明
7	按故障发生的时间分类	偶然故障	故障偶然发生，并常与易损件质量、磨损、维护保养不当、操作失误、环境因素改变等有关。这一时期，若能摸清零件磨损规律和使用寿命，及时发现设备异常情况和征兆，进行有效的维修将会延长设备使用寿命
		耗损故障	特征是故障率明显上升，故障间隔时间缩短，维修时间和费用显著增加，对生产的影响也日趋严重。这一时期的设备故障与磨损、疲劳、腐蚀、老化的零部件增多、程度加重等因素有关。此时，对设备全面检修，更换失效零件才可使故障率重新降下来，使其进入下一个偶然故障期。若此时维修费用太高或设备功能得不到很好恢复，则需要考虑报废，更新设备
8	按故障发生的故障范围分类	局部故障	故障只是出现于机床的某个部位、某个部件上，并不影响其他部件的性能，只需对出问题的故障部件进行维修、更换即可
		分布式故障	分布式故障常常与多个相关联的部件有关，有时可能是控制系统、接口系统、数控系统等共同发生的故障，单独处理一个部分难以解决问题，需要仔细分类、分析，判断故障原因，按步骤一步一步解决
9	按故障发生的过程分类	突然故障	该故障的发生没有征兆，只是突然间出现，没有产生关联的故障现象，修复此故障也不会对以后的机床运行产生不良影响
		渐变故障	渐变故障的发生有一个相互联系的过程，通常是由简单到复杂、由偶然到频繁，如不及时维修，机床将会受到越来越大的影响
10	按干扰故障分类	内部干扰故障	由于系统工艺、结构、线路设计、电源及地线处理不当或元器件性能变化引起内部互相干扰，表现为很强的偶发性和随机性
		外部干扰故障	有极强的偶发性和随机性，往往因工作现场和工作环境有大型用电设备，如附近有电焊机工作产生电弧干扰而发生的故障
11	按伺服故障分类	控制部分故障	主要是由于过载或散热不良引起的故障
		驱动电动机故障	由于设备工作环境较差，驱动电动机被污染、腐蚀、磨损或烧毁。这类故障是常见的故障，应多加留意，与此相连的检测系统也由于受污染和腐蚀，故障率也较高

第三节　数控机床维修的要求

一、对维修人员的素质要求

维修人员的素质直接决定了维修效率和效果。为了迅速、准确判断故障原因，并进行及时、有效的处理，恢复机床的动作、功能和精度，作为数控机床的维修人员应具备的基本条件见表 1.3.1。

二、技术资料的要求

技术资料是维修的指南，它在维修工作中起着至关重要的作用。借助技术资料可以大大提高维修工作的效率与维修的准确性。一般来说，对于重大的数控机床故障维修，在理想状态下，应具备的技术资料见表 1.3.1。

三、工具及备件的要求

合格的维修工具是进行数控机床维修的必备条件，数控机床是精密设备，它对各方面的要求较普通机床高，不同的故障，所需要的维修工具亦不尽相同。常用的工具同样列于表 1.3.1 中。

表 1.3.1　数控机床维修的要求

<table>
<tr><th>序号</th><th>对象</th><th>详 细 说 明</th></tr>
<tr><td rowspan="8">1</td><td rowspan="8">维修人员</td><td>(1)具有较广的知识面
由于数控机床通常是集机械、电气、液压、气动等于一体的加工设备,组成机床的各部分之间具有密切的联系,其中任何一部分发生故障均会影响其他部分的正常工作。数控机床维修的第一步是要根据故障现象,尽快判别故障的真正原因与故障部位,这一点即是维修人员必须具备的素质,但同时又对维修人员提出了很高的要求,它要求数控机床维修人员不仅仅要掌握机械、电气两个专业的基础知识和基础理论,而且还应该熟悉机床的结构与设计思想,熟悉数控机床的性能,只有这样,才能迅速找出故障原因,判断故障所在,此外,为了对某些电路与零件进行现场测绘,作为维修人员还应当具备一定的工程制图能力</td></tr>
<tr><td>(2)善于思考
数控机床的结构复杂,各部分之间的联系紧密,故障涉及面广。而且在有些场合,故障所反映出的现象不一定是产生故障的根本原因。作为维修人员必须从机床的故障现象通过分析故障产生的过程,针对各种可能产生的原因由表及里,透过现象看本质,迅速找出发生故障的根本原因并予以排除
通俗地讲,数控机床的维修人员从某种意义上说应“多动脑,慎动手”,切忌草率下结论,随意更换元器件,特别是数控系统的模块以及印制电路板</td></tr>
<tr><td>(3)重视总结积累
数控机床的维修速度在很大程度上要依靠平时经验的积累,维修人员遇到过的问题、解决过的故障越多,其维修经验也就越丰富。数控机床虽然种类繁多,系统各异,但其基本的工作过程与原理却是相同的。因此,维修人员在解决了某故障以后,应对维修过程及处理方法进行及时总结、归纳,形成书面记录,以供今后同类故障维修参考。特别是对于自己难以解决,最终由同行技术人员或专家维修解决的问题,尤其应该细心观察,认真记录,以便提高。如此日积月累,以达到提高自身水平与素质的目的</td></tr>
<tr><td>(4)善于学习
作为数控机床维修人员不仅要注重分析与积累,还应当勤于学习,善于学习。数控机床,尤其是数控系统,其说明书内容通常都较多,有操作、编程、连接、安装调试、维修手册、功能说明、PLC 编程等。这些手册、资料少则数十万字,多到上千万字,要全面掌握系统的内容绝非一日之功,通常也不可能有太多的时间对说明书进行全面、系统的学习。因此,作为维修人员要像了解机床、系统的结构那样全面了解系统说明书的结构、内容、范围,并根据实际需要,精读某些与维修有关的重点章节,理清思路、把握重点、详略得当,切忌大海捞针、无从下手</td></tr>
<tr><td>(5)具备外语基础与专业外语基础
虽然目前国内生产数控机床的厂家已经日益增多,但数控机床的关键部分——数控系统还主要依靠进口,其配套的说明书、资料往往使用原文资料,数控系统的报警文本显示亦以外文居多。为了能迅速根据系统的提示与机床说明书中所提供信息,确认故障原因,加快维修进程,作为一个维修人员,最好能具备专业外语的阅读能力,提高外语水平,以便分析、处理问题</td></tr>
<tr><td>(6)能熟练操作机床和使用维修仪器
数控机床的维修离不开实际操作,特别是在维修过程中,维修人员通常要进行一般操作者无法进行的特殊操作方式,如进行机床参数的设定与调整、通过计算机以及软件联机调试利用 PLC 编程器监控等。此外,为了分析判断故障原因,维修过程中往往还需要编制相应的加工程序,对机床进行必要的运行试验与工件的试切削。因此,从某种意义上说,一个高水平的维修人员,其操作机床的水平应比操作人员更高,运用编程指令的能力应比编程人员更强</td></tr>
<tr><td>(7)具有较强的动手能力
动手是维修人员必须具备的素质。但是,对于维修数控机床这样精密、关键的设备,动手必须有明确的目的、完整的思路、细致的操作。动手前应仔细思考、观察,找准入手点,动手过程中更要做好记录,尤其是对于电气元件的安装位置、导线号、机床参数、调整值等都必须做好明显的标记,以便恢复。维修完成后,应做好“收尾”工作,如:将机床、系统的罩壳、紧固件安装到位;将电线、电缆整理整齐等</td></tr>
<tr><td>(8)了解数控机床的禁忌操作
在系统维修时应特别注意:数控系统中的某些模块是需要电池保持参数的,对于这些模块切忌随便插拔;更不可以在不了解元器件作用的情况下随意调换数控系统、伺服驱动等部件中的器件、端子,任意调整电位器,任意改变参数,以避免产生更严重的后果</td></tr>
</table>

续表

序号	对象	详细说明
2	技术资料	(1)数控机床使用说明书 由机床生产厂家编制并随机床提供的随机资料，该说明书通常包括以下与维修有关的内容 ① 机床的操作过程和步骤 ② 机床主要机械传动系统及主要部件的结构原理示意图 ③ 机床的液压、气动、润滑系统图 ④ 机床安装和调整的方法与步骤 ⑤ 机床电气控制原理图 ⑥ 机床使用的特殊功能及其说明等
		(2)数控系统的操作、编程说明书 它是由数控系统生产厂家编制的数控系统使用手册，通常包括以下内容 ① 数控系统的面板说明 ② 数控系统的具体操作步骤(包括手动、自动、试运行等方式的操作步骤以及程序、参数等的输入、编辑、设置和显示方法) ③ 加工程序以及输入格式，程序的编制方法，各指令的基本格式以及所代表的意义等 在部分系统中它还可能包括系统调试、维修用的大量信息，如："机床参数"的说明、报警的显示及处理方法以及系统的连接图等。它是维修数控系统与操作机床必须参考的技术资料之一
		(3)PLC 程序清单 它是机床厂根据机床的具体控制要求设计、编制的机床控制软件，PLC 程序中包含了机床动作的执行过程以及执行动作所需的条件，它表明了指令信号、检测元件与执行元件之间的全部逻辑关系。借助 PLC 程序，维修人员可以迅速找到故障原因，它是数控机床维修过程中使用最多、最重要的资料 在某些系统(如 FANUC 系统、SIEMENS 系统等)中，利用数控系统的显示器可以直接对 PLC 程序进行动态检测和观察，它为维修提供了极大的便利，因此，在维修中定要熟练掌握这方面的操作和使用技能
		(4)机床参数清单 它是机床生产厂根据机床的实际情况，对数控系统进行设置与调整的依据。机床参数是系统与机床之间的"桥梁"，它不仅直接决定了系统的配置和功能，而且也关系到机床的动、静态性能和精度。因此也是维修机床的重要依据与参考。在维修时，应随时参考系统"机床参数"的设置情况来调整、维修机床；特别是在更换数控系统模块时，一定要记录机床的原始设置参数，以便机床功能的恢复
		(5)数控系统的连接说明、功能说明 该资料由数控系统生产厂家编制，通常只提供给机床生产厂家作为设计资料。维修人员可以从机床生产厂家或系统生产、销售部门获得 系统的连接说明、功能说明书不仅包含了比电气原理图更为详细的系统各部分之间的连接要求与说明，而且还包括了原理图中未反映的信号功能描述，是维修数控系统，尤其是检查电气接线的重要参考资料
		(6)伺服驱动系统、主轴驱动系统的使用说明书 它是伺服系统及主轴驱动系统的原理与连接说明书，主要包括伺服、主轴的状态显示与报警显示，驱动器的调试、设定要点，信号、电压、电流的测试点，驱动器设置的参数及意义等方面的内容，可供伺服驱动系统、主轴驱动系统维修参考
		(7)PLC 使用与编程说明 它是机床中所使用的外置或内置式 PLC 的使用、编程说明书。通过 PLC 说明书，维修人员可以根据 PLC 的功能与指令说明，分析、理解 PLC 程序，并由此详细了解、分析机床的动作过程、动作条件、动作顺序以及各信号之间的逻辑关系，必要时还可以对 PLC 程序进行部分修改
		(8)机床主要配套功能部件的说明书与资料 在数控机床上往往会使用较多功能部件，如数控转台、自动换刀装置、润滑与冷却系统排屑器等。这些功能部件，其生产厂家一般都提供了较完整的使用说明书，机床生产厂家应将其提供给用户，以便功能部件发生故障时进行参考 以上都是在理想情况下应具备的技术资料，但是实际维修时往往难以做到这一点。因此在必要时，维修人员应通过现场测绘、平时积累等方法完善、整理有关技术资料
		(9)维修人员对机床维修过程的记录与维修的总结 最理想的情况是：维修人员应对自己所进行的每一步维修都进行详细的记录，不管当时判断是否正确。这样不仅有助于今后进一步维修，而且也有助于维修人员的经验总结与水平的提高

续表

序号	对象		详细说明
3	工具及备件	常用仪表类	①数字万用表　数字万用表可用于大部分电气参数的准确测量，判别电气元件的好坏
			②数字转速表　转速表用于测量与调整主轴的转速，通过测量主轴实际转速，以及调整系统及驱动器的参数可以使编程的主轴转速理论值与实际主轴转速值相符。它是主轴维修与调整的测量工具之一
			③示波器　示波器用于检测信号的动态波形，如脉冲编码器、测速机、光栅的输出波形，伺服驱动、主轴驱动单元的各级输入、输出波形等，其次还可以用于检测开关电源显示器的垂直、水平振荡与扫描电路的波形等
			④相序表　相序表主要用于测量三相电源的相序，它是直流伺服驱动、主轴驱动维修的必要测量工具之一
			⑤常用的长度测量工具　长度测量工具（如千分表、百分表等）用于测量机床移动距离、反向间隙值等。通过测量，可以大致判断机床的定位精度、重复定位精度、加工精度等。根据测量值可以调整数控系统的电子齿轮比、反向间隙等主要参数，以恢复机床精度。这是机械部件维修测量的主要检测工具之一
		常用工具类	①电烙铁　它是最常用的焊接工具，一般应采用 30W 左右的尖头、带接地保护线的内铁式电烙铁，最好使用恒温式电烙铁
			②吸锡器　常用的是便携式手动吸锡器，也可采用电动吸锡器
			③旋具类　规格齐全的一字与十字旋具各一套。旋具以采用树脂或塑料手柄为宜。为了进行伺服驱动器的调整与装卸，还应配备无感螺旋刀与梅花形六角旋具各一套
			④钳类工具　各种规格的斜口钳、尖嘴钳、剥线钳、镊子、压线钳等
			⑤扳手类　各种规格的米制、英制、内外六角扳手各一套等
			⑥其他　剪刀、卷尺、焊锡丝、松香、酒精、刷子等
		常用备件	数控机床的维修所涉及的元器件、零件众多，备用的元器件不可能全部准备充分、齐全，但是，若维修人员能准备一些最为常见的易损元器件，可以给维修带来很大的方便，有助于迅速处理、解决问题，这些元器件包括二极管、各种规格的电阻（规格应齐全）、常用电位器、常用的晶体三极管等

第二章　数控机床维修的基本工作方法

本章重点讲述数控机床维修的工艺过程、基本原则、维修前的现场调查、维修的基本方法。

第一节　数控机床维修的工艺过程

数控系统型号颇多，所产生的故障原因往往比较复杂，这里介绍数控机床出现故障后的一般处理工艺过程（图 2.1.1）。

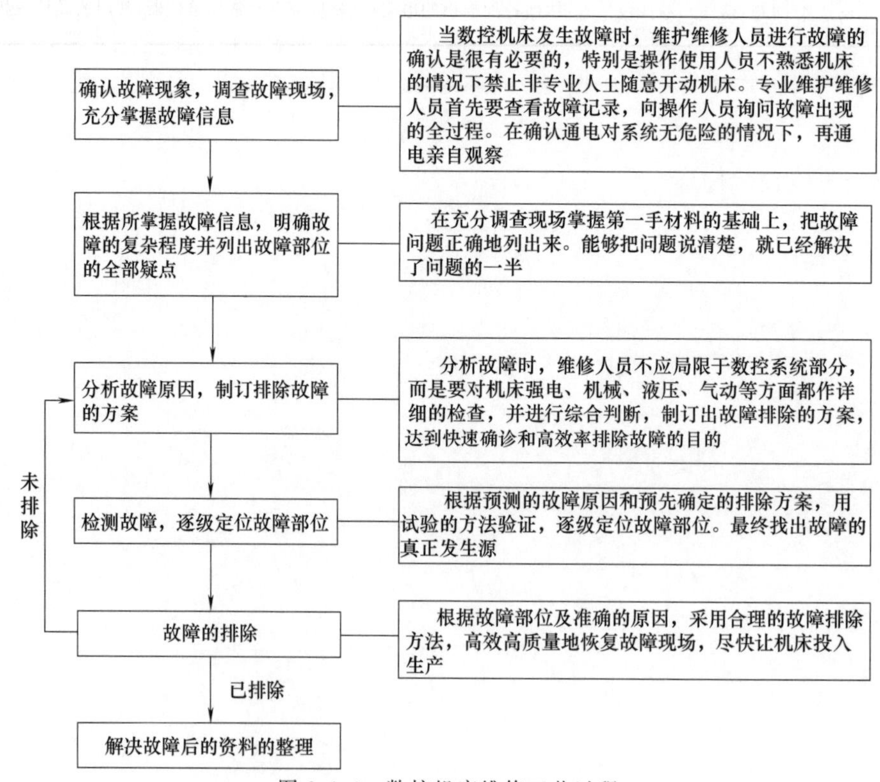

图 2.1.1　数控机床维修工艺过程

第二节　数控机床维修的基本原则

数控机床的故障复杂，诊断排除比较难，在数控机床故障检测排除时，应遵循的原则见表2.2.1。

表2.2.1　数控机床维修的基本原则

序号	原则	详细说明
1	先安检后通电	确定方案后，对有故障的机床仍要秉着先静后动的原则，先在机床断电的静止状态，通过观察测试、分析，确认为非恶性循环性故障或非破坏性故障后，方可给机床通电，在运行工况下，进行动态的观察、检验和测试，查找故障。然而对恶性的破坏性故障，必须先排除危险后，方可通电，在运行工况下进行动态诊断
2	先软件后硬件	当发生故障的机床通电后，应先检查软件的工作是否仍正常。有些可能是软件的参数丢失或者是操作人员使用方式、操作方法不对而造成的报警或故障。切忌一上来就大拆大卸，以免造成更大的故障
3	先外部后内部	当数控机床发生故障后，维修人员应先采用望、闻、听、问、摸等方法由外向内逐一检查 数控机床是机械、液压、电气一体化的机床，故其故障必然要从机械、液压、电气这三者综合反映出来。数控机床的检修要求维修人员掌握先外部后内部的原则。即当数控机床发生故障后，维修人员应先采用望、闻、听、问等方法，由外向内逐一进行检查。比如：数控机床中，外部的行程开关、按钮开关、液压气动元件以及印制电路板插头座、边缘接插件与外部或相互之间的连接部位、电控柜插座或端子排这些机电设备之间的连接部位，因其接触不良造成信号传递失灵，是产生数控机床故障的重要因素。此外，由于工业环境中，温度、湿度变化较大，油污或粉尘对元件及电路板的污染，机械的振动等，对于信号传送通道的接插件都将产生严重影响。在检修中重视这些因素，首先检查这些部位就可以迅速排除较多的故障。另外，尽量避免随意的启封、拆卸以及不适当的大拆大卸，以免扩大故障，使机床大伤元气，丧失精度，降低性能
4	先机械后电气	由于数控机床是一种自动化程度高、技术较复杂的先进机械加工设备。一般来讲，机械故障较易察觉，而数控系统故障的诊断则难度要大些。先机械后电气就是在数控机床的检修中，首先检查机械部分是否正常，行程开关是否灵活，气动、液压部分是否正常等。从经验看来，数控机床的故障中有很大部分是由机械动作失灵引起的。所以，在故障检修之前，首先逐一排除机械性的故障，往往可以达到事半功倍的效果
5	先静后动 （先方案后操作）	维修人员本身应该做到先静后动，不可盲目动手，应先了解情况 维护维修人员碰到机床故障后，先静下心来，考虑出分析方案再动手。维修人员应先询问机床操作人员故障发生的过程及状态，阅读机床说明书、图样资料后，方可动手查找和处理故障。如果上来就碰这敲那连此断彼，徒劳的结果也许尚可容忍，但造成现场破坏导致误判或者引入新的故障则后患无穷
6	先公用后专用	公用性的问题往往影响全局，而专用性的问题只影响局部 如机床的几个进给轴都不能运动，这时应先检查和排除各轴公用的CNC、PLC、电源、液压等故障，然后再设法排除某轴的局部问题。又如电网或主电源故障是全局性的，因此一般应首先检查电源部分，看看熔丝是否正常，直流电压输出是否正常。总之，只有先解决影响一大片的主要矛盾，局部的、次要的矛盾才有可能迎刃而解
7	先简单后复杂	当出现多种故障相互交织掩盖、一时无从下手时，应先解决容易的问题，后解决难度较大的问题。常常在解决简单故障的过程中，难度大的问题也可能变得容易，或者在排除简易故障时受到启发，对复杂故障的认识更为清晰，从而也有了解决办法
8	先一般后特殊	出现故障，应先考虑最常见的可能原因，后分析很少发生故障的特殊原因 例如：当数控车床Z轴回零不准时，常常是由于降速挡块位置走动所造成的。一旦出现这一故障，应先检查该挡块位置，在排除这一常见的故障之后，再检查脉冲编码器、位置控制等环节

总之，在数控机床出现故障后，视故障的难易程度以及故障是否属于常见性故障，合理地采用不同的分析问题和解决问题的方法。

第三节　数控机床维修前的现场调查

数控机床发生故障时，为了进行故障诊断，找出产生故障的根本原因，维修人员应充分调查故障现场，这是维修人员取得维修第一手材料的一个重要手段。

调查故障现场，首先要查看故障记录单；同时应向操作者调查、询问出现故障的全过程，充分了解发生的故障现象以及采取过的措施等。此外，维修人员还应对现场作细致的检查，观察系统的外观、内部各部分是否有异常之处。在确认数控系统通电无危险的情况下方可通电，通电后再观察系统有何异常，显示器显示的报警内容是什么等。数控机床维修前的现场调查内容见表 2.3.1。

表 2.3.1　数控机床维修前的现场调查内容

序号	主要内容	具体内容
1	故障的种类	①发生故障时,系统处于何种工作方式,如 JOG 方式、MDI 方式或 MEM 方式等 ②有时系统发生故障却没有报警,此时需要通过诊断画面观察系统处于何种状态。如是在执行 M、S、T 辅助功能,还是在自动运转;系统处于暂停还是急停或者互锁状态还是倍率为 0%状态等 ③定位误差超差情况 ④在显示器上有误报警出现,何种报警型号 ⑤刀具轨迹出现误差,此时的速度是否正常
2	故障的频繁程度	①故障发生的时间,一共发生了几次,是否频繁发生,数控机床旁边其他机械设备工作是否正常 ②加工同类工件时,发生故障的概率如何 ③故障是在特定方式下发生的吗？是否与进给速度、换刀方式或螺纹切削有关 ④出现故障的程序段 ⑤将该程序段的编程值与系统内的实际值进行比较,确认两者是否有差异,是否是程序输入有误 ⑥重复出现的故障是否与外界因素有关
3	外界状况	①环境温度:系统周围环境是否超过允许温度,是否有急剧的温度变化 ②周围是否有强烈的振动源引起了系统的振动 ③系统的安装位置检查,出故障时是否受到阳光的直射 ④切削液、润滑油是否飞溅到了系统柜里,系统柜里是否进水而受到水的浸渍(如暖气漏水等) ⑤输入电压调查,输入电源是否有波动,电压值是多少 ⑥工厂内是否有使用大电流装置 ⑦近处是否存在干扰源,如吊车场、高频机械、焊接机或电加工机床等 ⑧附近是否存在修理或调试机床,是否正在修理或调试强电柜,是否正在修理或调试数控装置 ⑨附近是否安装了新机床 ⑩本系统以前是否发生过同样故障
4	有关操作情况	①经过什么操作之后发生的故障 ②机床操作方式是否正确 ③程序内是否包含增量指令;刀具补偿量是否设定正确;程序段跳过的功能是否使用正确;程序是否提前终了或中断

续表

序号	主要内容	具体内容
5	机床情况	①机床调整状况 ②机床在运输过程中是否发生振动 ③换刀时是否设置了偏移量 ④间隙补偿是否恰当 ⑤机械零件是否随温度变化而变形 ⑥工件测量是否正确
6	运转情况	①在运转过程中是否改变或调整过运转方式 ②机床是否处于报警状态，是否已做好运转准备 ③机床操作面板上的倍率开关是否设定为“0” ④机床是否处于锁住状态 ⑤系统是否处于急停状态 ⑥系统的熔丝是否烧断 ⑦机床操作面板上的方式选择开关设定是否正确，进给保持按钮是否按下
7	机床和系统之间的接线情况	①电缆是否完整无损，特别是在拐弯处是否有破裂损伤 ②交流电源线和系统内部电缆是否分开安装 ③电源线和信号线是否分开走线 ④继电器、电磁铁以及电动机等电磁部件是否装有噪声抑制器
8	数控装置的外观检查	①机柜：检查破损情况即是否在打开柜门的状态下操作，有无切削液以及切削液粉末是否进入柜内，过滤器清洁状况良好与否 ② 机柜内部：风扇电机是否正常；控制部分污染程度，有无腐蚀性气体侵入等 ③ 存储器的读卡设备、计算机连接接口是否磨损、油污和锈蚀 ④ 电源单元：熔丝是否正常；电压是否在允许范围之内；端子板上接线是否紧固 ⑤ 电缆：电缆连接器插头是否完全插入、拧紧；系统内部和外部电缆有无伤痕、扭歪等现象 ⑥ 印制电路板：印制电路板有无缺损；印制电路板的安装是否牢固，有无歪斜状况；信号电缆插头连接是否正常，连接是否牢固 ⑦ MDI/显示器单元：按钮有无破损；扁平电缆及连接是否正常 ⑧ 接地：地线连接是否牢固；屏蔽的连接是否正常

第四节　数控机床维修采用的基本方法

对于数控机床发生的大多数故障，总体上说可采用表 2.4.1 所示的几种方法来进行故障诊断。

表 2.4.1　数控机床维修采用的基本方法

序号	维修方法	具体内容
1	直观法	这是一种最基本、最简单的方法。维修人员通过对故障发生时产生的各种光、声、味等异常现象的观察、检查，可将故障缩小到某个模块，甚至一块印制电路板。但是，它要求维修人员具有丰富的实践经验以及综合判断能力 利用人的听觉可查找数控机床因故障而产生的各种异常声响的声源，如电气部分常见的异常声响有：电源变压器、阻抗变换器与电抗器等因铁芯松动、锈蚀等原因引起的铁片振动的吱吱声；继电器、接触器等磁回路间隙过大、短路环断裂、动静铁芯或衔铁轴线偏差、线圈欠压运行等原因引起的电磁嗡嗡声或触点接触不好的声响；电气元器件因过流或过压运行异常引起的击穿爆裂声。伺服电动机、气动或液压元器件等发生的异常声响，基本上和机械故障的异常声响相同，主要表现为机械的摩擦声、振动声与撞击声等 另外，现场维修中利用人体的嗅觉功能和触觉功能可查找到因过流、过载或超温引起的故障。例如：气动、液压与冷却系统的管路因故发生阻塞、泵卡死或其他机械故障等原因引起的气动与液压元器件及泵电动机过载超温，严重时甚至会引起线圈烧损并伴有焦煳味散发出来。又如，电路器件运行中漏电、过流、过载等原因会引起异常温升和气味

续表

<table>
<tr><th>序号</th><th>维修方法</th><th colspan="2">具 体 内 容</th></tr>
<tr><td rowspan="3">2</td><td rowspan="3">系统自诊断法</td><td colspan="2">数控装置自诊断系统是向被诊断的部件或装置写入一串称为测试码的数据，然后观察系统相应的输出数据(称为校验码)，根据事先已知的测试码、校验码与故障的对应关系，通过对观察结果的分析以确定故障原因。系统自诊断的运行机制是：一般系统开机后，自动诊断整个硬件系统，为系统的正常工作做好准备；在运行或输入加工程序过程中，一旦发现错误，数控系统自动进入自诊断状态，通过故障检测，定位并发出故障报警信息。利用系统的自诊断功能，还能显示系统与各部分之间的接口信号状态，找出故障的大致部位。它是故障诊断过程中最常用、有效的方法之一
故障自诊断技术是当今数控系统一项十分重要的技术，它是评价数控系统性能的一个重要指标。随着微处理器技术的发展，数控系统的自诊断能力越来越强，从原来简单的诊断朝着多功能和智能化的方向发展。数控系统一旦发生故障，借助系统的自诊断功能，往往可以迅速、准确地查明原因并确定故障部位。因此，对维修人员来说，熟悉和运用系统的自诊断功能是十分重要的。CNC系统自诊断技术应用主要有三种方式，即启动诊断、在线诊断和离线诊断，这里详细讲述启动诊断和在线诊断</td></tr>
<tr><td>启动诊断</td><td>所谓启动诊断是指CNC每次从通电开始进入到正常的运行准备状态为止，系统内部诊断程序自动执行的诊断。利用启动诊断，可以测出系统大部分硬件故障，因此，它是提高系统可靠性的有力措施。从每次通电开始至进入正常的运行准备状态为止，系统内部的诊断程序自动执行对CPU、存储器、总线和I/O单元等模块、印制电路板、CRT单元、阅读机及软盘驱动器等外围设备运行前的功能测试，确认系统的主要硬件是否可以正常工作，并将检测结果在CRT上显示出来。一旦检测不通过，即在CRT上显示出报警信息或报警号，指出哪些部件发生了故障。只有当全部开机诊断项目都正常通过后，系统才能进入正常运行准备状态。启动诊断通常可将故障原因定位到电路板或模块上，有些甚至可定位到芯片上，如指出哪块EPROM出现了故障，但在很多情况下仅将故障原因定位在某一范围内，维修人员需要通过维修手册中所提供的多种可能造成的故障原因及相应排除方法，找到真正的故障原因并加以排除</td></tr>
<tr><td>在线诊断</td><td>在线诊断是指通过CNC系统的内装诊断程序，在系统处于正常运行状态时，实时自动对数控装置、伺服系统、外部的I/O及其他外部装置进行自动测试、检查，并显示有关状态信息和故障。系统不仅能在屏幕上显示报警号及报警内容，而且还能实时显示NC内部关键标志寄存器及PLC内操作单元的状态，为故障诊断提供极大的方便。在线诊断对CNC系统的操作者和维修人员分析系统故障原因、确定故障部位都大有帮助。当机床运行中发生故障时，利用自诊断功能，在CRT会显示诊断编号和内容，还能显示出系统与主机之间接口信号的状态，从而判断出故障起因是在数控系统部分还是机械部分，并能指示出故障的大致部位。因此这种方法是当前维修中最常用也是最有效的一种方法。数控机床诊断功能提示的故障信息越丰富，越能给故障诊断带来方便</td></tr>
<tr><td>3</td><td>参数检查法(机床数据检查法)</td><td colspan="2">数控系统的机床参数是保证机床正常运行的前提条件，它们直接影响着数控机床的性能
在数控系统中有许多参数(或机床数据)地址，其中存入的参数值是机床出厂时通过调整确定的，它们直接影响着数控机床的性能。参数通常存放在存储器中(如磁泡存储器或由电池保持的CMOSRAM)，一旦有电池不足或外界的某种干扰等因素影响，会使个别参数丢失或变化，使系统发生混乱，机床无法正常工作。此时，通过核对、修正参数，就能将故障排除。因此，当机床长期闲置之后启动系统时，无缘无故地出现不正常现象或有故障而无报警时，就应根据故障特征，检查和校对有关参数。采用EPROM、闪存、硬盘等存储器存储参数，由于不需要电池，在数控系统中应用日益广泛
另外，数控机床经过长期运行之后，由于机械运动部件磨损、电气元件性能变化等原因，也需对其有关参数进行修正。有些机床故障，往往就是由于未及时修正某些不适应的参数所致。当然这些故障都属于软故障的范畴。遇到这类故障将相应的机床数据作适当的修改，即可排除故障</td></tr>
<tr><td>4</td><td>功能测试法</td><td colspan="2">所谓功能测试法是通过功能测试程序，检查机床的实际动作、判别故障的一种方法。功能测试可以将系统的功能(如直线定位、圆弧插补、螺纹切削、固定循环、用户宏程序等)，用手工编程方法，编制一个功能测试程序，并通过运行测试程序，来检查机床执行这些功能的准确性和可靠性，进而判断出故障发生的原因
对于长期不用的数控机床、机床第一次开机以及在机床加工造成废品但又无报警的情况下，该方法是判断机床故障的一种较好的方法。它可以连续多次运行功能测试程序，诊断系统运行的稳定性</td></tr>
</table>

续表

序号	维修方法	具体内容
4	功能测试法	图 2.4.1 为功能程序测试流程图 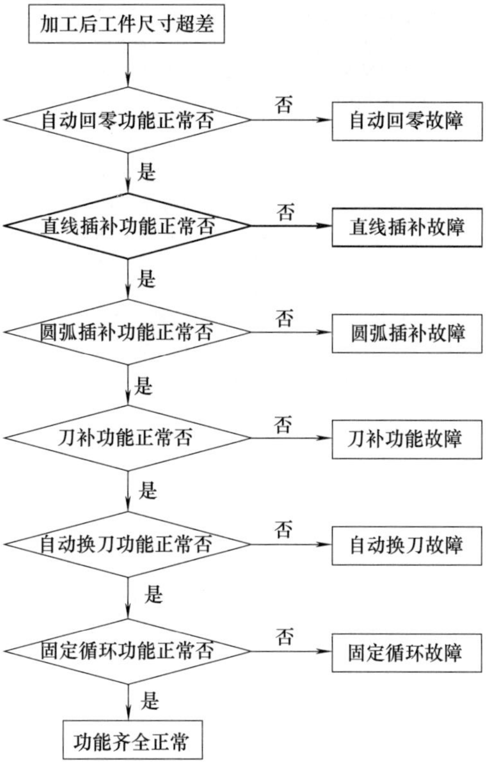 加工后工件尺寸超差 自动回零功能正常否 —否→ 自动回零故障 是 直线插补功能正常否 —否→ 直线插补故障 是 圆弧插补功能正常否 —否→ 圆弧插补故障 是 刀补功能正常否 —否→ 刀补功能故障 是 自动换刀功能正常否 —否→ 自动换刀故障 是 固定循环功能正常否 —否→ 固定循环故障 是 功能齐全正常 图 2.4.1　功能程序测试流程图
5	部件交换法	所谓部件交换法，就是在故障范围大致确认，并在确认外部条件完全正确的情况下，利用同样的印制电路板、模块、集成电路芯片或元器件替换有疑点的部分的方法。部件交换法是一种简单、易行、可靠的方法，也是维修过程中最常用的故障判别方法之一 交换的部件可以是系统的备件，也可以是机床上现有的同类型部件。通过部件交换就可以逐一排除故障可能的原因，把故障范围缩小到相应的部件上 必须注意的是：在备件交换之前需仔细检查、确认部件的外部工作情况，在线路中存在短路、过电压等情况时，切不可轻易更换备件。此外，备件（或交换板）应完好，且与原板的各种设定状态一致 在交换 CNC 装置的存储器板或 CPU 板时，通常还要对系统进行某些特定的操作，如存储器的初始化操作等，并重新设定各种参数，否则系统不能正常工作。如在更换 F-7 系统的存储器板之后，不但需要重新输入系统参数，还需要对存储器进行分配操作。如果缺少了后一步操作，一旦输入零件程序，将产生 60 号报警(存储器容量不够)。有的 FANUC 系统，在更换了主板之后，还需要进行一些特定的操作。如 F-1O 系统，必须先输入 9000～9031 号选择参数，然后才能输入 0000～8010 号的系统参数和 PC 参数。总之，一定要严格地按照有关的系统操作说明书、维修说明书的要求步骤进行操作
6	测量比较法	数控系统的印制电路板制造时，为了调整维修的便利，通常都设置有检测用的测量端子。维修人员利用这些检测端子，可以测量、比较正常的印制电路板和有故障的印制电路板之间的电压或波形的差异，进而分析、判断故障原因及故障所在位置 通过测量比较法，有时还可以纠正他人在印制电路板上的调整、设定不当而造成的“故障” 测量比较法使用的前提是维修人员应了解或实际测量正确的印制电路板关键部位、易出故障部位的正常电压值、正确的波形，而且这些数据应随时做好记录并作为资料积累，因为机床和系统生产商很少提供这方面的资料

续表

序号	维修方法	具体内容	
7	原理分析法	这是根据数控系统的组成及工作原理，从原理上分析各点的电平和参数，并利用万用表、示波器或逻辑分析仪等仪器对其进行测量、分析和比较，进而对故障进行系统检查的一种方法。运用这种方法要求维修人员有较高的水平，对整个系统或各部分电路都有清楚、深入的了解。对于具体的故障，也可以测绘部分控制线路图，通过绘制原理图进行维修。在本书中，提供了部分测绘的原理图，可以供维修参考	
8	PLC检查法	利用PLC的状态信息诊断故障	数控系统一般具有PLC输入、输出状态显示功能，如SIEMENS810系统DIAGNOSIS菜单下的PLC STATU S功能、FANUC-0系统DGNOS PARAM软件菜单下的PLC状态显示功能等。利用这些功能，可以直接在线观察P LC的输入和输出的瞬时状态，这些状态的在线检测对诊断数控机床的很多故障是非常有用的。数控机床的有些故障可以根据故障现象和机床的电气原理图，查看PLC相关的输入、输出状态确诊故障。数控机床出现的大部分故障都是通过PLC装置检查出来的。PLC检测故障的机理就是通过运行机床厂家为特定机床编制的PLC梯形图(即程序)，根据各种输入、输出状态进行逻辑判断，如果发现问题就产生报警并在显示器上产生报警信息。所以对一些PLC产生报警的故障，或一些没有报警的故障，可以通过分析PLC的梯形图对故障进行诊断。利用NC系统的梯形图显示功能或者机外编程器在线跟踪梯形图的运行，可提高诊断故障的速度和准确性
		利用PLC梯形图跟踪法诊断故障	数控机床出现的绝大部分故障都是通过PLC程序检查出来的。有些故障可在屏幕上直接显示出报警原因，有些虽然在屏幕上有报警信息，但并没有直接反映出报警的原因，还有些故障不产生报警信息，只是有些动作不执行。遇到后两种情况，跟踪PLC梯形图的运行是确诊故障很有效的方法。FANUC-0系统和MITSUBISHI系统本身就有梯形图显示功能，可直接监视梯形图的运行。西门子数控系统因为没有梯形图显示功能，对于简单的故障可根据梯形图通过PLC的状态显示信息，监视相关的输入、输出及标志位的状态，跟踪程序的运行，而复杂的故障必须使用编程器来跟踪梯形图的运行
9	敲击法	如果数控系统的故障若有若无，可用敲击法检查出故障的部位所在。因为这种若有若无的故障大多是由虚焊或接触不良引起的，因此用绝缘物轻轻敲打有虚焊或接触不良的疑点处，故障肯定会再现	
10	其他方法	插拔法、电压拉偏法、局部升温法等，这些检查方法各有特点，维修人员可以根据不同的故障现象加以灵活应用，以便对故障进行综合分析，逐步缩小故障范围，排除故障	

第三章　数控机床维修的电气基础

第一节　常见电气元器件与电路符号

机床电气控制回路中常用的电气元器件包括断路器、接触器、中间继电器、热继电器、按钮、转换开关、行程开关等，见图 3.1.1。

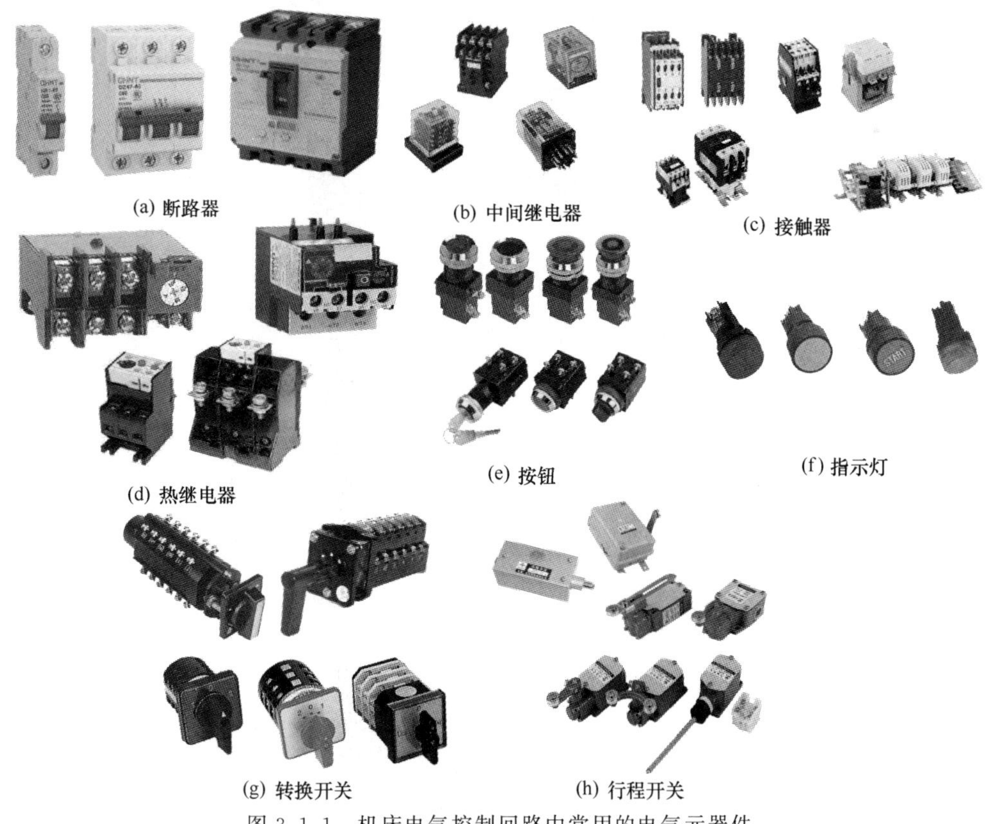

(a) 断路器　(b) 中间继电器　(c) 接触器　(d) 热继电器　(e) 按钮　(f) 指示灯　(g) 转换开关　(h) 行程开关

图 3.1.1　机床电气控制回路中常用的电气元器件

机床维修过程中常见电气元器件的名称、文字符号、图形符号及基本作用见表 3.1.1。

表 3.1.1 常见电气元器件的名称、文字符号、图形符号及基本作用

序号	名称	文字符号	图形符号	作用
1	刀开关	QK	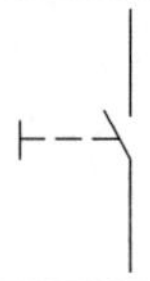	主要用于接通和切断长期工作设备的电源及不经常启动和制动功率小于 7.5kW 的异步电动机
2	旋转开关	SC	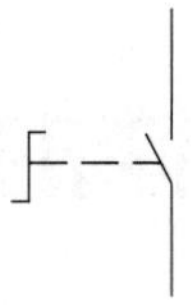	在机床电气控制中主要用作电源开关，不带负载接通或断开电源，供转换之用，也可以直接控制 5kW 以下的异步电动机的启动、停止等，不适于频繁操作的场所使用
3	低压断路器	QF		常作为不频繁接通和断开电路的总电源开关或部分电路的电源开关，当发生过载、短路或欠电压故障时能自动切断电路，有效地保护串接在它后面的电气设备
4	控制按钮	SB 或 SA	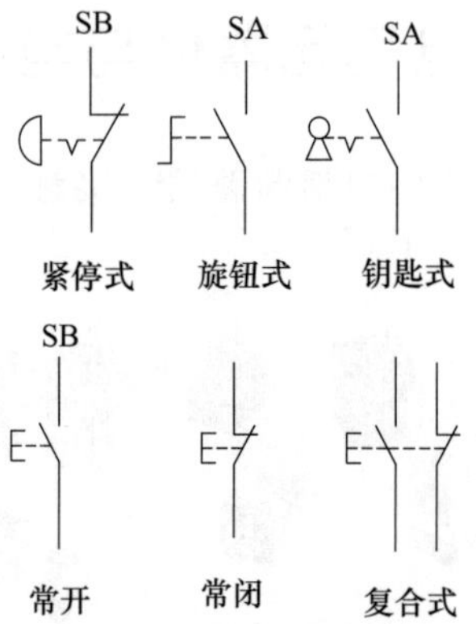 SB 紧停式；SA 旋钮式；SA 钥匙式；SB 常开；常闭；复合式	在控制电路中发出手动指令，远距离控制其他电器，再由其他电器去控制主电路或转移各种信号，也可以直接用来转换信号电路和电器联锁电路等
5	接触器	KM	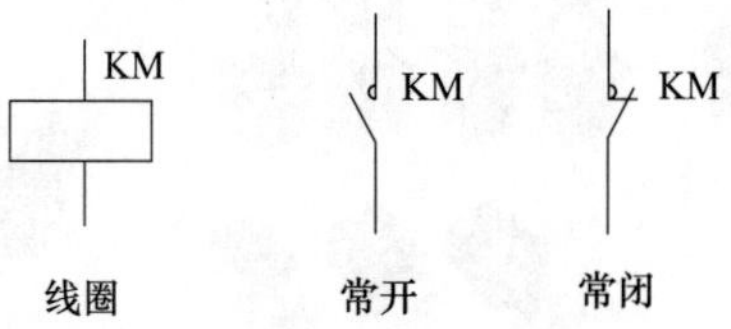 KM 线圈；KM 常开；KM 常闭	接触器是一种用来频繁地接通或分断带有负载的主电路（如电动机）的自动控制电器 接触器分为直流、交流两种，机床上应用最多的是交流接触器
6	熔断器	FU	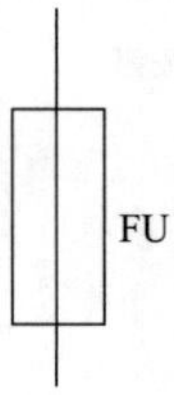 FU	当电路发生短路或严重过载时，熔断器的熔体自身发热而熔断，从而分断电路中的电器。熔断器主要用于短路保护 熔断器一般由熔体和底座等组成，分为瓷插（插入）式、螺旋式和封闭管式三种
7	中间继电器	KA	 KA 线圈；KA 常开；KA 常闭	中间继电器的主要用途是当其他电器的触点数量或触点容量不够时，可借助中间继电器来增加它们的触点数量或触点容量，起到中间信号转换和放大的作用

续表

序号	名称	文字符号	图形符号	作用
8	时间继电器	KT	线圈　通电延时线圈　断电延时线圈　延时闭合常开　延时断开常闭　延时断开常开　延时闭合常闭　常开常闭	从得到输入信号起，需经过一定的延时后才能输出信号的继电器称为时间继电器，时间继电器有通电延时型和断电延时型两种
9	热继电器	FR	FR 驱动元件　FR 常闭	利用热继电器进行过载保护
10	速度继电器	KS	KS 转子　n KS 常开　n KS 常闭	速度继电器又称为反接制动继电器，主要用于异步电动机的反接制动控制电路中，当反接制动的转速下降到接近零时能自动地及时切断电源
11	限位开关	SQ	SQ　SQ	限位开关又称为位置开关，其作用是将机械位移转换成电信号，使电动机运行状态发生改变，即按一定行程自动停机、反转、变速或循环，用来控制机械运动或实现安全保护
12	接近开关	SP	SP　SP	接近开关（无触点式限位开关）有一对常开、常闭触点。它不仅能代替有触点限位开关来完成行程控制和限位保护，还可以用于高频计数、测速、液面控制、零件尺寸检测、加工程序的自动衔接等场合

第二节　电气原理图的识读

一、电气原理图规则

为便于阅读和分析控制电路，依据结构简单、层次清晰的原则，电气原理图采用电气元器件展开的形式绘制。它包括所有电气元器件的导电部件和接线端子，但并不按照电气元器件的实际布置位置来绘制，也不反映电气元器件的实际大小，只反映系统基本组成和控制原理。电气原理图通常遵循的规则见表 3.2.1。

表 3.2.1 电气原理图遵循的规则

序号	遵循规则	详细说明
1	遵循国标	电气原理图中所有电气元器件都应采用国家标准中统一规定的图形符号和文字符号表示
2	位置原则	电气原理图中电气元器件的布局,应依据便于阅读的原则安排,即主电路安排在图面左侧或上方,辅助电路安排在图面右侧或下方。无论是主电路还是辅助电路,都按功能布置,尽可能按动作顺序从上到下、从左到右排列
3	统一文字符号	在电气原理图中,当同一电气元器件的不同部件(如线圈、触点)分散在不同位置时,为了表示是同一元件,要在电气元器件的不同部件处标注统一的文字符号。对于同类元器件,要在其文字符号后加数字序号来区别,如两个接触器,可用KM1、KM2文字符号区别
4	未通电、无外力原则	在电气原理图中,所有元器件的可动部分均按没有通电或没有外力作用时的状态画出 对于继电器、接触器的触点,按其线圈不通电时的状态画出,控制器按手柄处于零位时的状态画出;对于按钮、行程开关等触点,按未受外力作用时的状态画出
5	避免过于复杂	在电气原理图中,应尽量减少线条和避免线条交叉。当各导线之间有电联系时,在导线交点处画实心圆点。根据图面布置需要,可以将图形符号旋转绘制,一般逆时针方向旋转90°,但文字符号不可倒置
6	便于检索	图样下方的1、2、3等数字是图区的编号,是为了便于检索电气线路,方便阅读分析,避免遗漏而设置的
7	便于说明	图区编号上方的文字表明它对应的下方元器件或电路的功能,以使读者能清楚地知道某个元器件或某部分电路的功能,利于理解全部电路的工作原理

二、机床电气原理图的分析方法

机床电气原理图通常由主电路、控制电路、辅助电路、保护及联锁环节、特殊控制电路等部分组成。在分析机床电气控制电路前，首先要了解机床的主要技术性能以及机械传动、液压和气动的工作原理，弄清各电动机的安装部位、作用、规格和型号，初步熟悉各种电器的安装部位、作用以及各操纵手柄、开关、控制按钮的功能和操纵方法，了解与机床的机械、液压部分发生直接联系的各种电器（如行程开关、撞块、压力继电器、电磁离合器、电磁铁等）的安装部位及作用。在分析电气控制电路时，要结合说明书或有关的技术资料将整个电气控制电路划分成若干部分逐一进行分析，例如，各电动机的启动、停止、变速、制动、保护及相互间的联锁等。在仔细阅读设备说明书，了解电器控制系统的总体结构、电动机的分布状况及控制要求等内容之后，便可以分析电气控制原理图了。

电气控制电路分析的基本思路是“先机后电、先主后辅、化整为零、集零为整、统观全局、总结特点”。具体方法和步骤如表 3.2.2 所示。

表 3.2.2 电气控制电路分析的具体方法和步骤

序号	电气控制电路分析的具体方法和步骤
1	分析主电路:从主电路入手,根据每台电动机和执行电器的控制要求去分析各电动机和执行电器的控制内容,包括电动机的启动、转向控制、调速和制动等基本控制电路
2	分析控制电路:根据主电路各个电动机和执行电器的控制要求,逐一找出控制电路中的控制环节,将控制电路“化整为零”,按功能不同划分成若干个局部控制电路来进行分析
3	分析辅助电路:辅助电路包括执行元件的工作状态显示、电源显示、参数测定、照明和故障报警等部分。辅助电路中很多部分是由控制电路的元器件来控制的,所以在分析辅助电路时,还要对照控制电路对这部分电路进行分析
4	分析联锁与保护环节:生产机械对安全性、可靠性有很高的要求,要实现这些要求,除了合理地选择拖动、控制方案之外,在控制电路中还设置了必要的电气联锁和一系列的电气保护。必须对电气联锁与电气保护环节在控制电路中的作用进行分析

续表

序号	电气控制电路分析的具体方法和步骤
5	分析特殊控制环节：在某些控制电路中，还设置了一些与主电路、控制电路关系不密切相对独立的某些特殊环节，如产品计数装置、自动检测系统、晶闸管触发电路和自动调温装置等。这些部分往往自成一个小系统，其读图分析的方法可参照上述分析过程，并灵活运用所学过的电子技术、变流技术、自控系统、检测与转换等知识进行逐一分析
6	总体检查：经过“化整为零”，逐步分析每一局部电路的工作原理以及各部分之间的控制关系后，还必须用“集零为整”的方法全面检查整个控制电路，看是否有遗漏。特别要从整体角度去进一步检查和理解各控制环节之间的联系以及机、电、液的配合情况，了解电路图中每一个电气元器件的作用，熟悉其工作过程并了解其主要参数，由此可以对整个电路有清晰的理解

三、典型机床电气原理图的分析

由于普通车床和数控车床的电气控制原理基本相同，其结构也更为典型，因此在这里选取CA6140普通车床作为电气原理分析的讲解。该机床外形如图3.2.1所示。

图3.2.1　CA6140普通车床

1. CA6140普通卧式车床的组成及功能

CA6140普通卧式车床的组成及功能见表3.2.3。

表3.2.3　CA6140普通卧式车床的组成及功能

序号	组成	详细功能说明
1	主轴箱	固定在床身的左端。装在主轴箱中的主轴(主轴为中空，不仅可以用于更长的棒料的加工及机床线路的铺设还可以增加主轴的刚性)，通过夹盘等夹具装夹工件。主轴箱的功用是支撑并传动主轴，使主轴带动工件按照规定的转速旋转
2	床鞍和刀架部件	床鞍位于床身的中部，并可沿床身上的刀架轨道做纵向移动。刀架部件位于床鞍上，其功能是装夹车刀，并使车刀做纵向、横向或斜向运动
3	尾座	它位于床身的尾座轨道上，并可沿导轨纵向调整位置。尾座的功能是用后顶尖支撑工件。在尾座上还可以安装钻头等加工刀具，以进行孔加工
4	进给箱	固定在床身的左前侧、主轴箱的底部。其功能是改变被加工螺纹的螺距或机动进给的进给量
5	溜板箱	它固定在刀架部件的底部，可带动刀架一起做纵向进给、横向进给、快速移动或螺纹加工。在溜板箱上装有各种操作手柄及按钮，工作时工人可以方便地操作机床
6	床身	床身固定在左床腿和右床腿上。床身是机床的基本支撑件。在床身上安装着机床的各个主要部件，工作时床身使它们保持准确的相对位置

2. CA6140 型普通车床电气结构

CA6140 型普通车床电气控制元器件见表 3.2.4。其控制原理如图 3.2.2 所示。M1 为主拖动电动机，拖动主轴旋转及通过进给机构实现车床的自动进给运动；M2 为冷却泵电动机，拖动冷却泵输送切削液；M3 为溜板快速移动电动机，实现溜板的快速移动。

表 3.2.4　CA6140 型普通车床电气元器件

序号	符号	名称	型号及规格	数量	用途	备注
1	M1	异步电动机	Y132M-14-B3,7.5kW,1450r/min	1	主拖动电动机	接线盒在左方
2	M2	冷却泵电动机	AOB-25,90W,3000r/min	1	输送切削液	
3	M3	异步电动机	AO-634,250W,1360r/min	1	溜板快速移动	
4	FR1	热继电器	JR16-20/3D,15.4A	1	M1 过载保护	
5	FR2	热继电器	JR16-20/3D,0.32A	1	M2 过载保护	
6	KM1	交流接触器	CJ0-20B	1	M1 启动与停止	线圈规格为 110V
7	KM2	中间继电器	JZ7-44	1	M2 启动与停止	线圈规格为 110V
8	KM3	中间继电器	JZ7-44	1	M3 启动与停止	线圈规格为 110V
9	FU1	熔断器	BZ001	3	M2 短路保护	熔芯规格为 1A
10	FU2	熔断器	BZ001	3	M3 短路保护	熔芯规格为 4A
11	FU3	熔断器	BZ001	2	控制变压器一次侧短路保护	熔芯规格为 1A
12	FU4	熔断器	BZ001	1	信号灯线路短路保护	熔芯规格为 1A
13	FU5	熔断器	BZ001	1	照明线路短路保护	熔芯规格为 2A
14	FU6	熔断器	BZ001	1	110V 控制电路短路保护	熔芯规格为 1A
15	SB1	按钮	LAY3-10/3.11	1	启动 M1	
16	SB2	按钮	LAY3-01ZS/1	1	停止 M1	带自锁
17	SB3	按钮	LA9	1	启动 M3	
18	SC1	转换开关	LAY3-10X/2	1	控制 M2	
19	SQ1	行程开关	JWM6-11	1	床头皮带罩安全保护	
20	SQ2	行程开关	JWM6-11	1	壁龛配电盒门安全保护	
21	HL	信号灯	ZSD-0,6V	1	刻度照明	无灯罩
22	OF	断路器	AM1-30,20A	1	电源总开关	
23	TC	控制变压器	JBK-100,380V/110V/24V/6V	1	控制电路及照明电源	110V,50V・A 24V,45V・A
24	EL	机床照明灯	JC11	1	工作照明	带 24V,40W 灯
25	SC2	旋转开关	LAY3-01 Y/2	1	电源开关锁	带钥匙

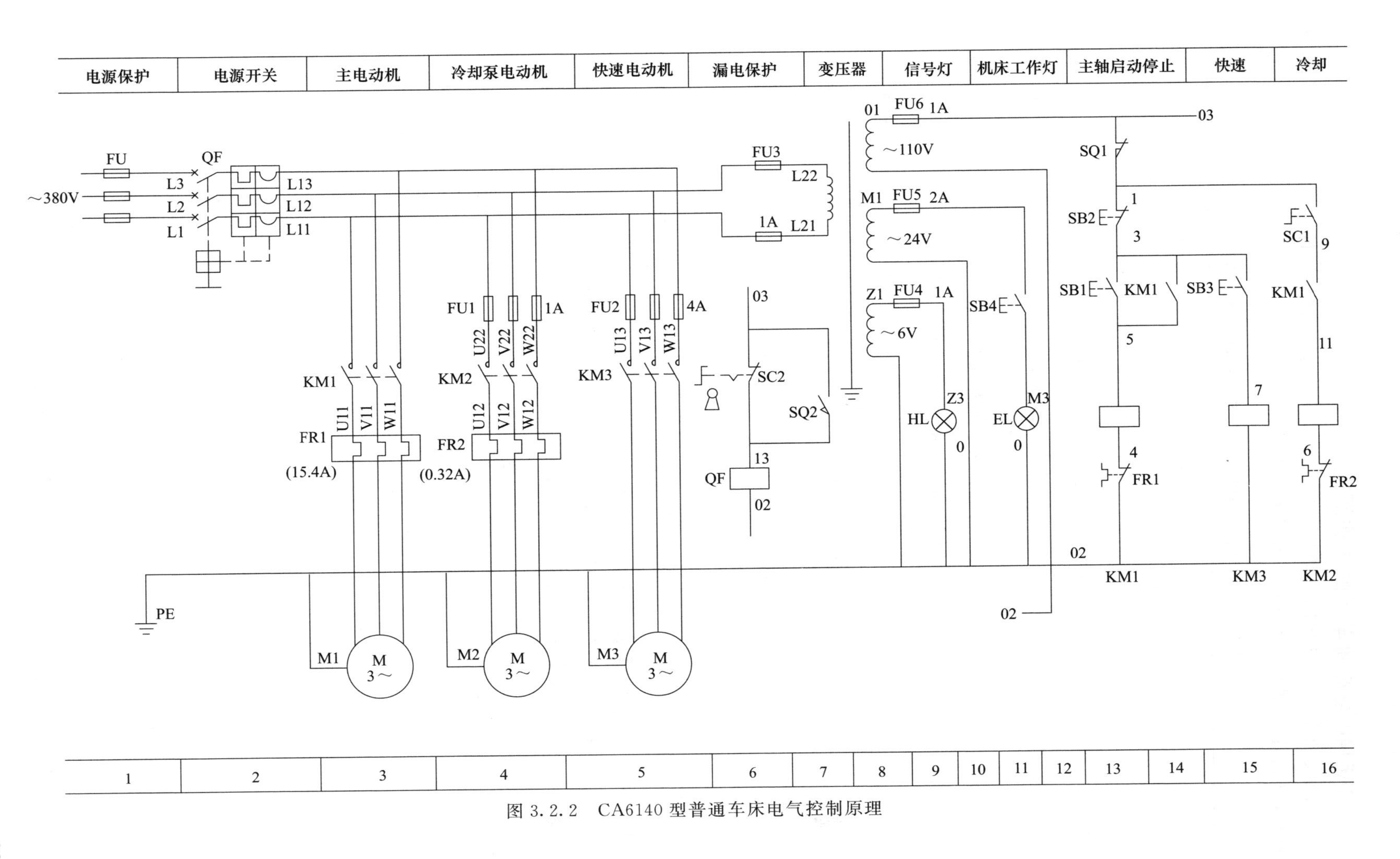

图 3. 2. 2　CA6140 型普通车床电气控制原理

3. CA6140型普通车床的工作原理

下面通过主拖动电动机的启动与停止、冷却泵电动机的控制和快速移动电动机的点动控制来说明CA6140型普通车床的工作原理，见表3.2.5。

表3.2.5 CA6140型普通车床电气原理图遵循的规则

序号		详细说明
1	主拖动电动机的启动与停止	①启动 按下SB1→KM1线圈得电→KM1主触点闭合、KM1自锁触点(3-5)闭合→电动机M1得电运转 KM1线圈得电→KM1辅助触点(9-11)闭合→为KM2线圈得电做好准备 ②停止 按下SB2→KM1线圈失电→KM1主触点断开、KM1自锁触点(3-5)断开→电动机M1失电停止运转 KM1线圈失电→KM1辅助触点(9-11)断开→KM2线圈回路断开
2	冷却泵电动机的控制	①启动:要启动冷却泵电动机,前提条件是主拖动电动机旋转起来,即KM1的辅助触点(9-11)闭合,此时扳动转换开关SC1至接通位置,KM2线圈得电,KM2主触点闭合,电动机M2得电工作 ②停止:扳动转换开关SC1至断开位置或按下SB2停止按钮,都可以让M2停止,不过如果通过按下SB2使M2停止工作后,没有将SC1断开,那么下一次按下SB1启动M1时,M2也将同时被接通
3	快速移动电动机的点动控制	按下SB3使KM3线圈得电,M3得电启动;松开SB3使KM3线圈断电,M3停止

4. CA6140型普通车床电路的保护环节

CA6140型普通车床电路保护环节包括断路器合闸保护、机床床头皮带罩安全保护、机床壁龛配电盒门安全保护和过载保护四个方面，见表3.2.6。

表3.2.6 CA6140型普通车床电路保护环节

序号	电路保护环节	详细说明
1	断路器合闸保护	机床的电源总开关是带有开关锁SC2的断路器QF,当要合上电源时,必须先用钥匙将开关锁SC2右旋至断开位置,再将QF的扳手向上推方可将断路器合上。当在QF合闸状态下将开关锁SC2左旋至接通位置时,SC2触点(03-13)闭合,QF的跳闸线圈得电,断路器QF跳开,此时即使再强行合上QF,它也将在0.1s内再次跳闸
2	机床床头皮带罩安全保护	在机床床头皮带罩处设置了行程开关SQ1,当打开皮带罩后,SQ1的触点(03-1)断开,控制电路中110V电源被切断,KM1、KM2、KM3的线圈全部失电,所有电动机停转,从而保护了人身安全
3	机床壁龛配电盒门安全保护	在机床的壁龛配电盒门上装有行程开关SQ2,当打开壁龛配电盒门时,行程开关SQ2的触点(03-13)闭合,使QF的跳闸线圈得电,断路器QF自动跳闸,切断机床总电源,从而保证人身安全。但当需要对壁龛配电盒内部电路进行带电检修时,可将行程开关SQ2的传动杆拉出,使行程开关SQ2的触点(03-13)断开,QF的跳闸线圈将不能得电,QF开关就可合上了。检修完毕后,再将壁龛配电盒门合上,SQ2的传动杆自动复位,保护作用又将自动生效
4	过载保护	热继电器FR1、FR2实现了对电动机M1、M2的过载保护;断路器QF实现了整个电路的过电流、欠电压及过载保护;熔断器FU1～FU6实现了电路各部分的适中保护

四、电气元器件布置图的识读

电气元器件布置图主要用来表明各种电气设备在机械设备上和电气控制柜中的实际安装位置，为机械电气控制设备的制造、安装和维修提供必要的技术资料。图 3.2.3 为机床电气控制柜元器件布局实物图，图 3.2.4 为机床电气控制柜电气元器件布置示意图。

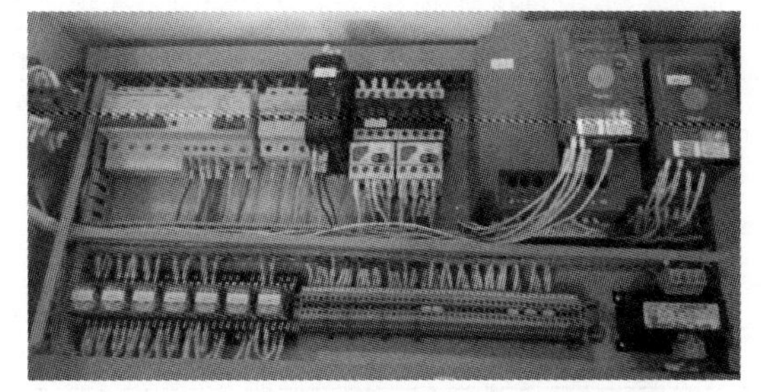

图 3.2.3 电气控制柜元器件布局实物图

各种电气元器件的安装位置由机床的结构和工作要求决定。例如，电动机要和被拖动的机械部件放在一起，行程开关和位置开关、光电开关以及磁性开关等要放在取信号的地方，操作元器件则必须放在操作台或按钮盒内等便于操作的地方，其他一般元器件如继电器、接触器、熔断器和断路器等一般放在电气控制柜内。

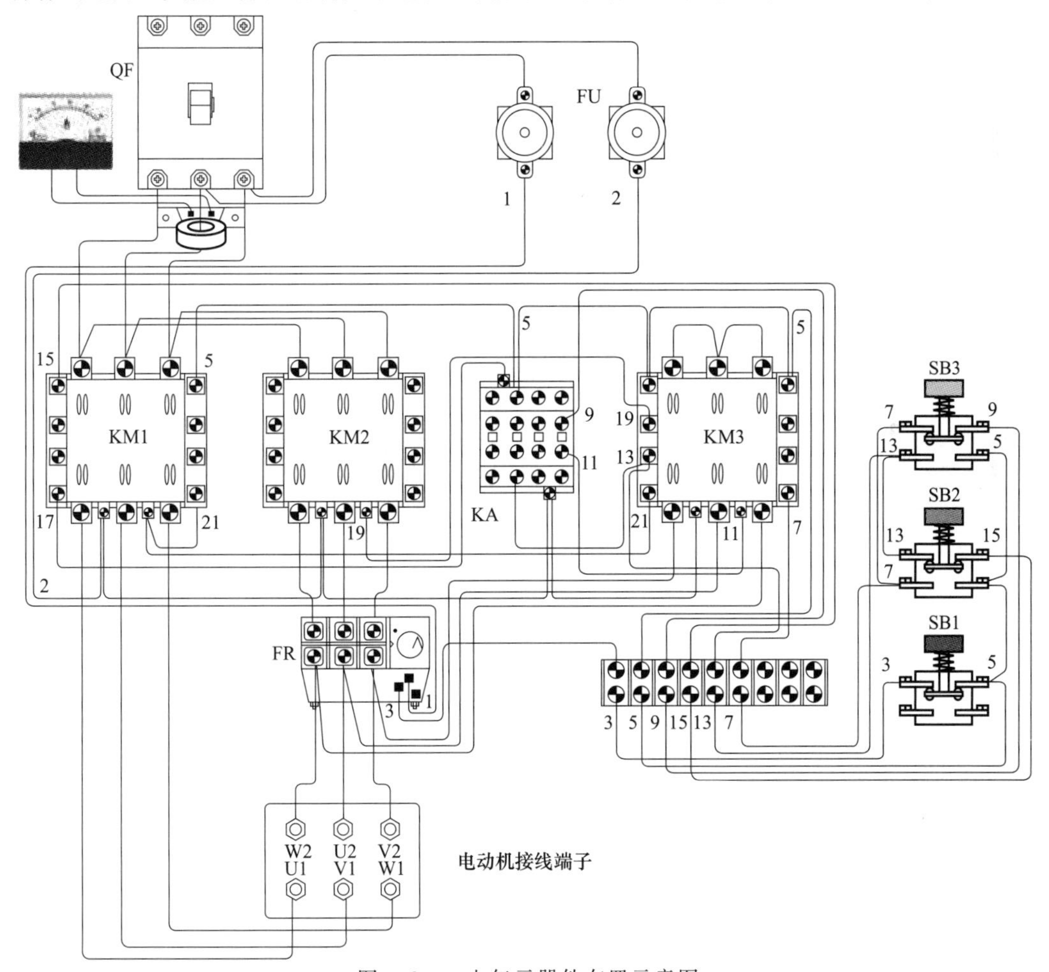

图 3.2.4 电气元器件布置示意图

五、电气安装接线图的识读

电气安装接线图主要用于电气设备的安装和配线或检查维修电气控制电路。在电气安装接线图中要表示出各电气设备之间的实际接线情况，并标注出外部接线所需的技术数据。电气安装接线图一般遵循的规律见表 3.2.7。

表 3.2.7 电气安装接线图规律

序号	电气安装接线图规律
1	各电气元器件用规定的图形、文字符号绘制和标注
2	同一电气元器件各部件必须画在一起
3	各电气元器件位置与实际安装位置应一致
4	不在同一控制柜或配电盘上的电气元器件的电气连接，必须通过端子板（或端子排）进行转接
5	各电气元器件的文字符号及端子板的编号应与原理图一致
6	画导线时，应标明导线的规格、型号、根数和穿管的尺寸，走向相同的多根导线可以用单线表示

如图 3.2.5 所示，电源开关 SC、按钮站 SB1～SB3 以及行程开关 SQ1 等通过配电盘的输入接线端子和输出接线端子接通电源，并控制电动机 M 工作。按钮站中的端子 111 和 114 与接线端子 XT2 上的端子 111 和 114 相接。此外，按钮站与配电盘相连的包塑金属软管直径为 15mm，长度为 1m，其中 $1mm^2$ 的红色导线有 5 根，白色导线有 1 根，均为 1m 长。

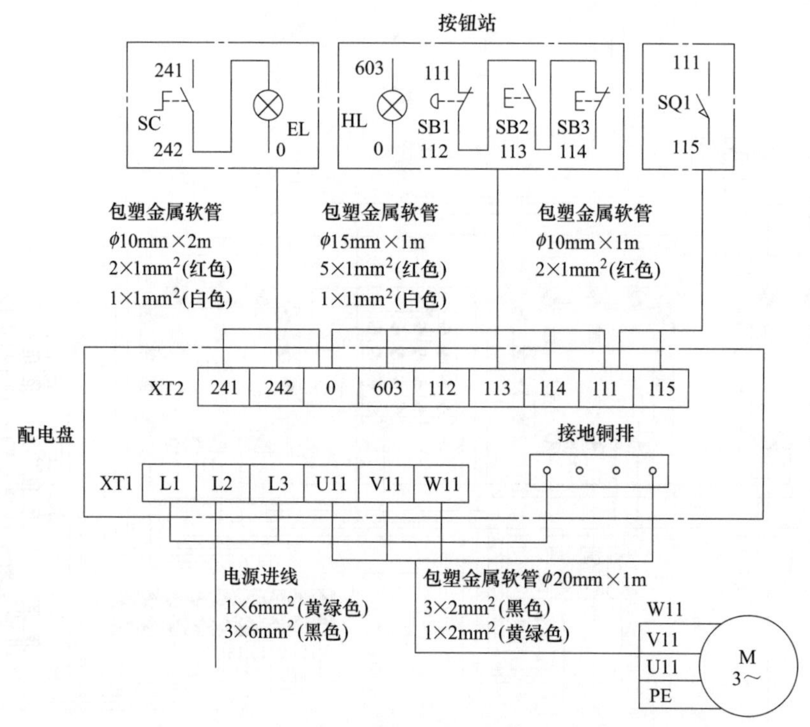

图 3.2.5 某机床电气安装接线图

第三节 维修常用工具和使用

一、电工基本工具

数控机床维修过程中常用电工基本工具的外形、用途和使用方法见表 3.3.1。

表 3.3.1　电工基本工具的外形、用途和使用方法

序号	名称	实物	用途	使用方法
1	螺钉旋具		螺钉旋具是一种紧固、拆卸螺钉的工具。螺钉旋具的式样和规格很多，按头部形状不同可分为一字槽螺钉旋具和十字槽螺钉旋具两种	大螺钉旋具一般用来紧固较大的螺钉，使用时，除大拇指、食指和中指要夹住握柄外，手掌还要顶住柄的末端，这样可防止旋转时滑脱。小螺钉旋具一般用来紧固电气装置接线柱上的小螺钉，使用时，可用大拇指和中指夹着握柄，用食指顶住柄的末端捻旋
2	电工钢丝钳		电工钢丝钳钳口用来弯铰或钳夹导线线头，齿口用来紧固或起松螺母，刀口用来剪切导线或剖削软导线绝缘层	在使用电工钢丝钳以前，必须检查绝缘柄的绝缘是否完好，绝缘如果损坏，在进行带电作业时会发生触电事故 当用电工钢丝钳剪切带电导线时，不得用刀口同时剪切相线和零线或同时剪切两根相线，以免发生短路故障
3	尖嘴钳		用于弯折导线或在细小空间夹持螺钉等物体	带有刃口的尖嘴钳能剪断细小金属丝 尖嘴钳能夹持较小的螺钉、垫圈和导线等元件进行施工 在装接印制电路板时，尖嘴钳能将单股导线弯成一定圆弧的接线鼻子
4	断线钳		断线钳主要用于剪断较粗的金属丝、线材及电线电缆等	一般将细小的金属直接放在断线钳钳口的前端夹断，如印制电路板元件引脚的剪断等；较粗的金属丝可移到钳口后面的凹槽处剪断
5	剥线钳		剥线钳是用于剥削小直径导线绝缘层的专用工具，手柄绝缘耐压为500V	在使用剥线钳时，将要剥削的绝缘长度用标尺定好后，即可把导线放入相应的刃口中(比导线直径稍大)，用手将钳柄一握，导线的绝缘层即可被割破而自动弹出
6	验电器		①判断电气线路是相线还是零线 ②判断机电设备是否漏电 ③判断直流电还是交流电或判断直流电源的正负极性	在使用验电笔测量前，先要在有电源的部位检查一下氖管是否能正常发光，若验电笔氖管能正常发光，则可开始使用 用来区别相线与零线的方法是：在交流电路中，当验电器触及导线时，氖管发亮的即是相线，正常情况下零线不会使氖管发亮。用来区别直流电与交流电的方法是：氖管里的两个极同时发亮的是交流电，氖管中只有一极发亮的是直流电。区别直流电正负极的方法是：将验电器连接在直流电路中的正负极之间，氖管发亮的一极即为直流电的负极

二、数控维修常用电工仪表

电工仪表种类很多，在数控机床维修过程中使用到的仪表主要有万用表（指针式或数字式）、钳形电流表、绝缘电阻表、示波器、信号发生器和相序表等，见表 3.3.2。

表 3.3.2　常用电工仪表

序号	名称	外　形	用　途
1	万用表	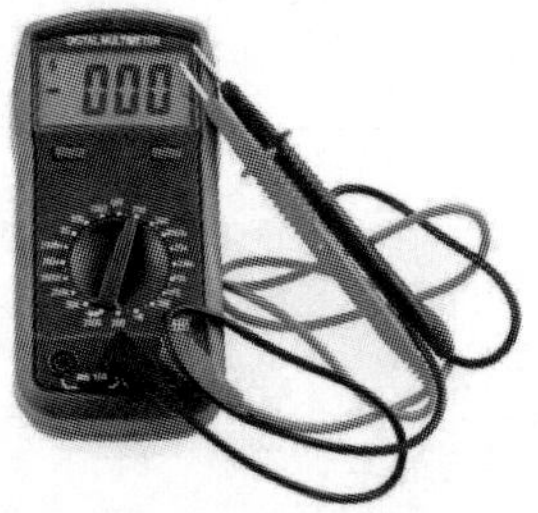	一般的万用表均可直接测量交流电压、直流电压、直流电流、电阻等，有的万用表还可以测量电容、温度及晶体管的 β 值等
2	钳形电流表		一般的钳形电流表在不断开用电器回路的情况下即可测量交流电流。左图所示的钳形电流表的功能更为强大，可以广泛用于测量交/直流电流和交/直流电压、电阻等参数
3	绝缘电阻表		绝缘电阻表通常用来测量电路或电气设备的绝缘情况和漏电情况。将绝缘破损或漏电严重的设备、线路等投入运行，将会导致跳闸等停电事故，严重的还可能导致触电事故
4	示波器	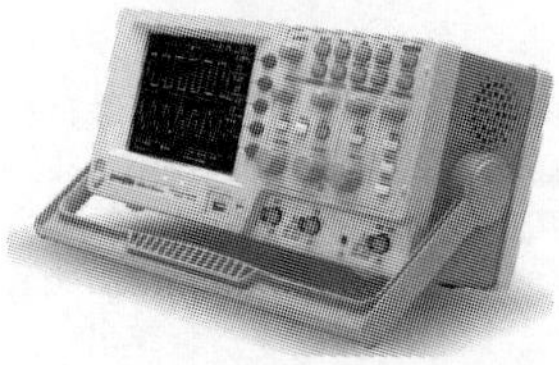	实验室或实训室中的示渡器主要用于测量信号的波形、电压值（峰值）、周期（频率）和相位差等
5	相序表	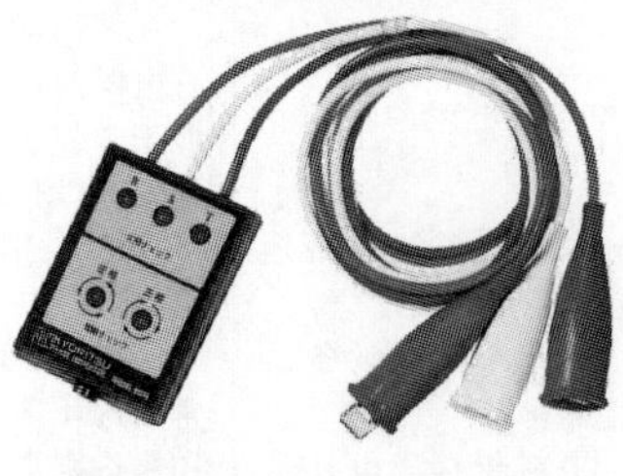	相序表是用来控制三相电源相序的。当相序对时，继电器就吸合；当相序不对时，继电器就不吸合。三相电源中有 A 相、B 相、C 相，如果按 ABC 相序接入时电动机正转，如果按 ACB 相序接入时电动机就会反转。为了防止电动机反转，加入相序表来防止相序反相造成的电动机反转。相序表可检测工业用电中出现的断相、逆相、三相电压不平衡、过电压、欠电压五种故障现象，并及时将用电设备断开，起到保护作用
6	信号发生器	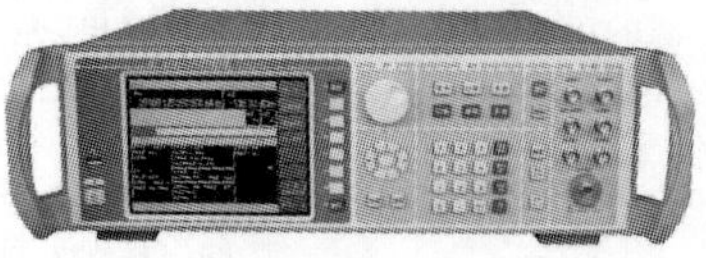	一般用于产生试验所需的各种波形、相位、频率的正弦信号或非正弦信号（如锯齿波和方波等）

三、数控机床机械装调拆卸装配工具

数控机床维修过程中常用的拆卸及装配工具见表 3.3.3。

表 3.3.3　拆卸及装配工具

序号	名称	外　形	用　途
1	单头钩形扳手	 固定式 　调节式	分为固定式和调节式，可用于扳动在圆周方向上开有直槽或孔的圆螺母端面
2	圆螺母扳手	 端面带槽的圆螺母扳手 　端面带孔的圆螺母扳手	可分为套筒式扳手和双销叉形扳手
3	弹性挡圈装拆用钳子	 弹性挡圈装拆用钳子及其钳头	分为轴用弹性挡圈装拆用钳子和孔用弹性挡圈装拆用钳子
4	弹性锤子		可分为木锤和铜锤
5	测量锥度平键工具		可分为冲击式测量锥度平键工具和抵拉式测量锥度平键工具

续表

序号	名称	外形	用途
6	拔销器		拉带内螺纹的小轴、圆锥销工具
7	拉卸工具	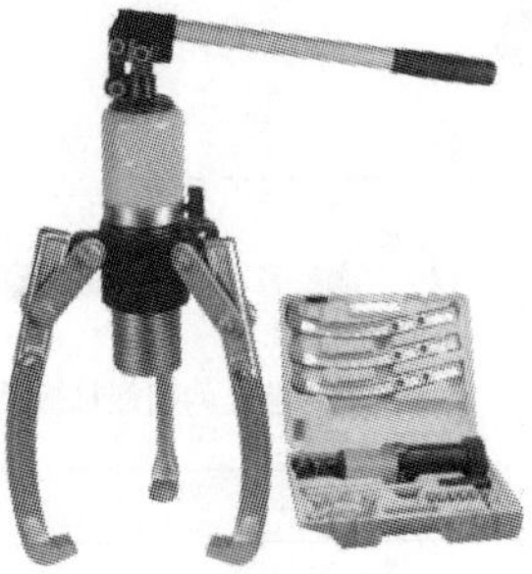	拆装轴上的滚动轴承、带轮式联轴器等零件时常用拉卸工具。拉卸工具常分为螺杆式及液压式两类，其中螺杆式拉卸工具分为两爪式、三爪式和铰链式
8	拉开口销扳手和销子冲头	 拉开口销扳手 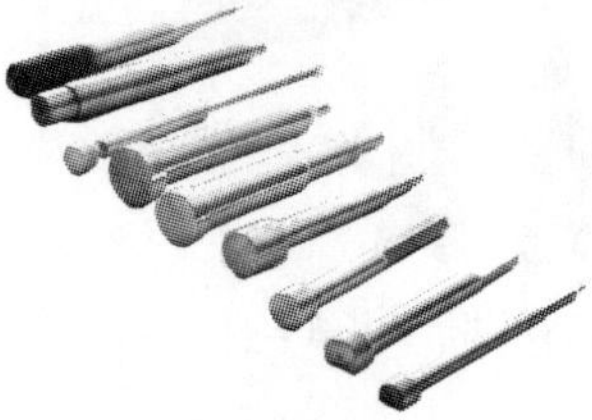 销子冲头	
9	扭矩扳手	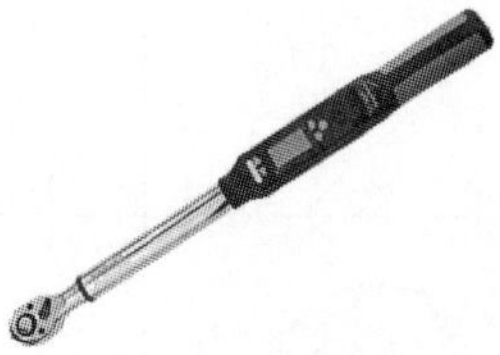 电子式 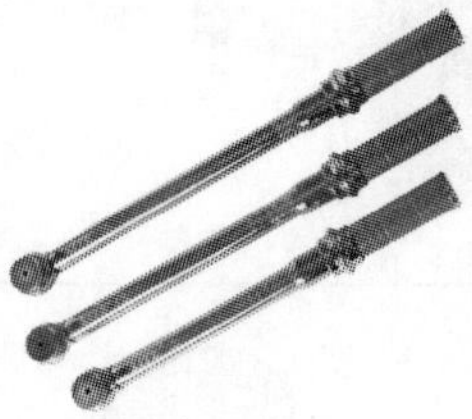　机械式	扭矩扳手(torque wrench)，也叫扭力扳手或力矩扳手，力矩就是力和距离的乘积，在紧固螺钉、螺栓、螺母等螺纹紧固件时需要控制施加的力矩大小，以保证螺纹紧固且不至于因力矩过大破坏螺纹，所以用扭矩扳手来操作。首先设定好一个需要的扭矩值上限，当施加的扭矩达到设定值时，扳手会发出“咔嗒”声响或者扳手连接处折弯一点角度，这就代表已经紧固不要再加力了

四、数控机床机械维修常用工具

数控机床维修过程中常用机械维修工具的外形、用途见表 3.3.4。

表 3.3.4　常用机械维修工具

序号	名称	外形	用途
1	尺	平尺　刀口尺　直角尺	常见的有平尺、刀口尺和直角尺
2	垫铁	活动垫铁　固定垫铁	中小型数控机床一般会采用活动垫铁作为辅助固定 而大中型机床床身大多是多点垫铁支承，目的是不使床身产生额外的扭曲变形
3	检验棒		机床检验棒用于检验各种机床的几何精度，采用优质碳素工具钢制造，加工中经过多次热处理，工作面精密磨削而成 检验棒主要用来检查主轴套筒类零部件的径向圆跳动、轴向窜动、同轴度、平行度及其与导轨的平行度等精度项目，常用带标准锥柄检验棒、圆柱机床检验棒、专用检验棒三种。机床检验棒用工具钢制造，经过热处理及精密加工，结构上有足够的刚性
4	杠杆千分尺		当零件的几何形状精度要求较高时，使用杠杆千分尺可满足其测量要求。其测量精度可达 0.001mm
5	游标万能角度尺	Ⅰ型游标万能角度尺 1—主尺；2—直角尺；3—游标尺；4—基尺；5—扇形板；6—卡块；7—直尺 Ⅱ型游标万能角度尺 1—转盘；2—游标；3—主尺；4—基尺；5—直尺；6—连杆；7—锁紧装置；8—螺母	是用来测量工件内、外角度的量具。按其游标读数值可分为 2′和 5′两种，按其尺身的形状可分为圆形（Ⅱ型）和扇形（Ⅰ型）两种

五、数控机床维修仪表

数控机床维修过程中常用维修仪表的外形和用途见表 3.3.5。

表 3.3.5　数控机床常用维修仪表

序号	名称	外　形	用　途
1	百分表和千分表		百分表用于测量零件几何元素相互之间的平行度误差、轴线与导轨的平行度误差、导轨的直线度误差、工作台台面平面度误差以及主轴的轴向圆跳动误差、径向圆跳动误差和轴向窜动 千分表的工作原理与百分表一样，只是分度值不同。常用于精密机床的修理中
2	杠杆百分表和杠杆千分表	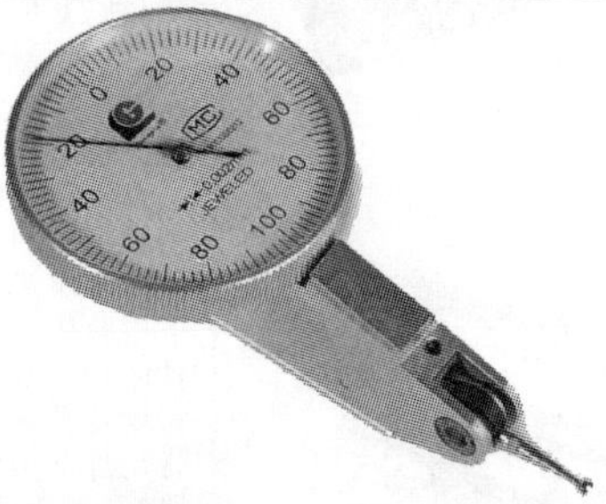	杠杆百分表用于受空间限制的测量，如内孔、键槽测量等。使用时应注意使测量运动方向与测头中心线垂直，以免产生测量误差 杠杆千分表的工作原理与杠杆百分表一样，只是分度值不同。常用于精密机床的修理中
3	比较仪	 扭簧比较仪 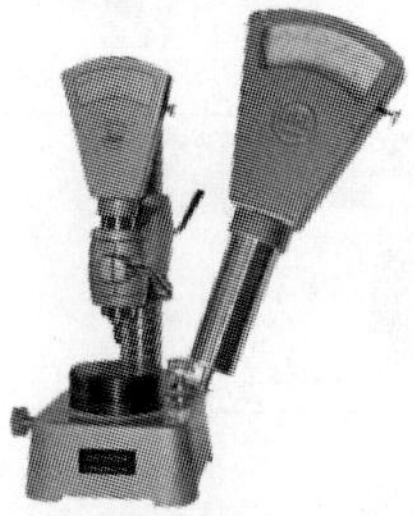　杠杆齿轮比较仪	可分为扭簧比较仪与杠杆齿轮比较仪。扭簧比较仪适用于精度要求较高的跳动量的测量
4	水平仪	 数显电子水平仪 　框式水平仪  光学合像水平仪 　条式水平仪	水平仪是机床制造和修理中最常用的测量仪器之一，它用来测量导轨在垂直面内的直线度误差、工作台台面的平面度误差以及零件几何元素相互之间的垂直度误差、平行度误差等。水平仪按其工作原理可分为水准器式水平仪和电子水平仪。水准器式水平仪有条式水平仪、框式水平仪和合像水平仪 3 种结构形式

续表

序号	名称	外　　形	用　　途
5	光学式平直度测量仪		在机械维修中，常用来检查床身导轨在水平面内和垂直面内的直线度误差、检验用平板的平面度误差，是当前导轨直线度误差测量方法中较先进的仪器之一
6	经纬仪		经纬仪是机床精度检查和维修中常用的一种高精度仪器，常用于数控铣床和加工中心水平转台和万能转台的分度精度的精确测量，通常与平行光管组成光学系统来使用
7	转速表		常用于测量伺服电动机的转速，是检查伺服调速系统的重要工具之一，常用的转速表有离心式转速表和数字式转速表等

六、仪表的使用

1. 万用表的使用

在数控机床维修过程中，万用表常用于测量机床的电源电压、控制板的直流电压及电流等参数。这里以MF47型指针万用表为例说明万用表的操作要领。图3.3.1为经典的MF47型指针万用表，表3.3.6为该万用表的使用方法详细介绍。

2. 绝缘电阻表的使用

由于电器设备和电力电路的绝缘材料常因发热、受潮、老化以及污染等而使其绝缘电阻值降低，甚至损坏，造成漏电现象或发生事故，因此必须定期检查设备的导电部分之间和导电部分与外壳之间的绝缘电阻。

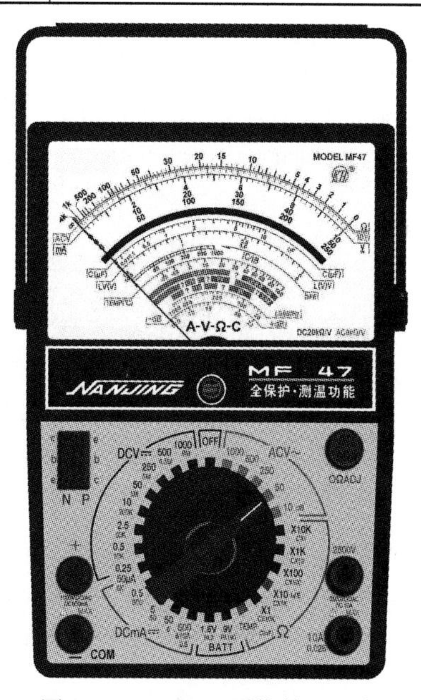

图 3.3.1　MF47型指针万用表

表 3.3.6　万用表的使用方法

序号	测量内容	测 量 步 骤
1	测量直流电压和交流电压	①选择量程。将量程转换开关转到直流电压挡，将红、黑表笔分别插入“＋”“－”插孔中。该万用表的直流电压有 1V、2.5V、10V、50V、250V、500V 和 1000V 七个挡位，应根据所测电压的大小将量程转换开关置于相应的测量挡位上。当无法确定所测量电压的大小范围时，可先将万用表的量程转换开关置于最高测量挡位(1000V)，若指针偏转很小，则再逐级调低到合适的测量挡位 ②测量方法。将红、黑两表笔搭在被测直流电源的高电位和低电位端，测量时应注意正、负极性，如果指针反偏，应及时调换红、黑表笔 ③读取数据。观察刻度盘中“⎓”符号所对应的刻度线。若将量程转换开关置于 50V 挡，则指针满偏时为 50V，刻度盘上电压挡对应满刻度有 50 小格，因此每小格对应 1V，当指针偏转 20 格时，测量电压应读作 20V。同理，若将量程转换开关置于 250V 挡，则指针满偏时为 250V，刻度盘上电压挡对应满刻度仍是 50 小格，于是每小格对应 5V，当指针偏转 20 格时，测量电压应读作 100V ④在测量交流电压时，首先应将万用表量程转换开关置于“～”挡合适量程，然后将其两测量端直接并接于被测线路或负载两端即可读数。其读数方法同直流电压表，这里不再赘述
2	测量直流电流	①选择量程。将量程转换开关置于直流电流挡，将红、黑表笔分别插入“＋”“－”插孔中。该万用表的直流电流有 50μA、0.5mA、5mA、50mA、500mA 和 5A 六个挡位，应根据所测电流的大小将量程转换开关置于相应的测量挡位上。当无法确定所测量电流大小的范围时，可先将万用表的量程转换开关置于 5A 挡，若指针偏转很小，则再逐级调低到合适的测量挡位 ②测量方法。将红、黑两表笔串接到电路中，红表笔接电路高电位端，黑表笔接电路低电位端，如果指针反偏，应及时调换红黑表笔。当使用 5A 挡时，应将红笔插入 5A 插座，将量程转换开关置于 500mA 挡 ③读取数据。观察刻度盘中“mA”符号所对应的刻度线。若将量程转换开关置于 50mA 挡，则指针满偏时为 50mA，刻度盘上电流挡对应满刻度有 50 小格，于是每小格对应 1mA，当指针偏转 40 格时，测量电流应读作 40mA。同理，若将量程转换开关置于 500mA 挡，则指针满偏时为 500mA，刻度盘上电流挡对应满刻度仍是 50 小格，于是每小格对应 10mA，当指针偏转 40 格时，测量电流应读作 400mA

绝缘电阻表（图 3.3.2）是根据其电压和测量范围来选择的。绝缘电阻表的额定电压要与被测电气设备或线路的工作电压相对应。通常额定电压为 1000V 及以上的电气设备，使用 2500V 绝缘电阻表；额定电压在 1000V 以下的电气设备，使用 1000V 绝缘电阻表；额定电压不足 500V（例如 380V）的电气设备，使用 500V 绝缘电阻表；额定电压为 220V 及以下的电气设备，可选用 250V 绝缘电阻表；额定电压在 35kV 及以上电气设备，使用 5000V 绝缘电阻表。

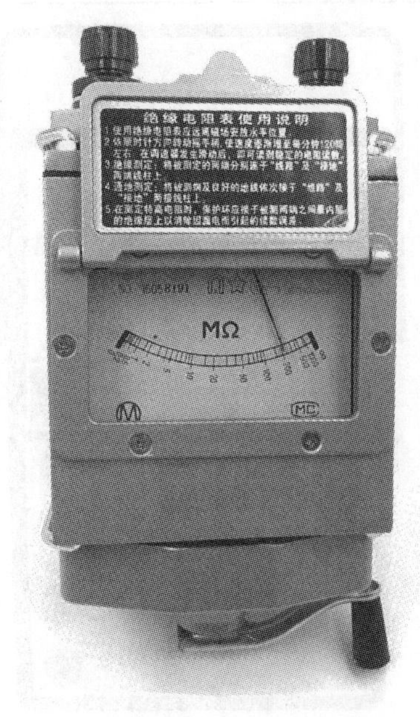

图 3.3.2　绝缘电阻表

ZC25B 型绝缘电阻表的使用方法如图 3.3.3 所示，表 3.3.7 为该绝缘电阻表的使用方法详细介绍。

3. 示波器的使用

使用 CA9020D 型双踪示波器（图 3.3.4）测量电压、频率和相位，其面板各主要功能键的功能见表 3.3.8，表 3.3.9 为该示波器的使用方法详细介绍。

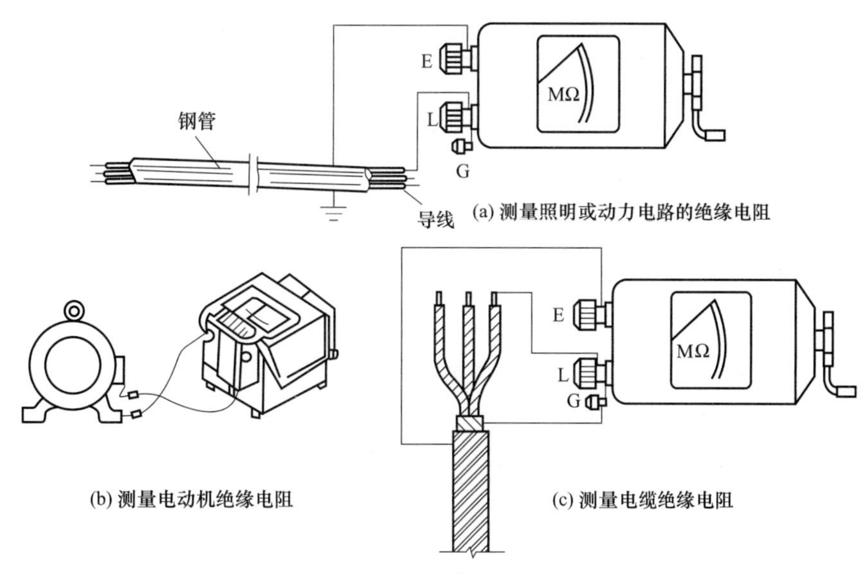

图 3.3.3　ZC25B 型绝缘电阻表的使用方法

表 3.3.7　绝缘电阻表的使用方法

序号	项目	详细说明
1	测量前对测量设备的检查	①切断被测设备的电源,并将设备对地短路放电,使设备处于完全不带电状态,以保证人身和设备的安全,得到正确的测量结果 ②对于有可能感应出高电压的设备,在可能性没有消除以前,不可进行测量 ③对于被测物的表面,要用干净的布或棉纱擦干净
2	测量前对绝缘电阻表安放位置的要求和性能检查	①应将绝缘电阻表放在平稳的水平位置,并使其远离大电流导体和强磁场,以免影响读数 ②测量前先检查绝缘电阻表能否正常使用,具体办法是:摇动手柄到转速为 120r/min,这时指针应指在“∞”的位置;然后再将“L”(线路)、“E”(接地)两接线柱短接,缓慢转动手柄,其指针应指在“0”位置。若满足这两个条件,则表明绝缘电阻表基本正常
3	接线要求	一般测量时只用“L”和“E”两个接线柱。通常将“L”接线柱接在被测物的相线上,将“E”接线柱接在被测物的金属外壳上。当被测物表面漏电很严重,被测物表面的影响很显著而又不易除去时,需使用“G”(屏蔽)接线柱。“G”接线柱的接法是将保护线缠绕在绝缘套管上,对于电力电缆电路,应将保护线缠绕在电缆绝缘层上
4	测量时的注意事项	①测量时,手摇转动直流发电机的速度要均匀,切忌忽快忽慢 ②绝缘电阻值因测量时间的长短而不同,规定采用 1min 后的读数。当遇到电容量特别大的被测物时,可等到指针稳定不变时进行读数 ③测量时除记录被测物的绝缘电阻外,还要记录当时的环境温度、天气、所用绝缘电阻表的电压等级、量程范围和被测物的状况等

图 3.3.4　CA9020D 型双踪示波器

表 3.3.8　CA9020D 型双踪示波器面板主要功能键的功能

序号	外面板功能键	功　　能
1	亮度(INTENSITY)	调节光迹亮度
2	聚焦(FOCUS)	调节光迹清晰度
3	电源开关(POWER)	电源接通或断开
4	CH1 移位	调节通道 1 光迹在屏幕上的垂直位置
5	垂直方式(VERT MODE)	CH1 或 CH2 单独显示；ALT 两个通道交替显示；CHOP 用于两个通道断续显示
6	垂直衰减器(VOLTS/DIV)	调节垂直偏转灵敏度
7	扫描速率(SEC/DIV)	用于调节扫描速度
8	水平移位(POSITION)	调节迹线在屏幕上的水平位置
9	耦合方式(AC-DC-GND)	用于选择被测信号输入垂直通道的耦合方式
10	校正信号(CAL)	提供幅度为 0.5V、频率为 1kHz 的方波信号，用于校正 10∶1 探迹的补偿电容器和检测示波器垂直与水平偏转因数

表 3.3.9　示波器的使用方法

序号	项目	详 细 说 明
1	使用前的注意事项	检查电源电压，应在 220V±22V 范围内；使用环境温度为 0～40℃；湿度小于或等于 90%，工作环境应无强烈的电磁场干扰；输入端不应馈入超过技术条件规定的电压，显示光点的辉度不宜过亮，以免损坏屏幕
2	仪器使用前的自校	在仪器刚启用或久置复用时，应用仪器内的标准信号进行自身的检查。校准方法是：用本仪器的专用探极，分别接到 Y1 输入端和校正信号输出端，打开电源开关，指示灯亮，表示电源接通，经过预热后，调节"辉度""聚焦"电位器，使亮度适中，聚焦最佳，再调节"触发电平"使波形同步，若呈现图 3.3.5 所示的波形，则说明仪器工作基本正常。 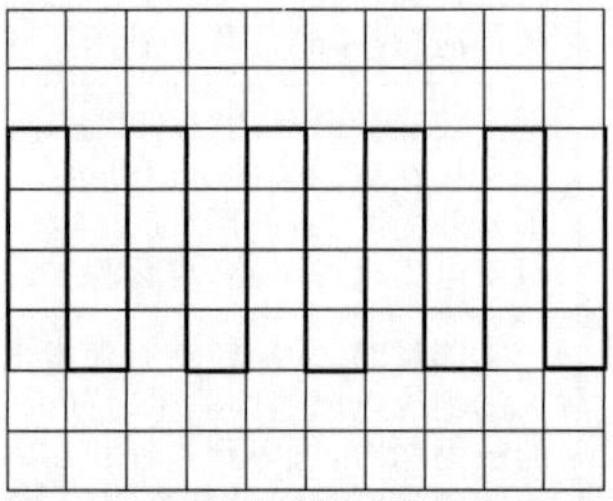 图 3.3.5　示波器内标准信号波形
3	电压的测量	用示波器测量电压，实际上是对其所显示波形的幅度进行测量，一般是测量被测波形的波峰到波峰之间的数值或者测量波峰到某一波谷之间的数值。测量时通常将 Y1(或 Y2)输入选择开关置于"AC"位置，将信号中的直流成分隔开以免使信号偏离 Y 轴中心，甚至使测量无法进行。当测量重复频率太低的交流分量时，应将输入选择开关置于"DC"位置，否则会因频响的限制而产生不真实的测试结果。测量步骤如下 ①将垂直系统的输入选择开关置于"AC"位置，对于"V/div"开关和"t/div"开关，应根据被测信号的幅度和频率选择适当的挡级，并将被测信号直接或通过 10∶1 探极输入仪器的 Y1(或 Y2)输入端，调节"触发电平"使波形稳定，如图 3.3.6 所示 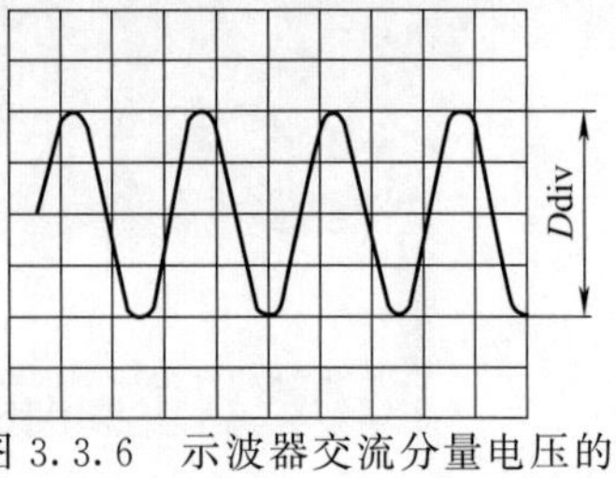 图 3.3.6　示波器交流分量电压的测量

续表

序号	项目	详细说明
3	电压的测量	② 根据屏幕上的坐标刻度，读显示信号波形的峰峰值为 Ddiv，如果仪器的“V/div”挡级标称值为 0.1V/div，则被测信号的峰峰值应为 $V_{PP}=0.1\text{V/div}\times D\text{div}=0.1D\text{V}$ 如果 Y1(或 Y2)输入端使用 10∶1 的衰减探头，那么被测信号的峰峰值应为 $V_{PP}=0.1\text{V/div}\times D\text{div}\times 10=D\text{V}$ ③ 根据测量的峰峰值计算有效值。正弦交流电的计算方法为 峰值=1/2 峰峰值 有效值=峰值/$\sqrt{2}$
4	频率的测量	频率是通过信号周期 T 的测量，然后根据公式 $f=1/T$ 求出的。在测量信号周期时，把扫描微调处于校准位置，这样可以由扫描时间因数开关“t/div”所指的数值乘以波形在水平方向上一个周期所占的格数，直接计算出被测信号的周期 测量步骤是：调节有关控制件使波形显示稳定，将“t/div”置于适当的挡级“b/div”；借助刻度即可读出波形的一个周期在 X 轴方向上的距离 d(div)；计算出被测信号的周期 $T=d\times b$；若测量时×扩展装置“拉出×10”，则测得的周期为 $0.1\times d\times b$；根据公式 $f=1/T$，求出被测信号的频率 f 即可

4. 钳形电流表的使用

在线路或设备维护过程中，工程人员要经常在不断开电路的情况下测量或监视交流线路或设备的电流，钳形电流表可以满足这个要求。钳形电流表实际上是电流互感器和电流表的组合，常用的钳形电流表有磁电系钳形表和数字系钳形表两种。

图 3.3.7 为 MG3-1 型磁电系钳形电流表，图 3.3.8 为 UT201 数字系钳形表。表 3.3.10 为钳形电流表的使用方法详细介绍。

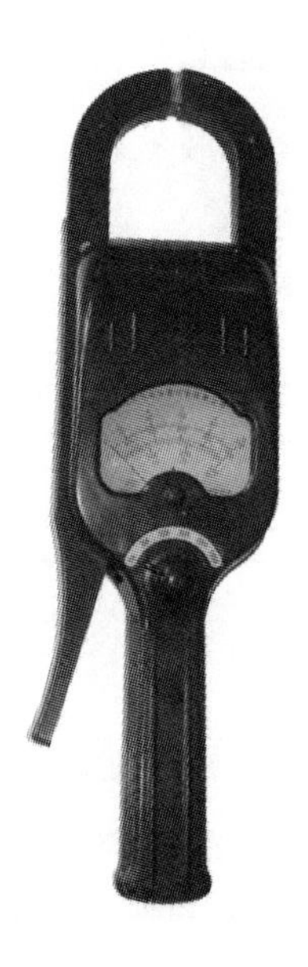

图 3.3.7　MG3-1 型磁电系钳形电流表

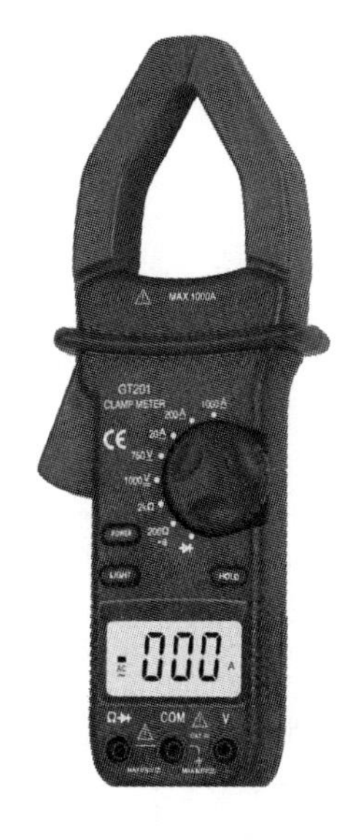

图 3.3.8　UT201 数字系钳形表

表 3.3.10 钳形电流表的使用方法

序号	钳流表类型	详细说明
1	磁电系钳形电流表	磁电系钳形电流表的铁芯可以张开，测量时让导线穿过铁芯，二次绕组经整流后接一个磁电系电流表，电流互感器的电流比可通过量程开关进行调节，量程可从1A左右至数千安。MG3-1型磁电系钳形电流表在使用时要选择合适的量程，不可用小量程挡测量大电流。该表电流挡有10A、30A、100A、300A、1000A共五个量程。当被测电流大小未知时，应先选择最大量程挡试测，如果读数不明显，测量误差会较大，可退出测量，然后调到合适的量程挡继续测量 量程选好之后，用手握住钳形电流表的手柄，使钳口张开，将被测载流导线夹于钳口之中，合拢钳口。这时磁电系钳形电流表指针所指示的值即为被测电流，数据读取方法同电流表读数 使用钳形电流表测交流电流时应注意：应使被测导线处于钳口中央，否则误差可能很大；钳口应紧密结合，若有杂声，则可重新开、合一次，如果仍有杂声，应检查并清除钳口污垢后再进行测量；不要在测量过程中切换量程；应注意钳形电流表的绝缘电压等级，不可去测量高压电路的电流，以防发生触电事故
2	数字系钳形电流表	常用的数字系钳形电流表大多集直流电压测量、交流电压测量、电阻测量和交流电流测量等多功能于一体。UT201型数字系钳形电流表还具有全量程过载保护、自动关机、自动量程(即选定挡位后无需切换量程)以及操作简便等优点 数字系钳形电流表可直接从液晶屏上读取数值和单位。如果被测电流比较小，可将载流导线在钳形电流表的铁芯上绕几圈，然后将读数除以所绕圈数即为测量结果 由于钳形电流表一般是手持测量，从安全角度考虑，使用者必须认真阅读钳形电流表的使用说明，检查仪表面板上的有关标志，看是否符合国家和国际有关标准

5. 相序表的使用

图3.3.9为一典型的相序表，相序表的使用方法比较简单，具体操作见表3.3.11。

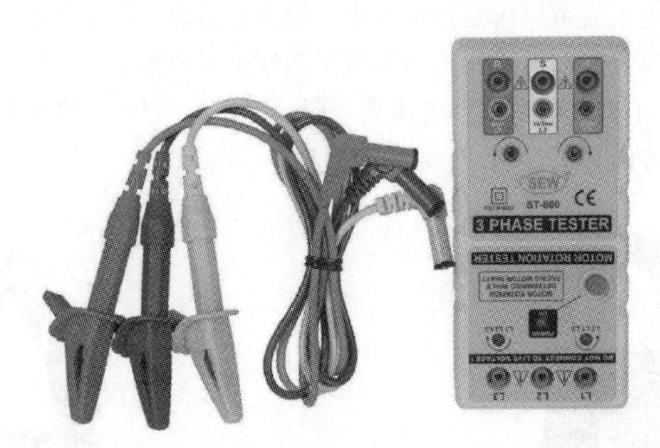

图 3.3.9 相序表

表 3.3.11 相序表的使用方法

序号	项目	详细说明
1	接线	将相序表三根表笔线A(红，R)、B(蓝，S)、C(黑，T)分别对应接到被测源的A(R)、B(S)、C(T)三根线上
2	测量	按下仪表左上角的测量按钮，灯亮，即开始测量；松开测量按钮时，停止测量
3	断相指示	面板上的A、B、C三个红色发光二极管分别指示对应的三相来电。当被测源断相时，对应的发光管不亮
4	相序指示	当被测源三相相序正确时，与正相序所对应的绿灯亮；当被测源三相相序错误时，与逆相序所对应的红灯亮，蜂鸣器发出报警声

第四节　机床导线的规格和选用

一、导线型号及用途

常用的电线电缆按性能、结构、制造工艺及使用场合不同，主要分为裸导线、电磁线、电焊机电缆、橡胶绝缘导线、聚氯乙烯绝缘导线和橡套软电缆六种。这里只介绍后三种机床电器常用导线的型号、名称和用途，见表 3.4.1。

表 3.4.1　机床常用电线电缆

序号	名称	实物	型号/名称/结构	用途
1	橡胶绝缘导线		BX 铜芯橡胶线	供干燥和潮湿场所固定敷设用,用于交流额定电压为 250V 和 500V 的电路中
			BXR 铜芯橡胶软线	供安装在干燥和潮湿场所,用于连接电气设备的移动部分;交流额定电压为 500V
			BXS 双芯橡胶线	供干燥场所敷设在绝缘子上用,用于交流额定电压为 250V 的电路中
			BXH 铜芯橡胶花线	供干燥场所移动式用电设备接线用,线芯间额定电压为 250V
			BLX 铝芯橡胶线	供干燥和潮湿场所固定敷设用,用于交流额定电压为 250V 和 500V 的电路中
			BXG 铜芯穿管橡胶线	供交流电压为 500V 或直流电压为 1000V 的电路中配电和连接仪表用,适于管内敷设
			BLXG 铝芯穿管橡胶线	供交流电压为 500V 或直流电压为 1000V 的电路中配电和连接仪表用,适于管内敷设
2	聚氯乙烯绝缘导线		BLV(BV)铝(铜)芯塑料线	用于交流电压在 500V 以下,直流电压在 1000V 以下的电路,室内固定敷设
			BLVV(BVV)铝(铜)芯塑料护套线	用于交流电压在 500V 以下,直流电压在 1000V 以下的电路,室内固定敷设
			BVR 铜芯塑料软线	用于交流电压在 500V 以下。要求电线比较柔软的场所敷设
			BLV-1(BV-1)室外用铝(铜)芯塑料线	用于交流电压在 500V 以下,室外固定敷设
			BLVV-1(BVV-1)室外用铝(铜)芯塑料护套线	供交流电压在 500V 以下,室外固定敷设用
			BVR-1 室外用铜芯塑料软线	供交流电压在 500V 以下,要求电线在比较柔软的场所敷设用
			RVB 平行塑料绝缘软线	供交流电压在 250V 以下,室内连接小型电器,移动或半移动敷设用
			RVS 双绞塑料绝缘软线	

续表

序号	名称	实物	型号/名称/结构	用途
3	橡套软电缆		YQ轻型橡套软电缆	用于轻型移动电器设备和工具

二、导线的选择

导线规格（主要指横截面积）通常按允许载流量、允许机械强度和线路允许电压损失来选择。

表3.4.2详细描述了导线规格的选择方式，表3.4.3为通用机床导线允许载流量。

表3.4.2 导线规格的选择

序号	导线规格的选择	详细说明
1	按允许载流量选择	所谓导线的允许载流量，就是导线的工作温度不超过65℃时可长期通过的最大电流值。若超过这个温度，则导线的绝缘层就会迅速老化，变质损坏，甚至会引起火灾。由于导线的工作温度除与导线通过的电流有关外，还与导线的散热条件和环境有关，因此导线的允许载流量并非某一固定值，当同一导线采用不同的敷设方式或处于不同的环境温度时，其允许载流量也不同。通用机床导线允许载流量见表3.4.3。
2	按允许机械强度选择	当负荷太小时，按允许载流量选择的导线横截面积太小，细导线往往不能满足机械强度的要求，容易发生断线事故，因此对于室内配线线芯的最小允许横截面积有专门的规定。一般情况下，控制柜二次电压回路导线横截面积选用$1.5mm^2$，电流回路选用横截面积为$2mm^2$的导线
3	按线路允许电压损失选择	若配线线路较长，导线横截面积过小，可能造成电压损失过大，这样会使电动机动力不足或发热烧毁，电灯亮度也大大降低，所以一般规定电动机及照明设备的受电电压不应低于额定电压的95%

表3.4.3 通用机床导线允许载流量

序号	导线横截面积/mm^2	线槽敷设运行载流量/A	导线平均电流密度/(A/mm^2)
1	1	12	12
2	1.5	15.5	10.3
3	2.5	21	8.4
4	4	28	7
5	6	36	6
6	10	50	5
7	16	68	4.25
8	25	89	3.56
9	35	111	3.17
10	50	134	2.68
11	70	171	2.44
12	95	207	2.18
13	120	239	1.99
14	150	275	1.83

三、导线颜色的选择

图 3.4.1 为交、直流电中电线的颜色表示，而表 3.4.4 详细描述了导线颜色的选择方式。

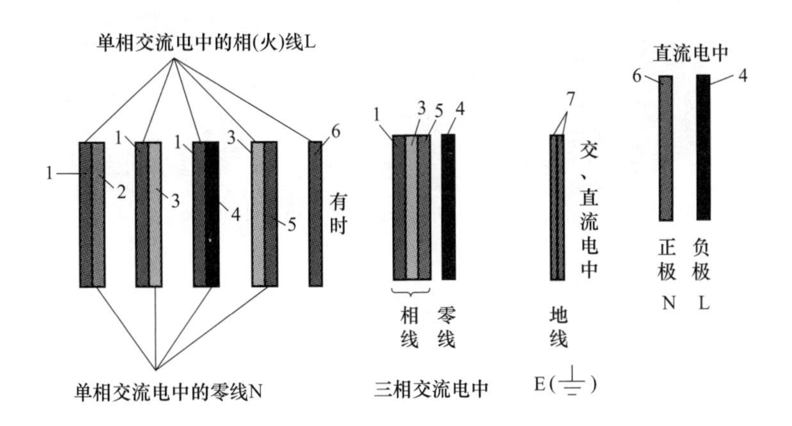

在单相交流电中火线用L表示，零线用N表示，而地线用E表示。但是直流就不一样了，L是负极，N是正极，地线是一样的

图 3.4.1　电线的颜色

1—红色；2—绿色；3—黄色；4—黑色；5—蓝色；6—棕色；7—青色

表 3.4.4　导线颜色的选择

序号	导线的类型	导线颜色的选择
1	电动机动力导线、交流动力导线	BVR 黑色导线
2	交流控制电路导线	用 AVR 红色导线
3	直流动力电路、直流控制电路导线	AVR 蓝色导线
4	中性线、工作地线	AVR 浅蓝色导线
5	机床保护线	BVR 黄绿色导线
6	开关信号到 NC 的 I/O 信号线	一律采用屏蔽电缆

四、选用导线时的注意事项

面对众多企业的电缆电线产品，在选购和使用时的注意事项见表 3.4.5。

表 3.4.5　选用导线时的注意事项

序号	选用导线时的注意事项
1	首先应选用大中型企业的产品，过于便宜的产品最好不要买。比如目前 2.5mm^2 的铜芯护套线，每 100m 的材料，制造成本在 100～110 元之间，若卖价低于 100 元过多，则不是采用了劣质原材料就是长度不够
2	注意产品的标志，防止假冒产品。一般聚氯乙烯绝缘电缆电线产品标签上标有厂名、厂址、额定电压、规格型号、长度以及“3C”认证编号等，图 3.4.2 为整捆电缆电线及电缆电线合格证。特别是在电缆电线上应印有包括厂名、额定电压、型号在内的连续性标志，单芯线间距不应大于 200mm，护套线标志间距不应大于 500mm，图 3.4.3 为连续性标志

续表

<table>
<tr><th>序号</th><th>选用导线时的注意事项</th></tr>
<tr><td>2</td><td>图 3.4.2　整捆电缆电线及电缆电线合格证
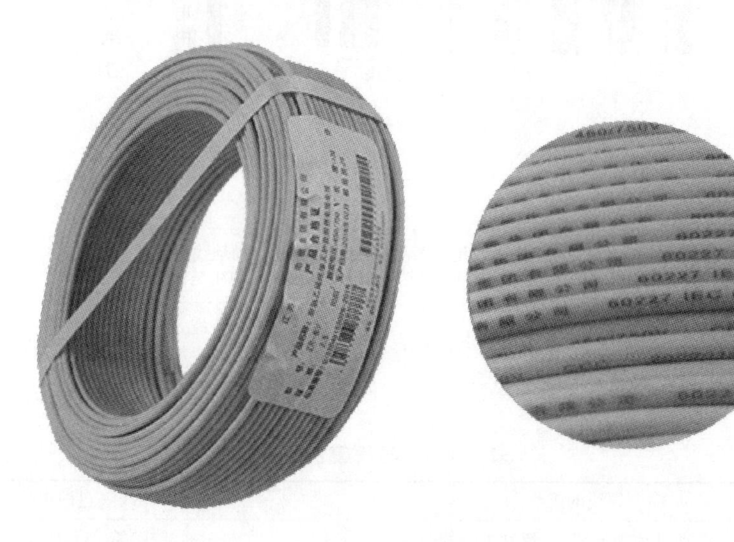

图 3.4.3　连续性标志</td></tr>
<tr><td>3</td><td>购买聚氯乙烯绝缘电缆电线产品前，首先要考虑好它的用途。一般情况是，根据用电器的功率大小计算出通过电线的电流，再按电流大小选购电线的规格。最好请教一下有经验的专业电工，因为导线的载流量与导线的横截面积有关，也与导线的材料（铝或铜）、型号、敷设方法（明敷或穿管等）以及环境温度等有关，影响的因素较多，计算也较复杂</td></tr>
<tr><td>4</td><td>在产品选购过程中，首先可以检查一下电线的横截面积，铜（铝）芯应处于中间，塑料层厚薄应均匀（图 3.4.4），然后可以试着剥去电线一端的塑料，如果能很容易将其剥去，则有可能是塑料强度不够，在剥出铜（铝）芯之后，可以观察一下铜（铝）芯的材质，正常的情况下其表面应具有金属光泽，若铜表面发黑或铝表面发白，则说明金属氧化了，也最好不要买

图 3.4.4　电线的横截面
有条件的还可以用打火机试着烧一下，若火焰不能自熄或自熄时间较长，则说明电线不耐燃，这样的电线千万别买。图 3.4.5 为电线的燃点对比</td></tr>
</table>

续表

<table>
<tr><th>序号</th><th>选用导线时的注意事项</th></tr>
<tr><td>4</td><td>
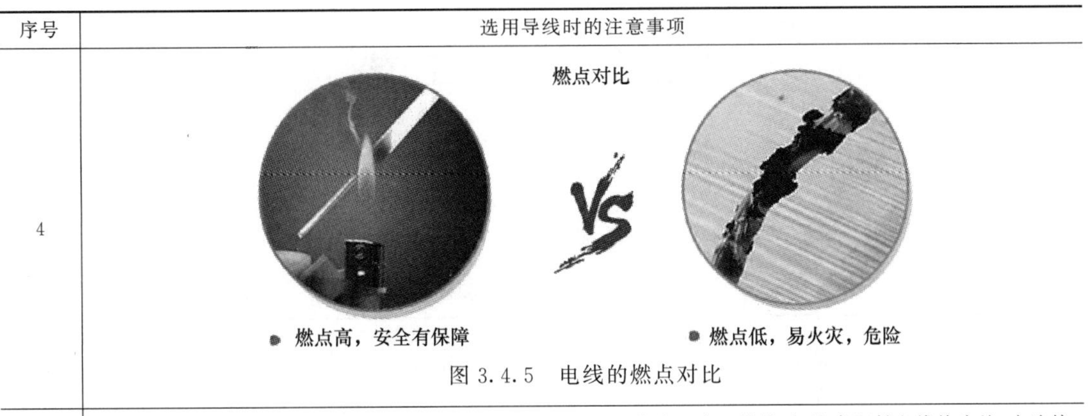

图 3.4.5　电线的燃点对比
</td></tr>
<tr><td>5</td><td>
在使用塑料电线时，一定要正确接线，一般最好由专业电工接线。自己接线时，注意塑料电线接头处，应连接牢固，不要简单用胶布将其缠在一起，这样通电后接头处易发热，严重时会导致火灾。图 3.4.6 为几种典型的电线接线方式

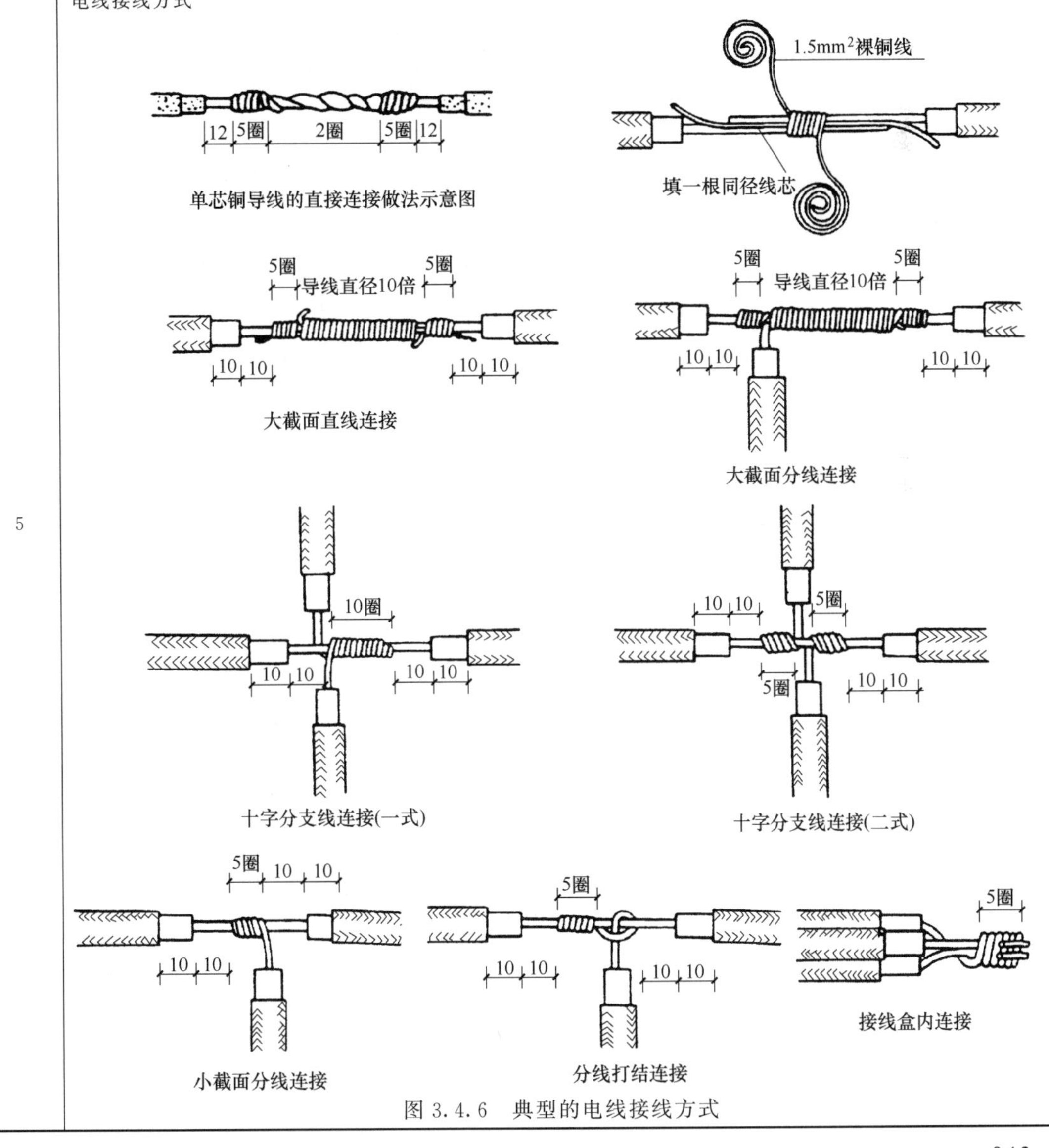

图 3.4.6　典型的电线接线方式
</td></tr>
</table>

第五节　钎焊工艺

一、钎焊工具和器材

表 3.5.1 详细描述了常用的钎焊工具和器材。

表 3.5.1　钎焊工具和器材

<table>
<tr><th>序号</th><th>钎焊工具和器材</th><th colspan="2">详细说明</th></tr>
<tr><td rowspan="3">1</td><td rowspan="3">电烙铁</td><td colspan="2">电烙铁是进行手工焊接(也称为钎焊)最常用的工具,它是根据电流通过加热器件产生热量的原理而制成的。常用电烙铁的标称功率有 20W、35W、50W、75W、150W、200W 等,应根据需要选用。常用的电烙铁有普通电烙铁、吸锡电烙铁、恒温电烙铁等</td></tr>
<tr><td>普通电烙铁</td><td>普通电烙铁又可分为外热式电烙铁和内热式电烙铁两种,其结构如图 3.5.1 所示。 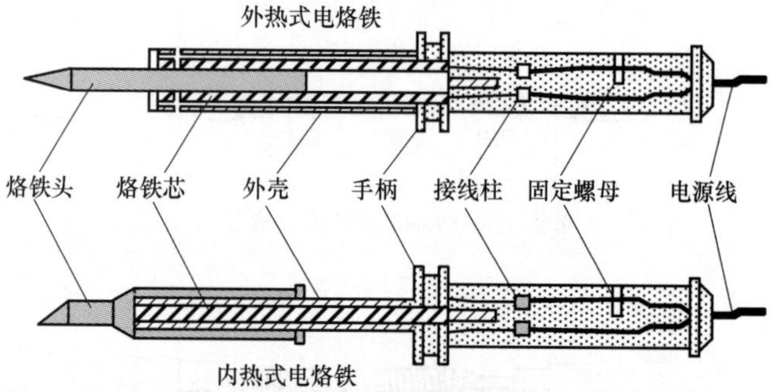
外热式电烙铁
烙铁头　烙铁芯　外壳　手柄　接线柱　固定螺母　电源线
内热式电烙铁
图 3.5.1　外热式电烙铁和内热式电烙铁结构
①外热式电烙铁的结构如图 3.5.1 上图所示。它由烙铁头、烙铁芯、传热桶、手柄、加热器和支架等部分组成。烙铁头安装在烙铁芯里面,所以称为外热式电烙铁
②内热式电烙铁的结构如图 3.5.1 下图所示。它由手柄、连接杆、弹簧夹、烙铁芯和烙铁头组成。由于烙铁芯安装在烙铁头里面,因而发热快热,利用率高,故称为内热式电烙铁
在使用普通电烙铁前必须先给烙铁头镀上一层焊锡。具体方法是:首先把烙铁头锉成需要的形状,然后接上电源,当烙铁头温度升至能熔化锡时,将松香涂在烙铁头上,再涂上一层焊锡,直至烙铁头的刃面部挂上一层锡,便可使用</td></tr>
<tr><td>吸锡电烙铁</td><td>通常也称为吸锡器,如图 3.5.2 所示,它是将活塞式吸锡器与电烙铁融为一体的拆焊工具,具有使用方便、灵活、适用范围宽等特点,但不足之处是每次只能对一个焊点进行拆焊
吸锡电烙铁的使用方法是:接通电源,预热 3~5min,然后将活塞柄推下并卡住,把吸头前端对准欲拆焊的焊点,待焊锡熔化后,按下按钮,活塞便自动上升,焊锡即被吸进气筒内。每次使用完毕后,要推动活塞三四次,以清除吸管内残留的焊锡,使吸头与吸管畅通,以便下次使用 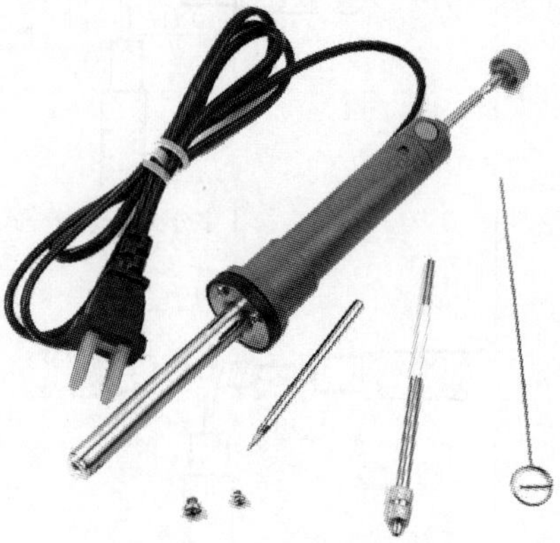
图 3.5.2　吸锡电烙铁</td></tr>
</table>

续表

序号	钎焊工具和器材	详细说明	
1	电烙铁	恒温电烙铁	在恒温电烙铁内，装有磁铁式的温度控制器，通过控制通电时间来实现温控。电烙铁通电时，温度上升，当达到预定的温度时强磁体传感器因达到了居里点而磁性消失，从而使磁芯触点断开，这时便停止向电烙铁供电；当温度低于强磁体传感器的居里点时，强磁体便恢复磁性，并吸动磁芯开关中的永久磁铁，使控制开关的触点接通，继续向电烙铁供电，如此往复循环，便能达到恒温的效果
2	焊料	是指易熔的金属及其合金，作用是将被焊物连接在一起。它的熔点比被焊物的熔点低，而且易与被焊物连为一体。焊料按组成成分划分，有锡铅焊料、银焊料和铜焊料；按使用的环境温度分有高温焊料和低温焊料。熔点在450℃以上的称为硬焊料；熔点在450℃以下的称为软焊料。在导线连接或电子产品装配中，一般都选用锡铅系列焊料，也称焊锡。其形状有圆片、带状、球状、焊锡丝等几种，常用的是焊锡丝，在其内部夹有固体焊剂松香，如图3.5.3所示。焊锡丝的直径有4mm、3mm、2mm、1.5mm等规格 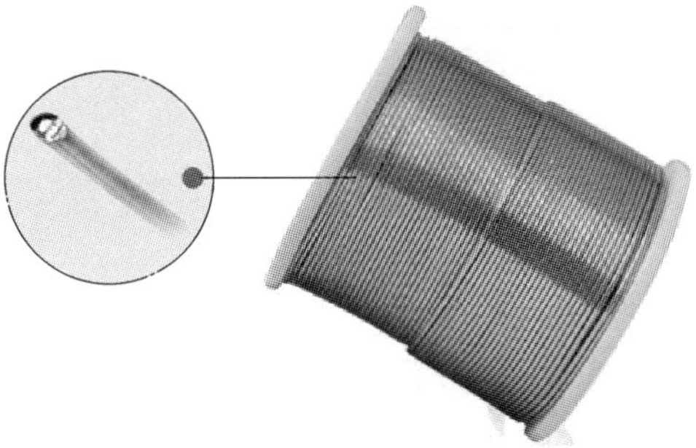 图3.5.3　焊锡丝 焊锡在180℃时便可熔化，使用25W外热式或20W内热式电烙铁便可以进行焊接。它具有一定的机械强度，导电性能、耐蚀性能良好，对元器件引线和其他导线的附着力强，不易脱落，因此在焊接技术中得到了极其广泛的应用	
3	助焊剂	在进行焊接时，为能使被焊物与焊料焊接牢靠，就必须去除焊件表面的氧化物和杂质。去除杂质通常有机械方法和化学方法。机械方法是用砂纸和刀子将氧化层去掉；化学方法则是借助于焊剂清除。焊剂同时也能防止焊件在加热过程中被氧化以及把热量从烙铁头快速地传递到被焊物上，使预热的速度加快 松香酒精焊剂是用乙醇溶解纯松香配制成的25%～30%乙醇溶液。其优点是没有腐蚀性，具有高绝缘性能和长期的稳定性及耐湿性，焊接后清洗容易，并形成覆盖焊点膜层，使焊点不被氧化腐蚀，因此电子电路中的焊接通常采用松香、松香酒精焊剂。图3.5.4为松香助焊剂  图3.5.4　松香助焊剂 另外还有焊锡膏和稀盐酸，焊锡膏具有较强腐蚀性，一般用在较大横截面积的焊接上，如电动机线头的焊接；稀盐酸具有强腐蚀性，一般用在大横截面积的焊件上，如钢铁件的焊接	

二、钎焊操作要领

电子元器件的装配工艺大致可分为清理、整形、焊接以及检查四步。

1. 焊前清理

焊接前的清理包括元器件的清理和电路板的清理两方面。

2. 元器件整形

元器件在装配或插入电路板之前必须根据其外形特点以及焊点之间的位置关系，对元器件的引脚进行整形处理。常用元器件的整形要求和整形后的安装形式见表 3.5.2。

表 3.5.2　元器件的整形要求和整形后的安装形式

序号	元器件	整形要求	安装形式
1	电阻电容元件	>1.5　r　≥1.5　2~6 弯曲半径r大于2倍线径	C13　R1　加套管　C7 R17　R27　C2 R29　C7　C8
2	二极管	二极管弯曲时不要从根部弯曲，至少留 3～5mm	
3	晶体管	≥5　≤45°　≥5　R≥2	正直立装　倒装　卧装　横装　加衬垫装

3. 焊接

焊接过程可以概括为图 3.5.5 所示的五步。具体操作说明见表 3.5.3。

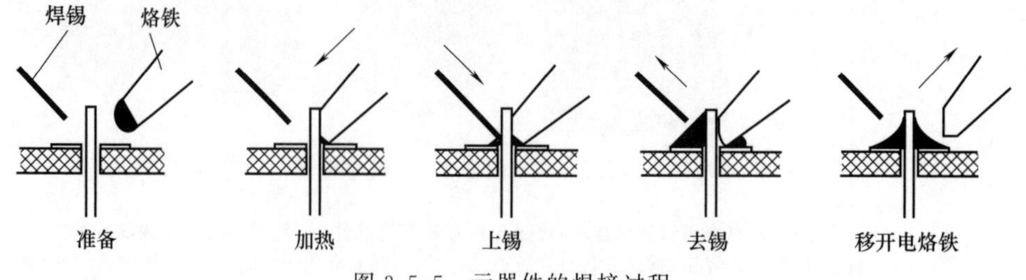

图 3.5.5　元器件的焊接过程

表 3.5.3　元器件的焊接过程

序号	焊接过程	详细说明
1	准备	准备好被焊工件、材料等，插上电烙铁电源，左手握电烙铁，右手捏焊丝
2	加热	使烙铁头同时接触工件的焊盘、元器件的引脚进行加热
3	上锡	当工件被焊部位升温到焊接温度时，送上焊锡丝并与工件焊点部位接触，直至焊锡熔化、焊点圆满
4	去锡	在熔入适量焊料后，迅速移去焊锡丝
5	移开电烙铁	移去焊料后，在助焊剂还未挥发完之前，迅速移去电烙铁，否则将留下不良焊点

4. 焊接后的检查

焊接后的检查见表 3.5.4。

表 3.5.4　焊接后的检查

序号	检查内容	详细说明
1	检查电路板	重点检查电路板是否出现焊接变形、敷铜面翘皮等现象
2	检查元器件	检查电容、电阻等有无因焊接高温而烧坏的现象；检查变压器的引脚有无松动或脱落现象（由焊接时间过长和焊接温度过高所致）；检查元器件的焊接高度和引脚位置是否符合整机装配要求等
3	检查焊点质量	焊点的质量是电子产品稳定、长期、可靠工作的保证 对于焊点的一般性要求是：可靠的电气连接、足够的机械强度和光洁整齐的外观。如图 3.5.6 所示，良好的焊点应：表面光泽平滑，无裂纹、针孔、夹渣、漏焊、拉尖和粘连等现象；焊料的连接面呈半弓形凹面；引脚露出焊料高度为 0.5～1mm 图 3.5.6　焊点质量分析

第四章　数控机床的安装与调试

数控机床的正确安装、调试与保养是保证数控机床正常使用，充分发挥其效益的首要条件。数控机床是高精度的机床，安装和调试的失误，往往会造成数控机床精度的丧失、数控机床故障率的增加，因而要引起操作者高度重视。在进行数控机床机械故障的诊断与维护，特别是在加工过程中出现质量问题时，很大程度上就可能属于机床的精度故障，因此精度的检测也就显得十分重要。数控机床的精度一般包括机床的静态几何精度、动态的切削精度。

第一节　数控机床的安装

数控机床的安装就是按照安装的技术要求将机床固定在基础上，以具有确定的坐标位置和稳定的运行性能。

一、数控机床的基础处理和初就位

数控机床在运输到达用户以前，用户应根据机床厂提供的基础图做好机床基础，在安装地脚螺栓的部位做好预留孔。机床拆箱后首先找到随机的文件资料，找出机床装箱单，按照装箱单清点包装箱内的零部件、电缆、资料等是否齐全，如发现有损坏或遗漏问题，应及时与供货厂商联系解决，尤其注意不要超过索赔期限。然后仔细阅读机床安装说明书，按照说明书的机床基础图或《动力机器基础设计规范》做好安装基础。在基础养护期满并完成清理工作后，将调整机床水平用的垫铁、垫板逐一摆放到位，然后吊装机床的基础件（或整机）使其就位，同时将地脚螺栓放进预留孔内，并完成初步找平工作。

1. 安装要点

中小型数控机床的安装基础作业：一般中小型数控机床可不采用单独做地基的方法，可在硬化好的地面上采用如图 4.1.1 所示的活动垫铁进行机床安装。

大型、精密数控机床的安装基础作业：大型、重型机床必须专门做地基，精密机床需要做单独地基，在地基周围设置防振沟，在安装地脚螺栓的位置做出预留孔。数控机床的地基示例如图 4.1.2 所示。安装用的地脚螺栓形式与固定方法见表 4.1.1。

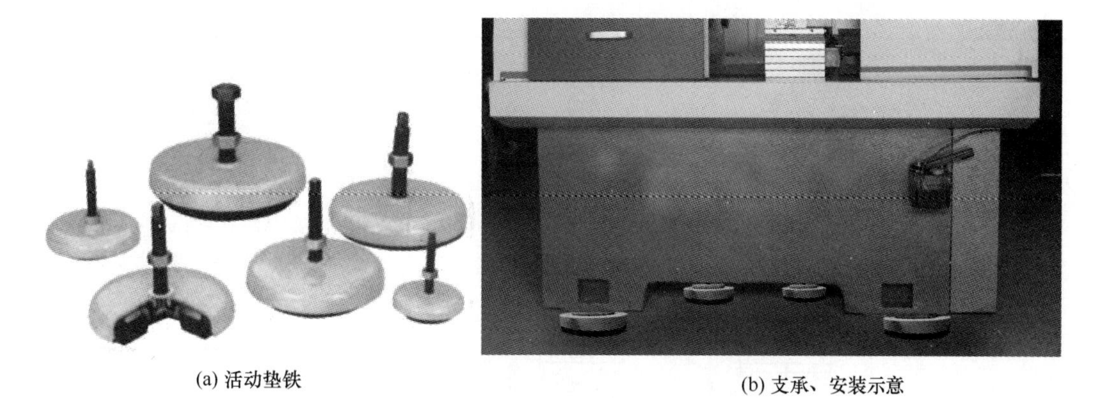

(a) 活动垫铁　　(b) 支承、安装示意

图 4.1.1　用活动垫铁支承、安装数控机床

图 4.1.2　数控机床安装地基示例

表 4.1.1　常用地脚螺栓的形式与固定方法

序号	形式示意图	固定方法
1		固定地脚螺栓，一般随机床通过一次或二次浇灌方法固定在地基上。地脚螺栓的预留孔位置必须按机床说明书的地脚螺栓位置尺寸确定
2	一次浇灌法　二次浇灌法	一次浇灌法螺栓随机床直接在预留孔中就位；二次浇灌法是将螺栓预先浇灌成型，然后随机床一起进行第二次浇灌就位

续表

序号	形式示意图	固定方法
3	T形螺栓	活地脚螺栓通过T形头等形式与壳体连接，壳体浇灌在地基预留孔中
4	I型　II型　安装图 1—螺母；2—垫圈；3—套筒； 4—螺栓；5—锥体	膨胀地脚螺栓与壳体的连接通过头部的锥体轴向位移实现，壳体浇灌在地基预留孔中，壳体端部被挤压膨胀后与地基固定

图 4.1.3　机床垫铁实物图

2. 机床的水平调整要点

在数控机床地基固化后，利用地脚螺栓和调整垫铁，可精确调整机床床身的水平，对普通数控机床，水平仪读数不超过 0.04mm/1000mm；对于高精度数控机床，水平仪读数不超过 0.02mm/1000mm。

大、中型机床床身大多是多点垫铁支承，为了不使床身产生额外的扭曲变形，如图 4.1.3 和图 4.1.4 所示，应使垫铁尽量靠近地脚螺栓，注意垫铁的布置位置，并要求在床身自由状态下调整水平，各支承垫铁全部起作用后，再压紧地脚螺栓。常用垫铁的形式见表 4.1.2。

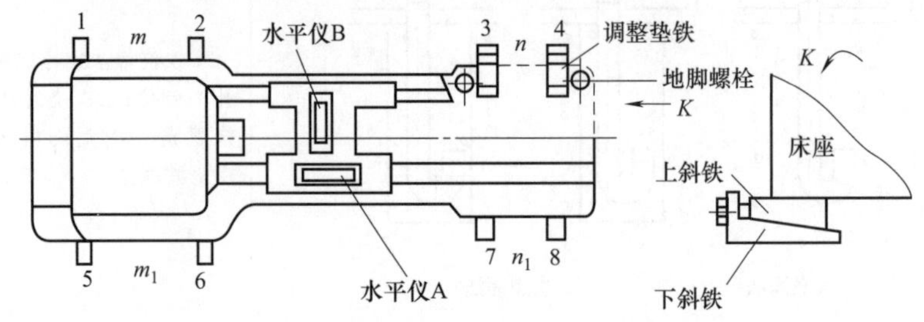

图 4.1.4　水平调整时垫铁放置示意图

表 4.1.2　常用调整垫铁的形式与使用

序号	名称	形式示意图	特点与使用
1	整体斜垫铁	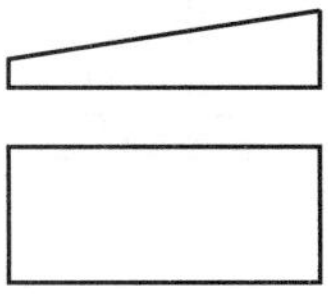	成对使用，配置在机床地脚螺栓的附近；若单个使用，与机床底座面为线接触，刚度较差。适用于安装尺寸较小、调整要求不高的机床
2	钩头斜垫铁	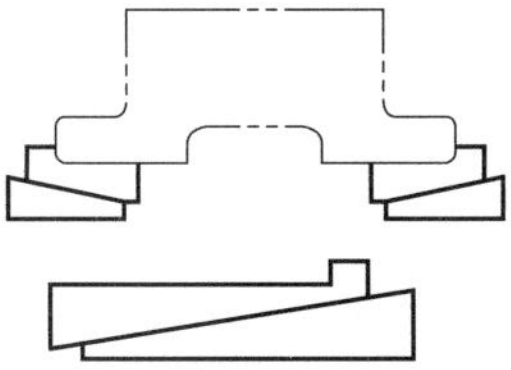	与整体斜垫铁配对使用，钩头部分与机床底座边缘紧靠，安装调整时起定位限位作用，机床安装调整后不易走失
3	开口斜垫铁	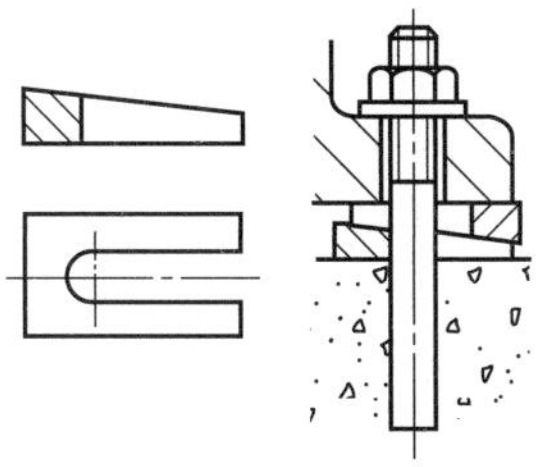	开口可直接卡入地脚螺栓，成对使用。拧紧地脚螺栓时机床底座变形较小，垫铁的位置不易变动，调整比较方便
4	通孔斜垫铁	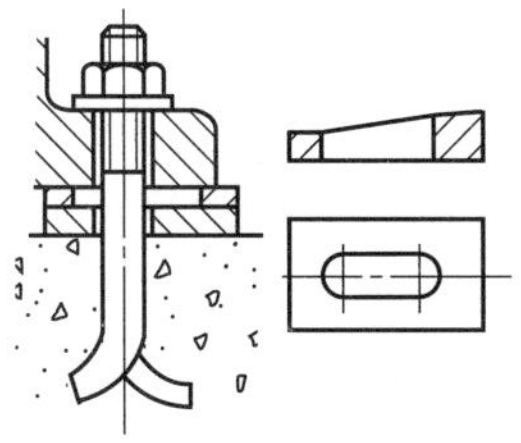	通孔可套入地脚螺栓，垫铁位置不易变动，调整比较方便，机床底座变形较小

3. 掌握电子水平仪的使用方法

电子水平仪由两个带电容式传感器的水平仪和液晶显示器组成，通过电缆接口相互连接，图 4.1.5 和图 4.1.6 为电子水平仪及其操作面板和使用方法。

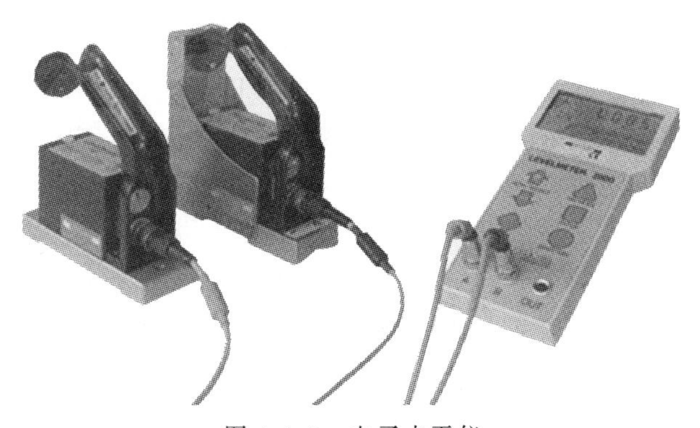

图 4.1.5　电子水平仪

操作面板如图 4.1.6（a）所示，其中低能量电池开关 1 能接通液晶显示器显示电源；电位计 2 用来调整水平仪零位，其示值精度分为 10μm/m、5μm/m 和 1μm/m。

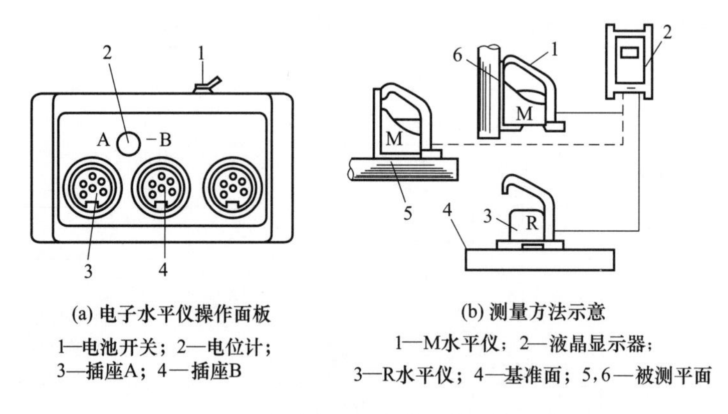

(a) 电子水平仪操作面板

1—电池开关；2—电位计；
3—插座A；4—插座B

(b) 测量方法示意

1—M水平仪；2—液晶显示器；
3—R水平仪；4—基准面；5,6—被测平面

图 4.1.6　电子水平仪操作面板和使用方法

零位调整方法如下：

① 把 M 水平仪放置在被测平面上后，将液晶显示器调节为零位。

② 将水平仪在原位转 180°，此时液晶显示器显示某一读数值，调节电位计至该读数值的一半。

③ 将水平仪转回原位，此时若显示的读数与 180°位置调节后显示读数值一致，说明水平仪的零位已调节好，此时显示的读数值为被测平面与基准面的位置度误差。

液晶显示器左端的亮点在下，表示左倾斜（左低右高）；左端的亮点在上，表示右倾斜(右低左高)。

如图 4.1.6（b）所示为两个水平仪同时使用的测量方法：

① 以 R 水平仪 3 为参考装置放置在基准面上，接输入插座 B；

② 以 M 水平仪 1 为测量装置测量被测平面，接输入插座 A；

③ 将 M 水平仪 1 水平面放置在被测平面 5 上，可测出平面 5 与基准面 4 的平行度；

④ 将 M 水平仪 1 垂直面放置在被测平面 6 上，可测出平面 6 与基准面 4 的垂直度。

二、数控机床部件的组装连接

数控机床各部件组装就是把初始就位的各部件连接起来。连接前应首先去除安装连接面、导轨和各运动面的防锈涂料，做好各部件外表清洁工作。然后把机床各部件组装成整机，如按照装配图将立柱、数控柜、电气箱装在床身上，刀库、机械手等装在立柱上，在床身上安装上接长床身等。组装时要使用在厂里调试时的定位销、定位块等原来的定位元件，使机床装配后恢复到拆卸前的状态，以利于下一步调整。

部件组装完成后，进行电缆、油管、气管的连接，机床说明书中有电气、液压管路、气压管路等连接图，根据连接图把它们做好标记，逐件对号入座并连接好。连接时要特别注意保持清洁、可靠的接触及密封，并要随时检查有无松动与损坏。电缆插上后，一定要拧紧固紧螺钉保证接触可靠。在油管与气管的连接中，要注意防止异物从接口进入管路，造成液压或气压系统出现故障，以致机床不能正常工作。在连接管路时，每个接头都要拧紧，以免在试车时漏液、漏气。特别是在大的分油器上，一根管子渗漏，往往需要拆下一批管子返修，造成工作量加大。电缆和管道连接完毕后，要做好各管线的固定就位，然后装上防护罩壳，保证机床外观整齐。

三、气动卡盘的安装实例

由于机床部件安装是一个系统性的工程，需要大量技术人员配合，并且每一种型号、每一家厂商的机床安装方法皆不相同，这里仅列举CK6140数控车床气动卡盘的安装步骤，以示说明。

下面以数控车床卡盘的安装为示例进行图形分解（如图4.1.7～图4.1.29）：

图4.1.7 在气动卡盘上安装气嘴

图4.1.8 8mm气管插入气嘴

图4.1.9 气管穿入主轴孔内

图4.1.10 卡盘固定于法兰盘上（一）

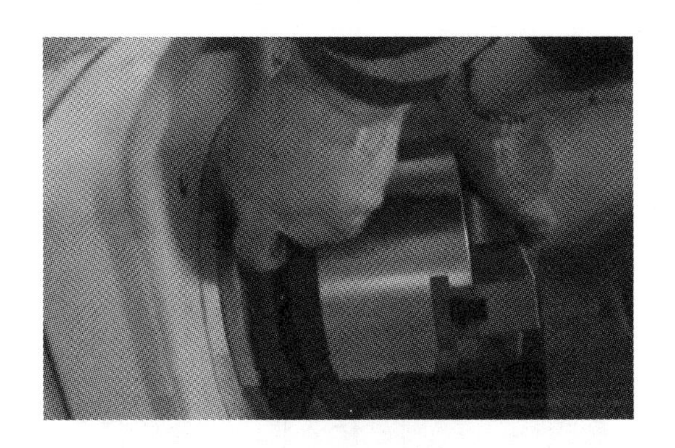

图4.1.11 卡盘固定于法兰盘上（二）

图4.1.12 控制器固定配电箱侧面

图 4.1.13　固定完成的控制器

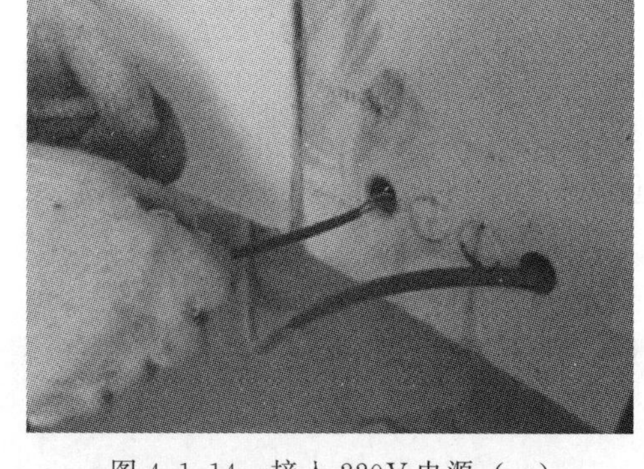

图 4.1.14　接入 220V 电源（一）

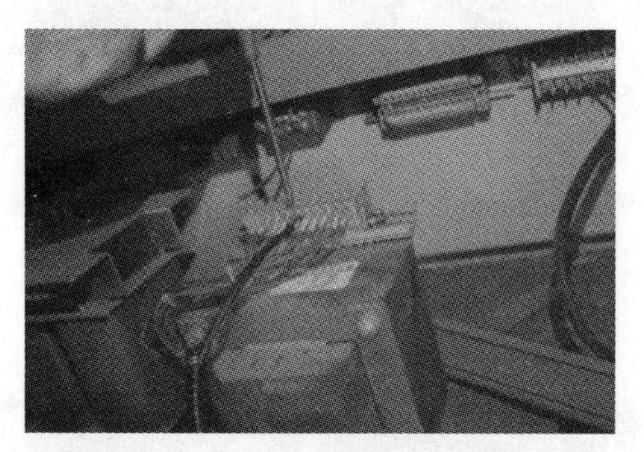

图 4.1.15　接入 220V 电源（二）

图 4.1.16　连接套固定主轴孔外径

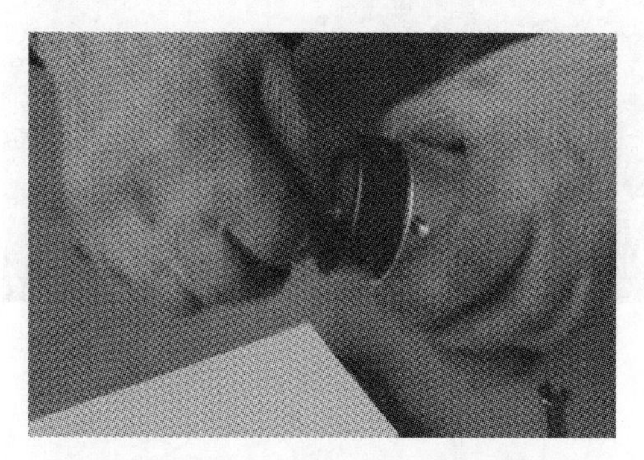

图 4.1.17　固定回转气缸气嘴

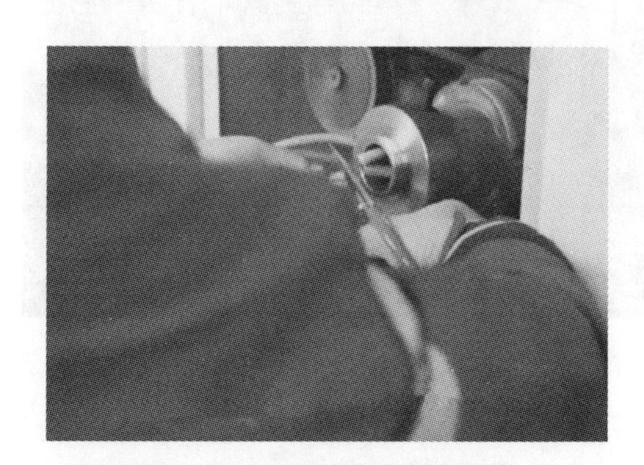

图 4.1.18　减掉多余部分气管

图 4.1.19　回转气缸接入气管

图 4.1.20　固定回转气缸

图 4.1.21　回转气缸连接机床

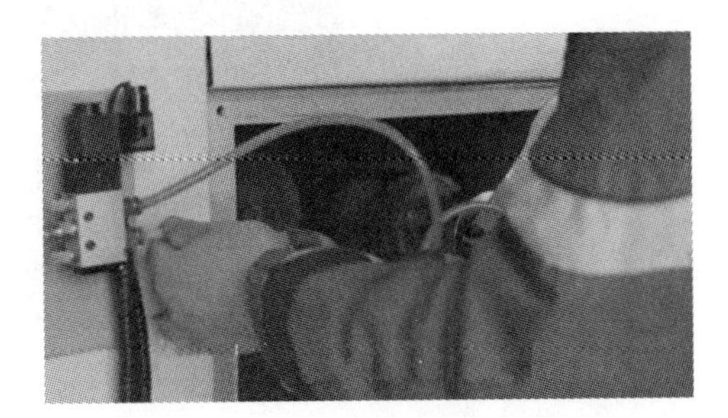

图 4.1.22　控制面板与回转气缸连接方式

图 4.1.23　开关部分安装（一）

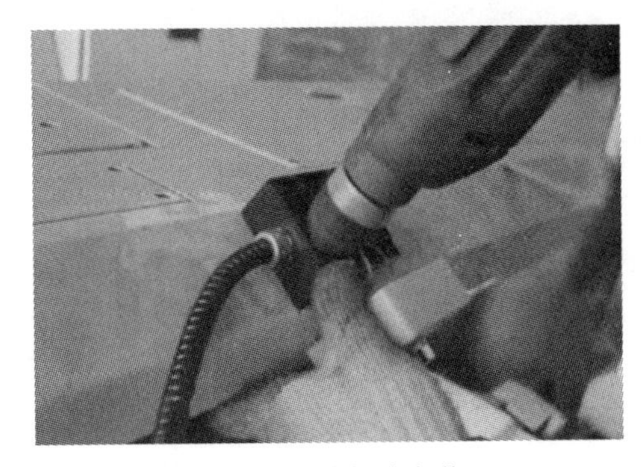

图 4.1.24　开关部分安装（二）

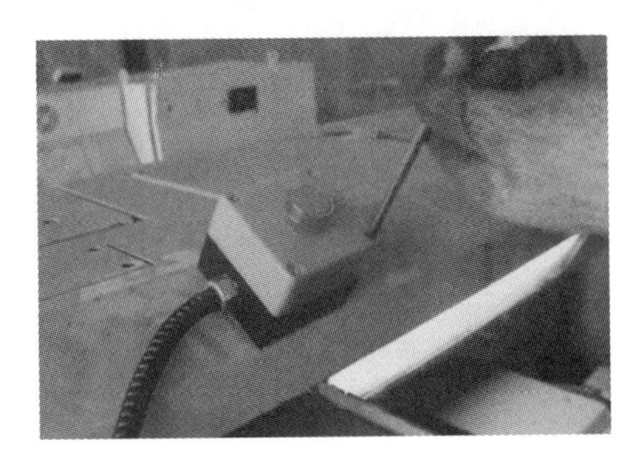

图 4.1.25　开关部分安装（三）

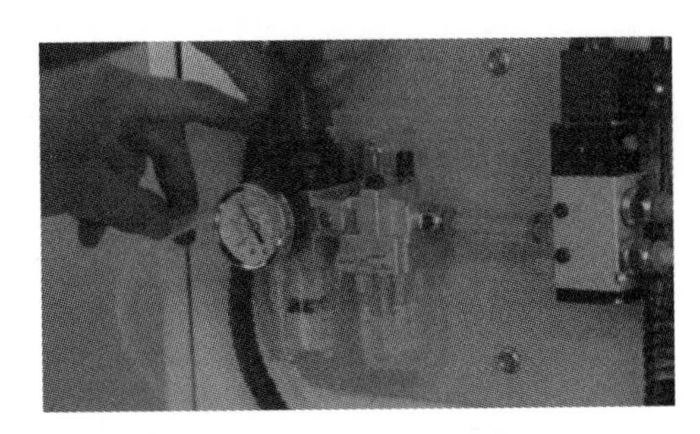

图 4.1.26　调整气压到 6

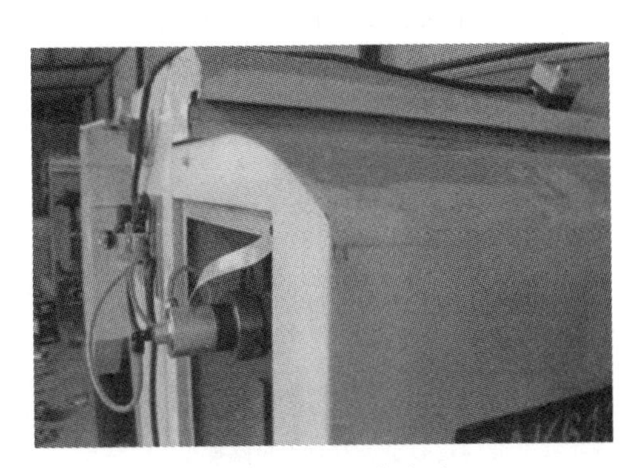

图 4.1.27　安装完成

图 4.1.28　通电通气后试运行（一）

图 4.1.29　通电通气后试运行（二）

四、数控系统的连接和调整

数控系统的连接和调整见表 4.1.3。

表 4.1.3　数控系统的连接和调整的步骤

序号	连接和调整的步骤	详细说明
1	开箱检查	数控系统开箱后应仔细检查系统本体和与之配套的进给速度控制单元及伺服电动机、主轴控制单元和主轴电动机。检查它们的包装是否完整无损，实物和订单是否相符。此外，还需检查数控柜内各插接件有无松动，接触是否良好
2	外部电缆的连接	外部电缆连接是指数控装置与外部 MDI/CRT 单元、强电柜、机床操作面板、进给伺服电动机动力线与反馈线，主轴电动机动力线与反馈信号线的连接以及与手摇脉冲发生器等的连接。应使上述连接符合随机提供的连接手册的规定。最后还应进行地线连接。地线应采用辐射式接地法，即将数控柜中的信号地、强电地、机床地等连接到公共接地点上 数控柜与强电柜之间应有足够粗的保护接地电缆，一般采用截面积为 5.5～14mm² 的接地电缆。而总的公共接地点必须与大地接触良好，一般要求地电阻小于 4～7Ω，并且总接地要十分牢靠，应与车间接地网相接，或者作出单独接地装置
3	数控系统电源线的连接	应在切断数控柜电源开关的情况下连接数控柜电源变压器原边的输入电缆，检查电源变压器与伺服变压器的绕组抽头连接是否正确，尤其是进口的数控设备与数控机床更要注意这一点，因为国外的电源电压等级与国内不一样，在厂家调试时可能没有恢复成所需要电压
4	设定的确认	数控系统内的印制电路板上有许多用短路棒短路的设定点，需要对其适当设定，以适应机床的要求。设定确认工作应按随机《维修说明书》的要求进行。设定确认的内容一般包括以下三个方面 ①控制部分印制电路板上设定的确认　主要包括主板、ROM 板、连接单元、附加轴控制板及旋转变压器或感应同步器控制板上的设定 ②速度控制单元印制电路板上设定的确认　在直流速度控制单元和交流速度控制单元上都有许多设定点，用于选择检测元件种类、回路增益以及各种报警等 ③主轴控制单元印制电路板上设定的确认　在直流或交流主轴控制单元上均有一些用于选择主轴电动机极限和主轴转速等的设定点
5	输入电源电压、频率及相序的确认	①检查确认变压器的容量是否满足控制单元和伺服系统的电能消耗 ②检查电源电压波动范围是否在数控系统的允许范围之内 ③对于采用晶闸管控制元件的速度控制单元和主轴控制单元的供电电源，一定要检查相序。当相序不对时接通电源，可能使速度控制单元的输入熔丝烧断 相序检查方法有两种：一种用相序表测量，当相序接法正确时(即与表上的端子标记的相序相同时)，相序表按顺时针方向旋转；另一种可用示波器测量两相之间的波形，两相看一下，确定各相序
6	确认直流电源单元的电压输出端是否对地短路	数控系统内部都有直流稳压电源单元为系统提供±5V、±15V、±24V 等直流电压。因此，在系统通电前，应检查这些电源的负载是否有对地短路现象

续表

序号	连接和调整的步骤	详细说明
7	接通数控柜电源检查各输出电压	接通数控柜电源以前，先将电动机动力线断开，这样可使数控系统工作时机床不引起运动。但是，应根据维修说明书对速度控制单元作一些必要的设定，以避免因电动机动力线断开而报警。然后再接通电源，首先检查数控柜各个风扇是否旋转，并借此确认电源是否接通。再检查各印制电路板上的电压是否正常，各种直流电压是否在允许的波动范围内
8	确认数控系统各种参数的设定	为保证数控装置与机床相连接时，能使机床具有最佳工作性能，数控系统应根据随机附带的参数表逐项予以确定。显示参数时，一般可通过按 MDI/CRI 单元上的参数键(PARAM)来显示已存入系统存储器的参数。所显示的参数内容应与机床安装调试后的参数表一致
9	确认数控系统与机床侧的接口	数控系统一般都具有自诊断的功能。在 CRT 画面上可以显示数控系统与机床接口以及数控系统内部的状态。当具有可编程逻辑控制器(PLC)时，还可以显示出从数字控制(NC)到 PLC，再从 PLC 到机床(MT)，以及从机床到 PLC，再从 PLC 到数字控制的各种信号状态。至于各个信号的含义及相互逻辑关系，随 PLC 的顺序程序不同而不同。可以根据资料中的梯形图说明书及诊断地址表，通过自诊画面确认数控系统与机床之间的接口信号状态是否正确

完成上述步骤已将数控系统调整完毕，已具备与机床联机通电试车的条件。此时应切断数控系统的电源，连接电动机的动力线，恢复报警的设定。

第二节　数控机床的调试

一、数控机床水平调整

数控机床的水平调整就是机床的主床身及导轨的水平调整。机床的主床身及导轨安装水平调整的目的是取得机床的静态稳定性，是机床的几何精度检验和工作精度检验的前提条件。

通常在已固化的地基上用地脚螺栓和垫铁精调机床主床身及导轨的水平，使用工具为水平仪。移动床身上各移动部件（如立柱、床鞍和工作台等），在各坐标全行程内观察记录机床水平的变化情况，并调整相应的机床几何精度，使之达到允许偏差范围。大、中型机床床身大多是多点垫铁支承，为了不使床身产生额外的扭曲变形，要求在床身自由状态下调整水平，各支承垫铁全部起作用后，再压紧地脚螺栓。具体要求见表 4.2.1。

表 4.2.1　机床水平的调整

序号	机床水平的调整
1	机床应以床身导轨作为安装水平的检验基础，并用水平仪和桥板或专用检具在床身导轨两端、接缝处和立柱连接处按导轨纵向和横向进行测量
2	将水平仪按床身的纵向和横向放在工作台上或溜板上，并移动工作台或溜板，在规定的位置进行测量
3	以机床的工作台或溜板为安装水平检验的基础，并用水平仪按机床纵向和横向放置在工作台或溜板上进行测量，但工作台或溜板不应移动位置
4	以水平仪在床身导轨纵向等距离移动测量，并将水平仪读数依次排列在坐标纸上画垂直平面内直线度偏差曲线，其安装水平应以偏差曲线两端点连线的斜率作为该机床的纵向安装水平。其横向安装水平应以横向水平仪的读数值计
5	将水平仪放在设备技术文件规定的位置上进行测量

二、通电试车

数控机床通电试车调整包括粗调数控机床的主要几何精度与通电试运转。其目的是考核数控机床的基础及其安装的可靠性；考核数控机床的各机械传动、电气控制、数控机床的润滑、液压和气动系统是否正常可靠。通电试车前应擦除各导轨及滑动面上的防锈油，并涂上一层干净的润滑油。

数控机床通电试车前检查内容和通电试车的步骤见表 4.2.2。

表 4.2.2　数控机床通电试车前检查内容及通电试车

序号	通电试车的内容	详细说明
1	检查数控机床与电柜的外观	数控机床与电柜外部是否有明显碰撞痕迹；显示器是否固定如初，有无碰撞；数控机床操作面板是否碰伤；电柜内部各插头是否松脱；紧固螺钉是否松脱；有无悬空未接的线
2	粗调数控机床的主要几何精度	
3	安装前期工作完成后，再安装数控机床及机械部分	厂家与用户商定确认电柜、吊挂放置位置以及现场布线方式后，确定数控机床外部线（即电柜至数控机床各部分电器连线；电柜至伺服电动机的电源线、编码器线等）的长度，然后开始进行布线、焊线、接线等安装前期工作。与此同时，可同步进行机械部分的安装（如伺服电动机的安装连接、各个坐标轴的限位开关的安装等）
4	通电调试	①检查 380V 主电源进线电压是否符合要求[我国标准为 380×(1+10%)～380×(1−15%)，即 418～323V] ②通电检查系统是否正常启动，显示器是否显示正常，将各个轴的伺服电动机不连接机械运行，检查其是否运行正常，有无跳动、飞车等异常现象。若无异常，电动机可与机械连接 ③检查床身各部分电器开关（包括限位开关、参考点开关、行程开关、无触点开关、油压开关、气压开关、液位开关等）的动作有效性，有无输入信号，输入点是否和原理图一致 ④根据丝杠螺距及机械齿轮传动比，设置好相应的轴参数 松开“急停”，点动各坐标轴，检查机械运动的方向是否正确，若不正确，应修改轴参数 以低速点动各坐标轴，使之去压其正、负限位开关，仔细观察是否能压到限位开关，若到位后压不到限位开关，应立即停止点动；若压到，则应观察轴是否立即自动停止移动，屏幕上是否显示正确的报警号，报警号不对应及时调换正、负限位的线 将工作方式选到“手摇”挡，正向旋转手摇脉冲发生器，观察轴移动方向是否为正向；若不对应，调换 A、B 两相的线 将工作方式选到“回零”挡，令所选坐标轴执行回零操作，仔细观察轴是否能压到参考点开关；若到位后压不到开关，立即按下“急停”按钮；若压到，则应观察回零过程是否正确，参考点是否已找到 找到参考点后再回到手动方式，点动坐标轴去压正、负限位开关，屏幕上显示的正负数值即为此坐标轴的正负行程，以此为基准减微小的裕量，即可作为正负软极限写入轴参数。按上述步骤依次调整各坐标轴 回参考点后手动检查正负软限位是否工作正常 ⑤用万用表的欧姆挡检查机床的辅助电动机，如冷却、液压、排屑等电动机的三相是否平衡，是否有缺相或短路，若正常可逐一控制各辅助电动机运行，确认电动机转向是否正确；若不正确，应调换电动机任意两相的接线 ⑥用万用表的欧姆挡检查电磁阀等执行器件的控制线圈是否有断路或短路以及控制线是否对地短路，然后依次控制各电磁阀动作，观察电磁阀是否动作正确；若不正确，应检查相应的线或修改 PLC 程序。启动液压装置，调整压力至正常，依次控制各阀动作，观察数控机床各部分动作是否正确到位，回答信号（通常为开关信号）是否反馈回 PLC ⑦用万用表的欧姆挡检查主轴电动机的三相是否平衡，是否有缺相或短路；若正常可控制主轴旋转，检查其转向是否正确。有降压启动的，应检查是否有降压启动过程，星三角切换延时时间是否合适；有主轴调速装置或换挡装置的，应检查速度是否调整有效，各挡速度是否正确 ⑧涉及换刀等组合控制的数控机床应进行联调，观察整个控制过程是否正确
5	检查有无异常情况	检查数控机床运转时是否有异常声音，主轴是否跳动，各电动机是否过热

第三节　数控机床的检验与验收

一、检验与验收的工具

对于数控机床几何精度的检测，主要用的工具有平尺、带锥柄的检验棒、顶尖、角尺、精密水平仪、百分表、千分表、杠杆表、磁力表座等；对于其位置精度的检测，主要用的是激光干涉仪及块规；对于其加工精度的检验，主要用的是千分尺及三坐标测量仪等。测试数控机床运行时的噪声可以用噪声仪，测试数控机床的温升可以用点温计或红外热像仪，测试数控机床外观主要用光电光泽度仪等。图 4.3.1 为部分所用工具。

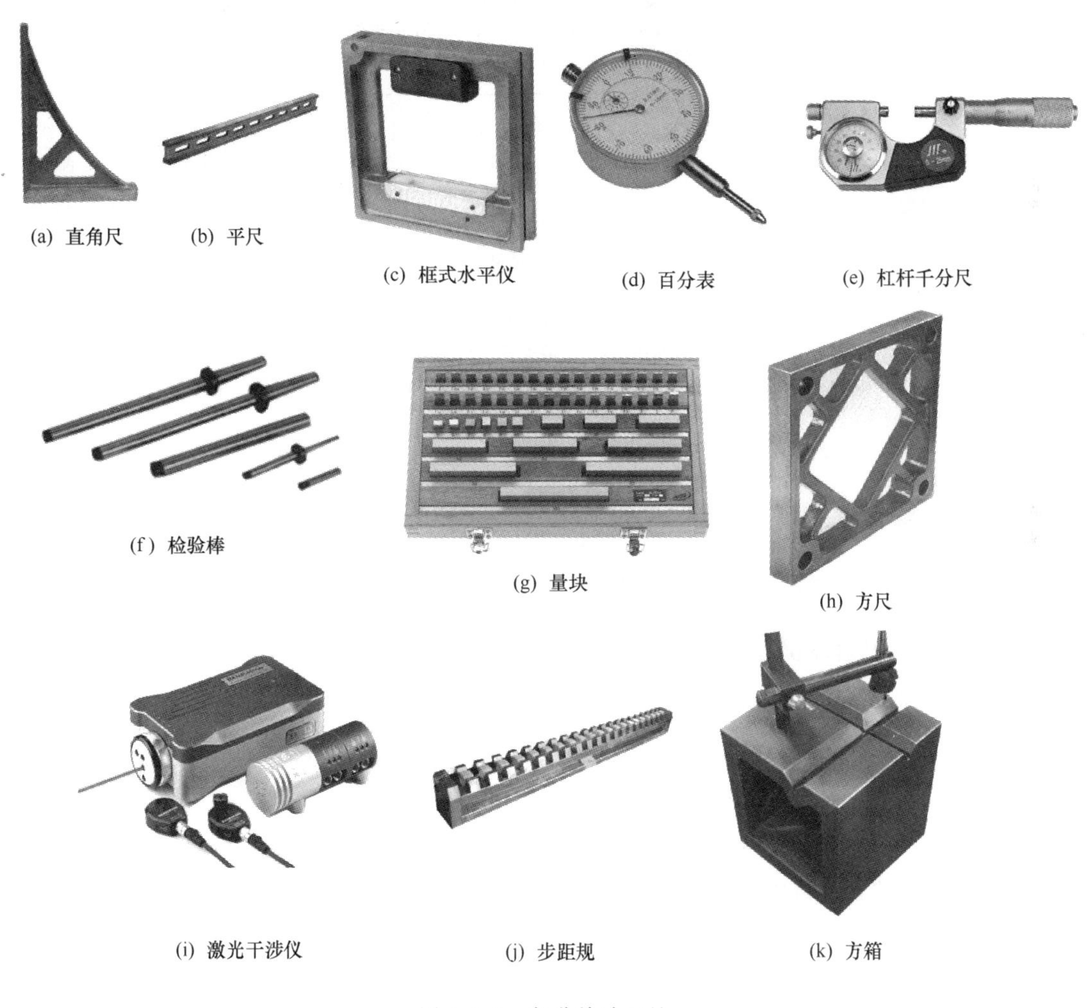

(a) 直角尺　(b) 平尺　(c) 框式水平仪　(d) 百分表　(e) 杠杆千分尺

(f) 检验棒　(g) 量块　(h) 方尺

(i) 激光干涉仪　(j) 步距规　(k) 方箱

图 4.3.1　部分检验工具

二、数控机床噪声温升及外观的检查

数控机床的噪声包括主轴箱的齿轮噪声、主轴电动机的冷却风扇噪声、液压系统油泵噪声等。机床空运转时噪声不得超过83dB。主轴运行温度稳定后一般其温度最高不超过70℃，温升不超过32℃。

数控机床的外观检查包括数控柜外观检查及床身外观检查。机床外观要求，可按照普通机床有关标准进行检查，一般应在机床拆开包装后马上进行检查，因为数控机床是价格较昂贵的机电一体化产品，属高技术设备，所以对外观的要求很高，对各种防护罩，油漆质量，机床照明，切屑处理，电线及气、油管走线的固定和防护等都应有进一步的要求。

在对数控机床床身进行验收以后，还应对数控柜的外观进行检查，具体内容见表4.3.1。

表4.3.1　数控柜检查内容

序号	数控柜检查内容	详细说明
1	外表检查	用肉眼检查数控柜中MDI/CRT单元、位置显示单元、直流稳压单元、各印制电路板(包括伺服单元)等是否破损、污染，连接电缆捆绑处是否破损，如果是屏蔽线还应检查屏蔽线是否有剥落现象
2	数控柜内部紧固情况检查	①螺钉紧固检查　输入变压器、伺服用电源变压器、输入单元和电源单元等接线端子处的螺钉是否已全部拧紧；凡是需要盖罩的接线端子座(该处电压较高)是否都有盖罩 ②连接器紧固检查　数控柜内所有连接器、扁平电缆插座等都应有紧固螺钉紧固，以保证它们连接牢固，接触良好 ③印制电路板的紧固检查　在数控柜的结构布局方面，有的是笼式结构，一块块印制电路板都插在笼子里面。有的是主从结构，即一块大板(也称主板)上面插了若干块小板(附加选择板)。但无论是哪一种形式，都应检查固定印制电路板的紧固螺钉是否拧紧(包括大板与小板之间的连接螺钉)。还应检查电路板上各个EPROM和RAM卡等是否插入到位
3	伺服电机外表检查	特别是对带有脉冲编码器的伺服电动机的外壳应作认真检查，尤其是后端盖处。如发现有磕碰现象，应将电动机后盖打开，取下脉冲编码器外壳，检查光码盘是否碎裂

三、数控机床几何精度的检验

数控机床种类繁多，对每一类数控机床都有其精度标准，应按照其精度标准检测验收。现以常用的数控车床、数控铣钻床为例，说明其几何精度的检验方法。

1. 数控车床几何精度的检验

根据数控车床的加工特点及使用范围，要求其加工的零件外圆圆度和圆柱度、加工平面的平面度在要求的公差范围内；对位置精度也要达到一定的精度等级，以保证被加工零件的尺寸精度和形状公差。因此，数控车床的每个部件均有相应的精度要求，CJK6032数控车床的具体精度要求见表4.3.2。

2. 数控铣钻床几何精度的检验

数控铣钻床ZJK7532A的三个基本直线运动轴构成了空间直角坐标系的三个坐标轴，因此三个坐标轴应该互相垂直。铣钻床几何精度均围绕着“垂直”和“平行”展开，其精度要求见表4.3.3。

表 4.3.2　CJK6032 数控车床的具体精度要求

序号	简图	检验项目	检验工具	允许误差范围	检验方法
G1	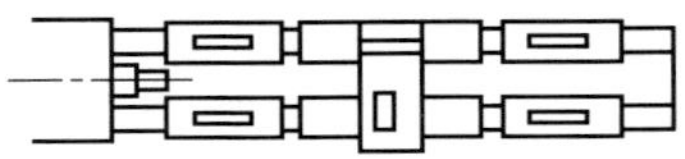	纵向导轨调平后床身导轨在垂直平面内的直线度	精密水平仪	0.020mm/凸	如图所示，水平仪沿 Z 轴向放在溜板上，沿导轨全长等距离地在各位置上检验，记录水平仪读数，并用作图法计算出床身导轨在垂直平面内的直线度误差
	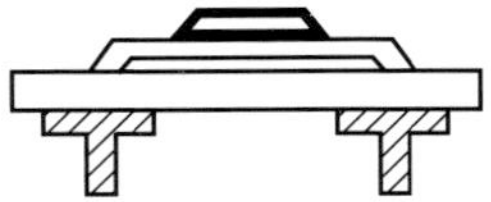	横向导轨调平后床身导轨的平行度	精密水平仪	0.040mm/1000mm	如图所示，水平仪沿 X 轴向放在溜板上，在导轨上移动溜板，记录水平仪读数，其读数最大差值即为床身导轨的平行度误差
G2	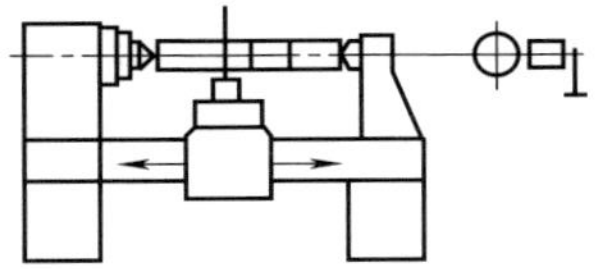	溜板移动在水平面内的直线度	指示器和检验棒，或指示器和平尺（$D_c \leqslant 2000$mm，D_c 为可移动范围）	$D_c \leqslant 500$mm 时，0.015；500mm$<D_c \leqslant$1000mm 时，0.02mm	如图所示，将直检验棒顶在主轴和尾座顶尖上，检验棒长度最好等于机床最大顶尖距；再将指示器固定在溜板上，指示器水平触及检验棒母线；全程移动溜板，调整尾座，使指示器在行程两端读数相等，用平尺测量法检测溜板移动在水平面内的直线度误差
G3	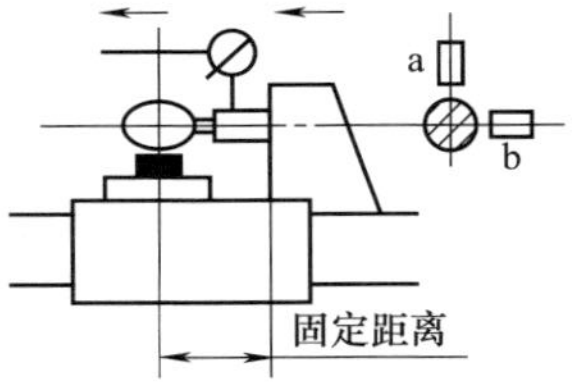 固定距离 第二指示器作基准，保持溜板和尾座的相对位置	垂直平面内尾座移动对溜板移动的平行度	指示器	$D_c \leqslant 1500$mm 时为 0.03mm，在任意 500mm 测量长度上为 0.02mm	如图所示，将尾座套筒伸出后，按正常工作状态锁紧，同时使尾座尽可能地靠近溜板。把安装在溜板上的第二指示器相对于尾座套筒的端面调整为零，溜板移动时也要手动移动尾座直至第二指示器读数为零，使尾座与溜板相对距离保持不变。按此法使溜板和尾座全行程移动，只要第二指示器读数始终为零，则第一指示器相应指示出平行度误差。或沿行程在每隔 300mm 处记录第一指示器读数，指示器读数的最大差值即为平行度误差。第一指示器分别在图中 a、b 位置测量，误差单独计算
		水平平面内尾座移动对溜板移动的平行度			
G4	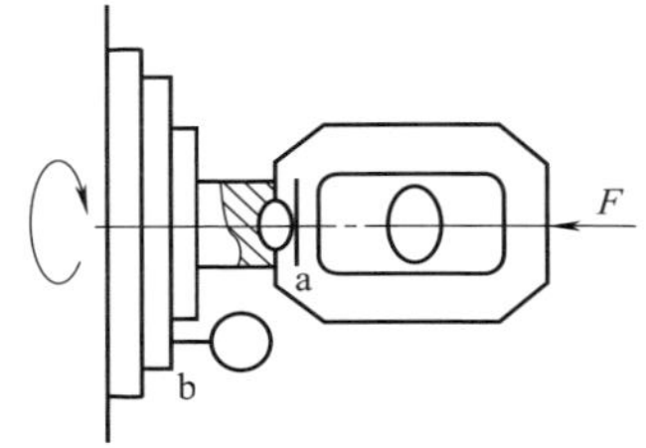	主轴的轴向窜动	指示器和专用装置	0.010mm(包括周期性的轴向窜动)	如图所示，用专用装置在主轴轴线上加力 F（F 的值为消除轴向间隙的最小值），把指示器安装在机床固定部件上。然后使指示器测头沿主轴轴线分别触及专用装置的钢球和主轴轴肩支承面；旋转主轴，指示器最大读数差值即为主轴的轴向窜动误差和主轴轴肩支承面的跳动误差
		主轴轴肩支承面的跳动		0.020mm(包括周期性的轴向窜动)	

续表

序号	简图	检验项目	检验工具	允许误差范围	检验方法
G5	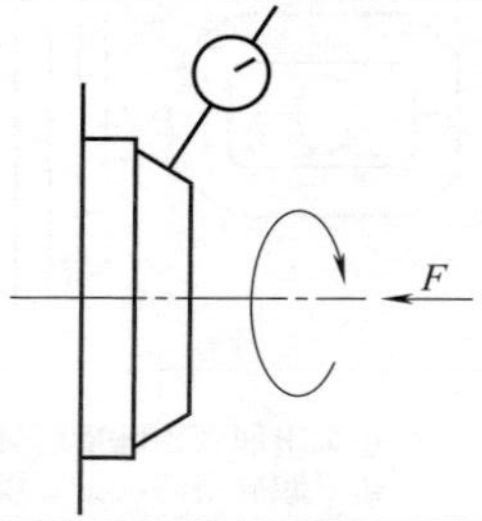	主轴定心轴颈的径向跳动	指示器和专用装置	0.01mm	如图所示，用专用装置在主轴轴线上加力 F（F 的值为消除轴向间隙的最小值），把指示器安装在机床固定部件上，使指示器测头垂直于主轴定心轴颈并触及主轴定心轴颈；旋转主轴，指示器最大读数差值即为主轴定心轴颈的径向跳动误差
G6	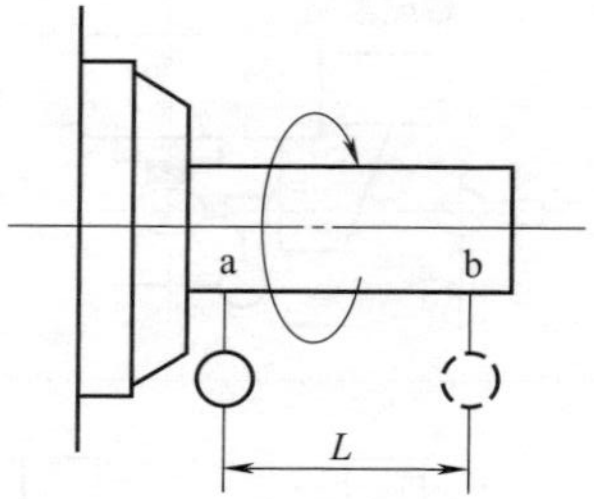	靠近主轴端面主轴锥孔轴线的径向跳动	指示器和检验棒	0.01mm	如图所示，将检验棒插在主轴锥孔内，把指示器安装在机床固定部件上，使指示器测头垂直触及被测表面，旋转主轴，记录指示器的最大读数差值，在 a、b 处分别测量。标记检验棒与主轴的圆周方向的相对位置，取下检验棒，同向分别旋转检棒 90°、180°、270°后重新插入主轴锥孔，在每个位置分别检测。取 4 次检测的平均值即为主轴锥孔轴线的径向跳动误差
		距主轴端面 L（$L=300$mm）处主轴锥孔轴线的径向跳动		0.02mm	
G7	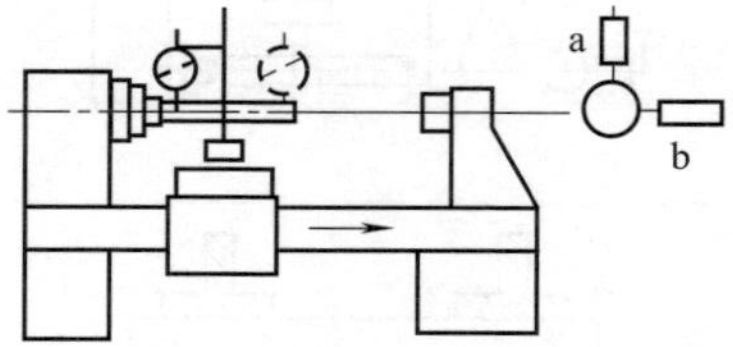	垂直平面内主轴轴线对溜板移动的平行度	指示器和检验棒	0.02mm/300mm（只许向上偏）	如图所示，将检验棒插在主轴锥孔内，把指示器安装在溜板（或刀架）上，然后：①使指示器测头在垂直平面内垂直触及被测表面（检验棒），移动溜板，记录指示器的最大读数差值及方向，旋转主轴 180°，重复测量一次，取两次读数的算术平均值作为在垂直平面内主轴轴线对溜板移动的平行度误差；②使指示器测头在水平平面内垂直触及被测表面（检验棒），按上述①的方法重复测量一次，即得水平平面内主轴轴线对溜板移动的平行度误差
		水平平面内主轴轴线对溜板移动的平行度		0.02mm/300mm（只许向前偏）	
G8	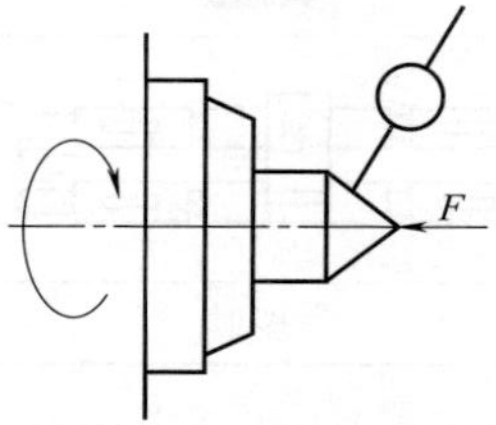	主轴顶尖的跳动	指示器和专用顶尖	0.015mm	如图所示，将专用顶尖插在主轴锥孔内，用专用装置在主轴轴线上加力 F（力 F 的值为消除轴向间隙的最小值），把指示器安装在机床固定部件上，使指示器测头垂直触及被测表面，旋转主轴，记录指示器的最大读数差值

续表

序号	简图	检验项目	检验工具	允许误差范围	检验方法
G9	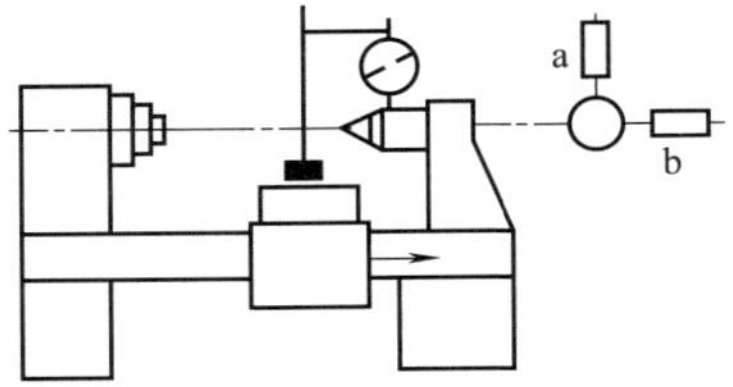	垂直平面内尾座套筒轴线对溜板移动的平行度	指示器	0.015mm/100mm（只许向上偏）	如图所示，将尾座套筒伸出有效长度后，按正常工作状态锁紧。指示器安装在溜板（或刀架）上，然后：①使指示器测头在垂直平面内垂直触及被测表面（尾座套筒），移动溜板，记录指示器的最大读数差值及方向，即得在垂直平面内尾座套筒轴线对溜板移动的平行度误差；②使指示器测头在水平平面内垂直触及被测表面（尾座套筒），按上述①的方法重复测量一次，即得在水平平面内尾座套筒轴线对溜板移动的平行度误差
		水平平面内尾座套筒轴线对溜板移动的平行度		0.01mm/100mm（只许向前偏）	
G10	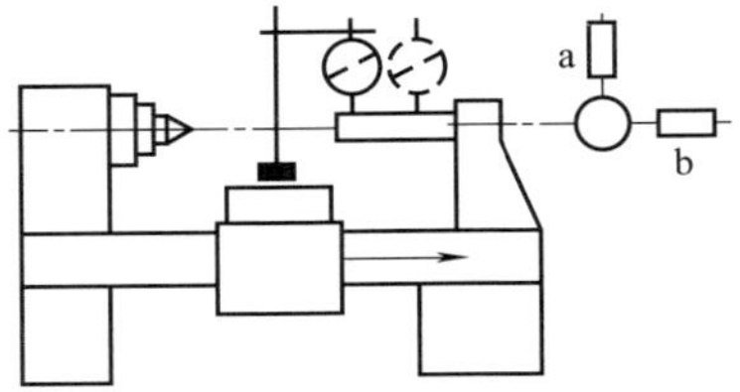	垂直平面内尾座套筒锥孔轴线对溜板移动的平行度	指示器和检验棒	0.03mm/300mm（只许向上偏）	如图所示，尾座套筒不伸出并按正常工作状态锁紧。将检验棒插在尾座套筒锥孔内，指示器安装在溜板（或刀架）上，然后：①把指示器测头在垂直平面内垂直触及被测表面（尾座套筒），移动溜板，记录指示器的最大读数差值及方向，取下检验棒，旋转检验棒180°后重新插入尾座套筒锥孔，重复测量一次，取两次读数的算术平均值作为在垂直平面内尾座套筒锥孔轴线对溜板移动的平行度误差；②把指示器测头在水平平面内垂直触及被测表面，按上述①的方法重复测量一次，即得在水平平面内尾座套筒锥孔轴线对溜板移动的平行度误差
		水平平面内尾座套筒锥孔轴线对溜板移动的平行度		0.03mm/300mm（只许向前偏）	
G11	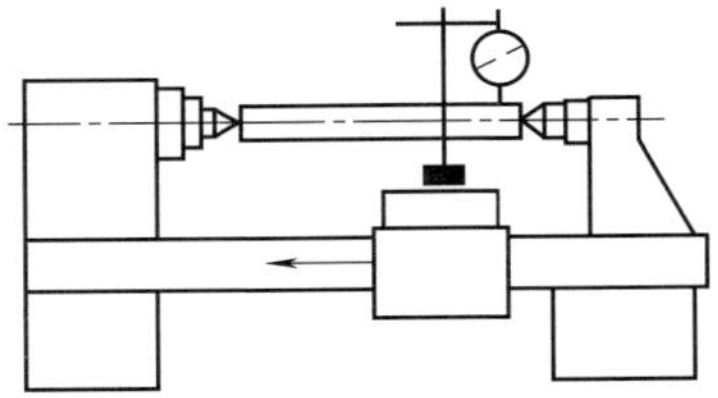	床头和尾座两顶尖的等高度	指示器和检验棒	0.04mm（只许尾座高）	如图所示，将检验棒顶在床头和尾座两顶尖上，把指示器安装在溜板（或刀架）上，使指示器测头在垂直平面内垂直触及被测表面（检验棒），然后移动溜板至行程两端，移动小拖板（X轴），记录指示器在行程两端的最大读数值的差值，即为床头和尾座两顶尖的等高度。测量时注意方向
G12	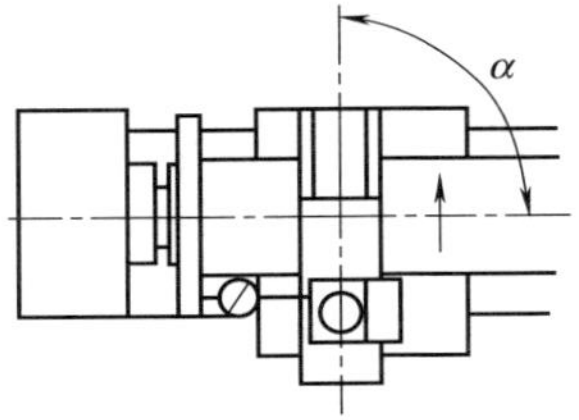	横刀架横向移动对主轴轴线的垂直度	指示器和圆盘或平尺	0.02mm/300mm（$\alpha>90°$）	如图所示，将圆盘安装在主轴锥孔内，指示器安装在刀架上，使指示器测头在水平平面内垂直触及被测表面（圆盘），再沿X轴移动刀架，记录指示器的最大读数差值及方向；将圆盘旋转180°，重新测量一次，取两次读数的算术平均值作为横刀架横向移动对主轴轴线的垂直度误差

续表

序号	简图	检验项目	检验工具	允许误差范围	检验方法
G18	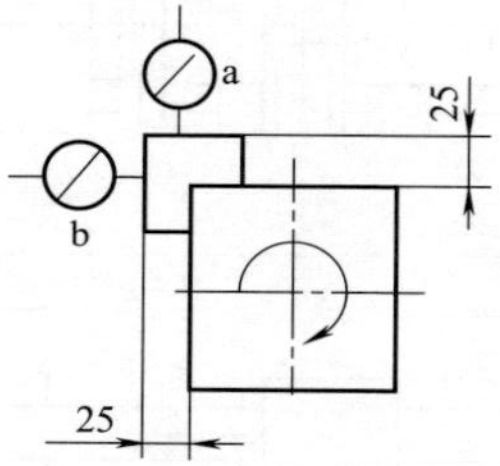	X 轴方向回转刀架转位的重复定位精度	指示器和检验棒(或检具)	0.005mm	如图所示，把指示器安装在机床固定部件上，使指示器测头垂直触及被测表面(检具)，在回转刀架的中心行程处记录读数，用自动循环程序使刀架退回，转位 360°，最后返回原来的位置，记录新的读数。误差以回转刀架至少回转三周的最大和最小读数差值计。对回转刀架的每一个位置都应重复进行检验，并对每一个位置指示器都应调到零
		Z 轴方向回转刀架转位的重复定位精度		0.01mm	
G19	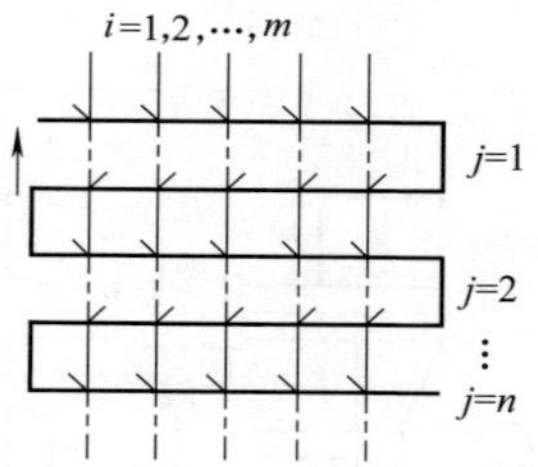	Z 轴重复定位精度(R)	激光干涉仪(或线纹尺读数显微镜或专用检具)	0.02mm	定位精度(A)：在测量行程范围内测 5 点，取一次测量中最大位置偏差与最小位置偏差之差的一半的值，加上正负号即为该轴的定位精度 重复定位精度(R)：在测量行程范围内任取 3 点，在每点重复测量 5 次，取每点最大值与最小值除以 2 即可 反向差值(B)：运动部件沿轴线或绕轴线的各目标位置的反向差值的绝对值中的最大值即为轴线反向差值 B
		Z 轴反向差值(B)		0.02mm	
		Z 轴定位精度(A)		0.04mm	
		X 轴重复定位精度(R)		0.02mm	
		X 轴反向差值(B)		0.013mm	
		X 轴定位精度(A)		0.03mm	
P1	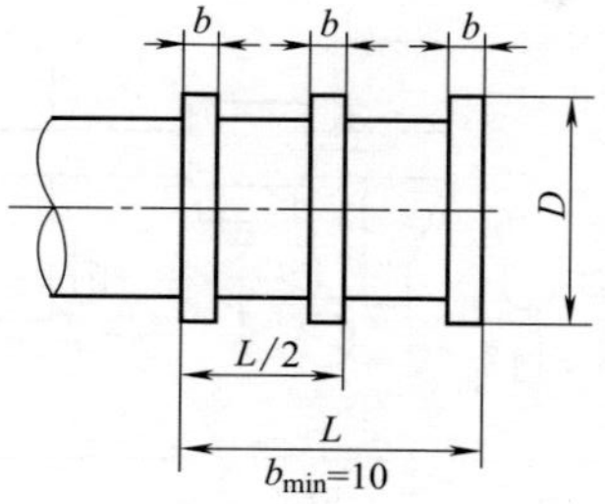	精车圆柱试件的圆度(靠近主轴轴端的检验试件的半径变化)	圆度仪或千分尺	0.005mm	精车试件(试件材料为 45 钢，正火处理，刀具材料为 YT30)外圆 D。用千分尺测量靠近主轴轴端的检验试件的半径变化。取半径变化最大值近似作为圆度误差；用千分尺测量每一个环带直径之间的变化，取最大差值作为该项误差
		切削加工直径的一致性(检验零件的每一个环带直径之间的变化)		300mm 长度上为 0.03mm	

续表

序号	简图	检验项目	检验工具	允许误差范围	检验方法
P2	b b $\phi 10$ D (b_{min}=10)	精车端面的平面度	平尺和量块(或指示器)	ϕ300mm 上为 0.025mm(只许凹)	精车试件端面(试件材料:HT150,180～200HB。外形见图,刀具材料:YG8),使刀尖回到车削起点位置。把指示器安装在刀架上,指示器测头在水平平面内垂直触及圆盘中间,沿负 X 轴向移动刀架,记录指示器的读数及方向,用终点时读数减起点时读数除以 2 即为精车端面的平面度误差(数值为正,则平面是凹的)
P3	L D	螺距精度	丝杠螺距测量仪或工具显微镜	任意 50mm 测量长度上为 0.025mm	可取外径为 50mm、长度为 75mm、螺距为 3mm 的丝杠作为试件进行检测(加工完成后的试件应充分冷却)
P4	R82 $\phi 50$ $\phi 18$ 126 190 (试件材料:45钢)	精车圆柱形零件的直径尺寸精度(直径尺寸差)	杠杆卡规和测高仪(或其他测量仪)	±0.025mm	用程序控制加工圆柱形零件(零件轮廓用一把刀精车而成),测量其实际轮廓与理论轮廓的偏差
		精车圆柱形零件的长度尺寸精度		±0.035mm	

表 4.3.3　CJK6032 数控铣钻床 ZJK7532A 精度要求

序号	简图	检验项目	检验工具	允许误差范围	检验方法
G0	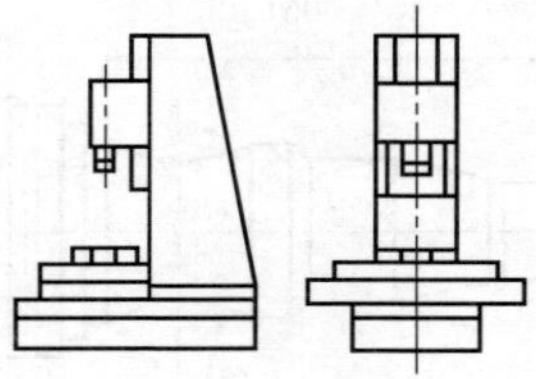	机床调平	精密水平仪	0.06mm/1000mm	将工作台置于导轨行程中间位置，将两个水平仪分别沿 X 和 Y 坐标轴置于工作台中央，调整机床垫铁高度，使水平仪水泡处于读数中间位置；分别沿 Y 和 X 坐标轴全行程移动工作台，观察水平仪读数的变化，调整机床垫铁高度，使工作台沿 Y 和 X 坐标轴全行程移动时水平仪读数的变化范围小于 2 格，且读数处于中间位置即可
G1	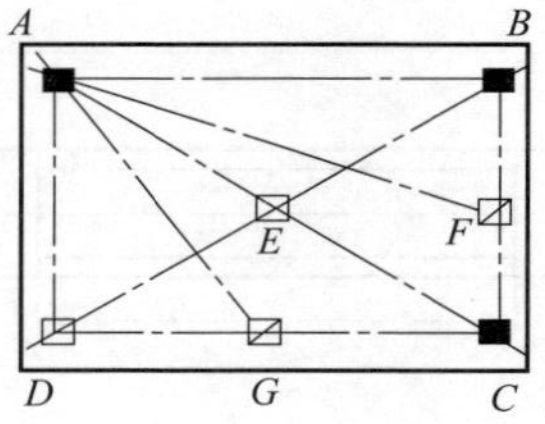	工作台面的平面度	指示器，平尺，可调量块，等高块，精密水平仪	0.08mm/全长	在检验面上选 A、B 和 C 点作为零位标记，将三个等高量块放在这三点上，这三个量块的上表面就确定了与被检面做比较的基准面。然后将平尺置于点 A 和点 C 上，并在检验面点 E 处放一可调量块，使其与平尺的下表面接触。这时，量块 A、B、C、E 的上表面均在同一表面上。再将平尺放在点 B 和点 E 上即可找到点 D 的偏差。在点 D 放一可调量块，并将其上表面调到由已经就位的量块的上表面所确定的平面中。将平尺分别放在点 A 和点 D 及点 B 和点 C 上，即可找到被检面上处于点 A 和点 D 之间及点 B 和点 C 之间的各点的偏差。处于点 A 和点 B 之间及点 C 和点 D 之间的偏差可用同样的方法找到。这所有偏差中最大的那个偏差即为平面度
G2	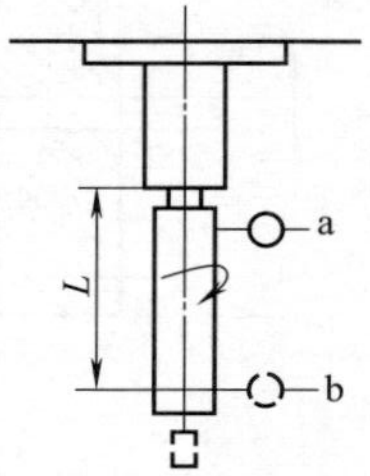	靠近主轴端部主轴锥孔轴线的径向跳动	检验棒，指示器	0.01mm	如图所示，将检验棒插在主轴锥孔内，指示器安装在机床固定部件上，指示器测头垂直触及被测表面，旋转主轴，记录指示器的最大读数差值，在 a、b 处分别测量。标记检验棒与主轴的圆周方向的相对位置，取下检验棒，同向分别旋转检验棒 90°、180°、270°后重新插入主轴锥孔，在每个位置分别检测。取 4 次检测的平均值为主轴锥孔轴线的径向跳动误差
		距主轴端部 L（$L=100$mm）处主轴锥孔轴线的径向跳动		0.02mm	

续表

序号	简图	检验项目	检验工具	允许误差范围	检验方法
G3	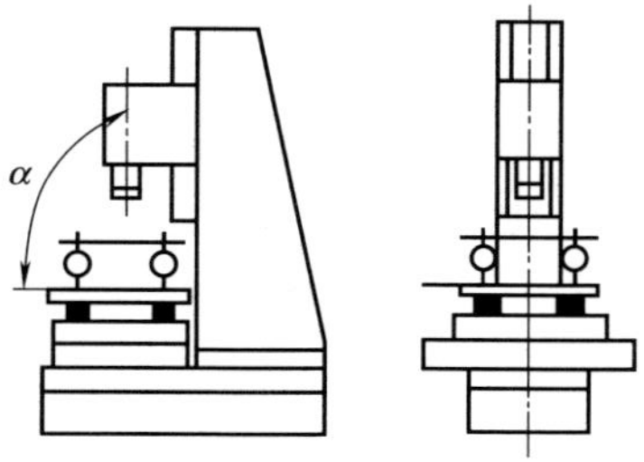	主轴轴线对工作台面的垂直度	平尺，可调量块，指示器，专用表架	0.05mm/300mm ($\alpha \leqslant 90°$)	将千分表架在主轴上，使表指针接触工作台并垂直于工作台面，用手旋转主轴2～3圈，表指针摆动的最大幅度即为垂直度
G4	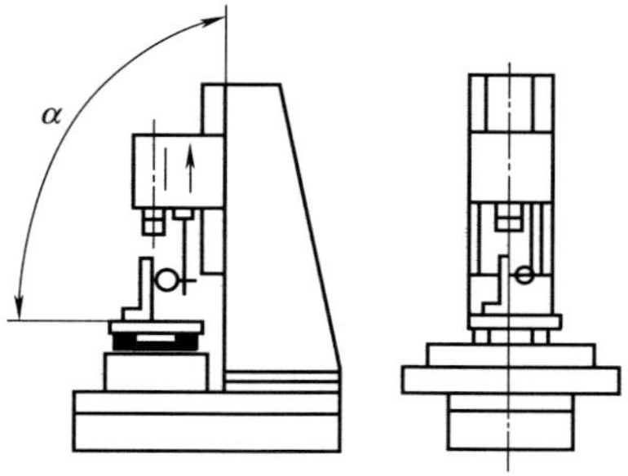	Y-Z平面内主轴箱垂直移动对工作台面的垂直度	等高块，平尺，角尺，指示器	0.05mm/300mm ($\alpha \leqslant 90°$)	如图所示，将等高块沿Y轴向放在工作台上，平尺置于等高块上，将角尺置于平尺上(在Y-Z平面内)，指示器固定在主轴箱上，指示器测头垂直触及角尺，移动主轴箱，记录指示器读数及方向，其读数最大差值即为在Y-Z平面内主轴箱垂直移动对工作台面的垂直度误差；同理，将等高块、平尺、角尺置于X-Z平面内重新测量一次，指示器读数最大差值即为在Y-Z平面内主轴箱垂直移动对工作台面的垂直度误差
		X-Z平面内主轴箱垂直移动对工作台面的垂直度		0.05mm/300mm	
G5	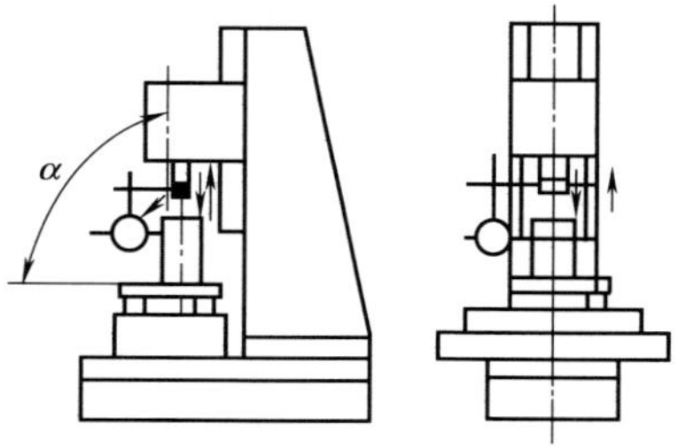	Y-Z平面内主轴套筒垂直移动对工作台面的垂直度	等高块，平尺，角尺，指示器	0.05mm/300mm ($\alpha \leqslant 90°$)	如图所示，将等高块沿Y轴向放在工作台上，平尺置于等高块上，将圆柱角尺置于平尺上，并调整角尺位置使角尺轴线与主轴轴线同轴；指示器固定在主轴上，指示器测头在Y-Z平面内垂直触及角尺，移动主轴，记录指示器读数及方向，其读数最大差值即为在Y-Z平面内主轴垂直移动对工作台面的垂直度误差；同理，指示器测头在X-Z平面内垂直触及角尺重新测量一次，指示器读数最大差值为在X-Z平面内主轴箱垂直移动对工作台面的垂直度误差
		X-Z平面内主轴套筒垂直移动对工作台面的垂直度		0.05mm/300mm	

续表

序号	简图	检验项目	检验工具	允许误差范围	检验方法
G6		工作台 X 坐标轴方向移动对工作台面的平行度	等高块，平尺，指示器	0.056mm/全长	如图所示，将等高块沿 Y 轴向放在工作台上，平尺置于等高块上，把指示器固定在主轴箱上，使指示器测头垂直触及平尺，Y 轴向移动工作台，记录指示器读数，其读数最大差值即为工作台沿 Y 轴向移动对工作台面的平行度；将等高块沿 X 轴向放在工作台上，X 轴向移动工作台，重复测量一次，其读数最大差值即为工作台沿 X 轴向移动对工作台面的平行度
		工作台 Y 坐标轴方向移动对工作台面的平行度		0.04mm/全长	
G7		工作台沿 X 坐标轴方向移动对工作台面基准（T 形槽）的平行度	指示器，表架	0.03mm/500mm	如图所示，把指示器固定在主轴箱上，使指示器测头垂直触及基准（T 形槽），X 轴向移动工作台，记录指示器读数，其读数最大整值即为工作台沿 X 坐标轴方向移动对工作台面基准（T 形槽）的平行度误差
G8		工作台 X 坐标轴方向移动对 Y 坐标轴方向移动的工作垂直度	角尺，指示器	0.04mm/500mm	如图所示，工作台处于行程中间位置，将角尺置于工作台上，把指示器固定在主轴箱上，使指示器测头垂直触及角尺（Y 轴向），Y 轴向移动工作台，调整角尺位置，使角尺的一个边与 Y 轴轴线平行，再将指示器测头垂直触及角尺另一边（X 轴向），X 轴向移动工作台。记录指示器读数，其读数最大差值即为工作台 X 坐标轴方向移动对 Y 坐标轴方向移动的工作垂直度误差

续表

序号	简图	检验项目	检验工具	允许误差范围	检验方法
G9	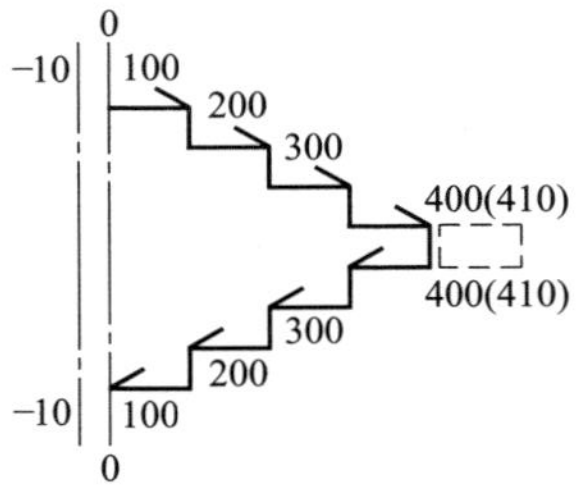 −10 0 100 200 300 400(410) 400(410) 300 200 100 −10 0	X 坐标轴直线运动的定位精度(A)	激光干涉仪(或专用检具)	0.06mm	定位精度(A):在测量行程范围内测 5 点,取一次测量中最大位置偏差与最小位置偏差之差的一半的值,加上正负号即为该轴的定位精度 重复定位精度(R):在测量行程范围内任取 3 点,在每点重复测量 5 次,取每点最大值与最小值除以 2 即可 反向差值(B):运动部件沿轴线或绕轴线的各目标位置的反向差值的绝对值中的最大值即为轴线反向差值 B
		X 坐标轴直线运动的重复定位精度(R)		0.03mm	
		X 坐标轴直线运动的反向差值(B)		0.03mm	
G10	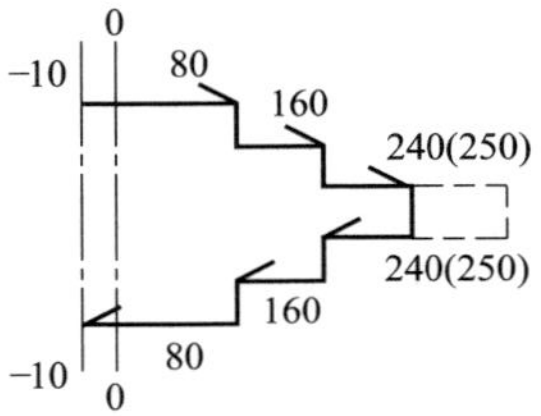 −10 0 80 160 240(250) 240(250) 160 80 −10 0	Y 坐标轴直线运动的定位精度(A)	激光干涉仪(或专用检具)	0.06mm	定位精度(A):在测量行程范围内测 5 点,取一次测量中最大位置偏差与最小位置偏差之差的一半的值,加上正负号即为该轴的定位精度 重复定位精度(R):在测量行程范围内任取 3 点,在每点重复测量 5 次,取每点最大值与最小值除以 2 即可 反向差值(B):运动部件沿轴线或绕轴线的各目标位置的反向差值的绝对值中的最大值即为轴线反向差值 B
		Y 坐标轴直线运动的重复定位精度(R)		0.03mm	
		Y 坐标轴直线运动的反向差值(B)		0.03mm	
G11	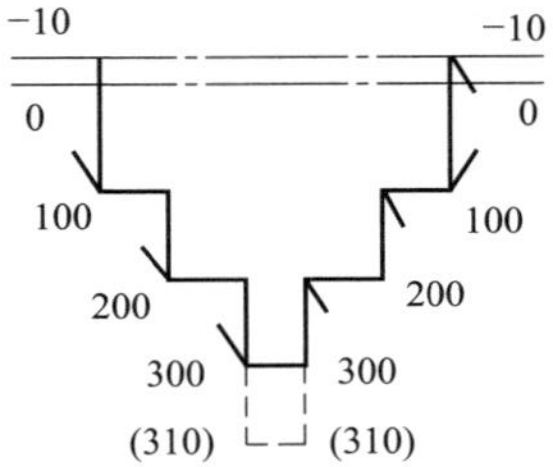 −10 0 100 200 300 (310) −10 0 100 200 300 (310)	Z 坐标轴直线运动的定位精度(A)	激光干涉仪(或专用检具)	0.06mm	定位精度(A):在测量行程范围内测 5 点,取一次测量中最大位置偏差与最小位置偏差之差的一半的值,加上正负号即为该轴的定位精度 重复定位精度(R):在测量行程范围内任取 3 点,在每点重复测量 5 次,取每点最大值与最小值除以 2 即可 反向差值(B):运动部件沿轴线或绕轴线的各目标位置的反向差值的绝对值中的最大值即为轴线反向差值 B
		Z 坐标轴直线运动的重复定位精度(R)		0.03mm	
		Z 坐标轴直线运动的反向差值(B)		0.03mm	

续表

序号	简图	检验项目	检验工具	允许误差范围	检验方法
P1	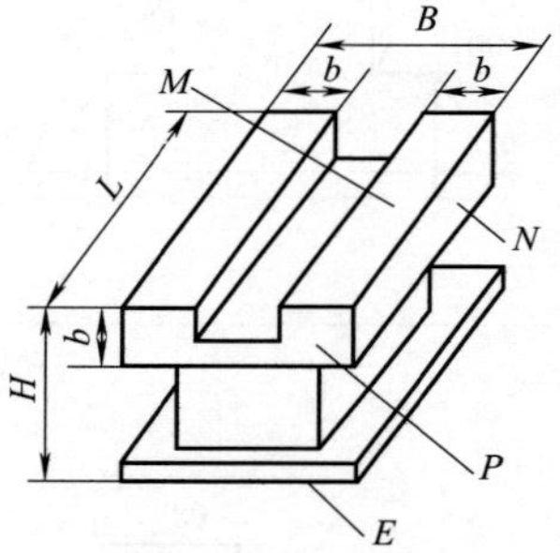 横向和纵向移动工作台进行 M、N、P 面铣削。其中，试件尺寸（整体式）：$L=(1/3\sim1/2)$ 纵向行程，$B\geqslant L/3$，$H\geqslant L/3$，$b\geqslant16$mm。材料：HT150	M 面平面度	平尺，块规	0.025mm	检验方法与本表 G1 相同
		M 面对加工基面 E 的平行度	千分尺，角尺	0.03mm	将千分表安装在一个标准块上，标准块底面与 E 面重合，同时使标准块与导向平尺接触，指针与 M 面接触并垂直，全程范围内移动标准块和指针，指针摆动的最大幅度即为平行度
		N 面对 M 面的垂直度	角尺，块规，平板	0.03mm/50mm	将圆柱形角尺放在其中一个平面上，再将千分表沿另一个平面移动，并在规定距离内记录读数；圆柱形角尺转动 180°后重新测量一次，并记录读数；取两次测得的读数的平均值即可
		P 面对 M 面的垂直度			
		N 面对 P 面的垂直度			
P2	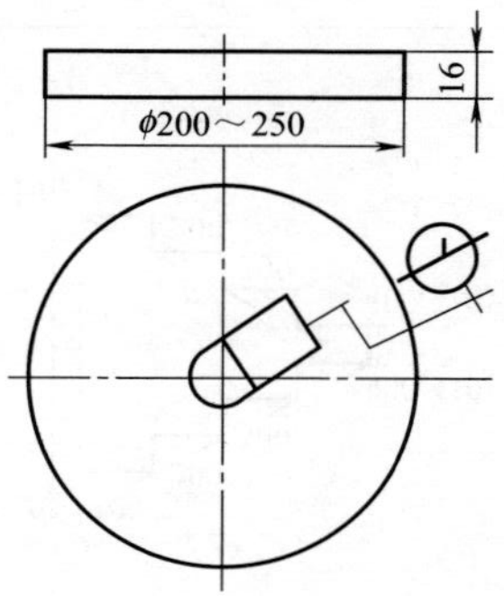	圆度	指示器，专用检具（或圆度仪）	0.04mm	在对试件的圆度进行检测前，要先用 x、y 坐标轴的圆弧插补程序对圆周面进行精铣（刀具：ϕ5mm 棒铣刀），并检测其粗糙度。如图所示，将指示器固定在主轴上，使指示器测头垂直触及加工后的外圆面，转动主轴，微调工件的位置，使主轴轴线与工件圆心同轴，记录指示器读数，其最大差值即为圆度误差

注：在对有关项目进行检测前，先要用自动程序加工各面（刀具为 ϕ25mm 棒铣刀；试件材料为 HT200）。具体要求是：沿 X 轴向对 E 面进行精铣，接刀处重叠约 5～10mm；然后分别沿 X、Y 轴向对 M、N、P 面进行精铣。

四、数控机床定位精度的检验

数控机床的定位精度是指机床在数控装置的控制下，机床的各运动部件运动时所能达到的精度。因此，根据检测的定位精度的数值，可以知道这台机床在以后的加工中所能到达的最高加工精度。

定位精度检验的内容如下：

① 直线运动定位精度（包括 X、Y、Z、U、V、W 等轴）。

② 直线运动重复定位精度。

③ 直线运动各轴返回机床原点的精度。

④ 直线运动失动量（背隙）的测定。

⑤ 回转运动的定位精度（包括 A、B、C 等轴）。

⑥ 回转运动的重复定位精度。

⑦ 回转轴原点的返回精度。

⑧ 回转轴运动的失动量的测定。

检测直线运动的工具有测微仪和成组块规、标准刻度尺和光学读数显微镜及双频激光干涉仪等。标准的长度测量以双频激光干涉仪为准。

回转运动检测工具有高精度圆光栅、360 个齿精确分度的标准转台、角度多面体等。

定位精度检验的具体内容见表 4.3.4。

表 4.3.4　定位精度检验内容

序号	定位精度检验内容	详细说明
1	直线运动定位精度检测	机床直线定位精度检测一般都在机床空载条件下进行。常用检测方法如图 4.3.2 所示 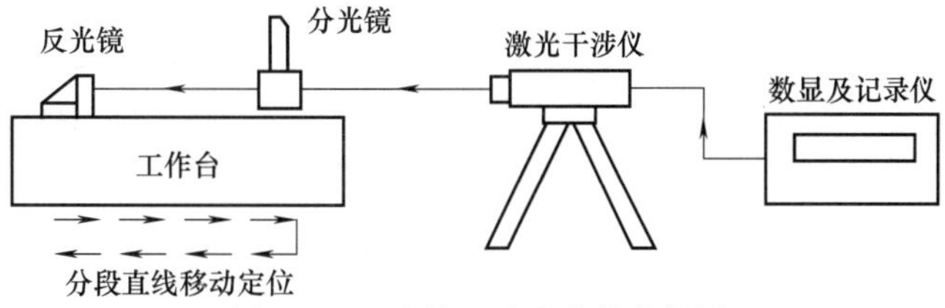 图 4.3.2　直线运动定位精度检测 按照 ISO(国际标准化组织)标准规定，对数控机床的检测，应以激光测量为准，但目前国内拥有这种仪器的用户较少，因此，大部分数控机床生产厂的出厂检测及用户验收检测还是采用标准尺进行比较测量。这种方法的检测精度与检测技巧有关，较好的情况下可控制到(0.004～0.005mm)/1000mm，而激光测量的测量精度可较标准尺检测方法提高一倍 其具体方法是：视机床规格选择每 20mm、50mm 或 100mm 的间距，用数据输入法作正向和反向快速移动定位，测出实际值和指令值的离差。为了反映多次定位中的全部误差，国际标准化组织规定每一个定位点进行 5 次数据测量，计算出均方根值和平均离差±3a。定位精度是一条由各定位点平均值连贯起来有平均离差±3σa 的定位点离散误差带，如图 4.3.3 所示 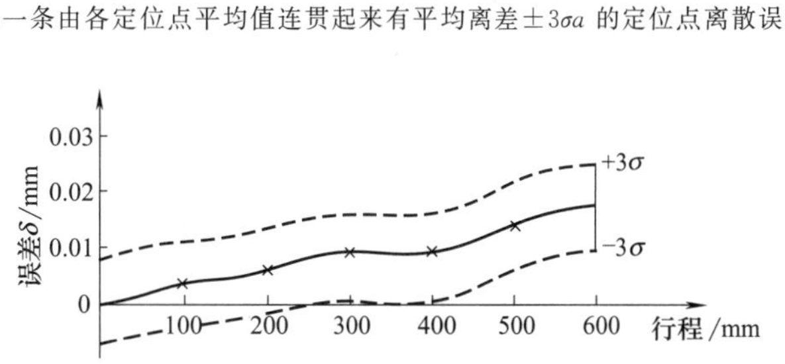 图 4.3.3　定位精度曲线

续表

序号	定位精度检验内容	详细说明
1	直线运动定位精度检测	定位精度是以快速移动定位测量的。对一些进给传动链刚度不太好的数控机床，采用各种进给速度定位时会得到不同的定位精度曲线和不同的反向间隙。因此，质量不高的数控机床不可能加工出高精度的零件 由于综合因素，数控机床每一个轴的正向和反向定位精度是不可能完全重复的，其定位精度曲线会出现如图 4.3.4 所示的平行型曲线、交叉型曲线和喇叭型曲线，这些曲线反映出机床的质量问题 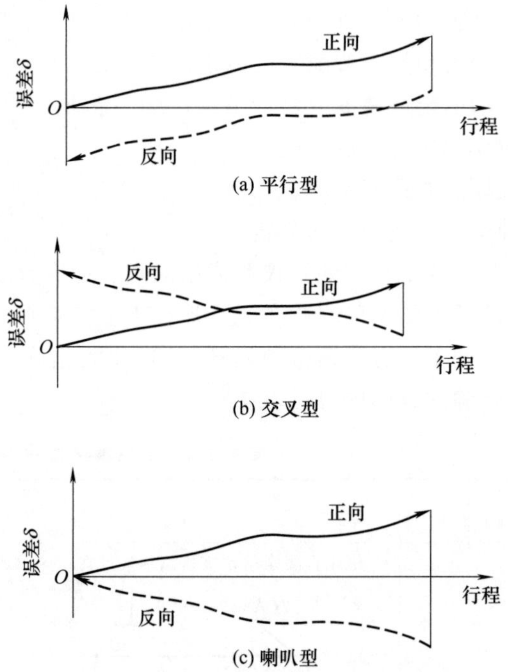 (a) 平行型 (b) 交叉型 (c) 喇叭型 图 4.3.4 几种不正常的定位精度曲线 平行型曲线表现为正向定位曲线和反向定位曲线在垂直坐标上均匀地分开一段距离，这段距离是坐标轴的反向间隙，该间隙可以用数控系统的间隙补偿功能给予补偿。补偿值不能超过实际间隙数值，否则会出现过动量。数控系统的间隙补偿功能一般用于纠正传动链中微小的弹性变形误差，这些误差在正常情况下是很小的，在中、小型数控机床中一般不超过 0.02～0.03mm，如果实测值远大于这个数值范围，就要考虑机械传动链和位置反馈系统中是否有松动环节 交叉型和喇叭型曲线是被测坐标轴上各段反向间隙不均匀造成的。例如滚珠丝杠在全行程内各段间隙过盈不一致、导轨副在全行程的负载不一致等均可能造成反向间隙不均匀。在使用较长时间的数控机床上容易出现这种现象，如果在新机床检测时出现这种问题就应该考虑是伺服系统或机床装配的质量问题 从理论上讲，全闭环伺服坐标轴可以修正很小的定位误差，不会出现平行型、交叉型或喇叭型定位曲线，但是实际的全闭环伺服系统在修正太小的定位误差时，会产生传动链的振荡，造成失控。所以全闭环伺服系统的修正误差也是只能在一定范围之内，因此全闭环伺服坐标轴的正、反向定位曲线会有微小的误差 半闭环伺服坐标轴的定位精度曲线与环境温度的变化是有关系的，半闭环伺服系统不能补偿滚珠丝杠的热伸长，热伸长能使半闭环伺服坐标轴的定位精度在 1m 行程上相差 0.01～0.02mm。因此有些数控机床采用预拉伸丝杠的方法来减小热伸长的影响，有的是对长丝杠采用丝杠中心通恒温冷却油的方法来减小温度变化。有些数控机床在关键部位安装热敏电阻元件检测温度变化，数控系统对这些位置的温度变化给予补偿

续表

序号	定位精度检验内容	详细说明
2	直线运动重复定位精度的检测	检测用的仪器与检测定位精度所用的仪器相同。一般检测方法是在靠近各坐标行程的中点及两端的任意三个位置进行测量，每个位置快速移动定位，在相同的条件下重复做7次定位，测出停止位置的数值并求出读数的最大差值。以3个位置中最大差值的1/2附上正负符号，作为该坐标的重复定位精度，它是反映轴运动精度稳定性的最基本指标
3	直线运动的原点复归精度	数控机床每个坐标轴都要有精确的定位起点，此点即为坐标轴的原点或参考点。为提高原点返回精度，各种数控机床对坐标轴原点复归采取了一系列措施，如降速、参考点偏移量补偿等。同时，每次关机之后，重新开机的原点位置精度要求一致。因此，坐标原点的位置精度必然比行程中其他定位点精度要高。原点返回精度，实质上是该坐标轴上一个特殊点的重复定位精度，因此，它的测量方法与重复定位精度相同
4	直线运动失动量的测定	坐标轴直线运动的失动量，又称直线运动反向差，是该轴进给传动链上的驱动元件反向死区，以及各机械传动副的反向间隙和弹性变形等误差的综合反映。测量方法与直线运动重复定位精度的测量方法相似，是在所检测的坐标轴的行程内，预先正向或反向移动一段距离后停止，并且以停止位置作为基准，再在同一方向给坐标轴一个移动指令值，使之移动一段距离，然后向反方向移动相同的距离，检测停止位置与基准位置之差，在靠近行程的中点及两端的三个位置上分别进行多次测定，求出各个位置上的平均值，以所得平均值中最大的值为失动量的检测值。该值越大，那么定位精度和重复定位精度就越差。如果失动量在全行程范围内均匀，可以通过数控系统的反向间隙补偿功能给予修正，但是补偿值越大，就表明影响该坐标轴定位误差的因素越多
5	回转工作台的定位精度	以工作台某一角度为基准，然后向同一方向快速转动工作台，每隔30°锁紧定位，选用标准转台、角度多面体、圆光栅及平行光管等测量工具进行测量，正向转动和反向转动各测量一周。各定位位置的实际转角与理论值(指令值)之差的最大值即为分度误差。检测时要对0°、90°、180°、270°重点测量，要求这些角度的精度比其他角度的精度高一个数量级

五、数控机床切削精度检验

数控机床切削精度检验，又称动态精度检验，是在切削加工条件下，对机床几何精度和定位精度的一项综合考核。切削精度检验可分单项加工精度检验和加工一个标准的综合性试件精度检验两种。国内多以单项加工为主。对数控车床常以车削一个包含圆柱面、锥面、球面、倒角和槽等多种形状在内的棒料试件作为综合车削试件精度检验的对象，如图4.3.5所示。数控车床的切削精度检验的检测对象还有螺纹加工试件。加工中心精度检验内容见表4.3.5。

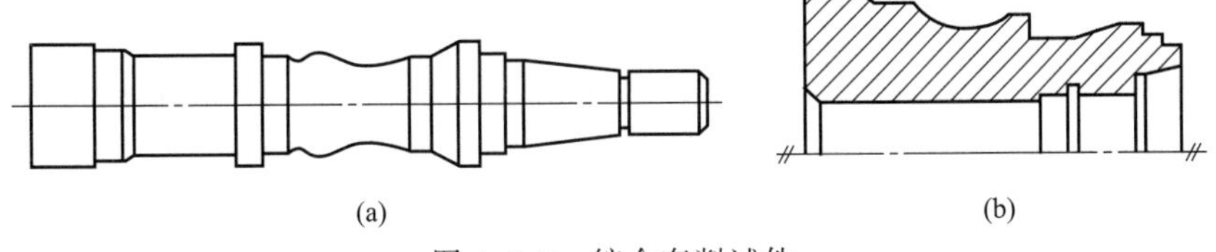

图4.3.5　综合车削试件

以镗铣为主的加工中心的主要单项精度如图4.3.6所示。

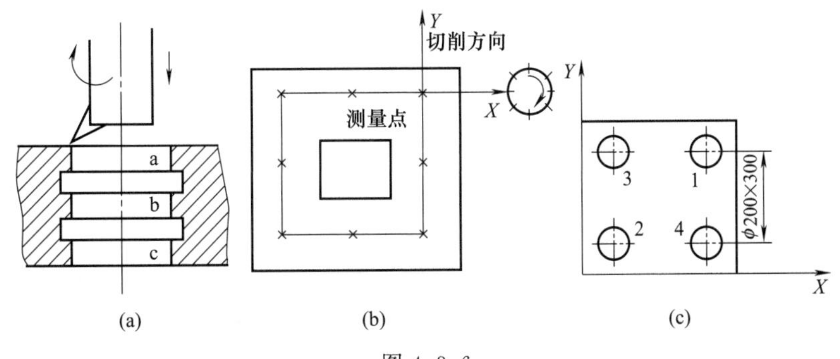

图4.3.6

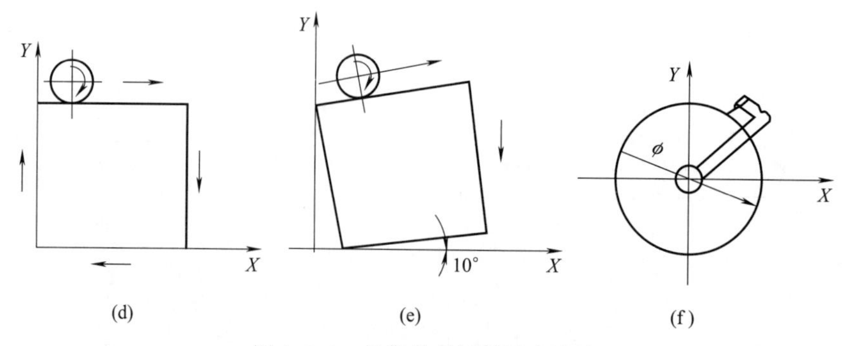

图 4.3.6 各种单项切削精度试验

表 4.3.5 加工中心精度检验内容

序号	加工中心精度检验内容	详细说明
1	镗孔精度试验	如图 4.3.6(a)所示。这项精度与切削时使用的切削用量、刀具材料、切削刀具的几何角度等都有一定的关系。主要是考核机床主轴的运动精度及低速走刀时的平稳性。在现代数控机床中,主轴都装配有高精度带有预负荷的成组滚动轴承,进给伺服系统带有摩擦系数小和灵敏度高的导轨副及高灵敏度的驱动部件,所以这项精度一般都不成问题
2	端面铣刀铣削平面的精度(*X*-*Y* 平面)	图 4.3.6(b)表示用精调过的多齿端面铣刀精铣平面的方向,端面铣刀铣削平面精度主要反映 *X* 轴和 *Y* 轴两轴运动的平面度及主轴中心对 *X*-*Y* 运动平面的垂直度(直接在台阶上表现)。一般精度的数控机床的平面度和台阶差在 0.01mm 左右
3	镗孔的孔距精度和孔径分散度	镗孔的孔距精度和孔径分散度检查按图 4.3.6(c)所示进行,以快速移动进给定位精镗 4 个孔,测量各孔位置的 *X* 坐标和 *Y* 坐标的坐标值,以实测值和指令值之差的最大值作为孔距精度测量值。对角线方向的孔距可由各坐标方向的坐标值经计算求得,或各孔插入配合紧密的检验芯轴后,用千分尺测量对角线距离。而孔径分散度则由在同一深度上测量各孔 *X* 坐标方向和 *Y* 坐标方向的直径最大差值求得。一般数控机床 *X*、*Y* 坐标方向的孔距精度为 0.02mm,对角线方向孔距精度为 0.03mm,孔径分散度为 0.015mm
4	直线铣削精度	直线铣削精度的检查,可按图 4.3.6(d)进行。由 *X* 坐标及 *Y* 坐标分别进给,用立铣刀侧刃精铣工件周边。测量各边的垂直度、对边平行度、邻边垂直度和对边距离尺寸差。这项精度主要考核机床各向导轨运动的几何精度
5	斜线铣削精度检查	用立铣刀侧刃来精铣工作周边,如图 4.3.6(e)所示。它是同时控制 *X* 和 *Y* 两个坐标来实现的。所以该精度可以反映两轴直线插补运动品质特性。进行这项精度检查时有时会发现在加工面上(两直角边上)出现一边密一边稀的很有规律的条纹,这是两轴联动时,其中一轴进给速度不均匀造成的。这可以通过修调该轴速度控制和位置控制回路来解决。少数情况下,也可能是负载变化不均匀造成的,如导轨低速爬行、机床导轨防护板不均匀摩擦及位置检测反馈元件传动不均匀等也会产生上述条纹
6	圆弧铣削精度	圆弧铣削精度检查是用立铣刀侧刃精铣如图 4.3.6(f)所示的外圆表面,然后在圆度仪上测出圆度曲线。一般加工中心类机床铣削 ϕ200～300mm 工件时,圆度可达到 0.03mm 左右。表面粗糙度 Ra 可达到 3.2μm 左右

在测试件测量中常会遇到如图 4.3.7 所示的图形。图 4.3.7 (a) 两半圆错位图形所反映的情况一般是由一个坐标轴或两个坐标轴的反向失动量引起的，可通过适当改变失动量的补偿值或提高坐标轴传动链的精度来解决。图 4.3.7 (b) 斜椭圆是由于两坐标轴的进给伺服系统实际的增益不一致、圆弧插补运动中两坐标轴的跟随特性滞后有差异，适当地通过调整坐标轴的速度反馈增益或位置环增益来修正。图 4.3.7 (c) 圆柱面出现锯齿形条纹的原因与斜边铣削出现条纹的原因类似，可通过调整进给轴速度控制或位置控制环节解决。

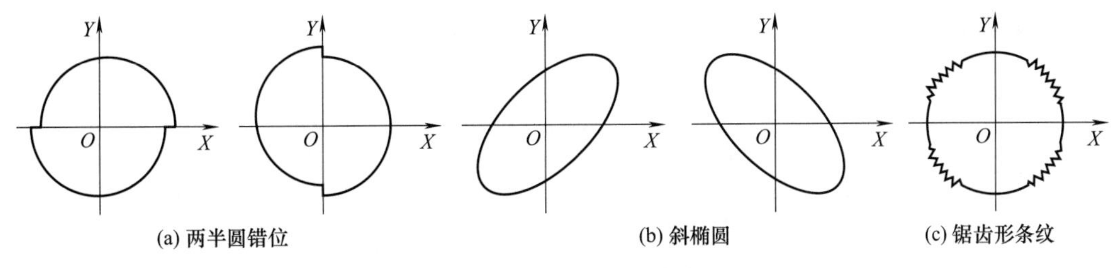

图 4.3.7　圆弧铣削精度

对于卧式机床，还有箱体掉头镗孔同轴度、水平转台回转 90°铣四方加工精度。对于高效切削要求的机床，还要做单位时间内金属切削量的试验等。切削加工试验材料除特殊要求之外，一般都用一级铸铁，使用硬质合金刀具，按标准的切削用量切削。

六、数控机床性能与功能的验收

数控机床性能和数控功能直接反映了数控机床各个性能指标，它们的好坏将影响到机床运行的可靠性和正确性，对此方面的检验要全面、细致。具体检验内容见表 4.3.6。

表 4.3.6　数控机床性能和功能验收内容

序号	数控机床性能和功能验收内容	详细说明
1	主轴性能检查	①用手动方式选择高、中、低三挡转速，主轴连续进行五次正转和反转的启动、停止，检验其动作的灵活性和可靠性。同时，观察负载表上的功率显示是否符合要求 ②用数据输入方式(MDI)，逐步使主轴由低速到最高速旋转，进行变速和启动，测量各级转速值，转速允差为设定值的±10%。同时，观察机床的振动与噪声情况。主轴在 2h 高速运转后允许温升 15℃ ③主轴准停装置连续操作五次以上，检验其动作的灵活性和可靠性。有齿轮挂挡的主轴箱，应多次试验自动挂挡，其动作应准确可靠
2	进给性能检查	①分别对 X、Y、Z 直线坐标轴(回转坐标 A、B、C)进行手动操作，检验其正、反向的低、中、高速进给和快速移动的启动、停止、点动等动作平稳性和可靠性。在增量方式(INC 或 STEP)下，单次进给误差不得大于最小设定当量的 100%，累积进给误差不得大于最小设定当量的 200%。在手轮方式(HANDLE)下，手轮每格进给和累积进给误差同增量方式 ②用数据输入方式测定 G00 和 G01 方式下各种进给速度，其允差为±5%，并验证操作面板上倍率开关是否起作用 ③通过上述两种方法，检验各伺服轴在进给时软硬限位的可靠性。数控机床的硬限位是通过行程开关来确定的，一般在各伺服轴的极限位置，因此，行程开关的可靠性就决定了硬限位的可靠性。软限位是通过设置机床参数来确定的，限位范围是可变的。软限位是否有效可观察伺服轴在到达设定位置时，伺服轴是否停止来确定 ④用回原点方式(REF)，检验各伺服轴回原点的可靠性
3	自动刀具交换系统检查	①检查自动刀具交换动作可靠性和灵活性，包括手动操作及自动运行时刀库满负载条件下(装满各种刀柄)运动平稳性、机械抓取最大允许重量刀柄的可靠性及刀库内刀号选择的准确性等。检验时，应检查自动刀具交换系统(ATC)操作面板各手动按钮功能，逐一呼叫刀库上各刀号，如有可能逐一分解操纵自动换刀各单段动作，检查各单段动作质量(动作快速、平稳、无明显撞击、到位准确等) ②检验自动交换刀具的时间，包括刀具纯交换时间、离开工件到接触工件的时间，应符合机床说明书规定
4	机床电气装置检查	在试运转前后分别进行一次绝缘检查，检查机床电气柜接地线质量、绝缘的可靠性、电气柜清洁和通风散热条件

续表

序号	数控机床性能和功能验收内容	详细说明
5	数控装置及功能检查	检查数控柜内外各种指示灯、输入输出接口、操作面板各开关按钮功能、电气柜冷却风扇和密封性是否正常可靠，主控单元到伺服单元、伺服单元到伺服电机各连接电缆连接的可靠性。外观质量检查后，根据数控系统使用说明书，用手动或程序自动运动方法检查数控系统主要使用功能，如定位、直线插补、圆弧插补、暂停、自动加减速、坐标选择、平面选择、刀具半径补偿、刀具长度补偿、拐角过渡、固定循环、行程停止、选择暂停、程序暂停、程序结束、冷却液的开关、程序单段运行、原点偏置、跳读程序、进给速度调节、主轴速度调节、紧急停止、程序检索、位置显示、镜像功能、螺距误差补偿、间隙误差补偿及用户宏程序、人机对话编程、自动测量程序等功能的准确性及可靠性 数控机床功能的检查不同于普通机床，必须在机床运行程序时检查有没有执行相应的动作，因此检查者必须了解数控机床功能指令的具体含义，及在什么条件下才能在现场判断机床是否准确执行了指令
6	安全保护措施和装置检查	数控机床作为一种自动化机床，必须有严密的安全保护措施。安全保护在机床上分两大类：一类是极限保护，如安全防护罩、机床各运动坐标行程极限保护自动停止功能、各种电压电流过载保护、主轴电机过热超负荷紧急停止功能等；另一类是为了防止机床上各运动部件互相干涉而设定的限制条件，如加工中心的机械手伸向主轴装卸刀具时，带动主轴箱的 Z 轴干涉绝对不允许有移动指令，卧式机床上为了防止主轴箱降得太低时撞击到工作台面，设定了 Y 轴和 Z 轴干涉保护，即该区域都在行程范围内，单轴移动可以进入此区域，但不允许同时进入。保护的措施可以有机械式(如限位挡块、锁紧螺钉)、电气限位(以限位开关为主)、软件限位(在软件参数上设定限位参数)
7	润滑装置检查	数控机床各机械部件的润滑分为脂润滑和定时定点的注油润滑。脂润滑部位如滚珠丝杠螺母副的丝杠与螺母、主轴前轴承。这类润滑一般在机床出厂一年以后才考虑清洗更换。机床验收时主要检查自动润滑油路的工作可靠性，包括定时润滑是否能按时工作、关键润滑点是否能定量出油、油量分配是否均匀、润滑油路各接头处有无渗漏等
8	气液装置检查	检查压缩空气源和气路有无泄漏和工作可靠性。如气压太低时有无报警显示，气压表和油水分离等装置是否完好等，液压系统工作噪声是否超标，液压油路密封是否可靠，调压功能是否正常等
9	附属装置检查	检查机床各附属装置的工作可靠性。一台数控机床常配置许多附属装置，在新机床验收时对这些附属装置除了一一清点数量之外，还必须试验其功能是否正常。如冷却装置能否正常工作，排屑器的工作质量，冷却防护罩在大流量冲淋时有无泄漏，APC 工作台是否正常，在工作台上加上额定负载后检查工作台自动交换功能，配置接触式测头和刀具长度检测的测量装置能否正常工作，相关的测量宏程序是否齐全等
10	机床工作可靠性检查	判断一台新数控机床综合工作可靠性的最好办法，就是让机床长时间无负载运转，一般可运转 24h。数控机床在出厂前，生产厂家都进行了 24～72h 的自动连续运行考机，用户在进行机床验收时，没有必要花费如此长的时间进行考机，但考虑到机床托运及重新安装的影响，进行 8～16h 的考机还是很有必要的，实践证明，机床经过这种检验投入使用后，很长一段时间内都不会发生大的故障 在自动运行考机程序之前，必须编制一个功能比较齐全的考机程序，该程序应包含以下各项内容 ①主轴运转应包括最低、中间、最高转速在内的 5 种以上的速度，而且应该包含正转、反转及停止等动作 ②各坐标轴方向运动应包含最低、中间和最高进给速度及快速移动，进给移动范围应接近全行程，快速移动距离应在各坐标轴全行程的 1/2 以上 ③一般编程常用的指令尽量都要用到，如子程序调用、固定循环、程序跳转等 ④如有自动换刀功能，至少应交换刀库之中 2/3 以上的刀具，而且都要装上中等以上重量的刀柄进行实际交换 ⑤已配置的一些特殊功能应反复调用 APC 和用户宏程序等

第五章 数控机床的管理与维护

数控机床和传统机床相比，虽然在结构和控制上有根本区别，但维修管理及维护内容，在许多方面与传统机床仍是共通的。如必须坚持设备使用上的定人、定机、定岗制度；开展岗位培训，严禁无证操作；严格执行设备点检和定期、定级保养制度；对维修者实行派工卡，认真做好故障现象、原因和维修的记录，建立完整的维修档案；建立维修协作网，开展专家诊断系统工作等。

本章只介绍数控机床与传统机床在不同方面的维修管理及维护内容。

第一节 数控机床的管理与维护概述

一、数控机床的管理与维护的意义

由前面数控机床工作原理可知，高效地加工出高质量的合格产品是最终目的。而产品的“合格”加工，是指加工误差在许可的范围内。如何来减小和控制加工误差，一直是数控机床加工中的重要问题。因此，我们有必要了解数控机床的加工误差是如何形成的。

由图 5.1.1 可见，数控机床加工误差由三大部分组成：主机空间误差、工件及夹具系统位置误差与刀具系统位置误差。

主机空间误差，与承载变形误差以及热变形有关。其中，承载变形误差与安装条件有关，而热变形与工作环境温度有关。同样，在刀具与工件系统中也存在热变形问题。所以，机床安装是否满足要求、机床工作环境温度的大幅波动、冷却与润滑系统是否正常维护等，将直接影响加工精度。伺服系统的位移误差也直接与机床安装与调试精度有关。传动元件的制造与安装精度不良以及传动部件的磨损等，致使出现传动中的失衡、不同轴或不对中、间隙过大、松动等，将导致机床振动与噪声过大以及润滑不良或导轨间隙不当造成的爬行等现象，均会影响加工精度。显然，位置检测元件的相对位移以及位置检测系统的测量误差，必将直接影响加工精度。同样，刀具与工件的安装以及刀具调整也存在误差问题。误差过大或刀具磨损过大等，会造成刀颤动或弹性变形，严重影响加工精度。图 5.1.2 为数控车削加工

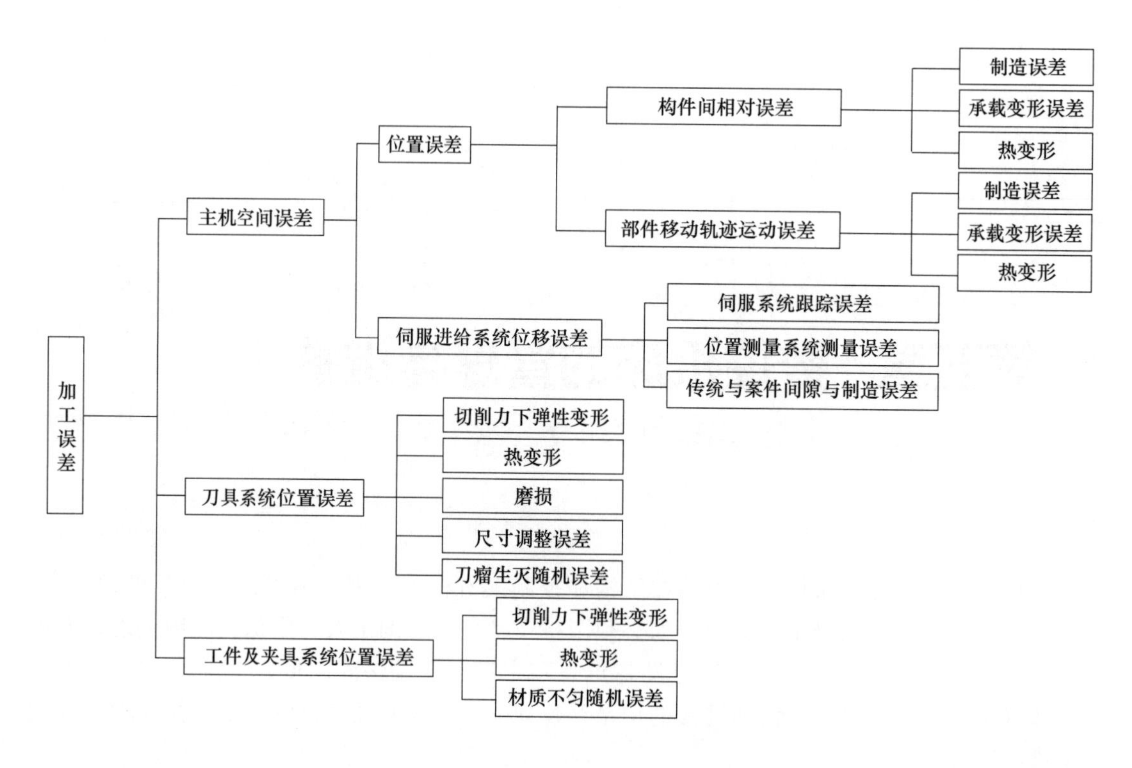

图 5.1.1　数控机床加工误差构成

图 5.1.2　数控车削加工中刀尖磨损的刀具

中刀尖磨损的刀具。

一台数控设备的正常运行与加工精度的保证，涉及其是否具有“先天条件”与“后天条件”。良好的设计与制造是其“先天条件”。而包装、运输、开箱验收、安装、调试与验收、正常使用，乃至日常维护与管理等，则是关系到设备运行效果、效率与寿命的大事。所以，它们是数控设备的“后天条件”。那么，一台数控机床运行不正常或出现加工精度问题，就不能仅就眼前现象分析，而应该“追根寻源”，分析它是否是一个健康生产物，其所有的活动经历是否满足正常要求条件，它是否在足够的“关爱”环境与条件下工作。

因此，数控机床的维护与管理是一项系统工程。它是包括从设备的购买、运输、验收、使用，直到报废，一生全过程的维护与管理。

二、数控机床维护的项目

维护与管理一切做法的目的，就是消除故障的隐患与保证机床精度，表 5.1.1 详细描述了数控机床的维护项目。

表 5.1.1 数控机床的维护项目

序号	维护项目		维护要求
1	机械部件的维护	主传动链的维护	熟悉数控机床主传动链的结构、性能和主轴调整方法，严禁超性能使用。出现不正常现象时，应立即停机排除故障。使用带传动的主轴系统，需定期调整主轴传动带的松紧程度，防止因带打滑造成的丢转现象。注意观察主轴箱温度，检查主轴润滑恒温油箱，调节温度范围，防止各种杂质进入油箱，及时补充油量。每年更换一次润滑油，并清洗过滤器。经常检查压缩空气气压，调整到标准要求值，气压足够才能使主轴锥孔中的切屑和灰尘清理干净，保持主轴与刀柄连接部位的清洁。主轴中刀具夹紧装置长时间使用后，会产生间隙，影响刀具的夹紧，需及时调整液压缸活塞的位移量。对采用液压系统平衡主轴箱重量的结构，需定期观察液压系统的压力，油压低于要求值时要及时调整。使用液压拨叉变速的主传动系统，必须在主轴停机后或低转速(2r/min)时变速。每年对主轴润滑恒温油箱中的润滑油更换一次，并清洗过滤器。每年清理润滑油箱底一次，并更换液压泵滤油器。每天检查主轴润滑恒温油箱，使其油量充足，工作正常。防止各种杂质进入润滑油箱，保持油液清洁。经常检查轴端及各处密封，防止润滑油液的泄漏
		滚珠丝杠螺母副的维护	定期检查、调整丝杠螺母副的轴向间隙，保证反向传动精度和轴向刚度。定期检查丝杠支承与床身的连接是否松动以及支承轴承是否损坏。如有以上问题，要及时紧固松动部位，更换支承轴承。采用润滑脂润滑的滚珠丝杠，每半年清洗一次丝杠上的旧润滑脂，换上新的润滑脂。用润滑油润滑的滚珠丝杠，每次机床工作前加油一次。注意避免硬质灰尘或切屑进入丝杠防护罩和工作中碰击防护罩，防护装置一有损坏要及时更换
		刀库及换刀机械手的维护	用手动方式往刀库上装刀时，要确保装到位，装牢靠，检查刀座上的锁紧是否可靠。严禁把超重、超长的刀具装入刀库，防止在机械手换刀时掉刀或刀具与工件、夹具等发生碰撞。采用顺序选刀方式须注意刀具放置在刀库上的顺序是否正确。其他选刀方式也要注意所换刀具号是否与所需刀具一致，防止换错刀具导致事故发生。注意保持刀具刀柄和刀套的清洁。经常检查刀库的回零位置是否正确，检查机床主轴回换刀点位置是否到位，若不到位应及时调整，否则不能完成换刀动作。开机时，应先使刀库和机械手空运行，检查各部分工作是否正常，特别是各行程开关和电磁阀能否正常动作。检查机械手液压系统的压力是否正常，刀具在机械手上锁紧是否可靠，发现不正常应及时处理
		导轨副的维护	定期调整压板的间隙；定期调整镶条间隙；定期对导轨进行预紧；定期对导轨进行润滑；定期检查导轨的防护
2	液压系统的维护		定期对油箱内的油液进行取样化验，检查油液质量，定期过滤或更换油液。定期检查冷却器和加热器的工作性能，控制液压系统中油液的温度在标准要求内。定期检查、更换密封件，防止液压系统泄漏。防止液压系统振动与产生噪声。定期检查清洗或更换液压件、滤芯，定期检查清洗油箱和管路。严格执行日常点检制度，检查系统的泄漏、噪声、振动、压力、温度等是否正常，将故障排除在萌芽状态
3	气动系统的维护		选用合适的过滤器，清除压缩空气中的杂质和水分。注意检查系统中油雾器的供油量，保证空气中含有适量的润滑油来润滑气动元件，防止生锈、磨损造成空气泄漏和元件动作失灵。定期检查更换密封件，保持系统的密封性。注意调节工作压力，保证气动装置具有合适的工作压力和运动速度。定期检查、清洗或更换气动元件、滤芯
4	直流伺服电动机的维护		在数控系统处于断电状态且电动机已经完全冷却的情况下进行检查。取下橡胶刷帽，用螺钉旋具拧下刷盖取出电刷。测量电刷长度，如FANUC直流伺服电动机的电刷由10mm磨损到小于5mm时，必须更换同型号的新电刷。仔细检查电刷的弧形接触面是否有深沟或裂痕，以及电刷弹簧上有无打火痕迹。如有上述现象，则要考虑电动机的工作条件是否过分恶劣或电动机本身是否有问题。用不含金属粉末及水分的压缩空气导入装电刷的刷握孔，吹净粘在刷握孔壁上的炭粉末。如果难以吹净，可用螺钉旋具尖轻轻清理，直至孔壁全部干净为止，注意不要碰到换向器表面。重新装上电刷，拧紧刷盖。如果更换了新电刷，应使电动机空运行跑合一段时间，以使电刷表面和换向器表面相吻合

续表

序号	维护项目		维护要求
5	数控系统日常维护		机床电气柜的散热通风。通常安装于电气柜门上的热交换器或轴流风扇,能使电气柜的内外空气进行循环,促使电气柜内的发热装置或元器件进行散热。应定期检查电气柜上的热交换器或轴流风扇的工作状况,检查风道是否堵塞。否则会引起柜内温度过高而使系统不能可靠运行,甚至引起过热报警
			尽量少开电气柜门,以免加工车间飘浮的灰尘、油雾和金属粉末落在电气柜上,造成元器件间绝缘电阻下降,从而出现故障。故除了定期维护和维修外,平时应尽量少开电气控制柜门
			每天检查数控柜、电气柜。看各电气柜的冷却风扇工作是否正常,风道过滤网是否堵塞。如果工作不正常或过滤器灰尘过多,会引起柜内温度过高而使系统不能可靠工作,甚至引起过热报警。一般来说,每半年或每三个月应检查清理一次,具体应视车间环境状况而定
			控制介质输入/输出装置的定期维护。CNC系统参数、零件程序等数据都可通过它输入到CNC系统的寄存器中。如果有污物,将会使读入的信息出现错误,故应定期对关键部件进行清洁
			支持电池的定期更换。数控系统存储参数用的存储器采用CMOS器件,其存储的内容在数控系统断电期间靠支持电池供电保持。在一般情况下,即使电池尚未消耗完,也应每年更换一次,以确保系统能正常工作。电池的更换应在CNC系统通电状态下进行
			备用印制电路板的定期通电。对于已经购置备用印制电路板,应定期装到CNC系统上通电运行。实践证明,印制电路板长期不用易出故障
			数控系统长期不用时的保养。系统长期不用是不可取的。数控系统处在长期闲置的情况下,要经常给系统通电。在机床锁住不动的情况下让系统空运行。空气湿度较大的梅雨季节尤其要注意。在空气湿度较大的地区,经常通电是降低故障的一个有效措施。数控机床闲置不用达半年以上,应将电刷从直流电动机中取出,以免由于化学作用使换向器表面腐蚀,引起换向性能变坏,甚至损坏整台电动机
6	位置检测元器件的维护	光栅的维护	防污。切削液在使用过程中会产生轻微结晶,这种结晶在扫描头上形成一层薄膜且透光性差,不易清除,故在选用切削液时要慎重。加工过程中,切削液的压力不要太大,流量不要过大,以免形成大量的水雾进入光栅。光栅最好通入低压压缩空气(10^5Pa左右),以免扫描头运动时形成的负压把污物吸入光栅。压缩空气必须净化,滤芯应保持清洁并定期更换。光栅上的污物可以用脱脂棉蘸无水酒精轻轻擦除
			防振。光栅拆装时要用静力,不能用硬物敲击,以免引起光学元件的损坏
		光电脉冲编码器的维护	防污。污染容易造成信号丢失
			防振。振动容易使编码器内的紧固件松动脱落,造成内部电源短路
			防连接松动。连接松动会影响位置控制精度。连接松动还会引起进给运动的不稳定,影响交流伺服电动机的换向控制,从而引起机床的振动
		感应同步器的维护	保持定尺和滑尺相对平行。定尺固定螺栓不得超过尺面,调整间隙在0.09~0.15mm为宜。不要损坏定尺表面耐切削液涂层和滑尺表面一层带绝缘层的铝箔,否则会腐蚀厚度较小的电解铜箔。接线时要分清滑尺的正弦绕组和余弦绕组
		旋转变压器的维护	接线时应分清定子绕组和转子绕组;电刷磨损到一定程度后要更换
		磁栅尺的维护	不能将磁性膜刮坏;防止铁屑和油污落在磁性标尺和磁头上;要用脱脂棉蘸酒精轻轻地擦其表面;不能用力拆装和撞击磁性标尺和磁头,否则会使磁性减弱或使磁场紊乱;接线时要分清磁头上的励磁绕组和输出绕组,前者绕在磁路截面尺寸较小的横臂上,后者绕在磁路截面尺寸较大的竖杆上

第二节　数控机床的使用条件

在机床制造厂提供的数控机床安装使用指南中，对数控机床的使用提出了明确的要求，如数控机床运行的环境温度、湿度、海拔高度、供电指标、接地要求、振动等。数控机床属于高精度的加工设备，其控制精度一般都能够达到 0.01mm 以内，有些数控机床的控制精度更高，甚至达到纳米级的精度等级。机床制造厂在生产数控机床以及进行精度调整时，都是基于数控机床标准的检测条件进行的，如生产车间必须保证一定的温度和湿度。金属材料对温度变化的反应将影响数控机床的定位精度。数控机床的用户要想达到数控机床的标定精度指标，就必须满足数控机床安装调试手册中定义的基本工作条件，否则数控机床的设计精度指标在生产现场是难以达到的。

图 5.2.1 为三菱 700/70 系列数控机床全套配套说明书。

图 5.2.1　三菱 700/70 系列数控机床全套配套说明书

数控机床必须工作在一定的条件下，也就是说，必须满足一定的使用要求。使用要求一般可以分成电源要求、工作温度要求、工作湿度要求、位置环境要求和海拔高度要求等五个方面。表 5.2.1 详细描述了数控机床的使用条件。

表 5.2.1　数控机床的使用条件

<table>
<tr><th>序号</th><th>要求</th><th colspan="3">详细说明</th></tr>
<tr><td rowspan="5">1</td><td rowspan="5">电源</td><td>电压的相对稳定</td><td colspan="2">在允许的范围内波动，例如，380V±10%。否则需要配备稳压电源</td></tr>
<tr><td>频率稳定与波形畸变小</td><td colspan="2">例如，50Hz±1Hz，要求不与高频电感设备共用一条电源线</td></tr>
<tr><td>电源相序</td><td colspan="2">按要求正规排序</td></tr>
<tr><td>电源线与熔丝</td><td colspan="2">按要求，应满足总供电容量（例如：15kV·A）与机床匹配、完好的电源电缆线与接头、良好的接插</td></tr>
<tr><td>可靠的接地保护</td><td colspan="2">例如，接地电阻<0.4Ω，导线截面积>6mm^2</td></tr>
<tr><td rowspan="3">2</td><td rowspan="3">工作温度和湿度</td><td>项目</td><td>普通数控机床</td><td>高精度数控机床</td></tr>
<tr><td>环境温度</td><td><40℃</td><td>20℃恒温室</td></tr>
<tr><td>相对湿度</td><td><80%不结露</td><td><80%不结露</td></tr>
<tr><td rowspan="5">3</td><td rowspan="5">位置环境</td><td colspan="3">具有防振沟或远离振源、远离高频电感设备</td></tr>
<tr><td colspan="3">无直接日照与热辐射</td></tr>
<tr><td colspan="3">洁净的空气；无导电粉尘、盐雾、油雾；无腐蚀性气体；无易爆气体；无尘埃</td></tr>
<tr><td colspan="3">周围足够的活动空间</td></tr>
<tr><td colspan="3">坚实牢固的基础（安装电缆管道，预留地脚螺栓、预埋件位置，用垫块与螺栓调水平等）</td></tr>
<tr><td>4</td><td>海拔高度</td><td colspan="3">允许的海拔高度一般低于 1000m，当超过这个指标时，伺服驱动系统的输出功率将有所下降，因而会影响加工的效果</td></tr>
</table>

一、数控机床对电源的要求

电源是数控机床正常工作的最重要的指标之一。没有一个稳定可靠的三相电源，数控机床稳定可靠的运行是得不到保证的。数控机床的动力来自伺服驱动器，然而伺服驱动器又是很强的干扰源，其装置不仅可能会对电气柜中的电气部件产生干扰，而且其在工作中会同时对三相电源产生高次谐波干扰。

当用户的生产现场有多台数控机床工作时，数控机床对供电电源产生的干扰可能会影响其他数控机床的正常运行，特别是对于采用大功率伺服驱动装置的数控机床，如大功率伺服电机或大功率伺服主轴，在工作中会产生非常强的电源干扰。防止伺服系统电源干扰的措施是在数控机床的电气柜中，在三相主开关与伺服驱动器的电源进线之间配置电源滤波器。用户在订购数控机床时，可根据生产现场的情况向机床制造厂提出配置电源滤波器的要求。生产车间现场电网品质的好坏不仅取决于生产现场的供电设备，更重要的是取决于生产现场的用电设备。只有减小或消除每台数控机床对电网产生的高次谐波干扰，才能保证整个生产现场所有的数控机床正常稳定运行，避免由于不必要的停机而造成的经济损失。越来越多的用户已经逐渐认识到生产现场供电电源的品质对生产的影响。

图 5.2.2 数控机床配套电源柜

图 5.2.2 为常用数控机床配套电源柜，图 5.2.3 为数控机床安装阶段伺服电机的电源接入。

图 5.2.3 数控机床安装阶段伺服电机的电源接入

二、数控机床环境温度

数控机床工作的环境温度是有一定限制的，一般环境温度不得超出 0～40℃的范围。当数控机床工作的生产现场的温度超过数控机床规定的运行范围时，一方面无法达到数控机床的精度指标，另一方面也能导致数控机床的电气故障，造成电气部件损坏。为保证数控机床在环境温度较高的生产现场可以稳定可靠地运行，机床制造厂采取了相应的措施。许多数控机床的电气柜配备了工业空调，对电气柜中的驱动器等发热部件产生的热量进行冷却。由于采用空调冷却，使得电气柜的内部和外部的温差很大，因此在湿度较高的环境中也可能导致数控机床的故障，甚至电气部件的损坏。如果数控机床电气柜的密封性能好，那么在数控机床断电后，空气中的水分子将在数控系统部件的元器件上产生凝结。当数控机床再次上电时，由于水的导电性，数控机床中各种电气部件上的露水可能会导致电气柜中元器件的短路损坏，特别是高电压部件。因此，在高温高湿地区使用数控机床的用户要特别注意环境可能对数控机床造成的影响，避免或减少数控机床停机导致的经济损失。所以，为数控机床的工作现场提供一个良好的环境是必要的，例如，将数控机床安放在恒温车间中进行加工生产。

三、数控机床环境湿度

当数控机床工作在高湿环境中时，应尽可能减少机床断电的次数。数控机床断电的主要目的有两个：一是安全，二是节能。数控机床耗能最高的部件是伺服驱动器，其他部件，如数控系统的显示屏、输入输出模块等，需要的功率都非常小，只要断开驱动器的职能信号，整个数控机床的能源消耗并不高。因此，在高湿度环境中工作的数控机床可以只断掉伺服系统的电源，机床制造厂对于销往高湿度地区的数控机床还可以选配电气柜的加热器，用于排除电气部件凝结的露水。在消除凝结的露水后，才能接通数控系统和驱动系统的电源。

四、数控机床位置环境要求

与数控机床使用的环境温度指标相同，数控机床对工作现场的地基以及数控机床在工作现场的安装调试也会影响数控机床的动态特性和加工精度。假如数控机床的工作现场地基不坚固，或者导轨的水平度没有达到要求，数控机床的动态性将会受到影响。数控机床在高加速度或高伺服增益设定情况下可能出现振动，从而不能保证加工的高精度。另外，对于高精度的数控机床，如果工作现场的地基与车间外的地面环境之间没有任何隔振措施，车间外面的振源也会影响机床的精度，例如，车间外道路上重型运输车辆产生的振动将直接影响加工的精度。

五、数控机床对海拔高度的要求

数控机床工作地允许的海拔高度一般低于 1000m，当超过这个指标时，伺服驱动系统的输出功率将有所下降，因而会影响加工的效果。如果一台数控机床准备在高原地区使用，那么在做电气系统配置时一定要考虑到高原环境的特点，选择伺服电机时功率指标要适当增大，以保证在高海拔的发生现场数控机床的驱动系统可以提供足够的功率。

第三节　数控机床管理的内容和方法

一、数控设备管理的主要内容

数控机床的管理是一项系统工程，包含数控机床的选用及安装、调试、验收等前期管理，到数控机床的使用、维护保养、故障检测及修理、改造更新等使用管理，以及再到设备报废的全过程。

在数控机床的管理上，不能将普通机床的管理方法移植到数控机床上。应根据企业的生产发展及经营目标，通过一系列技术、经济组织措施及科学方法来进行。在其具体运用上，可视企业购买及使用数控机床的情况，选择按阶段进行。

对于模具企业来说，数控机床的拥有是企业的竞争实力体现，最大限度地利用数控设备，对企业提高效率和竞争力都是十分有益的。企业不能只注意数控设备的利用率和最佳功能，还必须重视设备的保养与维修，它是直接影响数控设备能否长期正常运转的关键。为保持数控设备完好的技术状态，使其充分发挥效用，数控机床都应建立安全操作规程、维护保养规程、维修规程，这些规程可在传统机床相应规程的基础上，增加数控机床的特点要求来制定。在设备基础管理和技术管理工作上应该注意以下几个方面，见表 5.3.1。

表 5.3.1　数控设备管理的主要内容

序号	内容	详细说明
1	健全设备管理机构	制造部门应该设立数控设备与维修岗位，承担车间数控设备的管理和维修工作。聘用一些具有丰富经验的专业技师和具有很强专业化知识、责任心并有一定实际工作能力的机械、电气工程师，专门负责数控设备日常管理维护工作
2	制定和健全规章制度	针对数控机床的特点，逐步制定相应的管理制度，例如数控设备管理制度、数控设备的安全操作规程、数控设备的操作使用规程、数控设备的技术管理办法、数控设备的维修保养规程等，这样使设备管理更加规范化和系统化
3	建立完善的设备档案	建立数控设备维护档案及交接班记录，将数控设备的运行情况及故障情况详细记录，特别是对设备发生故障的时间、部位、原因、解决方法和解决过程予以详细的记录和存档，以便在今后的操作、维修工作中参考借鉴
4	加强数控设备的验收	为确保新设备的质量，加强设备安装调试和验收工作，尤其是设备验收这一环节，对涉及机床重要性能、精度的指标严格把关，对照合同、技术协议、国际和国内有关标准及验收大纲规定的项目逐项检查。机床调试完成后，利用 RS232 接口对机床参数进行数据传输作为备用，以防机床文件(参数)丢失
5	加强维修队伍建设	数控设备是集机、电、液(气)、光于一身的高技术产品，技术含量高，操作和维修难度大。所以，必须建立一支高素质的维修队伍以适应设备维修的需要。采取利用设备安装调试和内部办学习班等多种形式对数控设备的操作、维修、编程和管理人员进行设备操作技术和维修保养技术培训
6	建立专业维修组织和维修协作网	数控机床是机电一体化高技术产品，单一技术的设备修理人员难以胜任数控机床的修理工作。数控机床一旦出现故障，一些企业往往请外国专家上门诊断修理，不但加重了企业负担，还延误了生产。因此，有一定数量数控机床的企业应建立专业化的维修机构，如数控设备维修站或维修中心。中心由具有机电一体化知识及较高素质的人员负责，维修人员应由电气工程师、机械工程师、机修钳工等组成。企业领导应提高维修人员的积极性，提供业务培训的便利条件，保持维修人员队伍的稳定。为了更好地开展工作，对维修站、维修中心要配备必需的技术手册、工具器具及测试仪器，如示波器、逻辑分析仪、在线测试仪、噪声及振动监测仪等以提高动态监测及诊断技术 目前，国内数控机床千差万别，硬件、软件配置不尽相同，这就给维修带来很大的困难。建立维修协作网，特别是尽量与使用同类数控机床的单位建立友好联系，在资料的收集、备件的调剂、维修经验的交流、人员的相互支援上互通有无，取长补短、大力协作，对数控机床的使用和维修能起到很好的推动作用

续表

序号	内容	详细说明
7	选择合理的维修方式	设备维修方式可以分为事后维修、预防维修、改善维修、预知维修或状态监测维修、维修预防(无维修设计)等,选择最佳的维修方式,是要用最少的费用取得最好的修理效果。如果从修理费用、停产损失、维修组织工作和修理效果等方面去衡量,每一种维修方式都有它的优点和缺点 现代数控机床除了实现刀具自动交换、工件自动交换和自动测量补偿,还具有自动监测、自动诊断的功能。对数控机床的维修,可以选择预知维修或状态监测维修的方式。这是一种以设备状态为基础的预防维修,在设计上广泛采用监测系统,在维修上采用高级诊断技术,根据状态监视和诊断技术提供的信息,判断设备的异常,预知设备故障,在故障发生前进行适当维修。这种维修方式由于维修时机掌握得及时,设备零件的寿命可以得到充分利用,避免过修和欠修,是一种最合理的维修方式,适用于数控机床这样的重点、关键设备
8	备件国产化	进口数控机床由于维修服务及备件供应不及时而影响生产时有发生。向国外购买备件,价格十分昂贵,购销渠道也不畅通。因此除建立一些备件服务中心外,应抓紧备件国产化工作。要总结备件国产化的工作经验,实现备件替代的标准化,积极测绘仿制关键备件,组织协作攻关

二、数控机床管理方法

数控机床的管理，可根据企业购买及使用数控机床的具体情况及所处阶段选择不同的方法，见表 5.3.2。

表 5.3.2　数控机床管理方法

序号	内容	详细说明
1	使用初期阶段	在数控机床使用初期,企业一般尚无成熟的管理办法,亦缺少使用经验,编程、操作均不成熟,维修技术亦很欠缺。在此状况下,可由车间管理数控机床,通过重复培养技术骨干,由骨干带动工人,并维持较长时间的技术人员与工人合作的关系,针对本企业典型零件,进行工艺设计、编程等技术工作,保证首件试切成功,同时让工艺文件、程序归档,从而做好数控机床的应用和管理工作
2	使用一阶段后	当企业数控机床数量逐渐增多,应用技术亦有一定的积累时,数控机床可采用专业管理、集中使用的方法,将数控机床集中于数控工段或者数控车间,工艺技术准备归工艺部门负责。生产管理由厂部统一平衡和调度,在数控车间无其他普通机床的情况下,数控车间可只承担“协作工序”
3	使用成熟阶段	当企业使用数控机床较长时间,数控类型、数量较多,辅助设施齐全,应用技术成熟,技术力量较深的时候,数控车间可以配备适当数量的普通机床,使数控车间扩大成封闭的独立车间,具备独立生产完整产品、零件的能力。必要时,可利用计算机管理机床、刀具,使机床开动率较高,技术、经济性均较高

无论哪个阶段管理，都必须建立各项规章制度，如建立定人、定机、定岗制度，进行岗位培训，禁止无证操作；根据机床特点，制定各项操作、维修和安全规程；机床保修每次要有内容、方法、时间、部位、参加人员等详细记录；故障维修亦要记录故障现象、原因分析、排除方法，说明隐含问题及使用备件情况；机床保养、维护用的各类备品、配件应做好采购、管理工作；机床技术资料出借、保管应有详细登记等。

第四节　数控机床点检管理

在设备使用期间，为了提高、维持生产设备的原有性能，通过人的感官或者借助工具、仪器，按照预先设定的周期和方法，对设备上的规定部位（点）进行有无异常的预防性周密检查的过程，以使设备的隐患和缺陷能够得到早期发现、早期预防、早期处理，这样的设备检查称为点检。

点检管理一般涵盖以下四环节：①指定点检标准和点检计划；②按计划和标准实施点检和修理工程；③检查实施结果，进行实绩分析；④在实绩分析的基础上制定措施，自主改进。

下面就数控机床的生产活动讲述机床的点检流程、内容和注意事项。

一、数控机床点检管理流程

由于数控机床集机、电、液、气等技术为一体，所以对它的维护要有科学的管理，有目的地制定出相应的规章制度。对维护过程中发现的故障隐患应及时清除，避免停机待修，从而延长设备平均无故障时间，增加机床的利用率。机床点检是数控机床维护的有效办法。图5.4.1为数控机床点检管理流程图，简单概述了点检管理在数控维修中的功能和作用。

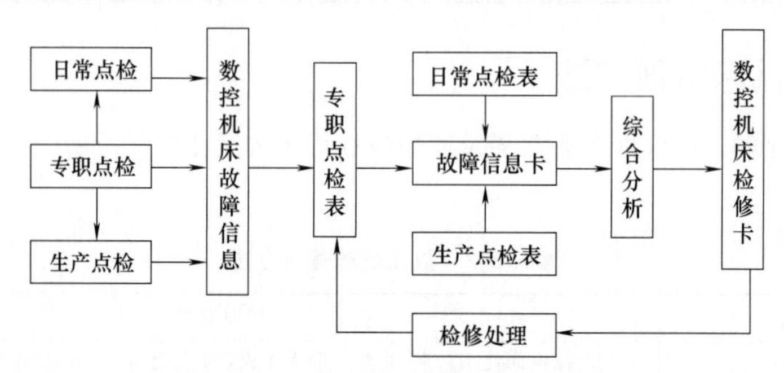

图5.4.1　数控机床点检管理流程图

二、数控机床设备点检的内容

以点检为基础的设备维修，是日本在引进美国的预防维修制的基础上发展起来的一种点检管理制度。点检就是按有关维护文件的规定，对设备进行定点、定时的检查和维护。其优点是可以把出现的故障和性能的劣化消灭在萌芽状态，防止过修或欠修，缺点是定期点检工作量大。这种在设备运行阶段以点检为核心的现代维修管理体系，能达到降低故障率和维修费用，提高维修效率的目的。我国于20世纪80年代初引进日本的设备点检定修制，把设备操作者、维修人员和技术管理人员有机地组织起来，按照规定的检查标准和技术要求，对设备可能出现问题的部位，定人、定点、定量、定期、定法地进行检查、维修和管理，保证了设备持续、稳定的运行，促进了生产发展和经营效益的提高。

数控机床的点检，是开展状态监测和故障诊断工作的基础，主要包括的内容见表5.4.1。

表5.4.1　数控机床设备点检的内容

序号	内容	说　明
1	定点	首先要确定一台数控机床有多少个维护点，科学地分析这台设备，找准可能发生故障的部位。只要把这些维护点“看住”，有了故障就会及时发现
2	定标	对每个维护点要逐个制定标准，例如间隙、温度、压力、流量、松紧度等，都要有明确的数量标准，只要不超过规定标准就不算故障

续表

序号	内容	说　明
3	定期	多长时间检查一次，要定出检查周期。有的点可能每班要检查几次，有的点可能一个或几个月检查一次，要根据具体情况确定
4	定项	每个维护点检查哪些项目也要有明确规定。每个点可能检查一项，也可能检查几项
5	定人	由谁进行检查，是操作者、维修人员还是技术人员，应根据检查的部位和技术精度要求，落实到人
6	定法	怎样检查也要有规定，是人工观察还是用仪器测量，是采用普通仪器还是精密仪器
7	检查	检查的环境、步骤要有规定，是在生产运行中检查，还是停机检查；是解体检查，还是不解体检查
8	记录	检查要详细做记录，并按规定格式填写清楚。要填写检查数据及其与规定标准的差值、判定印象、处理意见，检查者要签名并注明检查时间
9	处理	检查中间能处理和调整的要及时处理和调整，并将处理结果记入处理记录。没有能力或没有条件处理的，要及时报告有关人员安排处理。但任何人、任何时间处理都要填写处理记录
10	分析	检查记录和处理记录都要定期进行系统分析，找出薄弱“维护点”，即故障率高的点或损失大的环节，提出意见，交设计人员进行改进设计

三、数控机床设备点检的周期

数控机床的点检可分为日常点检和专职点检两个层次。日常点检负责对机床的一般部件进行点检，处理和检查机床在运行过程中出现的故障，由机床操作人员进行。专职点检负责对机床的关键部位和重要部件按周期进行重点点检和设备状态监测与故障诊断，制订点检计划，做好诊断记录，分析维修结果，提出改善设备维护管理的建议，由专职维修人员进行。数控机床的点检作为一项工作制度，必须认真执行并持之以恒，才能保证机床的正常运行。为便于操作，数控机床的点检内容可以列成简明扼要的表格（表 5.4.2）。

表 5.4.2　数控机床设备的点检周期

序号	检查周期	检查部位	检查要求
1	每天	导轨润滑油箱	检查油标、油量，及时添加润滑油，润滑泵能定时启动及停止
2	每天	X、Y、Z 轴向导轨面	清除切屑及脏物，检查润滑油是否充分，导轨面有无划伤损坏
3	每天	压缩空气气源压力	检查气动控制系统压力是否在正常范围
4	每天	气源自动分水滤水器和自动空气干燥器	及时清理分水器中滤出的水分，保证自动空气干燥器工作正常
5	每天	气液转换器和增压器油面	发现油面不够时及时补充油
6	每天	主轴润滑恒温油箱	工作正常，油量充足并调节温度范围
7	每天	机床液压系统	油箱、液压泵无异常噪声，压力表指示正常，管路及各接头无泄漏，工作油面高度正常
8	每天	液压平衡系统	平衡压力指示正常，快速移动时平衡阀工作正常
9	每天	CNC 的输入/输出单元	如读卡、链接设备接口清洁，结构良好
10	每天	各种电气柜散热通风装置	各电柜冷却风扇工作正常，风道过滤网无堵塞
11	每天	各种防护装置	导轨、机床防护罩等应无松动、泄漏
12	每半年	滚珠丝杠	清洗丝杠上旧的润滑脂，涂上新的油脂
13	每半年	液压油路	清洗溢流阀、减压阀、滤油器及油箱箱底，更换或过滤液压油
14	每半年	主轴润滑恒温油箱	清洗过滤器，更换润滑脂
15	每年	检查并更换直流伺服电动机炭刷	检查换向器表面，吹净炭粉，去除毛刺，更换长度过短的电刷，并应跑合后才能使用
16	每年	润滑液压泵、滤油器清洗	清理润滑油池底，更换滤油器
17	不定期	检查各轴轨道上镶条、压紧滚轮松紧状态	按机床说明书调整
18	不定期	冷却水箱	检查液面高度，切削液太脏时须更换并清理水箱底部，经常清洗过滤器
19	不定期	排屑器	经常清理切屑，检查有无卡住
20	不定期	清理废油池	及时取走滤油池中废油，以免外溢
21	不定期	调整主轴驱动带松紧	按机床说明书调整

四、数控机床的非生产点检

表5.4.3详细描述了数控机床的非生产点检。

表5.4.3 数控机床的非生产点检

<table>
<tr><th>序号</th><th colspan="3">项目</th><th>点检内容</th></tr>
<tr><td rowspan="4">1</td><td rowspan="4">日常点检要点</td><td rowspan="3">数控车床</td><td>接通电源前</td><td>检查切削液、液压油、润滑油的油量是否充足；检查工具、检测仪器等是否已准备好；检查切屑槽内的切屑是否已清理干净</td></tr>
<tr><td>接通电源后</td><td>检查操作盘上的各指示灯是否正常，各按钮、开关是否处于正确位置；检查CRT显示屏上是否有报警显示，若有问题应及时予以处理；检查液压装置的压力表是否指示在所要求的范围内；检查各控制箱的冷却风扇是否正常运转；检查刀具是否正确夹紧在刀夹上，刀夹与回转刀台是否可靠夹紧，刀具是否有损；若机床带有导套、夹簧，应确认其调整是否合适</td></tr>
<tr><td>机床运转后</td><td>运转中，主轴、槽板处是否有异常噪声；有无与平常不同的异常现象，如声音、温度异常以及裂纹、气味等</td></tr>
<tr><td colspan="2">加工中心</td><td>从工作台、基座等处清除污物和灰尘；擦去机床表面上的润滑油、切削液和切屑；清除没有罩盖的滑动表面上的一切东西；擦净丝杠的暴露部位；清理、检查所有限位开关、接近开关及其周围表面；检查各润滑油箱及主轴润滑油箱的油面，使其保持在合理的油面上；确认各刀具在其应有的位置上更换；确保空气滤杯内的水完全排出；检查液压泵的压力是否符合要求；检查机床主液压系统是否漏油；检查切削液软管及液面，清理臂内及切削液槽内的切屑等脏物；确保操作面板上所有指示灯为正常显示；检查各坐标轴是否处在原点上；检查主轴端面、刀夹及其他配件是否有毛刺、破裂或损坏现象</td></tr>
<tr><td rowspan="2">2</td><td rowspan="2">月检查要点</td><td colspan="2">数控车床</td><td>检查主轴的运转情况。主轴以最高转速一半左右的转速旋转30min。用手触摸壳体部分，若感觉温度适中即为正常。以此了解主轴轴承的工作情况
检查X、Z轴的滚珠丝杠，若有污垢，应清理干净。若表面干燥，应涂润滑脂
检查X、Z轴超程限位开关、各急停开关是否动作正常。可用手按压行程开关的滑动轮，若CRT上有超程报警显示，说明限位开关正常。顺便将各接近开关擦拭干净
检查刀台的回转头、中心锥齿轮的润滑状态是否良好，齿面是否有伤痕等
检查导套内孔状况，看是否有裂纹、毛刺，导套前面盖帽内是否积存切屑
检查切削液槽内是否积压切屑
检查液压装置，如压力表的动作状态、液压管路是否损坏，各管接头是否有松动或漏油现象等
检查润滑油装置，如润滑油泵的排油量是否合乎要求，润滑油管路是否损坏，管接头是否松动、漏油等</td></tr>
<tr><td colspan="2">加工中心</td><td>清理电气控制箱内部，使其保持干净。校准工作台及床身基准的水平，必要时调节垫铁，拧紧螺母。清洗空气滤网，必要时予以更换。检查液压装置、管路及接头，确保无松动、无磨损。清理导轨滑动面上的刮垢板。检查各电磁阀、行程开关、接近开关，确保它们能正确工作。检查液压箱内的滤油器，必要时予以清洗。检查各电缆硬接线端子是否接触良好。确保各联锁装置、时间继电器、继电器能正确工作，必要时予以修理或更换。确保数控装置能正确工作</td></tr>
</table>

续表

序号	项目			点检内容
3	半年检查要点	数控车床	主轴的检查	主轴孔的振摆。将千分表测头嵌入卡盘套筒的内壁，然后轻轻地将主轴旋转一周，指针的摆动量小于出厂时精度检查表的允许值即可；检查主轴传动用V带的张力及磨损情况；检查编码盘用同步带的张力及磨损情况
			刀台的检查	主要看换刀时其换位动作的平顺性，以刀台夹紧、松开时无冲击为好
			导套装置的检查	主轴以最高转速的一半运转30min，用手触摸壳体部分无异常发热及噪声为好。此外用手沿轴向拉导套，检查其间隙是否过大
			加工装置的检查	检查主轴分度用齿轮系的间隙。以规定的分度位置沿回转方向摇动主轴，以检查其间隙，若间隙过大应进行调整；检查刀具主轴驱动电动机侧的齿轮润滑状态，若表面干燥应涂敷润滑脂
			润滑泵的检查	检查润滑泵装置浮子开关的动作状况。可从润滑泵装置中抽出润滑油，看浮子落至警戒线以下时是否有报警指示，以判断浮子开关的好坏
			伺服电动机的检查	检查直流伺服系统的直流电动机。若换向器表面脏，应用白布蘸酒精予以清洗；若表面粗糙，用细金相砂纸予以修整；当电刷长度为10mm以下时，予以更换
			接插件的检查	检查各插头、插座、电缆及各继电器的触点是否接触良好。检查各印制电路板是否干净。检查主电源变压器、各电动机的绝缘电阻应在1MΩ以上
			断电检查	检查断电后保存机床参数、工作程序用的后备电池的电压值，根据具体情况予以更换
		加工中心		清理电气控制箱内部，使其保持干净；更换液压装置内的液压油及润滑装置内的润滑油；检查电动机轴承是否有噪声，必要时予以更换；检查机床的各有关精度；检查所有各电气部件及继电器等是否可靠工作；测量各进给轴的反向间隙，必要时予以调整或进行补偿；检查各伺服电动机的电刷及换向器的表面，必要时予以修整或更换；检查一个试验程序的完整运转情况
4	不定期点检	液压系统		各液压阀、液压缸及管子接头处是否有外漏；液压泵或液压马达运转时是否有异常噪声等现象；液压缸移动时工作是否正常平稳；液压系统的各测压点压力是否在规定的范围内，压力是否稳定；油液的温度是否在允许的范围内；液压系统工作时有无高频振动；电气控制或撞块(凸轮)控制的换向阀工作是否灵敏可靠；油箱内的油量是否在油标刻线范围内；行程开关或限位挡块的位置是否有变动；液压系统手动或自动工作循环时是否有异常现象；对油箱内的油液进行取样化验，检查油液质量，定期过滤或更换油液；检查蓄能器工作性能；检查冷却器和加热器的工作性能；检查和紧固重要部位的螺钉、螺母、接头和法兰螺钉；检查更换密封件；检查、清洗或更换液压件；检查、清洗或更换滤芯；检查清洗油箱和管道
		气动系统	气缸的检查	活塞杆与端盖之间是否漏气；活塞杆是否划伤、变形；管接头、配管是否松动、损伤；气缸动作时有无异常声音；缓冲效果是否合乎要求
			电磁阀的检查	电磁阀外壳温度是否过高；电磁阀动作时，阀芯工作是否正常；气缸行程到末端时，通过检查阀的排气口是否漏气来确诊电磁阀是否漏气；紧固螺栓及管接头是否松动；电压是否正常，电线是否损伤；通过检查排气口是否被油润湿或排气是否会在白纸上留下油雾斑点来判断润滑是否正常
			油雾器的检查	油杯内油量是否足够，润滑油是否变色、混浊；油杯底部是否沉积有灰尘和水；滴油量是否适当
			管路系统的检查	冷凝水的排放，一般应当在气动装置运行之前进行。温度低于0℃时，为防止冷凝水冻结，气动装置运行结束后，就应开启放水阀门将冷凝水排出

第五节　数控机床实用点检表

设备点检表是由操作者每班负责对使用的设备进行前期检查，反映具体状态的记录性文件，是指导设备修理的重要前提，是让设备修理从消防队员转换为提前预防的关键步骤。

从点检的要求和内容上看，机床的点检卡为每日必填。通过每天的巡检，预先发现机床的潜在故障和威胁，尽早进行处理，把事故发生率降为最低。

一、数控车床日常点检卡

表 5.5.1 详细描述了机加工车间数控车床日常点检卡。

表 5.5.1　机加工车间数控车床日常点检卡

设备名称：		设备型号：		设备编号：		日期：	年　　月　　周	
序号	点检部位及内容	点检时间及记录						
		一	二	三	四	五	六	日
1	检查电源电压是否正常(380V±38V)							
2	卡盘内、刀链刀套或刀架内有无铁屑							
3	工作导轨上有无铁屑							
4	导轨面、丝杆、操纵杆表面是否有拉伤、研伤现象							
5	零件是否缺损							
6	散热排风或空调系统是否正常							
7	控制室内无异常声响，无异味							
8	早班暖机 5min(各轴往复移动，刀塔回转运动)							
9	NC 操作面板确认							
10	手轮运动是否正常							
11	排屑装置是否到位、排屑孔是否堵塞							
12	花盘卡爪漏油检查							
13	地面漏油确认							
14	导轨润滑装置工作是否正常，必要时添加润滑油							
15	液压泵站内液压油是否在规定范围内							
16	液压泵站内油温表是否在规定范围内(<60℃)							
17	液压泵站油压是否在 4～5MPa							
18	气动装置输出压力在 0.5MPa 有无漏气现象							
19	油冷却系统油位是否在游标规定范围内							
20	油冷却系统油温显示是否在设定温度范围内(20～30℃)							
21	机床防溅护板动作是否灵活，密封是否良好							
22	冷却液和切削输送机装置是否正常							
23	切屑螺旋输送机反屑是否正常							
24	主轴系统声音是否正常							
25	主轴正反转及刹车是否正常							
26	刀库(或刀架)旋转时声音是否正常							
27	尾座运行是否顺畅							
28	x 轴、z 轴是否可以正常返回参考点							
29	液压系统有无漏油现象							
30	检查气动三联件气路润滑油液位，必要时添加润滑油							
点检人员签名								
导轨润滑油：		气路润滑油：			油压单位：			
注：点检工作由每天 □白班 □夜班 负责		记录符号：	完好√　异常△　当场修好○　待修×					

二、加工中心日常点检卡

表 5.5.2 详细描述了机加工车间加工中心日常点检卡。

表 5.5.2　机加工车间加工中心日常点检卡

设备名称：		设备型号：		设备编号：		日期：	年　　月　　周	
序号	点检部位及内容	点检时间及记录						
		一	二	三	四	五	六	日
1	检查电源电压是否正常(380V±38V)							
2	主轴内、刀链刀套或刀架内有无铁屑							
3	工作台面、工作台四周有无铁屑							
4	刀库内有无铁屑							
5	待工作刀具上是否黏附异物							
6	工作台及导轨面、丝杆、操纵杆表面是否拉伤、研伤							
7	是否有零件缺损							
8	早班暖机 5min(各轴往复移动测试)							
9	散热排风或空调系统是否正常							
10	NC 操作面板确认							
11	手轮运动是否正常							
12	排屑装置是否到位、排屑孔是否堵塞							
13	导轨润滑装置工作是否正常，必要时添加润滑油							
14	液压泵站内液压油是否在规定范围内							
15	液压泵站内油温表是否在规定范围内(<60℃)							
16	液压泵站油压是否在 4～5MPa							
17	气动装置输出压力是否在 0.5MPa 有无漏气现象							
18	油冷却系统油位是否在游标规定范围内							
19	油冷却系统油温显示是否在设定温度范围内(20～30℃)							
20	机床防溅护板动作是否灵活，密封是否良好							
21	冷却液和切削输送机装置是否正常							
22	切屑螺旋输送机反屑是否正常							
23	主轴系统声音是否正常							
24	主轴系统松拉刀时动作是否正常							
25	主轴正反转及刹车是否正常							
26	脚踏开关是否松动、开裂							
27	交换工作台换台时动作是否正常							
28	刀库旋转时声音是否正常							
29	手臂抓刀时动作是否到位							
30	X 轴、Y 轴、Z 轴、B 轴是否可以正常返回参考点							
31	液压系统有无漏油现象							
32	检查气动三联件气路润滑油液位，必要时添加润滑油							
点检人员签名								
导轨润滑油：		气路润滑油：			油压单位：			
注：点检工作由每天 □白班 □夜班 负责		记录符号：	完好√　异常△　当场修好○　待修×					

第六章　数控机床PLC的应用与故障诊断

第一节　PLC的组成与工作原理

一、PLC的基本组成

PLC是一种面向工业环境设计的专用计算机，它具有与一般计算机类似的结构，也是由硬件和软件所组成的。

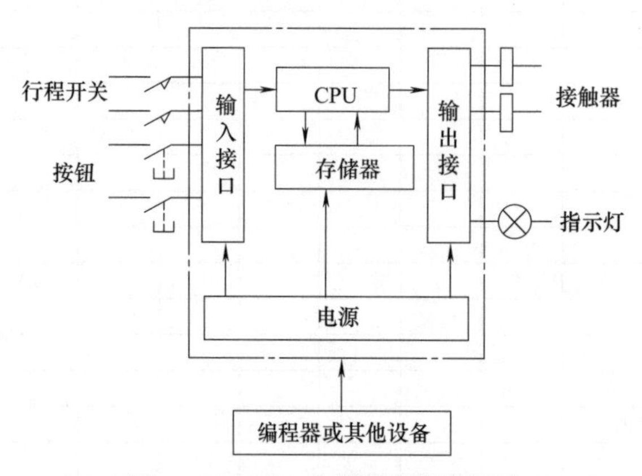

图6.1.1　PLC内部硬件结构框图

1. PLC的硬件结构

PLC内部硬件结构框图如图6.1.1所示。它由中央处理单元（CPU）、存储器、输入/输出接口、编程器、电源等几部分组成。

表6.1.1详细说明了PLC的硬件结构。

2. PLC的软件部分

PLC的软件分为系统软件和用户程序两大部分。系统软件由PLC制造商固化在机内，用以控制PLC本身的运作。用户程序由PLC的使用者编制并输入，用于控制外部被控对象的运行。

表6.1.1　PLC的硬件结构

序号	PLC硬件结构	详细说明
1	中央处理单元(CPU)	中央处理单元(CPU)是PLC的核心，它通过地址总线、数据总线、控制总线与存储器、I/O接口相连。其主要作用是执行系统控制软件，从输入接口读取各开关状态，根据梯形图程序进行逻辑处理，并将处理结果输出到输出接口

续表

序号	PLC 硬件结构	详细说明
2	存储器	PLC 的存储器是用来存储数据或程序的。存储器中的程序包括系统程序和应用程序。系统程序用来管理控制系统的运行，解释执行应用程序，它存储在只读存储器（ROM）中。应用程序即用户程序，一般存放在随机存储器（RAM）中，由后备电池维持，其在一定时间内不丢失，也可将用户程序固化到只读存储器中，进行永久保存
3	I/O 接口电路	I/O 接口是 CPU 与现场 I/O 设备联系的桥梁 输入接口接收和采集输入信号。数字量（或称开关量）输入接口用来接收按钮、选择开关、限位开关、接近开关、压力继电器等提供的数字量输入信号；模拟量输入接口用来接收电位器、测速电动机和各种变送器提供的连续变化的模拟量电流、电压信号。输入信号通过接口电路转换成适合 CPU 处理的数字信号。为防止各种干扰信号和高电压信号，输入接口一般要加光耦合器进行隔离 输出接口电路将内部电路输出的弱电信号转换为现场需要的强电信号输出，以驱动执行元件。数字量输出模块用来控制接触器、电磁阀、电磁铁、指示灯、数字显示装置和报警装置等输出设备；模拟量输出模块用来控制调节阀、变频器等执行装置。为保证 PLC 可靠安全地工作，输出接口电路也要采取电气隔离措施。输出接口电路分为继电器输出、晶体管输出和晶闸管输出 3 种形式，目前，一般采用继电器输出方式 I/O 接口除了传递信号外，还有电平转换与隔离作用
4	编程器	编程器是用来输入和编辑程序的，也可用来监视 PLC 运行时各编程元件的工作状态。编程器由键盘、显示器、工作方式开关以及与 PLC 的通信接口等几部分组成，一般情况下只在程序输入、调试阶段和检修时使用，所以一台编程器可供多台 PLC 使用 编程器可分为简易编程器、智能型编程器两种。简易编程器只能联机编程，且只能输入和编辑指令表程序。但简易编程器价格便宜，一般用来给小型 PLC 编程。智能型编程器既可联机编程又可脱机编程，既可输入指令表程序又可直接生成和编辑梯形图程序，使用起来方便、直观，但价格较高 此外，也可以在微机上运行专用的编程软件，通过串行通信接口使微机与 PLC 连接，用微机编写、修改程序。程序被编译后下载到 PLC，也可以将 PLC 中的程序上传到计算机。程序可以存盘或打印 通过网络，还可以实现远程编程和传送。可以用编程软件设置可编程序控制器的各种参数。通过通信，可以显示梯形图中触点和线圈的通断情况，以及运行时可编程序控制器内部的各种参数，对于查找故障非常有用
5	电源	电源的作用是把外部供应的电源变换成系统内部各单元所需的电源。有的电源单元还向外提供 24V 直流电源，可供开关量输入单元连接的现场无源开关等使用。电源单元还包括掉电保护电路和后备电池电源，以保持 RAM 在外部电源断电后存储的内容不丢失。PLC 的电源一般采用开关电源，其特点是输入电压范围宽、体积小、重量轻、效率高、抗干扰性能好 驱动 PLC 负载的电源一般由用户提供

表 6.1.2 详细说明了 PLC 的软件部分。

表 6.1.2　PLC 的软件部分

<table>
<tr><th>序号</th><th>PLC 软件部分</th><th colspan="2">详细说明</th></tr>
<tr><td rowspan="2">1</td><td rowspan="2">系统软件</td><td colspan="2">系统软件包括系统管理程序、用户指令解释程序及标准程序模块等</td></tr>
<tr><td>系统管理程序</td><td>系统管理程序用于管理、控制整个系统的运行，其作用包括 3 个方面
一方面是运行管理，对控制 PLC 何时输入、何时输出、何时计算、何时自检、何时通信等做时间上的分配管理
另一方面是存储空间管理，即生成用户环境，由它规定各种参数、程序的存放地址，将用户使用的数据参数、存储地址转化为实际的数据格式及物理存放地址，将有限的资源变为用户可很方便地直接使用的元件
再一方面是系统自检程序，它包括各种系统出错检验、用户程序语法检验、句法检验、警戒时钟运行等</td></tr>
</table>

续表

序号	PLC软件部分	详细说明	
1	系统软件	用户指令解释程序	用户指令解释程序则把用户程序(如梯形图)逐条解释,翻译成相应的机器语言指令,由CPU执行这些指令
		标准程序模块	标准程序模块是一些独立的程序模块,各程序块完成不同的功能,有些完成输入、输出处理,有些完成特殊运算等。PLC的各种具体工作都是由这部分程序来完成的
2	用户程序	用户程序是用户根据现场控制的需要,用PLC的编程语言编制的应用程序。通过编程器将其输入到PLC内存中,用来实现各种控制要求	

二、PLC的工作原理

PLC与继电器控制系统的工作原理也有很大区别。下面以一个启/停控制电路为例说明这个问题。图6.1.2为电动机启/停控制电路。

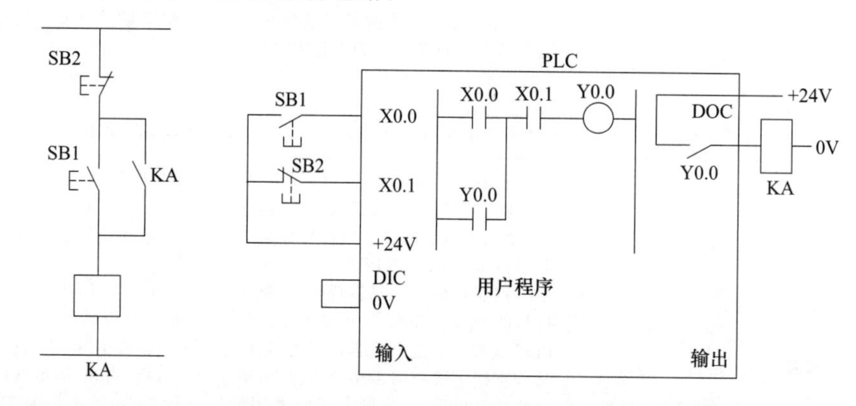

图6.1.2 电动机启/停控制电路

图6.1.2(a)为继电器控制系统的启/停控制电路。按下启动按钮SB1,线圈KA得电并自锁;按下停止按钮SB2,线圈KA断电。

图6.1.2(b)则为用PLC实现启/停控制的接线示意图。工作时,PLC先读入X0.0、X0.1的ON/OFF状态,然后按程序规定的逻辑做运算。若逻辑条件满足,则Y0.0的线圈应得电,使其外部触点闭合,外电路形成回路驱动KA。

上述工作过程大体上可分为读入输入状态、逻辑运算、发出输出信号3步。

1. 扫描的概念

扫描用来描述PLC内部CPU的工作过程。所谓扫描,就是依次对各种规定的操作项目全部进行访问和处理。PLC运行时,用户程序中有众多的操作需要去执行,但一个CPU每一时刻只能执行一个操作而不能同时执行多个操作,因此CPU按程序规定的顺序依次执行各个操作。这种需要处理多个作业时依次按顺序处理的工作方式称为扫描工作方式。由于扫描是周而复始无限循环的,每扫描一个循环所用的时间,即从读入输入状态到发出输出信号所用的时间称为扫描周期。

2. PLC的工作过程

PLC的工作过程是周期循环扫描的工作过程。当PLC开始运行时,CPU根据系统监控程序的规定顺序，通过扫描完成各输入点的状态采集或输入数据采集、用户程序的执行、各输出点状态的更新及 CPU 自诊断等功能。

PLC 采用集中采样、集中输出的工作方式，减少了外界干扰的影响。PLC 的工作过程分 3 个阶段进行，即输入采样阶段、程序执行阶段和输出刷新阶段，如图 6.1.3 所示。

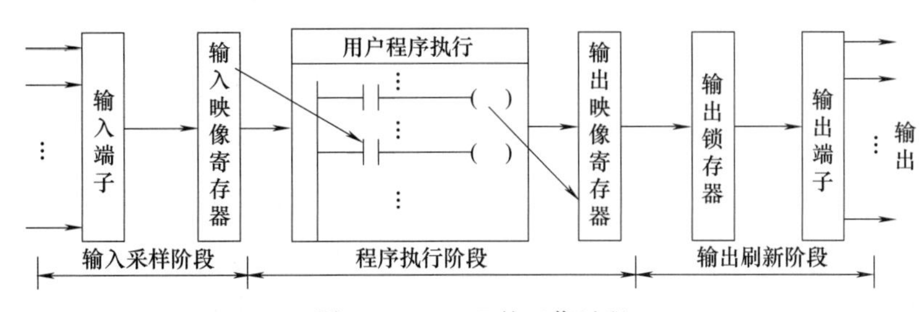

图 6.1.3 PLC 的工作过程

表 6.1.3 详细说明了 PLC 的工作过程。

表 6.1.3 PLC 的工作过程

序号	PLC 工作过程	详细说明
1	输入采样阶段	PLC 在输入采样阶段，首先扫描所有的输入端子，将输入存入内存中各对应的输入映像寄存器，此时，输入映像寄存器被刷新，接着进入程序执行阶段或输出阶段。输入映像寄存器与外界隔离，无论信号如何变化其内容保持不变直到下一扫描周期的输入采样阶段，才重新写入输入端的新内容 注意：输入采样的信号状态保持一个扫描周期
2	程序执行阶段	根据 PLC 梯形图程序的扫描原则，PLC 按先左后右、先上后下的顺序逐步扫描。当指令中涉及输入、输出状态时，PLC 从输入映像寄存器中“读入”上一阶段采样的对应输入端子状态，从输出映像寄存器“读入”对应输出映像寄存器的当前状态。然后，进行相应的运算，运算结果再存入输出映像寄存器中。对于输出映像寄存器来说，输出软继电器的状态会随着程序执行过程而变化
3	输出刷新阶段	在所有指令执行完毕后，输出映像寄存器中所有输出继电器的状态（接通/断开）在输出刷新阶段存到输出锁存寄存器中，通过一定方式输出，驱动外部负载

PLC 的这种顺序扫描工作方式简单直观，简化了用户程序的设计。由于 PLC 在程序执行阶段，只是根据输入/输出状态表中的内容进行，与外电路相隔离，这为 PLC 的可靠运行提供了保证。

PLC 的扫描周期与 PLC 的时钟频率、用户程序的长短及系统配置有关。

由于 PLC 采用循环扫描方式，会使输入、输出延迟响应。对于小型 PLC，I/O 点数较少，用户程序较短，采用集中采样、集中输出的工作方式虽然在一定程度上降低了系统的响应速度，但从根本上提高了系统的抗干扰能力，系统的可靠性增强。大、中型 PLC，I/O 点数较多，控制功能强，编制的用户程序相应较长，为了提高系统响应速度，可以采用定周期输入采样、输出刷新，直接输入采样、输出刷新，中断输入采样、输出刷新和智能化 I/O 接口等方式。

3. PLC 的编程语言

PLC 中常用的编程语言有梯形图、语句表、顺序功能图、功能块图等。数控机床中主要用梯形图（LAD），所以这里就只讲述梯形图。

梯形图是在继电器控制系统基础上开发出来的一种图形语言，在形式上类似于继电器控制电路。FANUC PLC 的梯形图与语句表如图 6.1.4 所示。

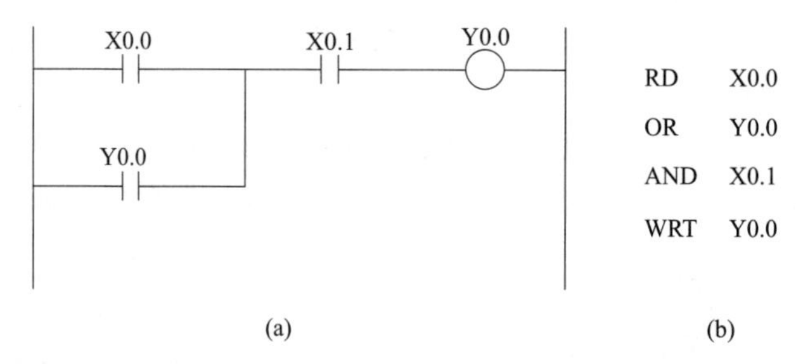

图 6.1.4 FANUC PLC 的梯形图与语句表

在梯形图中仍沿用了继电器的线圈、常闭/常开触点、串联/并联等术语和类似的图形符号，并增加了继电器控制系统中没有的指令符号。梯形图的信号流向清楚、简单、直观、易懂，因此是目前应用最多的一种编程语言。梯形图编程语言的主要特点见表 6.1.4。

表 6.1.4 梯形图编程语言的主要特点

序号	梯形图编程语言的特点详细说明
1	梯形图按自上而下、从左到右的顺序排列，两侧的垂直公共线称为母线。每一个逻辑行起始于左母线，然后是各触点的串、并联连接，最后是继电器线圈
2	梯形图中的“继电器”是 PLC 内部的编程元件，因此称为“软继电器”。每一个编程元件与 PLC 的元件映像寄存器的一个存储单元相对应。若相应存储单元为“1”，表示继电器线圈“通电”，则其常开触点闭合（ON），常闭触点断开（OFF），反之亦然
3	在梯形图中有一个假想的电流，即所谓“能流”，从左流向右。例如，当图 6.1.4 中触点 X0.0、X0.1 均闭合，就有一假想的能流从左向右流向线圈 Y0.0，则就说该线圈被通电或者说被激励
4	输入继电器用于 PLC 接收外围设备的输入信号，而不能由 PLC 内部其他继电器的触点去驱动。因此梯形图中只出现输入继电器的触点，而不出现其线圈。输出继电器供 PLC 作输出控制用，当梯形图中输出继电器线圈满足接通条件时，就表示输出继电器对应的输出端有信号输出
5	PLC 按编号来区别编程元件，同一继电器的线圈和它的触点要使用同一编号。由于存储单元的状态可无数次被读出，因此 PLC 中各编程元件的触点可无限次被使用

4. PLC 与继电器控制系统的比较

PLC 的梯形图与继电器控制系统相比，它们的相同之处是：电路的结构大致相同；梯形图沿用了继电器控制电路元器件符号，仅个别处有些不同；信号的输入、输出形式及控制功能也是相同的。它们的主要差别见表 6.1.5。

表 6.1.5 PLC 与继电器控制系统的区别

序号	区别	详细说明
1	组成器件	继电器控制电路由许多真正的硬件继电器组成，硬件继电器易磨损；梯形图则由许多所谓的“软继电器”组成，这些“软继电器”实质上是存储器中的每一位触发器，可以置“0”或置“1”，“软继电器”则无磨损现象
2	触点数量	硬继电器的触点数量有限，用于控制的继电器的触点数一般只有 4～8 对；梯形图中每个“软继电器”供编程使用的触点数有无限对，因为在存储器中的触发器状态（电平）可取用任意次数
3	实施控制的方法	在继电器控制电路中，要实现某种控制是通过各种继电器之间硬接线解决的，由于其控制功能已包含在固定电路之间，因此它的功能专一，不灵活；PLC 控制是通过梯形图即软件编程解决的，所以灵活多变
4	工作方式	在继电器控制电路中，当电源接通时，电路中各继电器都处于受制约状态，即该吸合的继电器都同时吸合，不应吸合的继电器都因受某种条件限制不能吸合，这种工作方式称为并行工作方式；在梯形图的控制电路中，图中各软继电器都处于周期性循环扫描接通中，受同一条件制约的各个继电器的动作次序取决于程序扫描顺序，这种工作方式称为串行工作方式
5	控制速度	继电器控制系统依靠触点的机械动作实现控制，工作频率低，另外机械触点还会出现抖动问题；PLC 是由程序指令控制来实现控制的，速度快，PLC 内部还有严格的同步，不会出现抖动问题

第二节　数控机床的 PLC

在数控机床中，除了对各坐标轴的位置进行连续控制外，还需要对主轴正/反转、刀架换刀、卡盘夹紧/松开、切削液开/关、排屑等动作进行控制。现代数控机床均采用 PLC 来完成上述功能。

一、数控机床 PLC 的形式

数控机床用 PLC 可分为两类：一类是专为实现数控机床顺序控制而设计制造的内装型 PLC；另一类是那些 I/O 接口技术规范、I/O 点数、程序存储容量以及运算和控制功能等均能满足数控机床控制要求的独立型 PLC。

1. 内装型 PLC

内装型 PLC 从属于 CNC 装置，PLC 与 CNC 间的信号传送在 CNC 装置内部实现，PLC 与机床（ Machine Tool，MT）之间则通过 CNC 装置输入/输出接口电路实现信号传送，如图 6.2.1 所示。

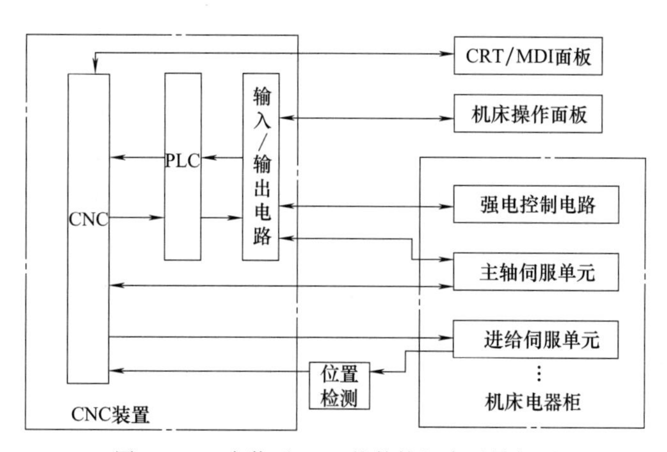

图 6.2.1　内装型 PLC 的数控机床系统框图

内装型 PLC 的特点见表 6.2.1。

表 6.2.1　内装型 PLC 的特点

序号	内装型 PLC 的特点
1	在系统的结构上，内装型 PLC 可与 CNC 共用 CPU，也可单独使用一个 CPU。内装型 PLC 一般单独制成一块附加板，插装到 CNC 主板插座上，不单独配备 I/O 接口，而使用 CNC 装置本身的 I/O 接口。PLC 所用电源由 CNC 装置提供，不需另备电源
2	内装型 PLC 实际上是 CNC 装置带有的 PLC 功能，一般是作为一种基本的功能提供给用户。内装型 PLC 的性能指标(如 I/O 点数、程序最大步数、每步执行时间、程序扫描时间、功能指令数目等)是根据所从属的 CNC 系统的规格、性能、适用机床的类型等确定的，其硬件和软件部分是被作为 CNC 系统的基本功能或附加功能与 CNC 系统一起统一设计制造的
3	采用内装型 PLC 结构，扩大了 CNC 系统内部直接处理数据的能力。CNC 系统具有某些高级控制功能，如梯形图编辑和传送功能等。又因为其造价低，从而提高了 CNC 系统的性能价格比 目前世界上著名的 CNC 系统厂家在其生产的 CNC 系统中，大多开发了内装型 PLC 功能

2. 独立型 PLC

独立型 PLC 又称为通用型 PLC。独立型 PLC 独立于 CNC 装置，具有完备的硬件和软件功能，能够独立完成规定控制任务。采用独立型 PLC 的数控机床系统框图如图 6.2.2 所示。

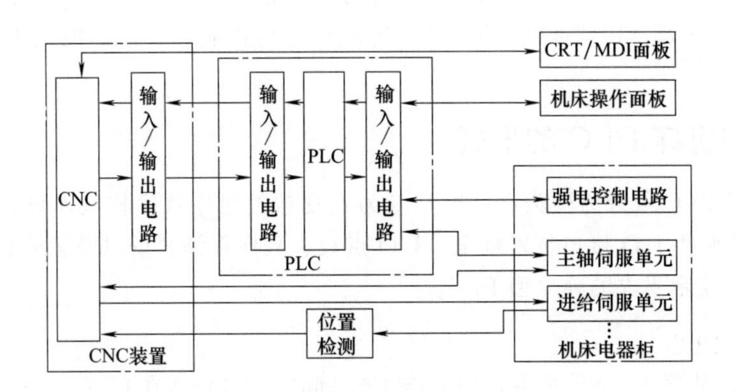

图 6.2.2　独立型 PLC 的数控机床系统框图

独立型 PLC 的特点见表 6.2.2。

表 6.2.2　独立型 PLC 的特点

序号	独立型 PLC 的特点
1	独立型 PLC 不但要进行 MT 侧的 I/O 连接，还要进行 CNC 装置侧的 I/O 连接，因此 CNC 和 PLC 均具有自己的输入/输出接口电路
2	数控机床应用的独立型 PLC 一般采用中型或大型 PLC，所以多采用积木式模块化结构，具有安装方便、功能易于扩展和变换等优点
3	独立型 PLC 的 I/O 点数可以通过 I/O 模块的增减灵活配置
4	有的独立型 PLC 还可通过多个远程终端连接器构成有大量 I/O 点的网络，以实现大范围的集中控制

生产通用型 PLC 的厂家很多，应用较多的有 SIEMENS 公司的 SIMATIC S5 和 S7 系列、日本三菱公司的 FX 系列等。

独立型 PLC 的造价较高，所以其性能价格比不如内装型 PLC。一般内装型 PLC 多用于单微处理器的 CNC 系统，而独立型 PLC 主要用于多微处理器的 CNC 系统，但它们的作用是一样的，都是配合 CNC 系统实现刀具轨迹控制和机床顺序控制。

二、PLC 与外部信息的交换

PLC、CNC（数控系统）和 MT（机床）三者之间的信息交换，需要通过三者间的接口，FANUC 0iM 系统的接口概况如图 6.2.3 所示。接口包括四部分：机床至 PLC（MT—PLC)、PLC 至机床（PLC—MT)、CNC 至 PLC（CNC—PLC)、PLC 至 CNC（PLC—CNC)。表 6.2.3 详细描述了 PLC 与外部信息的交换过程。

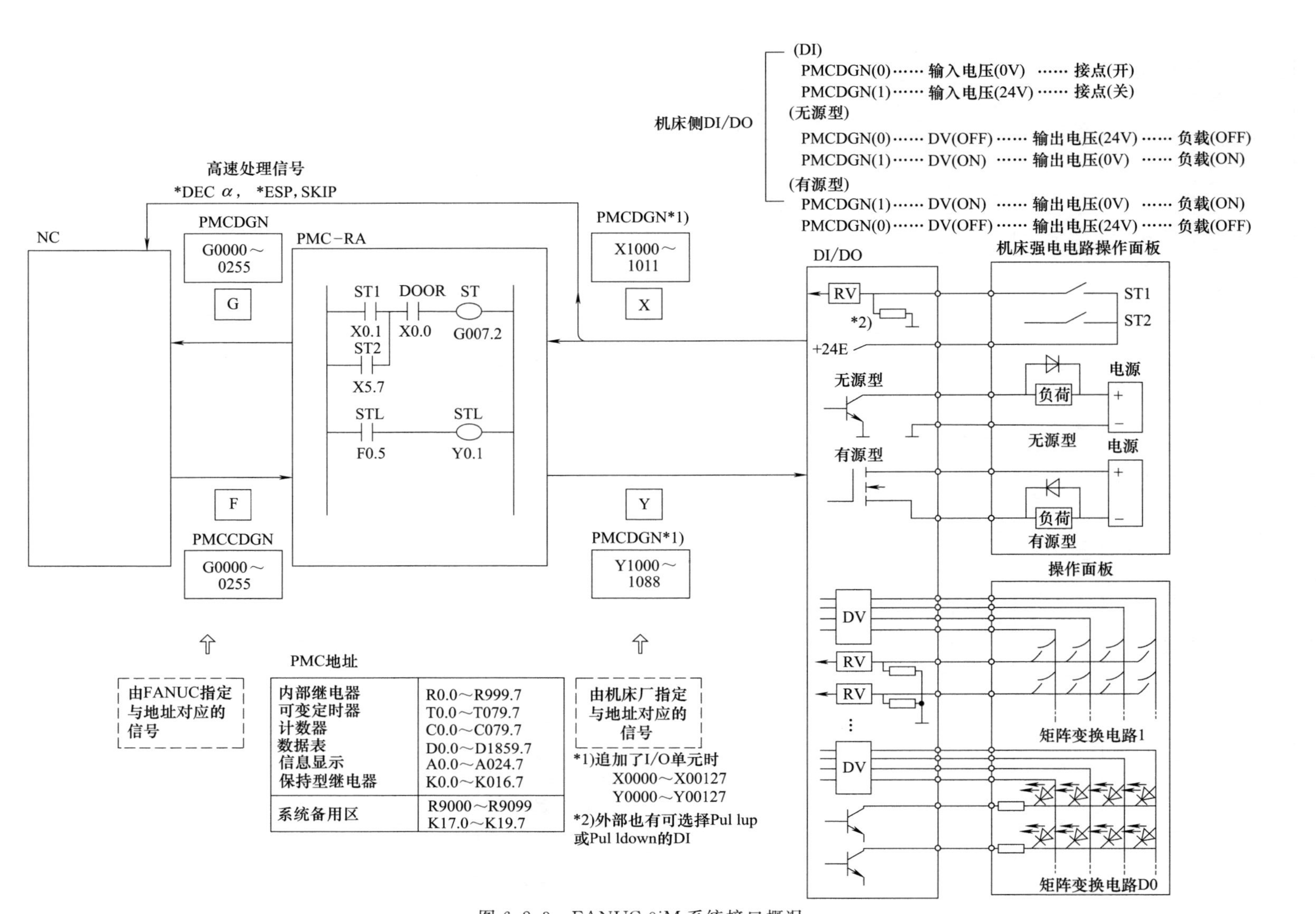

图 6.2.3　FANUC 0iM 系统接口概况

表 6.2.3　PLC 与外部信息的交换过程

序号	接口的四部分	详细说明
1	MT(机床)至 PLC	在 FANUC 0iM 数控系统中，机床侧的开关信号通过 I/O 端子板输入 PLC 中，此类地址中多数可由 PLC 程序设计者自行定义使用，其中有少部分地址已由厂家定义。例如，某开关信号的符号是"ZAE"，查阅"PLC 输入输出一览表"，该信号的地址是"X1004 2"，其功能是"Z 轴运动测量位置到达信号"，如果已经确认 Z 轴运动到位，通过调出 PLC 显示界面，在屏幕 PLCDGN 主界面中的 STATUS 状态子界面下，观察"X1004"第 2 位是"0"还是"1"，来获知测量 Z 轴位置的接口开关是否有效
2	PLC 至 MT(机床)	PLC 控制机床的信号通过 PLC 的输出接口送到机床侧，所有开关量输出信号的含义及所占用 PLC 的地址均可由 PLC 程序设计者自行定义。例如，在 FANUC 0iM 数控系统中，地址 Y0000～Y0007 均可以用作此类接口
3	CNC 至 PLC	CNC 送至 PLC 的信息可由 CNC 直接送入 PLC 的寄存器中，所有 CNC 送至 PLC 的信号和地址均由数控系统生产厂家确定(在 FANUC 0iM 系统中是地址 G)，PLC 编程人员可以使用，不允许改动和增删。加工程序中数控指令 M、S、T 的功能，通过 CNC 译码后直接送入 PLC 相应的寄存器中。例如，在 FANUC 0i 数控系统中 M05 指令经译码后，送入寄存器 G029 6。同样在 PLCDGN 主界面中的 STATUS 状态子界面下，查阅地址 G029 的第 6 位的状态，若该位是"1"，说明可以知道该指令已输出到 PLC；若是"0"，则指令没输出到 PLC。此时应该从 CNC 侧寻找"M05"指令信号没输出到 PLC 的故障原因
4	PLC 至 CNC	PLC 送至 CNC 的信息也是将开关量信号传送到寄存器，所有 PLC 送至 CNC 的信号地址与含义由 CNC 厂家确定，PLC 编程者只可使用，不可改变和增删。例如，FANUC 0iM 数控系统中，在操作面板上由按钮发出要求机床单程段运行的信号(其符号为"MSBK")，该"MSBK"信号由 PLC 送到 CNC，其地址为"F004 3"。在屏幕 PLCDGN 主界面中的 STATUS 状态子界面下，可以观察到地址位为"F004 3"的状态是"0"或"1"。显然，如果是"1"，则指令信号已进入 CNC；如果是"0"，则指令信号没到达 CNC，可能面板与 CNC 之间有故障

三、数控机床可编程控制器的功能

PLC 在现代数控系统中有着重要的作用，综合来看其主要功能见表 6.2.4。

表 6.2.4　数控机床 PLC 功能

序号	数控机床 PLC 功能	详细说明
1	机床操作面板控制	将机床操作面板上的控制信号直接送入 PLC，以控制数控系统的运行
2	机床外部开关输入信号控制	将机床侧的开关信号送入 PLC，经逻辑运算后，输出给控制对象。这些控制开关包括各类按钮开关、行程开关、接近开关、压力开关和温控开关等
3	输出信号控制	PLC 输出的信号经强电柜中的继电器、接触器，通过机床侧的液压或气动电磁阀，对刀库、机械手和回转工作台等装置进行控制，另外还对冷却泵电动机、润滑泵电动机及电磁制动器等进行控制
4	伺服控制	控制主轴和伺服进给驱动装置的使能信号，以满足伺服驱动的条件。通过驱动装置，驱动主轴电动机、伺服进给电动机和刀库电动机等
5	报警处理控制	PLC 收集强电柜、机床侧和伺服驱动装置的故障信号，将报警标志区中的相应报警标志位置位，数控系统便显示报警号及报警文本，以方便故障诊断
6	软盘驱动装置控制	有些数控机床用计算机软盘取代了传统的光电阅读机。通过控制软盘驱动装置，实现与数控系统进行零件程序、机床参数、零点偏置和刀具补偿等数据的传输
7	转换控制	有些加工中心的主轴可以立/卧转换，当进行立/卧转换时，PLC 完成下述工作 ①切换主轴控制接触器 ②通过 PLC 的内部功能，在线自动修改有关机床数据位 ③切换伺服系统进给模块，并切换用于坐标轴控制的各种开关、按键等

不同厂家生产的数控系统中或同一厂家生产的不同数控系统中 PLC 的具体功能与作用有着具体的区别，在进行数控系统故障诊断时一定要具体分析、具体对待。熟练掌握相应数控系统中 PLC 的功能、结构、线路连接及编程是进行数控系统故障诊断的基本要求之一。

第三节　FANUC 0i 系统 PMC 性能简介

一、 FANUC 0i 系统 PMC 的性能及规格

FANUC 数控系统将 PLC 称为 PMC，称为可编程机床控制器，即专门用于控制机床的 PLC。目前 FANUC 系统中的 PLC 均为内装型 PMC。图 6.3.1 为 FANUC 0i 系统 PMC 的工作界面。

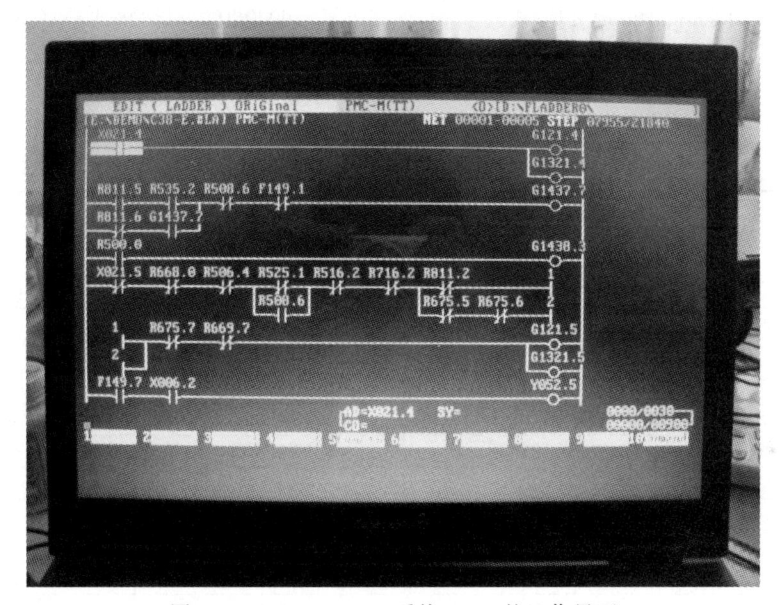

图 6.3.1　FANUC 0i 系统 PMC 的工作界面

FANUC 0i 系统有 0iA 系列、0iB 系列和 0iC 系列 3 种。FANUC 0iA 系统的 PMC 可采用 SA1 或 SA3 两种类型；FANUC 0iB/0iC 系统的 PMC 可采用 SA1 或 SB7 两种类型。

FANUC 0i 系统的输入/输出信号是来自机床侧的直流信号。直流输入信号接口如图

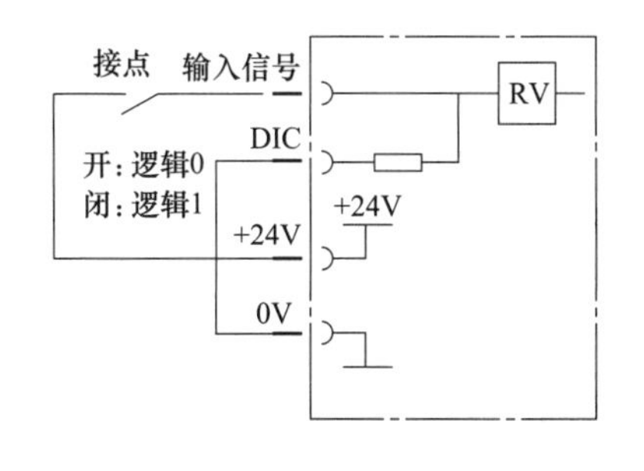

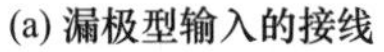
(a) 漏极型输入的接线

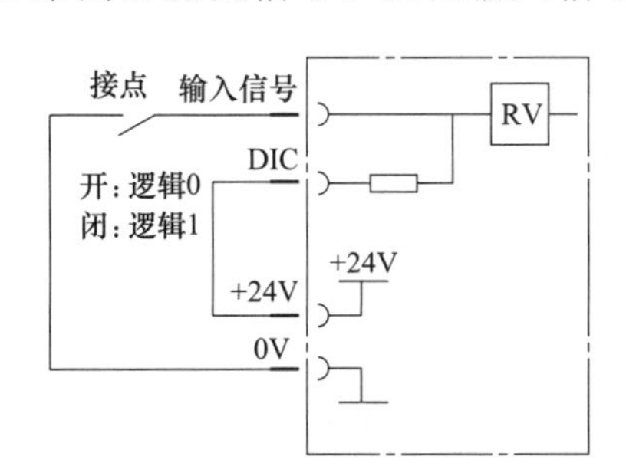

(b) 有源型输入的接线

图 6.3.2　FANUC 0i 直流输入信号接口

6.3.2 所示。漏极型（共 24V）和有源型（共 0V）是可以切换的非绝缘型的接口，接点容量为 DC 30V、16mA 以上。直流输出信号为有源型输出信号，如图 6.3.3 所示。输出信号可驱动机床侧的继电器线圈或白炽指示灯负载，在驱动器为“ON”状态时最大负载电流为 200mA，电源电压为 DC 24V。输出负载为感性负载（如继电器）时，应在继电器线圈反向并联续流二极管；输出负载为白炽指示灯负载时，应接入限流电阻。

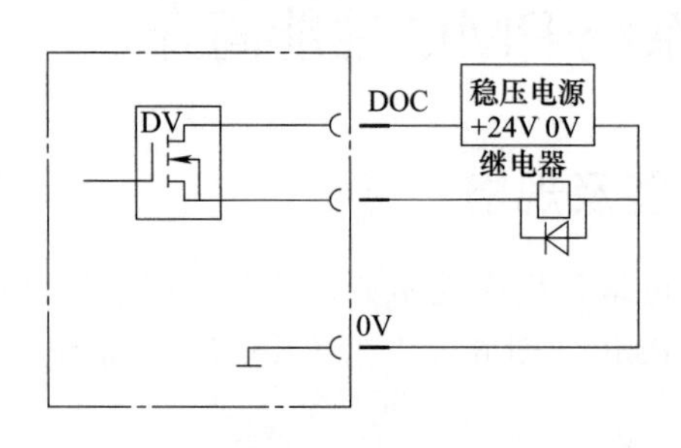

(a) 输出信号驱动继电器负载

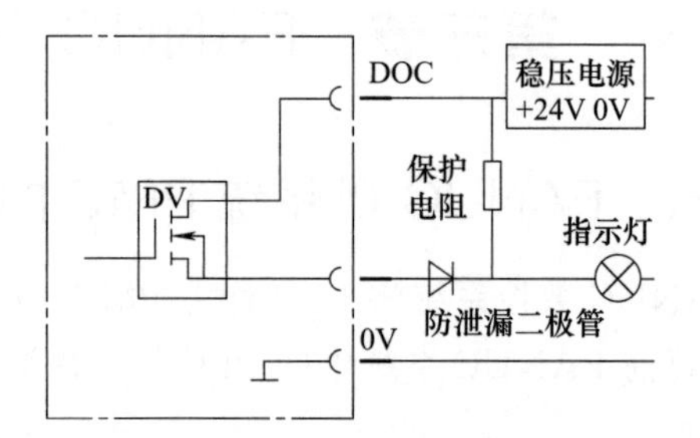

(b) 输出信号驱动白炽指示灯负载

图 6.3.3　FANUC 0i 直流输出信号接口

FANUC 0i 系统 PMC 的性能和规格如表 6.3.1 所示。

表 6.3.1　FANUC 0i 系统 PMC 的性能和规格

项目 \ PMC 类型	SA1	SA3	SB7
编程方法	梯形图	梯形图	梯形图
程序级数	2	2	3
第一级程序扫描周期	8ms	8ms	8ms
基本指令执行时间(每步)	5.0μs	1.5μs	0.033μs
程序容量(梯形图)	大约 5000 步	大约 12000 步	大约 64000 步
符号和注释	1～128KB	1～128KB	不限制
信息显示	0.1～64KB	0.1～64KB	不限制
基本指令数	12	14	14
功能指令数	49	66	69
内部继电器(R)	1100B	1118B	8500B
信息显示请求位(A)	25B	25B	500B
数据表(D)	1860B	1860B	10000B
可变定时器(T)	40 个(80B)	4J0 个(80B)	250 个(1000B)
固定定时器(T)	100 个	100 个	500 个
计数器(C)	20 个(80B)	20 个(80B)	100 个(400B)
保持继电器(K)	20B	20B	120B
子程序(P)	无	512	2000′
标号(L)	无	999	9999
I/O Link 输入/输出	最大 1024 点/最大 1024 点	最大 1024 点/最大 1024 点	最大 2048 点/最大 2048 点
内装输入/输出模块	最大 96 点/最大 72 点	最大 96 点/最大 72 点	无
顺序程序存储	Flash ROM 64KB	Flash ROM 128KB	Flash ROM 128～768KB

二、 PMC 的信号地址

PMC 的信号地址表明了信号的位置。这些地址信号包括机床的输入/输出信号和 CNC 的输入/输出信号、内部继电器、非易失性存储器等。其信号地址由地址号（字母和其后 4

位之内的数）和位号（0～7）组成，格式如图 6.3.4 所示。

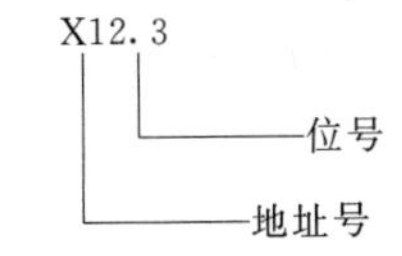

图 6.3.4　信号地址格式

FANUC 0i 系统的输入/输出信号控制有两种形式，一种是来自系统内装 I/O 卡的输入/输出信号；另一种是来自外装 I/O 卡（I/O Link）的输入/输出信号。如果内装 I/O 卡控制信号与外装 I/O 卡控制信号同时（相同控制功能）作用，内装 I/O 卡信号有效。

1. 机床到 PMC 的输入信号地址（MT—PMC）

如果采用 I/O Link 时，其输入信号地址为 X0～X127。如果采用内装 I/O 卡时，FANUC 0iA 系统的输入信号地址为 X1000～X1011，FANUC 0iB 系统的输入信号地址为 X0～X11。

有些输入信号不需要通过 PMC 而直接由 CNC 监控。这些信号的输入地址是固定的，CNC 运行时直接引用这些地址信号。FANUC 0i 系统的固定输入地址如表 6.3.2 所示。

表 6.3.2　FANUC 0i 系统的固定输入地址

信号		符号	地址	
			当使用 I/O Link 时	当使用内装 I/O 卡时
T 系列	X 轴测定位置到达信号	XAE	X4.0	X1004.0
	Z 轴测定位置到达信号	ZAE	X4.1	X1004.1
	刀具补偿测量直接输入功能 B(＋X 方向信号)	＋MIT1	X4.2	X1004.2
	刀具补偿测量直接输入功能 B(－X 方向信号)	－MIT11	X4.3	X1004.3
	刀具补偿测量直接输入功能 B(＋Z 方向信号)	＋MIT2	X4.4	X1004.4
	刀具补偿测量直接输入功能 B(－Z 方向信号)	－MIT2	X4.5	X1004.5
M 系列	X 轴测定位置到达信号	XAE	X4.0	X1004.0
	Y 轴测定位置到达信号	YAE	X4.1	X1004.1
	Z 轴测定位置到达信号	ZAE	X4.2	X1004.2
公共(T、M 系列)	跳跃信号	SKIP	X4.7	X1004.7
	系统急停信号	＊ESP	X8.4	X1008.4
	第 1 轴返回参考点减速信号	＊DEI21	X9.0	X1009.0
	第 2 轴返回参考点减速信号	＊DEC2	X9.1	X1009.1
	第 3 轴返回参考点减速信号	＊DEC3	X9.2	X1009.2
	第 4 轴返回参考点减速信号	＊DEC4	X9.3	X1009.3

2. 从 PMC 到机床侧的输出信号地址（PMC—MT）

如果采用 I/O Link 时，其输出信号地址为 Y0～Y127。如果采用内装 I/O 卡时，FANUC 0iA 系统的输入信号地址为 Y1000～Y1008，FANUC 0iB 系统的输入信号地址为 Y0～Y8。

3. 从 PMC 到 CNC 的输出信号地址（PMC—CNC）

从 PMC 到 CNC 的输出信号地址号为 G0～G255，这些信号的功能是固定的，用户通过梯形图实现 CNC 各种控制功能。

4. 从 CNC 到 PMC 的输入信号地址（CNC—PMC）

从 CNC 到 PMC 的输入信号地址号为 F0～F255，这些信号的功能也是固定的，用户通过梯形图确定 CNC 系统的状态。

5. 定时器地址（T）

定时器分为可变定时器（用户可以修改时间）和固定定时器（定时时间存储到 FROM 中）两种。可变定时器有 40 个（T01～T40），其中 T01～T08 时间设定最小单位为 48ms，T09～T40 时间设定最小单位为 8ms。固定定时器有 100 个（PMC 为 SB7 时，固定定时器有 500 个），时间设定最小单位为 8ms。

6. 计数器地址（C）

系统共有 20 个计数器，其地址为 C1～C20（PMC 为 SB7 时，计数器有 100 个）。

7. 保持型继电器（K）

FANUC 0iA 系统的保持型继电器地址为 K0～K19，其中 K16～K19 是系统专用继电器，不能作为他用。FANUC 0iB/0iC 系统（PMC 为 SB7）的保持型继电器地址为 K0～K99（用户使用）和 K900～K919（系统专用）。

8. 内部继电器地址（R）

FANUC 0iA 系统内部继电器的地址为 R0～R999，PMC-SA1 的 R9000～R9099 地址为系统专用，PMC-SA3 的 R9000～R9117 地址为系统专用。FANUC 0iB/0iC 系统内部继电器有 8500 个。

9. 信息继电器地址（A）

信息继电器通常用于报警信息显示请求，FANUC 0iA 系统有 200 个信息继电器（占用 25 个字节），其地址为 A0～A24。FANUC 0iB/ iC 系统的信息继电器占用 500 个字节。

10. 数据表地址（D）

FANUC 0iA 系统数据表共有 1860B，其地址为 D0～D1859。FANUC 0iB/0iC 系统（PMC 为 SBT）共有 10000B。

11. 子程序号地址（P）

子程序号用来指定 CALL（子程序有条件调用）或 CALLU（子程序无条件调用）功能指令中调用的目标子程序标号。在整个顺序程序中，子程序号应当是唯一的。FANUC 0iA 系统（PMC 为 SA3）的子程序数为 512 个，其地址为 P1～P512。FANUC 0iB/0iC 系统（PMC 为 SB7）的子程序数为 2000 个。

12. 标号地址（L）

标号地址用来指定标号跳转 JMPB 或 JMPC 功能指令中的跳转目标标号（顺序程序中的位置）。FANUC 0iA 系统（PMC 为 SA3）的标号数有 999 个，其地址为 L1～L999。FANUC 0iB/0iC 系统（PMC 为 SB7）的标号数有 9999 个。

在 PMC 顺序程序的编制过程中，应注意输入触点 X 不能用作线圈输出，系统状态输出 F 也不能作为线圈输出。对于输出线圈而言，输出地址不能重复，否则该地址的状态不能确定。

PMC 的地址中保持型存储区数据断电后可以保存。保持型存储区包括可变定时器、计数器、保持继电器、数据表。

不同型号的系统地址范围不一样，详细参见系统连接手册。

三、PMC 梯形图程序

PMC 的控制过程是由用户程序（顺序程序）规定的，PMC 用户程序的表达方法主要有两种：梯形图和语句表。本书仅介绍用梯形图编制 PMC 顺序程序。

1. FANUC 系统常用 PMC 指令

PMC 的指令有两类：基本指令和功能指令。在设计顺序程序时，使用最多的是基本指令。由于数控机床执行的顺序逻辑往往较为复杂，仅用基本指令编程会十分困难或规模庞大，因此必须借助功能指令以简化程序。型号不同，功能指令的数目有所不同，除此以外，指令系统是完全一样的。

基本指令只是对二进制位进行逻辑操作，而功能指令是对二进制字节或字进行一些特定功能的操作。

（1）基本指令　基本指令格式如图 6.3.5 所示。常用的基本指令如表 6.3.3 所示。

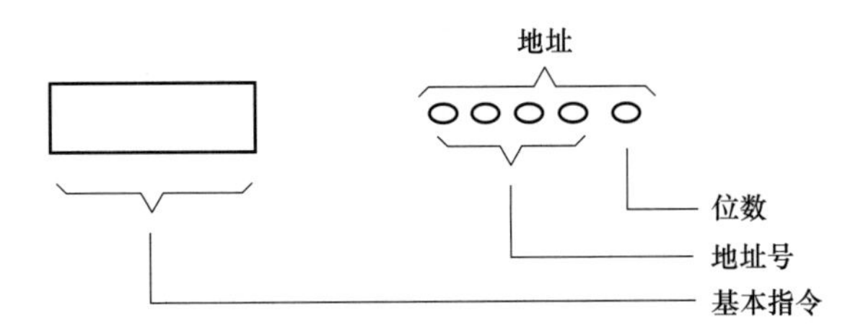

图 6.3.5　基本指令格式

表 6.3.3　常用的基本指令

序号	指令	处 理 内 容
1	RD	读出指定信号状态，在一个梯级开始的触点是常开触点时使用
2	RD，NOT	读出指定信号的“非”状态，在一个梯级开始的触点是常闭触点时使用
3	WRT	将运算结果写入到指定的地址
4	WRT. NOT	将运算结果的“非”状态写入到指定的地址
5	AND	执行触点逻辑“与”操作
6	AND. NOT	以指定信号的“非”状态进行逻辑“与”操作
7	OR	执行触点逻辑“或”操作
8	OR. NOT	以指定信号的“非”状态进行逻辑“或”操作
9	RD. STK	电路块的起始读信号，指定信号的触点是常开触点时使用
10	RD. NoT. STK	电路块的起始读信号，指定信号的触点是常闭触点时使用
11	AND. STK	电路块的逻辑“与”操作
12	OR. STK	电路块的逻辑“或”操作

（2）功能指令　数控机床用 PMC 的指令满足数控机床信息处理和动作控制的特殊要求。例如，由 CNC 输出的二进制代码信号的译码、机械运动状态的延时确认、刀架最短路径旋转和当前位置至目标位置步数的计算以及比较、代码转换、四则运算、信息显示等控制功能，仅用基本指令编程，实现起来将会十分困难。因此，需要增加一些具有专门控制功能的指令，解决基本指令无法解决的那些控制问题。这些专门指令就是功能指令，应用功能指令就是调用了相应的子程序。

指令数目视型号不同而不同。本节将以 FANUC 0i 系统的 PMC-SA1/SA3 为例，介绍 FANUC 系统常用 PMC 功能指令。

FANUC 的 PMC-SA1/SA3 型部分功能指令如表 6.3.4 所示。

表 6.3.4 FANUC 的 PMC-SA1/SA3 型部分功能指令

序号	指令助记符	SUB 号	处理内容	序号	指令助记符	SUB 号	处理内容
1	END1	1	第一级程序结束	21	COMP	15	比较
2	END2	2	第二级程序结束	22	COMPB	32	二进制数比较
3	TMR	3	定时器	23	COIN	16	一致性检测
4	TMRB	24	固定定时器	24	SFT	33	寄存器移位
5	DEC	4	译码	25	DSCH	17	数据检索
6	DECB	25	二进制译码	26	DSCHB	34	二进制数据检索
7	CTR	5	计数器	27	XMOV	18	变址数据传送
8	ROT	6	旋转控制	28	XMOVB	35	二进制变址数据传送
9	ROTB	26	二进制旋转控制	29	ADD	19	加法
10	COD	7	代码转换	30	ADDB	36	二进制加法
11	CODB	27	二进制代码转换	31	SUB	20	减法
12	MOVE	8	逻辑乘后的数据传送	32	SUBB	37	二进制减法
13	MOVOR	28	逻辑或后的数据传送	33	MUL	21	乘法
14	COM	9	公共线控制	34	MUIJB	38	二进制乘法
15	COME	29	公共线控制结束	35	DIV	22	除法
16	JMP	10	跳转	36	DIVB	39	二进制除法
17	JMPE	30	跳转结束	37	NUME	23	常数定义
18	PARI	11	奇偶检查	38	NUMEB	40	二进制常数定义
19	DCNV	14	数据转换	39	DISPB	41	扩展信息显示
20	DCNVB	31	扩展数据转换				

功能指令格式如图 6.3.6 所示，格式中包括控制条件、指令、参数和输出几部分，它们必须无一遗漏地按固定的顺序编写。

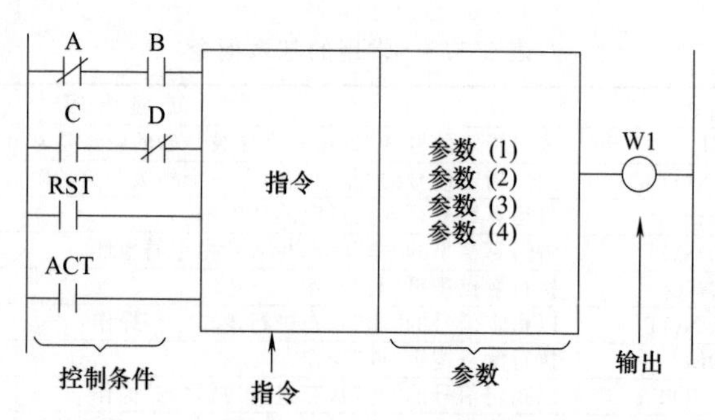

图 6.3.6 功能指令格式

表 6.3.5 为详细的功能指令格式说明。

表 6.3.5 功能指令格式说明

序号	功能指令格式	详 细 说 明
1	控制条件	每条功能指令控制条件的数量和含义各不相同 RST 为控制条件的功能指令中，RST 有最高的优先，当 RST＝1 时，尽管 ACT＝1，仍然进行 RST 处理
2	指令	部分功能指令的种类如表 6.3.4 所示
3	参数	参数与基本指令不同，功能指令可处理数据。数据或存有数据的地址可作为参数写入功能指令。参数数目和含义随指令不同而不同
4	输出	输出。功能指令的操作结果用逻辑“1”和“0”状态输出到 W1，W1 地址由编程者任意指定。但有些功能指令不用 W1，如 MOVE、COM、JMP 等

功能指令具有基本指令所没有的数据处理功能。功能指令处理的数据包括 BCD 代码数据和二进制代码数据。

BCD 代码数据由 1B(0～99) 或相邻的 2B(0～9999) 组成。二进制代码由 1B、2B 或 4B 数据组成。不论 BCD 数据或二进制数据是几个字节，在功能指令中指定的地址都应是最小地址。

2. 梯形图程序

梯形图程序采用类似继电器触点、线圈的图形符号，容易为从事电气设计制造的技术人员所理解和掌握。梯形图左右两条竖线称为母线，梯形图是由母线和夹在母线之间的触点、线圈、功能指令等构成的，具有一行或多行。梯形图中的线圈和触点都被赋予一个地址。程序执行顺序是从梯形图的开头，按照从上到下、从左到右的顺序逐一执行梯形图中的指令，直至梯形图结束。梯形图程序执行完后，再次从梯形图的开头运行，称为循环运行，从梯形图的开头直至结束执行一遍的时间称为循环处理周期。处理周期越短，信号的响应能力越强。

3. 梯形图程序和继电器电路的区别

梯形图使用与继电器逻辑电路相似的控制逻辑，一般可以按照继电器控制电路的逻辑分析梯形图，这就为电气工程人员读懂梯形图提供了方便。但梯形图与传统的继电器控制电路是有区别的，梯形图是顺序程序，触点动作是有先后的；而在一般的继电器控制电路中却不具有这种特点，如图 6.3.7 所示。

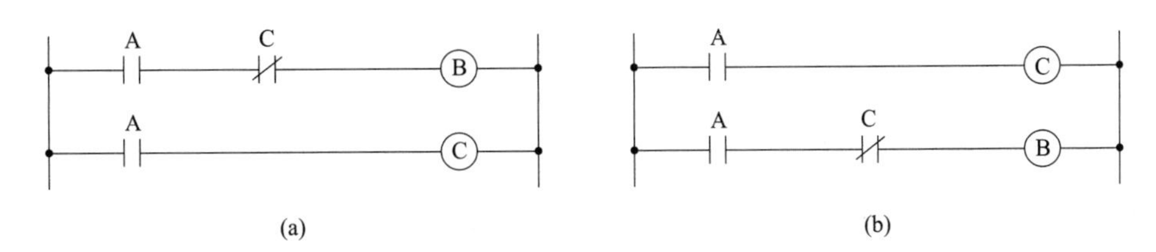

图 6.3.7　梯形图程序和继电器电路的区别

如果作为梯形图，在图 6.3.7 (a) 中 PMC 梯形图程序的作用和继电器电路一样，即 A 触点接通后 B、C 线圈接通，经过一个扫描周期后 B 线圈关断。但在图 6.3.7 (b) 中，按梯形图的顺序，A 触点接通后 C 线圈接通，但 B 线圈并不接通。

4. PMC 的程序结构

PMC 程序从整体结构上一般由两部分组成，即第一级程序和第二级程序，此外还有子程序等。其程序组成结构如图 6.3.8 所示。

PMC 执行周期如图 6.3.9 所示，在 PMC 执行扫描过程中，第一级程序每 8ms 执行一次，第二级程序根据其程序的长短被自动分割成 n 等份，每 8ms 中扫描完第一级程序后，再依次扫描第二级程序，所以整个 PMC 程序的执行周期是 8ms。如果第一级程序过长，导致每 8ms 扫描的第二级程序过少的话，则相对于第二级程序分割的数量包就多，整个扫描周期相应延长。因此第一级程序应编得尽可能短，通常仅处理如急停、各轴超程、进给暂停、到达测量位置等信号，其他信号的处理放在第二级程序中。

子程序位于第二级程序之后，其是否执行扫描受一、二级程序的控制，对一些控制较复杂的 PMC 程序，建议用子程序来编写，以减少 PMC 的扫描周期。

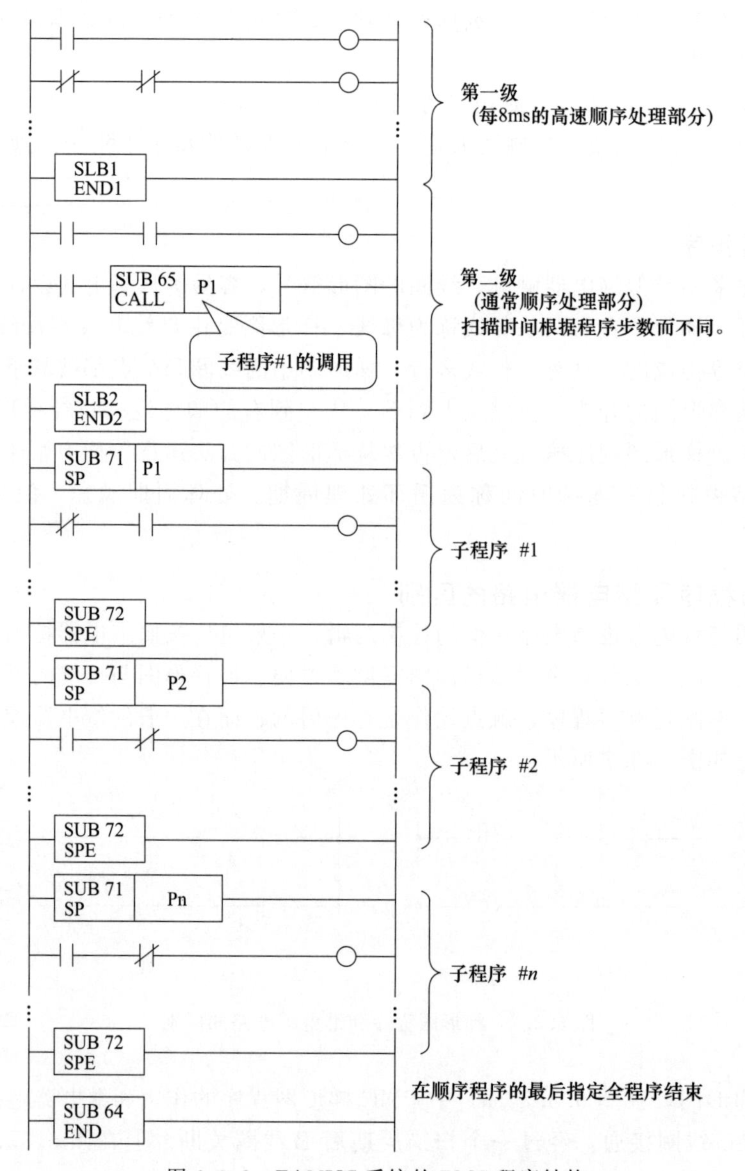

图 6.3.8　FANUC 系统的 PMC 程序结构

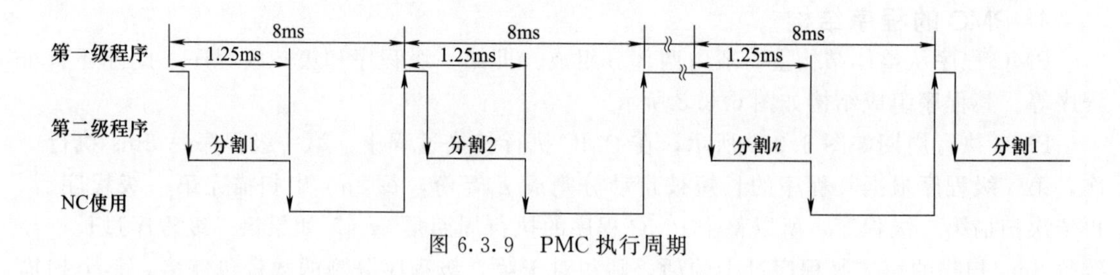

图 6.3.9　PMC 执行周期

5. PMC 的程序分析

由于机床控制程序庞大、复杂。在此，以手动方式下润滑控制程序为例，介绍 PMC 的逻辑控制过程。

在如图 6.3.10 所示的程序中，X18.7 为润滑控制键输入信号，X0009.4 为润滑电动机过载输入信号，X0009.5 为润滑液低于下限输入信号，Y0008.3 为润滑输出控制接口，Y0014.4 为润滑报警指示灯，Y0015.6 为润滑按键右上角的指示灯，R0398.3、R0398.4 和 R0398.5 为中间继电器，F0001.1 为复位键输入信号。

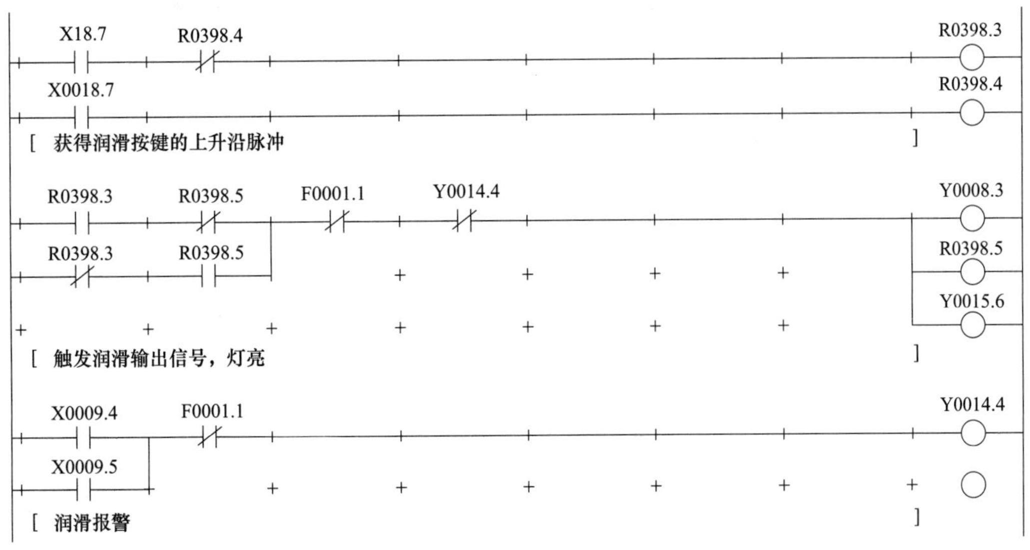

图 6.3.10　示例程序

① 程序的前两行是为了获得 R0398.3 的上升沿信号。在按下润滑按钮 X0018.7 瞬间，程序从上向下执行，在程序的第一行使 R0398.3 有输出，接着执行程序的第二行，使 R0398.4 有输出，同时 R0398.4 的常闭触点断开，使 R0398.3 停止输出，即在执行顺序程序中获得了 R0398.3 的上升沿信号。

② 程序的中间三行是为了保持润滑信号的输出执行的条件：没有出现润滑电动机过载或润滑液低于下限报警信号，也没有按下数控系统上的“RESET”复位键。

满足以上条件后，在按下润滑键 X0018.7 的瞬间，获得了 R0398.3 的上升沿信号，此上升沿信号触发按键指示灯（Y0015.6）点亮，润滑控制（Y0008.3）有输出，继电器 R0398.5 有输出，同时 R0398.5 的常开触点闭合，常闭触点断开，使 R0398.5 自锁，保持润滑正常运行。

③ 停止润滑的条件。

a. 当再次按下润滑键时，由程序前两行得到的上升沿信号使 R0398.3 的常闭触点断开，润滑停止。

b. 当出现润滑电动机过载或润滑液低于下限报警信号时，润滑报警指示灯（Y0014.4）点亮，同时 Y0014.4 的常闭触点断开，使润滑停止。

c. 当按下“RESET”复位键时，润滑输出和润滑报警信号被复位。

四、PMC 编程实例

1. 报警灯闪烁控制

图 6.3.11 为数控机床利用定时器实现机床报警灯闪烁控制的实例。图中的 X8.4 为机床急停报警，R0.3 为主轴报警，R0.2 为断路器保护报警，R0.1 为自动换刀装置故障报警，

R0.0 为自动加工中机床的防护门打开报警。当上面任何一个报警信号输入时，机床报警灯 Y1.5 都闪烁（间隔时间为 5s）。通过 PMC 参数的定时器设定画面分别输入 T01、T02 的时间设定值（5000ms）。

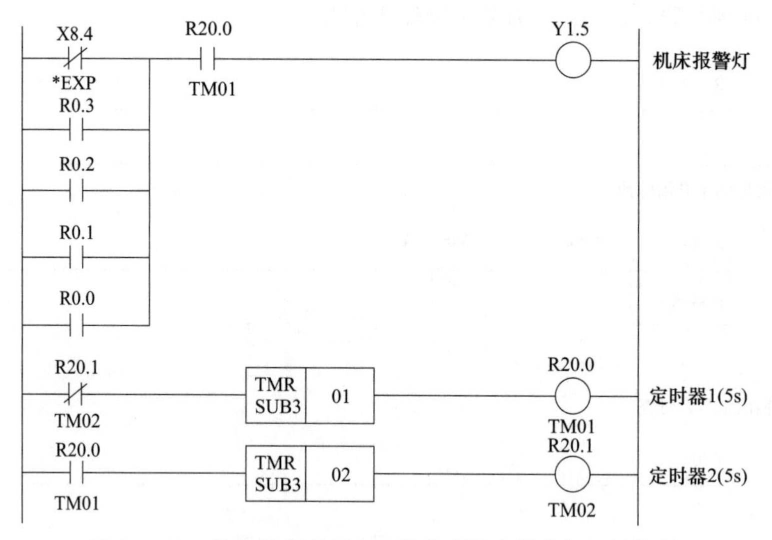

图 6.3.11　数控机床利用定时器实现机床报警灯闪烁控制

2. 机床工作方式的选择控制

数控机床工作方式主要有 EDIT、MEM、MDI、MPG、JOG、REF 等方式，利用 4 层 6 挡转换开关选择机床工作方式。图 6.3.12 为机床工作方式的选择控制，X9.4、X9.5、X9.6、X9.7 分别对应 MD4、MD2、MDI、ZRN 信号。通过 X9.4、X9.5、X9.6 信号的不同组合，形成 EDIT、MEM、MDI、MDG、JOG 方式。REF 方式是在 JOG 方式下接通 X9.7 信号。

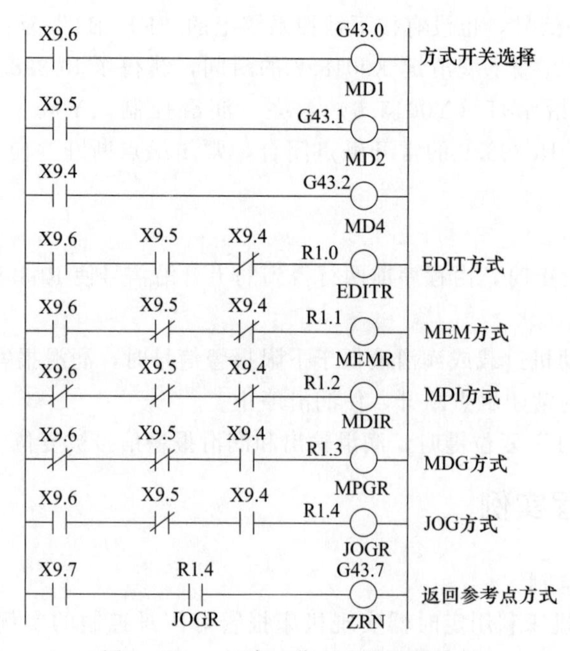

图 6.3.12　机床工作方式的选择控制

3. 方向键控制

图 6.3.13 为方向键控制。通过方向键的控制，在 JOG 进给方式下选择所需的进给轴和方向。X8.0、X8.1、X8.2、X8.3 为 $+X$、$-X$、$+Z$、$-Z$ 方向键，在 $+X$、$+Z$ 方向才能返回参考点；X9.0、X9.1 为 $+X$、$+Z$ 方向参考点返回减速信号；G43.7 为手动返回参考点信号；F94.0、F94.1 为 $+X$、$+Z$ 方向参考点返回结束信号；R1.4 为 JOG 方式。

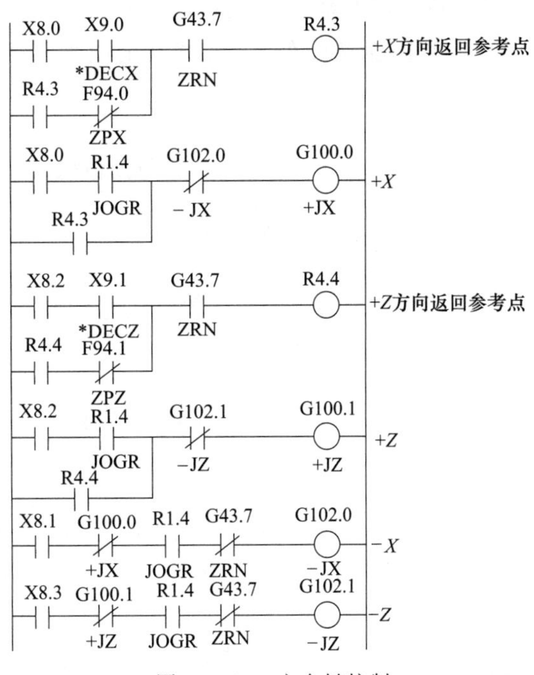

图 6.3.13　方向键控制

4. 主轴控制

图 6.3.14 为主轴控制梯形图。X8.5 为液压电动机启动；X8.6 为液压电动机停止（常闭输入按钮）；R0.5 为报警（包括断路器、急停、主传动报警）；R3.0 为机床准备好；F1.0 为电池报警；F1.1 为系统复位；R20.3、R20.4、R20.5 为辅助功能 M 代码译码后生成的主轴正转、反转、停信号。当液压电动机启动后，系统发出主轴正转（或反转、停）信号，经译码指令译码（梯形图中省略），控制主轴正转（或反转、停）。正转（或反转）信号延长 2s 后接通速度到达信号，系统复位，用于停主轴。

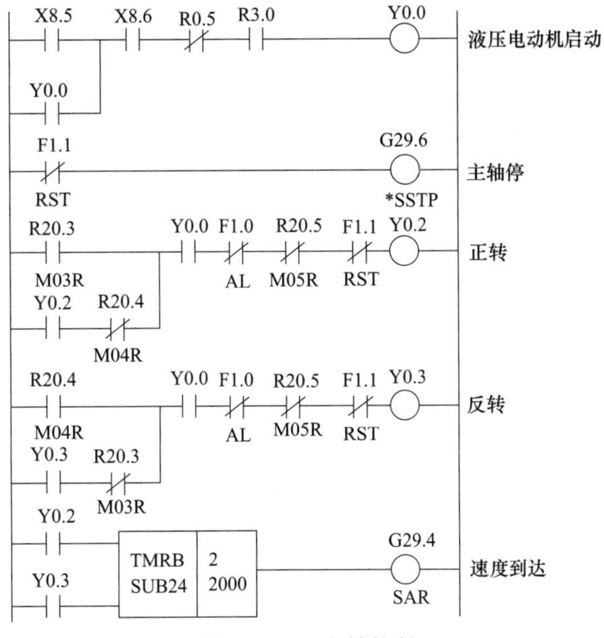

图 6.3.14　主轴控制

5. 刀架控制

某数控车床上采用 FANUC 0i 数控系统，数控刀架为八工位，该刀架主要有锁紧开关、制动器、角度编码器、电动机等元器件。它可双向旋转，任意刀位就近换刀。

图 6.3.15 为数控车床刀架控制的电气原理（主电路略）。

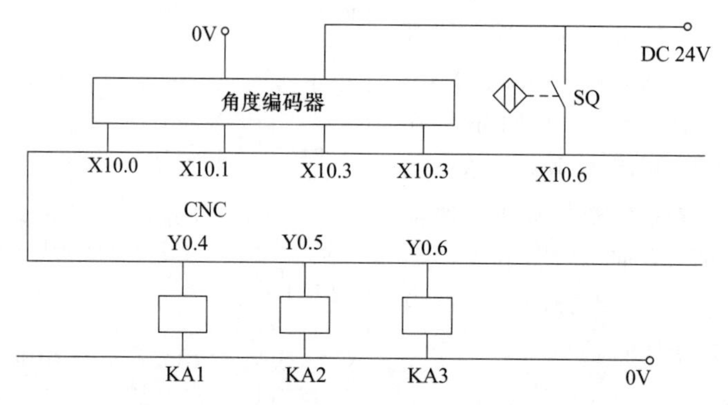

图 6.3.15　数控车床刀架控制的电气原理

在图 6.3.16 中，机床侧的角度编码器用于检测刀架的当前刀位，它将当前刀位 BCD 码信号（X10.0～X10.3）输入 PLC；CNC 送出 T 代码信号给 PLC，PLC 将 T 代码指定的目标刀位与当前刀位进行比较，如果不符，发出换刀指令，就近换刀，PLC 输出信号 Y0.4（或 Y0.5）至强电柜中的正转继电器 KA1（或反转继电器 KA2）；刀架到位后，锁紧开关 SQ 发出信号 X10.6 输入 PLC，PLC 输出信号 Y0.6 至制动继电器 KA3，刀架制动，CNC 发出完成信号。

刀架控制梯形图如图 6.3.16 所示。系统送出 T 代码信号（T00～T31 二进制代码），然后发出 T 功能选通信号 TF，PLC 读入 T 代码；功能指令 DCNV（数据转换）把二进制 T 代码转换成 BCD 码，MOVE（逻辑与数据传送）传送当前刀位，屏蔽 BCD 码数据的高四位；功能指令 COIN（符合检查）完成目标刀位与当前刀位的比较，如果不符，功能指令 ROT（旋转控制）使刀架就近换刀，到位锁紧开关动作；功能指令 TMRB（定时）使制动器通电制动 1s，换刀停止，CNC 发出完成信号 FIN。

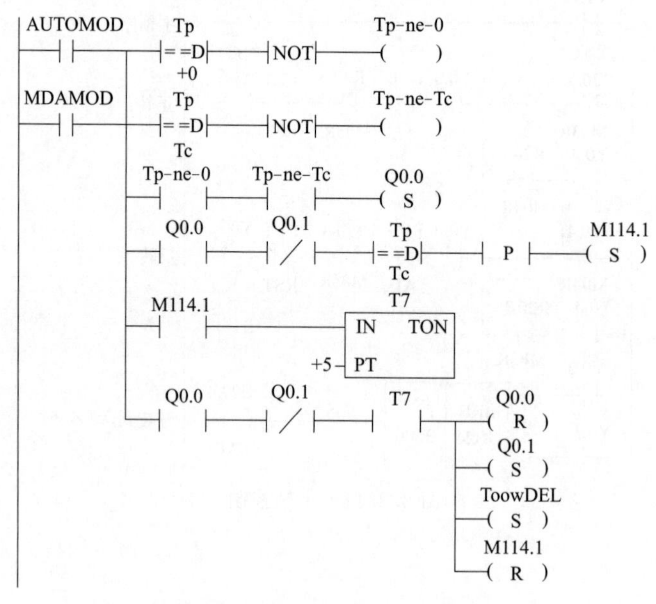

图 6.3.16　刀架自动换刀控制

如果要使移动指令执行完后再执行 T 功能，在梯形图中使用分配结束信号 DEN。梯形图中的信号地址如表 6.3.6 所示。

表 6.3.6　梯形图中的信号地址

序号	信 号 名 称	符号(地址)
1	复位信号	RST(F1.1)
2	分配结束信号	DEN(F1.3)
3	T 功能选通信号	TF(F7.3)
4	T 代码信号	T00～T31(F26～F29)
5	换刀完成信号	FIN(G4.3)
6	MDI 或 AUTO 方式信号	R1.6
7	目标刀位信号	R100
8	当前刀位信号	R101
9	刀具位置计算结果输出信号	R102

第四节　数控机床 PLC 的维护

一、PLC 的维护内容

机器设备在一定工作环境下运行，总是要发生磨损甚至损坏的。尽管 PLC 是由各种半导体集成电路组成的精密电子设备，而且在可靠性方面采取了很多措施，但由于所应用的环境不同，将对 PLC 的工作产生较大的影响。因此，对 PLC 进行维护是十分必要的。PLC 维护的主要内容见表 6.4.1。

表 6.4.1　PLC 的维护内容

序号	PLC 维护内容	详 细 说 明
1	供电电源	在电源端子处测量电压变化是否在标准范围内。一般电压变化上限不超过额定供电电压的 110%，下限不低于额定供电电压的 80%
2	外部环境	温度在 0～55℃范围内，相对湿度在 85%以下，振动幅度小于 0.5mm，振动频率为 10～55 Hz，无大量灰尘、盐分和铁屑
3	安装条件	基本单元和扩展单元安装应牢固，连接电缆的连接器应完全插入并旋紧，接线螺钉应无松动，外部接线无损坏
4	寿命元件	对于接点输出继电器，阻性负载寿命一般为 30 万次，感性负载则为 10 万次 对于锂电池，要检查电压是否下降。存放用户程序的随机存储器(RAM)、计数器和具有保持功能的辅助继电器等均用锂电池保护，一般锂电池的工作寿命为 5 年左右，当锂电池的电压逐渐降低到一定的限度时，PLC 基本单元上电池电压跌落指示灯亮，这就提示由锂电池支持的电压还可保留一周左右，必须更换锂电池 调换锂电池的步骤如下 ①购置好锂电池，做好准备工作 ②拆装之前，先把 PLC 通电约 15s(使作为存储器备用电源的电容充电，在锂电池断开后，该电容对 RAM 短暂供电) ③断开 PLC 交流电源 ④打开基本单元的电池盖板 ⑤从电池支架上取下旧电池，装上新电池 ⑥盖上电池盖板 从取下旧电池到换上新电池的时间要尽量短，一般不允许超过 3min。如果时间过长，用户程序将消失

二、PLC的常见故障及其处理方法

由于PLC同时具有软件结构与硬件结构，因此，它存在的故障也有两种：软件故障与硬件故障。PLC自诊断能够在CRT上显示软件故障或其他一些被检测的硬件内容的报警信息，也能以警示灯或指示灯来显示一些主要控制件的信号状态信息。但是，有些程序中断后，却没有任何报警信息。这时就必须考虑是否是PLC装置出了故障。在图6.4.1中，将PLC常见故障归类，并列出了相应处理方法，表6.4.2是对其相关说明。

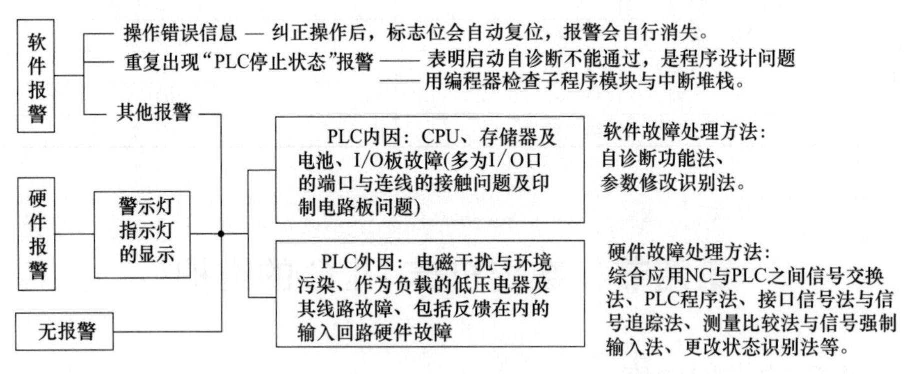

图6.4.1 PLC报警、常见故障及处理方法

表6.4.2 PLC报警、常见故障及处理方法的相关说明

序号	故障类型	详细说明
1	操作错误信息	例如，在SINUMERIK 810系统的7000～7031号报警，就是由于操作者进行某些操作而出现的特定信息，此类报警不需要清除。当相应的操作状态消失，这些特定的标志位就会自动复位，报警显示也就自行消除
2	PLC报警	例如，在SINUMERIK 810系统的3号报警含义为“PLC处于停止状态”。此时，PLC的I/O接口被封锁，机床不能工作。一般采用PLC编程仪来读出中断堆栈，即可找出故障成因。但是，现场往往无此条件。现场可采用的处理方法有以下两种 ①对于偶然出现的这种报警，可采用初始化方法，重新启动PLC，往往可恢复机床工作 ②如果频繁重演故障，则表明PLC设计或使用存在缺陷。需由专职维修人员处理
3	接口电路故障	接口电路是控制器的“门户”。该结构中元器件的失效（如光电耦合器）、集成电路不良或电器接触不良（如拨盘开关与中间继电器），将造成输出信号不正常而导致失控，在诊断中必须予以重视
4	输入输出	如果出现PLC无输出故障时，应该记住PLC的输入包括了“电源输入”“电源供给的正常与否”“屏蔽与接地是否良好”，这些都是PLC正常工作的前提。如果出现失控，必须考虑反馈输入的异常及其抗干扰的失败。若输入都正常，而PLC输出不正常、停止工作或无输出，就是PLC装置本身故障（软件或硬件故障）。此时更换模板是解除故障的有效方法。但是，在更换前最好记录或画下原来的接线号与接线位置，以免发生错误，否则不仅延误时间，又可能扩大故障

特别说明：数控机床PLC诊断技术通常配合其他诊断技术一起使用，其发现的故障和报警也常常和其他设备的故障杂糅在一起，因此本书不单独对PLC故障报警作举例说明，与PLC报警相关的数控机床故障参见各个章节的故障诊断与维修。在本书的附录中也罗列了FANUC的PMC报警和SIEMENS的PLC报警信息和功能含义，可以一并参照。

中篇
数控机床维修

第七章　数控系统的故障诊断与维修

随着现代经济的快速发展，数控设备已成为我国制造工业的现代化技术装备。计算机数字控制（Computer Numerical Control，CNC）机床是一种由程序控制的自动化机床。该控制系统能够逻辑地处理具有控制编码或其他符号指令规定的程序，通过计算机将其译码，从而使机床执行规定好了的动作，通过刀具切削将毛坯料加工成半成品、成品零件。因此如何降低数控系统运行中的故障发生率成为生产工作的重中之重。

本章主要讲述数控系统的故障诊断与维修，也是本书的重点，主要讲述数控系统故障的构成和基本故障的解决方法，细分为软、硬件故障的详细阐述，依据原理分析故障，然后列举可能出现的故障，说明解决问题的方法，最后列举实例方法进行了说明。

第一节　数控系统的概念

一、数控系统的总体结构

在数控机床上加工零件，首先必须根据被加工零件的几何数据和工艺数据按规定的代码和程序格式编写加工程序，然后将所编写程序指令输入到数控机床的数控系统中，数控系统再将程序（代码）进行译码、数据处理、插补运算，向数控机床各个坐标的伺服机构和辅助控制装置发出信息和指令，驱动数控机床各运动部件，控制所需要的辅助运动，最后加工出合格零件。这些信息和指令包括：各坐标轴的进给速度，进给方向和进给位移量，各状态的控制信号。

现代数控系统由硬件和软件组成，其基本结构如图 7.1.1 所示。其详细结构如图 7.1.2 所示。硬件部分包括计算机及其外围设备。外围设备主要有显示器、键盘、面板、可编程逻辑控制器（PLC）及 I/O 接口等。显示器用于显示信息和监控；键盘用于输入操作命令、输入和编辑加工程序、输入设定数据等；操作面板供操作人员改变工作方式、手动操作、运行加工等；可编程逻辑控制器主要用于开关量的控制；I/O 接口是数控装置与伺服系统及机床之间联系的桥梁。软件部分由管理软件和控制软件组成。管理软件主要包括输入/输出、显示、自诊断等程序；控制软件主要包括译码、插补运算、刀具补偿、速度控制、位置控制等程序。

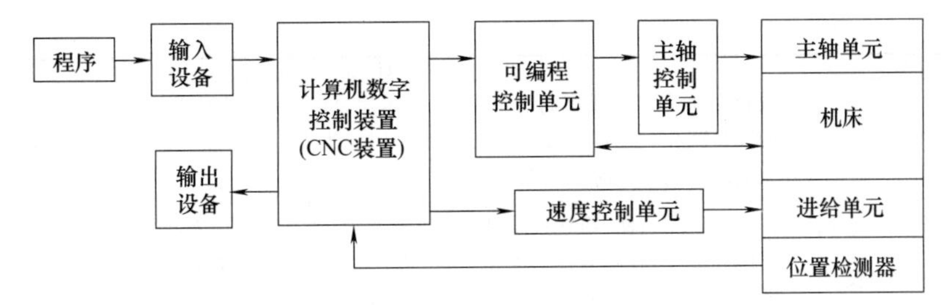

图 7.1.1　现代数控系统的基本结构

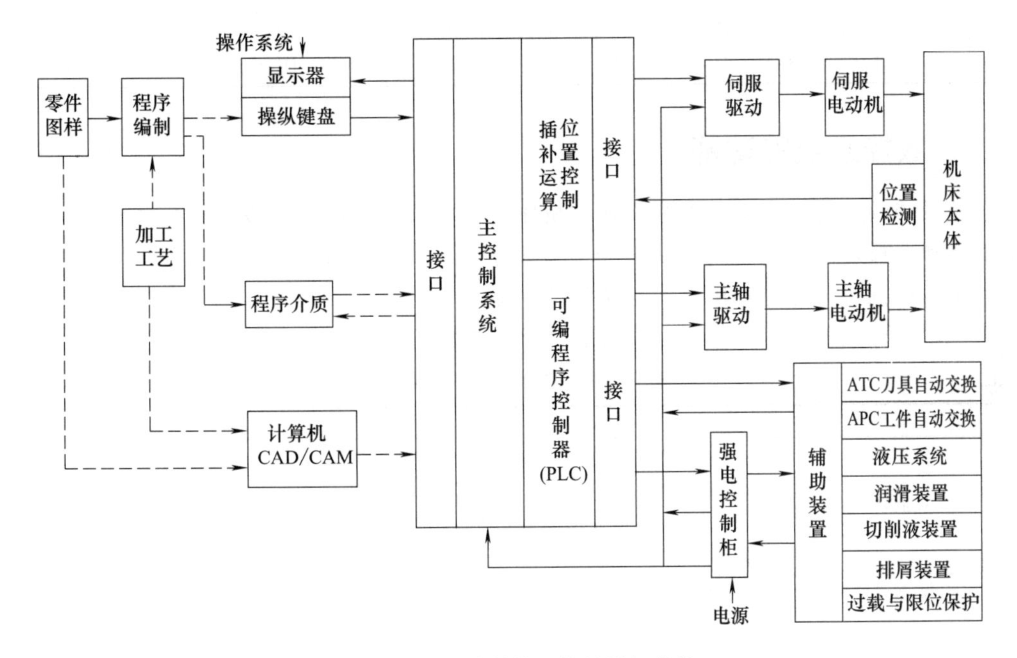

图 7.1.2　现代数控系统的详细结构

数控系统的核心是数控装置，数控装置是由硬件（通用硬件和专用硬件）和软件（专用）两大部分组成的一台专用计算机，所以现代数控系统也称为 CNC 系统。系统软件在硬件的支持下运行，离开软件硬件便无法工作，二者缺一不可。

随着计算机技术的发展，数控装置性能越来越高，价格越来越低。其部分或全部控制功能通过软件来实现。只要更改控制程序，无需更改硬件电路，就可改变控制功能。因此，数控系统在通用性、灵活性、使用范围等诸多方面具有更大的优越性。

表 7.1.1 详细描述了数控系统的优点。

表 7.1.1　数控系统的优点

序号	优点	详细说明
1	具有灵活性和通用性	数控系统的功能大多由软件实现，且软硬件采用模块化的结构，使系统功能的修改、扩充变得较为灵活。数控系统的基本配置部分是通用的，不同的数控机床仅配置相应的特定的功能模块，以实现特定的控制功能
2	数控功能丰富	①插补功能：二次曲线、样条曲线、空间曲面插补 ②补偿功能：运动精度补偿、随机误差补偿、非线性误差补偿等 ③人机对话功能：加工的动、静态跟踪显示，高级人机对话窗口 ④编程功能：G 代码、图形编程、部分自动编程功能

续表

序号	优点	详细说明
3	可靠性高	数控系统采用集成度高的电子元件、芯片，可靠性得以保证。许多功能由软件实现，使硬件的数量减少。丰富的故障诊断及保护功能(大多由软件实现)可使系统故障发生的频率和发生故障后的修复时间降低
4	使用维护方便	①操作使用方便：用户只需根据菜单的提示，便可进行正确操作 ②编程方便：具有多种编程的功能、程序自动校验和模拟仿真功能 ③维护维修方便：部分日常维护工作自动进行(润滑、关键部件的定期检查等)，数控机床的自诊断功能可迅速实现故障准确定位
5	易于实现机电一体化	数控系统控制柜的体积小(采用计算机，硬件数量减少；电子元件的集成度越来越高，硬件体积不断减小)，使其与机床在物理上结合在一起成为可能，减少占地面积，方便操作

二、数控系统的功能

数控系统的功能是指满足用户操作和机床控制要求的方法和手段。数控系统的功能包括基本功能和选择功能。不管用于什么场合的数控系统，基本功能是必备的数控功能；选择功能是供用户根据机床特点和用途进行选择的功能。

表 7.1.2 详细描述了数控系统所具有的主要功能。

表 7.1.2　数控系统的主要功能

序号	主要功能	详细说明
1	控制功能	数控系统能控制和能联动控制的进给轴数是数控系统的重要性能指标 数控系统的控制轴有：移动轴(X、Y、Z)和回转轴(A、B、C)；基本轴和附加轴(U、V、W) 数控车床一般只需 X、Z 两轴联动控制。数控铣床、钻床以及加工中心等需要三轴控制以及三轴以上联动控制。联动控制轴数越多，数控系统就越复杂，编程也越困难
2	准备功能(G 功能)	指令机床动作方式的功能。它包括基本移动、程序暂停、平面选择、坐标设定、刀具补偿、镜像、固定循环加工、公英制转换、子程序等指令
3	插补功能和固定循环功能	插补功能是数控装置实现零件轮廓(平面或空间)加工轨迹运算的功能。实现插补功能的方法有逐点比较法、数字积分法、直接函数法和双 DDA 法等 固定循环功能是数控装置实现典型加工循环(如钻孔、攻螺纹、镗孔、深孔钻削和切螺纹等)的功能
4	进给功能	进给功能是指进给速度的控制功能，它包括以下内容 ①进给速度：控制刀具相对工件的运动速度 ②同步进给速度：实现切削速度和进给速度的同步，单位为 mm/r。只有主轴装有位置编码器的机床才能指令同步进给速度 ③进给倍率：人工实时修调预先给定的进给速度。机床在加工时使用操作面板上的倍率开关，不用修改零件加工程序就能改变进给速度
5	主轴功能	主轴功能是指数控系统的主轴的控制功能，它包括以下内容 ①主轴转速：主轴转速的控制功能 ②恒线速度控制：刀具切削点的切削速度为恒速的控制功能。该功能主要用于车削和磨削加工中，使工件端面质量提高 ③主轴倍率：人工实时修调预先设定的主轴转速。机床在加工时使用操作面板上的倍率开关，不用修改零件加工程序就能改变主轴转速 ④主轴准停：该功能使主轴在径向的某一位置准确停止。加工中心必须有主轴准停功能，主轴准停后实施卸刀和装刀等动作
6	辅助功能(M 功能)	辅助功能是指用于指令机床辅助操作的功能。它主要用于指定主轴的正转、反转、停止、冷却泵的打开和关闭、换刀等动作

续表

序号	主要功能	详细说明
7	刀具管理功能	刀具管理功能实现对刀具几何尺寸、寿命和刀具号的管理 ①刀具几何尺寸(半径和长度)供刀具补偿功能使用 ②刀具寿命是指时间寿命，当刀具寿命到期时，CNC系统将提示用户更换刀具 ③刀具号(T)管理功能用于标识刀库中的刀具和自动选择加工刀具
8	补偿功能	①刀具半径和长度补偿功能：实现按零件轮廓编制的程序控制刀具中心轨迹的功能 ②传动链误差：包括螺距误差补偿功能和反向间隙误差补偿功能 ③非线性误差补偿功能：对于诸如热变形、静态弹性变形、空间误差以及由刀具磨损所引起的加工误差等，CNC系统采用补偿功能把这些补偿量输入后保存在其内部存储器中，在控制机床进给时按一定的计算方法将这些补偿量补上
9	人机对话功能	人机对话功能实现的环境包括：菜单结构操作界面，零件加工程序的编辑环境，系统和机床参数、状态、故障信息的显示、查询或修改页面等
10	自诊断功能	数控装置自动实现故障预报和故障定位，数控装置中安装了各种诊断程序，这些程序可以嵌入其他功能程序中，在数控装置运行过程中进行检查和诊断
11	通信功能	通信功能是指数控系统与外界进行信息和数据交换的功能。通信功能主要完成上级计算机与数控系统之间的数据和命令传送

第二节　数控系统的硬件

按数控装置内部微处理器（CPU）的数量，数控系统可分为单微处理器系统和多微处理器系统两类。现代数控装置多为多微处理器模块化结构。经济型数控装置一般采用单微处理器结构，高级型数控装置采用多微处理器结构。多微处理器结构可以使数控机床向高速度、高精度和高智能化方向发展。

一、单微处理器和多微处理器结构的数控装置

表 7.2.1 详细描述了单微处理器和多微处理器结构的数控装置。

表 7.2.1　单微处理器和多微处理器结构的数控装置

序号	处理器类型		详细说明
1	单微处理器	单机系统	整个数控装置只有一个CPU，它集中控制和管理整个系统资源，通过分时处理的方式来实现各种数控功能。该CPU既要对键盘输入和CRT显示进行处理，又要进行译码、刀补计算以及插补等实时处理，这样，进给速度显然受到影响
		主从结构	数控系统中只有一个CPU(称为主CPU)对系统的资源有控制和使用权，其他带CPU的功能部件只能接受主CPU的控制命令或数据，或向主CPU发出请求信息以获得所需的数据，处于从属地位，故称这种结构为主从结构，它也归类于单微处理器结构
2	多微处理器	多CPU结构	多微处理器结构的数控装置是指CNC装置中有两个或两个以上的CPU，即系统中的某些功能模块自身也带有CPU，根据部件间的相互关系又可将其分为多主结构和分布式结构两种
		多主结构	系统中有两个或两个以上带CPU的模块部件对系统资源有控制或使用权。模块之间采用紧耦合(关联与依赖)，有集中的操作系统。通过仲裁器来解决总线争用问题，通过公共存储器进行交换信息
		分布式结构	系统有两个或两个以上带CPU的功能模块，各模块有自己独立的运行环境，模块间采用松耦合，且采用通信方式交换信息

二、单微处理器结构系统

单微处理器结构的数控系统由微处理器、总线、存储器、I/O 接口、MDI 接口、CRT 或液晶显示接口、PLC 接口、进给控制、主轴控制、纸带阅读机接口、通信接口等组成。其构成的 CNC 系统结构如图 7.2.1 所示。表 7.2.2 详细描述了单微处理器结构的基本功能模块。

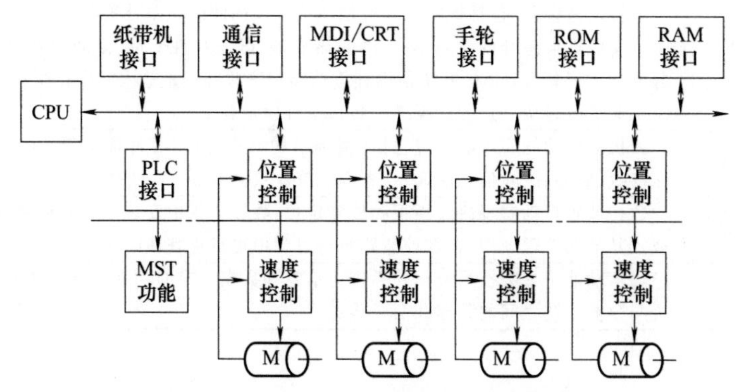

图 7.2.1 单微处理器数控装置的结构

表 7.2.2 单微处理器结构的基本功能模块

序号	功能模块	详 细 说 明
1	微处理器	微处理器(CPU)是 CNC 装置的核心,主要由运算器和控制器两部分组成。运算器含算术逻辑运算、寄存器和堆栈等部件,对数据进行算术和逻辑运算。控制器从存储器中依次取出组成程序的指令,经过译码,向 CNC 装置各部分按顺序发出执行操作的控制信号,使指令得以执行。同时接收执行部件发回来的反馈信息,控制器根据程序中的指令信息及这些反馈信息,决定下一步命令操作
2	总线	总线是由赋予一定信号意义的物理导线构成的,按信号的物理意义,可分为数据总线、地址总线、控制总线三组。数据总线为各部件之间传送数据,数据总线的位数和传送的数据宽度相等,采用双方向线传输。地址总线传送的是地址信号,与数据总线结合使用,以确定数据总线上传输的数据来源地或目的地,采用单方向线传输。控制总线传输的是管理总线的某些控制信号,如数据传输的读/写控制、中断复位及各种确认信号,采用单方向线传输
3	存储器	存储器用于存放数据、参数和程序等。系统控制程序存放在可擦写只读存储器(EPROM)中,即使系统断电,控制程序也不会丢失。程序只能被 CPU 读出,不能随机写入,必要时可用紫外线或电擦除 EPROM,再重写监控程序。运算的中间结果存放在随机存储器(RAM)中。存放在 RAM 中的数据能随机地进行读/写,但如不采取适当的措施,断电后存放信息会丢失
4	I/O 接口	CNC 装置和机床之间的信号一般不直接连接,而通过 I/O 接口电路连接。接口电路的主要任务如下 ①进行必要的电气隔离,防止干扰信号引起误动作 ②进行电路转换和功率放大
5	MDI/CRT 接口	MDI 手动数据输入是通过数控面板上的键盘操作的。当扫描到有键按下时,将数据送入移位寄存器中,经数据处理判别该键的属性及其是否有效,并进行相关的监控处理。CRT 接口在 CNC 系统控制下,在单色或彩色 CRT(或 LCD)上实现字符和图形显示,对数控代码程序、参数、各种补偿数据、坐标位置、故障信息、人机对话编程菜单、零件图形和动态刀具轨迹等进行实时显示
6	位置控制模块	位置控制模块是进给伺服系统的重要组成部分,是实现轨迹控制时,CNC 装置与伺服驱动系统连接的接口模块。每一进给轴对应一套位置控制器。位置控制器在 CNC 装置的指令下控制电器带动工作台按要求的速度移动规定的距离。轴控制是数控机床上要求最高的控制,不仅对单个轴的运动和位置精度的控制有严格要求,而且在多轴联动时,还要求各移动轴有很好的配合

续表

序号	功能模块	详 细 说 明
7	可编程控制器	可编程控制器替代传统机床强电继电器逻辑控制，利用逻辑运算实现各种开关量的控制。可编程控制器接收来自操作面板、机床上的各行程开关、传感器、按钮、强电柜里的继电器以及主轴控制、刀库控制的有关信号，经处理后输出去控制相应器件的运行
8	通信接口	当CNC装置用作设备层和工作层控制器组成分布式数控系统(DNC)或柔性制造系统时，还要与上级计算机或直接数字控制器(DNC)进行数字通信

三、多微处理器结构系统

在多微处理器结构的CNC装置中，有两个或两个以上的CPU，多重操作系统有效地实行并行处理。

1. 多微处理器结构的CNC装置基本功能模块

表7.2.3详细描述了多微处理器结构的基本功能模块。

表7.2.3　多微处理器结构的基本功能模块

序号	功能模块	详 细 说 明
1	CNC装置管理模块	CNC装置管理模块实现管理和组织整个CNC系统工作过程所需要的功能。如系统初始化、中断管理、总线裁决、系统出错识别和处理
2	CNC装置插补模块	该模块完成译码、刀具补偿计算、坐标位移量的计算和进给速度处理等插补前的预处理；然后再进行插补计算，为各坐标轴提供位置给定量
3	位置控制模块	插补后的坐标位置给定值与位置监测器测得的位置实际值进行比较，进行自动加减速、回基准点、伺服系统滞后量的监视和飘移补偿，最后得到速度控制的模拟电压，驱动进给电动机
4	PLC模块	零件加工中的某些辅助功能和从机床来的信号在PLC模块中作逻辑处理，实现各功能与操作方式之间的连接，机床电器设备的启停，刀具交换，转台分度、工件数量和运转时间的计数等
5	操作与控制数据I/O和显示模块	该模块实现零件加工程序、参数和数据、各种操作命令的输入/输出，以及显示所要求的各种电路
6	存储器模块	该模块是指存放程序和数据的主存储器，或功能模块间数据传送的共享存储器

2. 多微处理器结构的优点

与单微处理器结构数控装置相比，多微处理器结构CNC装置的优点见表7.2.4。

表7.2.4　多微处理器结构CNC装置的优点

序号	优点	详 细 说 明
1	运算速度快，性能价格比高	多微处理器结构中每一微处理器完成某一特定功能，相互独立，并且并行工作，所以运算速度快。它适应多轴控制，高进给速度、高精度、高效率的数控要求。由于系统共享资源，故性价比高
2	适应性强，扩展容易	多微处理器结构CNC装置大都采用模块化结构，可将微处理器、存储器、输入/输出控制分别做成插件板，或将其组成独立的硬件模块。相应的软件也是模块结构，固化在硬件模块中，这样可以积木式组成CNC装置，具有良好的适应性和扩展性，维修也方便
3	可靠性高	由于多微处理器功能模块独立完成某一任务，所以某一功能模块出故障，其他模块照常工作，不至于整个系统瘫痪，只要换上正常模块就解决问题，提高系统可靠性
4	硬件易于组织规模生产	一般硬件是通用的，易于配置，只要开发新的软件就可以构成不同的CNC装置，便于组织规模生产，保证质量，形成批量

四、多微处理器的CNC装置各模块之间结构

多微处理器的CNC装置各模块之间的互联和通信主要采用共享总线和共享存储器两类

结构，详情见表 7.2.5。

表 7.2.5 多微处理器各模块之间的结构

序号	模块之间结构	详细说明
1	共享总线结构	共享总线结构如图 7.2.2 所示，总线将各模块连在一起，按要求传递信号，实现预定功能。共享总线结构系统配置灵活，结构简单，容易实现。缺点是各主模块使用总线时会引起“竞争”，使信息传输效率降低。总线一旦出现故障，会影响全局。但由于其结构简单、系统配置灵活、实现容易、无源总线造价低等而常被采用 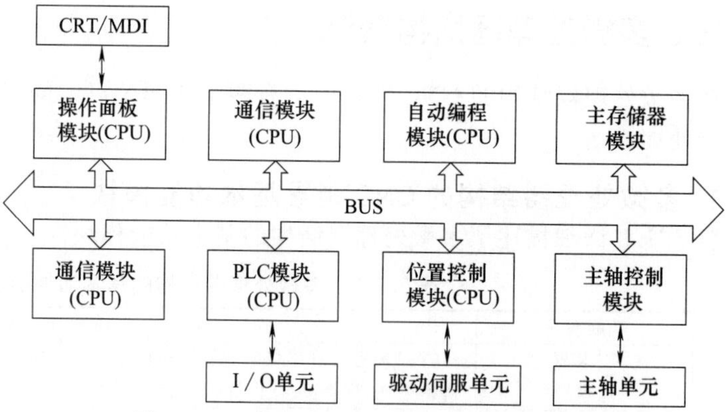 CRT/MDI 操作面板模块(CPU)　通信模块(CPU)　自动编程模块(CPU)　主存储器模块 BUS 通信模块(CPU)　PLC模块(CPU)　位置控制模块(CPU)　主轴控制模块 I/O单元　驱动伺服单元　主轴单元 图 7.2.2 共享总线结构数控系统硬件结构
2	共享存储器结构	共享存储器结构如图 7.2.3 所示，采用多端口存储器来实现各微处理器之间的互联和通信，每个端口都配有一套数据、地址、控制线，以供端口使用访问。由于多端口存储器设计较复杂，而且对两个以上的主模块，会因争用存储器可能造成存储器传输信息的阻塞，所以这种结构一般采用双端口存储器（双端口 RAM） 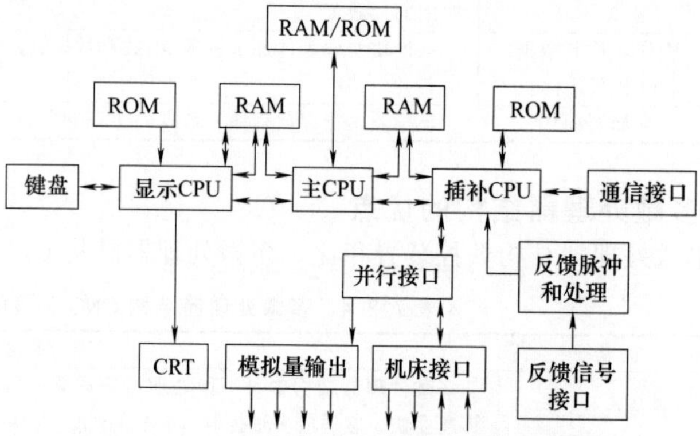 RAM/ROM ROM　RAM　RAM　ROM 键盘　显示CPU　主CPU　插补CPU　通信接口 并行接口　反馈脉冲和处理 CRT　模拟量输出　机床接口　反馈信号接口 图 7.2.3 共享存储器结构数控系统硬件结构

第三节 数控系统的软件

一、数控系统软件的基本任务

数控系统软件可分为管理软件和控制软件两部分。管理软件主要包括 I/O、显示处理、自诊断等程序；控制软件主要包括译码、插补运算、刀具半径补偿、速度处理、位置控制等程序。其组成如图 7.3.1 所示。

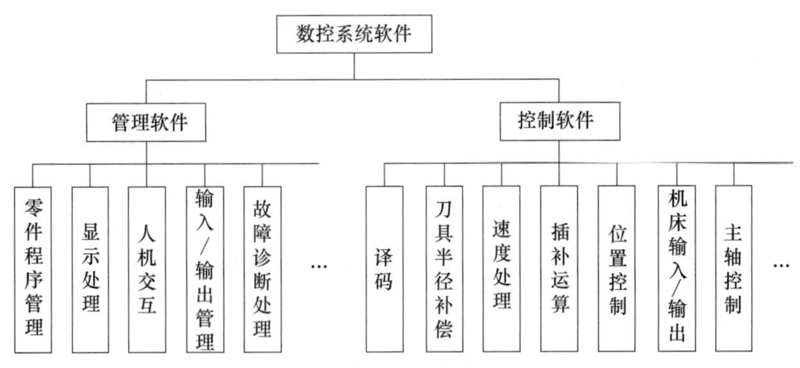

图 7.3.1　数控系统软件任务框图

CNC 装置的软件是为完成数控机床的各项功能而专门设计和编制的，是一种专用软件，其结构取决于软件的分工，也取决于软件本身的结构特点。软件功能是数控装置的功能体现。一些厂商生产的数控装置，硬件设计好后基本不变，而软件功能不断升级，以满足制造业发展的要求。

数控系统是一个典型而又复杂的实时系统，要完成的基本任务见表 7.3.1。

表 7.3.1　数控系统软件的基本任务

序号	基本任务	详细说明
1	加工程序的输入	数控加工程序可通过键盘、磁盘和 RS-232C 接口等输入，这些输入方式一般采用中断的形式来完成，每一个输入对应一个中断服务程序。在输入加工程序时，首先输入零件加工程序，然后存放到缓冲器中，再经输入缓冲器存放到零件程序存储单元中
2	译码	译码是指以一个程序段为单位对零件数控加工程序进行处理，把输入的零件加工程序翻译成数控装置要求的数据格式的过程。在译码过程中，首先对程序段的语法进行检查，若发现错误，则立即报警。若没有错误，则把程序段中的零件轮廓信息（如起点、终点、直线或圆弧等）、加工速度信息（F 代码）和其他辅助信息（M、S、T 代码等）按照一定的语法规则解释成微处理器能够识别的数据形式，并以一定的数据格式存放在指定的内存单元，准备为后续程序使用
3	数据预处理	数据预处理通常包括刀具长度补偿、刀具半径补偿、反向间隙补偿、丝杆螺距补偿、过象限及进给方向判断、进给速度换算、加减速控制及机床辅助功能处理等 刀具长度补偿的作用是把零件轮廓轨迹转换成刀具中心轨迹。刀具长度补偿处理程序主要完成：计算本段零件轮廓的终点坐标值；根据刀具的半径值和刀具补偿方向，计算出本段刀具中心轨迹的终点位置；根据本段和下一段的转接关系进行段间处理 数据预处理程序主要完成本程序段总位移量和每个插补周期内的合成进给量的计算
4	插补和位置控制	（1）插补是在一条给定了起点、终点和形状的曲线上进行“数据点的密化”的过程。根据给定的进给速度和曲线形状，计算一个插补周期内各坐标轴进给的长度。插补处理要完成的任务有 ①根据速度倍率值计算本次插补周期的实际合成位移量 ②计算新的坐标位置 ③将合成位移分解到各个坐标方向，得到各个坐标轴的位置控制指令 （2）位置控制在伺服系统的每个采样周期内，将插补计算出的理论位置与实际反馈位置信息进行比较，其差值作为伺服调节的输入，经伺服驱动器控制伺服电动机。位置控制通常要完成位置回路的增益调整、各坐标的螺距误差补偿和反向间隙补偿，以提高机床的定位精度。位置控制是强实时性任务，所有计算必须在位置控制周期（伺服周期）内完成。伺服周期可以等于插补周期，也可以是插补周期的整数分之一
5	诊断	诊断程序包括在系统运行过程中进行的检查与诊断，以及作为服务程序在系统运行前或故障发生停机后进行的诊断。诊断程序一方面可以防止故障的发生，另一方面在故障出现后，可以帮助用户迅速查明故障的类型和发生部位 从理论上讲，硬件能完成的功能也可以用软件来完成。从实现功能的角度看，软件与硬件在逻辑上是等价的。这二者各有其特点：硬件处理速度快，但灵活性差，实现复杂控制的功能困难；软件设计灵活，适应性强，但处理速度相对较慢

二、数控系统控制软件的结构

对于 CNC 系统这样一个实时多任务系统，在其控制软件设计中，采用了许多计算机软件结构设计的技术。在单微处理器数控装置中，常采用前后台型软件结构和中断型软件结构；在多微处理器数控装置中，由各个 CPU 分别承担一项或几项任务，CPU 之间通过通信协调完成控制任务。以下主要介绍多任务并行处理、前后台型软件结构和中断型软件结构。表 7.3.2 详细描述了数控系统控制软件的结构。

表 7.3.2 数控系统控制软件的结构

序号	软件的结构	详细说明
1	多任务并行处理	数控系统是一个独立的控制单元，在数控加工中，数控系统要完成管理和控制两大任务。管理软件要完成的任务包括 I/O 处理、显示、通信和诊断等。控制软件要完成的任务包括译码、刀具补偿、速度控制、插补和位置控制、辅助功能控制等 在大部分情况下，管理和控制中的某些工作必须同时进行，如显示必须与控制同时进行，以便操作人员了解系统的工作状态；零件的加工程序输入也要与加工控制同时运行；译码、刀具补偿和速度处理必须与插补运算同时进行，插补运算又必须与位置控制同时进行，使得刀具在各个程序段之间不会有停顿。数控加工的多任务常采用并行处理的方式来实现 并行处理是指计算机在同一时间时刻或同一时间间隔内完成两种或两种以上性质相同或不同的工作的方法。CNC 系统中并行处理常采用资源分时共享和资源重叠流水线处理技术 资源分时共享是根据“分时共享”的原则，使多个用户按时间顺序使用同一设备的技术，主要用于解决单 CPU 的数控系统中多任务同时运行的问题。各任务使用 CPU 是循环轮流和优先级别相结合的形式来实现的，如图 7.3.2 所示 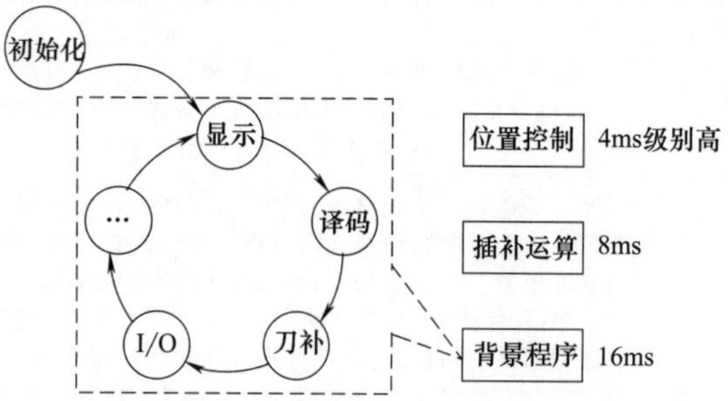 图 7.3.2 CPU 分时共享 资源重叠是根据流水线处理技术，使多个处理过程在时间上重叠，即在一段时间间隔内不是只处理一个子过程，而是处理两个或更多子过程。在单 CPU 的 CNC 系统中，流水处理时间重叠是在一段时间内，CPU 处理多个子过程，各子过程分时占用 CPU 时间，如图 7.3.3 所示 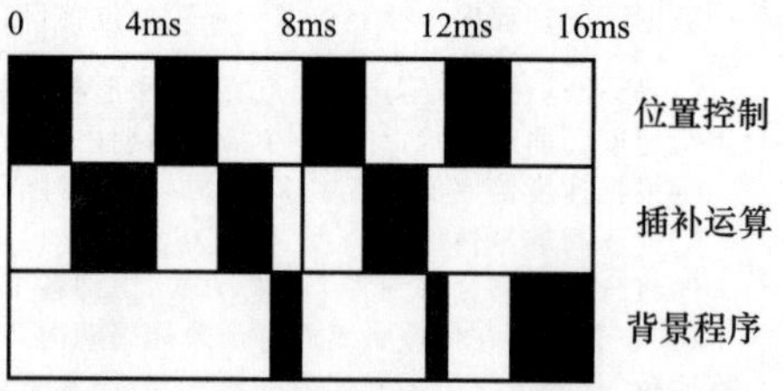 图 7.3.3 各任务占用 CPU 时间示意图
2	前后台型软件结构	前台程序是与机床控制直接相关的实时控制程序，完成实时控制功能，如插补运算、位置控制等 前后台型软件结构如图 7.3.4 所示。它是一个实时中断服务程序，以一定的时间间隔定时发生。后台程序是一个循环运行的程序，完成协调管理、数据译码、预计算数据和显示坐标等实时性要求不高的任务。在后台程序的运行过程中，前台中断程序间隔一定时间插入运行，执行完毕后返回后台程序，通过前后台程序的相互配合，共同完成零件的加工

续表

序号	软件的结构	详 细 说 明
2	前后台型软件结构	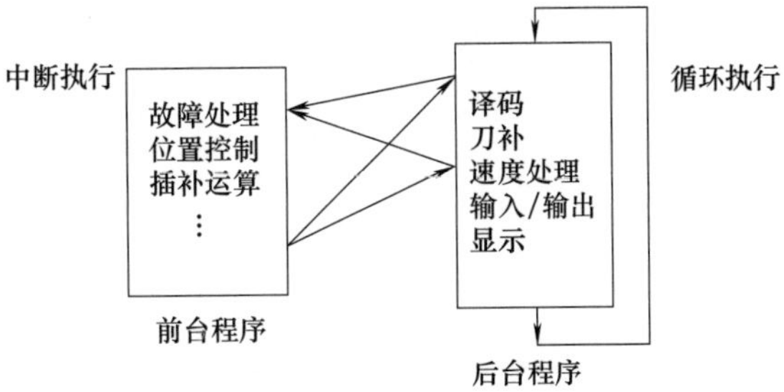 中断执行 故障处理 位置控制 插补运算 ⋮ 前台程序 译码 刀补 速度处理 输入/输出 显示 后台程序 循环执行 图 7.3.4　前后台型软件结构
3	中断型软件结构	中断型结构除初始化程序外,系统软件各个任务模块分别安排在不同级别的中断服务程序中 系统通过响应不同级别的中断来执行响应的中断服务程序,完成数控机床的各种功能。其管理功能依靠各级中断服务程序之间的通信来实现。整个软件相当于一个大的中断系统,如图 7.3.5 所示 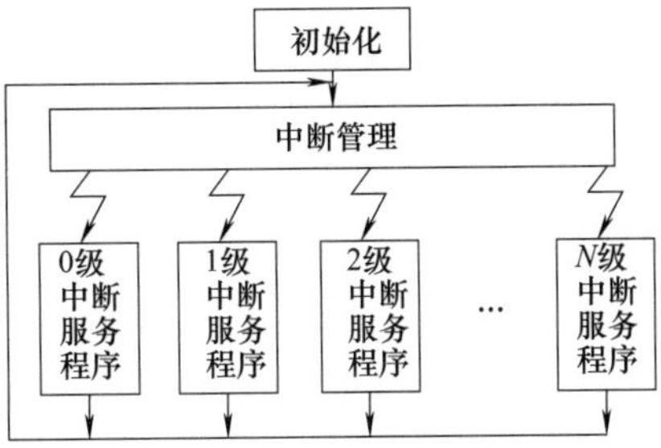 初始化 中断管理 0级中断服务程序　1级中断服务程序　2级中断服务程序　…　N级中断服务程序 图 7.3.5　中断型软件结构

第四节　数控系统的插补原理

一、插补的基本概念

插补，即机床数控系统依照一定方法确定刀具运动轨迹的过程。在数控机床中，刀具或工件的最小位移量称为分辨率（闭环系统）或脉冲当量（开环系统），又称最小设定单位。刀具或工件是一步一步移动的，刀具的运动轨迹不可能严格沿着刀具所要求的零件轮廓形状运动，只能用折线逼近所要求的轮廓曲线，而不是光滑的曲线。机床数控装置根据一定算法确定刀具运动轨迹，从而产生基本轮廓线型，如直线、圆弧等，这种方式称为插补。图 7.4.1 为插补原理。

插补是指根据零件轮廓线型的信息（如直线的起点、终点，圆弧的起点、终点和圆心等），数控装置按进给速度、刀具参数和进给方向等要求，计算出轮廓曲线上一系列坐标值的过程。

数控机床上加工的工件，大部分轮廓都是由直线和圆弧组成的，若要加工其他二次曲线和高次曲线，可以由一小段直线或圆弧来拟合，因此 CNC 系统一般都具有直线插补和圆弧

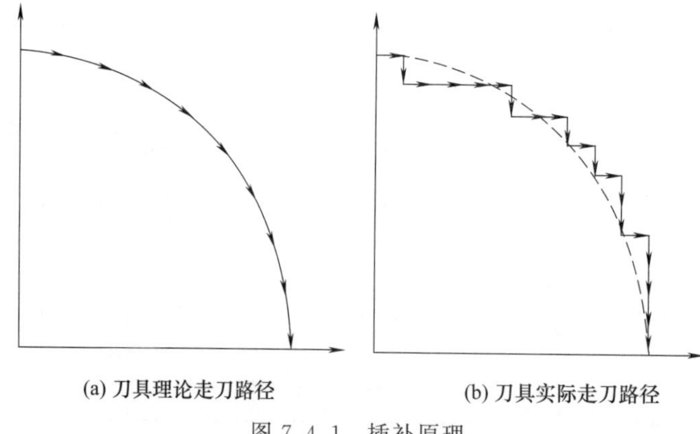

图 7.4.1　插补原理

插补两种基本插补类型。在三坐标以上联动的 CNC 系统中，一般还具有螺旋线插补和其他类型的插补。为了方便对各种曲线、曲面的直接加工，插补方式一般分为直线插补、圆弧插补、抛物线插补、样条线插补等。表 7.4.1 详细描述了插补的几种类型。

表 7.4.1　数控系统插补的类型

序号	插补的类型	详细说明
1	直线插补	直线插补是车床上常用的一种插补方式，在此方式中，两点间的插补沿着直线的点群来逼近，沿此直线控制刀具的运动。所谓直线插补就是只能用于实际轮廓是直线的插补方式(如果不是直线，也可以用逼近的方式把曲线用一段线段去逼近，从而每一段线段都可以用直线插补) 首先假设在实际轮廓起始点处沿 X 方向走一小段(一个脉冲当量)，发现终点在实际轮廓的下方，则下一条线段沿 Y 方向走一小段，此时如果线段终点还在实际轮廓下方，则继续沿 Y 方向走一小段，直到在实际轮廓上方以后，再向 X 方向走一小段，依次循环类推，直到到达轮廓终点为止。这样，实际轮廓就由一段段的折线拼接而成，虽然是折线，但是如果我们每一段走刀线段都非常小(在精度允许范围内)，那么此段折线和实际轮廓还是可以近似地看成相同的曲线的
2	圆弧插补	在此方式中，根据两端点间的插补数字信息，计算出逼近实际圆弧的点群，控制刀具沿这些点运动，加工出圆弧曲线。用直线运动的两个轴 X 和 Y 共同确定一个点，然后 X 轴直线运动，控制 Y 轴的坐标画圆 数控机床中圆弧插补只能在某平面进行，因此若要在某平面内进行圆弧插补加工，必须用 G17、G18、G19 指令将该平面设置为当前加工平面，否则将会产生错误警告。空间圆弧曲面的加工，事实上都是转化为一段段的空间直线构成的平面构造类圆弧曲面而进行的
3	复杂曲线实时插补算法	传统的 CNC 只提供直线和圆弧插补，对于非直线和圆弧曲线则采用直线和圆弧分段拟合的方法进行插补。这种方法在处理复杂曲线时会导致数据量大、精度差、进给速度不均、编程复杂等一系列问题，必然对加工质量和加工成本造成较大的影响。许多人开始寻求一种能够对复杂的自由型曲线曲面进行直接插补的方法。近年来，国内外的学者对此进行了大量的深入研究，由此也产生了很多新的插补方法。如 A(AKIMA)样条曲线插补、C(CUBIC)样条曲线插补、贝塞尔(Bezier)曲线插补、PH(Pythagorean-Hodograph)曲线插补、B 样条曲线插补等。由于 B 样条类曲线的诸多优点，尤其是在表示和设计自由型曲线曲面形状时显示出的强大功能，使得人们关于自由空间曲线曲面的直接插补算法的研究多集中在它身上

二、插补运算的方法

插补运算所采用的原理和方法很多，可分为脉冲增量插补和数据采样插补两大类型，表 7.4.2 详细描述了插补的运算方法。

表 7.4.2　插补的运算方法

序号	任务	详细说明
1	脉冲增量插补	脉冲增量插补又称为基准脉冲插补或行程标量插补，每次插补运算只产生一个行程增量。插补运算的结果是向各运动坐标轴输出一个控制脉冲，各坐标的移动部件只产生一个脉冲当量或行程增量的运动。脉冲的频率确定坐标运动的速度，而脉冲的数量确定运动位移的大小。其插补比较的流程如图 7.4.2 所示 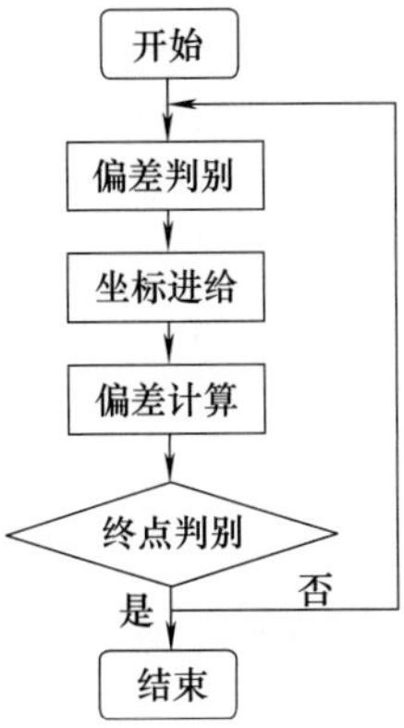 图 7.4.2　逐点比较差补流程图 这类插补运算简单，容易用硬件电路来实现，早期的硬件插补大都采用这类方法，在目前 CNC 系统中原来的硬件插补功能可以用软件来实现。这类插补适用于一些中等速度和中等精度的系统，主要用于步进电动机驱动的开环系统。也有的数控装置将其用作数据采样插补中的精插补 图 7.4.3 所示为直线插补。刀具在起点 O，要沿轨迹走到 A。先从点 O 沿 $+X$ 进给一步，刀具到达直线下方的点 1，为逼近直线，第二步要向 $+Y$ 方向移动，到达直线上方的点 2，再沿 $+X$ 向进给，到达点 3，再继续进给，直到到达终点 A 为止 如图 7.4.4 所示的圆弧插补与直线类似，不再赘述 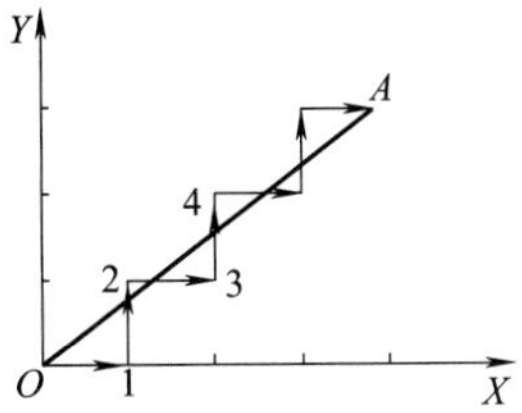 图 7.4.3　脉冲增量的直线插补轨迹 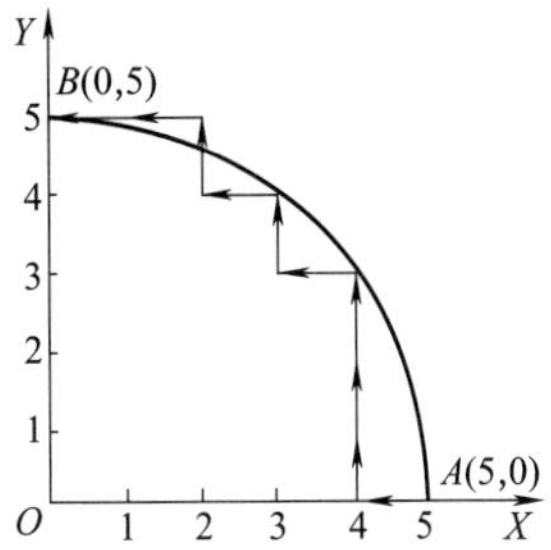　　图 7.4.4　脉冲增量的圆弧插补轨迹
2	数据采样插补	数据采样插补又称数字增量插补或时间分割插补，采用时间分割思想，其运算分两步完成。首先是根据编程的进给速度将轮廓曲线分割为每个插补周期进给的若干段微小直线段（又称轮廓步长），以此来逼近轮廓曲线。运算的结果是将轮廓步长分解成为各个坐标轴的在一个插补周期里的进给量，作为命令发送给伺服驱动系统。伺服系统按位移检测采样周期采集实际位移量，并反馈给插补器进行比较完成闭环控制。数据采样插补方法有直线函数法、扩展数字积分法和二阶递归算法等 直线插补不会造成轨迹误差。圆弧插补会带来轨迹误差

续表

序号	任务	详细说明
2	数据采样插补	图7.4.5为数据采样的直线插补，图7.4.6为数据采样的弦线逼近的圆弧插补 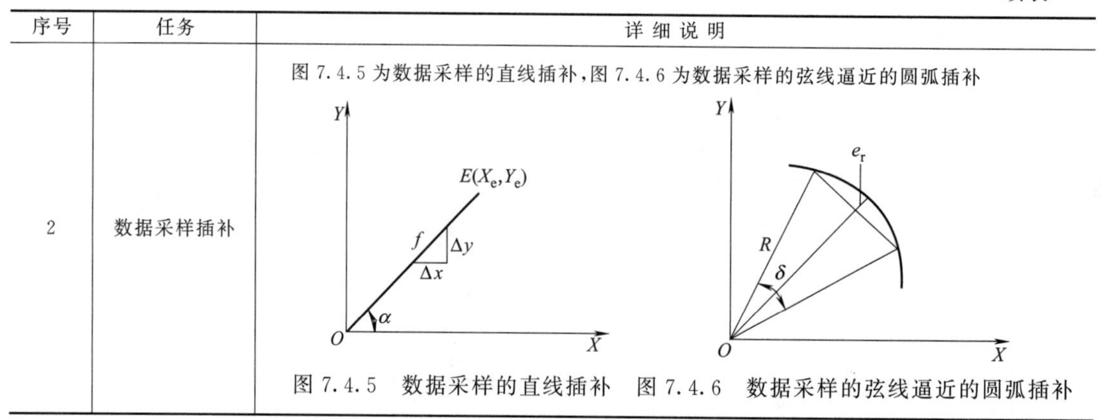 图7.4.5　数据采样的直线插补　图7.4.6　数据采样的弦线逼近的圆弧插补

第五节　数控系统故障的概述

现代数控系统提供了丰富的PLC（FANUC称为PMC）信号和PLC功能指令，这些丰富的信号和编程指令便于用户编制机床侧PLC控制程序，增加了编程的灵活性。无论是哪种型号的CNC系统都有大量的参数，其中有位型、位轴型、字节型、字节轴型、字型、字轴型、双字型、双字轴型等类型，这些参数设置正确与否直接影响数控机床的使用和其性能的发挥。特别是用户如果能充分掌握和熟悉这些参数，将会使一台数控机床的使用和性能发挥上升到一个新的水平。

一、数控系统（CNC）故障诊断的重要性

数控系统也称CNC，是数控机床的控制核心，数控系统的故障直接影响数控机床的正常使用。由于现在数控系统的可靠性越来越高，所以故障率变得越来越低。据统计，数控机床的故障中，数控系统的故障不到20%。但由于数控系统采用先进的控制技术，技术先进，结构复杂，出现故障后维修难度比较大。

图7.5.1所示为数控机床按电气和主机分类的故障细分示意。

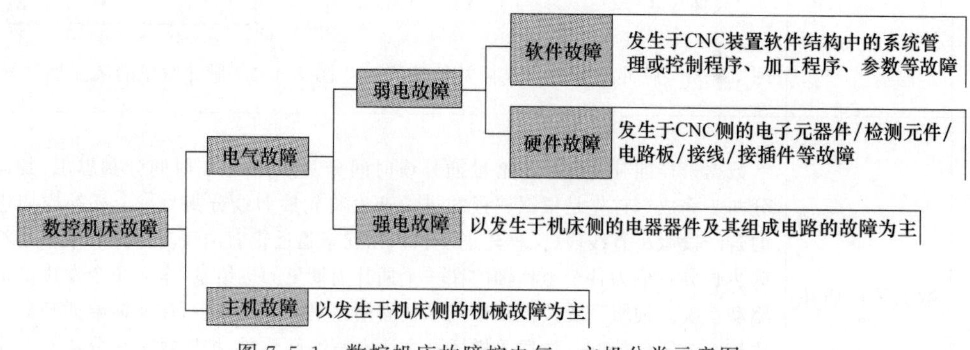

图7.5.1　数控机床故障按电气、主机分类示意图

由图7.5.1中可以看出，数控机床的主要故障类型是电气故障，其主要是系统内因所致。据实际现场统计，大约30%的故障来自机床低压电器。占有较高故障率的故障来自检

测元件及其电路、复杂的I/O电路、印制电路板及其元器件。约占5%的“不明故障”起因于被干扰的数字信号（或存储的数据与参数）。约10%的故障起因于监控程序、管理程序以及微程序等造成的软件故障。

另外，新程序或机床调试阶段，操作工失误会造成不少“软性”故障。在实际应用中，将经常涉及操作失误、电磁干扰造成数据或参数混乱，将这些故障归于“软性”故障。所以，以后分析中也常将故障分成“硬件故障”和“软性故障”。实际工作中，硬件故障泛指所有的低压电器、电子元器件及其连接与线路故障。

二、数控系统（CNC）的故障特点

数控系统（CNC）的故障特点见表7.5.1。

表7.5.1　数控系统（CNC）的故障特点

序号	故障特点	详细说明
1	原因多样	一种故障现象可以有不同的成因(例如键盘故障、参数设置与开关等)
2	现象多样	一种成因可以导致不同的故障现象
3	非本体因素	有些故障现象表面是软件故障，而究其成因时，却有可能是硬件故障或干扰、人为因素所造成

所以，查阅维修档案与现场调查对于诊断分析是十分重要的。

第六节　数控系统（CNC）的软件故障

数控机床运行的过程就是在数控软件的控制下机床的动作过程。完好的硬件和完善的软件以及正确的操作是数控机床能够正常进行工作的必要条件。所以数控机床在出现故障之后，除了硬件控制系统故障之外，还可能是软件系统出现了问题，特别是加工程序的错误、机床数据出现问题或者一些参数没有设置好，使机床不能正常工作。有些软件故障可以由系统自诊断后在CRT上显示报警号、信息或内容；但是有的软件故障（例如多种故障并存现象）必须调用相关状态参数的实时诊断画面，来获得信息。

① 数控机床停机故障多数是由软件错误或操作不当引发的。

② 优先检查软件可以避免因拆卸机床而引发的许多麻烦。

软件故障只要将软件内容恢复正常之后就可排除，所以软件故障也称为可恢复性故障。

一、软件故障类型

机床数控系统的软件和一般计算机系统的软件一样，主要包括两大部分，即系统软件和应用软件。系统软件包括系统初始化、数据管理、I/O通信、插补运算与补偿计算等内容，此外还包括一些专用的固定子程序。而应用软件则主要是面向具体工艺、由用户编制的零件加工程序。由于系统软件和用户软件本身的特点及所承担的任务存在差异，因此它们的故障表现形式也不尽相同。

1. 系统软件故障

系统软件数控系统的生产厂家研制的启动芯片由基本系统程序、加工循环、测量循环等组成。出于安全和保密的需要，这些程序出厂前被预先写入，构成了具体的系统。这部分软件对于机床生产厂和机床用户读出、复制和恢复都很难。如果因为意外破坏了该部分软件，应注意所使用的机床型号和所使用的软件版本号，及时与数控系统的生产厂家取得联系，要求更换或复制软件。

系统软件的故障往往是由于设计错误而引起的，即在软件设计阶段，由于对系统功能考虑不周，设计目标构思不完整，从而在算法上、定义上或模块衔接上出现缺陷。这些缺陷一旦存在，就不会消失，表现为故障的固有性。在某些运行环境下，这种设计缺陷就可能被激发，形成软件故障，对于这类故障可通过更新软件版本的方法来修正。一般情况下高版本软件与低版本相比除了功能的增加以外，往往还包括对软件缺陷的修正。

2. 应用软件故障

数控系统的应用软件，是由用户编制的零件加工程序。它包括准备功能 G 代码、辅助功能 M 代码、主轴功能 S 以及刀具功能 T 等。对于较高档次的系统，还包括图形编程、参数测量等功能。

而应用软件故障，主要由人为因素产生，带有一定的偶然性和随机性，表现在用户程序设计方面，如书写格式上、语法上或程序结构上出现错误。这些错误的产生原因，主要是在编写程序或在程序输入过程中造成的，如未充分了解系统功能或对加工的过程考虑不周等。此外在程序的传送与保存过程中，也有可能使程序的内容发生变化，造成运行时出现故障。这类故障随着操作者对数控系统的不断熟悉可以逐渐减少。

数控系统软件故障见表 7.6.1。

表 7.6.1 数控系统（CNC）的软件故障类型

<table>
<tr><th>序号</th><th colspan="2">软件故障类型</th><th>详细说明</th></tr>
<tr><td rowspan="3">1</td><td rowspan="3">系统软件故障</td><td>机床参数的问题引起的机床故障</td><td>有些机床故障是由机床刀具补偿参数、R 参数等设置的问题引起的。多数情况下，数控系统都会给出报警信息，可以按照报警信息的提示，分析检查程序，发现问题后，通过修改参数即可排除故障</td></tr>
<tr><td>机床数据的问题引起的机床故障</td><td>现在的数控系统功能非常强，通过对机床数据的设定，使用相同的数控系统可以控制不同的数控机床。有时因为备用电池工作不可靠或者因系统长期不通电、电磁干扰、操作失误、系统不稳定等，使机床数据丢失或者发生改变，机床不能正常工作，多数情况下，数控系统也会给出报警信息。另外，有一些数据在机床使用一段时间后需要调整，如果不调整，机床也会出现故障，如丝杠反向间隙补偿、伺服轴漂移补偿等</td></tr>
<tr><td>PLC 程序的问题引起的机床故障</td><td>有时因为 PLC 的用户程序没有设计好或者在运行中因为干扰等原因，使用户程序发生变化，这些情况也会使数控机床不正常工作</td></tr>
<tr><td>2</td><td>应用软件故障</td><td>加工程序问题引起的机床故障</td><td>这类故障大部分在调试新编制的加工程序或者修改已存在的加工程序时出现。出现故障时，一般数控系统都可以给出报警信息，因此，可以根据报警信息对加工程序进行分析和检查，纠正程序后，故障可排除。还有一部分故障是由于操作人员的误操作或者系统受到电磁干扰等原因，使加工程序发生变化</td></tr>
</table>

二、软件故障现象分析

数控系统的常见软件故障现象及其成因，可参考表 7.6.2。该表格分析归纳了常见软件故障现象及其成因。

表 7.6.2　数控系统（CNC）常见的软件故障现象及其成因

<table>
<tr><th rowspan="3">序号</th><th rowspan="3">软件故障现象</th><th colspan="4">故 障 成 因</th></tr>
<tr><th colspan="2">软件故障成因</th><th colspan="2">硬件故障成因</th></tr>
<tr><th>人为/软性成因</th><th>各种干扰</th><th>RAM/电池
失电或失效</th><th>器件/线缆/接插件/
印制板故障</th></tr>
<tr><td>1</td><td>操作错误信息</td><td>操作失误</td><td></td><td></td><td></td></tr>
<tr><td>2</td><td>超调</td><td>加/减速或增益
参数设置不当</td><td></td><td></td><td></td></tr>
<tr><td>3</td><td>死机或停机</td><td rowspan="7">①参数设置错误或失匹/改写了RAM中的标准控制数据，开关位置错置
②编程错误
③冗长程序的运算出错，死循环，运算中断，写操作I/O的破坏</td><td rowspan="7" colspan="2">①电磁干扰窜入总线导致时序出错
②电网干扰、电磁干扰、辐射干扰窜入RAM，或RAM失效与失电造成RAM中的程序/数据/参数被更改或丢失
③CNC/PLC中机床数据丢失
④系统参数的改变与丢失
⑤系统程序/PLC用户程序的改变与丢失
⑥零件加工程序编程错误</td><td rowspan="7">①屏蔽与接地不良
②电源线连接相序错误
③负反馈接成正反馈
④主板/计算机内熔丝熔断
⑤相关电器，如接触器、继电器或接线的接触不良
⑥传感器污染或失效
⑦开关失效
⑧电池充电电路中故障/各种接触不良/电池寿命终极或失效</td></tr>
<tr><td>4</td><td>失控</td></tr>
<tr><td>5</td><td>程序中断故障停机</td></tr>
<tr><td>6</td><td>无报警不能运行
或报警停机</td></tr>
<tr><td>7</td><td>键盘输入后
无相应动作</td></tr>
<tr><td>8</td><td>多种报警并存</td></tr>
<tr><td>9</td><td>显示“未准备好”</td></tr>
<tr><td colspan="2" rowspan="2">说明</td><td rowspan="2">维修后/新程序的调试阶段/新操作工</td><td>外因：突然停电、周围施工，感性负载</td><td colspan="2">长期闲置后起用的机床，或老机床失修</td></tr>
<tr><td>内因：接口电路故障以及屏蔽与接地问题</td><td></td><td>带电测量导致短路或撞车后所造成，是人为因素</td></tr>
</table>

三、干扰及其预防

干扰是造成数控系统“软”故障，且容易被忽视的一个重要的方面。消除系统干扰的方法见表 7.6.3。

表 7.6.3　消除干扰的方法

序号	消除干扰的方法
1	正确连接机床、系统的地线。数控机床必须采用一点接地法，切不可为了省事，在机床的各部位就近接地，造成多点接地环流。接地线的规格一定要按系统的规定，导线线径必须足够大。在需要屏蔽的场合，必须采用屏蔽线。屏蔽地必须按系统要求连接，以避免干扰 数控机床对接地的要求通常较高，车间、厂房的进线必须有符合数控机床安装要求的完整接地网络。它是保证数控机床安全、可靠运行的前提条件，必须引起足够的重视
2	防止强电干扰。数控机床强电柜内的接触器、继电器等电磁部件都是干扰源。交流接触器的频繁通/断、交流电动机的频繁启动、停止，主回路与控制回路的布线不合理，都可能使CNC的控制电路产生尖峰脉冲、浪涌电压等干扰，影响系统的正常工作。因此，对电磁干扰必须采取以下措施，予以消除 ①在交流接触器线圈的两端、交流电动机的三相输出端上并联RC吸收器 ②在直流接触器或直流电磁阀的线圈两端，加入续流二极管 ③CNC的输入电源线间加入浪涌吸收器与滤波器 ④伺服电动机的三相电枢线采用屏蔽线（SIEMENS驱动常用） 通过以上办法一般可有效抑制干扰，但要注意的是：抗干扰器件应尽可能靠近干扰源，其连接线的长度原则上不应大于20cm
3	抑制或减小供电线路上的干扰在某些电力不足或频率不稳的场合，电压的冲击、欠压，频率和相位漂移，波形的失真、共模噪声及常模噪声等，将影响系统的正常工作，应尽可能减小线路上的此类干扰 防止供电线路干扰的具体措施一般有以下几点 ①对于电网电压波动较大的地区，应在输入电源上加装电子稳压器 ②线路的容量必须满足机床对电源容量的要求 ③避免数控机床和电火花设备，频繁启动、停止的大功率设备共用同一干线 ④安装数控机床时应尽可能远离中频炉、高频感应炉等变频设备

第七节　数控系统（CNC）的硬件故障

一、硬件故障类型

硬件故障是指电子、电器件、印制电路板、电线电缆、接插件等的不正常状态甚至损坏，需要修理甚至更换才可排除的故障。通常为了方便起见，将电气器件故障与硬件故障混合在一起，通称为硬件故障。所以，在后面的分析中的“硬件故障”，是指数控系统中电器与电子器件、线缆/电路板及其接插件/电气装置等故障。硬件故障的成因见表 7.7.1。

表 7.7.1　硬件故障的成因

<table>
<tr><th>序号</th><th colspan="2">硬件故障类型</th><th>详 细 说 明</th></tr>
<tr><td rowspan="2">1</td><td rowspan="2">按器件故障的成因</td><td>硬性故障</td><td>器件功能丧失引起的功能故障，一般采用静态检查，容易查出。其中又可以分成可恢复性的和不可恢复性的。器件本身硬性损坏，就是一种不可恢复的故障，必须换件。而接触性、移位性、污染性、干扰性（例如散热不良或电磁干扰）以及接线错误等造成的故障是可以修复的</td></tr>
<tr><td>软性故障</td><td>器件的性能故障，即器件的性能参数变化以致部分功能丧失。一般需要动态检查，比较难查。例如传感器的松动、振动与噪声、温升、动态误差大、加工质量差等</td></tr>
<tr><td>2</td><td>按发生部位</td><td colspan="2">显示器故障、低压电器故障、传感器故障、总线装置故障、接口装置故障、电源故障、控制器故障、调节器故障、伺服放大器故障等</td></tr>
</table>

在实际生产活动中，不同的条件，将引发不同机理的硬件故障。例如：长期闲置的机床上的接插件接头、熔丝卡座、接地点、接触器或继电器等触点、电池接口等易氧化与腐蚀，引发功能性故障；老机床易引发拖动弯曲电缆的疲劳折断以及含有弹簧的元器件（多见于低压电器中）弹性失效；机械手的传感器、位置开关、编码器、测速发电机等易发生松动移位；存储器电池、光电池、光电阅读器的读带、芯片与集成电路易出现老化寿命问题以及直流电机电刷磨损问题等；传感器（光栅/光电头/电机整流子/编码器）、低压控制电器的污染；过滤器与风道的堵塞以及伺服驱动单元大功率器件失效造成温升等，既可以是功能性故障又可为性能故障；新机床或刚维修的机床容易出现接线错误等的软性故障。

二、由软件故障引起的硬件故障

机床的实际运行中，有一部分硬件故障是由软件故障而引起的，这些故障一般只要将软件问题解决，硬件故障也就会消失。因此，遇到机床数控系统硬件出现了故障的时候要综合地考虑，表 7.7.2 列出了可能由软件故障导致的硬件故障现象。

表 7.7.2 列出的故障现象中，有些故障现象表现为硬件不工作或工作不正常，而实际涉及的成因却可能是软性或参数设置问题，例如，有的是控制开关位置置错的操作失误。控制开关不动作可能是在参数设置为“0”状态，而有的开关位置正常（例如急停、机床锁住与进给保持开关）可能在参数设置中为“1”状态等。又如，伺服轴电机的高频振动就与电流环增益参数设置有关。再如，超程与不能回零可能是由于软超程参数与参照点设置不当引起的。同样，参数设置的失匹，可以造成机床的许多控制性故障。也就是说，故障机理中的软与硬经常“纠缠”在一起，给诊断工作与故障定位带来困难。因此，“先软后硬”，先检查参

数设置与相对硬件的实时状态，将有助于判别是软件故障还是硬件故障。其实，“据理析象”就是分析、归纳与总结故障现象所有可能联系到的一切成因（故障机理）。

表 7.7.2　由软件故障导致的硬件故障现象

序号	硬件故障类型		故障现象
1	无信号输出	不动作	显示器不显示
			数控系统不能启动
			数控机床不能运行
		不能启动	轴不动
			程序中断
			故障停机
			刀架不转
			刀架不回落
			工作台不回落
			机械手不能抓刀
		无反应	键盘输入后无相应动作
2	输出不正常	失控	飞车
			超程
			超差
			不能回零
			刀架转而不停
		异常	显示器混乱/不稳
			轴运行不稳
			频繁停机/偶尔停机
			振动与噪声
			加工质量差(如表面振纹)
			欠压/过压
			过流/过热/过载

第八节　数控系统故障与维修综述

一、经济型数控机床系统故障

以经济型数控车床为例，介绍其常见故障分析与排除方法。故障分析与排除方法如表7.8.1所示。

表 7.8.1　经济型数控车床常见故障分析与排除方法

序号	故障内容	故障原因	排除方法
1	系统开机后，显示器无图像，按键后无任何反应	220V 交流供电电源异常	恢复正常供电
		熔丝熔断	更换熔丝
		开关电源 ±12V、+5V 直流输出电压异常	更换开关电源
		显示器机箱与开关电源间连线有虚连	重新插接连线
2	系统工作正常，但显示器无图像或图像混乱	220V 交流供电电压异常	恢复正常电压
		显像管灯丝不亮	更换显示器
		显示器与系统主板间的视频连接不可靠	重新插接连线
3	按键后系统及显示器无响应	键盘引线与系统主板的插接异常	重新插接面板引出线
		系统主板故障	调换系统主板

续表

序号	故障内容	故障原因	排除方法
4	系统工作正常，但主轴不工作	主轴模拟信号输出端与变频器公共地之间无电压输出	高速下测系统主板模拟信号输出插座引脚的模拟电压值，重新插接连线或更换
		主轴变频器输出端插座内部连线不可靠、系统输出端主轴正反转和停转引脚线与公共地之间的通断情况异常	测量其通断情况（测量检查时，须按面板上相应按键），内部重新连接或调换系统主板
		系统与变频器之间的连线不可靠	外部重新连接
5	系统工作正常，但进给不工作	进给驱动器供电电压异常	恢复正常供电电压
		驱动电源指示灯不亮	更换驱动电源
		系统与驱动器间的连线不可靠	外部重新连线
		驱动控制信号插座内部连线不可靠，且各输出端电压（5V）异常	内部重新连线
6	系统工作正常，但刀架不工作或换刀不停	手动检查刀位不正常	更换刀架控制器或刀架内部元件
		系统与刀架控制器间的连线不可靠	外部重新连线
		刀架控制信号插座内部连线不可靠且输出端各刀位控制通、断信号异常	内部重新连线或调换对应的控制板
7	不能进行主轴高低挡切换，与 X、Z 轴超程限位失灵	系统与外部切换开关间的连线不可靠	外部重新连线
		外部切换开关异常	更换开关（含超程限位开关）
		外部回答信号插座内部连线不可靠且输入信号异常	内部重新连线或调换控制板
8	系统各部分工作正常，但加工误差大	X、Z 轴丝杠反向间隙过大	重新调整并确定间隙
		系统内部间隙预置值（补偿值）不合理	重新设置预置值
		步进电动机与丝杠轴间传动误差大	重新调整并确定其误差值
9	存入系统的加工程序常丢失	存储板上的电池失效	更换存储板上的电池
		存储板断电保护电路有故障	更换存储板
10	程序执行中显示消失，返回监控状态	控制装置接地松动，在机床周围有强磁场干扰信号（干扰失控）	重新进行良好接地或改善工作环境
		电网电压波动太大	加装稳压装置
11	步进电动机易被锁死	对应方向步进电动机的功放驱动板上的大功率管被击穿	分析原因，更换损坏元件
12	大功率管经常被击穿	大功率管质量差或大功率管的推动级中的元件损坏	选用质量好的大功率管或替换已损坏的元件
		步进电动机线圈释放回路有障碍	检修释放回路，更换损坏元件
		没有注重控制装置的经常保养	加强对装置进行清洁保养，尤其是加工铸铁
		机箱过热	保证机箱通风良好
13	某方向的加工尺寸不够稳定，时有失步	对应方向步进电动机的阻尼盘磨损或阻尼盘的螺母松脱	调整步进电动机后端内阻尼盘的螺母，使其松紧合适
14	某方向的电动机剧烈抖动或不能运转	步进电动机某相的电源断开	修复电动机连线
		某相的功放、驱动板损坏	修复或更换损坏的功放、驱动板

二、全功能型数控机床系统故障

现以 FANUC 0i 铣床为例，介绍全功能型数控机床系统常见故障分析与排除方法（见表 7.8.2）。

表 7.8.2　全功能型数控机床系统故障诊断

序号	故障内容	故障原因	排除方法
1	数控系统不能接通电源	电源变压器无输入(如熔断器熔断等)	检查电源输入或输入单元的熔断器
		直流工作电压(+5V、+24V)的负载短路	检查各直流工作电压的负载是否短路
		输入单元已坏	更换
2	电源接通后,显示器无辉度或无画面	与 CRT 有关的电缆接触不良	重新连线
		显示器单元输入电压(+24V)异常	检查显示器单元输入电压是否为+24V
		主机板上有报警信号显示	按报警信息处理
		无视频信号输入	测试显示器接口板视频信号,若无信号则接口板故障,更换
		显示器单元质量不良	调试或更换
3	显示器无显示,但输入单元报警灯亮	+24V 电源负载短路	排除短路现象
		连接单元接口板有故障	更换已损坏的元器件或接口板
4	显示器无显示,机床不能动作,主机板无报警指示	主机板有故障	更换
		控制 ROM 板不良	更换
5	显示器无显示,但手动或自动操作正常	系统控制部分能正常进行插补运算,仅显示部分有故障	更换显示器控制板
6	显示器显示无规律亮斑、线条或符号	显示器控制板有故障	更换
		主机板可能有故障	检查报警指示灯情况以确认主机板故障
7	显示器只能显示 NOT READY,但能用 JOG 方式移动机床	有报警号显示	根据报警号处理
		磁泡存储器工作不正常	按操作说明书对磁泡存储器进行初始化,处理后重新输入系统参数与 PC 参数
8	显示器显示位置画面但机床不能执行 JOG 方式操作	主机板报警	根据报警号处理
		系统参数设定有误	检查并重新设定有关参数
9	显示器只能显示位置画面	多为 MDI(手动输入方式)控制板故障	更换 MDI 控制板
10	系统不能自动运转	系统状态参数设置错误	检查诊断号中的自动方式、启动、保持、复位等信号与 M、S、T 等指令状态参数设置是否有误
		连接单元接收器不良	若与连接单元有关诊断号参数不能置“0”,则更换连接单元
11	机床不能正常返回基准,且产生报警	脉冲编码器的每转信号未输入	检查脉冲编码器、连接电缆、抽头是否断线
			返回基准点的启动点离基准点太近
			脉冲编码器已坏
12	返回基准点系统显示 NOT READY 无报警	基准点的接触或减速开关失灵	检查、修复或更换
13	机床返回的停止位置与基准点不一致	减速挡块的长度及安装位置不正确	调整挡块位置;适当增加其长度
		外界干扰,脉冲编码器电压太低,伺服电动机与机床的联轴器松动	屏蔽线接地,脉冲编码器电缆独立以确保其电缆连接可靠,电缆损耗不大于 0.2V,紧固联轴器
		脉冲编码器不良或主机板不良	更换脉冲编码器或主机板
		电缆瞬时断线,连接器接触不良,偏置值变化,主机板或速度控制单元不良	焊接电缆接头,更换不良电路板

续表

序号	故障内容	故障原因	排除方法
14	手摇脉冲器不能工作	系统参数设置错误	检查诊断号中机床互锁信号、伺服断开信号和方式信号是否正确
		伺服系统故障	若显示器画面随手摇脉冲器变化而机床不动，则为伺服系统故障
		手摇脉冲器或其接口不良	检查主机板，若正常则为手摇脉冲器或其接口不良，更换

第八章　数控机床机械故障诊断与维修概述

与普通机床相比，数控机床增加了功能，提高了性能，简化了某些传统的结构。但是由于功能和性能的增加和提高，数控机床的机械结构也发生了重大变化，发展了不少不同于普通机床的、完全新颖的机械结构和部件，如适合于高速度、高精度、重切削的主轴部件，滚珠丝杠部件，刀库及换刀装置，液压与气动系统等。数控机床是机电一体化设备，机械部分的故障和数控系统的故障有内在联系，熟悉机械故障的诊断及排除方法和手段，对数控机床的维修是很有帮助的。

第一节　数控机床机械故障概述

机械故障，是指机械设备因偏离其设计状态而丧失部分或全部功能的现象。故障程度应从定量的角度来估计功能丧失的严重性，通常所见到的汽车发动机不启动、制动不灵、燃油和润滑油消耗量异常、机械传动系统运转不平稳等都是机械故障的表现形式，当其超过了规定的指标，即发生了故障。图 8.1.1 即为正在进行的机械部件故障的检查。

图 8.1.1　机械部件故障的检查

一、数控机床机械故障的类型

数控机床是集机、电、液、气、光等为一体的自动化机床，在机床工作时，它们的各项功能相互结合，发生故障时也混在一起。故障现象与故障原因并非简单的对应关系，往往可能一种故障现象是由几种不同原因引起的，或一种原因引起几种故障，即大部分故障是以综合故障形式出现的，这就给故障诊断及其排除带来了很大困难。表 8.1.1 所列举为数控设备机械故障的常见类型。

表 8.1.1　数控设备机械故障的类型

序号	类型	说　明
1	功能型故障	功能型故障主要指工件加工精度方面的故障，表现为加工精度不稳定、加工误差大、运动方向误差大、工件表面粗糙
2	动作型故障	动作型故障主要指机床各执行部件的动作故障，如主轴不转动、液压变速不灵活、机械手动作故障、工件或刀具夹不紧或松不开以及刀库转位定位不准确等
3	结构型故障	结构型故障主要指主轴发热、主轴箱噪声大、切削时产生振动等
4	使用型故障	使用型故障主要指因使用和操作不当引起的故障，如由过载引起的机件损坏、撞车等

二、数控机床机械故障形成的特性

机械故障是与磨损、腐蚀、疲劳、老化等机理分不开的。根据机械故障形成的一般过程，机械故障主要的一些特性见表 8.1.2。

表 8.1.2　数控机床的故障特性

序号	故障特性	说　明
1	潜在性	机械在使用中会出现各种损伤，损伤引起零部件结构参数发生变化，当损伤发展到使零部件结构参数超出允许值时，机械即出现潜在故障。由于机械设计考虑一定的安全系数，故即使某些零部件的结构参数超出允许值后，机械的功能输出参数仍在允许的范围内，机械并未发生功能故障。同时，通过润滑、清洁、紧固、调整等手段，可以消除或减缓损伤的发展，使潜在故障得到一定程度的控制甚至消除。因此，从潜在故障发展到功能故障一般具有较长的一段时间，机械故障的潜在性可通过维护来减少功能故障的发生，从而大大延长了机械的使用寿命
2	渐发性	由于磨损、腐蚀、疲劳、老化等过程的发生与时间关系密切，故因此而引起的机械故障也与时间有关。机械使用中损伤是逐步产生的，零部件的结构参数也是缓慢变化的，机械性能也是逐渐恶化的。机械使用时间越长，发生故障的概率就越大，故障发生的概率与机械运转的时间有关，由于故障的渐发性这一特性，使多数的机械故障可以预防
3	耗损性	机械磨损、腐蚀、疲劳、老化等过程伴随着能量与质量的变化，其过程是不可逆转的。表现为机械老化程度逐步加剧，故障越来越多。随着使用时间的增加，局部故障的排除虽然能恢复机械的性能，但机械的故障率仍不断上升。同时损伤的消除也是不完全性的，维修不可能使机械的性能恢复到使用前的状态
4	模糊性	机械使用中，由于受到各种使用及环境条件的影响，其损伤与输出参数的变化都具有一定的随机性与分散性。同时，由于材料与制造等因素的影响，机械的各种极限值、初始值也具有不同的分布，同一机械在不同的使用环境下，输出参数随时间也具有不同的分布。从而导致参数变化及故障判断标准都具有一定的分散性，使机械故障的发生与判断标准都具有一定的模糊性
5	多样性	机械使用中，由于磨损、腐蚀、疲劳、老化过程的同时作用，同一零部件往往存在多种故障机理，产生多种故障模式，例如轴的弯曲变形、磨损、疲劳断裂等。这些故障不仅故障机理与表现形式不同，而且分布模型及在各级的影响程度也不同，使故障呈现出多样性

三、数控机床机械故障特点

通常情况下，我们对数控机床的机械系统按照其部位，分区、分模块地检修其故障。表

8.1.3列出了数控机械系统中机械故障特点。

表8.1.3　数控机床机械故障特点

序号	故障部位	特　点
1	进给传动链故障	①运动品质下降 ②常与运动副预紧力、松动环节和补偿环节有关 ③定位精度下降、反向间隙过大、机械爬行、轴承噪声过大
2	主轴部件故障	可能出现故障的部分有自动换刀部分的刀杆拉紧机构、自动换挡机构及主轴运动精度的保持装置等
3	自动换刀装置(ATC)故障	自动换刀装置用于加工中心等设备，目前50%的机械故障与它有关 故障主要是刀库运动故障、定位误差过大、机械手夹持刀柄不稳定和机械手运动误差过大等，这些故障最后大多数都造成换刀动作卡住，使整机停止工作等
4	行程开关压合故障	压合行程开关的机械装置可靠性及行程开关本身品质特性都会大大影响整机的故障及排除故障的工作
5	附件的可靠性	附件包括切削液装置、排屑装置、导轨防护罩、切削液防护罩、主轴冷却恒温油箱和液压油箱等

第二节　数控机床机械故障诊断方法

机床在运行过程中，机械零部件受到冲击、磨损、高温、腐蚀等多种工作应力的作用，运行状态不断变化，一旦发生故障，往往会导致不良后果。因此，必须在机床运行过程中或不拆卸全部设备的情况下，对机床的运行状态进行定量测定，判断机床的异常及故障的部位和原因，并预测机床未来的状态，从而大大提高机床运行的可靠性，进一步提高机床的利用率。

数控机床机械故障诊断包括对机床运行状态的监视、识别和预测三个方面的内容。通过对数控机床机械装置的某些特征参数，如振动、温度、噪声、油液光谱等进行测定分析，将测定值与规定正常值进行比较，以判断机械装置的工作状态是否正常。现代数控机床大都利用监视技术进行定期或连续监测，可获得机械装置状态变化的趋势性规律，对机械装置的运行状态进行预测和预报。

一、诊断技术

诊断技术的全称是设备状态监测与故障诊断技术。诊断技术具体内容包括三个基本环节和四项基本技术。

三个基本环节是检查异常、诊断故障状态和部位、分析故障类型。

四项基本技术是检查测量技术、信号处理技术、识别技术和预测技术。检查测量技术是准确地确定和测量各种参数以检查设备的运行状态，反映设备实际状况的技术。信号处理技术是从现在测得的信号中，经过各种变换，把真正反映设备状况征兆的信息提取出来的技术。识别技术是在掌握了观测到的征兆数据后，预测其故障即了解结果并找出原因的技术。预测技术是对识别出来的故障进行预测的技术，预测的内容包括该故障今后将会怎样发展以及什么时候会进入危险范围。

数控机床机械故障的诊断技术，分为简易诊断技术和精密诊断技术。

1. 简易诊断技术

也称为机械检测技术。它由现场维修人员使用一般的检查工具或通过感觉器官的问、看、听、摸、闻等对机床进行故障诊断。简易诊断技术能快速测定故障部位，监测劣化趋势，选择有疑难问题的故障进行精密诊断。图 8.2.1 为通过简易诊断技术进行现场诊断。

图 8.2.1　通过简易诊断技术进行现场诊断

2. 精密诊断技术

它是根据简易诊断中提出的疑难故障，由专职故障精密诊断人员利用先进测试手段进行精确的定量检测与分析，找出故障位置、原因和数据，以确定应采取的最合适的修理方法和时间的技术。图 8.2.2 为通过精密诊断技术进行现场诊断。

图 8.2.2　通过精密诊断技术进行现场诊断

一般情况都采用简易诊断技术来诊断机床的现时状态，只有对那些在简易诊断中提出疑难问题的机床才进行精密诊断，这样使用两种诊断技术才最经济有效。

二、具体诊断方法

对于生产中的数控设备，若出现故障，操作人员必须掌握基本的简易诊断技术，及时排除故障，也就是上面提到的问、看、听、摸、闻，而更加复杂的故障则需专职的维修人员携带检测工具进行检修，表 8.2.1 为数控机床机械故障的诊断方法，该表详细说明了两种诊断方法的特点和操作。

表 8.2.1　数控机床机械故障的诊断方法

<table>
<tr><th>方法</th><th>诊断方法</th><th>原理及特征</th></tr>
<tr><td rowspan="5">简易诊断技术</td><td>问

(询问机床故障发生的经过，弄清故障发生的实情)</td><td>①机床开动时有哪些异常现象
②对比故障前后工件的精度和表面粗糙度，以便分析故障产生的原因
③传动系统是否正常，出力是否均匀，背吃刀量和走刀量是否减小等
④润滑油品牌号是否符合规定，用量是否适当
⑤机床何时进行过保养检修等</td></tr>
<tr><td>看

(查看故障发生后留下的故障痕迹)</td><td>①看转速。观察主传动速度的变化，如带传动的线速度变慢，可能是传动带过松或负荷太大；对主传动系统中的齿轮，主要看它是否跳动、摆动；对传动轴主要看它是否弯曲或晃动
②看颜色。机床转动部位，特别是主轴和轴承运转不正常，就会发热；长时间升温会使机床外表颜色发生变化，大多呈黄色；油箱里的油也会因温升过高而变稀，颜色变样；有时也会因长时间不换油、杂质过多或油变质，而变成深墨色
③看伤痕。机床零部件碰伤损坏部位很容易发现，若发现裂纹时，应做一记号，隔一段时间后再比较它的变化情况，以便进行综合分析
④看工件。从工件来判别机床的好坏；若车削后的工件表面粗糙度大，主要是主轴与轴承之间的间隙过大，溜板、刀架等压板模铁有松动以及滚珠丝杠预紧松动等原因所致；若是磨削后的表面粗糙度数值大，这主要是主轴或砂轮动平衡差、机床出现共振以及工作台爬行等原因引起的；若工件表面出现波纹，则看波纹数是否与机床主轴传动齿轮的啮合频率相等，如果相等，则表明主轴齿轮啮合不良是故障的主要原因
⑤看变形。主要观察机床的传动轴、滚珠丝杠是否变形；直径大的带轮和齿轮的端面是否跳动
⑥看油箱与切削液箱。主要观察油或切削液是否变质，确定其是否能继续使用</td></tr>
<tr><td rowspan="2">听

(听故障发生时的异响)</td><td>机械运动发出的正常声响
①一般做旋转运动的机件，在运转区间较小或处于封闭系统时，多发出平静的“嗖嗖”声；若处于非封闭系统或运行区较大时，多发出较大的蜂鸣声；各种大型机床则产生低沉而振动声浪很大的轰隆声
②正常运行的齿轮副，一般在低速下无明显的声响；链轮和齿条传动副一般发出平稳的“嘟嘟”声；直线往复运动的机件，一般发出周期性的“咯噔”声；常见的凸轮顶杆机构、曲柄连杆机构和摆动摇杆机构等，通常都发出周期性的“嘀嗒”声；多数轴承副一般无明显的声响，借助传感器(通常用金属杆或螺钉旋具)可听到较为清晰的“嘤嘤”声
③各种介质的传输设备产生的输送声，一般均随传输介质的特性而异。如气体介质多为“呼呼”声；流体介质为“哗哗”声；固体介质发出“沙沙”声或“呵哕呵哕”的声响</td></tr>
<tr><td>机械运动发出的异常声响
①摩擦声。声音尖锐而短促，常常是两个接触面相对运动的研磨；如带打滑或主轴轴承及传动丝杠副之间缺少润滑油，均会产生这种异声
②泄漏声。声小而长，连续不断，如漏风、漏气和漏液等
③冲击声。声音低而沉闷，如气缸内的间断冲击声，一般是由于螺栓松动或内部有其他异物碰击
④对比声。用手锤轻轻敲击来鉴别零件是否有缺陷，有裂纹的零件敲击后发出的声音就不那么清脆</td></tr>
<tr><td>摸

(用手感来判别机床的故障)</td><td>①温度。应注意手的触摸方法，一般先用右手并拢弯曲的食指、中指或无名指指背关节部位轻轻触及机件表面，断定对皮肤无损害后，才可用手指肚或手掌触摸
②振动。轻微振动可用手感鉴别，至于振动的大小可找一个固定基点，用一只手去同时触摸便可以比较出振动的大小
③伤痕和波纹。肉眼看不清的伤痕和波纹，若用手指去摸则可很容易地感觉出来。摸的方法是对圆形零件要沿切向和轴向分别去摸；对平面则要左右、前后均匀去摸。摸时不能用力太大，只需轻轻把手指放在被检查面上接触便可
④爬行。用手摸可直观地感觉出来，造成爬行的原因很多，常见的是润滑油不足或选择不当；活塞密封过紧或磨损造成机械摩擦阻力加大；液压系统进入空气或压力不足等
⑤松紧程度。用手转动主轴或摇动手轮，即可感到接触部位的松紧是否均匀适当，从而可判断出这些部位的松紧是否合适</td></tr>
</table>

续表

方法	诊断方法		原理及特征
简易诊断技术	闻 （故障产生时伴随的油烟气、焦煳气等异味）		由于剧烈摩擦或电器元件绝缘破损短路，使附着的油脂或其他可燃物质发生氧蒸发或燃烧产生油烟气、焦煳气等异味，应用嗅觉诊断的方法可收到较好的效果
精密诊断技术	温度监测	接触式	①接触式测温：将测温传感器与被测对象接触，被测对象与测温传感器之间因传导热交换而达到热平衡，根据测温传感器中的温度敏感元件的某一物理性质随温度而变化的特性来检测温度 ②广泛应用的接触式测温方法主要有热电偶法、热电阻法和集成温度传感器法 3 种 ③接触式测温方法测量数控机床各部分的表面温度，具有快速、正确、方便的特点
		非接触式	①非接触式测温主要是采用物体热辐射的原理进行的，又称辐射测温 ②在数控机床上应用不多
	振动监测		①振动信号中携带着大量有关机床运行状态的信息。维修人员通过测量并分析机床振动信号，可以检测数控机床的工作状态和诊断其机械故障的程度、部位等 ②振动简易诊断：利用一些简单的测试仪器对所选定的数控机床进行粗略的诊断，维修人员通过测量所选数控机床机械振动参数（包括位移、速度和加速度等）的幅值（如有效值、峰值等），将它与标准值或经验值比较，从而初步判定机床是否有故障 ③振动精密诊断：将测得的机床振动参数随时间变化的时域信号进行各种分析处理，最终得到振动的特征参数或其波形图像，将它与机床正常运转时的振动特征参数或振动波形图像进行比较，从而判断数控机床机械故障的原因、部位和程度
	噪声监测		①用噪声测量计、声波计对机床齿轮、轴承在运行中的噪声信号频谱中的变化规律进行深入分析，识别和判别齿轮、轴承磨损失效故障状态 ②数控机床噪声有两类，主要来自运动的零部件，如电动机、液压泵、齿轮、轴承等，其噪声频率与它们的运动频率或固有频率有关
	油液分析		通过原子吸收光谱仪，对进入润滑油或液压油中磨损的各种金属微粒和外来杂质等残余物形状、大小、成分、浓度的分析，判断磨损状态、机理和严重程度，有效掌握零件磨损情况
	裂纹监测		通过磁性探伤法、超声波法、电阻法、声发射法等观察零件内部机体的裂纹缺陷
	无损探伤法		无损探伤是在不损坏检测对象的前提下，探测其内部或外表的缺陷（伤痕）的现代检测技术

第三节　数控机床机械故障诊断步骤

数控机床是一种综合性的数字式与机械化结合的自动化生产设备，当发生故障时我们就要按照一定的规则和思路去进行分析、处理。本节着重从电气系统的检修来讲解数控机械故障诊断的步骤。

现场调查和外观检查是进行设备电气维修工作的第一步，是十分重要的一个环节。对于设备电气故障来讲，维修并不困难，但是故障查找却十分困难，因此为了能够迅速地查出故障原因和部位，准确无误地获得第一手资料就显得十分重要。

首先确定大致的诊断方向，由于是电气故障，我们可以对电路进行通、断电检查。步骤如下：

（1）断电检查。检查前断开总电源，然后根据故障可能产生的部位逐步找出故障点。具体做法是：

① 除尘和清除污垢，消除漏电隐患。

② 检查各元件导线的连接情况及端子的锈蚀情况。

③ 检查磨损、自然磨损和疲劳磨损的弹性件及电接触部件的情况。

④ 检查活动部件有无生锈、污物、油泥干涸和机械操作损伤。

对以前检修过的电气控制系统，还应检查换装上的元器件的型号和参数是否符合原电路的要求，连接导线型号是否正确，接法有无错误，其他导线、元件有无移位、改接和损伤等。

电气控制电路在完成以上各项检查后，应将检查出的故障立即排除，这样就会消除漏电、接触不良和短路等故障或隐患，使系统恢复原有功能。

（2）通电检查。若断电检查没有找出故障，可对设备做通电检查。

① 检查电源。用校火灯或万用表检查电源电压是否正常，有无缺相或严重不平衡的情况。

② 检查电路。电路检查的顺序是先检查控制电路，后检查主电路；先检查辅助系统，后检查主传动系统；先检查交流系统，后检查直流系统；先检查开关电路，后检查调整系统。也可按照电路动作的流程，断开所有开关，取下所有的熔断器，然后从后向前，逐一插入要检查部分的熔断器，合上开关，观察各电气元件是否按要求动作，这样逐步地进行下去，直至查出故障部位。

③ 通电检查时，也可根据控制电路的控制旋钮和可调部分判断故障范围。由于电路都是分块的，各部分相互联系，但又相互独立，根据这一特点，按照可调部分是否有效、调整范围是否改变、控制部分是否正常、相互之间联锁关系能否保持等，大致确定故障范围。然后再根据关键点的检测，逐步缩小故障范围，最后找出故障元件。

（3）对多故障并存的电路应分清主次，按步检修。有时电路会同时出现几个故障，这时就需要检修人员根据故障情况及检修经验分出哪个是主要故障，哪个是次要故障；哪个故障易检查排除，哪个故障较难排除。检修中，要注意遵循分析—判断—检查—修理的基本规律，及时对故障分析和判断的结果进行修正，本着先易后难的原则，逐个排除存在的故障。

（4）按规定认真填写故障调查与诊断记录表。

表 8.3.1 和表 8.3.2 均为日常生产中常用的故障维修记录表，表 8.3.2 较表 8.3.1 更加详细，对维修人员要求更高，实际维修中根据实际情况使用即可。

实施数控机床机械故障诊断技术的目的十分明确，即尽量避免设备发生事故，减少事故性停机，降低维修成本，保证安全生产以及保护环境，节约能源，或者说是为了保证设备安全、稳定、可靠、长周期、满负荷地优质运行。故障诊断技术可根据不同的诊断对象、要求、设备、人员、地点等具体情况，采取不同的诊断策略及实施措施。从下面一章开始，我们就将按照数控机床的机械系统结构去详细讲解故障的诊断与分析。

表 8.3.1　故障维修记录表（一）

故障维修记录表

使用部门：

操作者：　　　　　　　　　　　　　　　　　　　　　　　　　　　　　　　　年　月　日

设备名称		型号规格		修理完工日期	
设备编号		故障日期		停机时间	
制造厂				修理时间	
一、现象		二、原因		三、处理	
故障部位	现象编号				
故障现象编号		故障原因编号		处理方法编号	
1. 磨损	11. 杂音	1. 设计不良	11. 老化	1. 检查	
2. 腐蚀	12. 裂纹	2. 装配不良	12. 灾害	2. 调整	
3. 泄漏	13. 精度不良	3. 制造不良	13. 事故	3. 更换	
4. 松动	14. 短路	4. 安装不良	14. 原因不明	4. 改装	
5. 破损	15. 接触不良	5. 调整不良		5. 清扫	
6. 烧伤	16. 温度异常	6. 保养不良		6. 应急措施	
7. 污染	17. 压力异常	7. 使用不良		7. 修复	
8. 脱落	18. 断线	8. 修理不良			
9. 变形	19. 啮合不良	9. 超负荷			
10. 振动		10. 润滑不良			
更 换 零 件 清 单				修理部门	
名称	型号规格	数量	价格	修理人	备注

表 8.3.2 故障维修记录表（二）

故障调查与诊断记录表				地点		时间	
设备名称		型号		编号		使用年数	

使用阶段	调试期	刚维修后	长期闲置后	新工序启用	新更改指令	突然停电/停气后	报警急停后	正常使用期

系统维修	年次	末次时间		末次内容		维修记录情况		维修员	

故障现象		
	发生频次	
	发生条件	
	发生规律性	

故障发生时	显示器						
	正常	工况	各轴位置	工作方式	程序段	中止动作	软件报警号与报警内容
	异常	无显示		机械手情况	刀架状态	硬件报警	
		不正常					

工作环境	温度	湿度	粉尘	异味	电网	振动	辐射	感性负载	日常记录完整	故障现象记录	操作员
						有__ 无__	有__ 无__	有__ 无__	是__ 否__	有__ 无__	

外观检查	面板开关	电缆	电源	接地	熔丝	空气开关	变压器	继电器	接触器	电磁铁	传感器	限位开关	电机	防护门
	机械传动				液压及其管路				润滑管路/油泵					

复演记录					
关联示图	系统框图/号	动作流程图/号	梯形图/号	判别流程图/号	
故障点测试	测试方法		测试结果		故障定位
诊断结果	故障部位		故障成因		
排除方法及建议					
维修单位		维修人员		维修日期	

第九章　伺服系统的故障诊断与维修

数控机床的伺服进给系统取代了传统机床的机械传动，这是数控机床的重要特征之一。伺服系统是指以机械位置或角度作为控制对象的自动控制系统。在数控机床中，伺服系统主要指各坐标轴进给驱动的位置控制系统。伺服系统接受来自数控系统的进给脉冲，经变换和放大，来驱动各加工坐标轴按指令脉冲运动。这些轴有的带动工作台，有的带动刀架，通过几个坐标轴的综合联动，使刀具相对于工件产生各种复杂的机械运动，加工出所要求的复杂形状工件。

在这里先对伺服系统的专用词进行解释：速度环和位置环，就是我们在前面几章所讲述的速度反馈装置和位置反馈装置。为了配合伺服系统的开环、闭环系统的讲解，在此章中采用速度环和位置环，以区别于数控机床其他部分的速度反馈装置和位置反馈装置。

第一节　伺服系统的概念

数控机床伺服系统是以数控机床移动部件（如工作台、主轴或刀具等）的位置和速度为控制对象的自动控制系统，也称为随动系统、拖动系统或伺服机构。图 9.1.1 为一典型的数控伺服系统的控制器和电动机。

图 9.1.1　数控伺服系统的控制器和电动机

数控机床伺服系统接收数控装置输出的插补指令，并将其转换为移动部件的机械运动（主要是转动和平动）。伺服系统是数控机床的重要组成部分，是数控装置和机床本体的联系环节，其性能直接影响数控机床的精度、工作台的移动速度和跟踪精度等技术指标。

一、伺服系统的分类

伺服驱动系统的性能在很大程度上决定了数控机床的性能。数控机床的最高移动速度、跟踪速度、定位精度等重要指标都取决于伺服系统的动态和静态特性。首先，我们必须对伺服系统的种类有详细的了解。

通常将伺服系统分为开环系统和闭环系统两类。开环系统通常主要以步进电动机作为控制对象，闭环系统通常以直流伺服电动机或交流伺服电动机作为控制对象。在开环系统中只有前向通路，无反馈回路，数控装置生成的插补脉冲经功率放大后直接控制步进电动机的转动；脉冲频率决定了步进电动机的转速，进而控制工作台的运动速度；输出脉冲的数量控制工作台的位移，在步进电动机轴上或工作台上无速度或位置反馈信号。在闭环伺服系统中，以检测元件为核心组成反馈回路，检测执行机构的速度和位置，由速度和位置反馈信号来调节伺服电动机的速度和位移，进而控制执行机构的速度和位移。

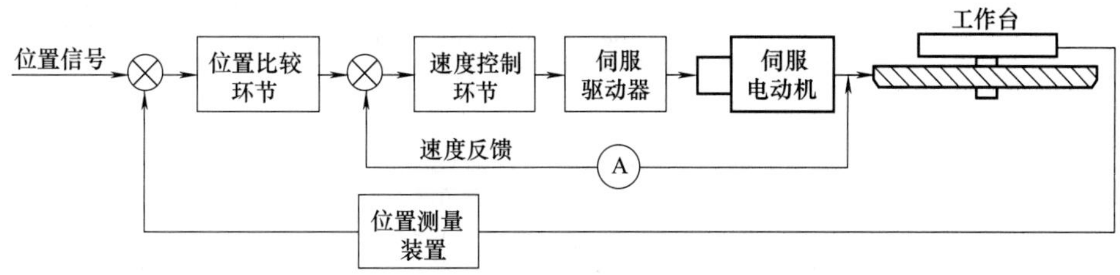

图 9.1.2　数控机床闭环伺服系统的典型结构

数控机床闭环伺服系统的典型结构如图 9.1.2 所示。这是一个双闭环系统，内环是速度环，外环是位置环。速度环由速度调节器、电流调节器及功率驱动放大器等部分组成，测速发电机、脉冲编码器等速度传感元件，作为速度反馈的测量装置。位置环由数控装置中位置控制、速度控制、位置检测与反馈控制等环节组成，用于完成对数控机床运动坐标轴的控制。数控机床运动坐标轴的控制不仅要完成单个轴的速度位置控制，而且在多轴联动时，要求各移动轴具有良好的动态配合精度，这样才能保证加工精度、表面粗糙度和加工效率。

按照不同的分类方法，伺服系统可分为开环系统和闭环系统，或直流伺服系统与交流伺服系统，或者进给伺服系统和主轴伺服系统。进给伺服系统控制机床移动部件的位移，以直线运动为主；主轴伺服系统控制主轴的旋转，以旋转运动为主，主要是控制速度。

表 9.1.1 详细描述了伺服系统的分类。

表 9.1.1　伺服系统的分类

序号	伺服系统的分类		详细说明
1	按执行机构的控制方式	开环伺服系统	如图 9.1.3 所示，开环伺服系统即为五位置反馈的系统，其驱动元件主要是步进电动机。步进电动机的工作实质是数字脉冲到角度位移的变换，它不是用位置检测元件实现定位的，而是靠驱动装置本身转过的角度正比于指令脉冲的个数进行定位的，运动速度由脉冲的频率决定 开环系统结构简单，易于控制，但精度差，低速不平稳，高速扭矩小，一般用于轻载且负载变化不大或经济型数控机床上 工作台　数控装置　进给脉冲　步进电动机功率放大器　步进电动机　齿轮副 图 9.1.3　开环伺服系统示意图

续表

<table>
<tr><th>序号</th><th colspan="2">伺服系统的分类</th><th colspan="2">详细说明</th></tr>
<tr><td rowspan="5">1</td><td rowspan="5">按执行机构的控制方式</td><td rowspan="2">开环伺服系统</td><td>普通开环系统</td><td>结构简单、经济，一般仅用于可以不考虑外界影响，或惯性小，或精度要求不高的设备</td></tr>
<tr><td>反馈补偿开环系统</td><td>带有一定的反馈功能，但是功能有限</td></tr>
<tr><td>闭环伺服系统</td><td colspan="2">如图 9.1.4 所示，闭环伺服系统是误差控制随动系统。数控机床进给系统的误差是指CNC装置输出的位置指令和机床工作台(或刀架)实际位置的差值。系统运动执行元件不能反映机床工作台(或刀架)的实际位置，因此需要有位置检测装置。该装置可测出实际位移量或者实际所处的位置，并将测量值反馈给数控装置，与指令进行比较，求得误差，以此构成闭环位置控制
由于闭环伺服系统是反馈控制系统，且反馈测量装置精度很高，所以系统传动链的误差、环内各元件的误差以及运动中造成的误差都可以得到补偿，从而大大提高了跟随精度和定位精度。系统精度只取决于测量装置的制造精度和安装精度 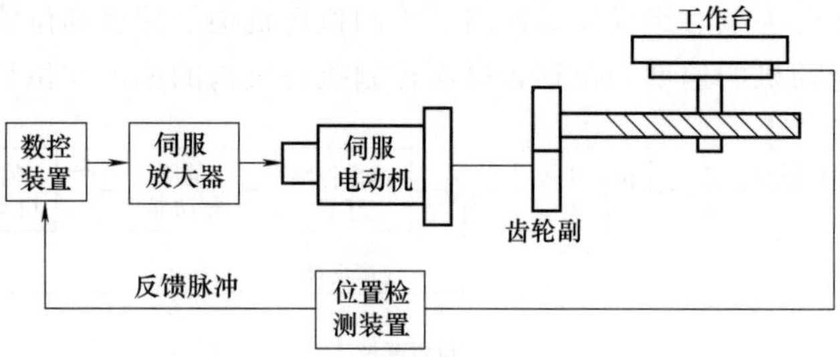

图 9.1.4　闭环伺服系统示意图</td></tr>
<tr><td>半闭环伺服系统</td><td colspan="2">如图 9.1.5 所示，位置检测装置不直接安装在进给坐标的最终运动部件上，而是经过中间机械传动部件的位置转换(称为间接测量)，亦即坐标运动的传动链有一部分在位置闭环以外。在环外的传动误差没有得到系统的补偿，因而这种伺服系统的精度低于闭环系统 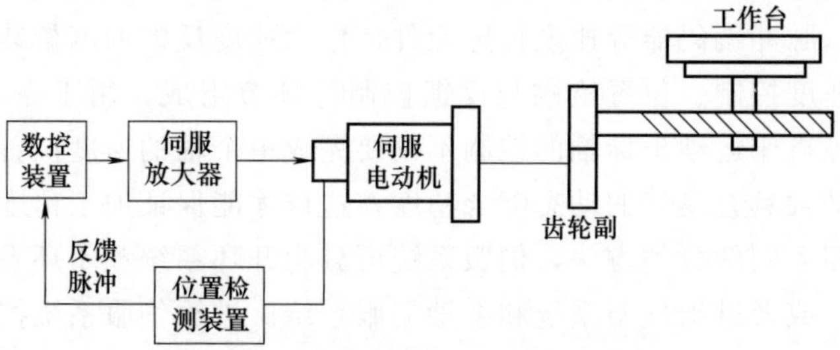

图 9.1.5　半闭环控制系统示意图</td></tr>
<tr style="display:none"></tr>
<tr><td rowspan="3">2</td><td rowspan="3">按电动机种类</td><td rowspan="3">直流电动机伺服系统</td><td colspan="2">直流伺服系统常用的伺服电动机有小惯量直流伺服电动机和永磁直流伺服电动机(也称为大惯量宽调速直流伺服电动机)两类
小惯量伺服电动机最大限度地减少了电枢的转动惯量，能获得最好的快速性，在早期的数控机床上应用较多，现在也有应用
永磁直流伺服电动机能在较大的过载转矩下长期工作，电动机的转子惯量较大，能直接与丝杠相连，不需中间传动装置</td></tr>
<tr><td>有刷直流伺服电动机</td><td>电动机成本低，结构简单，启动转矩大，调速范围宽，控制容易，需要维护，但维护方便(换炭刷)，会产生电磁干扰，对环境有要求。因此它可以用于对成本敏感的普通工业和民用场合</td></tr>
<tr><td>无刷直流伺服电动机</td><td>电动机体积小，重量轻，出力大，响应快，速度高，惯量小，转动平滑，力矩稳定，容易实现智能化，其电子换相方式灵活，可以方波换相或正弦波换相。电动机免维护不存在炭刷损耗的情况，效率很高，运行温度低，噪声小，电磁辐射很小，寿命长，可用于各种环境</td></tr>
</table>

续表

<table>
<tr><th>序号</th><th colspan="2">伺服系统的分类</th><th colspan="2">详细说明</th></tr>
<tr><td rowspan="3">2</td><td rowspan="3">按电动机种类</td><td rowspan="3">交流电动机伺服系统</td><td colspan="2">交流伺服系统使用交流异步电动机(一般用于主轴伺服电动机)和永磁同步伺服电动机(一般用于进给伺服电动机)。交流伺服系统得到了迅速发展,且已经形成潮流。从20世纪80年代后期开始,就大量使用交流伺服系统,交流伺服系统已成为当代高性能伺服系统的主要发展方向
永磁交流伺服电动机同直流伺服电动机比较,主要优点有
①无电刷和换向器,因此工作可靠,对维护和保养要求低
②定子绕组散热比较方便
③惯量小,易于提高系统的快速性
④适用于高速大力矩工作状态
⑤同功率下有较小的体积和重量</td></tr>
<tr><td>交流同步电动机</td><td>转速由所加交流电的频率确定。同步型交流伺服电动机虽比感应电动机复杂,但比直流电动机简单。它的定子与感应电动机一样,都在定子上装有对称三相绕组。而转子却不同,按不同的转子结构又分电磁式及非电磁式两大类。非电磁式又分为磁滞式、永磁式和反应式多种</td></tr>
<tr><td>交流异步电动机</td><td>可靠性高、使用寿命长、通用性极强、软件功能完善、灵活、控制功能全面精确、通信接口丰富。它有三相和单相之分,也有笼式和线绕式,通常多用笼式三相感应电动机</td></tr>
<tr><td rowspan="2">3</td><td rowspan="2">按控制系统</td><td>进给伺服系统</td><td colspan="2">进给伺服系统是指一般概念的伺服系统,它包括速度控制环和位置控制环。进给伺服系统可完成各坐标轴的进给运动,具有定位和轮廓跟踪功能,是数控机床中要求最高的伺服控制系统
进给伺服系统是数控机床的重要组成部分。它包含机械、电子、电机、液压等各种部件,并涉及强电与弱电控制,是一个比较复杂的控制系统</td></tr>
<tr><td>主轴驱动系统</td><td colspan="2">一般主轴驱动系统只要一个速度控制系统,主要实现主轴的旋转运动,提供切削过程中的转矩和功率,且保证任意转速的调节,完成在转速范围内的无级变速
但当要求机床有螺纹加工功能、准停功能和恒线速加工等功能时,就对主轴提出了相应的位置控制要求。此时,主轴驱动系统可称为主轴伺服系统,只不过控制较为简单
此外,刀库的位置控制只是为了在刀库的不同位置选择刀具,与进给坐标轴的位置控制相比,性能要低得多,故称为简易位置伺服系统</td></tr>
<tr><td>4</td><td colspan="2">按处理信号的方式</td><td colspan="2">交流伺服系统根据其处理信号的方式不同,可以分为模拟式伺服系统、数字模拟混合式伺服系统和全数字式伺服系统等三类</td></tr>
</table>

二、数控机床对伺服系统的基本要求

数控机床集中了传统的自动机床、精密机床和万能机床三者的优点，将高效率、高精度和高柔性集中于一体。而数控机床技术水平的提高首先得益于进给和主轴驱动特性的改善以及功能的扩大，为此数控机床对进给伺服系统的位置控制、速度控制、伺服电动机、机械传动等方面都有很高的要求。

由于各种数控机床所完成的加工任务不同，因此它们对进给伺服系统的要求也不尽相同，但通常可概括为六个方面，详细描述见表 9.1.2。

三、伺服电动机的选用原则

表 9.1.3 详细描述了伺服电动机的选用原则。

表 9.1.2 数控机床对伺服系统的基本要求

序号	基本要求	说明
1	高精度	伺服系统的精度是指输出量能够复现输入量的精确程度。由于数控机床执行机构的运动是由伺服电动机直接驱动的，为了保证移动部件的定位精度和零件轮廓的加工精度，要求伺服系统应具有足够高的定位精度和联动坐标的协调一致精度。一般的数控机床要求的定位精度为 0.01～0.001mm，高档设备的定位精度要求达到 0.1μm 以上。在速度控制中，伺服系统应具有高的调速精度和比较强的抗负载扰动能力，即伺服系统应具有比较好的动、静态精度
2	可逆运行	可逆运行要求能灵活地正、反向运行。在加工过程中，机床工作台处于随机状态，根据加工轨迹的要求，随时都可能实现正向或反向运动。同时要求在方向变化时，不应有反向间隙和运动的损失。从能量角度看，应该实现能量的可逆转换，即在加工运行时，电动机从电网吸收能量变为机械能；在制动时应把电动机机械惯性能量变为电能回馈给电网，以实现快速制动
3	速度范围宽	为适应不同的加工条件，例如所加工零件的材料、类型、尺寸、部位以及刀具种类和冷却方式等的不同，要求数控机床进给能在很宽的范围内无级变化。这就要求伺服电动机有很宽的调整范围和优异的调整特性。经过机械传动后，电动机转速的变化范围即可转化为进给速度的变化范围。目前，最先进的水平是在进给脉冲当量为 1μm 的情况下，进给速度在 0～240m/min 范围内连续可调 机床的加工特点是，低速时进行重切削，因此要求伺服系统应具有低速时输出大转矩的特性，以适应低速重切削的加工实际要求，同时具有较宽的调速范围以简化机械传动链，进而增加系统刚度，提高转动精度。一般情况下，进给系统的伺服控制属于恒转矩控制，而主轴坐标的伺服控制在低速时为恒转矩控制，高速时为恒功率控制 车床的主轴伺服系统一般是速度控制系统，除了一般要求之外，还要求主轴和伺服驱动可以实现同步控制，以实现螺纹切削的加工要求。有的车床要求主轴具有恒线速功能
4	具有足够的传动刚性和高的速度稳定性	要求伺服系统具有优良的静态与动态负载特性，即伺服系统在不同的负载情况下或切削条件发生变化时，应使进给速度保持恒定。刚性良好的系统，速度受负载力矩变化影响很小。通常要求额定力矩变化时，静态速降应小于 5%，动态速降应小于 10% 稳定性是指系统在给定输入作用下，经过短时间的调节后达到新的平衡状态，或在外界干扰作用下，经过短时间的调节后重新恢复到原有平衡状态的能力。稳定性直接影响数控加工的精度和表面粗糙度，为了保证切削加工的稳定均匀，数控机床的伺服系统应具有良好的抗干扰能力，以保证进给速度的均匀、平稳
5	快速响应并无超调	为了保证轮廓切削形状精度和低的加工表面粗糙度，以电动机和永磁同步电动机为基础的交流进给驱动得到了迅速的发展，它是机床进给驱动发展的一个方向。快速响应速度是伺服系统动态品质的重要指标，它反映了系统的跟踪精度 目前数控机床的插补时间一般在 20ms 以下，在如此短的时间内伺服系统要快速跟踪指令信号，要求伺服电动机能够迅速加减速，以实现执行部件的加减速控制，并且要求很小的超调量
6	电动机性能高	伺服电动机是伺服系统的重要组成部分，为使伺服系统具有良好的性能，伺服电动机也应具有高精度、快响应、宽调速和大转矩的性能。具体包括以下内容 ①电动机从最低速到最高速的调速范围内能够平滑运转，转矩波动要小，尤其是在低速时要无爬行现象 ②电动机应具有大的、长时间的过载能力，一般要求数分钟内过载约 6 倍而不烧毁 ③为了满足快速响应的要求，即随着控制信号的变化，电动机应能在较短的时间内达到规定的速度 ④电动机应能频繁启动、制动和反转

表 9.1.3　伺服电动机的选用原则

序号	选用原则	说　明
1	传统的选择方法	这里只考虑电动机的动力问题，对于直线运动，用速度 $v(t)$、加速度 $a(t)$ 和所需外力 $F(t)$ 表示；对于旋转运动，用角速度 $\omega(t)$、角加速度 $\varepsilon(t)$ 和所需扭矩 $T(t)$ 表示。它们均可以表示为时间的函数，与其他因素无关。很显然，电动机的最大功率 $P_{电动机}$，应大于工作负载所需的峰值功率 $P_{峰值}$，但仅仅如此是不够的，物理意义上的功率包含扭矩和速度两部分，但在实际的传动机构中它们是受限制的。只用峰值功率作为选择电动机的原则是不充分的，而且传动比的准确计算非常烦琐
2	新的选择方法	一种新的选择原则是将电动机特性与负载特性分离开，并用图解的形式表示，这种表示方法使得驱动装置的可行性检查和与不同系统间的比较更方便，另外，还提供了传动比的一个可能范围。这种方法的优点：适用于各种负载情况；将负载和电动机的特性分离开；有关动力的各个参数均可用图解的形式表示，并且适用于各种电动机。因此，不再需要用大量的类比来检查电动机是否能够驱动某个特定的负载
3	一般伺服电动机选择考虑的问题	①电动机的最高转速 ②惯量匹配问题及计算负载惯量 ③空载加速转矩 ④切削负载转矩 ⑤连续过载时间
4	伺服电动机选择的步骤	①决定运行方式 ②计算负载换算到电动机轴上的转动惯量 GD^2 ③初选电动机 ④核算加减速时间或加减速功率 ⑤考虑工作循环与占空因素的实际扭矩计算

第二节　进给伺服系统的驱动元件

一、步进电动机及其驱动

步进电动机，又可简称为步进电机，是将电脉冲信号转变为角位移或线位移的开环控制电机，是现代数字程序控制系统中的主要执行元件，应用极为广泛。图 9.2.1 为一典型的步进电动机。

图 9.2.1　典型的步进电动机

步进电动机伺服系统一般为典型的开环伺服系统，其基本机构如图 9.2.2 所示。

在这种开环伺服系统中，执行元件是步进电动机。步进电动机是一种可将电脉冲转换为机械角位移的控制电动机，并通过丝杠带动工作台移动。通常该系统中无位置、速度检测环节，其精度主要取决于步进电动机的步距角和与之相连传动链的精度。步进电动机的最高转速通常均比直流伺服电动机和交流伺服电动机的低，且在低速时容易产生振动，影响加工精度。但步进电动机伺服系统的制造与控制比较容易，在速度和精度要求不太高的场合有一定的使用价值，同时步进电动机细分技术的应用，使步进电动机开环伺服系统的定位精度显著提高，并可有效地降低步进电动机的低速振动，从而使步进电动机伺服系统得到更加广泛的应用，特别适合于中、低精度的经济型数控机床和普通机床的数控化改造。

步进电动机伺服系统主要应用于开环位置控制中，该系统由环形分配器、步进电动机、驱动电源等部分组成。这种系统结构简单、容易控制、维修方便且控制为全数字化，比较适应当前计算机技术发展的趋势。

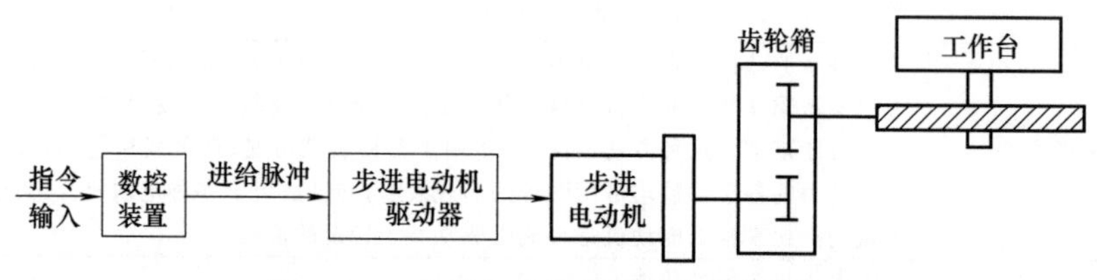

图 9.2.2 步进电动机伺服系统基本结构

1. 步进电动机的分类、结构和工作原理

（1）步进电动机的分类 表 9.2.1 详细描述了步进电动机的分类。

表 9.2.1 步进电动机的分类

序号	分类方式	具体类型
1	按力矩产生的原理	①反应式:转子无绕组,由被励磁的定子绕组产生反应力矩实现步进运行 ②励磁式:定、转子均有励磁绕组(或转子用永久磁钢),由电磁力矩实现步进运行
2	按输出力矩大小	①伺服式:输出力矩在百分之几到十分之几牛·米,只能驱动较小的负载。要与液压扭矩放大器配用,才能驱动机床工作台等较大的负载 ②功率式:输出力矩在 5～50N·m 以上,可以直接驱动机床工作台等较大的负载
3	按定子数	①单定子式 ②双定子式 ③三定子式 ④多定子式
4	按各相绕组分布	①径向分相式:电动机各相按圆周依次排列 ②轴向分相式:电动机各相按轴向依次排列

（2）步进电动机的结构 目前，我国使用的步进电动机多为反应式步进电动机。反应式步进电动机有轴向分相和径向分相两种。如图 9.2.3 所示的是一典型的单定子、径向分相、反应式伺服步进电动机的结构原理图。

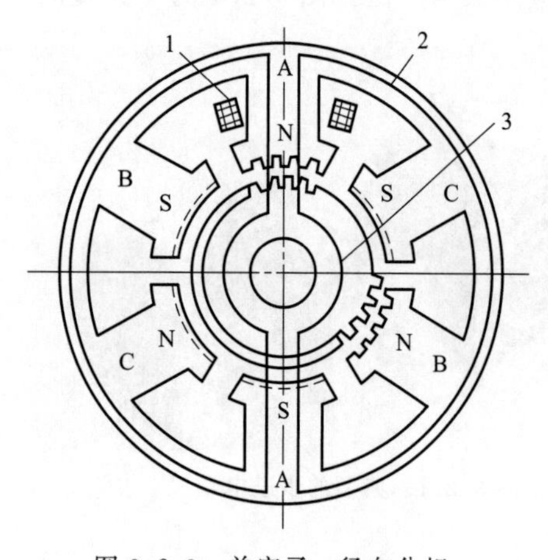

图 9.2.3 单定子、径向分相、反应式步进电动机

1—绕组；2—定子铁芯；3—转子铁芯

它与普通电动机一样，也由定子和转子构成，其中定子又分为定子铁芯和定子绕组。定子铁芯由硅钢片叠压而成，定子绕组是绕置在定子铁芯 6 个均匀分布的齿上的线圈，在直径方向上相对的两个齿上的线圈串联在一起，构成一相控制绕组。图 9.2.3 所示的步进电动机可构成 A、B、C 三相控制绕组，故称三相步进电动机。任一相绕组通电，便形成一组定子磁极，其方向即图 9.2.3 所示的 N、S 极。在定子的每个磁极上面向转子的部分，又均匀分布着 5 个小齿，这些小齿呈梳状排列，齿槽等宽，

齿间夹角为 9°。转子上没有绕组，只有均匀分布的 40 个齿，其大小和间距与定子上的完全相同。此外，三相定子磁极上的小齿在空间位置上依次错开 1/3 齿距，如图 9.2.4 所示。

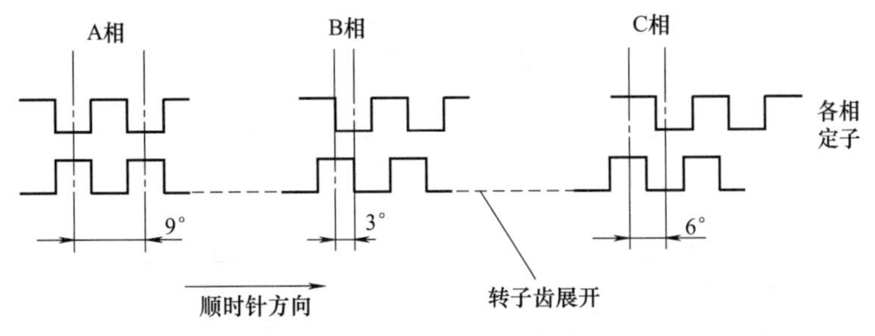

图 9.2.4　步进电动机的齿距

当 A 相磁极上的小齿与转子上的小齿对齐时，B 相磁极上的齿刚好超前（或滞后）转子齿 1/3 齿距角，C 相磁极齿超前（或滞后）转子齿 2/3 齿距角。步进电动机每走一步所转过的角度称为步距角，其大小等于错齿的角度。错齿角度的大小取决于转子上的卤数，磁极数越多，转子上的齿数越多，步距角越小，步进电动机的位置精度越高。其结构也越复杂。

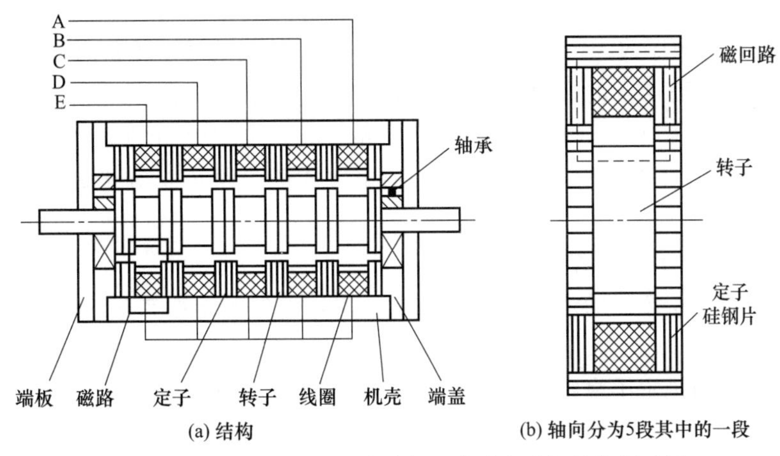

图 9.2.5　轴向分相、反应式伺服步进电动机结构原理图

如图 9.2.5 所示的是一个轴向分相、反应式伺服步进电动机的结构原理图。从图 9.2.5（a）可以看出，步进电动机的定子和转子在轴向分为 5 段，每一段都形成独立的一相定子铁芯、定子绕组和转子。图 9.2.5（b）所示的是其中的一段。各段定子铁芯形如内齿轮，由硅钢片叠成。转子形如外齿轮，也由硅钢片叠成。各段定子上的齿在圆周方向均匀分布，彼此之间错开 1/5 齿距，其转子齿彼此不错位。当设置在定子铁芯环形槽内的定子绕组通电时，形成一相环形绕组。

除上面介绍的两种形式的反应式步进电动机之外，常见的步进电动机还有永磁式步进电动机和永磁反应式步进电动机，它们的结构虽不相同，但工作原理相同。

（3）步进电动机的工作原理　步进电动机的工作原理实际上是电磁铁的作用原理。现以图 9.2.6 所示的三相反应式步进电动机为例说明步进电动机的工作原理。

当 A 相绕组通电时，转子的齿与定子 AA 上的齿对齐。若 A 相断电，B 相通电，由于磁力的作用，转子的齿与定子 BB 上的齿对齐，转子沿顺时针方向转过 30°，如果控制线路不停地按 A→B→C→A…的顺序控制步进电动机绕组的通断电，步进电动机的转子便不停地

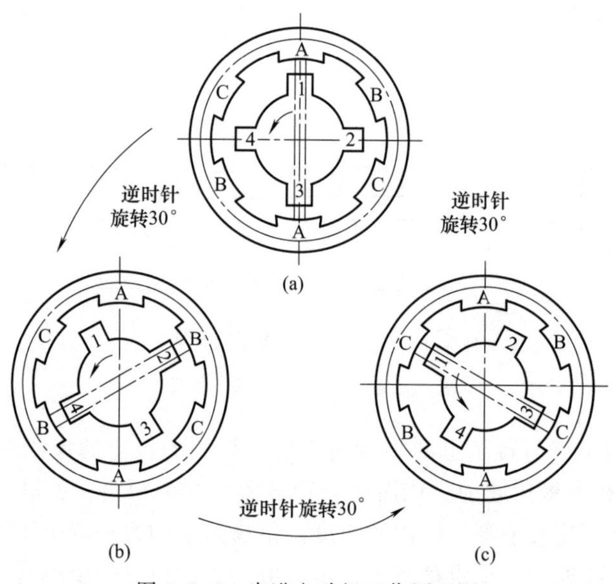

图 9.2.6 步进电动机工作原理图

顺时针转动。若通电顺序改为 A→C→B→A…，步进电动机的转子将逆时针转动。这种通电方式称为三相三拍，而通常的通电方式为三相六拍。其通电顺序为 A→AB→B→BC→C→CA→A…及 A→AC→C→CB→B→BA→A…，相应地，定子绕组的通电状态每改变一次，转子转过 15°。因此，在本例中，三相三拍的通电方式的步距角 α 等于 30°，三相六拍通电方式的步距角等于 15′。

综上所述，可以得到如下结论。

① 步进电动机定子绕组的通电状态每改变一次，它的转子便转过一个确定的角度，即步距角 α。

② 改变步进电动机定子绕组的通电顺序，转子的旋转方向随之改变。

③ 步进电动机定子绕组通电状态的改变速度越快，其转子旋转的速度越快，即通电状态的变化频率越高，转子的转速越高。

④ 步进电动机步距角与定子绕组的相数 m、转子的齿数 z、通电方式 k 有关，可表示为

$$\alpha=360°/(mzk)$$

式中，m 相 m 拍时，$k=1$；m 相 $2m$ 拍时，$k=2$。

对于图 9.2.3 所示的单定子、径向分相、反应式步进电动机，当它以三相三拍通电方式工作时，其步距角为

$$\alpha=360°/(mzk)=360°/(3\times40\times1)=3°$$

若按三相六拍通电方式工作，则步距角为

$$\alpha=360°/(mzk)=360°/(3\times40\times2)=1.5°$$

2. 步进电动机的控制方法

由步进电动机的工作原理可知，要使电动机正常地一步一步地运行，控制脉冲必须按一定的顺序分别供给电动机各相，例如，三相单拍驱动方式，供给脉冲的顺序为 A→B→C→A 或 A→C→B→A，称为环形脉冲分配。脉冲分配有两种方式：一种是硬件脉冲分配（或称为

脉冲分配器），另一种是软件脉冲分配，是由计算机的软件完成的。

表 9.2.2 详细描述了脉冲分配的两种方式。

表 9.2.2　脉冲分配的两种方式

序号	脉冲分配方式	具体类型
1	脉冲分配器	脉冲分配器可以用门电路及逻辑电路构成，提供符合步进电动机控制指令所需的顺序脉冲。目前已经有很多可靠性高、尺寸小、使用方便的集成电路脉冲分配器供选择，按其电路结构，可分为 TTL 集成电路和 CMOS 集成电路
2	软件脉冲分配	计算机控制的步进电动机驱动系统采用软件的方法实现环形脉冲分配。软件环形脉冲分配的设计方法有很多，如查表法、比较法、移位寄存器法等，它们各有特点，其中常用的是查表法 采用软件进行脉冲分配虽然增加了软件编程的复杂程度，但它省去了硬件环形脉冲分配器，系统减少了器件，降低了成本，也提高了系统的可靠性

3. 步进电动机伺服系统的功率驱动

环形分配器输出的电流很小（毫安级），需要经功率放大才能驱动步进电动机。放大电路的结构对步进电动机的性能有着十分重要的作用。放大电路的类型很多，从使用元件来分，可分为用功率晶体管、可关断晶闸管、混合元件组成的放大电路；从工作原理来分，可分为单电压、高低电压切换、恒流斩波、调频调压、细分电路等放大电路。功率晶体管用得较为普遍，功率晶体管处于过饱和工作状态下。从工作原理上讲，目前用的多是恒流斩波、调频调压和细分电路，为了更好地理解不同电路的性能，表 9.2.3 详细描述了几个电路的工作原理。

表 9.2.3　步进电动机电路工作原理

序号	步进电动机电路工作原理	具体类型
1	单电源功率放大电路	如图 9.2.7 所示的是一种典型的功放电路，步进电动机的每一相绕组都有一套这样的电路 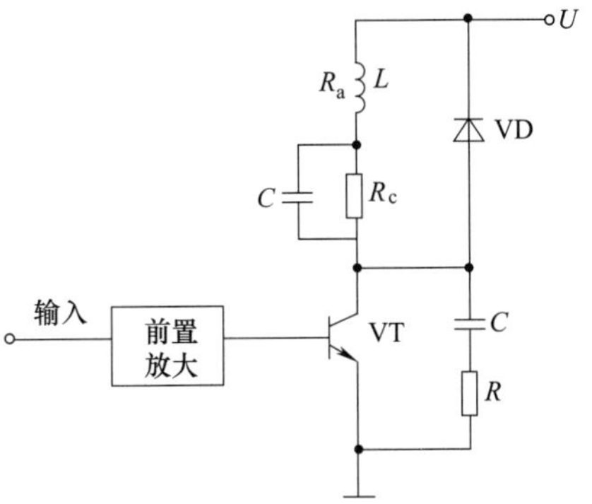 图 9.2.7　单电源功率放大电路原理图 图 9.2.7 中 L 为步进电动机励磁绕组的电感，R_a 为绕组的电阻，R_c 是限流电阻，为了减少回路的时间常数 $L/(R_a+R_c)$，电阻 R_c 并联一电容 C，使回路电流上升沿变陡，提高步进电动机的高频性能和启动性能。续流二极管 VD 和阻容吸收回路 RC 是功率管 VT 的保护电路，在 VT 由导通到截止瞬间释放电动机电感产生的高的反电势 此电路的优点是电路结构简单，不足之处是电阻 R_c 消耗能量大，电流脉冲前后沿不够陡，在改善了高频性能后，低频工作时会使振荡有所增加，使低频特性变坏

续表

序号	步进电动机 电路工作原理	具体类型
2	高低电压功率放大电路	如图 9.2.8 所示的是一种高低电压功率放大电路。图 9.2.8(a)中电源 U_1 为高电压电源，电源电压为 80～150V，U_2 为低电压电源，电压为 5～20V 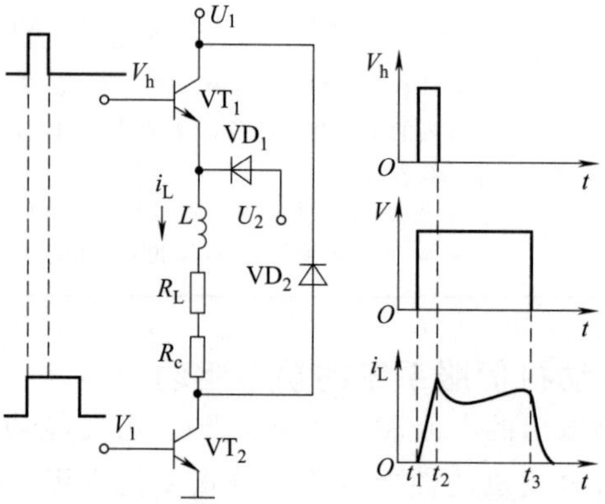 (a) 电路原理　　(b) 电流波形 图 9.2.8　高低电压功率放大电路 在绕组指令脉冲到来时，脉冲的上升沿同时使 VT_1 和 VT_2 导通。二极管 VD_1 的作用，使绕组只加上高电压 U_1，绕组的电流很快达到规定值。到达规定值后，VT_1 的输入脉冲先变成下降沿，使 VT_1 截止，步进电动机由低电压 U_2 供电，维持规定电流值，直到 VT_2 的输入脉冲下降沿到来，VT_2 截止。下一绕组循环这一过程。如图 9.2.8(b)所示，由于采用高压驱动，电流增长快，绕组电流前沿变陡，提高了步进电动机的工作频率和高频时的扭矩。同时由于额定电流是由低电压维持的，只需阻值较小的限流电阻 R_c，故功耗较低。不足之处是在高低压衔接处的电流波形在顶部有下凹，影响电动机运行的平稳性
3	恒流斩波功放电路	恒流斩波功放电路如图 9.2.9(a)所示。该电路的特点是工作时 V_{in} 端输入方波步进信号：当 V_{in} 为“0”电平时，与门 A_2 输出 V_b 为“0”电平，功率管（达林顿管）VT 截止，绕组 W 上无电流通过，采样电阻 R_3 上无反馈电压，A_1 放大器输出高电平；而当 V_{in} 为高电平时，与门 A_2 输出的 V_b 也是高电平，功率管 VT 导通，绕组 W 上有电流，采样电阻 R_3 上出现反馈电压 V_f，由分压电阻及 R_1、R_2 得到的设定电压与反馈电压相减，来决定 A_1 输出电压的高低，来决定 V_{in} 信号能否通过与门 A_2。$V_{ref}>V_f$ 时 V_{in} 信号通过与门，形成 V_h 正脉冲，打开功率管 VT；反之，$V_{ref}<V_f$ 时 V_{in} 信号被截止，无 V_b 正脉冲，功率管 VT 截止。这样在一个 V_{in} 脉冲内，功率管 VT 会多次通断，使绕组电流在设定值中上下波动 各点的波形如图 9.2.9(b)所示。在这种控制方法下，绕组上的电流大小与外加电压大小 $+U$ 无关，采样电阻 R_3 的反馈作用，使绕组上的电流可以稳定在额定的数值上，是一种恒流驱动方案，对电源的要求很低 这种驱动电路中绕组上的电流不随步进电动机的转速变化而变化，从而保证在很大的频率范围内，步进电动机都输出恒定的扭矩。这种驱动电路虽然复杂，但绕组的脉冲电流边沿陡，采样电阻 R_3 的阻值很小(一般小于 1Ω)，所以主回路电阻较小，系统的时间常数较小，反应较快，功耗小，效率高。这种功放电路在实际中经常使用

续表

序号	步进电动机电路工作原理	具体类型
3	恒流斩波功放电路	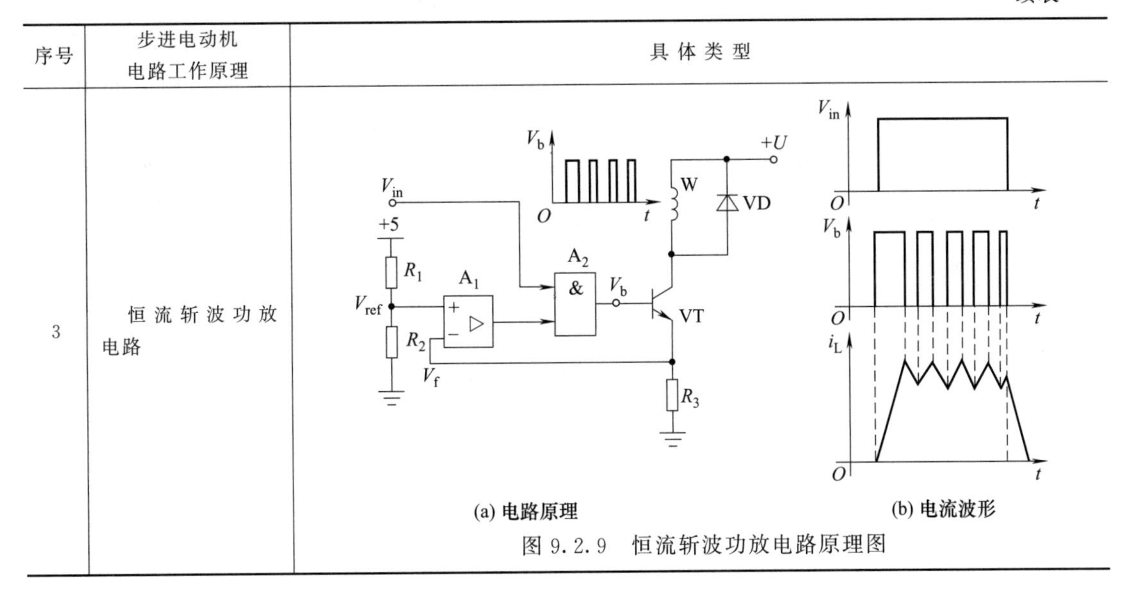 (a) 电路原理　(b) 电流波形 图 9.2.9　恒流斩波功放电路原理图

4. 步进电动机的细分驱动技术

（1）步进电动机细分控制原理　如前所述，步进电动机定子绕组的通电状态每改变一次，转子转过一个步距角。步距角的大小只有两种，即整步工作或半步工作。但三相步进电动机在双三拍通电的方式下是两相同时通电的，转子的齿和定子的齿不对齐而是停在两相定子齿的中间位置。若两相通以不同大小的电流，那么转子的齿就会停在两齿中间的某一位置，且偏向电流较大的那个齿。若将通向定子的额定电流分成 n 等份，转子以 n 次通电方式最终达到额定电流，使原来每个脉冲走一个步距角，变成了每次通电走 $1/n$ 个步距角，即将原来一个步距角细分为 n 等份，则可提高步进电动机的精度，这种控制方法称为步进电动机的细分控制，或称为细分驱动。

（2）步进电动机细分控制的技术方案　细分方案的本质就是通过一定的措施生成阶梯电压或电流，然后通向定子绕组。在简单的情况下，定子绕组上的电流是线性变化的，要求较高时可以是按正弦规律变化的。

实际应用中可以采用如下方法：绕组中的电流以若干个等幅等宽的阶梯上升到额定值，或以同样的阶梯从额定值下降到零。这种控制方案虽然驱动电源的结构复杂，但它不改变步进电动机内部的结构就可以获得更小的步距角和更高的分辨率，且步进电动机运转平稳。

细分技术的关键是如何获得阶梯波，以往阶梯波的获得电路比较复杂，但单片机的应用使细分驱动变得十分灵活。下面介绍细分技术的一种方法，其原理如图 9.2.10 所示。该电路主要由 D/A 转换器、放大器、比较放大电路和线性功放电路组成。D/A 转换器将来自单片机的数字量转变成对应的模拟量 V_{in}，放大器将其放大为 V_A，比较放大电路将绕组采样电压 V_c 与电压 V_A 进行比较，产生调节信号 V_b 控制绕组电流 i_L。

当来自单片机的数据 D_i 输入给 D/A 转换器转换为电压 V_{inj}，并经过放大器放大为 V_{Aj}。比较器与功放级组成一个闭环调节系统，对应于 V_{Aj}，在绕组中的电流为 i_{Dj}。如果电流 i_L 下降，则绕组采样电压 V_e 下降，$V_{Aj}-V_e$ 增大，V_b 增大，i_L 上升，最终使绕组电流稳定于 i_{Lj}。因此通过反馈控制，来自单片机的任何一个数据 D，都会在绕组上产生一个恒定的电流 i_L。

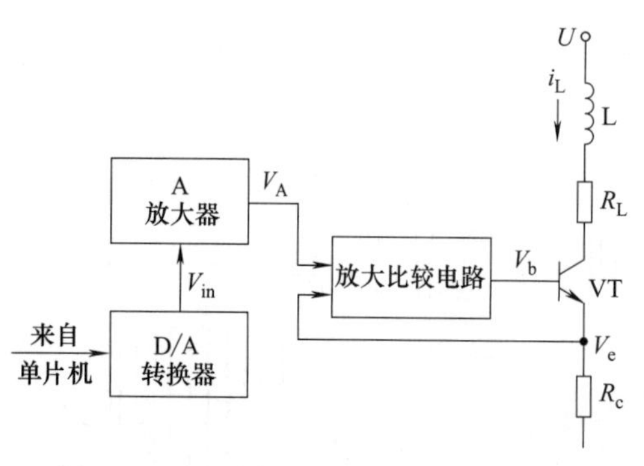

图 9.2.10　可变细分控制功率放大电路

若数据 D 突然由 D_j 增加为 D_k，通过 D/A 转换器和放大器后，输出电压由 V_{Aj} 增加为 V_{Ak}，使 $V_{Ak}-V_e$ 产生正跳变，相应的 V_b 也产生正跳变，从而使电流迅速上升。当 D_j 减小时情况刚好相反，且上述过程是该电路的瞬间响应。因此可以产生阶梯状的电流波形。

细分数的大小取决于 D/A 转换器的精度，若转换器为 8 位 D/A 转换器，则其值为 00H～FFH，若要每个阶梯的电流值相等，则要求细分的步数必须能整除 255，此时的细分数可能为 3、5、15、17、51、85。只要在细分控制中，改变其每次突变的数值，就可以实现不同的细分控制。

二、直流伺服电动机及速度控制单元

直流伺服电动机在电枢控制时具有良好的机械特性和调节特性。机电时间常数小，启动电压低。其缺点是由于有电刷和换向器，造成的摩擦扭矩比较大，有火花干扰及维护不便。图 9.2.11 为直流伺服电动机。

图 9.2.11　直流伺服电动机

1. 直流伺服电动机的结构和工作原理

直流伺服电动机的结构与一般的直流电动机结构相似，也由定子、转子和电刷等部分组成，在定子上有励磁绕组和补偿绕组，转子绕组通过电刷供电。由于转子磁场和定子磁场始终正交，因而产生扭矩使转子转动。如图 9.2.12 所示，定子励磁电流产生定子电势 F_s，转子电枢电流 i_a 产生转子磁势 F_r，F_s 和 F_r 垂直正交，补偿磁阻与电枢绕组串联，电流 i_a 又

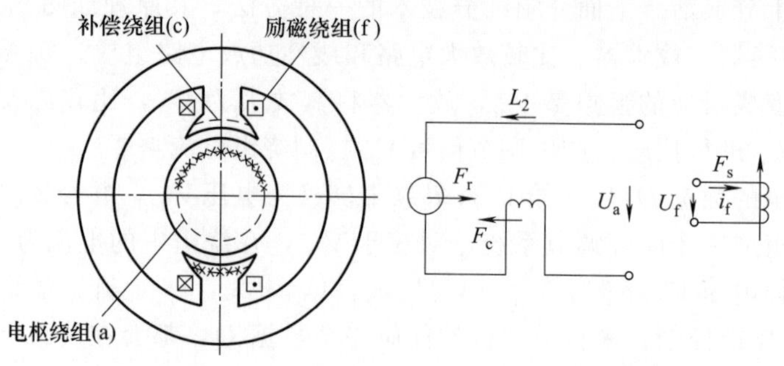

图 9.2.12　直流伺服电动机的机构和工作原理

产生补偿磁势 F_c，F_c 与 F_r 方向相反，它的作用是抵消电枢磁场对定子磁场的扭斜，使电动机有良好的调速特性。

永磁直流伺服电动机的转子绕组是通过电刷供电的，并在转子的尾部装有测速发电机和旋转变压器（或光电编码器）。它的定子磁极是永久磁铁。我国稀土永磁材料有很大的磁能积和极大的矫顽力，把永磁材料用在电动机中不但可以节约能源，还可以减少电动机发热，减小电动机体积。永磁式直流伺服电动机与普通直流电动机相比，有更高的过载能力、更大的扭矩转动惯量比和调速范围等。因此，永磁直流伺服电动机曾广泛应用于数控机床进给伺服系统。由于近年来出现了性能更好的转子为永磁铁的交流伺服电动机，永磁直流电动机在数控机床上的应用才越来越少。

2. 直流伺服电动机的调速原理和常用的调速方法

由电工学的知识可知，在转子磁场不饱和的情况下，改变电枢电压即可改变转子转速。直流电动机的转速和其他参量的关系为

$$n=\frac{U-IR}{K_e\Phi}$$

式中　n——转速，r/min；

U——电枢电压，V；

I——电枢电流，A；

R——电枢回路总电阻，Ω；

Φ——励磁磁通，Wb；

K_e——由电动机结构决定的电动势常数。

根据上述关系式，实现电动机调速主要有三种方法，见表 9.2.4。

表 9.2.4　电动机调速的方法

序号	电动机调速方法	具体类型
1	调节电枢供电电压 U	电动机加以恒定励磁，用改变电枢两端电压 U 的方式来实现调速控制，这种方法也称为电枢控制
2	减弱励磁磁通 Φ	电枢加以恒定电压，用改变励磁磁通的方法来实现调速控制，这种方法也称为磁场控制
3	改变电枢回路电阻 R	对于要求在一定范围内无级平滑调速的系统来说，以改变电枢电压的方式最好；改变电枢回路电阻只能实现有级调速，调速平滑性比较差；减弱磁通，虽然具有控制功率小和能够平滑调速等优点，但调速范围不大，往往只是配合调压方案，在基速（即电动机额定转速）以上作小范围的升速控制。因此，直流伺服电动机的调速主要以电枢电压调速为主

要得到可调节的直流电压，常用的方法有三种，见表 9.2.5。

表 9.2.5　电动机调节电压的方法

序号	调节电压方法	具体类型
1	旋转变流机组	用交流电动机（同步或异步电动机）和直流发电机组成机组，调节发电机的励磁电流以获得可调节的直流电压。该方法在 20 世纪 50 年代广泛应用，可以很容易实现可逆运行，但体积大，费用高，效率低，所以现在很少使用
2	静止可控整流器	使用晶闸管（silicon controlled rectifier，SCR）可控整流器以获得可调的直流电压。该方法出现在 20 世纪 60 年代，具有良好的动态性能，但由于晶闸管只有单向导电性，所以不易实现可逆运行，且容易产生“电力公害”

续表

序号	调节电压方法	具体类型
3	直流斩波器和脉宽调制变换器	用恒定直流电源或可控整流电源供电，利用直流斩波器或脉宽调制变换器产生可变的平均电压。该方法利用晶闸管来控制直流电压，形成直流斩波器或直流调压器 数控机床伺服系统中，速度控制已经成为一个独立、完整的模块，称为速度控制模块或速度控制单元。现在直流调速单元较多采用晶闸管调速系统和晶体管脉宽调制(pulse width modulation，PWM)调速系统。这两种调速系统的工作方法都是改变电动机的电枢电压，其中以晶体管脉宽调速系统应用最为广泛 脉宽调制放大器属于开关放大器。由于各功率元件均工作在开关状态，功率损耗比较小，故这种放大器特别适用于较大功率的系统，尤其是低速、大扭矩的系统。开关放大器可分脉冲宽度调制型和脉冲频率调制(pulse frequency modulation，PFM)型两种，也可采用两种形式的混合型，但应用最为广泛的是脉宽调制型。其中，脉宽调节是在脉冲周期不变时，在大功率开关晶体管的基极上，加上脉宽可调的方波电压，改变主晶闸管的导通时间，从而改变脉冲的宽度；脉冲频率调制，在导通时间不变的情况下，只改变开关频率或开关周期，也就是只改变晶闸管的关断时间；两点式控制是当负载电流或电压低于某一最低值时，使开关管 VT 导通；当电压达到某一最大值时，使开关管 VT 关断。导通和关断的时间都是不确定的

3. 晶体管脉宽调制器式速度控制单元

晶体管脉宽调速系统主要由两部分组成：脉宽调制器和主回路。

(1) 脉宽调制系统的主回路　由于功率晶体管比晶闸管具有优良的特性，因此在中、小功率驱动系统中，功率晶体管已逐步取代晶闸管，并采用了目前应用广泛的脉宽调制方式进行驱动。

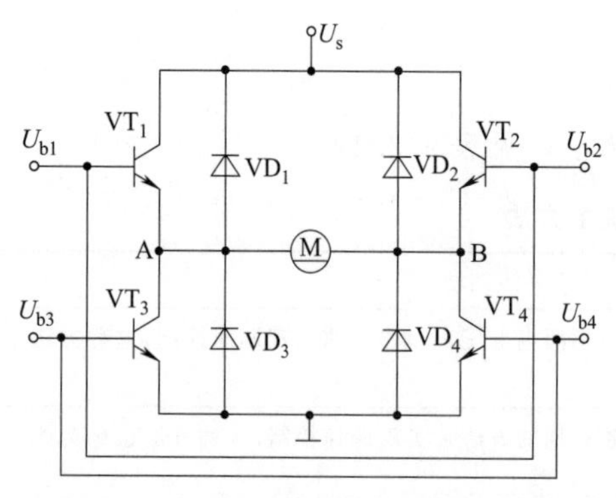

图 9.2.13　H 形双极型功率驱动电路

开关型功率放大器的驱动回路有两种结构形式，一种是 H 形（也称桥式），另一种是 T 形，这里介绍常用的 H 形，其电路原理如图 9.2.13 所示。图中 $VD_1 \sim VD_4$ 为续流二极管，用于保护功率晶体管 $VT_1 \sim VT_4$，M 是直流伺服电动机。

H 形电路的控制方式分为双极型和单极型两种，下面介绍双极型功率驱动电路的原理。四个功率晶体管分为两组，VT_1 和 VT_4 是一组，VT_2 和 VT_3 为另一组，同一组的两个晶体管同时导通或同时关断。一组导通另一组关断，两组交替导通和关断，不能同时导通。将一组控制方波加到一组大功率晶体管的基极，同时将反向后该组的方波加到另一组的基极上就实现了上述目的。若加在 U_{b3} 和 U_{b4} 上的方波正半周比负半周宽，则加到电动机电枢两端的平均电压为正，电动机正转。反之，则电动机反转。若方波电压的正负宽度相等，则加在电枢的平均电压等于零，电动机不转，这时电枢回路中的电流是一个交变的电流，这个电流使电动机发生高频颤动，有利于减小静摩擦。

(2) 脉宽调制器　脉宽调制的任务是将连续控制信号变成方波脉冲信号，作为功率驱动电路的基极输入信号，改变直流伺服电动机电枢两端的平均电压，从而控制直流电动机的转速和扭矩。方波脉冲信号可由脉宽调制器生成，也可由全数字软件生成。

脉宽调制器是一个电压脉冲变换装置，由控制系统控制器输出的控制电压 U_c 进行控制，为脉宽调制装置提供所需的脉冲信号，其脉冲宽度与 U_c 成正比。常用的脉宽调制器可以分为模拟式脉宽调制器和数字式脉宽调制器两类，模拟式脉宽调制器是用锯齿波、三角波作为调制信号的脉宽调制器，或由多谐振荡器和单稳态触发器组成的脉宽调制器。数字式脉宽调制器是用数字信号作为控制信号，改变输出脉冲序列的占空比的调制器。下面就以三角波脉宽调制器和数字式脉宽调制器为例说明脉宽调制器的原理。

① 三角波脉宽调制器：脉宽调制器通常由三角波（或锯齿波）发生器和比较器组成，如图 9.2.14 所示。图中的三角波发生器由两个运算放大器构成，IC1-A 是多谐振荡器，产生频率恒定且正负对称的方波信号，IC1-B 是积分器，把输入的方波变成三角波信号 U_t 输出。三角波发生器输出的三角波应满足线性度高和频率稳定的要求。只有在满足这两个要求后才能满足调速要求。

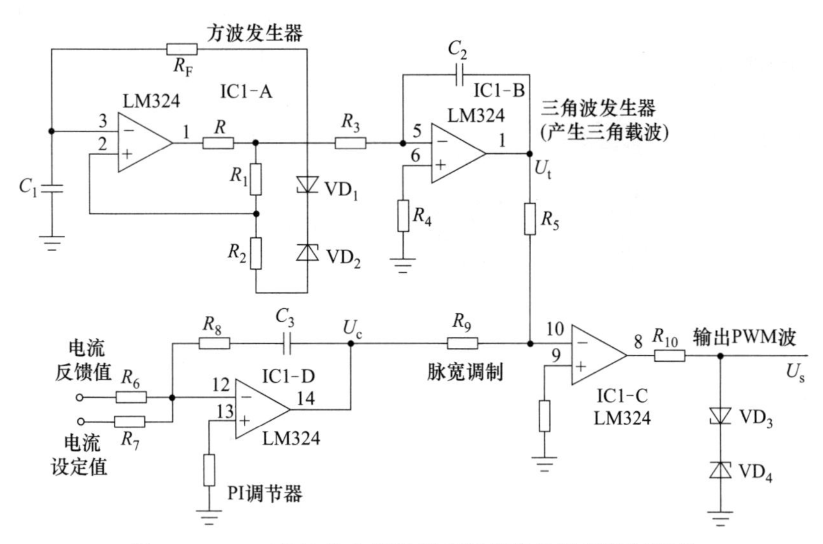

图 9.2.14　三角波发生器及脉宽调制器的脉宽调制原理

三角波的频率对伺服电动机的运行有很大的影响。由于脉宽调制器的功率放大器输给直流电动机的电压是一个脉冲信号，有交流成分。这些不做功的交流成分会在伺服电动机内引起功耗和发热，为减少这部分的损失，应提高脉冲频率，但脉冲频率又受功率元件开关频率的限制。目前脉冲频率通常在 2～4kHz 或更高，脉冲频率是由三角波调制的，三角波频率等于控制脉冲频率。

比较器 IC1-C 的作用是把输入的三角波信号 U_t 和控制信号 U_c 相加输出脉宽调制方波。当外部控制信号 $U_c=0$ 时，比较器输出为正负对称的方波，直流分量为零。当 $U_c>0$ 时，U_c+U_t 对接地端是一个不对称三角波，平均值高于接地端，因此输出方波的正半周较宽，负半周较窄。U_c 越大，正半周的宽度越宽，直流分量也越大，所以伺服电动机正向旋转越快。反之，当控制信号 $U_c<0$ 时，U_c+U_t 的平均值低于接地端，IC1-C 输出的方波正半周较窄，负半周较宽。U_c 的绝对值越大，负半周的宽度越宽，因此电动机反转越快。

这样改变了控制电压 U_c 的极性，也就改变了脉宽调制变换器的输出平均电压的极性，从而改变电动机的转向。改变 U_c 的大小，则调节了输出脉冲电压的宽度，进而调节电动机的转速。

该方法是一种模拟式控制，其他模拟式脉宽调节器的原理都与此基本相仿。

② 数字式脉宽调制器：在数字脉宽调制器中，控制信号是数字，其值可确定脉冲的宽度。只要维持调制脉冲序列的周期不变，就可以达到改变占空比的目的。用微处理器实现数字脉宽调节可分为软件和硬件两种方法，软件法占用较多的计算机机时，于控制不利，但柔

性好，投资少；目前被广泛推广的是硬件法。

在全数字数控系统中，可用定时器生成可控方波；有些新型单片机内部设置了可产生脉宽调制控制方波的定时器，用程序控制脉冲宽度的变化。

三、交流伺服电动机及速度控制单元

由于直流伺服电动机具有良好的调速性能，因此长期以来，在要求调速性能较高的场合，直流电动机调速系统一直占据主导地位。但由于电刷和换向器易磨损，需要经常维护，并且有时换向器换向时产生火花，电动机的最高速度受到限制；且直流伺服电动机结构复杂，制造困难，所用铜、铁材料消耗大，成本高，所以在使用上受到一定的限制。由于交流伺服电动机无电刷，结构简单，转子的转动惯量较直流伺服电动机的小，使得动态响应好，且输出功率较大（较直流伺服电动机提高 10%～70%），因此在有些场合，交流伺服电动机已经取代了直流伺服电动机，并且在数控机床上得到了广泛的应用。图 9.2.15 为交流伺服电动机。

图 9.2.15　交流伺服电动机

交流伺服电动机分为交流永磁式伺服电动机和交流感应式伺服电动机。交流永磁式电动机相当于交流同步电动机，其具有硬的机械特性及较宽的调速范围，常用于进给系统；感应式电动机相当于交流感应异步电动机，它与同容量的直流电动机相比，重量可轻 1/2，价格为直流电动机的 1/3，常用于主轴伺服系统。

1. 交流伺服电动机调速的原理和方法

表 9.2.6 详细描述了交流伺服电动机调速的原理和方法。

表 9.2.6　交流伺服电动机调速的原理和方法

序号	原理和方法	具体类型
1	调速的原理	交流伺服电动机的旋转机理是由定子绕组产生旋转磁场使转子运转，不同的是交流永磁式伺服电动机的转速和外加电源频率存在严格的关系，所以电源频率不变时，它的转速是不变的；交流感应式伺服电动机由于需要转速差才能在转子上产生感应磁场，所以电动机的转速比其同步转速小，外加负载越大，转速差越大。旋转磁场的同步速度由交流电的频率来决定：频率低，转速低；频率高，转速高。因此，这两类交流电动机的调速方法主要用改变供电频率的方法来实现
2	调速的方法	交流伺服电动机的速度控制方法可分为标量控制法和矢量控制法两种。标量控制法属于开环控制，矢量控制法属于闭环控制。对于简单的调速系统可使用标量控制法，对于要求较高的系统则使用矢量控制法。无论用何种控制法都是改变电动机的供电频率，从而达到调速目的的 矢量控制也称为场定向控制，它是将交流伺服电动机模拟成直流伺服电动机，用对直流伺服电动机的控制方法来控制交流伺服电动机。其方法是以交流伺服电动机转子磁场定向，把定子电流分解成与转子磁场方向相平行的磁化电流分量 i_d 和相垂直的扭矩电流分量 i_q，分别对应直流伺服电动机中的励磁电流 i_f 和电枢电流 i_a。在转子旋转坐标系中，分别对磁化电流分量 i_d 和扭矩电流分量 i_q 进行控制，来达到对实际的交流伺服电动机控制的目的。用矢量转换方法可实现对交流伺服电动机的扭矩和磁链控制的完全解耦。交流伺服电动机矢量控制的提出具有划时代的意义，使得交流传动全球化时代的到来成为可能

续表

序号	原理和方法	具体类型
2	调速的方法	按照对基准旋转坐标系的取法，矢量控制可分为两类：按照转子位置定向的矢量控制和按照磁通定向的矢量控制。按转子位置定向的矢量控制系统中基准旋转坐标系水平轴位于交流伺服电动机的转子轴线上，静止与旋转坐标系之间的夹角就是转子位置角。这个位置角度值可直接从装于交流伺服电动机轴上的位置检测元件——绝对编码器来获得。永磁同步交流伺服电动机的矢量控制就属于此类。按照磁通定向的矢量控制系统中，基准旋转坐标系水平轴位于交流伺服电动机的磁通磁链轴线上。这时静止坐标系和旋转坐标系之间的夹角不能直接测量，需要计算获得。异步交流伺服电动机的矢量控制属于此类 按照对交流伺服电动机的电压或电流控制，还可将交流伺服电动机的矢量控制分为电压控制型和电流控制型两类。由于矢量控制需要较为复杂的数学计算，所以矢量控制是一种基于微处理器的数字控制方案

2. 交流伺服电动机调速主电路

我国工业用电的频率是50Hz，有些国家工业用电的固有频率是60Hz，因此交流伺服电动机的调速系统必须采用变频的方法改变其供电频率。

常用的变频方法有两种：直接的交流—交流变频和间接的交流—直流—交流变频，如图9.2.16所示。

交流—交流变频用晶闸管将工频交流电直接变成频率较低的脉动交流电，正组输出正脉冲，反组输出负脉冲，这个脉动交流电的基波就是所需的变频电压。这种方法获得的交流电波动较大。

而间接的交流—直流—交流变频先将交流电整流成直流电，然后将直流电压变成矩形脉冲波动电压，这个脉动交流电的基波就是所需的变频电压。这种方法获得的交流电的波动小，调频范围宽，调节线性度好。数控机床常采用这种方法变频。

间接的交流—直流—交流变频根据中间直流电压是否可调，又可分为中间直流电压可调脉宽调制逆变器和中间直流电压不可调脉宽调制逆变器，根据中间直流电路的储能元件是大电容还是大电感，可将其分为电压型正弦脉冲调制逆变器和电流型脉宽调制逆变器。在电压型逆变器中，控制单元的作用是将直流电压切换成一串方波电压，所用器件是大功率晶体管、巨型功率晶体管（giant transistors，GTR）或可关断晶闸管（gate turn-off thyristors，GTO）。交流—直流—交流变频中，典型的逆变器是固定电流型正弦脉冲调制逆变器。

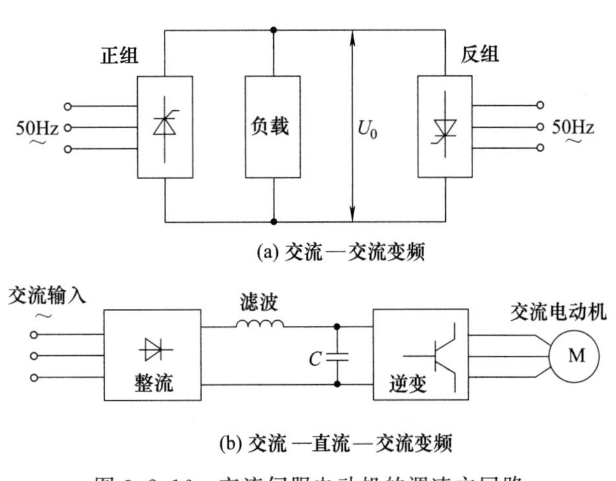

图 9.2.16　交流伺服电动机的调速主回路

通常交流—直流—交流型变频器中，交流—直流的变换是将交流电变成直流电，采用整流管来完成；而直流—交流变换是将直流变成调频、调压的交流电，采用脉宽调制逆变器来完成。逆变器分为晶闸管和晶体管逆变器，数控机床上的交流伺服系统多采用晶体管逆变器，它克服或改善了晶闸管相位控制中的一些缺点。

第三节　进给伺服系统的检测装置

一、检测装置概述

检测装置是数控机床闭环伺服系统的重要组成部分。它的主要作用是检测位移和速度，发出反馈信号与数控装置发出的指令信号进行比较，若有偏差，经过放大后控制执行部件，使其向消除偏差的方向运动，直至偏差为零为止。闭环控制的数控机床的加工精度主要取决于检测系统的精度。因此，精密检测装置是高精度数控机床的重要保证。一般来说，数控机床上使用的检测装置应满足的要求见表 9.3.1。

表 9.3.1　数控机床对检测装置的要求

序号	检测装置的要求	具体类型
1	精度要求	准确性好，满足精度要求，工作可靠，能长期保持精度
2	速度要求	满足速度、精度和数控机床工作行程的要求
3	稳定性要求	可靠性好，抗干扰性强，适应数控机床工作环境的要求
4	使用要求	使用、维护和安装方便，成本低

通常，数控机床检测装置的分辨率一般为 0.0001～0.01mm/m，测量精度为±0.001～0.01mm/m，能满足数控机床工作台以 1～10m/min 的速度运行。不同类型数控机床对检测装置的精度和适应的速度要求是不同的，对于大型数控机床，以满足速度要求为主。对于中、小型数控机床和高精度数控机床，以满足精度要求为主。

表 9.3.2 所示的是目前数控机床中常用的位置检测装置。

表 9.3.2　位置检测装置的分类

序号	类型	数字式		模拟式	
		增量式	绝对式	增量式	绝对式
1	回转型	圆光栅	编码器	旋转变压器，圆形磁栅，圆感应同步器	多极旋转变压器
2	直线型	长光栅，激光干涉仪	编码尺	直线感应同步器，磁栅，容栅	绝对值式磁尺

二、脉冲编码器

图 9.3.1　脉冲编码器

1. 脉冲编码器的分类和结构

脉冲编码器是一种旋转式脉冲发生器，它可把机械转角转化为脉冲，是数控机床上应用广泛的位置检测装置，同时也作为速度检测装置用于速度检测。图 9.3.1 为脉冲编码器。

根据结构的不同，脉冲编码器分为光电式、接触式、电磁感应式三种。从精度和可靠性方面来看，光电式编码器优于其他两种。数控机床上常用的是光电式编码器。

脉冲编码器是一种增量检测装置，它的型号是根据每转发出的脉冲数来区分的。数控机床上常用的脉冲编码器的脉冲数有 2000P/r、2500P/r 和 3000P/r 等。在高速、高精度的数字伺服系统中，应用高分辨率如 20000P/r、25000P/r 和 30000P/r 等的脉冲编码器。

光电式编码器的结构如图 9.3.2 所示。在一个圆盘的圆周上刻有相等间距的线纹，分为透明部分和不透明部分，称为圆光栅。圆光栅与工作轴一起旋转。与圆光栅相对平行放置一个固定的扇形薄片，称为指示光栅。上面制有相差 1/4 节距的两个狭缝，称为辨向狭缝。此外，还有一个零位狭缝（一转发出一个脉冲）。脉冲编码器与伺服电动机相连，它的法兰盘固定在伺服电动机的轴端面上，构成一个完整的检测装置。图 9.3.3 为光电盘。

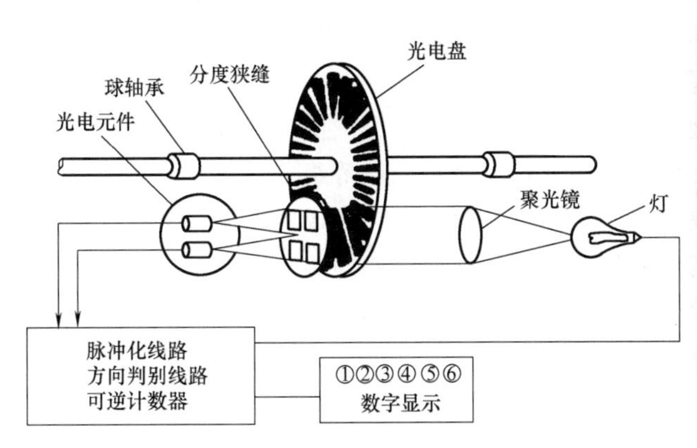

图 9.3.2　光电式编码器的结构示意图

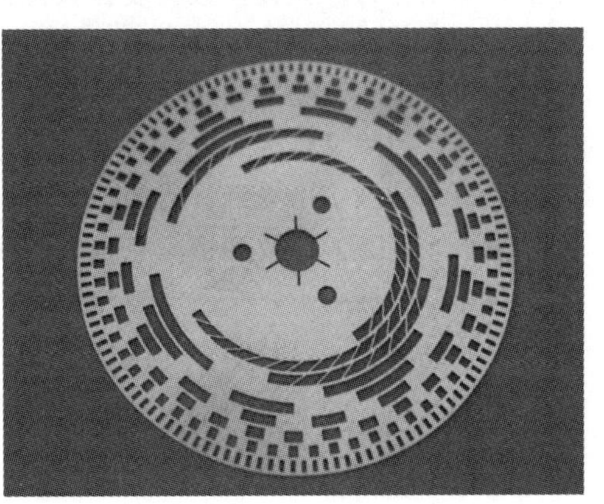

图 9.3.3　光电盘

2. 光电式编码器的工作原理

当圆光栅旋转时，光线透过两个光栅的线纹部分，形成明暗条纹。光电元件接收这些明暗相间的光信号，转换为交替变化的电信号，该信号为两组近似于正弦波的电流信号 A 和 B（见图 9.3.4），A 和 B 信号的相位相差 90°。电信号经放大整形后变成方波，形成两个光栅的信号。光电编码器还有一个“一转脉冲”，称为 Z 相脉冲，每转产生一个，用来产生机床的基准点。

光电式编码器输出信号有 A、$\overline{A}$、B、$\overline{B}$、Z、$\overline{Z}$ 等，这些信号作为位移测量脉冲以及经过频率/电压变换作为速度反馈信号，进行速度调节。

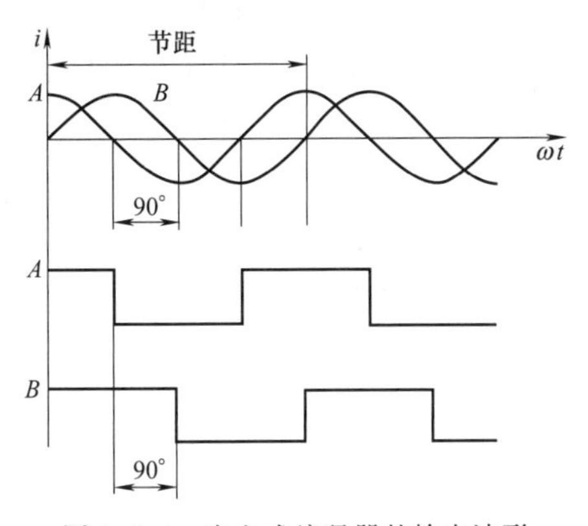

图 9.3.4　光电式编码器的输出波形

三、光栅

高精度的数控机床使用光栅作为位置检测装置，将机械位移转换为数字脉冲，反馈给 CNC 装置，实现闭环控制。由于激光技术的发展，光栅制作精度得到很大的提高，现在光栅精度可达微米级，再通过细分电路可以做到 0.1μm 甚至更高的分辨率。

1. 光栅的种类

根据形状不同，光栅可分为圆光栅和长光栅。长光栅主要用于测量直线位移；圆光栅主要用于测量角位移。

根据光线在光栅中是反射还是透射，光栅分为透射光栅和反射光栅。透射光栅的基体为光学玻璃。光源可以垂直射入，光电元件直接接受光照，信号幅值大。光栅每毫米中的线纹多，可达 200 线/mm，精度高。但是由于玻璃易碎，热膨胀系数与机床的金属部件的不一致，影响精度，不能做得太长。反射光栅的基体为不锈钢带（通过照相、腐蚀、刻线制成），反射光栅的热膨胀系数和数控机床金属部件的一致，可以做得很长。但是反射光栅每毫米内的线纹不能太多。线纹密度一般为 25～50 线/mm。

2. 光栅的结构和工作原理

光栅是由标尺光栅和光栅读数头两部分组成的。标尺光栅一般固定在数控机床的活动部件上，如工作台。光栅读数头装在数控机床固定部件上。指示光栅装在光栅读数头中。标尺光栅和指示光栅的平行度及二者之间的间隙（0.05～0.1mm）要严格保证。当光栅读数头相对于标尺光栅移动时，指示光栅便在标尺光栅上相对移动。

光栅读数头又称为光电转换器，它把光栅莫尔条纹变成电信号。图 9.3.5 所示为垂直入射读数头。读数头由光源、透镜、指示光栅、光电元件和驱动电路等组成。

指示光栅上的线纹和标尺光栅上的线纹呈一小角度 θ 放置，会造成两光栅尺上的线纹交叉。在光源的照射下，交叉点附近的小区域内黑线重叠形成明暗相间的条纹，这种条纹称为莫尔条纹。莫尔条纹与光栅的线纹几乎成垂直方向排列，如图 9.3.6 所示。

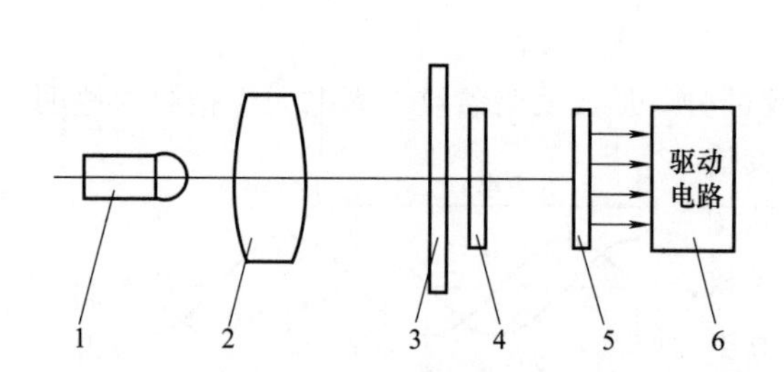

图 9.3.5　光栅读数头

1—光源；2—透镜；3—标尺光栅；4—指示光栅；5—光电元件；6—驱动电路

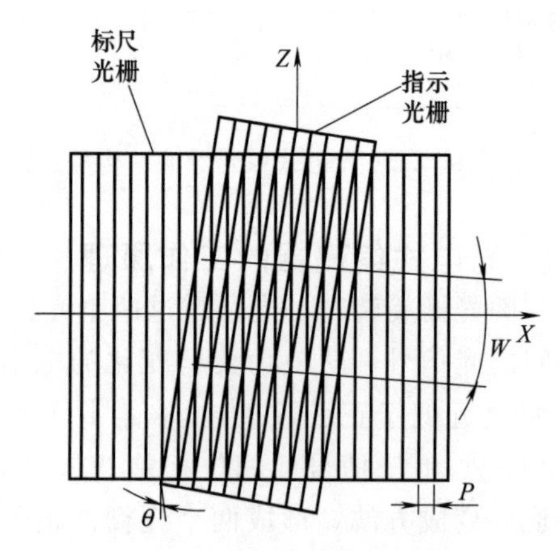

图 9.3.6　光栅的莫尔条纹

表 9.3.3 详细描述了莫尔条纹的特点。

表 9.3.3　莫尔条纹的特点

序号	莫尔条纹的特点	具体类型
1	平行照射时	当用平行光束照射光栅时，莫尔条纹由亮带到暗带，再由暗带到光带的透过光的强度近似于正(余)弦函数
2	起放大作用	用 W 表示莫尔条纹的宽度，P 表示栅距，θ 表示光栅线纹之间的夹角，则有 $$W=\frac{P}{\sin\theta}$$ 由于 θ 很小，故 $\sin\theta\approx 0$，则有 $$W=\frac{P}{\theta}$$ 若取 $P=0.01\text{mm}$，$\theta=0.01°$，则由上式可得 $W=1\text{mm}$。这说明，无需复杂的光学系统和电子系统，利用光的干涉现象，就能把光栅的栅距转换成放大 100 倍的莫尔条纹的宽度。这种放大作用是光栅的一个重要特点

续表

序号	莫尔条纹的特点	具体类型
3	起平均误差作用	莫尔条纹是由若干光栅线纹干涉形成的，这样栅距之间的相邻误差被平均，消除了栅距不均匀造成的误差
4	莫尔条纹的移动与栅距之间的移动成比例	当干涉条纹移动一个栅距时，莫尔条纹也移动一个莫尔条纹宽度 W，若光栅移动方向相反，则莫尔条纹移动的方向也相反。莫尔条纹的移动方向与光栅移动方向相垂直。这样测量光栅水平方向移动的微小距离，就可用检测垂直方向的莫尔条纹的变化代替

3. 直线光栅尺检测装置的辨向原理

莫尔条纹的光强度近似呈正（余）弦曲线变化，光电元件所感应的光电流变化规律近似为正（余）弦曲线，经放大、整形后，形成脉冲，可以作为计数脉冲，直接输入到计算机系统的计数器中计算脉冲数，进行显示和处理。根据脉冲的个数，可以确定位移量，根据脉冲的频率，可以确定位移速度。

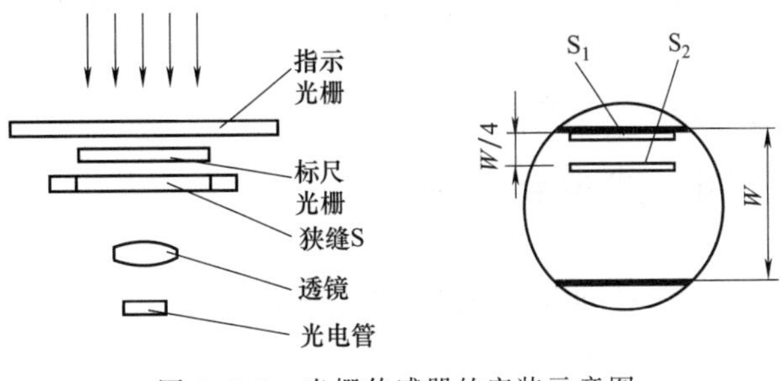

图 9.3.7　光栅传感器的安装示意图

用一个光电传感器只能进行计数，不能辨向。要进行辨向，至少用两个光电传感器。如图 9.3.7 所示为光栅传感器的安装示意图。通过两个狭缝 S_1 和 S_2 的光束分别被两个光电传感器接受。当光栅移动时，莫尔条纹通过两个狭缝的时间不同，波形相同，相位差 90°。至于哪个超前，取决于标尺光栅移动的方向。当标尺光栅向右移动时，莫尔条纹向上移动，缝隙 S_2 的信号输出波形超前 1/4 周期；同理，当标尺光栅向左移动时，莫尔条纹向下移动，缝隙 S_1 的输出信号超前 1/4 周期。根据两狭缝输出信号的超前和滞后可以确定标尺光栅的移动方向。

4. 提高光栅检测分辨精度的细分电路

光栅检测装置的精度可以用提高刻线精度和增加刻线密度的方法来提高。但是刻线密度大于 200 线/mm 以上的细光栅刻线制造困难，成本高。为了提高精度和降低成本，通常采用倍频的方法来提高光栅的分辨精度，如图 9.3.8（a）所示为采用 4 倍频方案的光栅检测

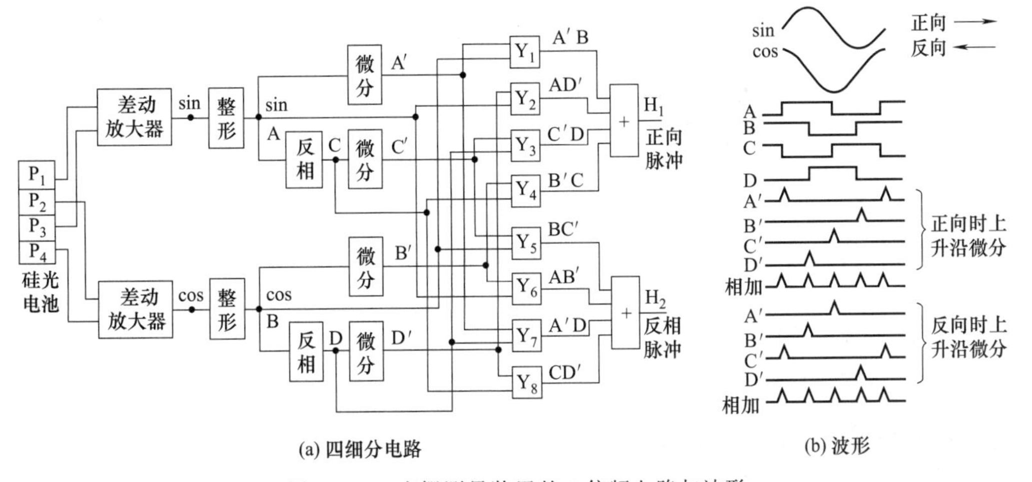

(a) 四细分电路　　(b) 波形

图 9.3.8　光栅测量装置的 4 倍频电路与波形

电路的工作原理。光栅刻线密度为50线/mm，采用4个光电元件和4条狭缝，每隔1/4光栅节距产生一个脉冲，分辨精度可以提高4倍，并且可以辨向。

当指示光栅和标尺光栅相对运动时，光电传感器接收正弦波电流信号。这些信号送到差动放大器，再通过整形，使之成为两路正弦及余弦方波，然后经过微分电路获得脉冲。由于脉冲是在方波的上升沿上产生的，为了使0°、90°、180°、270°的位置上都得到脉冲，必须把正弦方波和余弦方波分别反相一次，然后再微分，得到4个脉冲。为了辨别正向和反向运动，可以用一些与门把四个方波sin、－sin、cos和－cos（即A、B、C、D）和四个脉冲进行逻辑组合。当正向运动时，通过与门Y1～Y4及或门H_1得到A′B＋AD′＋C′D＋B′C四个脉冲的输出。当反向运动时，通过与门Y5～Y8及或门H_2得到BC′＋AB′＋A′D＋C′D四个脉冲的输出。其波形如图9.3.8（b）所示，这样虽然光栅栅距为0.02mm，但是经过4倍频以后，每一脉冲都相当于5μm，分辨精度提高了4倍。此外，也可以采用8倍频、10倍频等其他倍频电路。

四、感应同步器

1. 感应同步器的结构和特点

感应同步器是一种电磁感应式的高精度位移检测装置。实际上它是多极旋转变压器的展开形式。感应同步器分旋转式和直线式两种。旋转式用于角度测量，直线式用于长度测量。两者的工作原理相同。图9.3.9为感应同步器。

直线感应同步器由定尺和滑尺两部分组成。定尺与滑尺之间有均匀的气隙，在定尺表面制有连续平面绕组，绕组节距为P。滑尺表面制有两段分段绕组：正弦绕组和余弦绕组。它们相对于定尺绕组在空间错开1/4节距（$1/4P$），定子和滑尺的结构示意图如图9.3.10所示。

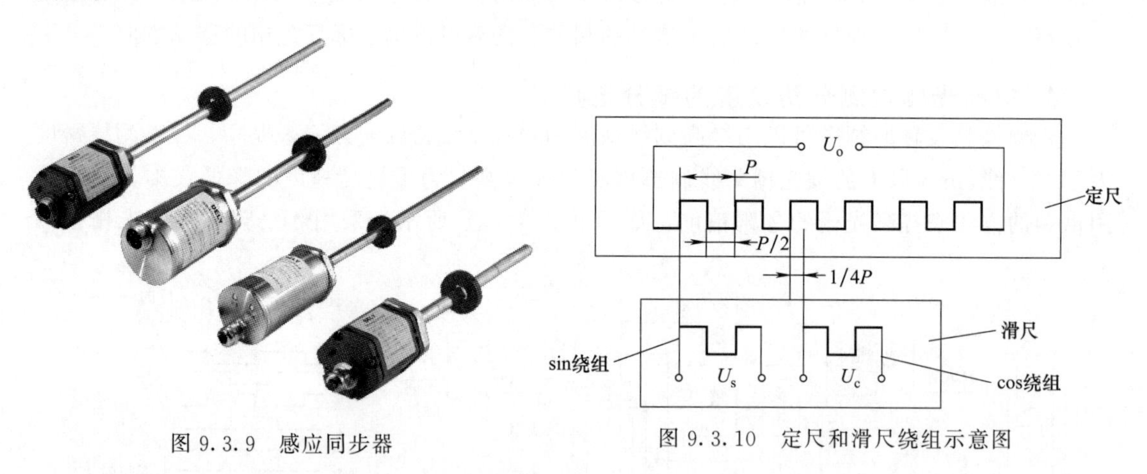

图9.3.9　感应同步器　　图9.3.10　定尺和滑尺绕组示意图

定尺和滑尺的基板采用与机床床身材料热膨胀系数相近的钢板制成，然后经精密的照相腐蚀工艺制成印刷绕组，再在尺子的表面上涂一层保护层。滑尺的表面有时还贴上一层带绝缘的铝箔，以防静电感应。

感应同步器的特点见表9.3.4。

2. 感应同步器的工作原理

感应同步器的工作原理与旋转变压器基本一致。使用时，给滑尺绕组通以一定频率的交

表 9.3.4 感应同步器的特点

序号	感应同步器的特点	详细说明
1	精度高	感应同步器直接对机床工作台的位移进行测量，其测量精度只受本身精度限制。另外，定尺的节距误差有平均补偿作用，定尺本身的精度能做得很高，其精度可以达到±0.001mm，重复精度可达0.002mm
2	工作可靠，抗干扰能力强	在感应同步器绕组的每个周期内，测量信号与绝对位置有一一对应的单值关系，不受干扰的影响
3	维护简单，寿命长	定尺和滑尺之间无接触磨损，在机床上安装简单。使用时需要加防护罩，防止切屑进入定尺和滑尺之间划伤导片以及受到灰尘、油雾的影响
4	测量距离长	可以根据测量长度需要，将多块定尺拼接成所需要的长度，就可测量长距离位移，机床移动基本上不受限制。适合于大、中型数控机床
5	成本低，易于生产	
6	需前置放大器	与旋转变压器相比，感应同步器的输出信号比较微弱，需要一个放大倍数很高的前置放大器

流电压，由于电磁感应，在定尺的绕组中产生了感应电压，其幅值和相位取决于定尺和滑尺的相对位置。如图9.3.11所示为滑尺在不同的位置时定尺上的感应电压。当定尺与滑尺重合时，如图中的点 a，此时的感应电压最大。当滑尺相对于定尺平行移动后，其感应电压逐渐变小。在错开1/4节距的点 b，感应电压为零。依此类推，在1/2节距的点 c，感应电压幅值与点 a 相同，极性相反。在3/4节距的点 d 又变为零。当移动到一个节距的点 e 时，电压幅值与点 a 相同。这样，滑尺在移动一个节距的过程中，感应电压变化了一个余弦波形。滑尺每移动一个节距，感应电压就变化一个周期。

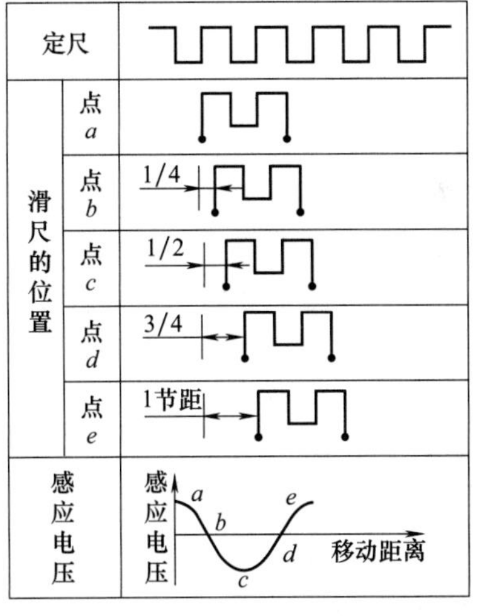

图 9.3.11 感应同步器的工作原理

按照供给滑尺两个正交绕组励磁信号的不同，感应同步器的测量方式分为鉴相测量方式和鉴幅测量方式两种。

(1) 鉴相测量方式 在这种工作方式下，给滑尺的正弦绕组和余弦绕组分别通以幅值相等、频率相同、相位相差90°的交流电压

$$\begin{cases} U_s = U_m \sin(\omega t) \\ U_c = U_m \cos(\omega t) \end{cases}$$

励磁信号将在空间产生一个以 ω 为频率移动的行波。磁场切割定尺导片，并产生感应电压，该电势随着定尺与滑尺相对位置的不同而产生超前或滞后的相位差 θ。根据线性叠加原理，在定尺上的工作绕组中的感应电压为

$$U_0 = nU_s\cos\theta - nU_c\sin\theta = nU_m[\sin(\omega t)\cos\theta - \cos(\omega t)\sin\theta] = nU_m\sin(\omega t - \theta)$$

式中 ω——励磁角频率；

n——电磁耦合系数；

θ——滑尺绕组相对于定尺绕组的空间相位角，$\theta = \dfrac{2\pi x}{P}$。

可见，在一个节距内，θ 与 x 是一一对应的，通过测量定尺感应电压的相位 θ，可以得出定尺对滑尺的位移。数控机床的闭环系统采用鉴相系统时，指令信号的相位角 θ_1 由数控

装置发出，由 θ 和 θ_1 的差值控制数控机床的伺服驱动机构。当定尺和滑尺之间产生了相对运动时，定尺上的感应电压的相位发生了变化，其值为 θ。当 $\theta \neq \theta_1$ 时，数控机床伺服系统带动机床工作台移动。当滑尺与定尺的相对位置达到指令要求值，即 $\theta=\theta_1$ 时，工作台停止移动。

（2）鉴幅测量方式　给滑尺的正弦绕组和余弦绕组分别通以频率相同、相位相同，幅值不同的交流电压，则有

$$\begin{cases} U_s = U_m \sin\theta_{电}\sin(\omega t) \\ U_c = U_m \cos\theta_{电}\sin(\omega t) \end{cases}$$

若滑尺相对于定尺移动一个距离 x，则其对应的相移为

$$\theta_{机} = \frac{2\pi x}{P}$$

根据线性叠加原理，在定尺上工作绕组中的感应电压为

$$\begin{aligned} U_0 &= nU_s\cos\theta_{机} - nU_c\sin\theta_{机} \\ &= nU_m\sin(\omega t)(\sin\theta_{电}\cos\theta_{机} - \cos\theta_{电}\sin\theta_{机}) \\ &= nU_m\sin(\theta_{机} - \theta_{电})\sin(\omega t) \end{aligned}$$

由上式可知，若电气角 $\theta_{电}$ 已知，只要测出 U_0 的幅值 $nU_m\sin(\theta_{机}-\theta_{电})$，便可以间接地求出 $\theta_{电}$。若 $\theta_{电}=\theta_{机}$，则 $U_0=0$。说明电气角 $\theta_{电}$ 的大小就是被测角位移 $\theta_{机}$ 的大小。采用鉴幅工作方式时，不断调整 $\theta_{电}$，让感应电压的幅值为零，用 $\theta_{电}$ 代替对 $\theta_{机}$ 的测量，$\theta_{电}$ 可通过具体电子线路测得。

定尺上的感应电压的幅值随指令给定的位移量 x_1（$\theta_{电}$）与工作台的实际位移 x（$\theta_{机}$）的差值按正弦规律变化。鉴幅型系统用于数控机床闭环系统中，当工作台未达到指令要求值，即 $x \neq x_1$ 时，定尺上的感应电压 $U_0 \neq 0$。该电压经过检波放大后控制伺服执行机构带动机床工作台移动。当工作台移动到 $x=x_1$（$\theta_{电}-\theta_{机}$）时，定尺上的感应电压 $U_0=0$，工作台停止运动。

五、旋转变压器

旋转变压器是一种角度测量装置，它实际上是一种小型交流电动机。其结构简单，动作灵敏，对环境无特殊要求，维护方便，输出信号幅度大，抗干扰能力强，工作可靠，广泛应用于数控机床上。图 9.3.12 为旋转变压器。

图 9.3.12　旋转变压器

1. 旋转变压器的结构

旋转变压器在结构上和两相线绕式异步电动机相似，由定子和转子组成。定子绕组为变压器的原边，转子绕组为变压器的副边。定子绕组通过固定在壳体上的接线柱直接引出。转子绕组有两种不同的引出方式。根据转子绕组两种不同的引出方式，旋转变压器分为有刷旋转变压器和无刷式旋转变压器两种。

图 9.3.13（a）所示的是有刷旋转变压器。它的转子绕组通过滑环和电刷直接引出，其特点是结构简单，体积小，但电刷与滑环为机械滑动接触，所以可靠性差，寿命也较短。

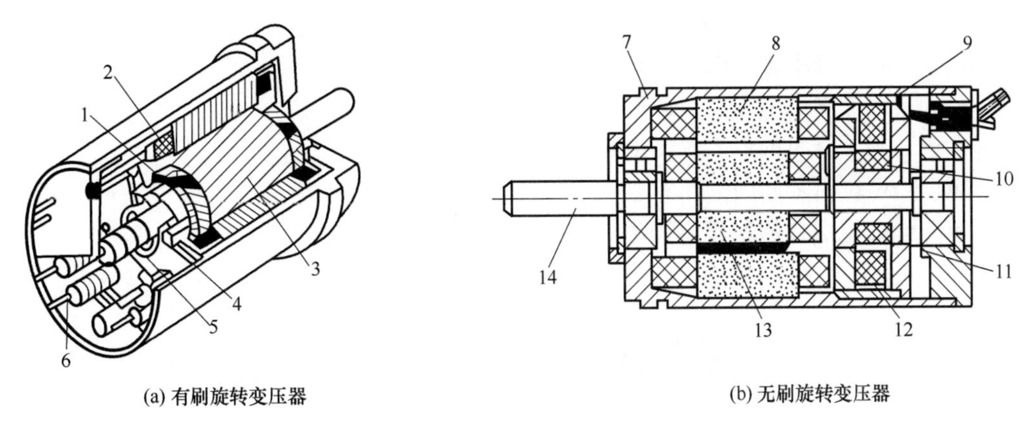

图 9.3.13　旋转变压器结构图

1—转子绕组；2—定子绕组；3—转子；4—整流子；5—电刷；6—接线柱；7—壳体；8—旋转变压器本体定子；9—附加变压器定子；10—附加变压器原边线圈；11—附加变压器转子；12—附加变压器副边线圈；13—旋转变压器本体转子；14—转子轴

图 9.3.13（b）所示的是无刷旋转变压器。它没有电刷和滑环，由两大部分，即旋转变压器本体和附加变压器组成。附加变压器的原、副边铁芯及其线圈均为环形，分别固定于转子轴和壳体上，径向留有一定的间隙。旋转变压器本体的转子绕组与附加变压器的原边线圈连在一起，在附加变压器原边线圈中的电信号，即转子绕组中的电信号，通过电磁耦合，经附加变压器副边线圈间接地送出去。这种结构避免了有刷旋转变压器电刷与滑环之间的不良接触造成的影响，提高了可靠性和使用寿命，但其体积、质量和成本均有所增加。

2. 旋转变压器的工作原理

旋转变压器是根据互感原理工作的。它的结构保证了其定子和转子之间的磁通呈正（余）弦规律变化。定子绕组加上励磁电压，通过电磁耦合，转子绕组产生感应电动势。

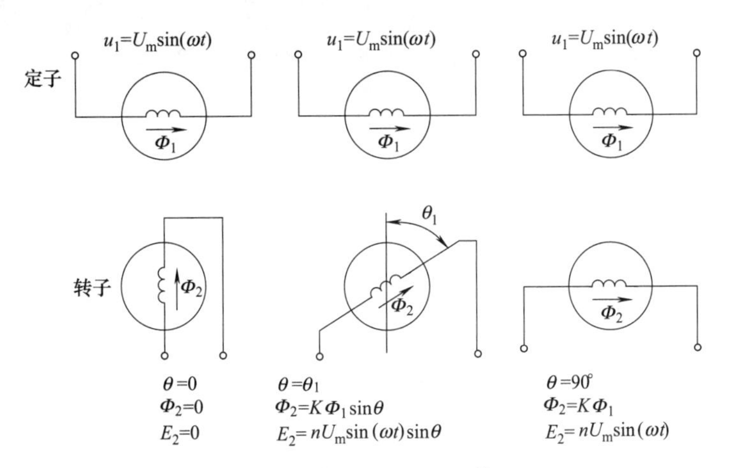

图 9.3.14　旋转变压器的工作原理

如图 9.3.14 所示，其所产生的感应电动势的大小取决于定子和转子两个绕组轴线在空间的相对位置。二者平行时，磁通几乎全部穿过转子绕组的横截面，转子绕组产生的感应电动势最大；二者垂直时，转子绕组产生的感应电动势为零。感应电动势随着转子偏转的角度呈正（余）弦规律变化。

$$E_2 = nU_1\cos\theta = nU_m\sin(\omega t)\cos\theta$$

式中 E_2——转子绕组感应电动势；

U_1——定子励磁电压；

U_m——定子绕组的最大瞬时电压；

θ——两绕组之间的夹角；

n——电磁耦合系数变压比。

第四节　常见 I/O 元件

顺序控制主要是 I/O 控制，同时还包括主轴驱动和进给伺服驱动的使能控制和机床报警处理等。相关元件如控制开关、行程开关、接近开关、压力开关、温控开关等输入元件，接触器、继电器和电磁阀等输出元件。

一、控制开关

在数控机床的操作面板上，常见的控制开关见表 9.4.1。

表 9.4.1　数控机床常见的控制开关

序号	控制开关	详细说明
1	控制开关	如图 9.4.1 所示，用于主轴启停、冷却、润滑及换刀等控制按钮。这些按钮往往内装有信号灯，一般绿色用于启动，红色用于停止 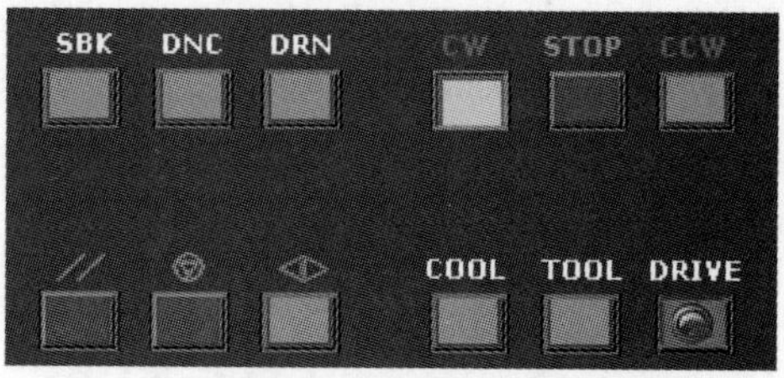 图 9.4.1　某机床厂 FANUC 0i 数控车床控制开关
2	保护开关	用于程序保护，钥匙插入方可旋转操作按钮式可锁开关，如图 9.4.2 所示  图 9.4.2　钥匙开关

续表

序号	控制开关	详细说明
3	急停开关	用于紧急停止，装有突出蘑菇形钮帽的红色急停开关，如图 9.4.3 所示  图 9.4.3　急停蘑菇开关
4	选择开关	如图 9.4.4 所示为用于坐标轴选择、工作方式选择、倍率选择等手动旋转操作的转换开关  图 9.4.4　某机床厂 FANUC 0i 数控车床选择开关
5	其他控制开关	在数控车床中，还有用于控制卡盘夹紧、放松，尾架顶尖前进、后退的脚踏开关等

二、行程开关

行程开关又称限位开关，它将机械位移转变为电信号，以控制机械运动。按结构可分为直动式、滚动式和微动式，见表 9.4.2。

表 9.4.2　行程开关类型

序号	行程开关	详细说明
1	直动式行程开关	直动式行程开关如图 9.4.5 所示，其动作过程与控制按钮类似，只是用运动部件上的撞块来碰撞行程开关的推杆，触点的分合速度取决于撞块移动的速度。这类行程开关在机床上主要用于坐标轴的限位、减速等，如液压缸、气缸塞的行程控制 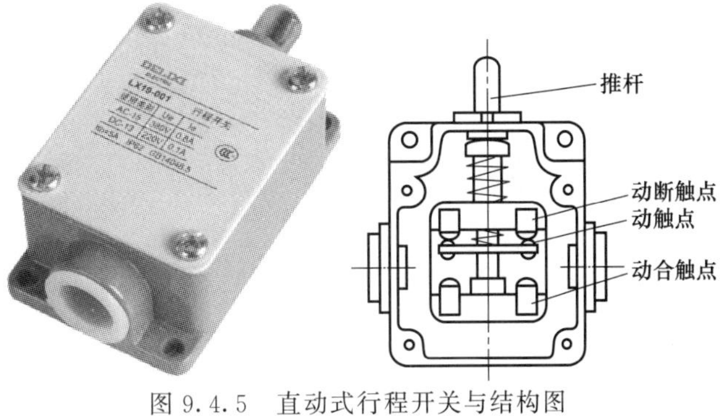 推杆　动断触点　动触点　动合触点 图 9.4.5　直动式行程开关与结构图

续表

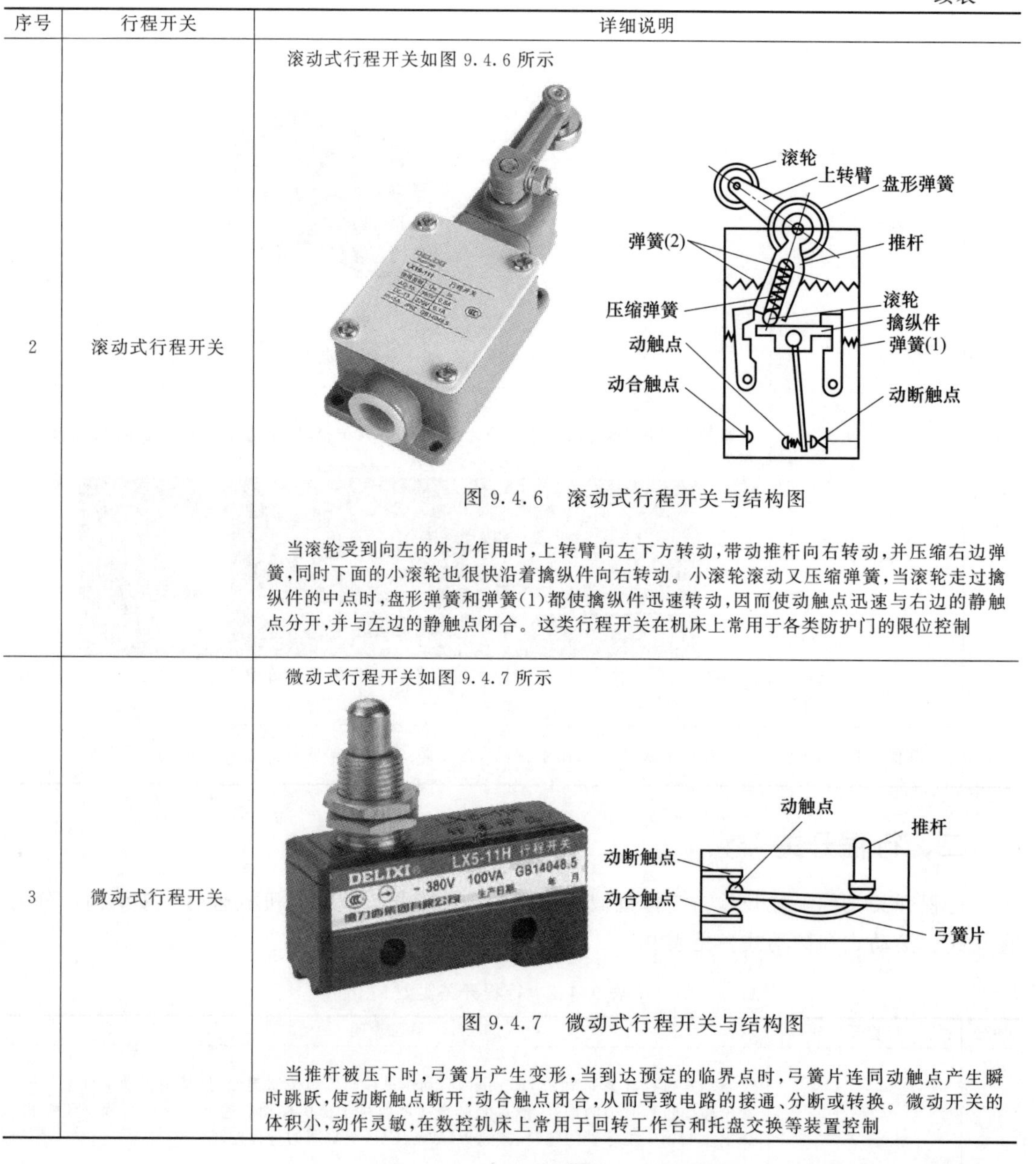

序号	行程开关	详细说明
2	滚动式行程开关	滚动式行程开关如图 9.4.6 所示 图 9.4.6　滚动式行程开关与结构图 当滚轮受到向左的外力作用时，上转臂向左下方转动，带动推杆向右转动，并压缩右边弹簧，同时下面的小滚轮也很快沿着擒纵件向右转动。小滚轮滚动又压缩弹簧，当滚轮走过擒纵件的中点时，盘形弹簧和弹簧(1)都使擒纵件迅速转动，因而使动触点迅速与右边的静触点分开，并与左边的静触点闭合。这类行程开关在机床上常用于各类防护门的限位控制
3	微动式行程开关	微动式行程开关如图 9.4.7 所示 图 9.4.7　微动式行程开关与结构图 当推杆被压下时，弓簧片产生变形，当到达预定的临界点时，弓簧片连同动触点产生瞬时跳跃，使动断触点断开，动合触点闭合，从而导致电路的接通、分断或转换。微动开关的体积小，动作灵敏，在数控机床上常用于回转工作台和托盘交换等装置控制

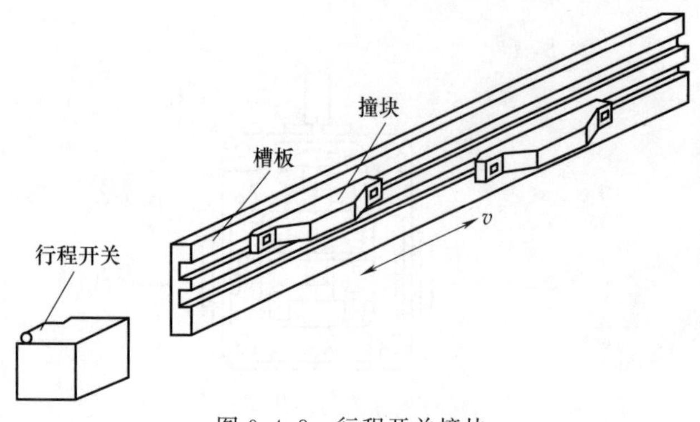

图 9.4.8　行程开关撞块

从表 9.4.2 各个开关的结构及动作过程来看，失效的形式有两种：一是弹簧片卡死，造成触点不能闭合或断开；二是触点接触不良。诊断方法为：用万用表测量接线端，在动合、动断状态下观察是否断路或短路。另外要注意的是，与行程开关相接触的撞块如图 9.4.8 所示，如果撞块设定的位置由于松动而发生偏移，就可能使行程开关的触点无动作或误动作，因此撞块的检查和调整是行程开关维护很重要的一个方面。

三、接近开关

这是一种在一定的距离（几毫米至十几毫米）内检测有无物体的传感器。它给出的是高电平或低电平的开关信号，有的还具有较大的负载能力，可直接驱动断电器工作。接近开关具有灵敏度高、频率响应快、重复定位精度高、工作稳定可靠、使用寿命长等优点。常用的接近开关有电感式、电容式、磁感应式、光电式、霍尔式等，见表 9.4.3。

表 9.4.3　接近开关类型

序号	接近开关	详细说明
1	电感式接近开关	电感式接近开关如图 9.4.9 所示 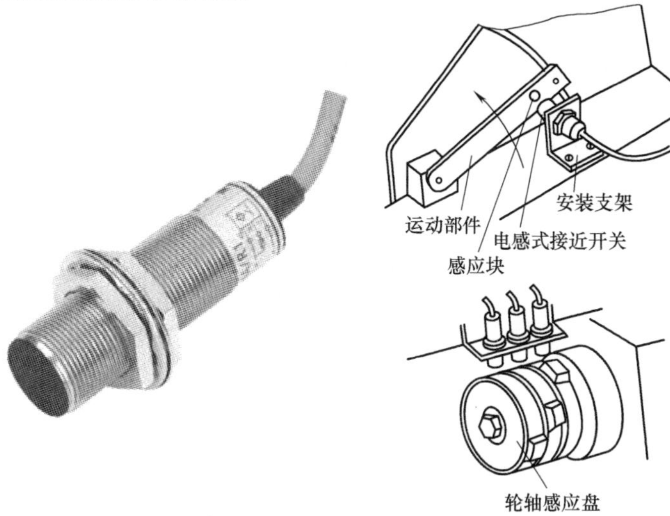 图 9.4.9　电感式接近开关外形图、原理图与结构图 电感式接近开关内部大多由一个高频振荡器和一个整形放大器组成。振荡器振荡后，在开关的感应面上产生交变磁场，当金属物体接近感应面时，金属体产生涡流，吸收了振荡器的能量，使振荡减弱以致停振。振荡和停振两种不同的状态，由整形放大器转换成开关信号，从而达到检测位置的目的。在数控机床中，电感式接近开关常用于刀库、机械手及工作台的位置检测 判断电感式接近开关好坏最简单的方法，就是用一块金属片去接近该开关，如果开关无输出，就可判断该开关已坏或外部电源短路。在实际位置控制中，如果感应块和开关之间的间隙变大，就会使接近开关的灵敏度下降甚至无信号输出，因此间隙的调整和检查在日常维护中是很重要的
2	电容式接近开关	电容式接近开关的外形与电感应式接近开关类似，除了对金属材料的无接触式检测外，还可以对非导电性材料进行无接触式检测。图 9.4.10 为电容式接近开关 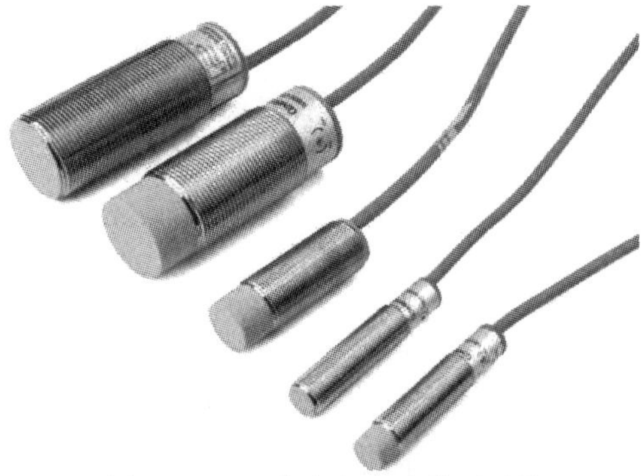 图 9.4.10　直流电容式接近开关

续表

序号	接近开关	详细说明
3	磁感应式接近开关	磁感应式接近开关又称磁敏开关，主要对气缸内活塞位置进行非接触式检测 如图 9.4.11 所示为一典型的磁感应式接近开关，图 9.4.12 所示为磁感应式接近开关安装结构图 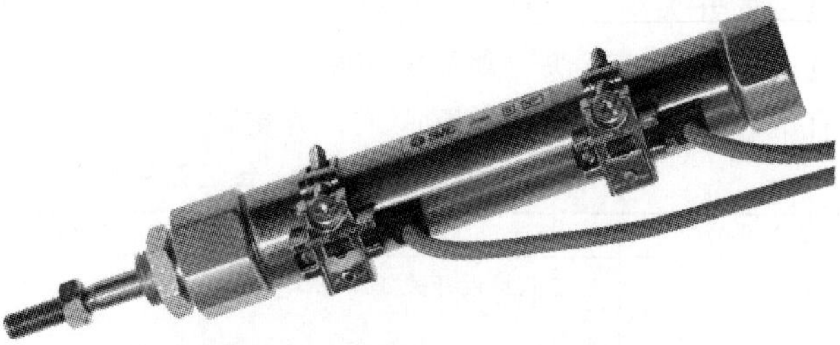 图 9.4.11　磁感应式接近开关 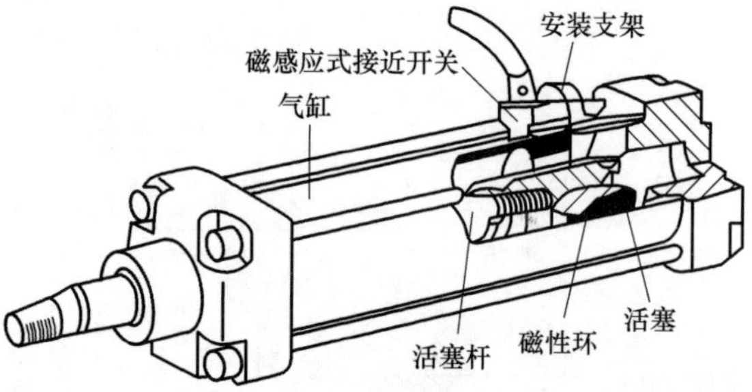 图 9.4.12　磁感应式接近开关安装结构图 固定在活塞上的永久磁铁由于其磁场的作用，使传感器内振荡线圈的电流发生变化，内部放大器将电流转换成输出开关信号，根据气缸形式的不同，磁感应式接近开关有绑带式安装、支架式安装等类型
4	光电式接近开关	光电式接近开关如图 9.4.13 所示。在数控机床中，光电式接近开关常用于刀架的刀位检测和柔性制造系统中物料传送的位置控制等 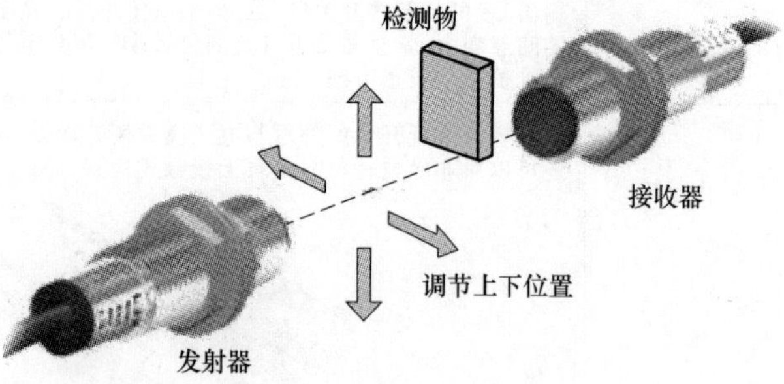 图 9.4.13　光电式接近开关
5	霍尔式接近开关	霍尔式接近开关是将霍尔元件、稳压电器、放大器、施密特触发器和 OC 门等电路做在同一个芯片上的集成电路 图 9.4.14 为霍尔式接近开关，图 9.4.15 为霍尔式接近开关结构图与原理图。因此，有时称霍尔式接近开关为霍尔集成电路

续表

序号	接近开关	详细说明
5	霍尔式接近开关	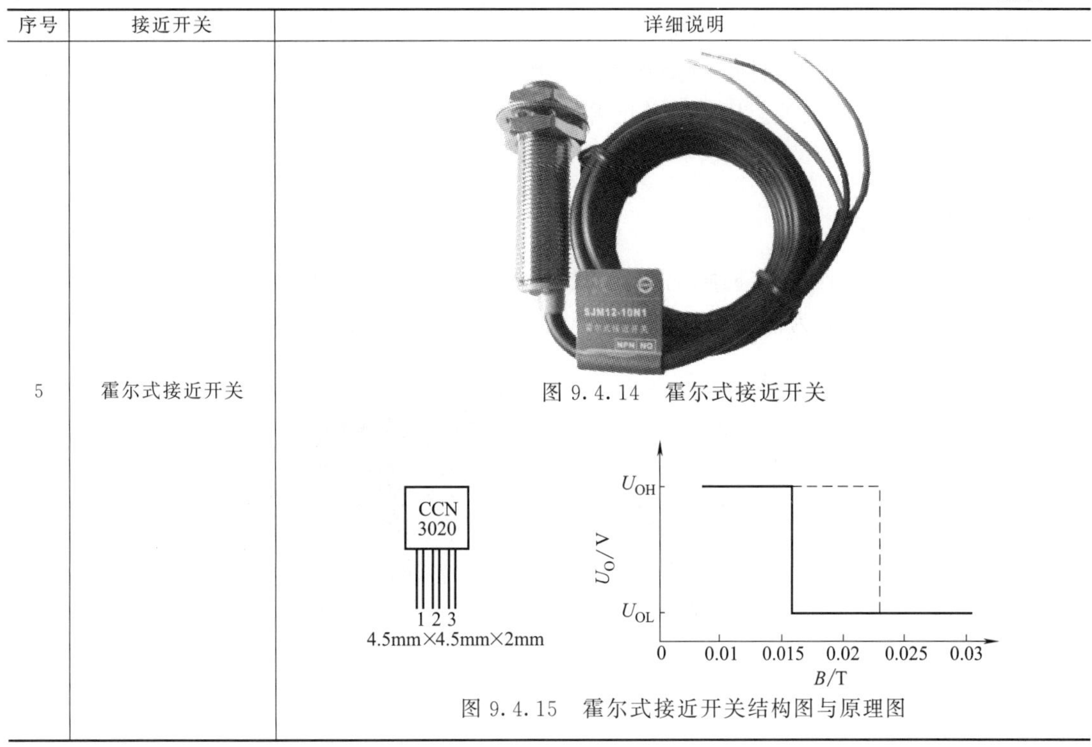 图 9.4.14　霍尔式接近开关 图 9.4.15　霍尔式接近开关结构图与原理图

四、压力开关

压力开关又称压力控制器，是利用被控介质，如液压油在波纹管或橡皮膜上产生的压力与弹簧的反力相平衡的原理所制成的一种开关。其实物如图 9.4.16 所示，其结构如图 9.4.17 所示。

图 9.4.16　压力开关

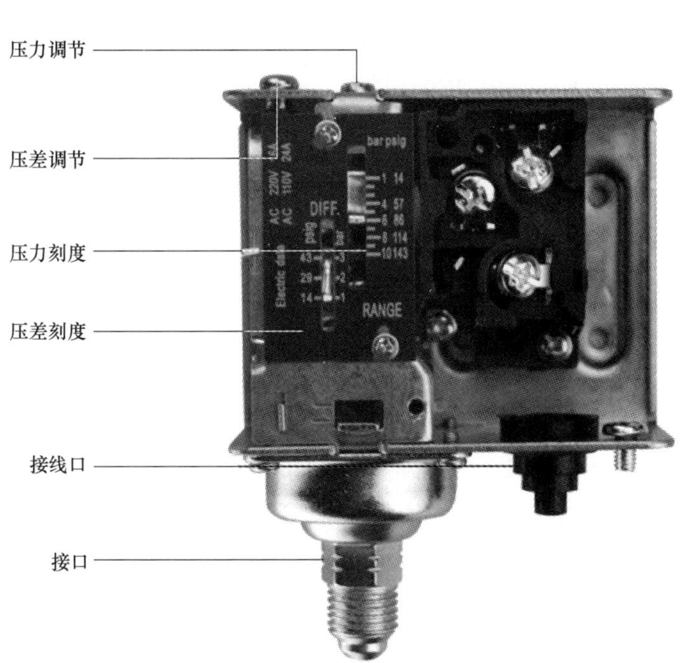

图 9.4.17　压力开关结构图

压力开关的工作原理：当被测压力超过额定值时，弹性元件的自由端产生位移，直接或经过比较后推动开关元件，改变开关元件的通断状态，达到控制被测压力的目的。

压力开关采用的弹性元件有单圈弹簧管、膜片、膜盒及波纹管等，开关元件有磁性开关、水银开关、微动开关等。压力开关的开关形式有常开式和常闭式两种。

五、温控开关

温控开关是一种利用温度敏感元件，如热敏电阻的阻值随被测温度变化而改变的原理所制成的开关。图 9.4.18 为常用的一种温控开关，图 9.4.19 为温控开关结构图。

图 9.4.18　温控开关

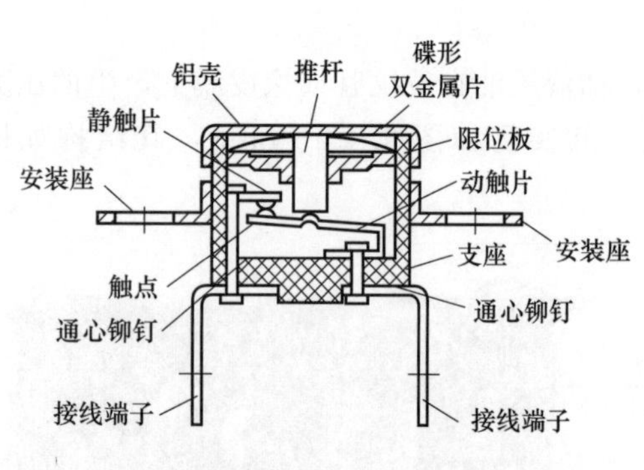

(a) 自动复位型温控开关结构图

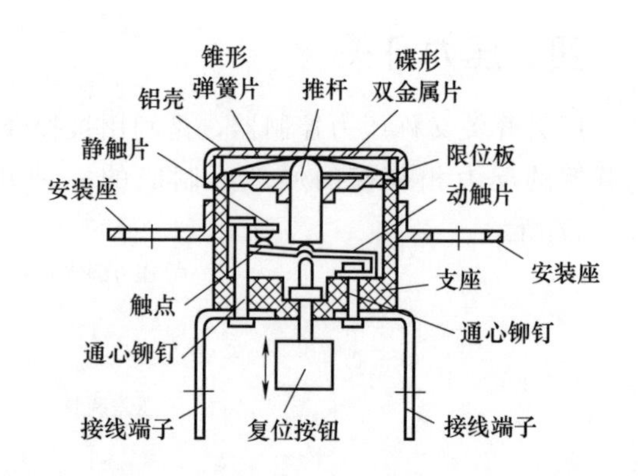

(b) 手动复位型温控开关结构图

图 9.4.19　温控开关结构图

热敏电阻经电子线路比较放大后，驱动小型继电器动作，从而迅速而准确地反映被测点的温度。热敏电阻有负温度系数热敏电阻（NTC）、正温度系数热敏电阻（PTC）两大类，两者均有线性型和突变型，前者用于温度测量，后者用于温度控制。在伺服电动机中，将突变型热敏电阻埋设在电动机定子中，并与继电器串联，当电动机温度升到某一数值时，电路中的电源可以由十分之几毫安突变为几十毫安，使继电器动作，从而实现温度控制和过热保护。

六、接触器

在数控机床的电气控制中，接触器用来控制如油泵电动机、冷却泵电动机、润滑泵等电动机的频繁启停及驱动装置的电源接通、切断等。它由触点、电磁机构、弹簧、灭弧装置和支架底座等组成，通常分为交流接触器和直流接触器两类。

接触器如图 9.4.20 所示，图 9.4.21 为安装在电气柜中的接触器，图 9.4.22 为接触器结构原理图。表 9.4.4 为接触器的组成详细说明。

图 9.4.20 接触器

图 9.4.21 安装在电气柜中的接触器

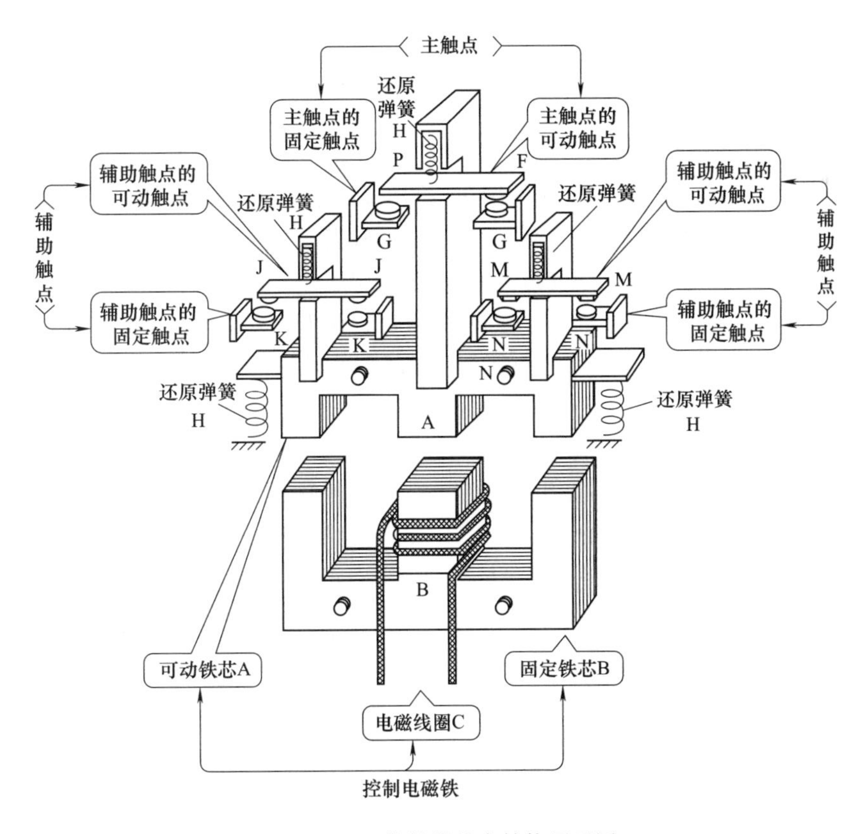

图 9.4.22 接触器基本结构原理图

表 9.4.4　接触器的组成

序号	组成部分	详细说明
1	电磁机构	电磁机构由线圈、动铁芯（衔铁）和静铁芯组成，其作用是将电磁能转换成机械能，产生电磁吸力带动触点动作
2	触点系统	包括主触点和辅助触点。主触点用于通断主电路，通常为三对常开触点。辅助触点用于控制电路，起电气联锁作用，故又称联锁触点，一般常开、常闭各两对
3	灭弧装置	容量在 10A 以上的接触器都有灭弧装置，对于小容量的接触器，常采用双断口触点灭弧、电动力灭弧、相间弧板隔弧及陶土灭弧罩灭弧。对于大容量的接触器，采用纵缝灭弧罩及栅片灭弧
4	其他部件	

接触器的工作原理：当接触器线圈通电后，线圈电流会产生磁场，接触器产生的磁场使静铁芯产生电磁吸力吸引动铁芯，并带动交流接触器触点动作，常闭触点断开，常开触点闭合，两者是联动的。当线圈断电时，电磁吸力消失，衔铁在释放弹簧的作用下释放，使触点复原，常开触点断开，常闭触点闭合。由此可见接触器的工作原理跟温度开关的原理有点相似。

表 9.4.5 列出了日常对接触器的维护要求。

表 9.4.5　对接触器的维护要求

序号	对接触器的维护要求
1	定期检查交流接触器的零件，要求可动部位灵活，紧固件无松动
2	保持触点表面的清洁，不允许粘有油污
3	接触器不允许在去掉灭弧罩的情况下使用，以免发生短路事故
4	若接触器已不能修复，应予更换

七、继电器

继电器是一种根据外界输入的信号来控制电路中电流“通”与“断”的自动切换电路。它主要用来反映各种控制信号，其触点通常接在控制电路中。继电器和接触器在结构和动作原理上大致相同，但前者在结构上体积小，动作灵敏，没有灭弧装置，触点的种类和数量也较多。

中间继电器实质是一种电压继电器，主要在电路中起信号传递与转换的作用。由于中间继电器触点多，可实现多路控制，将小功率的控制信号转换为各方的触点动作，以扩充其他电器的控制作用，在数控机床中常采用线圈电压为直流＋24V 的中间继电器，如图 9.4.23 所示。

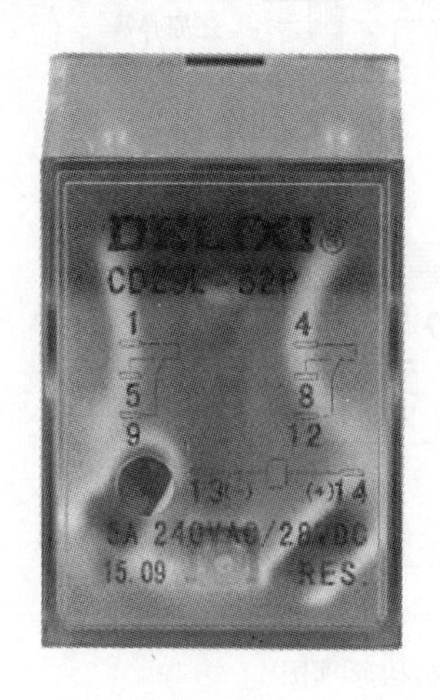

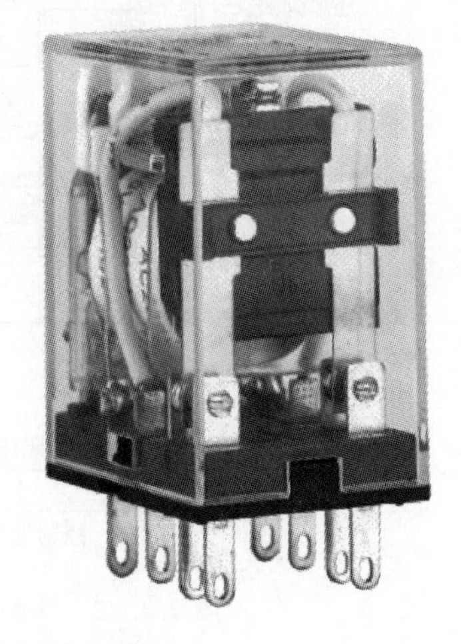

图 9.4.23　中间继电器

在数控机床中，还有各类指示灯、液压和气压系统中的电磁阀、伺服电动机的电磁制动器等PLC输出开关量的控制。需要指出的是，内装式PLC的输入/输出采用直流＋24V电源，由于受到输出容量的限制，直流开关输出量信号一般用于机床强电箱中的中间继电器线圈、指示灯等，每个＋24V中间继电器的典型驱动电流为数十毫安。在开关量输出电路中，当被控制的对象是电磁阀、电磁离合器等交流负载，或虽是直流负载，但工作电压或电流超过PLC输出信号的最大允许值时，应首先驱动＋24V中间继电器，然后用其触点控制强电线路中的接触器。同时应注意，中间继电器线圈上要并联续流二极管，以便当线圈断电时为电流提供放电回路，否则极易损坏驱动电路。如图9.4.24所示为内装式PLC的输出控制。

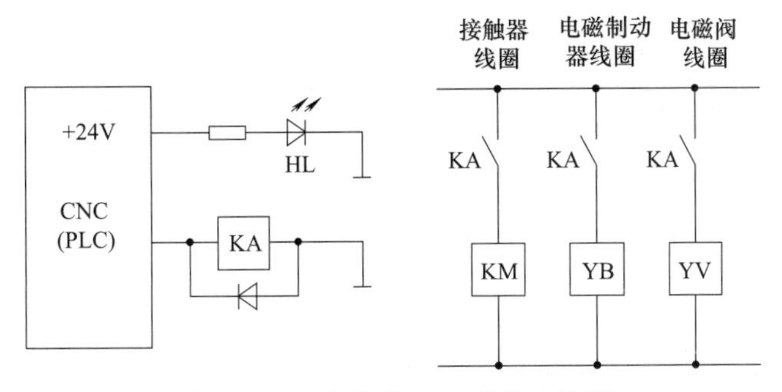

图9.4.24　内装式PLC的输出控制

有些外装式的PLC由于本身具有电源模块，输出容量较大，可以是交流220V，也可以是大容量的直流＋24V，因此，可直接带动接触器或电磁阀线圈。

在电气控制柜中，各电器元件及与元器件端子箱连接的导线均有编号，编号的名称与线路图上的相对应。因此：

① 要熟悉电气线路图。

② 熟悉各元器件在控制柜中的位置及连接线的走线等。

第五节　主轴驱动

一、主轴驱动的概述

主轴驱动与进给驱动相比有相当大的差别，机床的主运动主要是旋转运动，无需丝杠或其他直线运动装置。主运动系统要求电动机能提供大的扭矩（低速段）和足够的功率（高速段），所以主电动机调速要保证有恒定功率负载，而且在低速段具有恒扭矩特性。图9.5.1为车削主轴的驱动器，图9.5.2为铣削主轴的驱动器，图9.5.3为铣削主轴驱动器的剖面结构图，表9.5.1详细描述了数控机床对主轴驱动的基本要求。

图9.5.1　车削主轴驱动器

图 9.5.2　铣削主轴驱动器

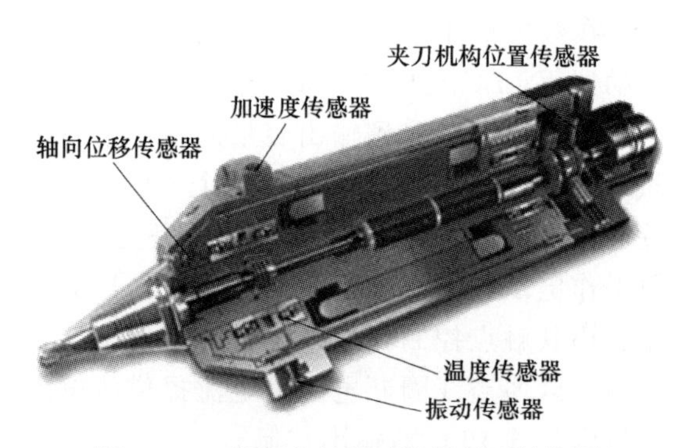

图 9.5.3　铣削主轴驱动器的剖面结构图

表 9.5.1　数控机床对主轴驱动的基本要求

序号	对主轴的基本要求	详细说明
1	调速要求	具有较大的调速范围并能进行无级变速
2	精度要求	具有足够高的精度和刚度
3	稳定性要求	具有良好的抗振性和热稳定性
4	换刀定向要求	具有自动换刀、主轴定向功能
5	进给同步要求	具有与进给同步控制的功能

采用直流电动机作主轴电动机时，直流主轴电动机不能做成永磁式的，这样才能保证有大的输出功率。交流主轴电动机均采用专门设计的鼠笼式感应电动机。有的主轴电动机轴上还装有测速发电机、光电脉冲发生器或脉冲编码器等作为转速和主轴位置的检测元件。

二、主轴驱动的功能要求

主轴除要求能连续调速外，还有主轴定向准停控制、主轴旋转与坐标轴进给的同步控制、恒线速切削控制等要求。

表 9.5.2 详细描述了数控机床主轴驱动的功能要求。

表 9.5.2　主轴驱动的功能

<table>
<tr><th>序号</th><th>主轴驱动的功能</th><th colspan="2">详细说明</th></tr>
<tr><td rowspan="2">1</td><td rowspan="2">主轴定向准停控制</td><td colspan="2">对于某些数控机床，为了使机械手换刀时对准抓刀槽，主轴必须停在固定的径向位置。在固定切削循环中，有的要求刀具必须在某一径向位置才能退出，这就要求主轴能准确地停在某一固定位置，这就是主轴定向准停功能。M19 指令为准停功能指令
主轴定向准停分为机械准停和电气准停两种</td></tr>
<tr><td>机械准停装置</td><td>V 形槽定位盘准停装置是机械定向控制的一种装置，在主轴上固定一个 V 形槽定位盘，使 V 形槽与主轴上的端面键保持一定的相对位置，如图 9.5.4 所示。准停指令发出后，主轴减速，无触点开关发出信号，使主轴电动机停转并断开主传动链。同时，无触点开关信号使定位活塞伸出，活塞上的滚轮开始接触定位盘，当定位盘上的 V 形槽与滚轮对正时，滚轮插入 V 形槽使主轴准停，定位行程开关发出定向完成应答信号。无触点开关的感应块能在圆周上进行调整，保证定位活塞伸出，滚轮接触定位盘后，在主轴停转之前恰好落入定位盘上的 V 形槽内</td></tr>
</table>

续表

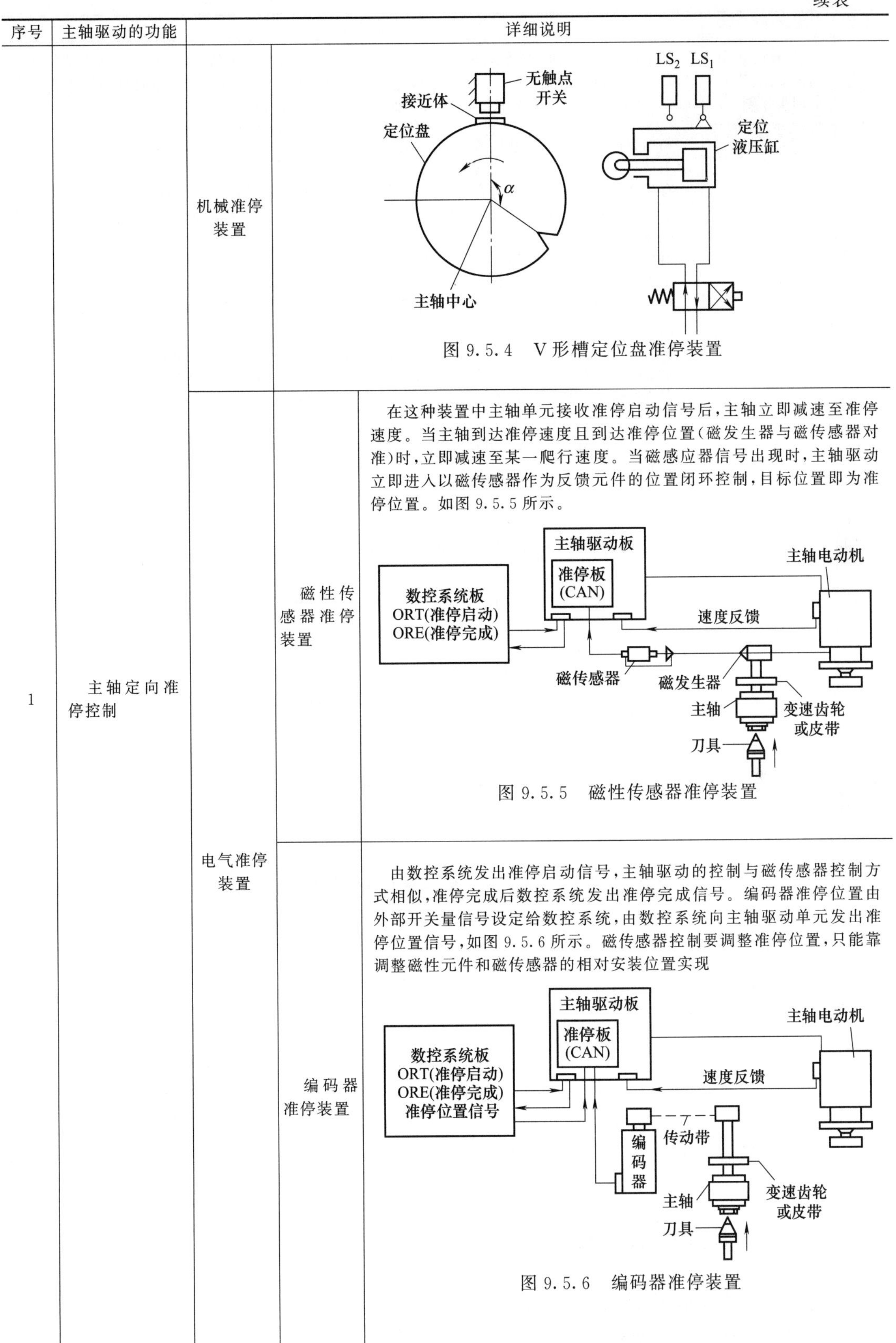

序号	主轴驱动的功能	详细说明		
1	主轴定向准停控制	机械准停装置		图 9.5.4　V形槽定位盘准停装置
		电气准停装置	磁性传感器准停装置	在这种装置中主轴单元接收准停启动信号后，主轴立即减速至准停速度。当主轴到达准停速度且到达准停位置（磁发生器与磁传感器对准）时，立即减速至某一爬行速度。当磁感应器信号出现时，主轴驱动立即进入以磁传感器作为反馈元件的位置闭环控制，目标位置即为准停位置。如图 9.5.5 所示。 图 9.5.5　磁性传感器准停装置
			编码器准停装置	由数控系统发出准停启动信号，主轴驱动的控制与磁传感器控制方式相似，准停完成后数控系统发出准停完成信号。编码器准停位置由外部开关量信号设定给数控系统，由数控系统向主轴驱动单元发出准停位置信号，如图 9.5.6 所示。磁传感器控制要调整准停位置，只能靠调整磁性元件和磁传感器的相对安装位置实现 图 9.5.6　编码器准停装置

续表

序号	主轴驱动的功能	详细说明
2	主轴的旋转与坐标轴进给的同步控制	加工螺纹时，带动工件旋转的主轴转数与坐标轴的进给量应保持一定的关系，即主轴每转一转，按所要求的螺距沿工件的轴向坐标进给相应的脉冲量。通常采用光电脉冲编码器作为主轴的脉冲发生器，将其装在主轴上，与主轴一起旋转，发出脉冲
3	恒线速切削控制	利用数控车床和数控磨床进行端面切削时，为了保证加工端面的表面粗糙度小于某一值，要求工件与刀尖的接触点的线速度为恒值 直流主轴电动机为他励式直流电动机，其功率一般较大（相对进给伺服电动机），运行速度可以高于额定转速。直流主轴电动机的调速控制方式较为复杂，有两种方法：恒扭矩调速和恒功率调速 恒扭矩调速是在额定转速以下时，保持励磁绕组中励磁电流为额定值，而改变电动机电枢端电压来进行调速的调速方式 恒功率调速是在额定转速以上时，保持电枢端电压不变，而改变励磁电流来进行调速的调速方式 一般来说，直流主轴电动机的调速方法是恒扭矩调速和恒功率调速相结合的调速方法。直流主轴电动机与直流进给电动机一样，存在换向问题，但主轴电动机转速较高，电枢电流较大，比直流进给电动机换向要困难。为了增加直流主轴电动机可靠性，要改善换向条件，具体措施是增加换向极和补偿绕组。影响换向的几个主要因素如下 ①换向空间的磁通，由于电枢磁场的作用而被扭歪了。电枢磁场对电动机主磁场的影响称为电枢反应 ②自感抗电压 $L\frac{di}{dt}$，它和进行换向的线圈的电感有关 ③互感抗电压 $M\frac{di}{dt}$，它和邻近线圈的电感有关 ④换向片之间的高电压 交流主轴电动机是一种具有笼式转子的三相感应电动机，也称为三相异步电动机 永磁式交流伺服电动机和感应式交流伺服电动机比较如下 共同点：工作原理相同，均由定子绕组产生旋转磁场使得转子跟随定子旋转磁场一起运转 不同点：永磁式伺服电动机的转速与外加交流电源的频率存在着严格的同步关系，即电动机的转速等于旋转磁场的同步转速；而感应式伺服电动机由于需要转速差才能产生电磁扭矩，因此，电动机的转速低于磁场同步转速，负载越大，转速差越大 感应式交流伺服电动机结构简单、便宜、可靠，配合矢量交换控制的主轴驱动装置，可以满足数控机床主轴驱动的要求。主轴驱动交流伺服化是数控机床主轴驱动控制的发展趋势

第六节　伺服系统的位置控制

位置伺服系统广义上是指用来控制被控对象的某种状态或某个过程，使其输出量能自动地、连续地、精确地复现或跟踪输入量的变化规律。控制行为的主要特征表现为输出“服从”输入，输出“跟随”输入（为此伺服系统也叫作随动系统）。

从狭义上而言，对于被控制量（输出量）是负载机械空间位置的线位移或角位移。当位置给定量（输入量）做任意变化时，使其被控制量（输出量）快速、准确地复现给定量的变化，通常把这类伺服系统称作位置伺服系统，或叫位置随动系统。

数控机床伺服系统分为数字脉冲比较伺服系统、相位比较伺服系统和幅值比较伺服系统。

一、数字脉冲比较伺服系统

1. 数字脉冲比较伺服系统的组成

一个数字脉冲比较伺服系统最多可由六个主要环节组成，如图 9.6.1 所示，表 9.6.1 详细描述了数字脉冲比较伺服系统各环节作用。

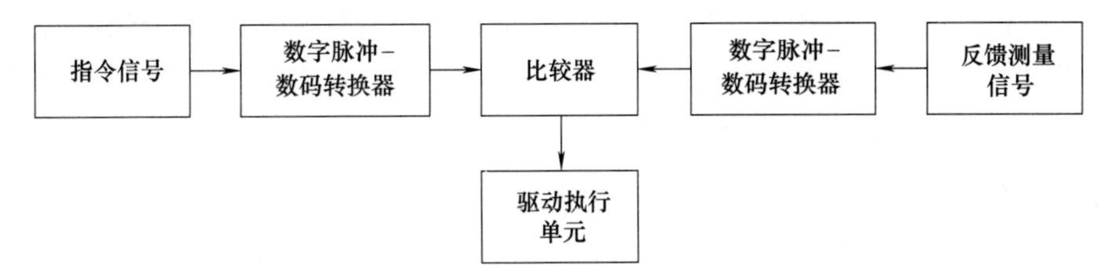

图 9.6.1　数字脉冲比较伺服系统的组成

表 9.6.1　数字脉冲比较伺服系统各环节作用

序号	各环节作用	详细说明
1	指令信号	由数控装置提供的指令信号，它可以是数码信号，也可以是数字脉冲信号
2	反馈测量信号	由测量元件提供的机床工作台位置信号，它可以是数码信号，也可以是数字脉冲信号
3	比较器	完成指令信号与反馈测量信号的比较，常用的比较器大致有三类：数码比较器、数字脉冲比较器、数码与数字脉冲比较器。比较器的输出反映了指令信号和反馈测量信号的差值以及差值的方向。数控机床将这一输出信号放大后，控制执行元件。数控机床执行元件可以是伺服电动机、液压伺服马达等
4	数字脉冲-数码转换器	数字脉冲信号与数码的相互转换部件，由于指令和反馈测量信号不一定能适合比较的需要，因此，在指令信号和比较器之间以及反馈测量信号和比较器之间有时需增加数字脉冲-数码转换器。它依据比较器的功能以及指令信号和反馈测量信号的性质而决定取舍
5	驱动执行单元	驱动执行单元根据比较器的输出带动机床工作台移动

一个具体的数字脉冲比较系统，根据指令信号和反馈测量信号的形式，以及选择的比较器的形式，可以是一个包括上述五个部分的系统，也可以是仅由其中的某几部分组成的系统。

数字式伺服系统与模拟系统有着本质的区别。

① 模拟系统的调节功能是实时的、连续的，其数学模型的建立使用拉氏变换。数字式伺服系统从比较单元到放大单元，其调节器的控制功能都是由程序计算完成的，因此，它是一种离散系统，可以建立相应的数学模型。

② 数字式伺服系统并不是模拟系统的简单数字化。数字化伺服系统引入了计算机软件技术，可以利用现代控制理论获得最佳控制效果。图 9.6.2 所示为直流电动机数字式伺服系统的工作原理简图。

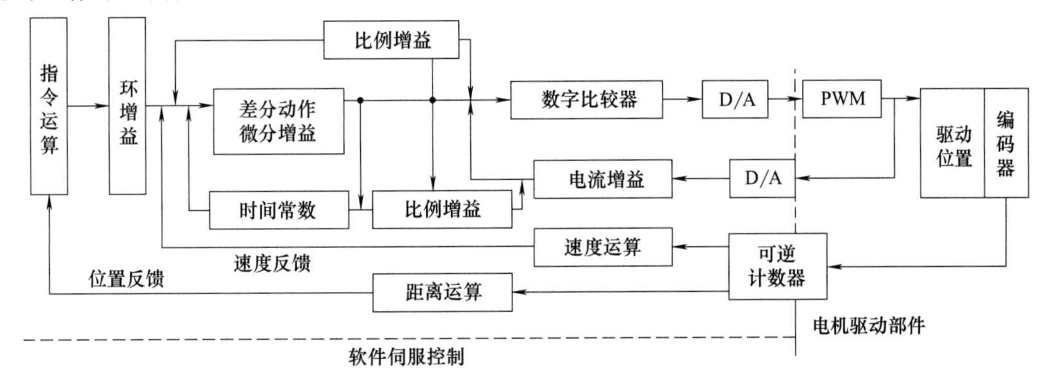

图 9.6.2　直流电动机数字式伺服系统的工作原理简图

该直流电动机数字式伺服系统与传统的模拟系统相比，在数字伺服系统中3个环（位置环、速度环和电流环）的比较、计算和调节功能都是由软件来完成的。系统在速度环与电流环之间加入了数字校正环节，以进一步改善系统的动态、静态特性，通过系统软件进行适当调节，可以得到非常理想的动态、静态特性。

2. 数字脉冲比较伺服系统的工作过程

下面以将光电脉冲编码器作为测量元件的数字脉冲比较伺服系统为例说明数字脉冲比较伺服系统的工作过程。数控机床光电编码器是一种通过光电转换将输出轴上的机械角位移量转换成脉冲或数字量的传感器，是目前应用最多的传感器。数控机床光电编码器是由光栅盘和光电检测装置组成的。光栅盘是在一定直径的圆板上等分地开通若干个长方形孔而形成的。由于光栅盘与伺服电动机同轴，电动机旋转时，光栅盘与电动机同速旋转，经发光二极管等电子元件组成的检测装置检测输出若干脉冲信号，通过计算每秒光电编码器输出脉冲的个数就能反映当前电动机的转速。此外。数控机床为判断旋转方向，码盘还提供有相位差的两路脉冲信号。

若工作台静止时，指令脉冲$t=0$。此时，反馈脉冲值亦为零，经比较环节得偏差。$e=P_c-P_f=0$，则伺服电动机的转速给定为零，工作台保持静止。随着指令脉冲的输出，$P_c\neq0$，在工作台尚未移动之前，P_f仍为零，此时$e=P_c-P_f\neq0$，若指令脉冲为正向进给脉冲，则$e>0$，由速度控制单元驱动电动机带动工作台正面进给。随着电动机运转，光电脉冲编码器不断将P_f送入比较器与P_c进行比较。若$e\neq0$则继续运行，直到$e=0$即反馈脉冲数等于指令脉冲数时，工作台停止在指令规定的位置上。数控机床此时如继续给出正向指令脉冲，则工作台继续运动。

当指令脉冲为反向进给脉冲时，控制过程与上述过程基本类似，只是此时$e<0$，工作台做反向进给。

数字脉冲比较伺服系统的特点：指令位置信号与位置检测装置的反馈信号在位置控制

单元中是以脉冲、数字的形式进行比较的，比较后得到的位置偏差经D/A转换器转换（全数字伺服系统不经D/A转换器转换），发送给速度控制单元。

二、相位比较伺服系统

相位比较伺服系统是将数控装置发出的指令脉冲和位置检测反馈信号都转换为相应同频率的某一载波不同相位的脉冲信号，在位置控制单元进行相位比较的系统。相位差反映了指令位置与机床工作台实际位置的偏差，如图9.6.3所示。

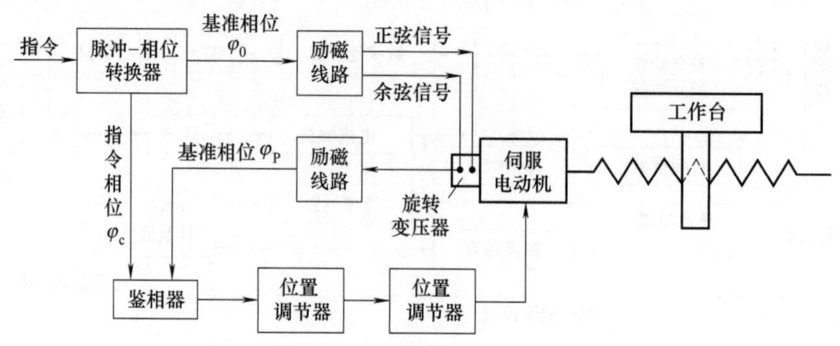

图9.6.3 相位比较伺服系统的工作原理

旋转变压器作为位置检测的半闭环控制装置。旋转变压器工作在移相器状态，把机械角位移转换为电信号的位移。由数控装置发出的指令脉冲经脉冲-相位变换器变成相对于基准相位 φ_0 而变化的指令脉冲 φ_c：φ_c 的大小与指令脉冲个数成正比；φ_c 超前或落后于 φ_0，取决于指令脉冲的方向（正转或反转）；φ_c 随时间变化的快慢与指令脉冲频率成正比。

基准相位 φ_c 经 90°移相，变成幅值相等、频率相同、相位相差 90°的正弦、余弦信号，给旋转变压器两个正交绕组励磁，从它的转子绕组取出的感应电压相位 φ_p 与转子相对于定子的空间位置有关，即 φ_p 反映了电动机轴的实际位置。

在相位比较伺服系统中，鉴相器对指令信号和反馈信号的相位进行比较，判别两者之间的相位差，把它转化为带极性的偏差信号，作为速度控制单元的输入信号。鉴相器的输出信号通常为脉宽调制波，需经低通滤波器除去高次谐波，变换为平滑的电压信号，然后送到速度控制单元。由速度控制单元驱动电动机带动工作台向消除误差的方向运动。

三、幅值比较伺服系统

幅值比较伺服系统是以位置检测信号幅值的大小来反映机床工作台的位移，并以此信号作为位置反馈信号与指令信号进行比较，从而获得位置偏差信号的系统，如图 9.6.4 所示。偏差信号反映了指令位置与机床工作台实际位置的偏差。

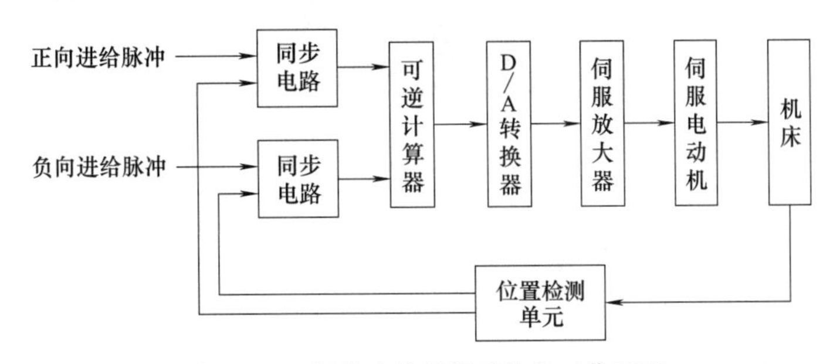

图 9.6.4　幅值比较伺服系统的工作原理

幅值比较伺服系统采用不同的检测元件（光栅、磁栅、感应同步器或旋转变压器）时，所得到的反馈信号各不相同。比较单元需要将指令信号和反馈信号转换成同一形式的信号才能比较。

采用光栅或磁栅的脉冲式幅值比较伺服系统，检测装置输出的反馈信号有正向反馈脉冲和负向反馈脉冲，其每个脉冲表示的位移量与指令脉冲当量相同，在可逆计算器中与指令脉冲进行比较（指令脉冲做加法、反馈脉冲做减法），得到的差值经 D/A 转换器转换为模拟电压，经功率放大后驱动伺服电动机带动工作台移动。

第七节　直线电动机进给系统

一、直线电动机概述

直线电动机也称线性电动机、线性马达、直线马达、推杆马达。下面简单介绍直线电动机的类型及其与旋转电动机的不同。最常用的直线电动机是平板式（图 9.7.1）、U 形槽式

（图 9.7.2）和管式直线电动机（图 9.7.3）。

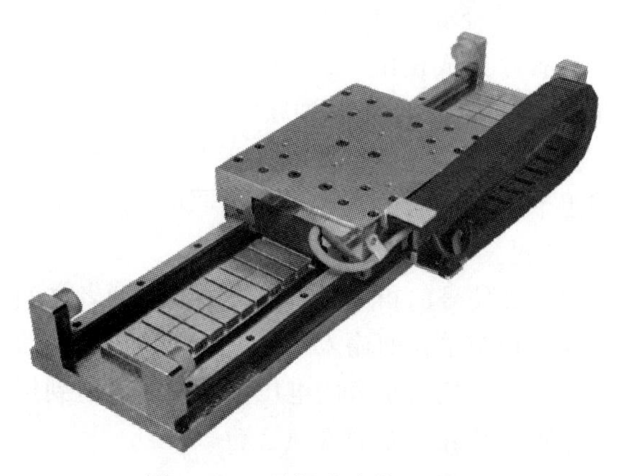

图 9.7.1 平板式直线电动机

图 9.7.2 U形槽式直线电动机

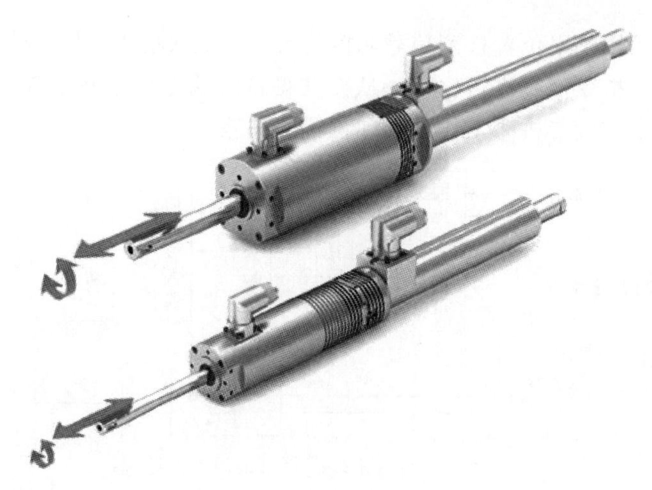

图 9.7.3 管式直线电动机

直线电动机的线圈的典型组成是三相，由霍尔元件实现无刷换相。如图 9.7.4 所示的直线电动机由动子的内部绕组、磁铁和磁轨组成。

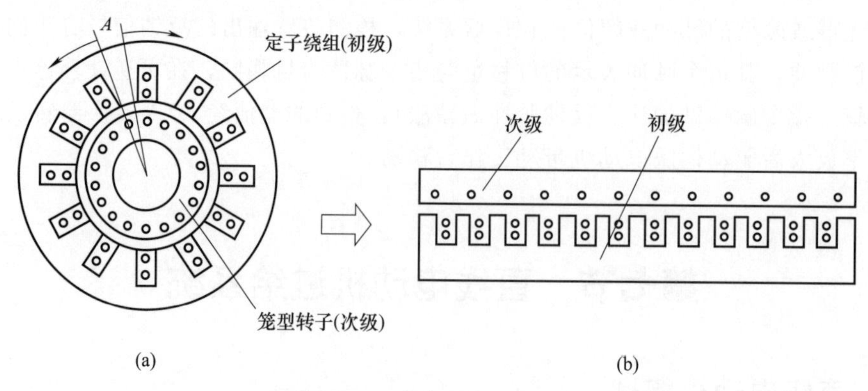

图 9.7.4 直线电动机的组成

直线电动机经常被简单描述为旋转电动机被展平。动子是用环氧树脂材料把线圈压缩在一起制成的，磁轨是把磁铁固定在钢上形成的，电动机的动子包括线圈绕组、霍尔元件电路板、电热调节器和电子接口。在旋转电动机中，动子和定子需要旋转轴承支撑动子以保证相对运动部分所需要的间隙。同样地，直线电动机需要直线导轨来保持动子在磁轨产生的磁场中的位置。和旋转伺服电动机的编码器安装在轴上反馈位置一样，直线电动机也需要反馈直线位置的反馈装置——直线编码器，它可以直接测量负载的位置，从而提高负载的位置精度。

直线电动机的控制与旋转电动机一样。动子和定子无机械连接，但动子旋转和定子位置保持固定，直线电动机可以由磁轨或推力线圈推动。用推力线圈推动的电动机，推力线圈的重量和负载比很小，且需要高柔性线缆及其管理系统。用磁轨推动的电动机，不仅要承受负载，还要承受磁轨重量，但无需线缆管理系统。图 9.7.5 为直线电动机的结构图。

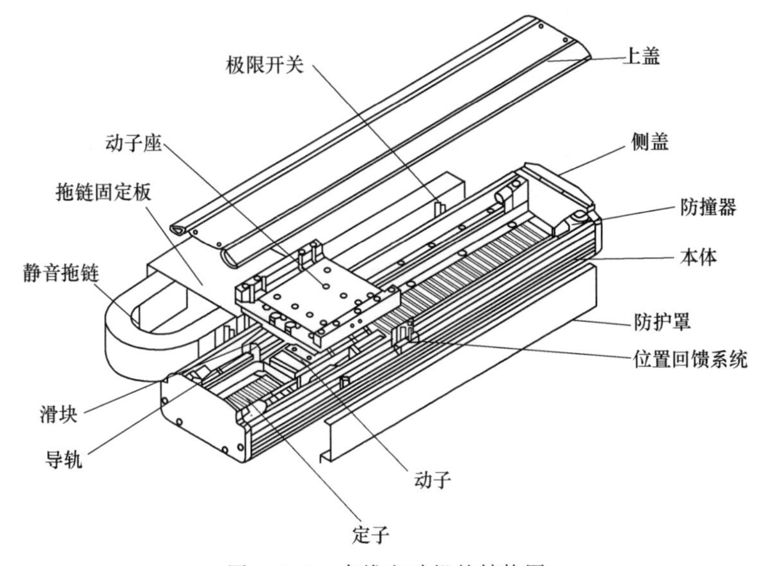

图 9.7.5　直线电动机的结构图

相似的机电原理用在直线和旋转电动机上。相同的电磁力在旋转电动机上产生力矩而在直线电动机上产生直线推力作用。因此，直线电动机使用和旋转电动机相同的控制和可编程配置。直线电动机的形状可以是平板式、U 形槽式和管式，具体选择哪种构造要看实际应用的规格要求和工作环境。

二、直线电动机与机床进给系统的优缺点比较

直线电动机驱动技术的研发开辟了控制轴运动高速化的新领域，它与伺服旋转电动机+滚珠丝杠驱动的性能对比见表 9.7.1。

表 9.7.1　直线电动机与伺服旋转电动机＋滚珠丝杠驱动的性能对比

序号	对比项目	电动机类型	
		直线电动机	伺服旋转电动机＋滚珠丝杠驱动
1	精度	0.5μm/300mm	10μm/300mm
2	重复精度	0.1μm	2μm
3	运动速度	≤120m/min	≤60m/min
4	加(减)速度	(1～2)g	g
5	静态刚度	90～180N/μm	70～270N/μm
6	动态刚度	90～180N/μm	160～210N/μm

续表

序号	对比项目	电动机类型	
		直线电动机	伺服旋转电动机+滚珠丝杠驱动
7	驱动冷却	必须具备	一般不需要
8	磨损	不会引起磨损	有较大的磨损
9	迟滞性	无迟滞	有一定的迟滞
10	碰撞保护	需电气和机械保护	可用机械防撞
11	位置控制	需配光栅闭环控制	可半闭环控制

三、直线电动机的优点

直线电动机驱动具有高推力、高速、高精度、进给运动平滑等特性。机床进给系统采用直线电动机直接驱动与原旋转电动机传动方式的最大区别是取消了从电动机到工作台之间的机械中间传动环节，即把机床进给传动链的长度缩短为零，故这种传动方式称为“直接驱动”(direct drive)，也称“零传动”。直接驱动避免了丝杠传动中的反向间隙、惯性、摩擦力和刚性不足等缺点，带来了原旋转电动机驱动方式无法达到的性能指标和优点。主要表现见表 9.7.2。

表 9.7.2　直线电动机的优点

序号	直线电动机优点	详细说明
1	结构简单	管式直线电动机不需要经过中间转换机构而直接产生直线运动,使结构大大简化,运动惯量减小,动态响应性能和定位精度大大提高;同时也提高了可靠性,节约了成本,使制造和维护更加简便。它的初、次级可以直接成为机构的一部分,这种独特的结合使得这种优势进一步体现出来
2	适合高速直线运动	因为不存在离心力的约束,普通材料亦可以达到较高的速度。而且如果初、次级间用气垫或磁垫保存间隙,则运动时无机械接触,因而运动部分也就无摩擦和噪声。这样,传动零部件没有磨损,可大大减小机械损耗,避免拖缆、钢索、齿轮与皮带轮等所造成的噪声,从而提高整体效率。机床直线电动机进给系统,能够满足 60～200 m/min 或更高的超高速切削进给速度
3	高加速度	这是直线电动机驱动相比其他丝杠、同步带和齿轮齿条驱动的一个显著优势,由于具有高速响应性,其加减速过程大大缩短,加速度一般可达到(2～20)g
4	初级绕组利用率高	在管式直线感应电动机中,初级绕组是饼式的,没有端部绕组,因而绕组利用率高
5	无横向边缘效应	横向效应是指由于横向开断造成的边界处磁场削弱的现象,而圆筒形直线电动机横向无开断,所以磁场沿周向均匀分布
6	容易克服单边磁拉力问题	径向拉力互相抵消,基本不存在单边磁拉力的问题
7	易于调节和控制	通过调节电压或频率,或更换次级材料,可以得到不同的速度、电磁推力,适用于低速往复运行场合
8	适应性强	直线电动机的初级铁芯可以用环氧树脂封成整体,具有较好的防蚀、防潮性能,便于在潮湿、粉尘和有害气体的环境中使用,而且可以设计成多种结构形式,满足不同情况的需要
9	高精度性	由于取消了丝杠等机械传动机构,因而减少了传动系统滞后所带来的跟踪误差。通过高精度直线位移传感器(如微米级别)进行位置检测反馈控制,大大提高机床的定位精度
10	传动刚度高、推力平稳	“直接驱动”提高了传动刚度。直线电动机的布局,可根据机床导轨的形面结构及其工作台运动时的受力情况来布置,通常设计成均布对称,使其运动推力平稳
11	行程长度不受限制	通过直线电动机的定子的铺设,就可无限延长动子的行程长度。由于直线电动机的次级是一段一段地连续铺在机床床身上,“次级”铺到哪里,“初级”(工作台)就可运动到哪里,不管有多远,对整个系统的刚度不会有任何影响
12	运行时噪声低	取消了传动丝杠等部件的机械摩擦,导轨副可采用滚动导轨或磁悬浮导轨(无机械接触),使运动噪声大大下降
13	效率高	由于无中间传动环节,也就取消了其机械摩擦时的能量损耗,系统效率大大提高

四、直线电动机在数控机床中的应用

数控机床正在向精密、高速、复合、智能、环保的方向发展。精密和高速加工对传动及其控制提出了更高的要求、更高的动态特性和控制精度、更高的进给速度和加速度、更低的振动噪声和更小的磨损。问题的症结在于：传统的传动链方式，从产生动力的电动机到工作部件都要通过齿轮、蜗轮副、皮带、丝杠副、联轴器、离合器等中间传动环节，这些环节中会产生较大的转动惯量、弹性变形、反向间隙、运动滞后、摩擦、振动、噪声及磨损等问题。虽然通过不断改进在这些方面已有所提高，但问题很难从根本上解决，于是出现了“直接传动”的概念，即取消从电动机到工作部件之间的各种中间环节。

随着电动机及其驱动控制技术的发展，电主轴、直线电动机、力矩电动机的出现和技术的日益成熟，主轴驱动、直线驱动和旋转坐标运动的“直接传动”概念变为现实，并日益显示其巨大的优越性。直线电动机及其驱动控制技术在数控机床进给驱动上的应用，使数控机床的传动结构出现了重大变化，并使数控机床性能有了新的飞跃。

近年来模糊逻辑控制、神经网络控制等智能控制方法也被引入直线电动机驱动系统的控制中。目前主要是将模糊逻辑、神经网络与 PID、H∞控制[1]等现有的成熟的控制方法相结合，取长补短，以获得更好的控制性能。

采用直线伺服电动机的高速加工中心，已成为国际上各大机床制造商竞相研究和开发的关键技术和产品，并已在汽车工业和航空工业中取得初步应用和成效，作为高速加工中心的新一代直接驱动伺服执行元件，直线伺服电动机技术在国内外也已经进入工业化应用阶段。

第八节 伺服系统的故障与检修

伺服驱动系统出现的故障率，占数控机床总故障的 1/3。所以，熟悉伺服系统典型的故障类型、现象，掌握不同故障现象的正确诊断分析思路，合理应用所学的诊断方法是十分重要的。

当伺服系统故障涉及 PLC（FANUC 称 PMC）的控制模块的时候，通常情况下系统显示器上会显示出报警号，维修时只需根据报警提示进行，维修的建议和方法在机床配套的说明书中有详细阐述，在此不再赘述。但是，除了显示器可以显示报警号的故障外，还有部分故障在显示器上不一定能予以显示或不能予以指明具体的故障原因，这就需要具体问题具体分析。本节按照伺服系统的构成和故障的种类，对伺服系统的故障与检修进行讲解。

一、伺服系统的检修流程图

根据伺服系统的构成，伺服系统的故障可分为伺服控制单元的故障、位置反馈部分的故

---

[1] H∞控制是现代控制理论中的设计多变量输入输出（MIMO）鲁棒控制系统的一种方法。由于工作状况变动、外部干扰以及建模误差的缘故，实际工业过程的精确模型很难得到，而系统的各种故障也将导致模型的不确定性，因此可以说模型的不确定性在控制系统中广泛存在。如何设计一个固定的控制器，使具有不确定性的对象满足控制品质，成为国内外科研人员的研究课题，也就是鲁棒控制。1981 年，Zames 利用 H∞范数作为性能指标，提出最小灵敏度控制问题——H∞控制问题；1988 年，Zhou 获得 H∞控制问题的状态反馈控制解；1989 年，Doyle 等发表著名的 DGKF 论文——获得 H∞控制问题的输出反馈控制解，标志着 H∞控制理论形成。

障、伺服电动机的故障和其他故障，图 9.8.1 是诊断数控机床伺服故障的流程图。

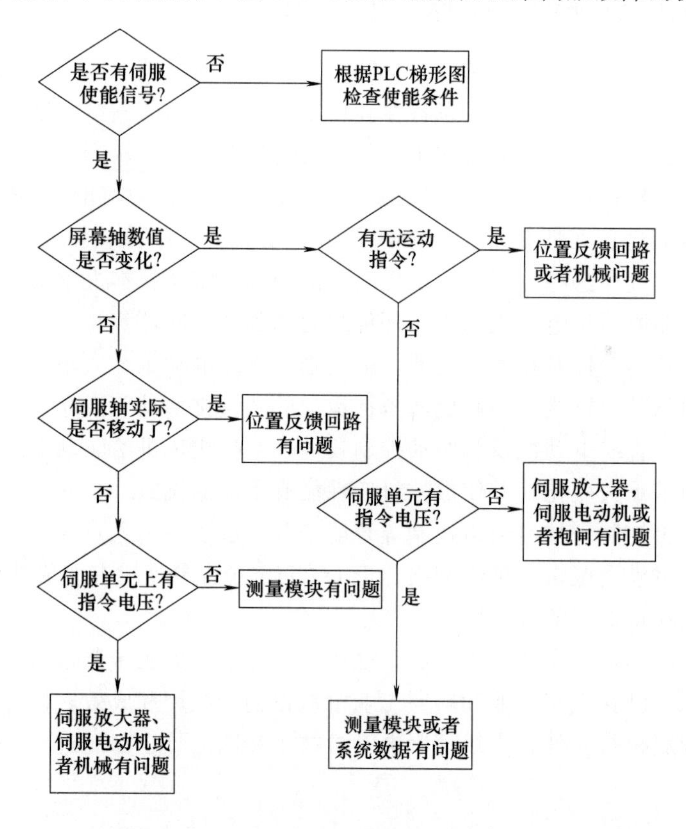

图 9.8.1　诊断数控机床伺服故障的流程图

二、进给伺服系统的故障与维修

当进给伺服系统出现故障时，通常有 3 种表现方式：一是在显示器或操作面板上显示报警内容或报警信息；二是在进给伺服驱动单元上用报警灯或数码管显示驱动单元的故障；三是进给运动不正常，但无任何报警信息。进给伺服系统常见的故障见表 9.8.1。

表 9.8.1　进给伺服系统故障的原因、检查和处理方法

序号	故障现象	故障原因	检查和处理方法
1	超程	进给运动超过由软件设定的软限位或由限位开关决定的硬限位	根据数控系统说明书即可排除故障
		急停开关故障与限位装置冲突	调整限位装置，避免冲突
2	过载	进给运动的负载过大	查明负载原因，适当减少负载
		频繁正、反向运动	减少换向运动次数
		进给传动链润滑状态不良	增加润滑油输出量
3	爬行	加速段或低速进给时，一般是进给传动链的润滑状态不良、伺服系统增益过低及外加负载过大等因素所致	调整润滑系统，减小负载并保证伺服系统增益
		伺服电动机和滚珠丝杠连接用的联轴器松动或联轴器本身的缺陷造成滚珠丝杠转动和伺服电动机的转动不同步，从而使进给运动忽快忽慢，产生爬行现象	调整联轴器

续表

序号	故障现象	故障原因	检查和处理方法
4	窜动	测速信号不稳定，如测速装置故障	修理测速装置
		测速反馈信号干扰等	做好线路的屏蔽工作
		速度控制信号不稳定或受到干扰	
		接线端子接触不良，如螺钉松动	紧固螺钉，必要时焊锡
		在由正向运动向反向运动的瞬间，一般是进给传动链的反向间隙或伺服系统增益过大所致	调整伺服系统增益、调整进给传动链的反向间隙

三、机床失控的故障与维修

机床失控指的是机床在开机时或工作过程中突然改变速度、改变位置的情况，如伺服启动时突然冲击，工作台停止时突然向某一方向快速运动，正常加工过程中突然加速等。其故障的原因、检查和处理方法见表 9.8.2。

表 9.8.2　机床失控的原因、检查和处理方法

序号	故障现象	故障原因	检查和处理方法
1	突发性的机床失控	位置传感器或速度传感器的信号反相	检查连线，检查位置、速度环是否为正反馈，改正连线
		电动机或位置编码器故障	检查机床设定，重新进行正确的连接
		主板、速度控制单元故障	更换印制电路板
2	达到特定速度时机床失控	速度指令不正确	检查程序和速度环
3	用电高峰时出现机床失控	电源板有故障而引起的逻辑混乱	检修、更换电源板

四、机床振动的故障与维修

机床振动指的是机床在移动时或停止时的振荡、运动时的爬行、正常加工过程中的运动不稳等。表 9.8.3 为机床振动的原因、检查和处理方法。

表 9.8.3　机床振动的原因、检查和处理方法

序号	故障现象	故障原因	检查和处理方法
1	机床停止时，有关进给轴振动	相关电位器发出的高频脉动信号异常	检查高频脉动信号并观察其波形及振幅，若不符合要求应调节有关电位器
		速度环的补偿功能不合适	检查伺服放大器速度环的补偿功能。若不合适，应调节补偿用电位器
		编码盘的轴、联轴器、齿轮系统松动	检查位置检测用编码盘的轴、联轴器、齿轮系统是否啮合良好以及有无松动现象，若有问题应予以修复
2	机床运行有摆动现象，并伴随异响	测速发电机换向器表面污损、不光滑	及时进行油污清理，并保证换向器表面光滑
		测速发电机电刷与换向器间接触松脱	重新修整电刷与换向器接触部位
		伺服放大部分速度环的电位器设置超出机床承载范围	重新调整速度环的相关电位器
		位置检测器与联轴器间的装配松动	将松动部位清理干净后，重新装配
		检测器来的反馈信号异常	检查由位置检测器来的反馈信号的波形及 D/A 转换器转换后的波形幅度。若有问题，应进行修理或更换

续表

序号	故障现象	故障原因	检查和处理方法
3	机床运行时产生振动	位置控制系统参数设定错误	对照系统参数说明检查原因，设定正确的参数
		速度控制单元设定错误	对照速度控制单元说明或根据机床厂提供的设定单检查设定，正确设定速度控制单元
		机床、检测器、电动机不良，插补精度差或检测增益设定太高	检查与振动周期同步的部分，并找到不良部分，更换或维修不良部分；调整或检测增益
		机床和速度单元的匹配不良	检查振动周期是否为几十赫兹至几百赫兹，改变设定，更换或重新调整伺服单元
		速度控制单元控制板不良	检查速度控制单元每部分波形或更换控制单元控制板，改变设定

五、定位精度差和加工精度差的故障与维修

机床定位精度和加工精度差可以分为定位超调、单脉冲的进给精度差、定位点精度不良、圆弧插补加工的圆度差等情况，其故障的原因、检查和处理方法见表 9.8.4。

表 9.8.4 定位精度和加工精度差的原因、检查和处理方法

序号	故障现象	故障原因	检查和处理方法
1	超调	加/减速时间设定过小	检测电动机启、制动电流是否已经饱和，延长加、减速时间设定
		电动机与机床的连接部分刚性差或连接不牢固	减小位置环增益或提高机床的刚性
2	单脉冲精度差	机械传动系统存在爬行或松动	检查机械部件的安装精度与定位精度，调整机床机械传动系统
		伺服系统的增益不足	调整速度控制单元板上的 RVI(顺时针旋转 2～3 刻度)，提高速度环增益，提高位置环、速度环增益
3	定位精度不良	机械传动系统存在爬行或松动	检查机械部件的安装精度与定位精度，调整机床机械传动系统
		位置控制单元不良	更换不良的位置控制单元板(主板)
		位置检测器件(编码器、光栅)不良	检测位置检测器件(编码器、光栅)，更换不良的位置检测器件(编码器、光栅)
		位置环的增益或速度环的低频增益太低	提高位置环增益，调整速度环低频增益
		位置环或速度环的零点平衡调整不合理	重新调整零点平衡
		速度控制单元控制板不良	维修、更换不良板
		滑板运行时的阻力太大	增加润滑油，必要时研磨滑板
		机械传动部分有反向间隙	调整间隙，使其达到合理范围
		由于接地、屏蔽不好或电缆布线不合理，而使速度指令信号渗入噪声干扰和偏移	做好接地、屏蔽措施
4	圆弧插补加工的圆度差	需要根据不同情况进行故障分析	测量不圆度，检查轴是否轴向变形，45°方向上是否成椭圆。若轴向变形，则见此故障现象的第 2 项；若 45°方向上成椭圆，则见此故障现象的第 3 和第 4 项

续表

序号	故障现象	故障原因	检查和处理方法
4	圆弧插补加工的圆度差	机床反向间隙大、定位精度差	测量各轴的定位精度与反向间隙，调整机床，进行定位精度、反向间隙的补偿
		位置环增益设定不良	调整位置环增益以消除各轴间的增益差
		各插补轴的检测增益设定不良	调整检测增益
		感应同步器或旋转变压器的接口板调整不良	检查接口板，重新调整接口板
		丝杠间隙或传动系统间隙不合理	调整间隙或改变间隙补偿值
5	零件加工表面粗糙	测速发电机换向器的表面不光滑	修整或更换
		测速发电机换向电刷老化	
		高频脉冲波形的振幅、频率异常	进行适当的调整
		切削条件不合理，刀尖有损坏	改变加工状态或更换刀具
		位置检测信号的振幅异常	进行必要的调整
		机床产生振动	检查机床水平状态是否符合要求，机床的地基是否有振动，主轴旋转时机床是否振动等，进行必要的调整

六、返回机床参考点的故障与维修

当数控机床回参考点出现故障时，首先应由简单到复杂进行全面检查。先检查原点减速挡块是否松动、减速开关固定是否牢固、开关是否损坏，若无问题，应进一步用千分表或激光测量仪检查机械相对位置的漂移量，检查减速开关位置与原点之间的位置关系，然后检查伺服电动机每转的运动量、指令倍率比及倍乘比，再检查回原点快速进给速度的参数设置及接近原点的减速速度的参数设置。

数控机床回参考点不稳定，不但会直接影响零件加工精度，对于加工中心机床，还会影响到自动换刀。根据经验，数控机床回参考点出现的故障大多出现在机床侧，以硬件故障居多，但随着机床元器件的老化，软故障也时有发生，下面介绍几种常见的数控机床回参考点故障及其对策，见表 9.8.5。

表 9.8.5　返回机床参考点的故障原因、检查和处理方法

序号	故障现象		故障原因	检查和处理方法
1	返回参考点时出现偏差参考点位置 1 个栅格		减速挡块位置不正确	用诊断功能监视减速信号，并记下参考点位置与减速信号起作用点的位置，这两点之间的距离应该等于电动机转一圈时机床所走的距离的一半
			减速挡块太短	按机床维修说明书中叙述的方法，计算减速挡块的长度，安装新的挡块
			回零开关损坏	更换此电气开关
2	回参考点后，原点漂移或参考点发生螺距偏移	参考点发生单个螺距偏移	减速开关与减速挡块安装不合理，使减速信号与零脉冲信号相隔距离过近	调整减速开关或者挡块的位置，使机床轴开始减速的位置大概处在一个栅距或者一个螺距的中间位置
			机械安装不到位	调整机械部分
		参考点发生多个螺距偏移	参考点减速信号不良	检查减速信号
			减速挡块固定不良引起寻找零脉冲的初始点发生了漂移	重新固定减速挡块
			零脉冲不良	对码盘进行清洗

续表

序号	故障现象	故障原因	检查和处理方法
3	系统开机回不了机床参考点、回参考点不到位	系统参数设置错误	重新设置系统参数
		零脉冲不良,回零时找不到零脉冲	清洗或更换编码器
		减速开关损坏或短路	维修或者更换减速开关
		数控系统控制检测放大的电路板出错	更换电路板
		导轨平行度、导轨与压板面平行度、导轨与丝杆的平行度超差	重新调整平行度
		当采用全闭环控制时光栅尺沾了油污	清洗光栅尺
4	找不到零点或回机床参考点时超程	回参考点位置调整不当引起的故障,减速挡块距离限位开关过短	调整减速挡块位置
		零脉冲不良引起的故障,回零时找不到零脉冲	对编码器进行清洗或更换
		减速开关损坏或短路	维修或者更换减速开关
		数控系统控制检测放大的电路板出错	更换电路板
		导轨平行度、导轨与压板面平行度、导轨与丝杆的平行度超差	重新调整平行度
		当采用全闭环控制时光栅尺沾了油污	清洗光栅尺
5	回机床参考点的位置随机性变化	滚珠丝杆间隙增大	调整滚珠丝杆螺母垫片
		干扰	消除干扰:位置编码器的反馈信号线用屏蔽线,位置编码器的反馈信号线与电动机的动力线分开走线
		位置编码器的供电电压太低	检查编码器供电电压,改善供电电压
		电动机与机械的联轴器松动	紧固联轴器
		位置编码器不良	更换位置编码器,并观察更换后的偏差,看故障是否消除
		电动机代码输入错,电动机力矩小	开机后可以听到电动机“嗡嗡”响声,正确输入电动机代码,重新进行伺服的初始化
		扭矩过低或伺服调节不良,跟踪误差过大	调节伺服参数,改变其运动特性
		回参考点计数器容量设置错误	重新计算并设置参考点计数器的容量,特别是在精度达到 0.1μm 的系统里,更要按照说明书仔细计算
		伺服控制板或伺服接口模块不良	更换伺服控制板或接口模块
		零脉冲不良	对编码器进行清洗或更换

七、电动机的故障与维修

表 9.8.6 为电动机的故障原因、检查和处理方法

表 9.8.6 电动机的故障原因、检查和处理方法

序号	故障现象	故障原因	检查和处理方法
1	通电后电动机不能转动,但无异响,也无异味和冒烟	电源未通(至少两相未通)	检查电源回路开关、熔丝、接线盒处是否有断点,修复
		熔丝熔断(至少两相熔断)	检查熔丝型号、熔断原因,换新熔丝
		过流继电器调得过小	调节继电器整定值与电动机配合
		控制设备接线错误	改正接线

续表

序号	故障现象	故障原因	检查和处理方法
2	通电后电动机不转，然后熔丝烧断	缺一相电源，或定子线圈一相反接	检查刀闸是否有一相未合好，或电源回路有一相断线；消除反接故障
		定子绕组相间短路	查出短路点，予以修复
		定子绕组接地	消除接地
		定子绕组接线错误	查出误接，予以更正
		熔丝截面过小	更换熔丝
		电源线短路或接地	消除接地点
3	通电后电动机不转，有嗡嗡声	定、转子绕组有断路（一相断线）或电源一相失电	查明断点予以修复
		绕组引出线始末端接错或绕组内部接反	检查绕组极性；判断绕组末端是否正确
		电源回路接点松动，接触电阻大	紧固松动的接线螺钉，用万用表判断各接头是否假接，予以修复
		电动机负载过大或转子卡住	减载或查出并消除机械故障
		电源电压过低	检查是否把规定的接法误接；是否由于电源导线过细使压降过大，予以纠正
		小型电动机装配太紧或轴承内油脂过硬	重新装配使之灵活；更换合格油脂
		轴承卡住	修复轴承
4	电动机启动困难，额定负载时，电动机转速低于额定转速较多	电源电压过低	测量电源电压，设法改善
		电动机线误接	纠正接法
		笼型转子开焊或断裂	检查开焊和断点并修复
		修复电动机绕组时增加匝数过多	恢复正确匝数
		定转子局部线圈错接、接反	查出误接处，予以改正
		电动机过载	减载
5	电动机空载电流不平衡，三相相差大	重绕时，定子三相绕组匝数不相等	重新绕制定子绕组
		绕组首尾端接错	检查并纠正
		电源电压不平衡	测量电源电压，设法消除不平衡
		绕组存在匝间短路、线圈反接等故障	消除绕组故障
6	电动机空载，过负载时，电流表指针不稳，摆动	笼型转子导条开焊或断条	查出断条予以修复或更换转子
		绕线型转子故障（一相断路）或电刷、集电环短路装置接触不良	检查绕线型转子回路并加以修复
7	电动机空载电流平衡，但数值大	修复时，定子绕组匝数减少过多	重绕定子绕组，恢复正确匝数
		电源电压过高	设法恢复额定电压
		电动机连线误接	改接连线
		电动机装配中，转子装反，使定子铁芯未对齐，有效长度减短	重新装配
		气隙过大或不均匀	更换新转子或调整气隙
		大修拆除旧绕组时，使用热拆法不当，使铁芯烧损	检修铁芯或重新计算绕组，适当增加匝数
8	电动机运行时响声不正常	转子与定子绝缘纸或槽楔相擦	修剪绝缘，削低槽楔
		轴承磨损或油内有砂粒等异物	更换轴承或清洗轴承
		定、转子铁芯松动	检修定、转子铁芯
		轴承缺油	加油
		风道堵塞	清理风道
		定、转子铁芯相擦	消除擦痕，必要时车内小转子
		电源电压过高或不平衡	检查并调整电源电压
		定子绕组错接或短路	消除定子绕组故障

续表

序号	故障现象	故障原因	检查和处理方法
9	运行中电动机振动较大	由于磨损轴承间隙过大	检修轴承，必要时更换
		气隙不均匀	调整气隙，使之均匀
		转子不平衡	校正转子动平衡
		转轴弯曲	校直转轴
		铁芯变形或松动	校正重叠铁芯
		联轴器(皮带轮)中心未校正	重新校正，使之符合规定
		风扇不平衡	检修风扇，校正平衡，纠正其几何形状
		机壳或基础强度不够	进行加固
		电动机地脚螺栓松动	紧固地脚螺栓
		笼型转子开焊断路；绕线转子断路；定子绕组故障	修复转子绕组；修复定子绕组
10	轴承过热	滑脂过多或过少	按规定加润滑脂，应在容积的 1/3～2/3 之间
		油脂含有杂质	更换清洁的润滑油脂
		轴承与轴颈或端盖配合不当，过松或过紧	过松可用黏结剂修复，过紧应车，磨轴颈或端盖内孔，使之适合
		轴承内孔偏心，与轴相擦	修理轴承盖，消除擦点
		电动机端盖或轴承盖未装平	重新装配
		电动机与负载间联轴器未校正，或皮带过紧	重新校正，调整皮带张力
		轴承间隙过大或过小	更换新轴承
		电动机轴弯曲	校正电动机轴或更换转子
11	电动机过热甚至冒烟	电源电压过高，使铁芯发热大大增加	降低电源电压，如调整供电变压器分接头
		电源电压过低，电动机又带额定负载运行，电流过大使绕组发热	提高电源电压或换粗供电导线
		修理拆除绕组时，采用热拆法不当，烧伤铁芯	检修铁芯，排除故障
		定转子铁芯相擦	消除擦点(调整气隙或挫、车转子)
		电动机过载或频繁启动	减载；按规定控制启动次数
		笼型转子断条	检查并消除转子绕组故障
		电动机缺相，两相运行	恢复三相运行
		重绕后定子绕组浸漆不充分	采用二次浸漆及真空浸漆工艺
		环境温度高，电动机表面污垢多，或通风道堵塞	清洗电动机，改善环境温度，采用降温措施
		电动机风扇故障，通风不良；定子绕组故障(相间、匝间短路；定子绕组内部连接错误)	检查并修复风扇，必要时更换；检修定子绕组，消除故障

八、接触器常见的故障与维修

接触器由于在数控机床的电气控制中，用来控制如油泵电动机、冷却泵电动机、润滑泵等电动机的频繁启停及驱动装置的电源接通、切断等，使用频率非常高，所以是机床中非常容易出故障的设备之一。接触器常见的故障见表 9.8.7。

表 9.8.7　接触器的故障原因、检查和处理方法

序号	故障现象	故障原因	检查和处理方法
1	不动作或动作不可靠	电源电压过低或波动过大	调节电源电压
		操作回路电源容量不足或发生断线、接线错误及控制触点接触不良	增加电源容量，纠正、修理控制触点

续表

序号	故障现象	故障原因	检查和处理方法
1	不动作或动作不可靠	控制电源电压与线圈电压不符	更换线圈
		产品本身受损(如线圈断线或烧毁，机械可动部分被卡死，转轴歪斜等)	更换线圈，排除卡住故障
		触头弹簧压力与超程过大	按要求调整触头参数
		电源离接触器太远，连接导线太细	更换较粗的连接导线
2	不释放或释放缓慢	触头弹簧压力过大	调整触头参数
		触头熔焊	排除熔焊故障，修理或更换触头
		机械可动部分被卡死，转轴歪斜	排除卡死故障，修理受损零件
		反力弹簧损坏	更换反力弹簧
		铁芯极面有油污或灰尘	清理铁芯极面
		E形铁芯使用时间太长，去磁气隙消失，剩磁增大，使铁芯不释放	更换铁芯
3	线圈过热或烧损	电源电压过高或过低	调整电源电压
		线圈技术参数(如额定电压、频率、负载因数等)与实际使用条件不符	调换线圈或接触器
		操作频率过高	选择其他合适的接触器
		线圈制造不良或机械损伤、绝缘损坏等	更换线圈，排除引起线圈机械损伤的故障
		使用环境条件特殊，如空气潮湿，含有腐蚀性气体或环境温度过高	采用特殊设计的线圈
		运动部分卡住	排除卡住现象
		铁芯极面不平或去磁气隙过大	清除极面或调换铁芯
		接触器操作的双线圈，因常闭联锁触头熔焊不释放而使线圈过热	调整联锁触头参数及更换烧坏线圈
4	电磁铁噪声大	电源电压过低	提高操作回路电压
		触头弹簧压力过大	调整触头弹簧压力
		机械卡住，使铁芯不能吸下	排除机械卡住故障
		极面生锈或有异物(如油垢、尘埃)	清理铁芯极面
		短路环断裂	调换铁芯或短路环
		铁芯极面磨损过度而不平	更换铁芯
5	触头熔焊	操作频率过高或产品超负荷使用	调换合适的接触器
		负载侧短路	排除短路故障，更换触头
		触头弹簧压力过小	调整触头弹簧压力
		触头表面有金属颗粒突起或有异物	清理触头表面
		操作回路电压过低或机械上卡住，致使吸合过程中有停滞现象	提高操作电源电压，排除机械卡住故障，使接触器吸合可靠
6	八小时工作制触头过热或灼伤	触头弹簧压力过小	调高触头弹簧压力
		触头上有油污，或表面高低不平，金属颗粒突出	清理触头表面
		环境温度过高	接触器降容使用
		铜触头用于长期工作	
		触头的超程太小	调整触头超程或更换触头
7	短时间内触头过度磨损	接触器选用欠妥，在以下场合时，容量不足：反接制动；有较多密接操作；操作频率过高	接触器降容使用或改用适合于繁重任务的接触器
		触头熔焊	调整至触头同时接触
		机械可动部分被卡死，转轴歪斜	排除短路故障，更换触头
		反力弹簧损坏	见动作不可靠处理办法

续表

序号	故障现象	故障原因	检查和处理方法
8	接触器短路	可逆转换的接触器联锁不可靠，由于误动作，致使两台接触器同时投入运行而造成相间短路，或因接触器动作过快，转换时间短，在转换过程中发生电弧短路	检查电气联锁与机械联锁；在控制线路上加中间环节延长逆转换时间
		尘埃堆积或粘有水气、油垢，使绝缘变坏	经常清理，保持清洁
		产品零部件损坏(如灭弧罩碎裂)	更换损坏零部件

九、继电器常见的故障与维修

继电器是一种电控制器件，是当输入量（激励量）的变化达到规定要求时，在电气输出电路中使被控量发生预定的阶跃变化的一种电器。它具有控制系统（又称输入回路）和被控制系统（又称输出回路）之间的互动关系。通常应用于自动化的控制电路中，它实际上是用小电流去控制大电流运作的一种“自动开关”。故在电路中起着自动调节、安全保护、转换电路等作用。

继电器在使用过程中不可避免地会发生各种各样的故障。这时，只有了解各种故障发生的原因，逐个排查，才能找到维护方法。表 9.8.8 列举了与继电器有关的故障，并对故障原因进行推测，在找到原因之后便可对症下药进行维修。

表 9.8.8　与继电器有关的故障

序号	故障现象	检查内容	故障原因
1	继电器不运行	输入电压是否到达继电器	①断路器或熔断器脱落 ②布线错误、遗漏 ③螺钉端子的安装不牢固
		继电器规格是否符合输入电压	在 AC 100V 电压线上使用了 AC 200V 规格的继电器
		输入电压是否下降	①供给电源容量不足 ②长距离布线
		继电器是否破损	①线圈断线 ②坠落、冲击导致机械性损坏
		输出电路有无异常	①输出侧电源异常 ②负载不良 ③布线失误 ④接触不良
		是否接触不良	①接点异常 ②使用寿命造成的接点消耗 ③机械性破损
2	继电器不复位	输入电压是否完全断开	①保护电路(浪涌吸收器)的电流泄漏 ②迂回电路造成的电压增加 ③半导体控制电路中残留有残留电压
		继电器异常	①接点熔敷 ②绝缘老化 ③机械性破损 ④感应电压(长距离布线)

续表

序号	故障现象	检查内容	故障原因
3	继电器误动作指示灯异常亮起	继电器输入端子上是否施加了异常电压	①感应电压(长距离布线) ②感应电压造成迂回电路(闭锁继电器的支架脱落)
		振动、冲击是否过大	使用环境恶劣
4	烧损	线圈是否烧损	①线圈规格选择有误 ②输入超过额定值的电压 ③交流规格造成电磁铁不完全运行(铁片吸附不充分)
		接点部是否烧损	①超过接点额定值的电流 ②超过允许范围的冲击电流 ③短路电流 ④与外部连接不良(与插座等接触不良,导致异常发热)
5	接点熔敷	是否有过大电流流入	①灯负载等的突入电流 ②负载的短路电流
		接点部有无异常振动	①来自外部的振动、冲击 ②交流继电器的差拍 ③电压过低造成接点颤振(开动电动机的瞬间,电压可能下降)
		开关是否过于频繁	
		继电器的寿命是否到期	
6	接触不良	接点表面是否附着异物	附着硅、炭等其他异物
		接点表面是否被腐蚀	SO_2、H_2S造成接点的硫化
		是否有机械性接触不良	端子偏离、接点偏离、接点脱落
		是否消耗接点	继电器的使用寿命到期
7	差拍	输入电压是否不足	①继电器线圈规格错误 ②施加电压的脉动 ③输入电压的缓慢上升
		继电器类型是否有误	在交流线上使用了直流规格
		电磁铁的动作是否完全	可动片和铁芯之间有异物混入
8	接点的异常消耗	继电器选择是否合适	电压、电流、冲击电流的额定选择失误
		是否考虑了连接负载	电动机负载、螺线管负载、灯负载等的冲击电流

第十章 主轴设备的故障诊断与维修

第一节 数控机床主传动系统

主轴系统是数控车床的基本配置，数控车床将工件卡装在主轴上，主轴卡盘带动工件旋转，然后伺服轴带动滑台运动，刀架固定在滑台上，利用刀架上的车刀进行切削加工。在数控铣床、加工中心上将刀具安装在主轴上，同主轴做旋转和垂直运动，配合工作台的平面移动，进行铣削加工。从这个意义上来说，数控机床的主轴则是一个动力部件。

图 10.1.1 为数控车床主轴，图 10.1.2 为加工中心主轴。

图 10.1.1 数控车床主轴

图 10.1.2 加工中心主轴

一、数控机床的主传动

主传动是机床实现切削的基本运动，即驱动主轴的运动。在切削过程中，它为切除工件上多余的金属提供所需的切削速度和动力，是切削过程中速度最高、消耗功率最多的运动。主传动系统是由主轴电动机经一系列传动元件和主轴构成的具有运动、传动联系的系统。数控机床的主传动系统包括主轴电动机、传动装置、主轴、主轴轴承和主轴定向装置等。其中主轴是指带动刀具和工件旋转，产生切削运动且消耗功率最大的运动轴。

主传动系统的主要功用是传递动力，即传递切削加工所需要的动力；传递运动，即传递切削加工所需要的运动；运动控制，即控制主运动的大小、方向、启停。

数控机床的主轴驱动是指产生主切削运动的传动，它是数控机床的重要组成部分之一。数控机床的主轴结构形式与对应传统机床的基本相同，但在刚度和精度方面要求更高。随着数控技术的不断发展，传统的主轴驱动已不能满足要求，现代数控机床对主传动系统提出了更高的要求。表 10.1.1 详细描述了数控机床对主传动系统机械部分的要求。

表 10.1.1　数控机床对主传动系统的要求

序号	要求	详细说明
1	动力功率大	由于日益增长的高效率要求，加之刀具材料和技术的进步，大多数数控机床均要求有足够大的功率来满足高速强力切削。一般数控机床的主轴驱动功率在 3.7～250kW 之间
2	调速范围宽，可实现无级变速	调速范围有恒扭矩、恒功率之分。现在，数控机床的主轴的调速范围一般为 100～10000r/min，且能无级调速，使切削过程始终处于最佳状态。并要求恒功率调速范围尽可能大，以便在尽可能低的速度下，利用其全功率。变速范围负载波动时，速度应稳定
3	控制功能的多样化	①同步控制功能：数控车床车螺纹用 ②主轴准停功能：加工中心自动换刀、自动装卸、数控车床车螺纹用（主轴实现定向控制） ③恒线速切削功能：数控车床和数控磨床在进行端面加工时，为了保证端面加工的表面粗糙度要求，接触点处的线速度应为恒值 ④C 轴控制功能：车削中心
4	性能要求高	电动机过载能力强，要求有较长时间（1～30min）和较大倍数的过载能力，在断续负载下，电动机转速波动要小；速度响应要快，升降速时间要短；温升要低，振动和噪声要小，精度要高；可靠性要高，寿命要长，维护要容易；具有抗振性和热稳定性；体积小，重量轻，与机床连接容易等
5	角度分度控制功能	

为了达到表 10.1.1 所述的有关要求，对于主轴调速系统，还需加位置控制，比较多地采用光电编码器作为主轴的转角检测。

二、数控机床的主传动装置

数控机床主传动系统是用来实现机床主运动的，它将主电动机的原动力变成可供主轴上刀具切削加工的切削力矩和切削速度。与普通机床相比，数控机床的主轴具有驱动功率大、调速范围宽、运行平稳、机械传动链短、具有自动夹紧控制和准停控制功能等特点，能够使数控机床进行快速、高效、自动、合理的切削加工。与数控机床主轴传动系统有关的机构包括主轴传动机构、支承、定向及夹紧机构等。图 10.1.3 为典型的齿轮传动机构，10.1.4 为

图 10.1.3　典型的齿轮传动机构

图 10.1.4　典型的带传动机构

典型的带传动机构。

1. 主轴传动机构

数控机床主传动的特点：主轴转速高、变速范围宽、消耗功率大。主要有齿轮传动、带传动、两个电动机分别驱动主轴、调速电动机直接驱动主轴（电动机通过联轴器连接主轴和内装电动机主轴）等几种机构，如图 10.1.5 所示。其中数控机床的主电动机采用的是可无级调速可换向的直流电动机或交流电动机，所以，主电动机可以直接带动主轴工作。由于电动机的变速范围一般不足以满足主运动调速范围的要求，且无法满足与负载功率和扭矩的匹配。所以，一般在电动机之后串联 1～2 级机械有级变速传动（齿轮或同步带传动）装置。

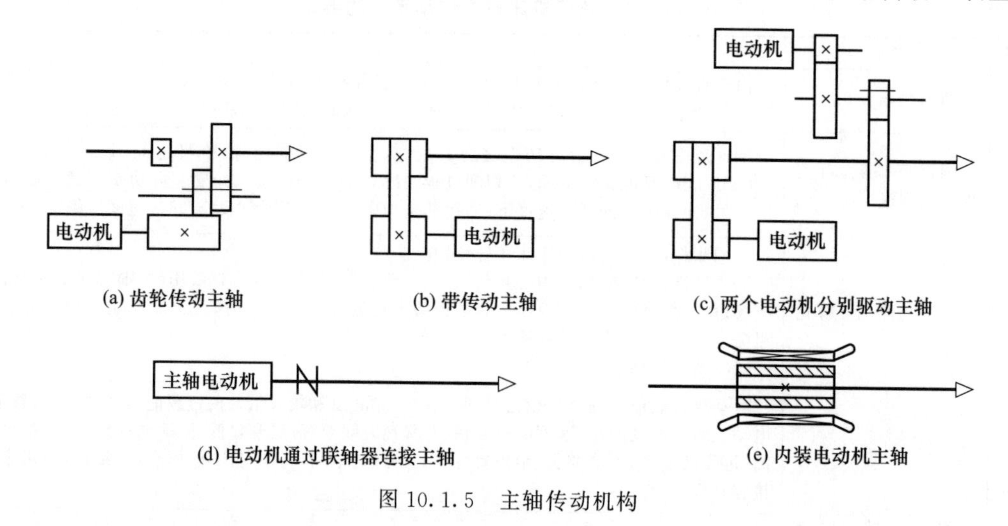

(a) 齿轮传动主轴　(b) 带传动主轴　(c) 两个电动机分别驱动主轴

(d) 电动机通过联轴器连接主轴　(e) 内装电动机主轴

图 10.1.5　主轴传动机构

表 10.1.2 详细描述了主轴传动机构的类型。

表 10.1.2　主轴传动机构的类型

序号	主轴传动机构	详细说明
1	齿轮传动机构	这种传动方式在大、中型数控机床中较为常见。如图 10.1.6 所示，它通过几对齿轮的啮合，在完成传动的同时实现主轴的分挡有级变速或分段无级变速，确保在低速时能满足主轴输出扭矩特性的要求。滑移齿轮的移位大都采用液压拨叉或直接由液压缸带动齿轮来实现 主轴电动机 图 10.1.6　齿轮传动机构 齿轮传动机构的特点是虽然这种传动方式很有效，但它增加了数控机床液压系统的复杂性，而且必须先将数控装置送来的电信号转换成电磁阀的机械动作，然后再将压力油分配到相应的液压缸，因此增加了变速的中间环节。此外，这种传动机构引起的振动和噪声也较大

续表

序号	主轴传动机构	详细说明
2	带传动机构	这种方式主要应用在转速较高、变速范围不大的小型数控机床上，电动机本身的调整就能满足要求，不用齿轮变速，可避免齿轮传动时引起的振动和噪声，但它只适用于低扭矩特性要求。常用的有同步齿形带、多楔带、V带、平带、圆形带。带传动机构如图10.1.7所示。下面介绍同步齿形带的传动方式 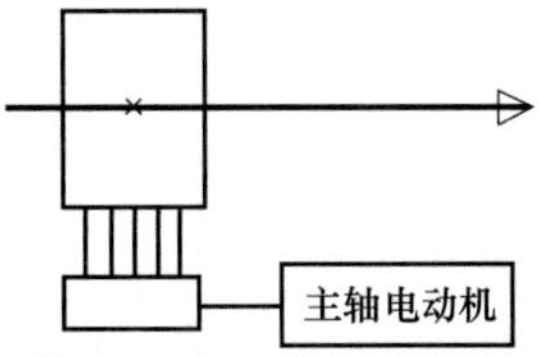 图10.1.7　带传动机构 同步齿形带传动结构简单，安装调试方便，同步齿形带的带形有T形齿和圆弧齿两种，在带内部采用加载后无弹性伸长的材料作强力层，以保持带的节距不变，可使主、从动带轮做无相对滑动的同步传动。它是一种综合了带、链传动优点的新型传动机构，传动效率高，但变速范围受电动机调速范围的限制。主要应用在小型数控机床上，可以避免齿轮传动时引起的振动和噪声，但只适用于低扭矩特性要求的主轴 与一般带传动及齿轮传动相比，同步齿形带传动具有如下优点 ①无滑动，传动比准确 ②传动效率高，可达98%以上 ③使用范围广，速度可达50m/s，传动比可达10左右，传递功率由几瓦到数千瓦 ④传动平稳，噪声小 ⑤维修保养方便，不需要润滑
3	两个电动机分别驱动主轴机构	该传动兼有前两种传动机构的优点，但两台电动机不能同时工作，如图10.1.8所示。高速时电动机通过带轮直接驱动主轴旋转；低速时，另一个电动机通过两级齿轮传动驱动主轴旋转，齿轮起到降速和扩大变速范围的作用，这样就使恒功率区增大了，扩大了变速范围，克服了低速时扭矩不够且电动机功率不能充分利用的缺陷 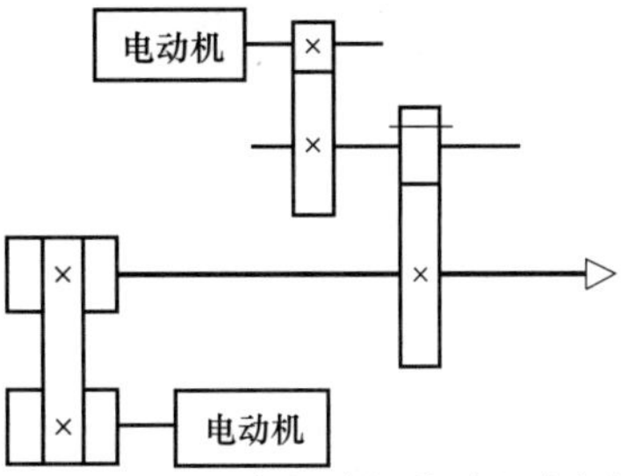 图10.1.8　两个电动机分别驱动主轴
4	调速电动机直接驱动主轴(两种形式)机构	这种主传动机构由电动机直接驱动主轴，即电动机的转子直接装在主轴上，因而大大简化了主轴箱体与主轴的结构，有效地提高了主轴部件的刚度，但主轴输出扭矩小，电动机发热对主轴的精度影响较大 ①如图10.1.9所示，主轴电动机输出轴通过精密联轴器与主轴连接，这种机构结构紧凑，传动效率高，但主轴转速的变化及输出完全与电动机的输出特性一致，因而受一定限制 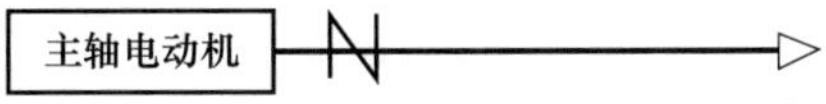 图10.1.9　电动机通过联轴器连接主轴 ②内装电动机主轴，其电动机定子固定，转子和主轴采用一体化设计，即电主轴，如图10.1.10所示。

续表

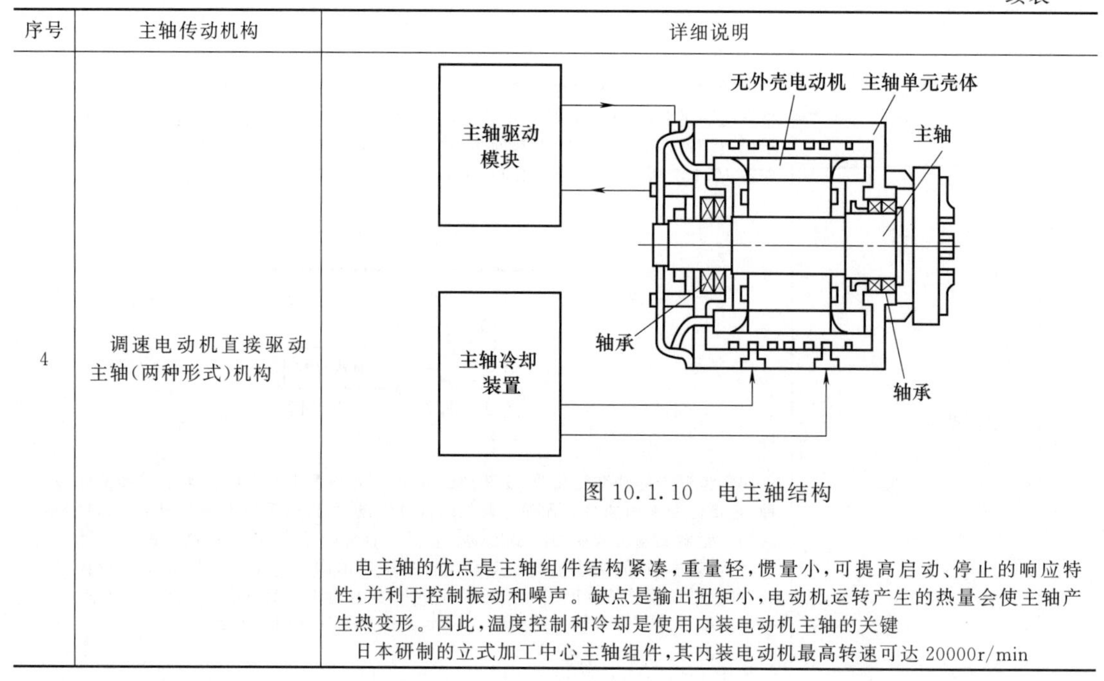

序号	主轴传动机构	详细说明
4	调速电动机直接驱动主轴(两种形式)机构	图 10.1.10　电主轴结构 电主轴的优点是主轴组件结构紧凑，重量轻，惯量小，可提高启动、停止的响应特性，并利于控制振动和噪声。缺点是输出扭矩小，电动机运转产生的热量会使主轴产生热变形。因此，温度控制和冷却是使用内装电动机主轴的关键 日本研制的立式加工中心主轴组件，其内装电动机最高转速可达 20000r/min

2. 主轴调速方法

数控机床的主轴调速是按照控制指令自动执行的。为了能同时满足对主传动的调速和输出扭矩的要求，数控机床常用机电结合的方法，即同时采用电动机和机械齿轮变速两种方法。其中齿轮减速以增大输出扭矩，并利用齿轮换挡来扩大调速范围。表 10.1.3 详细描述了主轴调速方法。

表 10.1.3　主轴调速方法

序号	优点	详细说明
1	电动机调速	用于主轴驱动的调速电动机主要有直流电动机和交流电动机两大类。即直流电动机主轴调速和交流电动机主轴调速，交流电动机一般为笼式感应电动机，体积小，转动惯性小，动态响应快，且无电刷，最高转速不受电刷产生的火花限制。采用全封闭结构，具有空气强冷，保证高转速和较强的超载能力，具有很宽的调速范围
2	机械齿轮变速	数控机床常采用 1～4 挡齿轮变速与无级调速相结合的方式，即所谓分段无级变速。采用机械齿轮减速，增大输出扭矩，并利用齿轮换挡扩大了调速范围 数控机床在加工时，主轴是按零件加工程序中主轴速度指令所指定的转速来运行的。数控系统通过两类主轴速度指令信号来进行控制，即采用模拟量或数字量信号(程序中的 S 代码)来控制主轴电动机的驱动调速电路，同时采用开关量信号(程序上用 M41～M44 代码)来控制机械齿轮变速器自动换挡执行机构。自动换挡执行机构是一种电—机转换装置，常用的有液压拨叉和电磁离合器

第二节　主轴部件结构

一、数控机床主轴系统

数控机床的主轴系统一般有三种类型，见表 10.2.1。

表 10.2.1　数控机床主轴的类型

序号	主轴类型	说　明
1	伺服主轴	现代数控机床使用的主轴一般都是伺服主轴，伺服主轴可分为直流伺服和交流伺服，现在基本上都使用交流伺服系统。交流伺服系统可分为模拟伺服系统和数字伺服系统两种类型
2	普通主轴	主轴电动机采用普通交流电动机，主轴启动只控制开和关，不控制速度调整
3	传统主轴	这种主轴使用主轴箱变速，通过 PLC(FANUC 系统称作 PMC)控制电磁离合器，有时还配合交流电动机的星、角变换来实现有级变速，但这种方式基本不再使用了

数控车床车削螺纹要求主轴能与进给驱动实行同步控制，加工中心的自动换刀要求主轴的高精度准停控制。为保证端面加工表面质量要求恒线速度的表面切削以及角度的分度控制等，又因为直流电动机的换向限制而使恒功率调速范围非常小，所以，20 世纪 80 年代初我国数控机床开始采用交流主轴驱动，现在国际上使用的绝大多数为交流主轴驱动。

数控机床的主轴系统是数控机床的重要组成部分，其故障也是数控机床的常见故障。在主轴系统出现故障时，要注意观察数控系统和主轴驱动系统的报警信息。根据故障信息检修数控车床的主轴系统故障是检修数控车床主轴故障的一个重要手段。

主轴部件是主传动的执行件，它夹持刀具或工件，并带动其旋转。主轴部件一般包括主轴、主轴轴承、传动件、装夹刀具或工件的附件及辅助零部件等。对于加工中心，主轴部件还包括刀具自动夹紧装置、主轴准停装置和主轴孔的切屑消除装置。主轴部件的功用是夹持工件或刀具实现切削运动，并传递运动及切削加工所需要的动力。

主轴部件的主要性能见表 10.2.2。

表 10.2.2　主轴部件的主要性能要求

序号	要求	详细说明
1	主轴的精度高	包括运动精度(回转精度、轴向窜动)和安装刀具或夹持工件的夹具的定位精度(轴向、径向)
2	部件的结构刚度和抗振性好	
3	较低的运转温升以及较好的热稳定性	
4	部件的耐磨性和精度保持性好	
5	自动可靠的装夹刀具或工件	

二、主轴轴承的配置形式

数控机床主轴轴承主要有三种配置形式，见表 10.2.3。

表 10.2.3　主轴轴承的配置形式

序号	配置形式	详细说明
1	配置形式 1	前支承采用双列短圆柱滚子轴承和 60°接触双列向心推力球轴承，后支承采用推力角接触球轴承，如图 10.2.1 所示。此种配置形式使主轴的综合刚度大幅度提高，可以满足强力切削的要求，因此普遍应用于各类数控机床的主轴中 图 10.2.1　配置形式 1

续表

序号	配置形式	详细说明
2	配置形式 2	前支承采用高精度双列向心推力球轴承，如图 10.2.2 所示。角接触球轴承具有良好的高速性能，主轴最高转速可达 4000r/min，但它的承载能力小，因而适用于高速、轻载和精密的数控机床主轴。在加工中心的主轴中，为了提高承载能力，有时应用三个或四个角接触球轴承组合的前支承，并用隔套实现预紧 图 10.2.2　配置形式 2
3	配置形式 3	前支承采用双列圆锥滚子轴承，后支承采用单列圆锥滚子轴承，如图 10.2.3 所示。这种轴承径向和轴向刚度高，能承受重载荷，尤其能承受较强的动载荷，安装与调整性能好。但这种轴承配置限制了主轴的最高转速和精度，因此适用于中等精度、低速与重载的数控机床主轴 图 10.2.3　配置形式 3

为提高主轴组件刚度，数控机床还常采用三支承主轴组件（对前后轴承跨距较大的数控机床），辅助支承常采用深沟球轴承。液体静压滑动轴承主要应用于主轴高转速、高回转精度的场合，如应用于精密、超精密的数控机床主轴、数控磨床主轴。

三、主轴端部的结构

端部用于安装刀具或夹持工件的夹具，因此，要保证刀具或夹具定位（轴向、定心）准确，装夹可靠、牢固，而且装卸方便，并能传递足够的扭矩，目前，主轴的端部形状已标准化。图 10.2.4 所示为几种机床上通用主轴部件的结构形式。表 10.2.4 为其结构形式的详细说明。

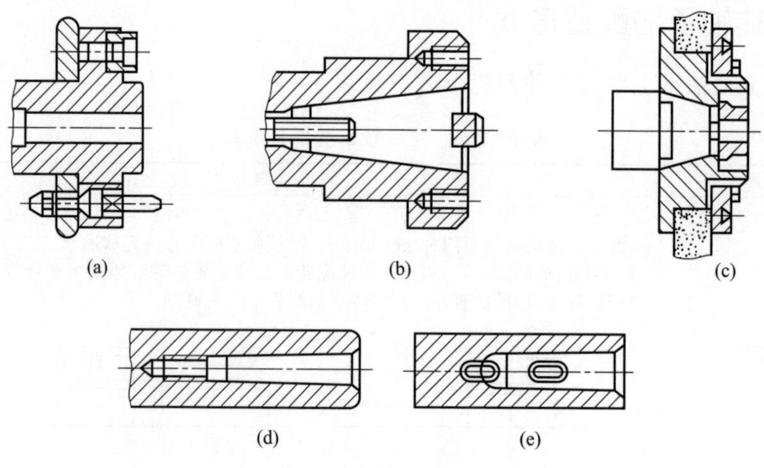

图 10.2.4　主轴部件的结构形式

表 10.2.4　主轴部件的结构形式

序号	结构形式	详细说明
1	数控车床主轴端部	如图 10.2.4(a)所示，卡盘靠前端的短圆锥面和凸缘端面定位，卡盘装有固定螺栓，卡盘装于主轴端部时，螺栓从凸缘上的孔中穿过，转动快卸卡将数个螺栓同时卡住，再拧紧螺母将卡盘固定在主轴端部
2	数控铣、镗床的主轴端部	如图 10.2.4(b)所示，主轴前端有 7∶24 的锥孔，用于装夹铣刀柄或刀杆。主轴端面有一端面键，既可通过它传递刀具的扭矩，又可用于刀具的轴向定位，并用拉杆从主轴后端拉紧
3	外圆磨床砂轮主轴端部	如图 10.2.4(c)所示
4	内圆磨床砂轮主轴端部	如图 10.2.4(d)所示
5	钻床与普通镗床锤杆端部	如图 10.2.4(e)所示，刀杆或刀具由莫氏锥孔定位，用锥孔后端第一扁孔传递扭矩，第二个扁孔用以拆卸刀具

四、主轴轴承

主轴轴承是主轴部件的重要组成部分。它的类型、结构、配置、精度、安装、调整、润滑和冷却都直接影响主轴的工作性能。数控机床常用的主轴轴承有滚动轴承和静压滑动轴承两种。图 10.2.5 为一种常用的主轴轴承。

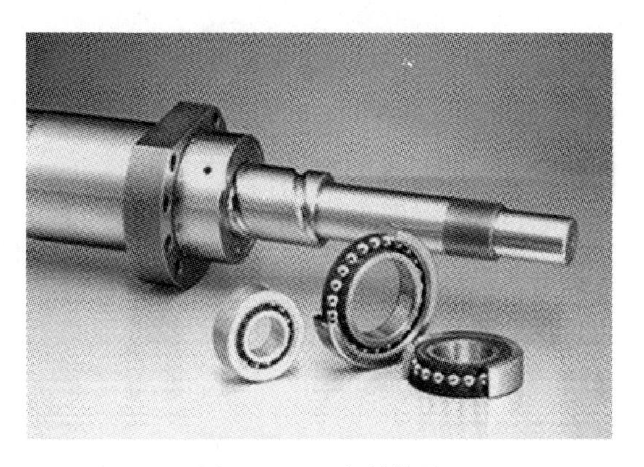

图 10.2.5　主轴轴承

滚动轴承主要有角接触球轴承（承受径向、轴向载荷）、双列短圆柱滚子轴承（只承受径向载荷）、60°接触双向推力球轴承（只承受轴向载荷，常与双列圆柱滚子轴承配套使用）、双列圆柱滚子轴承（能同时承受较大的径向、轴向载荷，常作为主轴的前支承）。主轴常用的滚动轴承如图 10.2.6 所示。

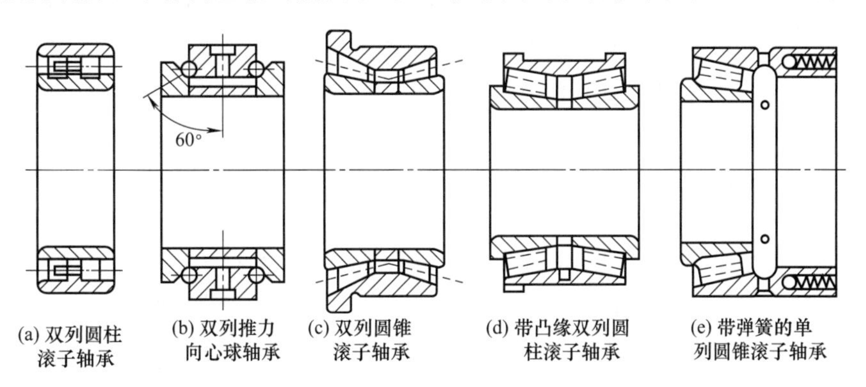

图 10.2.6　主轴常用的滚动轴承

五、主轴内刀具的自动夹紧和切屑清除装置

在带有刀库的自动换刀数控机床中，为实现刀具在主轴上的自动装卸，其主轴必须具有刀具自动夹紧机构。自动换刀立式铣镗床（JCS-018 型立式加工中心）主轴的刀具夹紧机构如图 10.2.7 所示。

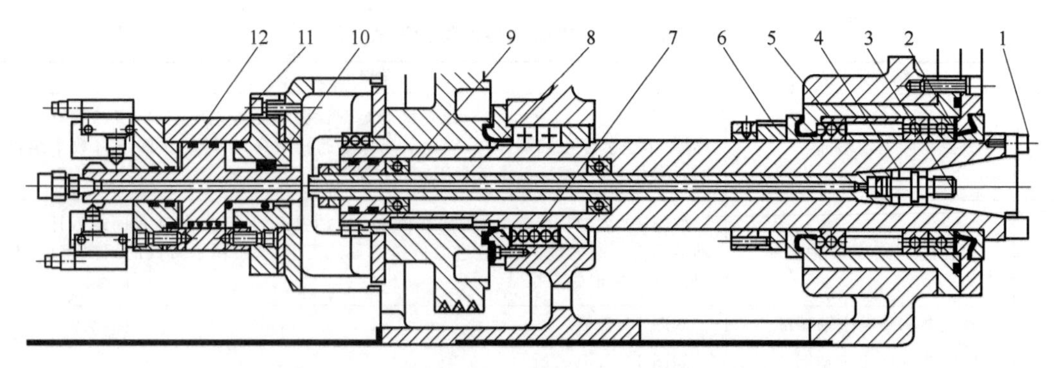

图 10.2.7 JCS-018 型加工中心的主轴部件

1—端面键；2—主轴；3—拉钉；4—钢球；5,7—轴承；6—螺母；8—拉杆；9—碟形弹簧；10—弹簧；11—活塞；12—液压缸

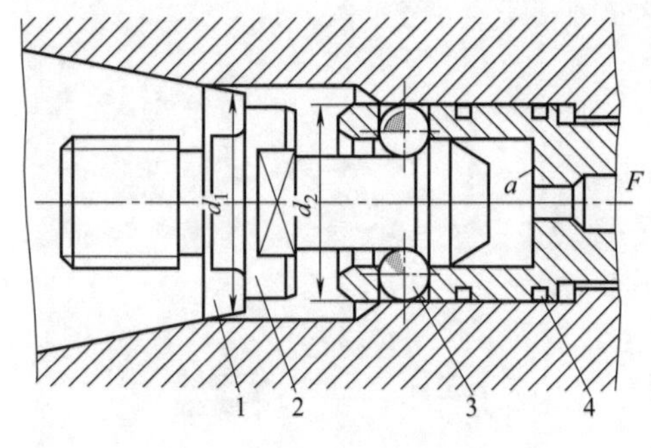

图 10.2.8 刀具夹紧情况

1—刀夹；2—拉钉；3—钢球；4—拉杆

刀夹以锥度为 7∶24 的锥柄在主轴前端的锥孔中定位，并通过拧紧在锥柄尾部的拉钉拉紧在锥孔中。夹紧刀夹时，液压缸上腔接通回油，弹簧推动活塞上移，拉杆在碟形弹簧作用下向上移动；由于此时装在拉杆前端径向孔中的钢球，进入主轴孔中直径较小的 d_2 处，见图 10.2.8，被迫径向收拢而卡进拉钉的环形凹槽内，因而刀杆被拉杆拉紧，依靠摩擦力紧固在主轴上。切削扭矩则由端面键传递。换刀前需将刀夹松开时，压力油进入液压缸上腔，活塞推动拉杆向下移动，碟形弹簧被压缩；当钢球随拉杆一起下移至进入主轴孔直径较大的 d_1 处时，它就不再能约束拉钉的头部，紧接着拉杆前端内孔的台肩端面 a 碰到拉钉，把刀夹顶松。此时行程开关发出信号，换刀机械手随即将刀夹取下。与此同时，压缩空气由管接头经活塞和拉杆的中心通孔吹入主轴装刀孔内，把切屑或脏物清除干净，以保证刀具的安装精度。机械手把新刀装上主轴后，液压缸接通回油，碟形弹簧又拉紧刀夹。刀夹拉紧后，行程开关发出信号。

六、主轴准停装置

主轴准停也叫主轴定向。在自动换刀数控铣镗床上，切削扭矩通常是通过刀杆的端面键来传递的，因此在每一次自动装卸刀杆时，都必须使刀柄上的键槽对准主轴上的端面键，这就要求主轴具有准确周向定位的功能。在加工精密坐标孔时，只要每次都能在主轴固定的圆周位置上装刀，就能保证刀尖与主轴相对位置的一致性，从而提高孔径的正确性。另外，一些特殊工艺要求，如在通过前壁小孔镗内壁的同轴大孔，或进行反倒角等加工时，要求主轴实现准停，使刀尖停在一个固定的方位上，以便主轴偏移一定尺寸后，大刀刃能通过前壁小孔进入箱体内对大孔进行镗削。主轴准停装置分为机械式准停（机械定向）和电气式准停（磁传感器定向）两种。

1. 机械式准停（机械定向）

图 10.2.9 为加工中心机械定向（准停）控制的装置。

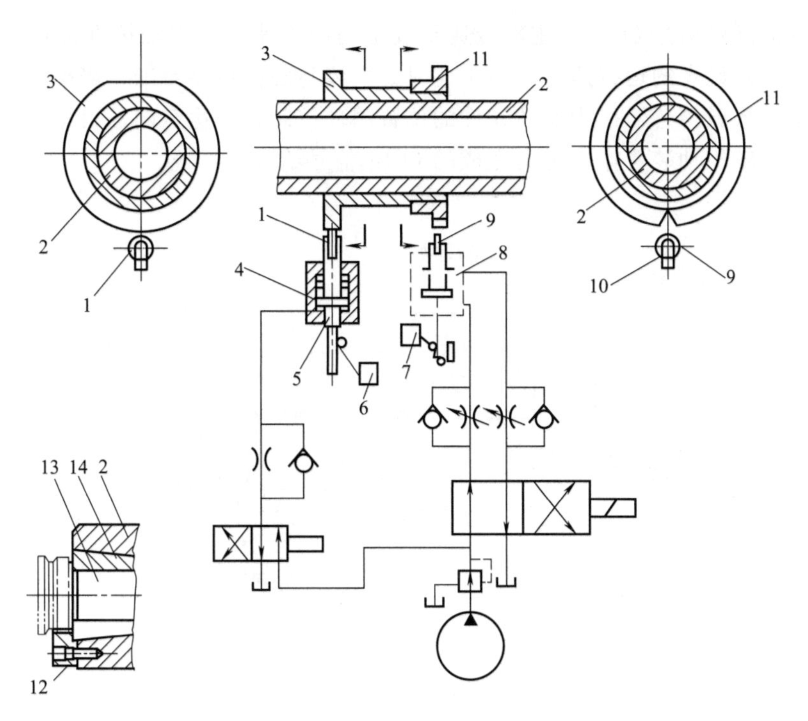

图 10.2.9　加工中心机械定向（准停）控制的装置

1,9—定位滚轮；2—主轴；3,11—凸轮；4,8—定位液压缸；5,10—活塞杆；
6,7—微动开关；12—刀夹定位块；13—刀夹；14—弹簧夹头

① 定向要求。由图 10.2.9 可见，主轴 2 前端装有刀夹定位块 12，刀夹 13 插入时，其上的缺口必须与定位块 12 对准，使定位块正好与刀夹 13 的缺口相接合，切削加工时主轴通过定位块传递扭矩。当机械手将刀具连同刀夹 13 抓取时，刀夹 13 的缺口位置在机械手中确定，这就要求主轴 2 上的定位块 12 每次必须停止在一个规定的位置上，才能顺利地实现刀具的安装。

② 定向过程。机床主轴定向（准停）装置工作过程如图 10.2.9 所示。机床数控系统发出准停指令时，电器系统自动调整主轴至最低转速，约 0.2～0.6s 后定位凸轮 3 的定位液压缸 4 与压力油接通，活塞杆 5 压缩弹簧并使滚轮 1 与定位凸轮 3 的外圆接触。当主轴旋转使滚轮 1 位于定位凸轮 3 的直线部分时，由于活塞杆 5 的移动，与其相连的挡块使微动开关 6 动作，通过控制回路的作用，一方面使主轴传动的各电磁离合器都脱开而使主轴以惯性慢慢转动，并且断开定位凸轮 3 的定位液压缸 4 的压力油，在液压缸 4 上腔的复位弹簧力作用下，活塞杆带动滚轮 1 退回。另一方面，隔 0.2～0.5s 后，定位凸轮 11 的定位液压缸 8 下腔接通压力油，活塞杆 10 带动滚轮 9 移动，使滚轮 9 与定位凸轮 11 的外圆接触。当主轴 2 以惯性转动，使滚轮 9 位于定位凸轮 11 上的 V 形槽内时，即将主轴准确定位，同时微动开关 7 动作，发出主轴定向（准停）完毕信号。当刀具连同刀夹 13 装入主轴并使主轴重新转动前，先发出信号控制换向阀，使定位液压缸 8 的油路变换，将定位滚轮 9 从定位凸轮 11 的 V 形槽中退出，同时使微动开关 7 动作，发出主轴定向（准停）定位器释放信号。

2. 电气式准停（磁传感器定向）

加工中心磁传感器定向（准停）控制系统见图 10.2.10。当主轴转动中需要准停时，接

收到数控系统的准停信号 ORT，主轴减速至设定的准停速度。主轴按准停速度到达准停位置时，主轴减速至设定的运行速度，由于此时磁发体与磁传感器对准，当磁传感器信号出现时，主轴驱动进入磁传感器作为反馈元件的位置闭环控制，到达定向的目标位置。定向准停动作完成后，主轴驱动装置输出定向完成的 ORE 信号给数控系统。

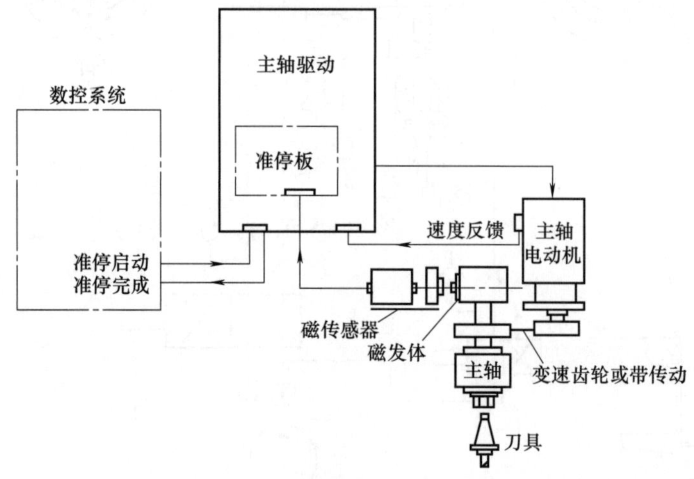

图 10.2.10　加工中心磁传感器定向（准停）控制系统

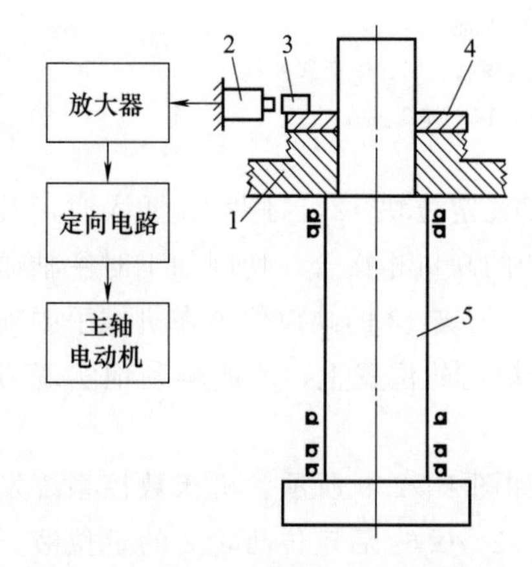

图 10.2.11　电气控制的主轴准停装置
1—多楔带轮；2—磁传感器；3—永久磁铁；4—垫片；5—主轴

图 10.2.11 所示为电气控制的主轴准停装置的简图，这种装置利用装在主轴上的磁性传感器作为位置反馈部件，由它输出信号，使主轴准确停止在规定位置上，它不需要机械部件，可靠性好，准停时间短，只需要简单的强电顺序控制，且有高的精度和刚度。

其工作原理：在传动主轴旋转的多楔带轮 1 的端面上装有一个厚垫片 4，垫片上又装有一个体积很小的永久磁铁 3。在主轴箱箱体对应于主轴准停的位置上，装有磁传感器 2。当机床需要停车换刀时，数控装置发出主轴停转指令，主轴电动机立即降速，在主轴 5 以最低转速慢转几转后，永久磁铁 3 对准磁传感器 2 时，后者发出准停信号。此信号经放大后，由定向电路控制主轴电动机准确地停止在规定的周向位置上。

第三节　数控机床主传动系统及主轴部件结构实例

主轴部件是数控机床的关键部件，其精度、刚度和热变形对加工质量有直接的影响。本节主要介绍数控车床、数控铣床和加工中心的主轴部件结构。

一、数控车床主传动系统

1. TND360 型数控车床

图 10.3.1 为 TND360 型数控车床的车间实拍图，TND360 型数控车床的主传动系统如

图 10.3.2 所示，主电动机一端经同步齿形带（$m=3.183\text{mm}$）拖动主轴箱内的轴Ⅰ，另一端带动测速发电机实现速度反馈。主轴上有一双联滑移齿轮，经$\frac{84}{60}$使主轴得到 800～3150r/min 的高转速，经$\frac{29}{86}$使主轴得到 7～760r/min 的低转速。主电动机为德国西门子公司的产品，额定转速为 2000r/min，最高转速为 4000r/min，最低转速为 35r/min。额定转速至最高转速之间为弱磁调速，恒功率；最低转速至额定转速之间为调压调速，恒扭矩。滑移齿轮变速采用液压缸操纵。

图 10.3.1　TND360 型数控车床

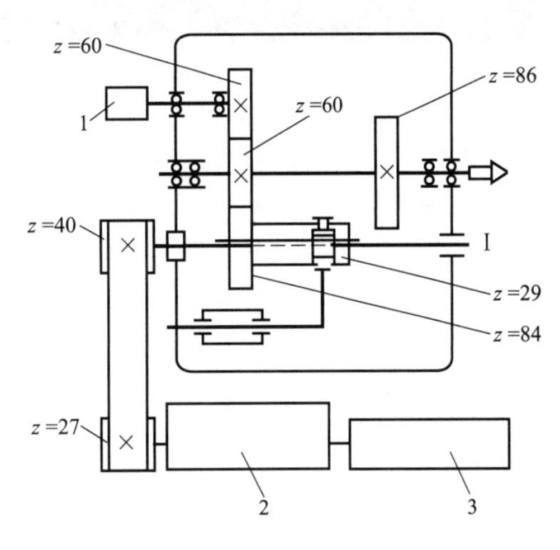

图 10.3.2　TND360 型数控车床的主传动系统

1—圆光栅；2—主轴直流伺服电动机；3—测速发电机

如图 10.3.3 所示，主轴内孔用于通过长棒料，也可以通过气动、液压夹紧装置（动力夹盘）。主轴前端的短圆锥及其端面用于安装卡盘或夹盘。主轴前后支承都采用角接触轴承或球轴承。前支承三个一组，前面两个大口朝前端，后面一个大口朝后端。后支承两个角接触球轴承小口相对。前后轴承都由轴承厂配好，成套供应，装配时不需修配。

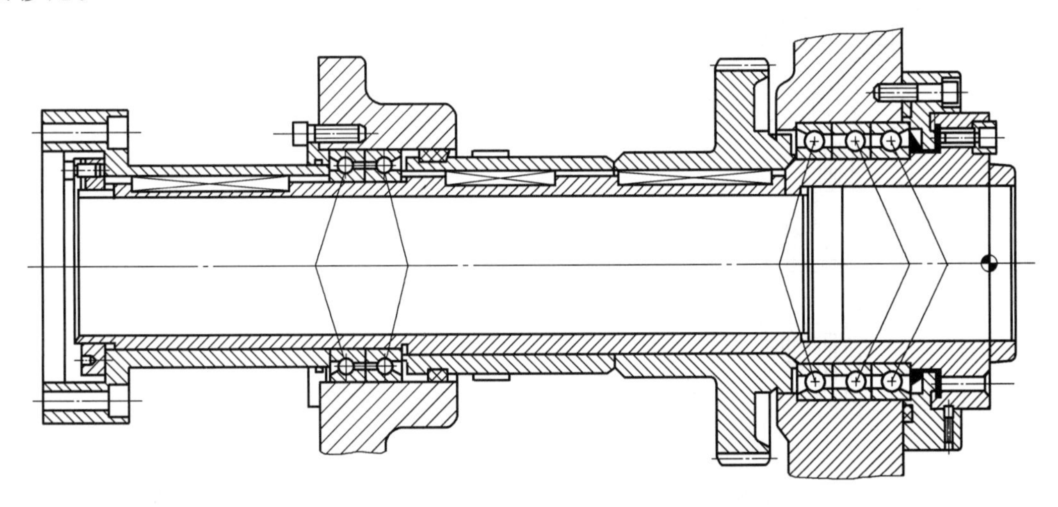

图 10.3.3　TND360 型数控车床的主轴部件结构

图 10.3.4　CK7815 型数控车床

2. CK7815 型数控车床

图 10.3.4 为 CK7815 型数控车床的车间实拍图，图 10.3.5 所示为 CK7815 型数控车床主轴部件结构。交流主轴电动机通过带轮 2 把运动传给主轴 9。主轴有前、后两个支承，前支承由一个圆锥孔双列圆柱滚子轴承 15 和一对角接触球轴承 12 组成，轴承 15 来承受径向载荷，两个角接触球轴承一个大口向外（朝向主轴前端），一个大口向里（朝向主轴后端），承受双向的轴向载荷和径向载荷。前支承轴向间隙用螺母 10、11 来调整，主轴的后支承为圆锥孔双列圆柱滚子轴承 15，轴承间隙由螺母 3、7、8 来调整。主轴的支承形式为前端定位，主轴受热膨胀向后伸长。前、后支承所用的圆锥孔双列圆柱滚子轴承的支承刚度好，允许的极限转速高。前支承中的角接触球轴承能承受较大的轴向载荷，且允许的极限转速高。主轴所采用的支承结构适宜低速大载荷的需要。主轴的运动经过同步带轮 1 及同步带带动主轴脉冲发生器 4，使其与主轴同速运转。

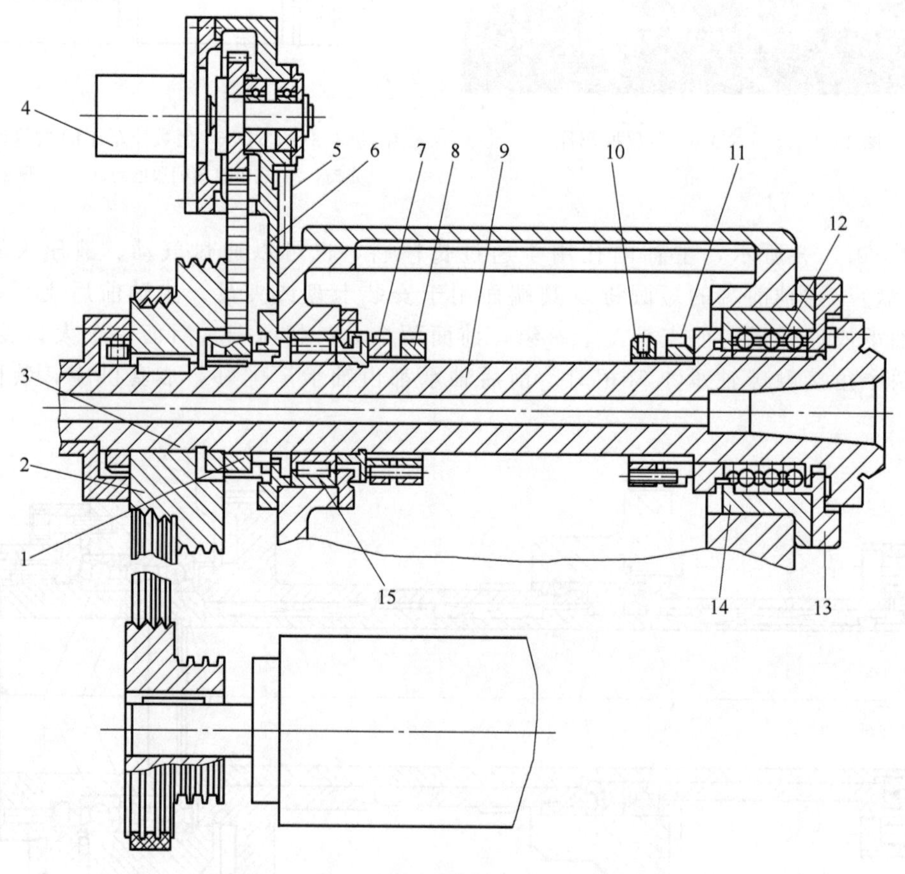

图 10.3.5　CK7815 型数控车床主轴部件结构

1—同步带轮；2—带轮；3,7,8,10,11—螺母；4—主轴脉冲发生器；5—螺钉；6—支架；9—主轴；12—角接触球轴承；13—前端盖；14—前支承套；15—圆柱滚子轴承

二、立式数控铣削加工中心

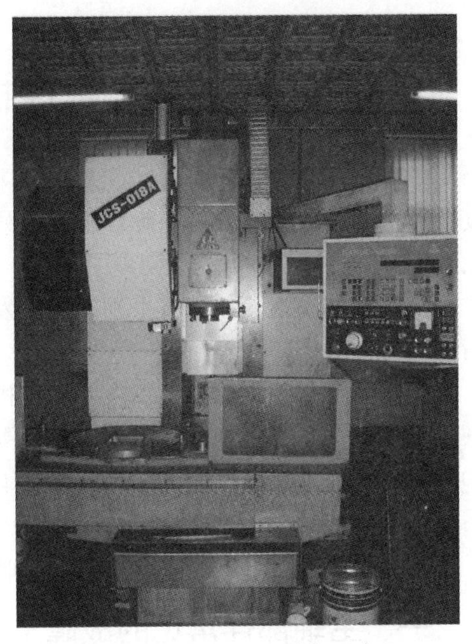

图 10.3.6　JCS-018 型加工中心

图 10.3.6 为 JCS-018 型加工中心的车间实拍图，如图 10.3.7 所示为主轴箱结构简图，主要由四个功能部件构成，分别是主轴部件、刀具自动夹紧机构、切屑清除装置和主轴准停装置。

主轴的前支承配置了三个高精度的角接触球轴承，用以承受径向载荷和轴向载荷，前两个轴承大口朝下，后面一个轴承大口朝上。前支承按预加载荷计算的预紧量由螺母来调整。后支承为一对小口相对配置的角接触球轴承，它们只承受径向载荷，因此轴承外圈不需要定位。该主轴选择的轴承类型和配置形式，满足主轴高转速和承受较大轴向载荷的要求。主轴受热变形向后伸长，不影响加工精度。

主轴内部和后端安装的是刀具自动夹紧机构。它主要由拉杆、拉杆端部的四个钢球、碟形弹簧、活塞、液压缸等组成。机床的切削扭矩是由主轴上的端面键来传递的。每次机械手自动装取刀具时，必须保证刀柄上的键槽对准主轴的端面键，这就要求主轴具有准确定位的功能。为满足主轴这一功能而设计的装置称为主轴准停装置。

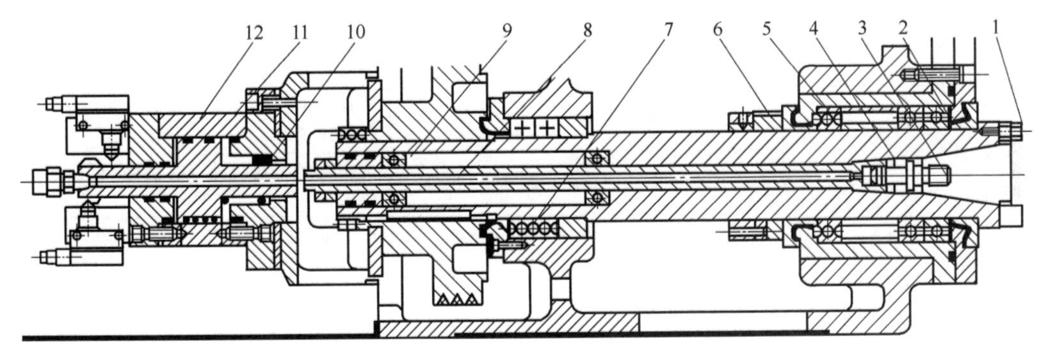

图 10.3.7　JCS-018 型加工中心主轴箱

1—端面键；2—主轴；3—拉钉；4—钢球；5,7—轴承；6—螺母；8—拉杆；9—碟形弹簧；10—弹簧；11—活塞；12—液压缸

主轴工作原理见表 10.3.1。

表 10.3.1　JCS-018 型加工中心主轴工作原理

序号	工作原理	详细说明
1	取用刀具过程	数控装置发出换刀指令→液压缸右腔进油→活塞左移→推动拉杆克服弹簧的作用左移→带动钢球移至大空间→钢球失去对拉钉的作用→取刀
2	吹扫过程	旧刀取走→数控装置发出指令→空压机启动→压缩空气经压缩空气管接头吹扫装刀部位并用定时器计时
3	装刀过程	时间到→数控装置发出装刀指令→机械手装新刀→液压缸右腔回油→拉杆在碟形弹簧的作用下复位→拉杆带动拉钉右移至小直径部位→通过钢球将拉钉卡死

第四节　数控机床主轴的故障与维修

数控机床主轴部件是影响机床加工精度的主要部件，它的回转精度影响工件的加工精度；它的功率大小与回转速度影响加工效率；它的自动变速、准停和换刀等影响机床的自动化程度。

主轴部件出现的故障有主轴运转时发出异常声音、自动调速装置故障、主轴快速运转的精度保持性故障等。

主轴驱动与进给驱动有很大差别。机床主传动的工作运动通常是旋转运动，无需丝杠或其他直线运动装置。然而，主轴驱动要求大功率。主轴电动机功率范围一般为 2.2～600kW，并要求在尽可能大的调速范围内保持“恒功率”输出。实际调速范围又远比进给伺服小。

主轴控制系统可以分成直流主轴控制系统与交流主轴控制系统。

一、主轴部件常见的故障及其诊断方法

表 10.4.1 为主轴部件常见的故障及其诊断方法。

表 10.4.1　主轴部件故障内容及其诊断方法

序号	故障内容	故障原因	排除方法
1	加工精度达不到要求	机床在运动过程中受到冲击	检查对机床几何精度有影响的各部位，特别是导轨副，并按出厂精度要求重新调整或修复
		机床安装不牢固，安装精度低或有变化	重新安装调平并紧固
2	主轴速度指令无效	动力线连接错误	检查主轴伺服与电动机之间的连线，确保连线正确
		CNC模拟量输出(D/A)转换电路故障	用交换法判断是否有故障，更换相应的电路板
		CNC速度输出模拟量与驱动器连接不良或断线	测量相应信号，检查是否有输出且是否正常，更换指令发送口或更换数控装置
		主轴参数设置不当	查看驱动器参数是否正常，依照参数说明书，正确设置参数
		反馈线连接不正常	查看反馈连线，确保反馈连线正确
		反馈信号不正常	检查反馈信号的波形，调整波形至正确或更换编码器
3	切削振动大	主轴箱和床身连接螺钉松动	恢复精度后并紧固连接螺钉
		轴承预紧力不够，游隙过大	重新调整、消除轴承游隙，但预紧力不应过大以免损坏轴承
		轴承预紧螺母松动使主轴产生窜动	紧固螺母，确保主轴精度合格
		轴承拉毛或损坏	更换轴承
		主轴与箱体精度超差	修理主轴或箱体，使之配合精度和位置精度达到要求
		其他因素	检查刀具或切削工艺问题
		转塔刀架运动部件松动或因压力不够而未卡紧	调整修理
4	主轴噪声大	主轴部件动平衡不好	重做动平衡
		齿轮有严重损伤	修理齿面损伤处

续表

序号	故障内容	故障原因	排除方法
4	主轴噪声大	齿轮啮合间隙大	调整或更换齿轮
		轴承拉毛或损坏	更换轴承
		传动皮带尺寸长短不一致或皮带松弛、受力不均	调整或更换皮带，不能新旧混用
		齿轮精度差	更换齿轮
		润滑不良	调整润滑油量，保持主轴箱的清洁
		电源缺相或电源电压不正常	检查输入电源接口是否正确，保证输入电压在380V±20V之间
		控制单元上的电源开关设定(50Hz/60Hz切换)错误	设定为正确的工作频率
		伺服单元上的增益电路和颤抖电路调整不好	重新调整伺服单元的相关电路
		电流反馈回路未调整好	重新调整电流反馈回路
		三相输入的相序不对	重新连接三相电源的接口
		电动机轴承故障	更换电动机轴承
		主轴负载太大	减少工作负载，增加主轴的润滑效率，使之符合机床主轴承载要求
5	齿轮和轴承损坏	变挡压力过大，齿轮受冲击产生破损	按液压原理图调整到适当压力和流量
		变挡机构损坏或固定销脱落	修复或更换零件
		轴承预紧力过大或无润滑	重新调整预紧力，并使之有充足润滑
6	主轴无变速	电器变挡信号无输出	电气人员检查处理
		压力不足	检测工作压力，若低于额定压力，应调整
		变挡油缸研损或卡死	修去毛刺和研伤，清洗后重装
		变挡电磁阀卡死	检修电磁阀并清洗
		变挡油缸拨叉脱落	修复或更换
		变挡油缸窜油或内泄	更换密封圈
		变挡复合开关失灵	更换新开关
		CNC参数设置不当	重新设置数控系统参数
		加工程序编程错误	更正引起故障的程序
		D/A转换电路故障	查找数模转换电路故障，更换电路板
		主轴驱动器速度模拟量输入电路故障	查找电路故障源，修复或更换出故障的电路板
7	主轴不转动	电器主轴转动指令无输出	电气人员检查处理
		保护开关没有压合造成失灵	检修压合保护开关或更换
		卡盘未夹紧工件	调整或修理卡盘
		变挡复合开关损坏	更换复合开关
		变挡电磁阀体内泄漏	更换电磁阀
		印制电路板太脏	用酒精、松香水等清除积尘
		触发脉冲电路故障，没有脉冲产生	检查相关电路板，无法修复时更换该电路板
		主轴电动机动力线断线或与主轴控制单元连接不良	将断线连接好，并紧固其他连线接口，同时检查主轴单元的主交流接触器是否吸合，用万用表测量动力线电压确保电源输入正常
		高/低挡齿轮切换用的离合器切换不好	检修离合器或更换
		机床负载太大	减小负载至机床允许范围内
		机床未给出主轴旋转信号	检查数控信号传输线是否接触不良，并修复
		机械转动故障引起	检查皮带传动有无断裂或机床是否挂放在空挡

续表

序号	故障内容	故障原因	排除方法
7	主轴不转动	供给主轴的三相电源缺相	检查电源,接好电源线
		数控系统或变频器控制参数错误	查阅说明书,了解参数并更改
		系统与变频器的线路连接错误	查阅系统与变频器的连线说明书,确保连线正确
		模拟电压输出不正常	用万用表检查系统输出的模拟电压是否正常;检查模拟电压信号线连接是否正确或接触不良,变频器接收的模拟电压是否匹配
		强电控制部分断路或元器件损坏	检查主轴供电线路各触点连接是否可靠,线路是否断路,直流继电器是否损坏,保险管是否烧坏
		变频器参数未调好	变频器内含有控制方式供选择,分为变频器面板控制主轴方式、NC系统控制主轴方式等,若不选择NC系统控制方式,则无法用系统控制主轴,修改这一参数;检查相关参数设置是否合理
		电动机不转动	检查电源输入是否正常,电动机是否有异味
		机床主轴和电动机皮带松动	调紧皮带轮
		机床主轴同步齿形带有裂痕、断裂	更换同步齿形带
		主轴中的拉杆未拉紧夹持刀具的拉钉	检查此敏感元件反馈信号是否到位,重新装好刀具或工件
		系统处于急停状态	检查主轴单元的主交流接触器是否吸合,根据实际情况,解除急停
		机械准备信号断路	排查机械准备信号电路
		正反转信号同时输入	利用PLC监察功能查看相应信号
		无正反转信号	通过PLC监视画面,观察正反转指示信号是否发出。一般为数控装置的输出问题,排查系统的主轴信号输出端子
		没有速度控制信号输出	测量输出的信号是否正常
		使能信号没有接通	通过CRT观察I/O状态,分析机床PLC梯形图,以确定主轴的启动条件,如润滑、冷却等是否满足,检查外部启动的条件是否符合
		主轴驱动装置故障	利用交换法确定是否有故障,更换主轴驱动装置
		主轴电动机故障	利用交换法确定是否有故障,更换电动机
8	主轴速度偏差过大	负荷太大	减小负载至机床允许范围内
		电流零信号没有输出	检查电源输入是否正常,电源线是否断线
		主轴被制动	解除制动
		反馈连接不良	不启动主轴,用手盘动主轴使主轴电动机以较快速度转起来,估计电动机的实际速度,监视反馈的实际转速,确保反馈连线正确
		反馈装置故障	不启动主轴,用手盘动主轴使主轴电动机以较快速度转起来,估计电动机的实际速度,监视反馈的实际转速,更换反馈装置
		动力线连接不正常	确保动力线连接正确

续表

序号	故障内容	故障原因	排除方法
8	主轴速度偏差过大	动力电压不正常	用万用表或兆欧表检查电动机或动力线是否正常,确保动力线电压正常
		机床切削负荷太大,切削条件恶劣	减轻负载,调整切削参数
		机械传动系统不良	改善机械传动系统条件
		制动器未松开	查明制动器未松开的原因,确保制动电路正常
		驱动器故障	利用交换法判断是否有故障,更换故障单元
		电流调节器控制板故障	
		电动机故障	
9	速度达不到最高转速	励磁电流太大	相应调整励磁电流值,以达到机床工作要求
		励磁控制回路不动作	检查相关回路,无法修复时更换相关电气装置
		晶闸管整流部分太脏,造成绝缘降低	清除积尘,保证电路板部分的清洁
		数控程序中设置了主轴限速指令	修改相应的数控程序
10	主轴电动机速度超过额定值	新机床试用阶段的设置错误	重新调整机床系统参数
		更换相应的印制电路板后,所用软件不匹配	需要检查主板上的存储器型号,并设置成匹配的软件系统,必要时需机床厂房人员进行操作
		印制电路板故障	更换出故障电路板
11	主轴在加/减速时工作不正常	减速极限电路调整不良	对减速电路进行检查,并恢复成默认值
		电流反馈回路不良	检查反馈回路信号是否正常
		加/减速回路时间常数设置不当	按照机床说明书重新设定相关参数
		传动带连接不良	调整传动带,使之达到工作要求
		电动机/负载间的惯量不匹配	按照机床的负载要求,调整机床的工作负载
		机械传动系统不良	检查传动系统和润滑系统
12	主轴转速不受控制	所用主板无变频功能	更换带变频功能的主板
		系统模拟电压无输出或与变频器连接存在断路	先检查系统有无模拟电压输出,若无,则为系统故障;若有电压,则检查线路是否断路
		系统与变频器连接错误	查阅连接说明书,检查连线
		系统参数或变频器参数未设置好	打开系统变频参数,调整变频参数
		由于系统软件引起的轴转速显示不正确	变频器从S500变至S800,但显示仍为S500,需在编程时使用G04延时,系统软件有待改善
		系统中主轴不变速,编程不当	编辑程序时,S、T、M指令不应编于同程序,而应将T指令单独分开编写,否则主轴转速将默认不变。有时S、T共一程序段时转速值显示不变,但实际转速值已发生变化,建议不要将这两个指令共段
13	主轴启动后立即停止	系统输出脉冲时间不够	调整系统的M代码输出时间
		变频器处于点动状态	参阅变频器的使用说明书,设置好参数
		主轴线路的控制元器件损坏	检查电路上的各触点接触是否良好,检查直流继电器、交流接触器是否损坏,触点是否不自锁
		主轴电动机短路,造成热继电器保护	查找短路原因,使热继电器复位
		主轴控制回路没有带自锁电路,而把参数设置为脉冲信号输出,使主轴不能正常运转	将系统控制主轴的启停参数设置为电平控制方式

续表

序号	故障内容	故障原因	排除方法
14	主轴出力不足	齿形皮带调节过度	在停机状态下，打开保护盖后，可观察调整皮带间隙
		主轴刚性差	一般新机床可能出现此问题
		主轴电动机故障	有条件可用交换法测试更换好的电动机
15	发生过流报警	电流极限设定错误	重新设定机床电流极限参数
		同步脉冲紊乱	重新启动机床，恢复系统参数的默认值
		主轴电动机电枢线圈内部短路	检查出短路部分修理，无法修理更换电动机
		＋15V 电源异常	检查弱电部分电源输入/输出是否正常
16	主轴发热	主轴轴承预紧力过大	调整预紧力
		轴承研伤或损坏	更换新轴承
		润滑油脏或有杂质	清洗主轴箱重新换油
		冷却油泵、冷却管路不畅通	检查主轴冷却系统管路，并修理堵塞部位
		冷却油型号不匹配	按照机床使用说明书中所要求的型号添加冷却油
		主轴皮带过松或者过紧	调整主轴皮带的松紧至合适的程度
		主轴皮带轮的消音槽磨损严重	更换皮带轮，并保证皮带轮的消音槽的匹配
		主轴皮带上是否太干燥	加入适当的润滑油
		主轴下端未与卡刀装置上端紧密接触	此故障是振动或装配导致的间隙所致，需将卡刀装置调整，使其与主轴下端紧密接触即可
17	主轴频繁正、反转	热控开关或正反转控制开关故障	更换出故障的开关
		控制板有故障	检查控制信号是否短路，控制板是否有油渍、积尘和老化，必要时进行更换
18	主轴冷却油泵不上油	冷却油泵电源供给不正常	重新连接冷却油泵的电源
		冷却油泵电机转动不正常	修理并更换冷却油泵的电动机
		冷却油泵叶片损坏	更换损坏的叶片
19	机床出现掉刀现象，机床抓不住刀	气泵压力偏低	调节气压泵压力，使其达到工作要求
		机床主轴气路不畅通	检查故障部位，恢复其正常运行状态
		气泵漏气	检修气缸活塞及气缸密封件
20	机床主轴松不开刀	气泵压力过紧	调节气压泵压力，使其达到工作要求
		机床生锈，运动不灵活	
		机床主轴气路不畅通	检查故障部位，恢复其正常运行状态
		气泵漏气	检修气缸活塞及气缸密封件
		松、卡刀开关损坏	更换新的松、卡刀开关
		气缸漏气	检修气缸活塞及气缸密封件
		气缸质量不好	建议用户使用的气泵质量要好，防止气泵的气含水量过大，造成气缸运动性能下降
		检查机床抓刀抓子是否磨损	更换新的抓刀抓子
21	熔丝熔断（保险丝烧断）	印制电路板不良，电流瞬间过大	更换质量良好的电路板
		电动机不良	检查电动机是否有短路、运行不稳定情况，维修或者更换电动机
		输入电源反相	正确连接电源的三相电路
		输入电源缺相	测量缺相电源缺失部位，重新接线，保证三相电的全路送达
		电源的阻抗太高	检查电路板和主轴设备有无影响电阻值的部位

续表

序号	故障内容	故障原因	排除方法
21	熔丝熔断(保险丝烧断)	熔断器管接触不良	重新安装熔断器,并使其紧固
		电源输入电路中浪涌吸收器损坏	更换新的浪涌接收器
		电源整流桥损坏	更换新的整流桥
		逆变器内的晶闸管损坏,连接不良	更换新的晶闸管,并安装到位
		电动机电枢线短路,电动机电枢线对地短路	检查短路线路,维修故障或者更换电枢,确保没有短路现象
		在变频器回路中的熔断器熔断,一般为主轴电动机加速或减速频率太高所致	适当降低机床主轴的加速或减速频率至合理的范围
22	外界干扰下主轴转速出现随机和无规律性的波动	屏蔽措施不良	做好设备的屏蔽措施,隔离干扰源
		主轴转速指令信号受到干扰	
		反馈信号受到干扰	
		接地措施不良	检查机床接地的完整性,必要时单独从主轴引线接地

二、主轴损坏的机械检修方法

当主轴在使用过程中出现了弯曲、变形等损坏情况，应立即停止使用，并请专业维修人员进行修理。与上面所讲述的维修不同的是，这里所列举的主轴损坏的维修是机械修理，是对主轴自身进行的物理操作，需由具备多年机械修理经验的工程技术人员或机床厂家的生产设计人员进行维修，因此不对一般的机床操作人员和学习者做要求，他们只需了解即可。具体检修方法见表 10.4.2。

表 10.4.2　主轴损坏的机械检修方法

序号	损坏现象		检修方法	注意事项
1	主轴局部弯曲		在平台上采用光隙法或用划针及百分表找出主轴的最大弯曲部位,采用冷矫直或热矫直方法用光学平直仪等检测	对多处部位弯曲或轴颈部位弯曲不宜矫直
2	主轴轴颈部位磨损	装滚动轴承的轴颈磨损	局部镀铬或金属喷镀后再经修复至原有的轴颈尺寸	对渗碳、淬火的主轴轴颈其最大修磨量不大于 0.5mm;对渗氮、碳氨共渗的主轴轴颈,最大修磨量为 0.2mm,修磨后的表面硬度不应低于 45HRC
		装精动轴承的轴颈磨损	修磨轴颈,配换轴承。若轴颈不能减小尺寸,可采用局部镀铬或金属喷镀等工艺恢复尺寸	轴颈修磨后不得小于原尺寸 1mm;采用镀铬或金属喷镀,其镀层不宜超过 0.2mm;对于冲击或振动较大的主轴不宜采用金属喷镀法修复;对于高速旋转的主轴或受冲击的轴颈,不宜用镀铬方法修复
3	主轴锥孔局部磨损		如锥孔表面有轻微磨损,而锥孔精度在允差范围内,可用研磨法研去毛刺;如精度超差,应在磨床上精磨内锥孔,达到精度要求	修磨的锥孔其端面位移量不得超出下列值:莫氏 1 号锥度 1.5mm,莫氏 2 号锥度 2mm;莫氏 3 号锥度 3mm;莫氏 4 号锥度 4mm;莫氏 5 号锥度 5mm;莫氏 6 号锥度 6mm

三、数控机床主轴系统故障的检修流程

检修数控机床主轴故障的大体思路见图 10.4.1 所示的数控机床主轴系统故障的检修框图。

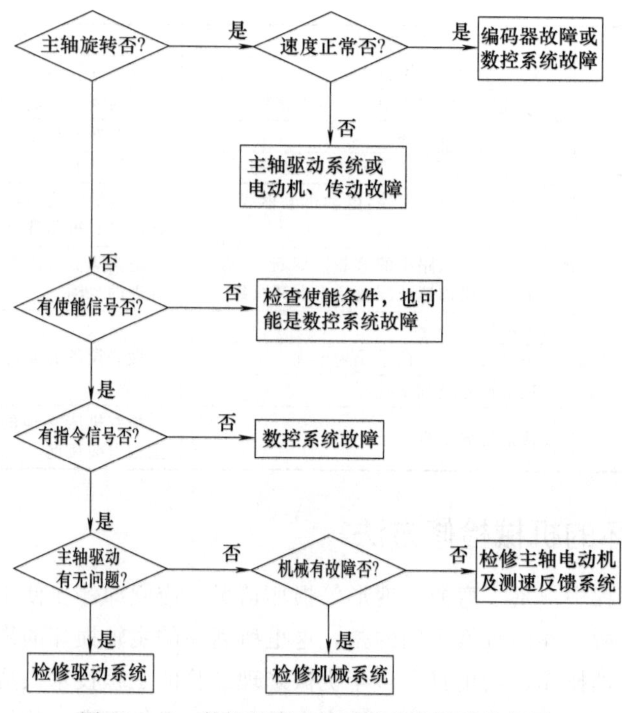

图 10.4.1 数控机床主轴系统故障的检修框图

第五节 主轴通用变频器常见故障诊断与排除

主轴变频器的主要作用就是给主轴调速，实现主轴的无级变速，为了保证驱动器安全、可靠地运行，在主轴伺服系统出现故障和异常等情况时，设置了较多的保护功能。这些保护功能与主轴驱动器的故障检测与维修密切相关。当驱动器出现故障时，即产生报警信息。主轴控制器的报警，传统的多采用发光二极管或七段数码显示器来指示，新生产的机床则采用文字或字母报警，使得操作者不必再去查阅说明书对照报警号了，直接可以根据保护功能的情况分析故障原因。

一、主轴变频器的保护种类

主轴变频器的保护种类见表 10.5.1。

表 10.5.1 主轴变频器的保护种类

序号	保护种类	说明
1	接地保护	在伺服驱动器的输出线路以及主轴内部等出现对地短路时，可以通过快速熔断器切断电源，对驱动器进行保护
2	过载保护	当驱动器、负载超过额定值时，安装在内部的热开关或主回路的热继电器将动作，对过载进行保护
3	速度保护	当主轴的速度由于某种原因，偏离了指令速度且达到一定的误差后，将产生报警，并进行保护
4	电流保护	即瞬时过电流报警，当驱动器中由于内部短路、输出短路等原因产生异常的大电流时，驱动器将发出报警并进行保护

续表

序号	保护种类	说明
5	回路保护	即速度检测回路断线或短路报警，当测速发电机出现信号断线或短路时，驱动器将产生报警并进行保护
6	超速保护	即超速报警，当检测出的主轴转速超过额定值的115%时，驱动器将发出报警并进行保护
7	励磁保护	即励磁监控，如果主轴励磁电流过低或无励磁电流，为防止飞车，驱动器将发出故障并进行保护
8	短路保护	当主回路发生短路时，驱动器可以通过相应的快速熔断器进行短路保护
9	相序保护	即相序报警，当三相输入电源相序不正确或缺相时，驱动器将发出报警

二、主轴变频器报警说明

驱动器出现保护性的故障时（也称报警），首先通过驱动器自身的指示灯以报警的形式反映出内容，具体说明见表10.5.2。

表 10.5.2 驱动器报警说明

序号	报警名称	报警时LED显示	动作内容
1	对地短路	对地短路故障	检测到变频器输出电路对地短路时动作（一般为≥30kW）。而≤22kW变频器发生对地短路时，作为过电流保护动作。此功能只是保护变频器。为保护人身安全和防止火警事故等应采用另外的漏电保护继电器或漏电断路器等
2	过电压	加速时过电压	由于再生电流增加，使主电路直流电压达到过电压检出值（有些变频器为800V DC）时，保护动作。但是，如果由变频器输入侧错误地输入控制电路电压值时，将不能显示此报警
		减速时过电压	
		恒速时过电压	
3	欠电压	欠电压	电源电压降低等使主电路直流电压低至欠电压检出值（有些变频器为400V DC）以下时，保护功能动作。注意：当电压低至不能维持变频器控制电路电压值时，将不显示报警
4	电源缺相	电源缺相	连接的三相输入电源L1/R、L2/S、L3/T中任何一相缺时，都会产生此报警。有些变频器能在三相电压不平衡状态下运行，但可能造成某些器件（如主电路整流二极管和主滤波电容器）损坏，这种情况下，变频器仍会报警和停止运行
5	过热	散热片过热	如内部的冷却风扇发生故障，散热片温度上升，则产生保护动作
		变频器内部过热	如变频器内通风散热不良等，则其内部温度上升，保护动作
		制动电阻过热	当采用制动电阻且使用频度过高时，会使其温度上升，为防止制动电阻烧损（有时会有"叭"的很大的爆炸声），保护动作
6	外部报警	外部报警	当控制电路端子连接控制单元、制动电阻、外部热继电器等外部设备的报警常闭接点时，按这些接点的信号动作
7	过载	电动机过负载	当电动机所拖动的负载过大使电子热继电器的电流超过设定值时，按反时限性保护动作
		变频器过负载	此报警一般为变频器主电路半导体元件的温度保护，变频器输出电流超过过载额定值时保护动作
8	通信错误	RS通信错误	通信时出错，则保护动作

三、主轴通用变频器常见故障及处理

主轴通用变频器常见故障及排除方法见表10.5.3。

表 10.5.3 通用变频器常见故障内容及排除方法

序号	故障内容	故障原因	排除方法
1	电动机不运转	变频器输出端子U、V、W不能提供电源	检查电源是否已提供给端子
			检查运行命令是否有效

续表

序号	故障内容	故障原因	排除方法
1	电动机不运转	变频器输出端子U、V、W不能提供电源	检查RS(复位)功能或自由运行停车功能是否处于开启状态
		负载过重	减轻电动机负载至合理范围
		远程操作器被使用	确保其操作设定正确
2	电动机反转	输出端子连接不正确	使得电动机的相序与端子连接相对应
		电动机正反转的相序不正确	
		控制端子连线不正确	端子FW用于正转,RV用于反转
3	电动机转速不能到达	如果使用模拟输入,电流或电压为零或不足	检查连线
			检查电位器或信号发生器
		负载太重	减少负载
			重负载激活了过载限定(根据需要不让此过载信号输出)
4	转动不稳定	负载波动过大	增加电动机容量(变频器及电动机)
		电源不稳定	解决电源问题
		该现象只是出现在某一特定频率下	稍微改变输出频率,使用调频设定将此有问题的频率跳过
5	过流	加速中过流	检查电动机是否短路或局部短路,输出线绝缘是否良好
			延长加速时间
			变频器配置不合理,增大变频器容量
			降低扭矩,提升设定值
		恒速中过流	检查电动机是否短路或局部短路,输出线绝缘是否良好
			检查电动机是否堵转,机械负载是否突变
			检查变频器容量是否太小,增大变频器容量
			检查电网电压是否突变
		减速中或停车时过流	检查输出连线绝缘是否良好,电动机是否有短路现象
			延长减速时间
			更换容量较大的变频器
			直流制动量太大,减少直流制动量
			机械故障,送厂维修
6	短路	对地短路	检查电动机连线是否短路
			检查输出线绝缘是否良好
			送修
7	过压	停车中过压	延长减速时间,或加装刹车电阻,改善电网电压,检查是否有突变电压产生
		加速中过压	
		恒速中过压	
		减速中过压	
8	低压、欠压		检查输入电压是否正常
			检查负载是否突然突变
			检查是否缺相
9	变频器过热		检查风扇是否堵转,散热片是否有异物
			检查环境温度是否正常
			检查通风空间是否足够,空气是否能对流
10	变频器过载	连续超负载150% 1min以上	检查变频器容量是否配小,否则加大容量
			检查机械负载是否有卡死现象
			V/f曲线设定不良,重新设定
11	电动机过载		检查机械负载是否突变

续表

序号	故障内容	故障原因	排除方法
11	电动机过载	连续超负载 150% 1min 以上	电动机配用太小
			电动机发热绝缘变差
			检查电压是否波动较大
			检查是否缺相
			机械负载增大
12	电动机过扭矩		检查机械负载是否波动
			检查电动机配置是否偏小

第十一章　进给系统的故障诊断与维修

数控机床的进给传动系统是伺服系统的重要组成部分，它将伺服电动机的旋转运动或直线伺服电动机的直线运动通过机械传动结构转化为执行元件的直线或回转运动。

数控机床进给系统的机械传动机构是指将电动机的旋转运动传递给工作台或刀架以实现进给运动的整个机械传动链，包括齿轮传动副、丝杠螺母副（或蜗轮蜗杆副）及其支承部件等。为确保数控机床进给系统的位置控制精度、灵敏度和工作稳定性，对进给机械传动机构总的设计要求是：消除传动间隙，减小摩擦阻力，降低运动惯量，提高传动精度和刚度。

本章主要讲解进给系统重要部分：滚珠丝杠螺母副和导轨的故障与维修。

第一节　数控机床的进给系统

一、数控机床对进给系统机械部分的要求

数控机床从构造上可以分为数控系统和机床两大块。数控系统主要根据输入程序完成对工作台的位置、主轴启停、换向、变速、刀具的选择、更换、液压系统、冷却系统、润滑系统等的控制工作。而机床为了完成零件的加工须进行两大运动：主运动和进给运动。数控机床的主运动和进给运动在动作上除了接受数控系统的控制外，在机械结构上应具有响应快、精度高、稳定性高的特点。本节着重讨论进给系统的机械结构特点，其中表 11.1.1 详细描述了数控机床对进给系统机械部分的要求。

表 11.1.1　数控机床对进给系统机械部分的要求

序号	结构特点	说　明
1	高传动刚度	进给传动系统的高传动刚度主要取决于丝杠螺母副（直线运动）或蜗轮蜗杆副（回转运动）及其支承部件的刚度。刚度不足与摩擦阻力会导致工作台产生爬行现象以及造成反向死区，影响传动准确性。缩短传动链，合理选择丝杠尺寸以及对丝杠螺母副及支承部件等预紧是提高传动刚度的有效途径

续表

序号	结构特点	说　明
2	高谐振频率	为提高进给系统的抗振性，机械构件应具有高的固有频率和合适的阻尼，一般要求机械传动系统的固有频率应高于伺服驱动系统固有频率的 2～3 倍
3	低摩擦	进给传动系统要求运动平稳，定位准确，快速响应特性好，这必须减小运动件的摩擦阻力和动、静摩擦因数之差。进给传动系统普遍采用滚珠丝杠螺母副的结构
4	低惯量	进给系统由于经常需进行启动、停止、变速或反向，机械传动装置惯量大，会增大负载并使系统动态性能变差。因此在满足强度与刚度的前提下，应尽可能减小运动部件的重量以及各传动元件的尺寸，以提高传动部件对指令的快速响应能力
5	无间隙	机械间隙是造成进给系统反向死区的另一主要原因，因此对传动链的各个环节，包括齿轮副、丝杠螺母副、联轴器及其支承部件等均应采用消除间隙的结构措施

二、进给传动系统的典型结构

进给系统协助完成加工表面的成形运动，传递所需的运动及动力。典型的进给系统机械结构由传动机构、运动变换机构、导向机构、执行件（工作台）组成。常见的传动机构有齿轮传动、同步带传动；运动变换机构有丝杠螺母副、蜗杆齿条副、齿轮齿条副等；而导向机构包括滑动导轨、滚动导轨和静压导轨等。

图 11.1.1 所示为数控车床的进给传动系统。纵向 Z 轴进给运动由伺服电动机直接带动滚珠丝杠螺母副实现；横向 X 轴进给运动由伺服电动机驱动，通过同步齿形带带动滚珠丝杠实现；刀盘转位运动由电动机经过齿轮及蜗杆副实现，可手动或自动换刀；排屑运动由电动机、减速器和链轮传动实现；主轴运动由主轴电动机经带传动实现；尾座运动通过液压传动实现。

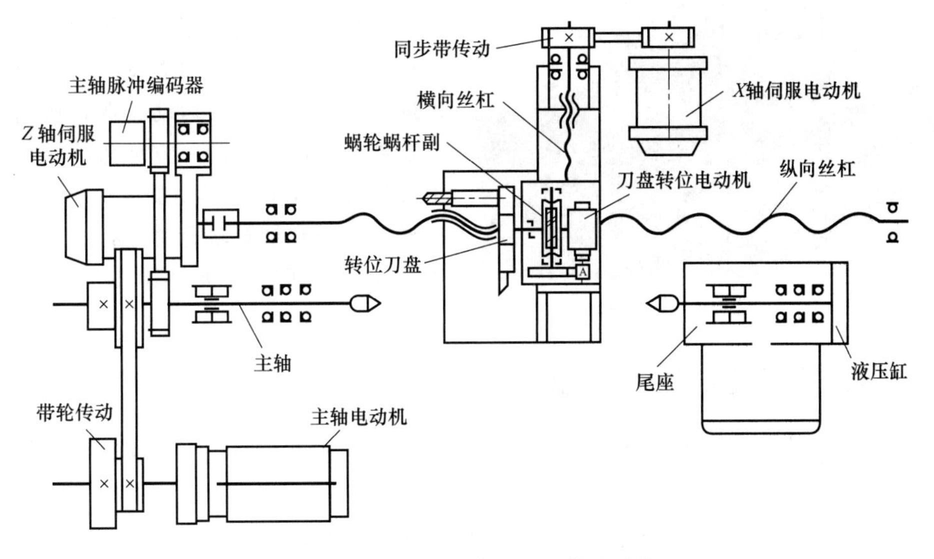

图 11.1.1　数控车床的进给传动系统

三、进给系统机电关系图

图 11.1.2 为数控机床进给系统机电关系图，该图描述了数控机床机电控制、运行的流程及其运动影响因素。

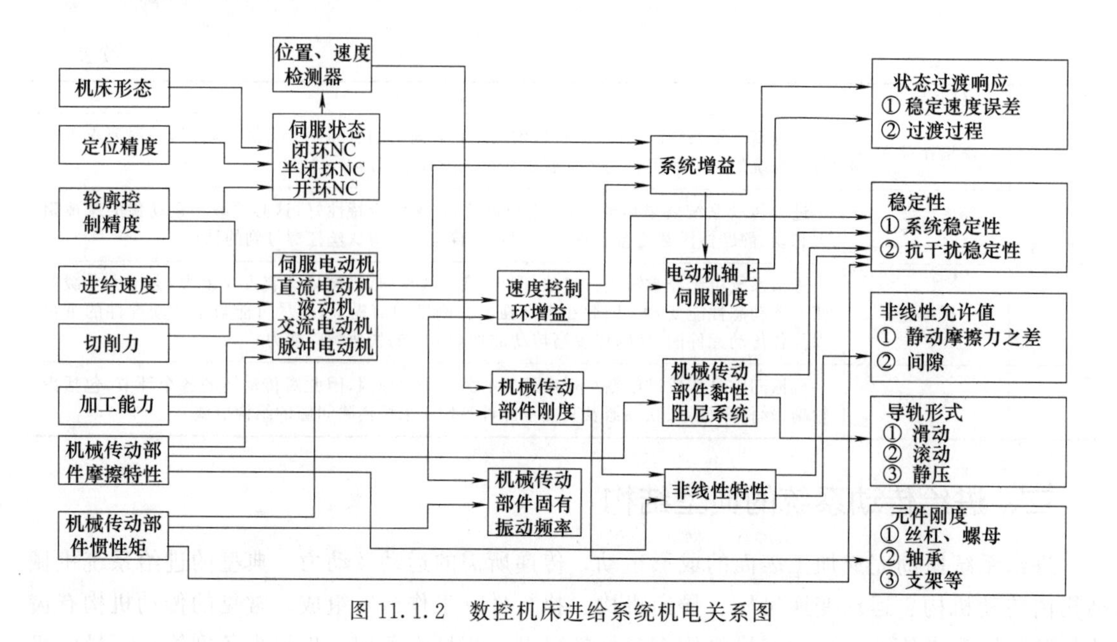

图 11.1.2　数控机床进给系统机电关系图

第二节　导　轨

一、机床导轨的功用

图 11.2.1　机床常见的导轨

机床导轨的功用是导向及支承，即保证运动部件在外力的作用下（运动部件本身的重量、工件重量、切削力及牵引力等）能准确地沿着一定的方向运动。在导轨副中，与运动部件连成一体的一方称为动导轨，与支承件连成一体固定不动的一方为支承导轨，动导轨对于支承导轨通常只有一个自由度的直线运动或回转运动。图 11.2.1 为机床常见的导轨。

二、导轨应满足的基本要求

导轨的精度及其性能对机床加工精度、承载能力等有着重要的影响。导轨应满足的基本要求见表 11.2.1。

表 11.2.1　数控机床对导轨的要求

序号	安全生产要求	详 细 说 明
1	较高的导向精度	导向精度是指机床的运动部件沿导轨移动时与有关基面之间的相互位置的准确性。无论在空载或切削加工时，导轨均应有足够的导向精度。影响导向精度的主要因素是导轨的结构形式、导轨的制造和装配质量以及导轨和基础件的刚度等
2	较高的刚度	导轨的刚度是机床工作质量的重要指标，它表示导轨在承受动静载荷下抵抗变形的能力，若刚度不足，则直接影响部件之间的相对位置精度和导向精度，另外还使得导轨面上的比压分布不均，加重导轨的磨损，因此导轨必须具有足够的刚度

续表

序号	安全生产要求	详细说明
3	良好的精度保持性	精度保持性是指导轨在长期使用中保持导向精度的能力。影响精度保持性的主要因素是导轨的磨损、导轨的结构及支承件(如床身、立柱)材料的稳定性
4	良好的摩擦特性	导轨的不均匀磨损,会破坏导轨的导向精度,从而影响机床的加工精度,这与材料、导轨面的摩擦性质,导轨受力情况及两导轨相对运动精度有关
5	低速平稳性	运动部件在导轨上低速运动或微量位移时,运动应平稳,无爬行现象。这一要求对数控机床尤其重要,这就要求导轨的摩擦因数要小,动、静摩擦因数的差值尽量小,还要有良好的摩擦阻尼特性

此外，导轨还要结构简单，工艺性好，便于加工、装配、调整和维修。应尽量减少刮研量，对于机床导轨，应做到更换容易，力求工艺性及经济性好。

三、导轨的分类

按能实现的运动形式，导轨可分为直线运动导轨和回转运动导轨两类，以下以直线运动导轨为例进行分析。数控机床上常用的导轨，按其接触面间的摩擦性质，可分为普通滑动导轨、滚动导轨和静压导轨三大类，此外，还有卸荷导轨和复合导轨。表 11.2.2 详细描述了导轨的分类。

表 11.2.2　导轨的分类

序号	导轨类型	详细说明
1	普通滑动导轨	普通滑动导轨具有结构简单、制造方便、刚度好、抗振性强等优点,缺点是摩擦阻力大、磨损快、低速运动时易产生爬行现象。滑动导轨如图 11.2.2 所示 图 11.2.2　滑动导轨 常见的导轨截面形状有三角形(分对称、不对称两类)、矩形、燕尾形及圆柱形四种,每种又分为凸形和凹形两类,如表 11.2.3 所示 凸形导轨不易积存切屑等脏物,但也不易储存润滑油,宜在低速下工作;凹形导轨则相反,可用于高速,但必须有良好的防护装置,以防切屑等脏物落入导轨
2	滚动导轨	滚动导轨是在导轨工作面间放入滚珠、滚柱或滚针等滚动体,使导轨面间形成滚动摩擦的导轨。滚动导轨如图 11.2.3 所示 图 11.2.3　滚动导轨

续表

序号	导轨类型	详 细 说 明
2	滚动导轨	滚动导轨摩擦因数小，$f=0.0025\sim0.005$，动、静摩擦因数很接近，且几乎不受运动速度变化的影响，因而运动轻便灵活，所需驱动功率小；摩擦发热少，磨损小，精度保持性好；低速运动时，不易出现爬行现象，定位精度高；滚动导轨可以预紧，显著提高了刚度。滚动导轨很适合用于要求移动部件运动平稳、灵敏，以及实现精密定位的场合，在数控机床上得到了广泛的应用。滚动导轨的缺点是结构较复杂，制造较困难，因而成本较高。此外，滚动导轨对脏物较敏感，必须要有良好的防护装置 滚动导轨的结构类型有以下几种 ①滚珠导轨。滚珠导轨结构紧凑，制造容易，成本较低，但由于是点接触，所以刚度低、承载能力较小，只适用于载荷较小（小于 2000N）、切削力矩和颠覆力矩都较小的机床。导轨用淬硬钢制成，淬硬至 60～62HRC ②滚柱导轨。滚柱导轨的承载能力和刚度都比滚珠导轨的大，适用于载荷较大的机床，但对导轨面的平行度要求较高，否则会引起滚柱的偏移和侧向滑动，使导轨磨损加剧和降低精度，如图 11.2.4 所示 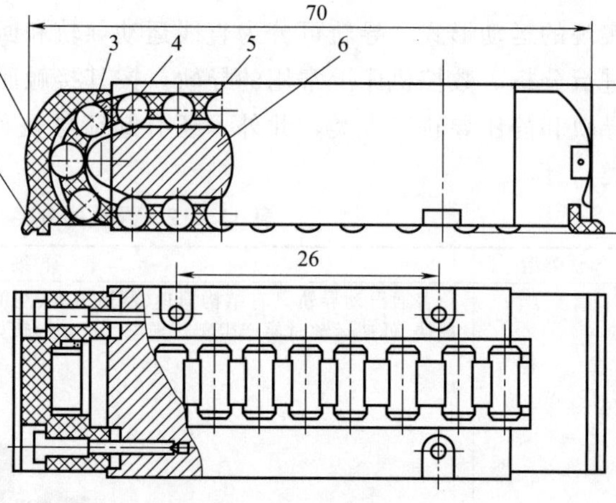 图 11.2.4　滚柱导轨 1—防护板；2—端盖；3—滚柱；4—导向片；5—保持器；6—本体 ③滚针导轨。滚针比滚柱的长径比大，由于直径尺寸小，故结构紧凑；与滚柱导轨相比，可在同样长度上排列更多的滚针，因而承载能力比滚柱导轨的大，但摩擦也要大一些，适用于尺寸受限制的场合 ④直线滚动导轨块（副）组件。近年来，数控机床愈来愈多地采用由专业厂生产制造的直线滚动导轨块或导轨副组件。该种导轨组件本身制造精度很高，而对机床的安装基面要求不高，安装、调整都非常方便，现已有多种形式、规格可供使用 直线滚动导轨副是由一根长导轨轴和一个或几个滑块组成的，滑块内有四组滚珠或滚柱，如图 11.2.5 和图 11.2.6 所示。在图 11.2.5 中，2、3、6、7 为负载滚珠或滚柱，1、4、5、8 为回珠（回柱），当滑块相对导轨轴移动时，每一组滚珠（滚柱）都在各自的滚道内循环运动，循环承受载荷，承受载荷形式与轴承的类似。四组滚珠（滚柱）可承受除轴向力以外的任何方向的力和力矩。滑块两端装有防尘密封垫 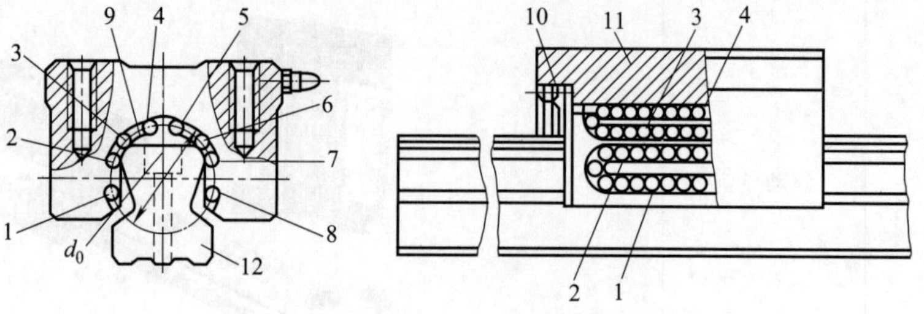 图 11.2.5　直线滚动导轨副 1，4，5，8—回珠（回柱）；2，3，6，7—负载滚珠或滚柱；9—保持体；10—端部密封垫；11—滑块；12—导轨

续表

序号	导轨类型	详细说明
2	滚动导轨	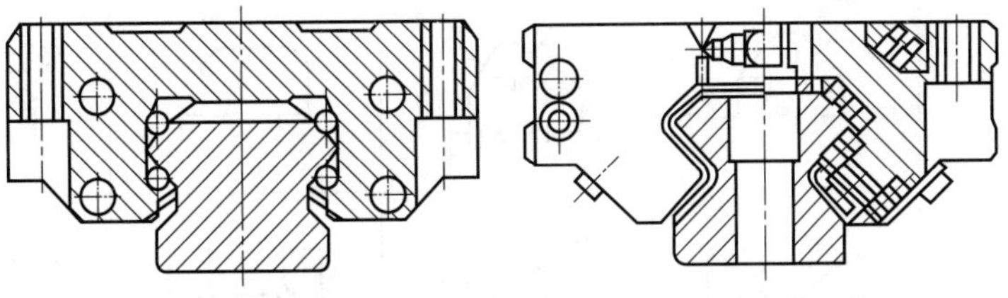 (a) 滚珠循环型　(b) 滚柱循环型 图 11.2.6　直线滚动导轨副截面图 直线滚动导轨摩擦因数小，精度高，安装和维修都很方便，由于它是一个独立部件，对机床支承导轨的部分要求不高，即不需要淬硬也不需磨削，只要精铣或精刨即可。由于这种导轨可以预紧，因而比滚动体不循环的滚动导轨刚度高，承载能力大。但不如滑动导轨刚度高，抗振性也不如滑动导轨的好。为提高抗振性，有时装有抗振阻尼滑座。有过大的振动和冲击载荷的机床不宜应用直线导轨副 直线滚动导轨副的移动速度可以达到 60m/min，在数控机床和加工中心上得到广泛应用
3	静压导轨	静压导轨分液体、气体两类。液体静压导轨多用于大型、重型数控机床，气体静压导轨多用于载荷不大的场合，像数控坐标磨床、三坐标测量机等。静压导轨如图 11.2.7 所示 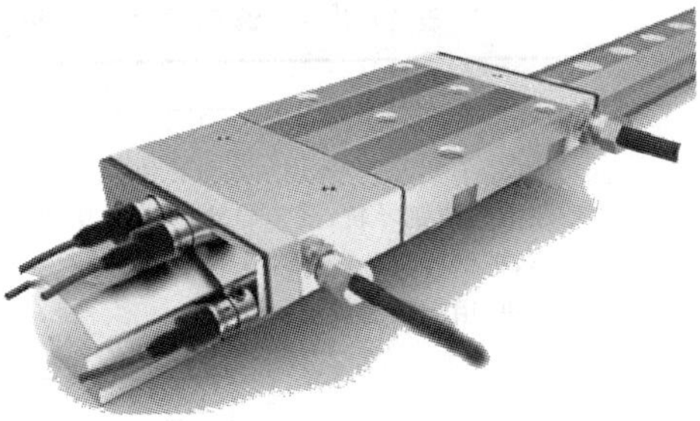 图 11.2.7　静压导轨 静压导轨是在导轨工作面间通入具有一定压强的润滑油，使运动件浮起，导轨面间充满润滑油形成的油膜的导轨。这种导轨常处于纯液体摩擦状态，故摩擦因数极低，f 约为 0.0005，因而驱动功率大大降低，低速运动时无爬行现象；导轨面不易磨损，精度保持性好；由于油膜有吸振作用，因而抗振性好、运动平稳。但是静压导轨结构复杂，且需要一套过滤效果良好的供油系统，制造和调整都较困难，成本高，主要用于大型、重型数控机床上 图 11.2.8 为静压导轨供油的原理图 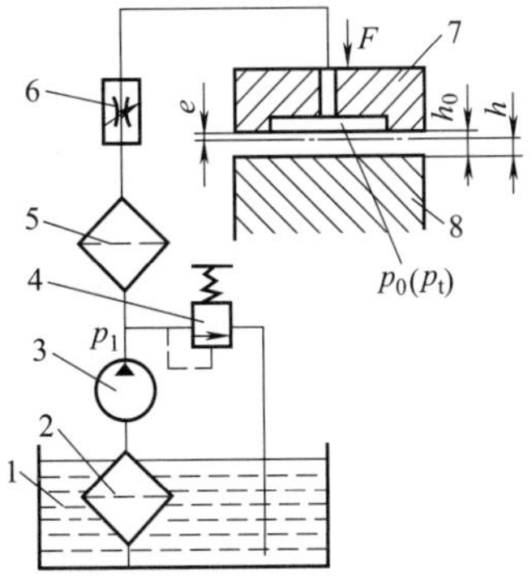 图 11.2.8　静压导轨供油的原理图 1—油箱；2—滤油器；3—液压泵；4—溢流阀；5—精密滤油器；6—节流阀；7—运动件；8—承导件
4	卸荷导轨	利用机械或液压的方式减小导轨面间的压力，但不使运动部件浮起，因而既能保持滑动导轨的优点，又能减小摩擦力和磨损
5	复合导轨	导轨的主要支承面采用滚动导轨，而主要导向面采用滑动导轨

表 11.2.3　常见的导轨截面形状

类型	对称三角形	不对称三角形	矩形	燕尾形	圆柱形
凸形	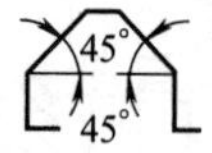 45° 45°	 90° 15°~30°	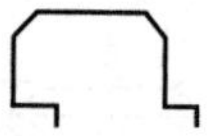	 55° 55°	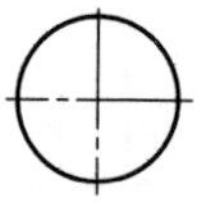
凹形	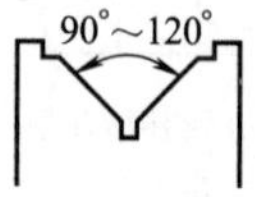 90°~120°	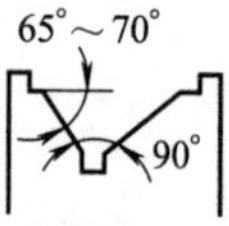 65°~70° 90°	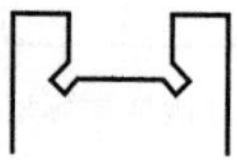	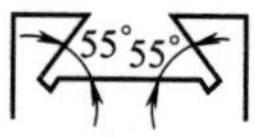 55° 55°	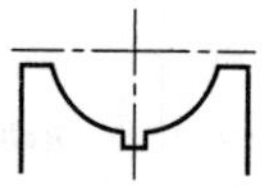

四、滚动导轨的安装、预紧与调整

1. 滚动导轨的常见安装形式

滚动导轨的常见安装形式按导向方式分为闭式安装窄式导向、闭式导轨宽式导向；按定位方式分为单导轨定位和双导轨定位，见表 11.2.4。

表 11.2.4　滚动导轨的常见安装形式

序号	滚动导轨安装形式		详细说明
1	按导向方式分类	闭式安装窄式导向	图 11.2.9(a)所示为滚动导轨块闭式安装的一种形式。数控机床及加工中心的导轨一般采用镶钢导轨，镶钢导轨一般采用正方形或长方形两种形状，为便于热处理和减小变形，把钢导轨分段装在床身上。图 11.2.9(b)所示的支承主导轨采用粘塑导轨板的滚动导轨块，用来承受倾覆力矩  (a) 导轨块的配置 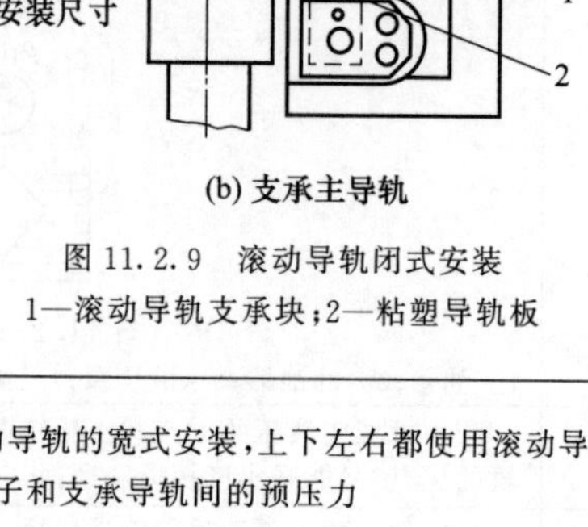 (b) 支承主导轨 图 11.2.9　滚动导轨闭式安装 1—滚动导轨支承块；2—粘塑导轨板
		闭式导轨宽式导向	图 11.2.10 所示为滚动导轨的宽式安装，上下左右都使用滚动导轨块。图中 1、2 是弹簧垫或调整垫，用来调节滚子和支承导轨间的预压力

续表

<table>
<tr><th>序号</th><th colspan="2">滚动导轨安装形式</th><th>详细说明</th></tr>
<tr><td>1</td><td>按导向方式分类</td><td>闭式导轨
宽式导向</td><td> 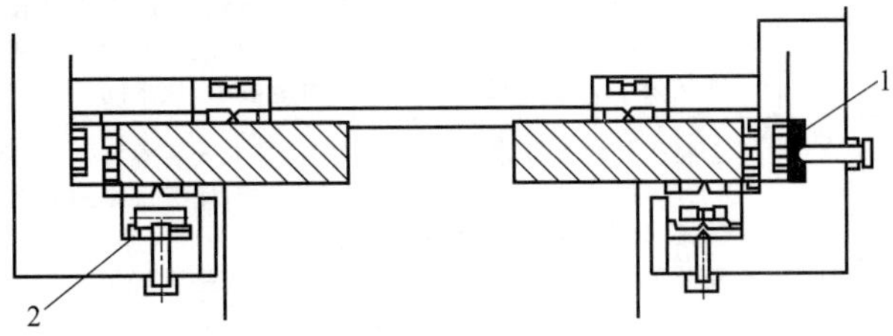图 11.2.10　滚动导轨的宽式安装
1,2—弹簧垫或调整垫</td></tr>
<tr><td rowspan="2">2</td><td rowspan="2">按定位方式分类</td><td>单导轨定位</td><td>如图 11.2.11 所示，将一条导轨作为基准导轨安装在床身的基准面上，底面和侧面都有定位面，另一条导轨作为非基准导轨，床身上没有侧向定位面，固定时以基准导轨为定位面固定。单导轨定位易于安装，容易保证平行，对床身没有侧向定位面平行的要求 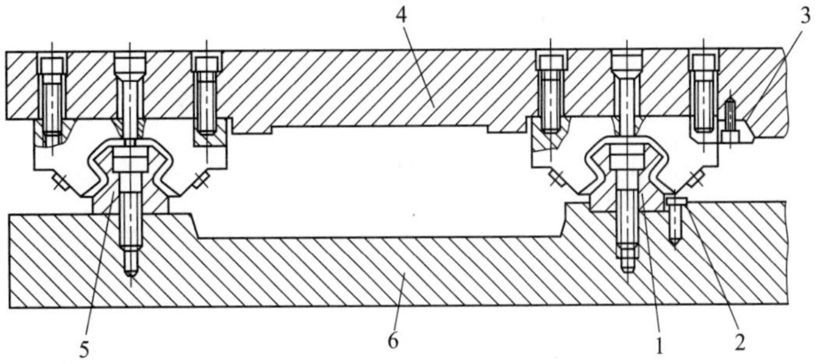
图 11.2.11　单导轨定位的安装形式
1—基准导轨；2,3—楔块；4—工作台；5—非基准导轨；6—床身</td></tr>
<tr><td>双导轨定位</td><td>如图 11.2.12 所示，双导轨定位安装形式的两条导轨的侧面都要定位，要求定位面的平行度误差小；当用调整垫调整时，导轨的加工精度要求较高，调整难度较大 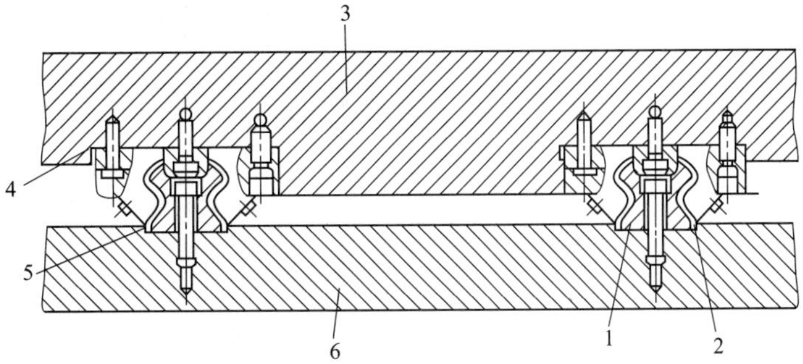
图 11.2.12　双导轨定位安装形式
1—基准侧的导轨条；2,4,5—调整垫；3—工作台；6—床身</td></tr>
</table>

2. 滚动导轨的安装步骤

安装前必须检查导轨是否有合格证，有否碰伤或锈蚀，用缓蚀剂清洗干净，清除装配表面的毛刺、撞击凸起物及污物等；检查装配连接部位的螺栓孔是否吻合，如果发生错位而强行拧入螺栓，将会降低运行精度。滚动导轨的常见安装形式见表 11.2.5。

表 11.2.5　滚动导轨的常见安装形式

序号	安装步骤	详细说明
1	导轨的安装	①使导轨基准面紧靠机床装配表面的侧基面，对准螺孔，将导轨轻轻地用螺栓固定 ②上紧导轨侧面的预紧装置，使导轨基准侧面紧紧靠在床身的侧面 ③按表 11.2.6 中的参考值，用力矩扳手，从中间开始按交叉顺序向两端拧紧导轨的安装螺钉
2	滑块座的安装	①将工作台置于滑块座的平面上，对准安装螺钉孔，然后轻轻压紧 ②拧紧基准侧滑块座侧面的压紧装置，使滑块座的基准侧面紧紧靠贴工作台的侧基面 ③按对角线顺序拧紧基准侧和非基准侧滑块座上的各个螺钉 安装完毕后，检查滑块座全行程内运行是否轻便、灵活，有无打顿、阻滞现象；摩擦阻力在全行程内不应有明显的变化。达到上述要求后，检查工作台的运行直线度、平行度是否符合要求
3	滚动直线导轨副的安装	滚动直线导轨副的安装固定方式主要有螺钉固定、压板和螺钉固定、定位销固定以及楔块和螺钉固定，如图 11.2.13 所示。在实际使用中，通常是两根导轨成对使用，其中一条为基准导轨，通过对基准导轨的正确安装，以保证运动部件相对于支承元件的正确导向。安装时，将基准导轨的定位面紧靠在安装基准面上，然后用不同的安装固定方式固定。滑块的定位方式与导轨相同 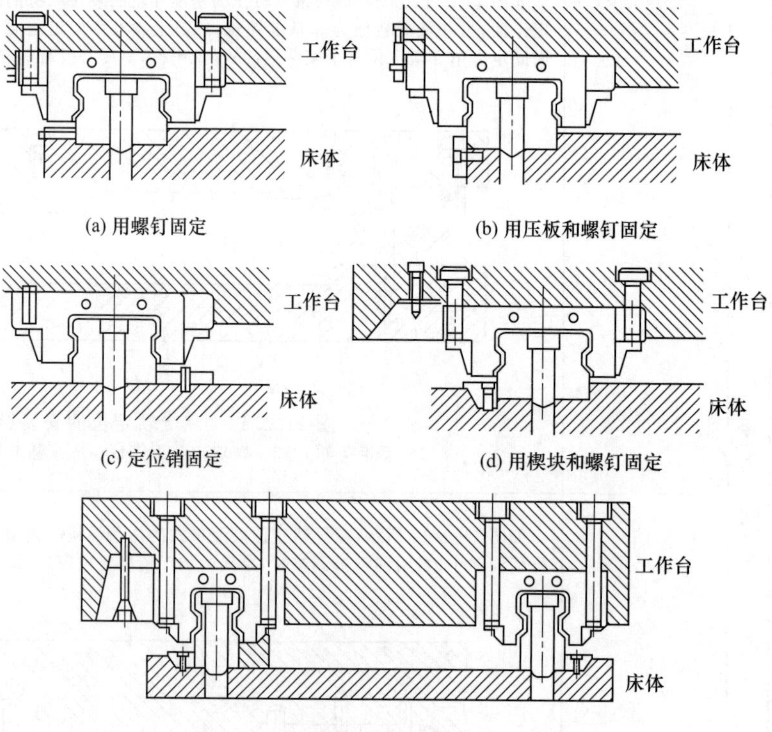 (a) 用螺钉固定　(b) 用压板和螺钉固定 (c) 定位销固定　(d) 用楔块和螺钉固定 (e) 导轨平行安装 图 11.2.13　滚动直线导轨副的安装固定方式 导轨副是数控机床的重要执行部件。影响机床正常运行和加工质量的主要环节有 ①间隙调整装置，滚动导轨副的预紧环节 ②润滑系统（包括润滑剂的种类、质量要求及润滑方式等的合理选择） ③导轨副的防护装置，作用为防止切屑、磨粒或切削液散落在导轨面上而引起磨损、擦伤和锈蚀等 这三个环节中任一环节出现异常都会影响机床执行机构的正常运行

表 11.2.6　导轨固定螺钉扭力参考值

螺钉规格	M3	M4	M5	M6	M8	M10	M12	M14
拧紧扭矩/N・m	1.6	3.8	7.8	11.7	28	60	100	150

3. 滚动导轨的预紧

为了提高滚动导轨的刚度，应对滚动导轨进行预紧，预紧可提高接触刚度和消除间隙，在立式滚动导轨上预紧可防止滚动体脱落和歪斜。图 11.2.14 所示为四种滚动导轨的预紧实例。

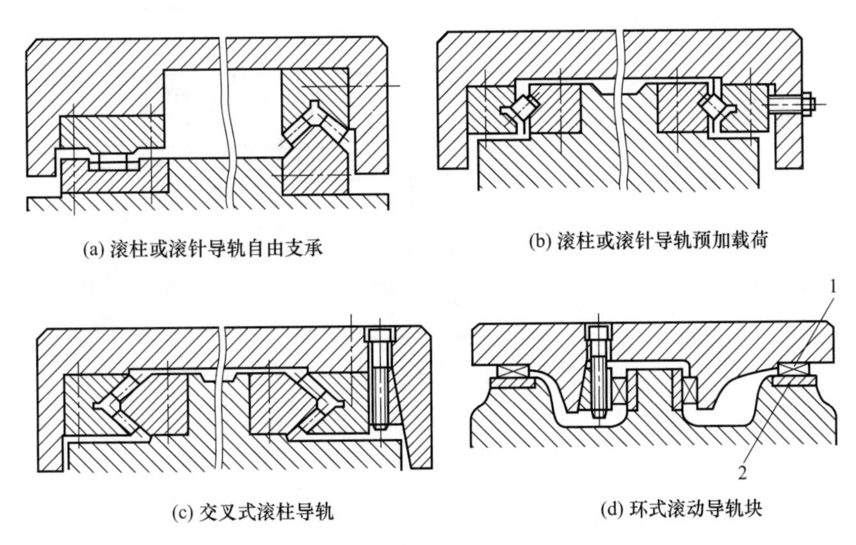

(a) 滚柱或滚针导轨自由支承　　(b) 滚柱或滚针导轨预加载荷

(c) 交叉式滚柱导轨　　(d) 环式滚动导轨块

图 11.2.14　滚动导轨的预紧实例

1—循环式直线滚动块；2—淬火钢导轨

滚动导轨的常用预紧方法有两种：采用过盈配合预紧和调整法预紧，如图 11.2.15 所示，具体内容见表 11.2.7。

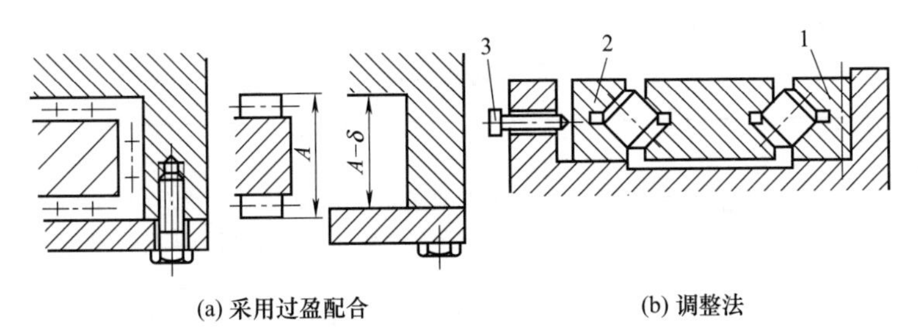

(a) 采用过盈配合　　(b) 调整法

图 11.2.15　滚动导轨的预紧方法

1,2—导轨体；3—侧面螺钉

表 11.2.7　滚动导轨的常用预紧方法

序号	预紧方法	详 细 说 明
1	采用过盈配合预紧	采用过盈配合预紧，预加载荷大于外载荷，预紧力产生的过盈量为 2～3μm，过大会使牵引力增加。若运动部件较重，其重力可起预加载荷的作用，若刚度满足要求，可不施加预加载荷。如图 11.2.15(a)所示，装配导轨时，首先根据滚动件的实际尺寸量出相应的尺寸 A，然后刮研压板与溜板的接合面，或在其间加一垫片，改变垫片的厚度，由此形成包容尺寸 $A-\delta$（δ 为过盈量）。过盈量的大小可以通过实际测量来决定
2	调整法预紧	调整法预紧是指通过调整螺钉、斜块或偏心轮进行预紧的方法，如图 11.2.15(b)所示。其调整原理和方法与调整滑动导轨的间隙相似。调整侧面螺钉 3，即可调整导轨体 1 及 2 的位置而预加负载。也可用斜镶条来调整，此时导轨上的过盈量沿全长分布比较均匀 滚动导轨块的预紧可通过在动导轨体与动导轨块之间放置垫片、弹簧和楔铁的方式进行 图 11.2.16 所示是采用楔铁方式进行预紧的滚动导轨块，通过调节两个螺钉 1(一推一拉)来调节楔块 2 的位置，达到所需的预紧效果。预紧力一般不超过额定动负荷的 20%，如果预紧力过大，则容易使滚动体不转或产生滑动。润滑油从油孔 3 进入，润滑滚动体 4

续表

序号	预紧方法	详细说明
2	调整法预紧	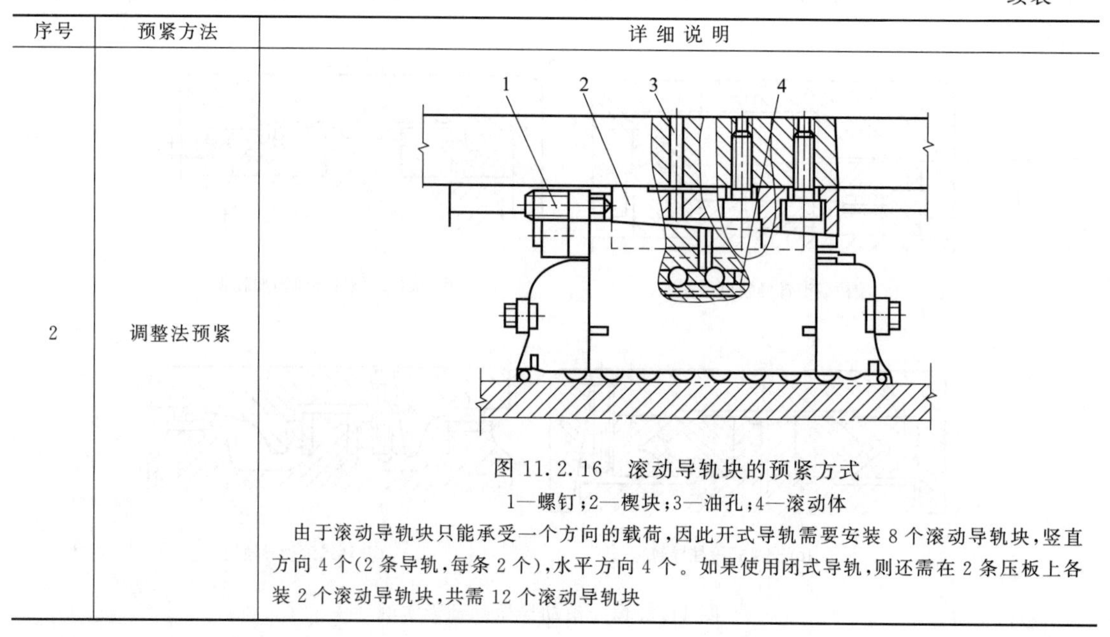 图 11.2.16　滚动导轨块的预紧方式 1—螺钉；2—楔块；3—油孔；4—滚动体 由于滚动导轨块只能承受一个方向的载荷，因此开式导轨需要安装 8 个滚动导轨块，竖直方向 4 个(2 条导轨，每条 2 个)，水平方向 4 个。如果使用闭式导轨，则还需在 2 条压板上各装 2 个滚动导轨块，共需 12 个滚动导轨块

4. 导轨副的调整

导轨副维护工作中很重要的一项是保证导轨面之间具有合理的间隙。间隙过小，则摩擦阻力大，导轨磨损加剧；间隙过大，则运动会失去准确性和平稳性，失去导向精度。间隙的调整方法见表 11.2.8。

表 11.2.8　导轨副间隙的调整方法

序号	间隙的调整方法	详细说明
1	压板调整间隙	矩形导轨上常用的压板装置分为修复刮研式、镶条式和垫片式三种形式，如图 11.2.17 所示。压板用螺钉固定在动导轨上，常用刮研措施配合调整垫片、平镶条等零件，使导轨面与支承面之间的间隙均匀，达到规定的接触点数。图 11.2.17(a)所示的压板结构，如间隙过大，应修磨或刮研 *B* 面；若间隙过小或压板与导轨压得太紧，则可刮研或修磨 *A* 面 *A*　*B* (a)修复刮研式　(b) 镶条式　(c) 垫片式 图 11.2.17　压板调整间隙
2	镶条调整间隙	常用的镶条有两种，即等厚度镶条和斜镶条。等厚度镶条如图 11.2.18(a)所示，它的全长厚度相等，横截面为平行四边形(用于燕尾形导轨)或矩形，通过侧面的螺钉调节和螺母锁紧，以其横向位移来调整间隙。由于压紧力的作用，螺钉的着力点处有挠曲。斜镶条如图 11.2.18(b)所示，它是一种全长厚度变化的镶条，以其纵向位移来调整间隙。斜镶条在全长上支承，其斜度为 1∶40 或 1∶100，由于楔形的增压作用会产生过大的横向压力，因此调整时应细心

续表

序号	间隙的调整方法	详细说明
2	镶条调整间隙	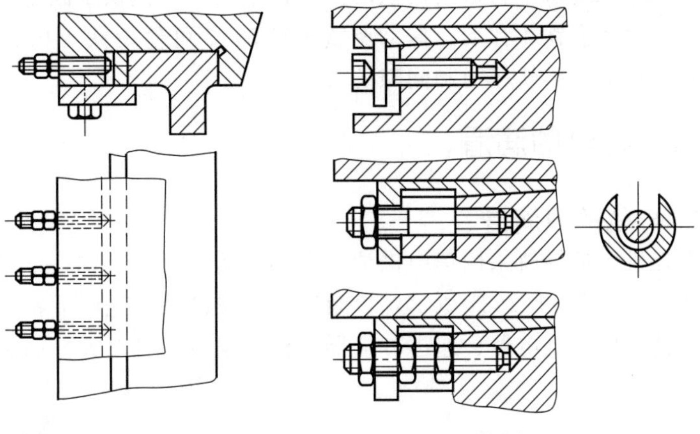 (a) 等厚度镶条　(b) 斜镶条 图 11.2.18 镶条调整间隙
3	压板镶条调整间隙	如图 11.2.19 所示，T 形压板用螺钉固定在运动部件上，运动部件内侧和 T 形压板之间放置斜镶条，镶条不是在纵向有斜度，而是在高度方面做成有斜度的。调整时，借助压板上的几个推拉螺钉，使镶条上下移动，从而达到调整间隙的目的。三角形导轨的上滑动面能自动补偿间隙，下滑动面的间隙调整和矩形导轨下压板调整底面间隙的方法相同；圆形导轨的间隙不能调整 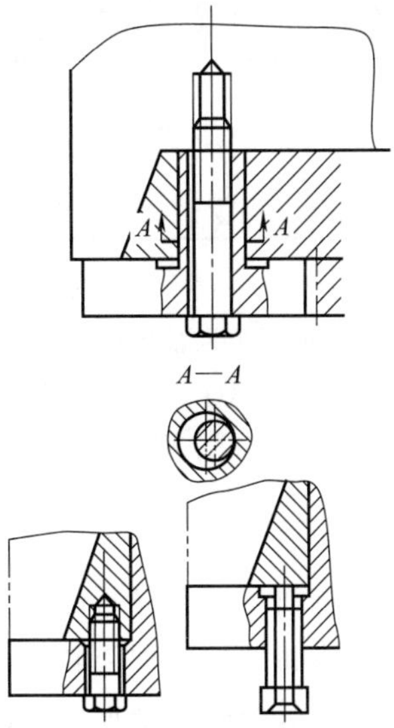 A—A 图 11.2.19 压板镶条调整间隙

5. 滚动导轨调整要求

加工中心上使用的直线滚动导轨一般为精密级（D 级），直线滚动导轨安装基面的精度必须等于或高于导轨精度，具体要求见表 11.2.9。

表 11.2.9 滚动导轨调整要求

序号	调整位置	要　求
1	安装基面的平面度误差	精密级直线滚动导轨安装基面的平面度误差一般应小于 0.01mm
2	安装基面两侧定位面的平行度	安装基面两侧定位面之间的平行度取 0.015mm 左右
3	侧定位面的垂直度	侧定位面对底平面安装面的垂直度为 0.005mm

6. 滚动导轨块的调整实例

图 11.2.20 所示为采用楔铁的间隙调整机构，楔铁 1 固定不动，标准导轨块 2 固定在楔铁 4 上，可随楔铁 4 移动。拧动调整螺钉 5、7 可使楔铁 4 相对楔铁 1 运动，进而可调整滚动导轨块对支承导轨压力和间隙的大小。

五、导轨的润滑

1. 导轨的油润滑

数控机床的导轨采用集中供油、自动点滴式润滑。国产润滑设备有 XHZ 系列稀油集中润滑装置，如图 11.2.21 所示，该装置由定量油泵、进回油精密滤油器、液位检测器、进给油检测器、压力继电器、递进分油器及油箱组成，可对导轨面定时、定量供油。

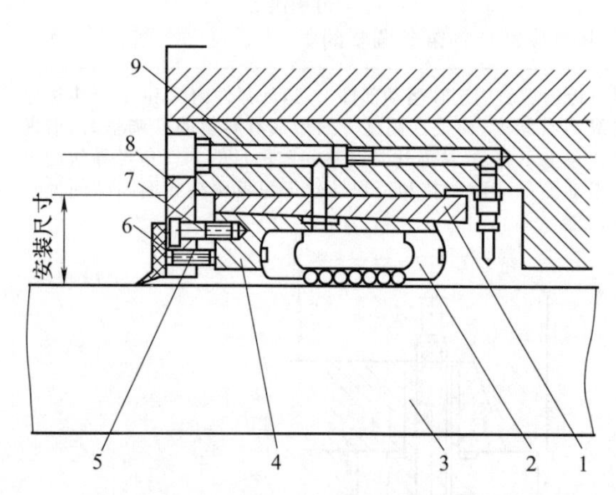

图 11.2.20 采用楔铁的间隙调整机构

1,4—楔铁；2—标准导轨块；3—支承导轨；5,7—调整螺钉；6—刮板；8—楔铁调整板；9—润滑油路

图 11.2.21 XHZ 系列稀油集中润滑装置

2. 导轨的固体润滑

固体润滑是将固体润滑剂覆盖在导轨的摩擦表面上，形成黏结型固体润滑膜，以减少摩擦和磨损的润滑方法。固体润滑剂的种类较多，按基本原料可分为金属类、金属化合物类、无机物类和有机物类。在润滑油脂中添加固态润滑剂粉末，可增强或改善润滑油脂的承载能力和时效性能、高低温性能。

3. 润滑方法

对导轨面进行润滑后，可降低摩擦因数，减少磨损，并且可防止导轨面锈蚀。导轨常用的润滑剂有润滑油和润滑脂，前者用于滑动导轨，而滚动导轨两种都用。

导轨最简单的润滑方式是人工定期加油或用油杯供油。这种方法操作简单、成本低，但不可靠，一般用于调节辅助导轨及运动速度低、工作不频繁的滚动导轨。

运动速度较高的导轨大都采用润滑泵，以液压油强制润滑。这样不但可连续或间歇供油给导轨进行润滑，而且可利用油的流动冲洗和冷却导轨表面。为实现强制润滑，必须备有专门的供油系统，图 11.2.22 所示为某加工中心导轨的润滑系统。

4. 导轨对润滑油的要求

在工作温度变化时，润滑油的黏度变化要小，要有良好的润滑性能和足够的油膜刚度，油中杂质应尽量少且不侵蚀机件。常用的全损耗系统用油有 L-AN10、L-AN15、L-AN32、L-AN42、L-AN68，精密机床导轨用油 L-HG68，汽轮机用油 L-PSA32、L-TS46 等。

全损耗系统油采用加氢高黏度矿物基础油，精选防锈、防老、抗泡、抗氧化、抗磨修复等进口复合添加剂和科学配方调和而成，如图 11.2.23 所示。应用于对润滑油无特殊要求的全损耗系统用油有机械油、车轴油、三通阀油三种类型。

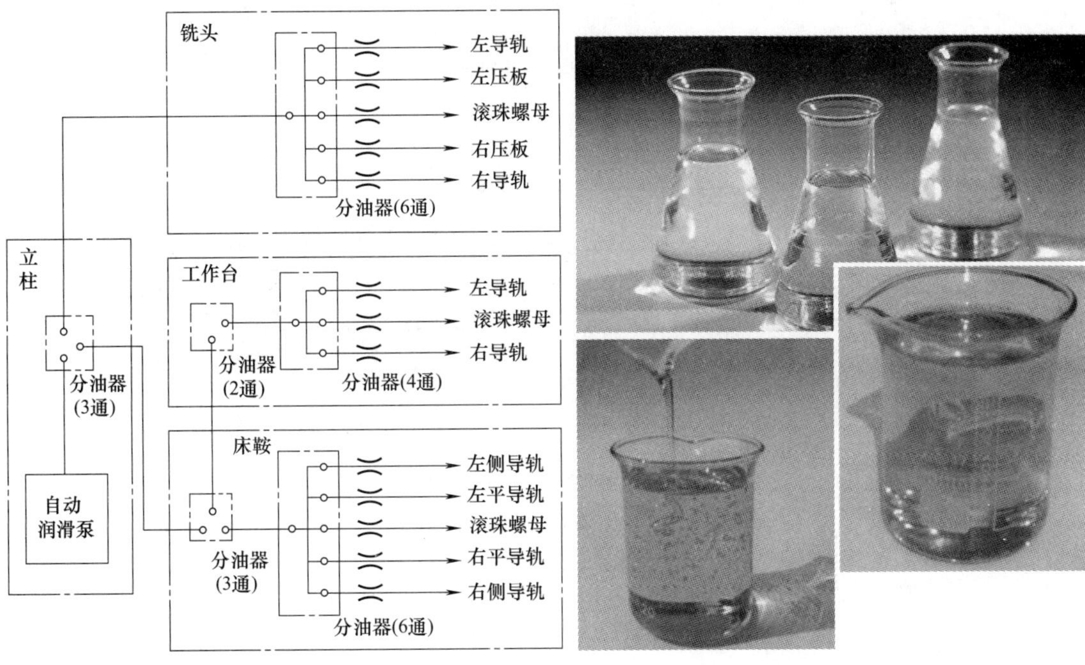

图 11.2.22　加工中心导轨的润滑系统

图 11.2.23　全损耗系统油

全损耗系统油适用于各种纺织机械、各种机床、水压机、小型风动机械、缝纫机、小型电机、普通仪表、木材加工机械、起重设备、造纸机械、矿山机械等，并适用于工作温度在60℃以下的各种轻负荷机械的变速箱、手动加油转动部位等一般润滑系统。

六、导轨的防护

导轨的防护是防止或减少导轨副磨损、延长导轨寿命的重要方法之一，对数控机床更为重要。防护装置已有专门工厂生产，可以外购。

导轨的防护方法很多，有刮板式、卷帘式和伸缩式（包括软式皮腔式和叠层式）等，数控机床大都采用叠层式防护罩。图 11.2.24 所示为一种叠层式防护罩，它随着导轨的移动可以伸缩，有低速（12m/min）和中速（30m/min）两种。图 11.2.25 为叠

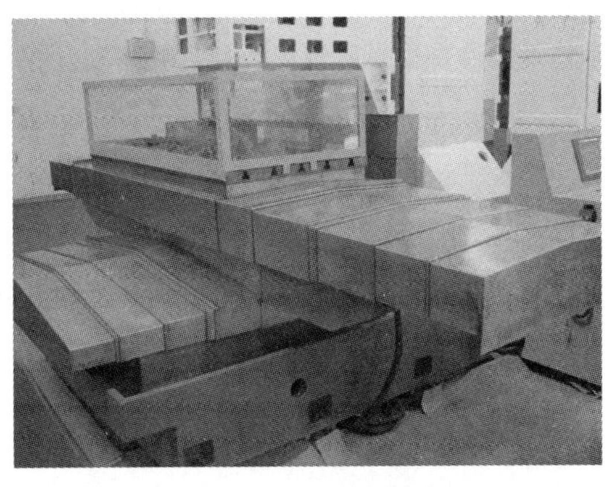

图 11.2.24　叠层式防护罩

层式防护罩的结构图。

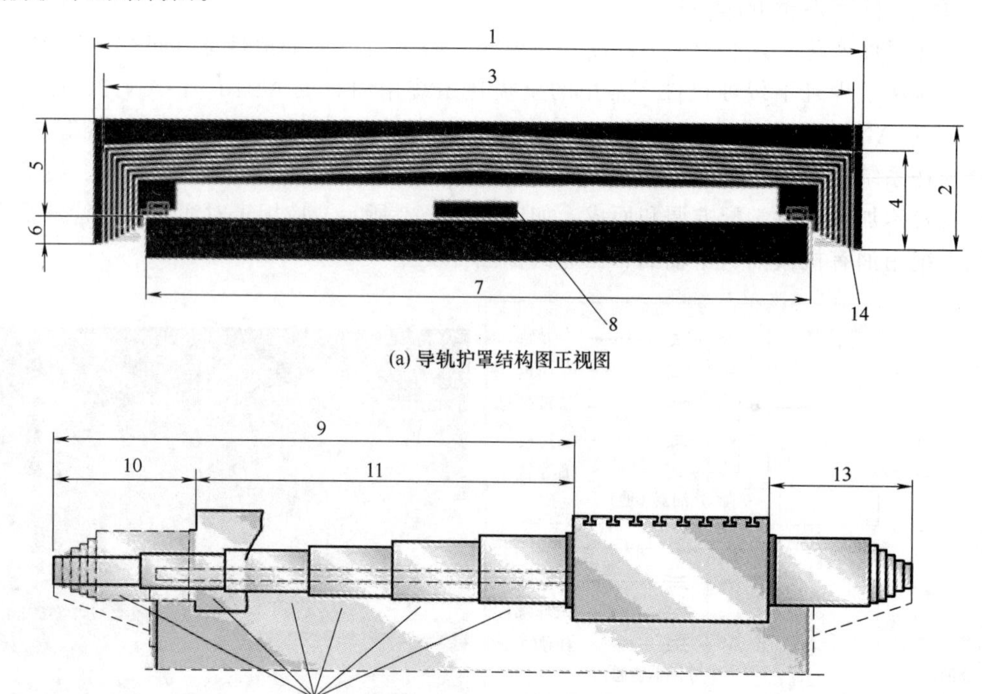

(a) 导轨护罩结构图正视图

(b) 导轨护罩结构图侧视图

图 11.2.25　叠层式防护罩结构图

1—安装板宽度；2—安装板高度；3—护罩宽度；4—护罩高度；5—导轨以上尺寸；6—导轨以下尺寸；7—导轨宽度；8—障碍物尺寸；9—护罩拉伸（打开长度）；10—护罩压缩（闭合长度）；11—导轨行程；12—护罩节数；13—尾部护罩压缩（闭合长度）；14—板厚

第三节　滚珠丝杠螺母副

滚珠丝杠螺母副是在丝杠和螺母间以钢球为滚动体的螺旋传动元件，它可将螺旋运动转变为直线运动或者将直线运动转变为螺旋运动，如图 11.3.1 所示。因此，滚珠丝杠螺母副既是传动元件，也是回转运动和直线运动互相转换的元件。

一、滚珠丝杠螺母副的工作原理

丝杆（螺母）旋转，滚珠在封闭滚道内沿滚道滚动，迫使螺母（丝杆）轴向移动。图 11.3.2 所示为滚珠丝杠螺母副的结构示意图。螺母 1 和丝杠 3 上均制有圆弧形面的螺旋槽，将它们装在一起便形成了螺旋滚道。滚珠在其间既自转又循环滚动。

二、滚珠丝杠螺母副的特点

1. 优点

与普通丝杠螺母副相比，滚珠丝杠螺母副的优点见表 11.3.1。

图 11.3.1　滚珠丝杠螺母副

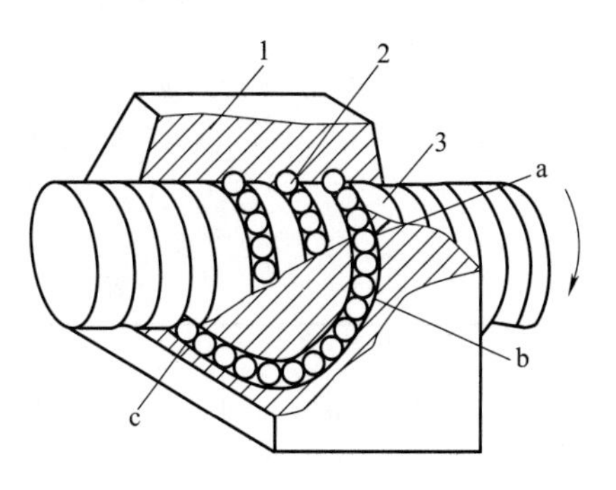

图 11.3.2　滚珠丝杠螺母副结构
1—螺母；2—滚珠；3—丝杠；
a，c—螺旋槽；b—回路管道

表 11.3.1　滚珠丝杠螺母副的优点

序号	优点	详细说明
1	摩擦损失小，传动效率高	滚珠丝杠螺母副的摩擦因数小，仅为 0.002～0.005；传动效率为 0.92～0.96，比普通丝杠螺母副高 3～4 倍；功率消耗只相当于普通丝杠的 1/4～1/3，所以发热小，可实现高速运动
2	运动平稳无爬行	由于摩擦阻力小，动、静摩擦力之差极小，故运动平稳，不易出现爬行现象
3	可以预紧，反向时无间隙	滚珠丝杠螺母副经预紧后，可消除轴间隙，因而无反向死区，同时也提高了传动刚度和传动精度
4	磨损小，精度保持性好，使用寿命长	
5	具有运动的可逆性	由于摩擦因数小，不自锁，因而不仅可以将旋转运动转换成直线运动，也可将直线运动转换成旋转运动，即丝杠和螺母均可作主动件或从动件

2. 缺点

滚珠丝杠螺母副的缺点见表 11.3.2。

表 11.3.2　滚珠丝杠螺母副的缺点

序号	缺点	详细说明
1	结构复杂	丝杠和螺母等元件的加工精度和表面质量要求高，故制造成本高
2	不能自锁	特别是用作垂直安装的滚珠丝杠传动，会因部件的自重而自动下降，当向下驱动部件时，由于部件的自重和惯性，当传动切断时，不能立即停止运动，必须增加制动装置

由于滚珠丝杠螺母副优点显著，所以被广泛应用在数控机床上。

三、滚珠丝杠螺母副的主要尺寸参数

滚珠丝杠螺母副的主要尺寸参数如图 11.3.3 所示，表 11.3.3 为参数说明。

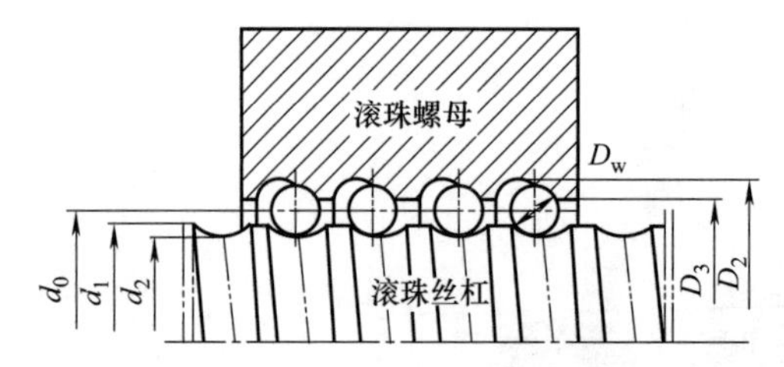

图 11.3.3　滚珠丝杠螺母副的主要尺寸参数
d_0—公称直径；d_1—丝杠大径；d_2—丝杠小径；
D_w—滚珠直径；D_2—螺母大径；D_3—螺母小径

表 11.3.3　滚珠丝杠螺母副参数说明

序号	参数	详细说明
1	公称直径 d_0	指滚珠与螺纹滚道在理论接触角状态时包络滚珠球心的圆柱直径，它是滚珠丝杠螺母副的特征尺寸
2	基本导程 P_h	丝杠相对螺母旋转 2π 弧度时，螺母上基准点的轴向位移称为导程
3	行程 λ	丝杠相对螺母旋转任意弧度时，螺母上基准点的轴向位移
4	滚珠直径 D_w	滚珠直径大，则承载能力也大。应根据轴承厂提供的尺寸选用
5	滚珠个数 N	N 过多，流通不畅，易产生阻塞；N 过少，承载能力小，滚珠加剧磨损和变形
6	滚珠的工作圈(或列)数 j	由于第一、第二、第三圈(或列)分别承受轴向载荷的 50%、30%、15%左右，因此工作圈(或列)数一般取 $j=2.5\sim3.5$

四、滚珠丝杠螺母副的结构类型

滚珠丝杠螺母副按滚珠循环方式，可分为外循环和内循环两种。表 11.3.4 详细描述了外循环和内循环结构。

表 11.3.4　外循环和内循环结构

序号	结构类型	详细说明
1	外循环	滚珠在循环过程结束后通过螺母外表面上的螺旋槽或插管返回丝杠、螺母间重新进入循环，图 11.3.4 所示为常用的一种形式。在螺母外圆上装有螺旋形的插管。其两端插入滚珠螺母工作始末两端孔中，以引导滚珠通过插管，形成滚珠的多圈循环滚道。外循环目前应用最为广泛，可用于重载传动系统中。滚珠的一个循环链为一列，外循环常用的有单列、双列两种结构，每列有 2.5 圈或 3.5 圈 滚道 图 11.3.4　滚珠外循环结构
2	内循环	滚珠内循环结构是滚珠在循环过程中始终与丝杠保持接触的结构。它采用圆柱凸键反向器实现滚珠循环，反向器嵌入螺母内。如图 11.3.5 所示，滚珠丝杠螺母副靠螺母上安装的反向器接通相邻滚道，使滚珠形成单圈循环，即每列 2 圈。反向器 4 的数目与滚珠圈数相等。一般 1 个螺母上装 2～4 个反向器，即有 2～4 列滚珠。这种形式结构紧凑，刚度高，滚珠流通性好，摩擦损失小，但制造较困难，承载能力不高，适用于高灵敏、高精度的进给系统，不宜用于重载传动中

续表

序号	结构类型	详细说明
2	内循环	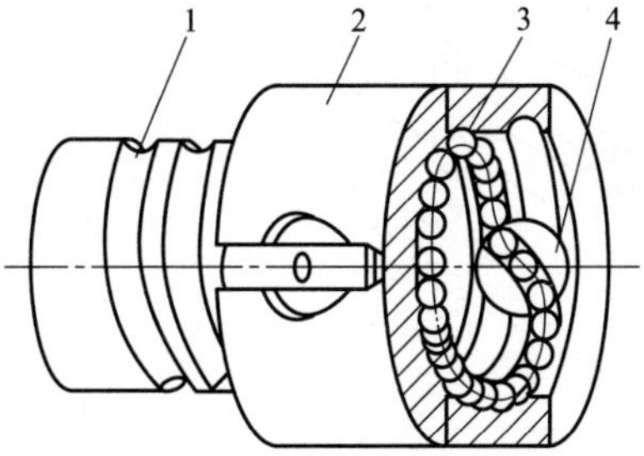 图 11.3.5　滚珠内循环结构 1—丝杠；2—螺母；3—滚珠；4—反向器

五、滚珠丝杠螺母副的安装方法

1. 滚珠丝杠的装配方法

滚珠丝杠的装配是数控机床维修常见的操作项目，滚珠丝杠的装配作业方法见表 11.3.5。

表 11.3.5　滚珠丝杠的装配作业方法

序号	示意图	说　明
1	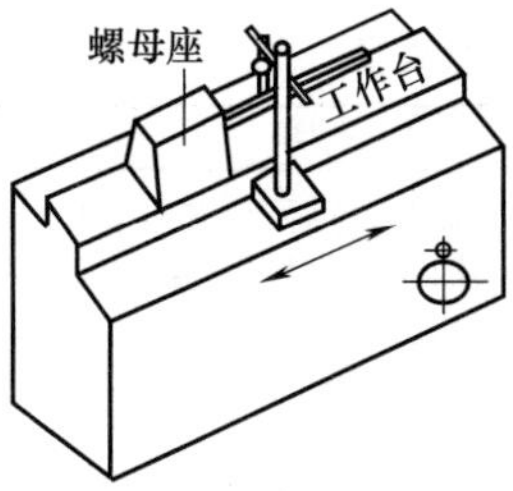 螺母座 工作台	如图所示，将工作台倒转放置，丝杠安装螺母孔中套入长 400mm 的精密试棒，测量其轴心线对工作台滑动导轨面在垂直方向的平行度误差，公差为 0.005mm/1000mm
2	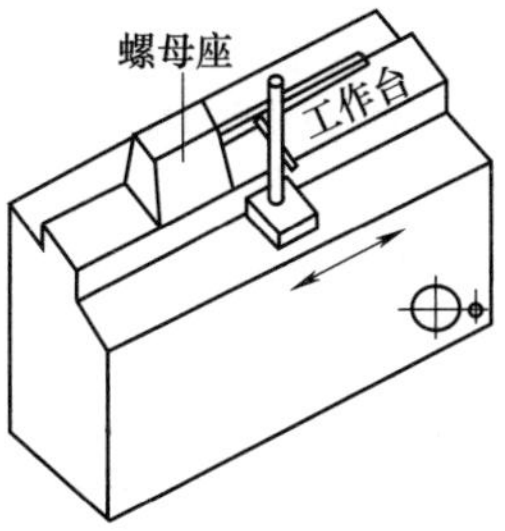 螺母座 工作台	如图所示，以同序号 1 的方法测量丝杠轴心线对工作台滑动导轨面在水平方向的平行度误差，公差为 0.005mm/1000mm
3	—	测量工作台滑动面与螺母座孔中心的高度尺寸，并记录
4	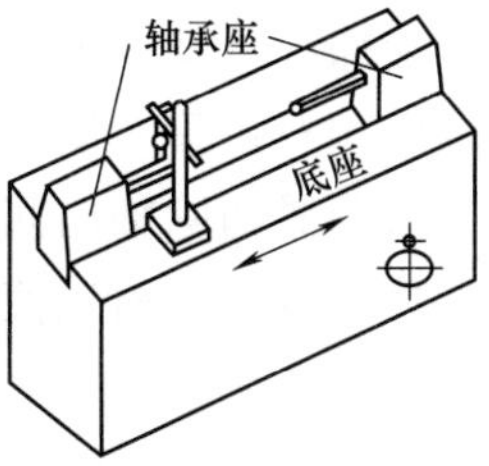 轴承座 底座	如图所示，将轴承座装于底座的两端，并各自套入精密试棒，测量其轴心线对底座导轨面在垂直方向的平行度误差，公差为 0.005mm/1000mm

续表

序号	示意图	说　明
5	轴承座 底座	如图所示，用同序号4的方法测量轴承座孔轴心线对底座导轨面在水平方向的平行度误差，公差为0.005mm/1000mm
6	—	测量底座导轨面与轴承座孔中心线的高度尺寸，修整配合螺母座孔的高度尺寸
7	—	将工作台和底座导轨面擦拭干净，将工作台安放在底座正确位置上，装上镶条，以试棒为基准，测量螺母座轴心线与轴承座孔轴心线的同轴度。如果达到装配要求，则可紧固螺钉并配钻、铰定位销孔，如有偏差则需修整直到满足要求为止
8	—	将轴承座孔、螺母座孔擦拭干净，再将滚珠丝杠副仔细装入螺母座，紧固螺钉
9	—	将选定适当配合公差的轴承安装上。轴承安装应该采用专用套管，以免损坏轴承。然后再上紧锁紧螺母，安装法兰盘

2. 滚珠丝杠螺母副拆装注意事项

滚珠丝杠螺母副拆装注意事项见表11.3.6。

表11.3.6　滚珠丝杠螺母副拆装注意事项

序号	项　目	说　明
1	滚珠丝杠副安装到机床时注意事项	滚珠丝杠副仅用于承受轴向负荷，径向力、弯矩会使滚珠丝杠副产生附加表面接触应力等不良负荷，从而可能造成丝杠的永久性损坏。滚珠丝杠副安装到机床时应注意以下几点 ①丝杠的轴线必须和与之配套导轨的轴线平行，机床的两端轴承座轴线与螺母座轴线必须三点成一线 ②安装螺母时，尽量靠近支承轴承；同样安装支承轴承时，尽量靠近螺母安装部位 ③滚珠丝杠副安装到机床时，不要把螺母从丝杠轴上卸下来。如必须卸下来时，要使用辅助套，否则装卸时滚珠有可能脱落
2	螺母装卸时注意事项	螺母装卸时应注意下列几点 ①辅助套外径应小于丝杠底径0.1～0.2mm ②辅助套在使用中必须靠紧丝杠螺纹轴肩 ③装卸时，不可使力过大以免螺母损坏 ④装入安装孔时要避免撞击和偏心

六、滚珠丝杠传动副的间隙调整方法

为了保证滚珠丝杠反向传动精度和轴向刚度，必须消除滚珠丝杠螺母副的轴向间隙。消除间隙的基本方法是采用双螺母结构，即利用两个螺母的轴向相对位移，使两个滚珠螺母中的滚珠分别紧贴在螺旋滚道的两个相反的侧面上。用这种方法预紧消除轴向间隙时，应注意预紧力不宜过大，预紧力过大会使空载力矩增大，从而降低传动效率，缩短使用寿命。

1. 滚珠丝杠副的行程偏差和变动量

滚珠丝杠副的行程偏差和变动量参考值见表11.3.7。

表 11.3.7　滚珠丝杠副的行程偏差和变动量

序号	检验内容	符号	有效行程/mm	精度等级						
				1	2	3	4	5	7	10
1	任意 300mm 行程内行程变动量/μm	V_{300p}	—	6	8	12	16	23	52	210
2	2π 弧度内行程变动量/μm	$V_{2\pi p}$	—	4	5	6	7	8	—	—
3	有效行程 L_u 内的平均行程偏差(仅适用于P类滚珠丝杠)/μm	e_p	≤315	6	8	12	16	23	—	—
			>315～400	7	9	13	18	25	—	—
			>400～500	8	10	15	20	27	—	—
			>500～630	9	11	16	22	32	—	—
			>630～800	10	13	18	25	36	—	—
			>800～1000	11	15	21	29	40	—	—
			>1000～1250	13	18	24	34	47	—	—
			>1250～1600	15	21	29	40	55	—	—
			>1600～200	18	25	35	48	65	—	—
			>2000～2500	22	30	41	57	78	—	—
			>2500～3150	26	30	41	57	78	—	—
			>3150～4000	32	45	62	86	115	—	—
			>4000～5000	—	—	76	110	140	—	—
			>5000～6300	—	—	—	—	170	—	—
	有效行程 L_u 内的平均行程偏差(仅适用于T类滚珠丝杠)/μm	$e_p=\frac{2L_u}{300}V_{300p}$		V_{300p} 见本表序号1						
4	有效行程 L_u 内的平均行程变动量(仅适用于P类滚珠丝杠)/μm	V_{up}	≤315	6	8	12	16	23	—	—
			>315～400	6	9	12	18	25	—	—
			>400～500	7	9	13	19	26	—	—
			>500～630	7	10	14	20	29	—	—
			>630～800	8	11	16	22	31	—	—
			>800～1000	9	12	17	24	34	—	—
			>1000～1250	10	14	19	27	39	—	—
			>1250～1600	11	16	22	31	44	—	—
			>1600～200	13	18	25	36	51	—	—
			>2000～2500	15	21	29	41	59	—	—
			>2500～3150	17	24	34	49	59	—	—
			>3150～4000	21	29	41	58	82	—	—
			>4000～5000	—	—	49	70	99	—	—
			>5000～6300	—	—	—	—	119	—	—
			T类滚珠丝杠的有效行程 L_u 内的行程变动量一般不检查							

2. 滚珠丝杠螺母副的间隙调整方法

滚珠丝杠螺母副的间隙调整方法见表 11.3.8。

表 11.3.8　滚珠丝杠螺母副的间隙调整方法

序号	方法	示意图	详细说明
1	垫片调整法	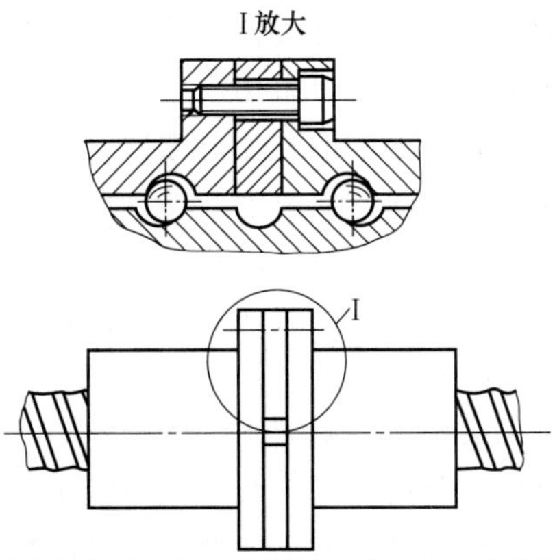 I放大 I	如图所示，调整垫片厚度，使左右两个螺母产生轴向位移，即可消除间隙和产生预紧力，这种方法结构简单，刚性好，但调整不便，滚道有磨损时不能随时消除间隙和进行预紧

续表

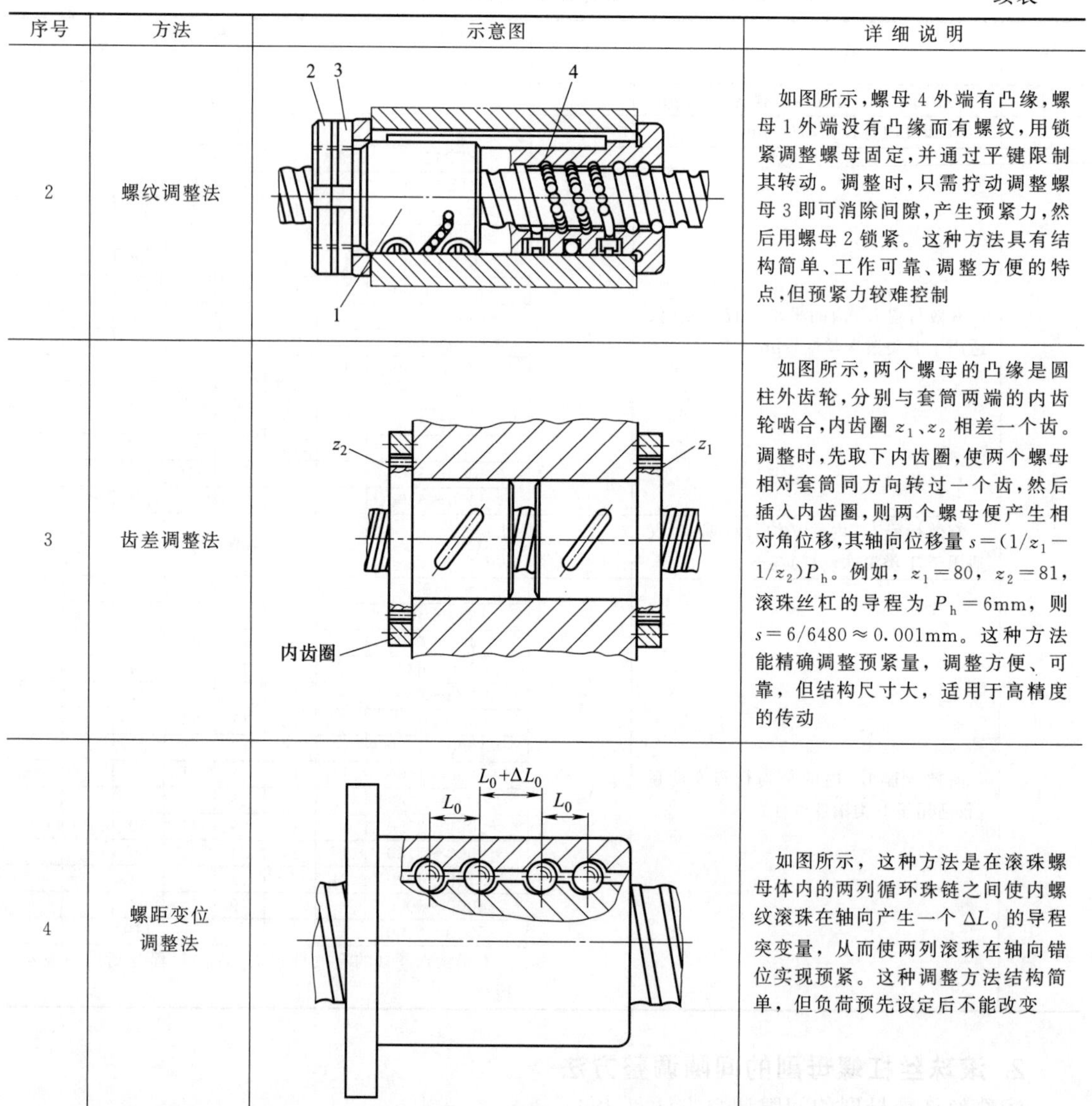

序号	方法	示意图	详细说明
2	螺纹调整法	2 3 4 1	如图所示，螺母4外端有凸缘，螺母1外端没有凸缘而有螺纹，用锁紧调整螺母固定，并通过平键限制其转动。调整时，只需拧动调整螺母3即可消除间隙，产生预紧力，然后用螺母2锁紧。这种方法具有结构简单、工作可靠、调整方便的特点，但预紧力较难控制
3	齿差调整法	z_2 z_1 内齿圈	如图所示，两个螺母的凸缘是圆柱外齿轮，分别与套筒两端的内齿轮啮合，内齿圈 z_1、z_2 相差一个齿。调整时，先取下内齿圈，使两个螺母相对套筒同方向转过一个齿，然后插入内齿圈，则两个螺母便产生相对角位移，其轴向位移量 $s=(1/z_1-1/z_2)P_h$。例如，$z_1=80$，$z_2=81$，滚珠丝杠的导程为 $P_h=6\text{mm}$，则 $s=6/6480\approx0.001\text{mm}$。这种方法能精确调整预紧量，调整方便、可靠，但结构尺寸大，适用于高精度的传动
4	螺距变位调整法	$L_0+\Delta L_0$ L_0 L_0	如图所示，这种方法是在滚珠螺母体内的两列循环珠链之间使内螺纹滚珠在轴向产生一个 ΔL_0 的导程突变量，从而使两列滚珠在轴向错位实现预紧。这种调整方法结构简单，但负荷预先设定后不能改变

七、滚珠丝杠副的保护及润滑

滚珠丝杠副可通过使用润滑剂来提高耐磨性及传动效率，润滑剂分为润滑油及润滑脂两大类。润滑油一般为全损耗系统用油。润滑脂可采用锂基润滑脂。润滑脂加在螺纹滚道和安装螺母的壳体空间内，而润滑油通过壳体上的油孔注入螺母空间内。

如果在滚道中落入脏物，或使用不洁净的润滑油，不仅会影响滚珠的正常运转，而且会使磨损加剧。通常采用毛毡圈对螺母副进行密封，毛毡圈的厚度为螺距的2～3倍，其内孔做成螺纹的形状，使之能够紧密地包住丝杠，并装入螺母或套筒两端的槽孔内。也有用耐油橡胶或尼龙材料密封圈的。由于密封圈和丝杠直接接触，因此防尘效果较好，但也增加了滚珠丝杠螺母副的摩擦力矩。为了避免这种摩擦阻力矩，可以采用由较硬塑料制成的非接触式迷宫密封圈，内孔做成与丝杠滚道相反的形状，并有一定的间隙。

对于暴露在外面的丝杠，一般采用螺旋钢带、伸缩套筒及折叠式塑料或人造革等形式的防护罩，以防止尘埃和磨料黏附到丝杠表面。与导轨的防护罩相似，这几种防护罩一端连接在滚珠螺母的端面，另一端固定在滚珠丝杠的支承座上。钢带缠卷式丝杠防护装置的原理如图 11.3.6 所示，整个装置由支承滚子 1、张紧轮 2 和钢带 3 等零件组成，防护装置和螺母一起固定在拖板上，钢带的两端分别缠卷在丝杠的外圆表面。

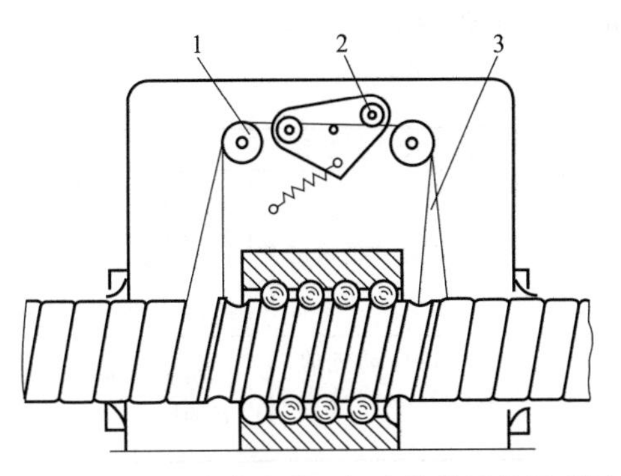

图 11.3.6　钢带缠卷式丝杠防护装置的原理图

1—支承滚子；2—张紧轮；3—钢带

防护装置中的钢带绕过支承滚子，并靠弹簧和张紧轮将钢带张紧。当丝杠旋转时，工作台（或拖板）相对丝杠做轴向移动，丝杠一端的钢带按丝杠的螺距被放开，而另一端则以同样的螺距将钢带缠卷在丝杠上。由于钢带的宽度正好等于丝杠的螺距，因此螺纹槽被严密地封住。还因为钢带的正反面始终不接触，钢带外表面黏附的脏物就不会被带到内表面去，从而可使内表面保持清洁。这是其他防护装置很难做到的。

第四节　齿轮传动装置

齿轮传动装置是应用最广泛的一种机械传动装置。数控机床的传动装置中几乎都有齿轮传动装置。图 11.4.1 为数控机床典型的齿轮配合传动装置。

图 11.4.1　齿轮配合传动装置

齿轮传动装置是相互啮合联动或相互配合连接的各种齿轮结构。齿轮传动装置的分类方法很多，从润滑方面考虑，以使用情况分类较适合。基本上可以分为高速齿轮、低速重载齿轮、一般闭式工业齿轮、开式齿轮、圆弧齿轮、蜗杆传动齿轮、齿轮联轴器、仪表齿轮、特殊用途齿轮等。齿轮传动部件是扭矩、转速和转向的变换器。

一、齿轮传动形式及其传动比的最佳匹配选择

齿轮传动系统传递扭矩时，要求要有足够的刚度，其转动惯量尽量小，精度要求较高。齿轮传动比；应满足驱动部件与负载之间的位移及扭矩、转速的匹配要求。为了降低制造成本，采用各种调整齿侧间隙的方法来消除或减小啮合间隙。表 11.4.1 详细描述了齿轮传动

形式的重要参数。

表 11.4.1　齿轮传动形式的重要参数

序号	齿轮传动的参数	详 细 说 明
1	总减速比的确定	选定执行元件(步进电动机)、步距角、系统脉冲当量δ和丝杠基本导程L_0,其减速比i应满足 $$i=\frac{\alpha L_0}{360\delta}$$
2	齿轮传动链的级数和各级传动比的分配	齿轮副级数的确定和各级传动比的分配,按以下三种不同原则进行:最小等效转动惯量原则,质量最小原则,输出轴的转角误差最小原则

二、齿轮间隙的消除

数控机床的机械进给装置常采用齿轮传动副来达到一定的降速比和扭矩的要求。由于齿轮在制造中总是存在着一定的误差，不可能达到理想齿面的要求，因此一对啮合的齿轮，需有一定的齿侧间隙才能正常地工作。齿侧间隙会造成进给系统的反向动作落后于数控系统指令要求，形成跟随误差，甚至是轮廓误差。

数控机床进给系统的减速齿轮除了本身要求很高的运动精度和工作平稳性以外，还需尽可能消除传动齿轮副间的传动间隙。否则，齿侧间隙会造成进给系统每次反向运动滞后于指令信号，丢失指令脉冲并产生反向死区的现象，对加工精度影响很大。因此必须采用各种方法去减小或消除齿轮传动间隙。针对不同类型的齿轮传动副，数控机床上常用的调整齿侧间隙的方法不同。表 11.4.2 详细描述了齿轮间隙消除的刚性调整方法和柔性调整法，表 11.4.3 详细描述了消除进给系统齿轮间隙的方法。

表 11.4.2　齿轮间隙消除的刚性调整方法和柔性调整法

序号	间隙消除方法	详 细 说 明
1	刚性调整方法	指调整之后齿侧间隙不能自动补偿的调整方法,分为偏心套(轴)式、轴向垫片式、双薄片斜齿轮式等。数控机床双薄片斜齿轮式调整方法是通过改变垫片厚度调整双斜齿轮轴向距离来调整齿槽间隙的
2	柔性调整法	指调整之后齿侧间隙可以自动补偿的调整方法,分为双齿轮错齿式、压力弹簧式、碟形弹簧式等。双齿轮错齿式调整方法采用套装结构拉簧式双薄片直齿轮相对回转来调整齿槽间隙。压力弹簧式调整方法采用套装结构压簧式内外圈式锥齿轮相对回转来调整齿槽间隙。碟形弹簧式调整方法采用碟形弹簧式双薄片斜齿轮轴向移动来调整齿槽间隙

表 11.4.3　消除进给系统齿轮间隙的方法

序号	调整方法	示 意 图	详 细 说 明
1	直齿圆柱齿轮传动间隙刚性调整法	2　1 (a)	刚性间隙调整结构能传递较大扭矩,传动刚度好,但齿侧间隙调整后不能自动进行补偿。常用的刚性调整法有偏心套调整法和锥度齿轮调整法。偏心套调整法如图(a)所示,使电动机 1 通过偏心套 2 安装到机床壳体上,通过转动偏心套 2,调整两齿轮的中心距,从而消除齿侧间隙;锥度齿轮调整法如图(b)所示,在加工齿轮 1、2 时,将分度圆柱面改变成有小锥度的圆锥面,使其齿厚在齿轮的轴向稍有变化,调整时,只要改变垫片 3 的厚度便能调整两个齿轮的轴向位置,从而消除齿侧间隙

续表

序号	调整方法	示意图	详细说明
1	直齿圆柱齿轮传动间隙刚性调整法	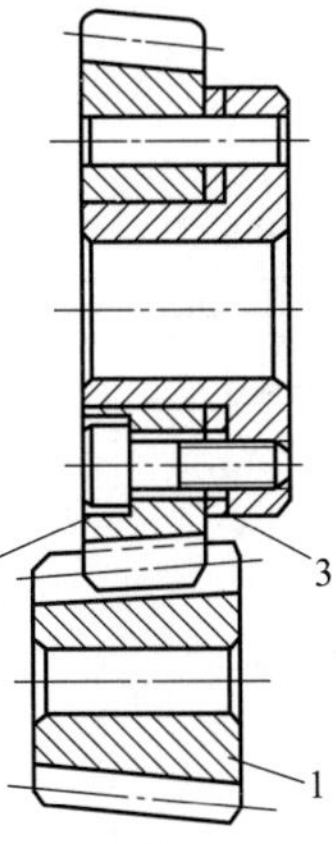 (b)	刚性间隙调整结构能传递较大扭矩，传动刚度好，但齿侧间隙调整后不能自动进行补偿。常用的刚性调整法有偏心套调整法和锥度齿轮调整法。偏心套调整法如图(a)所示，使电动机1通过偏心套2安装到机床壳体上，通过转动偏心套2，调整两齿轮的中心距，从而消除齿侧间隙；锥度齿轮调整法如图(b)所示，在加工齿轮1、2时，将分度圆柱面改变成有小锥度的圆锥面，使其齿厚在齿轮的轴向稍有变化，调整时，只要改变垫片3的厚度便能调整两个齿轮的轴向位置，从而消除齿侧间隙
2	直齿圆柱齿轮传动间隙柔性调整法	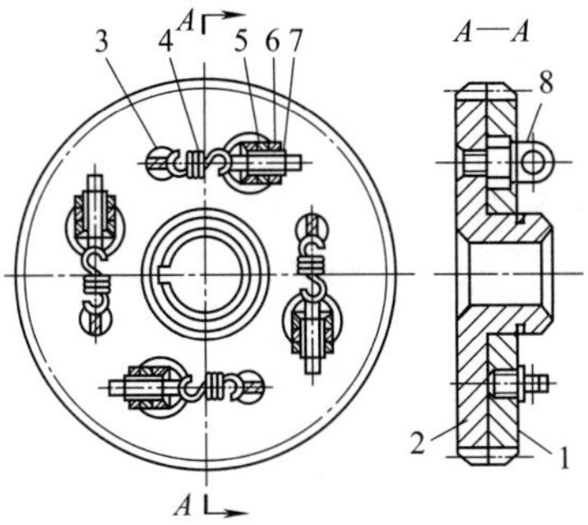 (a) 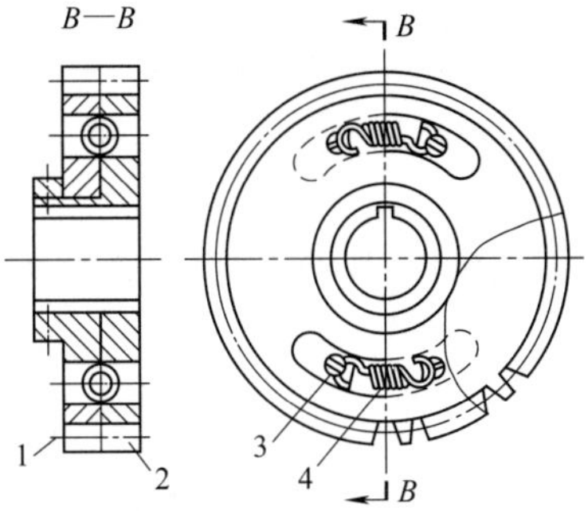 (b) 1，2—薄片齿轮；3，8—凸耳或短柱；4—弹簧；5，6—螺母；7—螺钉	柔性间隙调整结构装配好后，齿侧间隙能自动消除，始终保持无间隙啮合，通常适用于负荷不大的传动装置。如图所示是两种形式的双片齿轮周向弹簧间隙调整结构，两个齿数相同的薄片齿轮通过弹簧拉力发生相对回转，齿形错位后与宽齿轮啮合，即两个薄齿轮的左右齿面分别紧贴宽齿轮齿槽的左右齿面，从而消除齿侧间隙
3	齿轮齿条传动间隙调整方法	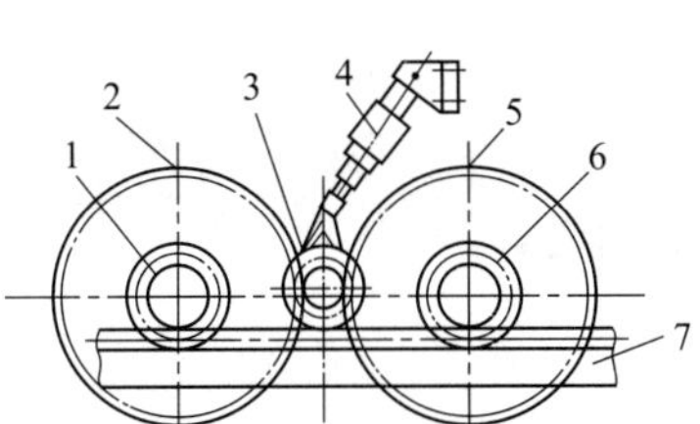 1，6—小齿轮；2，5—大齿轮；3—齿轮；4—加载装置；7—齿条	大型数控机床(如大型数控龙门铣床)工作台行程长，其进给运动不宜采用滚珠丝杠副传动，一般采用齿轮齿条传动。当载荷较小时，可用双片薄齿轮错齿调整法，当载荷较大时，可采用如图所示的径向加载法消除间隙，两个小齿轮1和6分别与齿条7啮合，并用加载装置4在齿轮3上预加负载，于是齿轮3使啮合的大齿轮2和5向外伸开，与其同轴的齿轮1、6也同时向外伸开，与齿条7上齿槽的左、右两侧相应贴紧而无间隙。齿轮3一般由液压马达直接驱动

续表

序号	调整方法	示 意 图	详 细 说 明
4	斜齿圆柱齿轮传动间隙调整方法	1,2—薄片齿轮;3—轴向弹簧;4—调节螺母;5—轴;6—宽齿轮	与上述方法类似,斜齿圆柱齿轮常用轴向垫片调整法和如图所示的轴向压簧调整法
5	圆锥齿轮传动间隙调整方法	1,2—圆锥齿轮;3—压缩弹簧;4—螺母;5—轴	与上述方法类似,圆锥齿轮常用周向弹簧和如图所示的轴向压簧调整法

三、齿轮间隙调整应用实例

现以 XKB-2320 型数控龙门铣床（图 11.4.2）为例，介绍间隙调整方法。

图 11.4.2　XKB-2320 型数控龙门铣床

1. 间隙调整传动原理

如图 11.4.3 所示，用液压电动机直接驱动蜗杆 6，蜗杆 6 同时带动蜗轮 2 和 7 运动。

蜗轮 2 通过双面齿离合器 3 和单面齿离合器 4，把运动传给轴齿轮 1；蜗轮 7 经一对速比等于 1 的斜齿轮 8 和 9，把运动传给另一轴齿轮 14。这样，可使两个轴齿轮的转向相同。

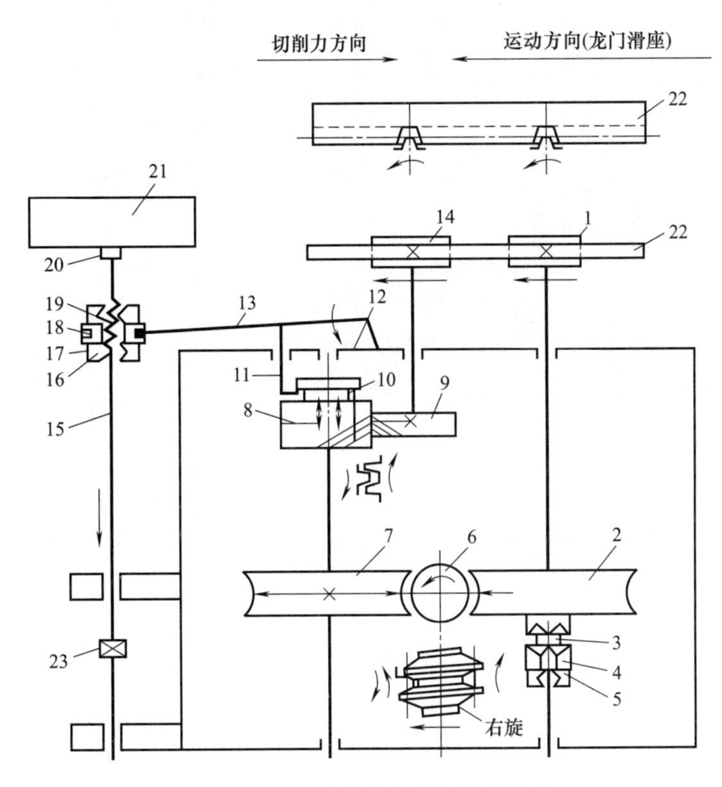

图 11.4.3　齿轮齿条机构传动原理

1,14—轴齿轮；2,7—蜗轮；3—双面齿离合器；4—单面齿离合器；5—紧固螺母；6—蜗杆；8,9—斜齿轮；10—弹簧；11,15—杆；12—支点；13—杠杆；16,19—调节螺母；17—垫片；18—拨叉；20—滚轮；21—消除间隙板；22—齿条；23—撞块

工作开始前，如果传动链各环节中都存在间隙，则应使杆 15 沿图 11.4.3 所示箭头方向移动，通过拨叉 18，使杠杆 13 绕支点 12 转动，从而推动杆 11 连同斜齿轮 8 做轴向移动，返回时依靠的是压力弹簧 10 的作用。斜齿轮 8 与其传动轴之间用滚珠花键连接。斜齿轮 8 是右旋齿轮，当它沿图示（图 11.4.3）箭头方向移动时，将推动斜齿轮 9 按图示箭头方向回转。与斜齿轮 9 同轴的轴齿轮 14 也同向回转，其轮齿的左侧面将与齿条 22 齿的右侧面接触。此时，轴齿轮 14 受阻已不再回转，而杆 15 继续移动，则斜齿轮 8 将边移动，边被迫按图中箭头所示方向回转，从而使蜗轮 7 轮齿的下侧面与蜗杆 6 齿的上侧面相接触，如图 11.4.4 所示。这样，蜗杆 6 左边这条传动链内，各传动副的间隙就完全消除了。如杆 15 继续按图示箭头方向移动，轴齿轮 14 将驱动齿条 22，使与其连接的龙门滑座一起左移，并使齿条 22 齿的左侧面与轴齿轮 1 齿的右侧面相接触，且迫使轴齿轮 1 按箭头所示方向回转。通过离合器 4 和 3，使蜗轮 2 按图示箭头方向回转，使其齿轮上侧面与蜗杆 6 齿的下侧面相接触，如图 11.4.4 所示。至此，蜗杆 6 右边传动链内，各传动副的间隙也都消除了。这时，无论驱动龙门滑座向哪个方向移动，传动链中各元件间的接触情况不变，因此消除了整个传动系统的全部间隙。

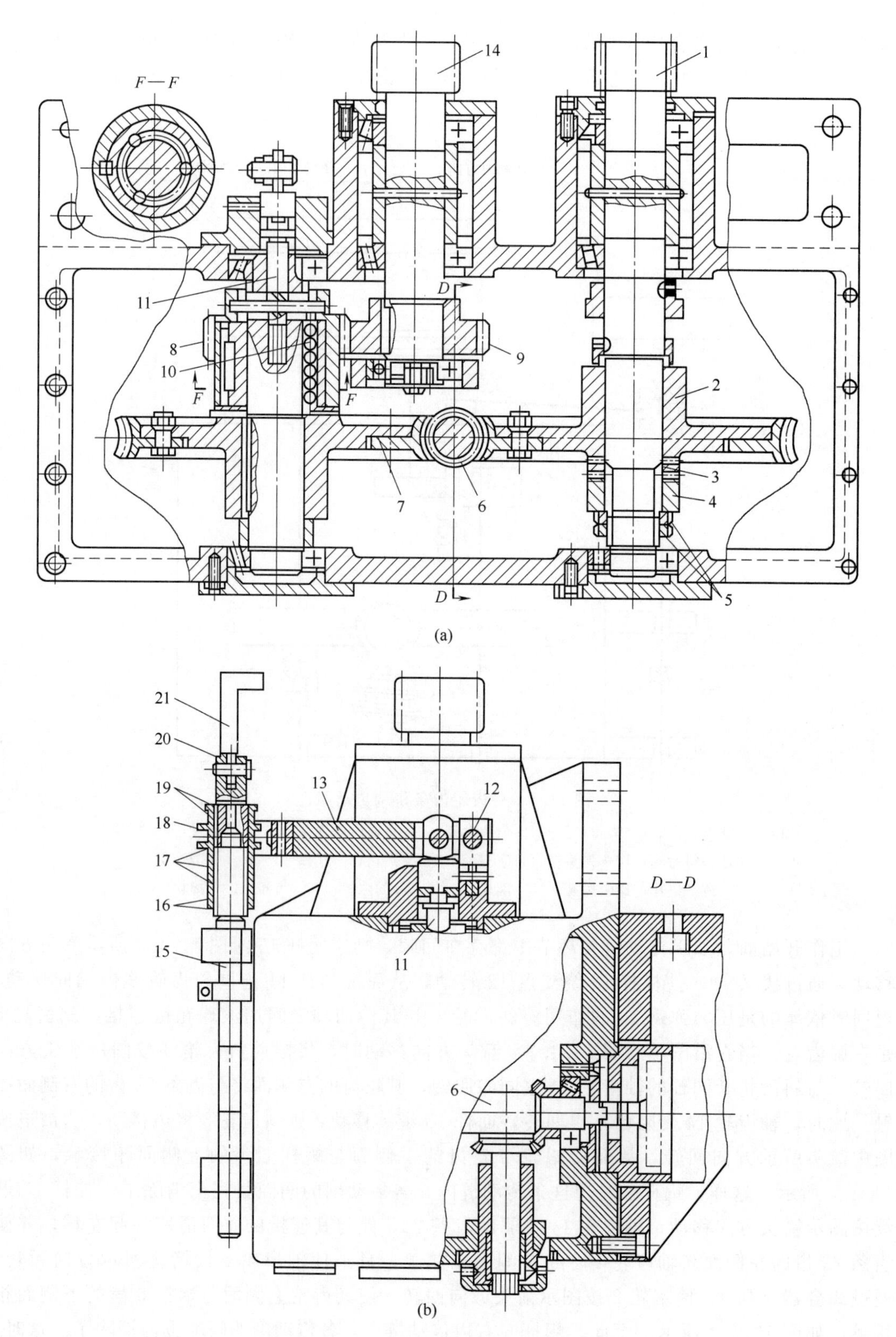

图 11.4.4　龙门滑座纵向传动结构

1,14—轴齿轮；2,7—蜗轮；3—双面齿离合器；4—单面齿离合器；5—紧固螺母；6—蜗杆；8,9—斜齿轮；10—弹簧；11,15—杆；12—支点；13—杠杆；16,19—调节螺母；17—垫片；18—拨叉；20—滚轮；21—消除间隙板

工作过程中，如果整个系统的传动间隙增大，只要使杆 15 按箭头方向移动，即可消除间隙；反之，使杆 15 按与箭头相反的方向移动，就可使传动间隙增大。

2. 反向间隙和预载力的调整

当龙门滑座反向运动时，传动系统中所有传动元件的受力方向将随之改变，由于传动元件皆有弹性，各传动元件的弹性变形方向也随之改变，这样也会产生反向间隙。为了减小这种反向间隙，必须使整个传动系统有一定的预载力。反向间隙和预载力的调整步骤如下：

① 通过离合器 3 和 4 进行粗调。这时使滑动斜齿轮 8 大致处于该齿轮移动行程的中间位置上。双面齿离合器 3 两个端面上的齿数不同，如一面的齿数为 $Z_1=29$，另一面的齿数为 $Z_2=30$，蜗轮 2 和单面齿离合器 4 上的齿数分别与其相啮合面的齿数相同。因此，轴齿轮 1 的最小调整角为 $(1/Z_1-1/Z_2)2\pi=(1/29-1/30)2\pi=2\pi/870=0.414°$。调整时，先松开紧固螺母 5，脱开离合器 3 和 4，转动轴齿轮 1 或蜗杆 6，即可调整间隙（使轴齿轮 1 和 14 按图 11.4.3 所示情况与齿条 22 相接触）和预载力。

② 调整滚轮 20 与消除间隙板 21 之间的接触压力。利用调节螺母 16 和 19，改变拨叉 18 在杆 15 上的位置，也就改变了滚轮 20 与消除间隙板 21 之间的接触压力。同时，也改变了作用于斜齿轮 8 的轴向力，从而间接地改变了传动系统内预载力的大小。

当杆 15 或拨叉 18 沿轴向移动 1mm 时，龙门滑座反向间隙大约变化 0.02mm。该机床允许反向间隙为 0.05～0.06mmn，可依上述比例进行调节。

预载力的大小要选得合适。原则上讲，预载力大，反向间隙小，但传动效率低，摩擦损失增加，使用寿命变短；反之，反向间隙增大，传动效率高，使用寿命长。因此，在保证机床不超过允许的反向间隙的前提下，预载力不宜过大。

一般情况下，可用试验方法来调整，即以一定大小的力拉动杆 15，如能使滚轮 20 刚刚离开消除间隙板 21，即认为已达到预载要求。

第五节　进给系统的故障诊断与维修

一、滚珠丝杠副的特点

滚珠丝杠副是将回转运动转化为直线运动，或将直线运动转化为回转运动的理想的产品。滚珠丝杠副由螺杆、螺母和滚珠组成。它的功能是将旋转运动转化成直线运动，这是滚珠螺钉的进一步延伸和发展，这项发展的重要意义就是将轴承从滑动动作变成滚动动作。

由于具有很小的摩擦阻力，滚珠丝杠副被广泛应用于各种工业设备和精密仪器，其同时兼具高精度、可逆性和高效率的特点，滚珠丝杠副的特点见表 11.5.1。

表 11.5.1　滚珠丝杠副的特点

序号	滚珠丝杠副的特点	说　明
1	与滑动丝杠副相比驱动力矩为 1/3	由于滚珠丝杠副的丝杠轴与丝杠螺母之间有很多滚珠在做滚动运动，所以能得到较高的运动效率。与过去的滑动丝杠副相比驱动力矩达到 1/3 以下，即达到同样运动结果所需的动力为使用滚动丝杠副的 1/3，在省电方面很有帮助
2	高精度的保证	滚珠丝杠副在研削、组装、检查各工序的工厂环境方面，对温度、湿度进行了严格的控制，使精度得以充分保证

续表

序号	滚珠丝杠副的特点	说明
3	微进给可能	滚珠丝杠副由于利用滚珠运动，所以启动力矩极小，不会出现滑动运动那样的爬行现象，能保证实现精确的微进给
4	无侧隙、刚性高	滚珠丝杠副可以加预压①，由于预压力可使轴向间隙达到负值，进而得到较高的刚性。滚珠丝杠内通过给滚珠加予压力，在实际用于机械装置等时，由于滚珠的斥力可使丝母部的刚性增强
5	高速进给可能	滚珠丝杠副由于运动效率高、发热小，所以可实现高速进给运动

① 预压是预先在其内部施加的压力，该压力可使滚动体与沟道间为负间隙。通过采用稍稍加大的钢球，使螺母和丝杠轴沟道内的间隙消除。施加预压旨在消除丝杠空转，以及减少滚动体由于受到外部负荷情况下，轴向弹性形变所造成的误差（加强整体刚性）。

二、滚珠丝杠副故障诊断

滚珠丝杠副故障诊断内容及排除方法见表 11.5.2。

表 11.5.2　滚珠丝杠副故障诊断内容及排除方法

序号	故障内容	故障原因	排除方法
1	加工件粗糙度高	机床导轨没有足够的润滑油，使溜板产生爬行	加润滑油排除润滑故障
		X 轴、Z 轴滚珠丝杠有局部拉毛或研损	更换或修理丝杠
		丝杠轴承损坏，运动不平稳	更换损坏的轴承
		伺服电动机未调整好，增益过大	调整伺服电动机控制系统
2	反向误差大，加工精度不稳定	X 轴、Z 轴联轴器锥套松动	重新紧固并做打表试验，反复多做几次
		X 轴、Z 轴滑板配合压板过紧或过松	重新调整修刮，用 0.03mm 塞尺塞不入才合格
		X 轴、Z 轴滑板配合楔铁调得过紧或过松	重新调整或修刮，使接触率达 70%以上，用 0.03mm 塞尺塞不入才合格
		滚珠丝杠预紧力过紧或过松	调整预紧力，检查轴向窜动值，误差不得大于 0.01mm
		滚珠丝杠螺母配合与结合面不垂直，结合过松	修调或加垫处理
		丝杠支撑座的轴承预紧力过紧或过松	修理调整
		滚珠丝杠制造误差大或有轴向窜动	间隙可用控制系统自动补偿机能消除，调整丝杠窜动，打表测量
		润滑油不足或者没有	调节使整个导轨面均有润滑油为止
		其他机械干涉	排除干涉部位
3	滚珠丝杠在运转中扭矩过大	两滑板配台压板过紧或研损	重新调整修刮压板，0.004mm 塞尺塞不入为合格
		滚珠丝杠螺母反向器损坏、丝扛卡死或轴端螺母预紧力过大	修复或更换丝杠并精心调整
		丝杠研损	更换
		伺服电动机滚珠丝杠连接不同轴	调整二轴同轴度并紧固连接座
		无润滑油	调整润滑油路
		因机床超程开关失灵造成机械故障	修复
		伺服电动机过热报警	检查过热部位并排除
4	丝杠螺母润滑不良	分油器是否分油	检查定量分油器
		油管是否堵塞	清除污物使油管畅通
5	滚珠丝杠副噪声	滚珠丝杠轴承压盖压合不良	调整压盖，使其压紧轴承
		滚珠丝杠润滑不良	检查分油器和油路，使润滑油充足

续表

序号	故障内容	故障原因	排除方法
5	滚珠丝杠副噪声	滚珠产生破损	更换滚珠
		电动机与丝杠联轴器松动	拧紧联轴器锁紧螺钉
		丝杠支承轴承可能破裂	如轴承破损，更换新轴承
6	滚珠丝杠不灵活	轴向预加载荷太大	调整轴向间隙和预加载荷
		丝杠与导轨不平行	调整丝杠支座位置，使丝杠与导轨平行
		螺母轴线与导轨不平行	调整螺母座的位置
		丝杠弯曲变形	校直丝杠
7	滚珠丝杠润滑状况不良	检查各丝杠副润滑	用润滑脂润滑的丝杠，需移动工作台，取下罩套，涂上润滑脂

三、丝杠副的损坏现象及修理方法

当丝杠在使用过程中出现了机械磨损、弯曲、变形等损坏情况，应立即停止使用，并请专业维修人员进行修理。与前文所讲述的维修不同的是，这里所列举的维修方法是机械修理，是对主轴自身进行的物理操作，需由具备多年机械修理经验的工程技术人员或机床厂家的生产设计人员进行维修，因此不对一般的机床操作人员和学习者做要求，他们只需了解即可。丝杠副的损坏现象及修理方法见表 11.5.3。

表 11.5.3　丝杠副的损坏现象及修理方法

序号	损坏现象	修理方法
1	丝杠螺纹磨损	当梯形螺纹丝杠的磨损不超过齿厚的10%时，可用车深螺纹的方法进行消除，再配换螺母
		调头使用，并采用配车、加套等方法恢复其尺寸与配合关系
		对于磨损量较大的精密丝杠与矩形螺纹丝杠磨损后应换新件
2	丝杠轴颈的磨损	与其他轴颈修复的方法相同。但在车削轴颈时，应与车削螺纹同时进行，以便保持轴颈与螺纹部的同轴度要求
3	丝杠弯曲	锤击法矫直：将弯曲的丝杠放在两等高 V 形块上，用百分表测出其最高点及弯曲值，然后锤击弯曲最大的凸处进行矫直
		压力矫直：将丝杠弯曲的凸点向上，压力机的冲锤轻轻冲击丝杠凸处进行矫直
		①当丝扛弯曲度大于 0.1mm/1000mm 时，可用锤击法或压力矫直法消除 ②丝杠的弯曲度小于 0.1mm/1000mm，可采用修磨丝杠的方法，但丝杠大径的减小量不得大于原大径的 5% ③精密丝杠弯曲不允许矫直，但微小弯曲可用修磨方法修正 ④若丝杠使用寿命低，应重新选用优质材料，提高丝杠硬度，或更换丝杠

第六节　导轨的故障与维修

为使机床运动部件按规定的轨迹运动，并支承其重力和所受的载荷而设置导轨。导轨的截面形状主要有三角形、矩形、燕尾形和圆形等。三角形导轨的导向性好；矩形导轨刚度高；燕尾形导轨结构紧凑；圆形导轨制造方便，但磨损后不易调整。当导轨的防护条件较好，切屑不易堆积其上时，下导轨面常设计成凹形，以便于储油，改善润滑条件；反之则宜设计成凸形。

一、导轨的故障与诊断

导轨的故障诊断及排除方法见表 11.6.1。

表 11.6.1　导轨的故障诊断及排除方法

序号	故障内容	故障原因	排除方法
1	导轨研伤	机床经长期使用，地基与床身水平度有变化，使导轨局部单位面积负荷过大	定期进行床身导轨的水平度调整，或修复导轨精度
		长期加工短工件或承受过分集中的负载，使导轨局部磨损严重	注意合理分布短工件的安装位置，避免负荷过分集中
		导轨润滑不良	调整导轨润滑油量，保证润滑油压力
		导轨材质不佳	采用电镀加热自冷淬火对导轨进行处理，导轨上增加锌铝铜合金板，以改善摩擦情况
		刮研质量不符合要求	提高刮研修复的质量
		机床维护不良，导轨里落入脏物	加强机床保养，保护好导轨防护装置
2	导轨上移动部件运动不良或不能移动	导轨面研伤	用 180# 砂布修磨机床与导轨面上的研伤
		导轨压板研伤	卸下压板调整压板与导轨间隙
		导轨镶条与导轨间隙太小，调得太紧	松开镶条止退螺钉，调整镶条螺栓，使运动部件运动灵活，保证 0.03mm 塞尺不得塞入，然后锁紧止退螺钉
3	加工平面在接刀处不平	导轨直线度超差	调整或修刮导轨，公差 0.015mm/500mm
		工作台塞铁松动或塞铁弯度太大	调整塞铁间隙，塞铁弯度在自然状态下应小于 0.05mm
		机床水平度差，使导轨发生弯曲	调整机床安装水平度，保证平行度、垂直度误差在 0.02mm/1000mm 之内

二、液体静压导轨的调整与维修

液体静压导轨工作原理与静压轴承相同：将具有一定压力的润滑油，经节流器输入到导轨面上的油腔，即可形成承载油膜，使导轨面之间处于纯液体摩擦状态。其优点是导轨运动速度的变化对油膜厚度的影响很小；载荷的变化对油膜厚度的影响很小；液体摩擦系数仅为 0.005 左右，油膜抗振性好。缺点是导轨自身结构比较复杂；需要增加一套供油系统；对润滑油的清洁程度要求很高。该导轨主要用作精密机床的进给运动和低速运动导轨，其调整见表 11.6.2。

表 11.6.2　液体静压导轨的调整

序号	调整项目	调整方法
1	导轨间隙的调整	静压导轨的油膜刚度与导轨间隙、节流比、供油压力等均有很大的关系。在维修过程中，主要调整好导轨间隙（即油膜厚度）。如果间隙太大，刚度则过小，导轨容易出现漂移；间隙太小，刚度能提高，但对导轨的制造精度，尤其是导轨工作面的几何精度要求更高。导轨的间隙在空载时应调整为 中小型机床　h_0=0.01～0 025mm 大型机床　h_0=0 03～0.08mm
2	工作台浮起量均匀性的调整	当工作台浮起后，导轨的间隙往往是不均匀的，除了导轨本身加工精度的影响和弹性影响之外，还可能是承受的载荷不均匀所引起的，调整方法如下 ①在工作台的四角点（或更多地方）用千分表测量工作台的浮起量 ②调整毛细管的节流长度或薄膜的节流间隙。对于间隙小的油腔要减小节流阻力，即提高油腔压力，增加油膜厚度。反之则增加节流阻力，减小油膜厚度。通过调整使工作台的浮起量符合规定的间隙值

三、导轨修理的原则

导轨在长期使用过程中不可避免地会出现机械磨损等情况，针对这些问题的修理方法均需由具备多年机械修理经验的工程技术人员或机床厂家的生产设计人员进行维修，在维修之前我们先需要对导轨修理的原则进行一定的了解，见表 11.6.3。

表 11.6.3 导轨维修的原则

序号	导轨修理原则
1	修理导轨面时，一般应以本身不可调的装配孔（如丝杠孔）或未磨损的平面为基准
2	对于不受基准孔或结合面限制的床身导轨，一般应选择刮研量小的或工艺复杂的面为基准
3	对于在导轨面上滑动的另一相配导轨面，只进行配刮，不做单独的精度检验
4	导轨面相互拖研时，应以刚性好的零件为基准来拖研刚性差的零件；另外应以长面为基准拖研短面
5	导轨修理前后，应测出必要的数据并绘制出运动曲线，供修理调整时参考、分析
6	机床导轨面在修理时，必须在自然状态下，放在牢固的基础上，以防止修理过程中的变形或影响测量精度
7	机床导轨面磨损 0.3mm 以上，一般应先精刨后再刮研或在导轨面上磨削

四、导轨面的修复方法及特点

导轨面的修复方法及特点见表 11.6.4。

表 11.6.4 导轨面修复方法及特点

序号	修复方法	特 点
1	导轨面的刮削	如图 11.6.1 所示，其具有精度高、耐磨性好、表面美观、可储油，但劳动强度大、生产效率低的特点。适用于单件或小批量生产和维修 图 11.6.1 导轨面的刮削
2	导轨面的精刨	加工生产率高，质量好。一般只要在精度较高的龙门刨床上进行适当调整，即可进行精刨加工，所以中、小型工厂均可采用。精刨生产率可比手工刮削提高 5～7 倍，精刨后表面粗糙度值 Ra 一般不大于 0.4μm，而且精刨刀痕方向与导轨运动方向一致，耐磨性好。精刨后的导轨面再刮削出花纹，表面美观且便于储油
3	导轨面的精磨	容易获得较高的尺寸精度、较小的表面粗糙度值、较高的形位精度。磨削加工生产率比手工刮削可提高 5～15 倍，可减轻繁重的体力劳动，缩短修理周期。最适用于淬硬导轨的修理
4	导轨副的配磨	使一对相配的导轨面（如床身导轨面与工作台导轨面）达到接触精度、位置精度及运动要求。配磨能减少甚至不需钳工对导轨面手工刮削，生产效率高，修理周期短
5	导轨面的钎焊、塑料填补、胶接	当导轨面局部有深沟或凹痕时，可采用此方法修复。此法经济适用、效果好，适用于机床导轨的一般检修

第七节 齿轮传动的故障与维修

齿轮传动是指由齿轮副传递运动和动力的装置，它是现代各种设备中应用最广泛的一种机械传动方式。它的传动比较准确，效率高，结构紧凑，工作可靠，寿命长。

一、齿轮传动的特点

齿轮传动的特点见表 11.7.1。

表 11.7.1 齿轮传动的特点

序号	齿轮传动的特点	说明	备注
1	传动精度高	带传动不能保证准确的传动比，链传动也不能实现恒定的瞬时传动比，但现代常用的渐开线齿轮的传动比，在理论上是准确、恒定不变的。这不但对精密机械与仪器来说是关键要求，也是高速重载下减轻动载荷、实现平稳传动的重要条件	优点
2	适用范围宽	齿轮传动传递的功率范围极宽，可以从 0.001W 到 60000kW；圆周速度可以很低，也可高达 150m/s，带传动、链传动均难以比拟	
3	任意两轴传动	可以实现平行轴、相交轴、交错轴等空间任意两轴间的传动，这也是带传动、链传动做不到的	
4	使用寿命长	工作可靠，使用寿命长	
5	传动效率较高	传动效率较高，一般为 0.94～0.99	
6	成本较高	制造和安装要求较高，因而成本也较高	缺点
7	环境要求严格	对环境条件要求较严，除少数低速、低精度的情况以外，一般需要安置在箱罩中防尘防垢，还需要重视润滑	
8	传动距离短	不适用于相距较远的两轴间的传动	
9	易受振动、冲击	减振性和抗冲击性不如带传动等柔性传动好	

二、齿轮传动故障诊断内容及排除方法

齿轮传动故障诊断内容及排除方法见表 11.7.2。

表 11.7.2 齿轮传动故障诊断内容及排除方法

序号	故障内容		故障原因	排除方法
1	制造误差引起的故障		制造齿轮时通常会产生偏心、周节误差、基节误差及齿形误差等几种典型误差。产生这些误差的原因很多，如机床运动的误差，切削刀具的误差，刀具、工件、机床系统安装调试不当的误差，夹具的误差和热处理内应力引起的齿轮变形等。当齿轮的这些误差较大时，会引起齿轮传动忽慢忽快的微惯性干扰转动，使齿轮副啮合时产生冲击、振动，引起较大噪声	
2	装配误差引起的故障		由于装配技术和装配方法等原因，通常在装配齿轮时会造成"一端接触、一端悬空"的装配误差以及齿轮轴的直线性偏差(同轴度、对中性误差)和齿轮的不平衡等。一端接触或齿轮轴的直线性偏差会造成齿轮承受负荷不均，造成个别轮齿负荷过重引起局部早期磨损，严重时甚至引起轮齿断裂。齿轮的不平衡，将引起冲击振动和噪声	
3	运行中产生的故障	齿的折断	短时过载或受到冲击载荷	点动试车，减小冲击载荷
			多次重复弯曲	换新齿轮
			淬火存在缺陷	严格按技术要求热处理
			齿轮轴歪斜，装配精度差	拆卸后逐步检修达到要求
		齿面点蚀	工作初期表面接触不够良好，在个别凸起处有很大的接触应力	提高齿面硬度
			齿轮硬度不够	减小表面粗糙度值
			齿侧隙偏大，齿根部有压痕	在许可范围内采用最大的变位系数
			表面粗糙	增大润滑黏度与减小动载
		齿面胶合	温度的升高引起润滑的失效	改进冷却方式
			润滑油黏度低或缺油	寻用黏度较高的润滑油
			齿面硬度低，表面粗糙，接触不良	减小负荷
			轮齿超载	检查其他件的磨损及变形
				减小负荷
				调高油面，使齿轮在运转时浸没 2～3 个齿
		齿面塑性变形	齿轮材料选择不当	更换齿轮，按要求合理选材
			承载过大	减小负荷，改善润滑条件
			润滑油黏度低	适当提高润滑油黏度
			齿面硬度低	适当提高齿面硬度
		齿面磨损	缺少润滑，优质差及硬的屑粒进入	按规程保养
			齿面粗糙	

第十二章　液压系统的故障诊断与维修

液压系统和气动系统的工作原理类似，液压适合于重载，气动适合于轻载；液压对油的要求很高，很娇贵；气动介质为空气，情况比液压油好很多；液压系统要接回油管，气动则将气直接排入大气；气动噪声比液压大，需要另准备气源，而液压系统都带有液压源；液压和气动根据其介质的可压缩性，可针对性地解决各自领域的特殊问题。

简单而言，需要压力小的可以用气压，简单、便宜；需要压力大就用液压，相对复杂些，价格高点。

第一节　数控机床液压系统的构成

一、液压传动系统的概述

液压传动系统在数控机床的机械控制与系统调整中占有很重要的位置，它所担任的控制、调整任务仅次于电气系统。液压传动系统被广泛应用到主轴的自动装夹、主轴箱齿轮的变挡和主轴轴承的润滑等功能以及自动换刀装置、静压导轨、回转工作台及尾座等结构中。液压系统见图 12.1.1。

液压传动中由液压元件（液压泵）、液压控制元件（各种液压阀）、液压执行元件（液压缸和液压马达等）、液压辅件（管道和蓄能器等）和液压油组成液压系统。

液压泵把机械能转换成液体的压力能，液压控制阀和液压辅件控制液压介质的压力、流量和流动方向，将液压泵输出的压力能传给执行元件，执行元件将液体压力能转换为机械能，以完成要求的动作。

图 12.1.1　完整的液压系统

某数控机床的液压系统见图 12.1.2，

从中可看出它所驱动控制的对象，如液压卡盘、主轴上的松刀液压缸、液压拨叉变速缸、液压驱动机械手、静压导轨、主轴箱的平衡液压缸等。

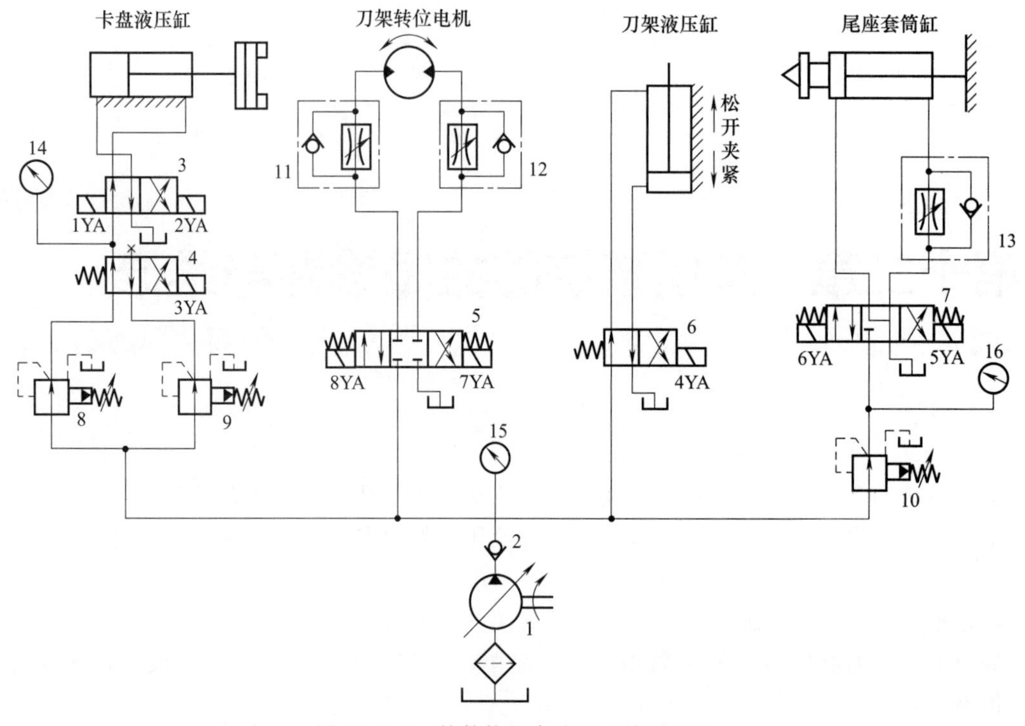

图 12.1.2　某数控机床液压系统原理图

1—变量泵；2—单向阀；3～7—电磁换向阀；8～10—减压阀；11～13—单向调速阀；15,16—压力表

表 12.1.1 详细描述了该数控机床液压系统组成部分。

表 12.1.1　数控机床液压系统组成

序号	组成部分	详 细 说 明
1	动力元件	即液压泵，其职能是将原动机的机械能转换为液体的压力动能（表现为压力、流量），其作用是为液压系统提供压力油，是系统的动力源
2	执行元件	指液压缸或液压马达，其职能是将液压能转换为机械能而对外做功，液压缸可驱动工作机构实现往复直线运动（或摆动），液压马达可完成回转运动
3	控制元件	指各种阀利用这些元件可以控制和调节液压系统中液体的压力、流量和方向等，以保证执行元件能按照人们预期的要求进行工作
4	辅助元件	包括油箱、过滤器、管道及接头、冷却器、压力表等。它们的作用是提供必要的条件使系统正常工作并便于监测控制
5	工作介质	即传动液体，通常称液压油。液压系统就是通过工作介质实现运动和动力传递的，另外液压油还可以对液压元件中相互运动的零件起润滑作用

液压技术在工程实际中的广泛应用，使得液压系统依照不同的使用场合，有着不同的组成形式。但不论液压系统多么复杂，它总是由一些基本回路所组成的。

所谓基本回路，就是由相关液压元件组成的，能实现某种特定功能的典型油路。它是从一般的实际液压系统中归纳、综合、提炼出来的，具有一定的代表性。熟悉和掌握基本回路的组成、工作原理、性能特点及应用，是分析和设计液压系统的重要基础。

基本回路按其在液压系统中的功能可分为压力控制回路、速度控制回路、方向控制回路和多执行元件动作控制回路等。有关回路的内容，我们将重点在本章第二节进行讲解。

二、液压系统的能源部分

如表 12.1.2 所示，能源部分包括泵装置和蓄能器，它们能够输出液压油，把原动机的机械能转变为液体的压力能并储存起来。

表 12.1.2　液压系统的能源部分

<table>
<tr><th>序号</th><th>组成</th><th colspan="2">详细说明</th></tr>
<tr><td rowspan="3">1</td><td rowspan="3">液压泵</td><td colspan="2">液压泵是液压系统的动力元件，如图 12.1.3 所示，它是一种能量转换装置，可将原动机的机械能转换成液体的压力能，为液压系统提供动力，是液压系统的重要组成部分。液压泵是靠密封容积的变化来实现吸油和排油的，其输出油量的多少取决于柱塞往复运动的次数和密封容积的变化，故液压泵又称为容积式泵。液压泵有齿轮泵、叶片泵、柱塞泵等类型 
图 12.1.3　数控机床专用液压泵</td></tr>
<tr><td>齿轮泵</td><td>如图 12.1.4 所示，齿轮泵具有结构简单、体积小、重量轻、工作可靠、成本低、对油的污染不敏感、便于维修等优点；其缺点是流量脉动大、噪声大、排量不可调。一般可分为外啮合齿轮泵、内啮合齿轮泵 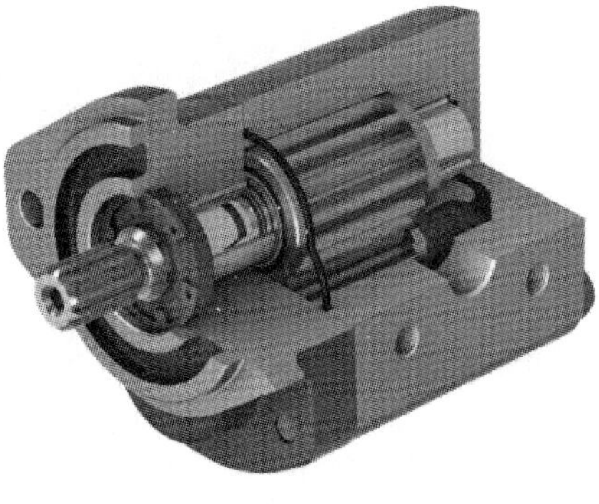
图 12.1.4　齿轮泵</td></tr>
<tr><td>叶片泵</td><td>如图 12.1.5 所示，叶片泵具有体积小、重量轻、运转平稳、输出流量均匀、噪声小等优点，在中、高压系统中得到了广泛使用。但它也存在结构较复杂、对油液污染较敏感、吸入特性不太好等缺点。一般可分为单作用叶片泵、限压式变量叶片泵等 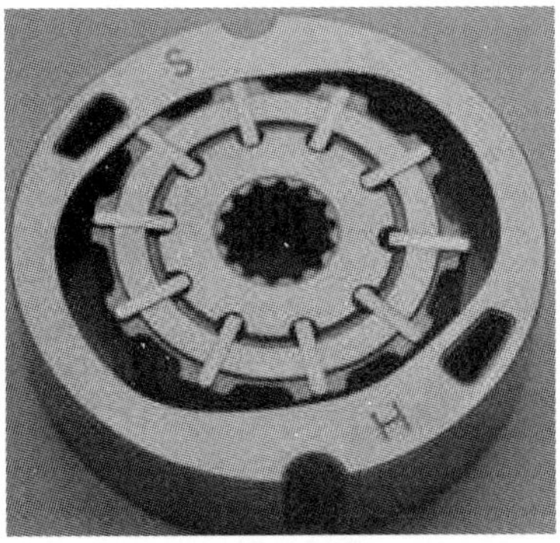
图 12.1.5　叶片泵</td></tr>
</table>

续表

<table>
<tr><th>序号</th><th>组成</th><th colspan="2">详细说明</th></tr>
<tr><td>1</td><td>液压泵</td><td>柱塞泵</td><td>如图 12.1.6 所示，柱塞泵优点是效率高、工作压力高、结构紧凑，在结构上易于实现流量调节等；缺点是结构复杂、价格高、加工精度和日常维护要求高、对油液的污染较敏感。一般可分为轴向柱塞泵、径向柱塞泵 
图 12.1.6　柱塞泵</td></tr>
<tr><td rowspan="5">2</td><td rowspan="5">蓄能器</td><td colspan="2">如图 12.1.7 所示，蓄能器是一种能够储存油液的压力能，并在需要时将其释放出来供给系统的能量储存装置 
图 12.1.7　蓄能器
目前常用的是充气式蓄能器，它是利用气体（一般为氮气）的膨胀和压缩进行工作的。充气式蓄能器按结构的不同可分为活塞式、气囊式等。蓄能器的功用如下</td></tr>
<tr><td>用作应急动力源</td><td>在有些压系统中，当泵或电源发生故障，供油突然中断时，可能会发生事故。如果在液压系统中增设蓄能器作为应急动力源，那么当供油突然中断时，在短时间内仍可维持一定的压力，使执行元件继续完成必要的动作</td></tr>
<tr><td>用作辅助动力源</td><td>当执行元件做间歇运动或只做短时间的快速运动时，为了节省能源和功率，降低油温，提高效率，可采用将蓄能器作为辅助动力源和液压泵联合使用的方式。当执行元件慢进或不动时，蓄能器储存液压泵的输油量，当执行元件需要快速动作时，蓄能器和液压泵一起供油</td></tr>
<tr><td>补漏保压</td><td>当执行元件停止运动时间较长，且要求保压时，如果在液压系统中增设蓄能器，利用蓄能器储存的液压油补偿油路上的泄漏损失，就可以保持系统所需压力。此时泵可卸荷</td></tr>
<tr><td>吸收脉动压力，缓和液压冲击</td><td>在液压系统中，液压泵存在着不同程度的流量和压力脉动。且运动部件的启动、停止和换向又会产生液压冲击。压力脉动过大会影响液压系统的工作性能，冲击压力过大会使元件损坏。若在脉动源处设置蓄能器，就可达到吸收脉动压力、缓和液压冲击的效果</td></tr>
</table>

三、液压系统的执行部分、控制部分和辅件部分

液压执行元件包括液压缸和液压马达。它们都是将压力能转换成机械能的能量转换装置。液压马达输出旋转运动，液压缸输出直线运动（其中包括摆动运动），用来带动运动部件，将液体压力能转变成使工作部件运动的机械能。液压系统的执行部分、控制部分和辅件部分见表 12.1.3。

表 12.1.3　液压系统的执行部分、控制部分和辅件部分

<table>
<tr><th>序号</th><th>组成</th><th colspan="2">详细说明</th></tr>
<tr><td rowspan="2">1</td><td rowspan="2">执行部分</td><td>液压缸</td><td>液压缸是液压系统中的执行元件，它是一种把液体的压力能转变为直线往复运动机械能的装置。它可以很方便地获得直线往复运动和很大的输出力，结构简单、工作可靠、制造容易，因此应用广泛，是液压系统中最常用的执行元件。液压缸按结构特点的不同可分为活塞缸（如图 12.1.8）、柱塞缸（如图 12.1.9）和摆动缸（如图 12.1.10）三类，活塞缸和柱塞缸用以实现直线运动，输出推力和速度；摆动缸用以实现小于 360°的转动，输出扭矩和角速度 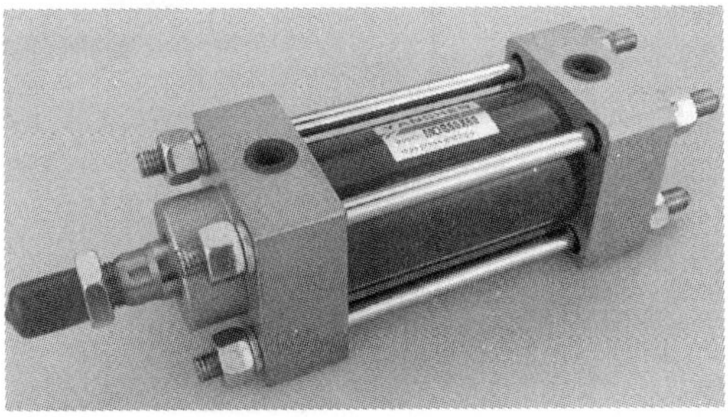
图 12.1.8　活塞缸 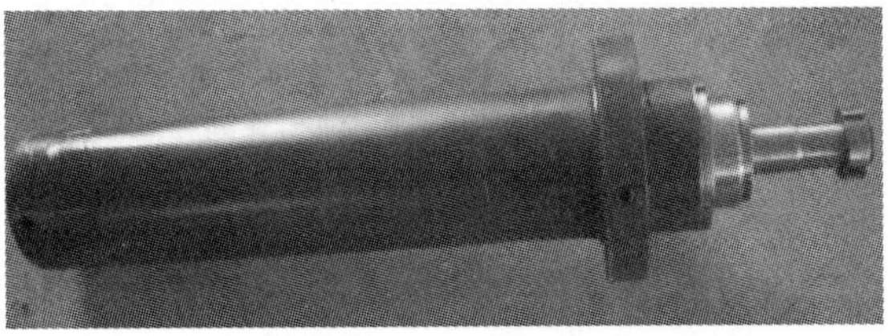
图 12.1.9　柱塞缸 
图 12.1.10　摆动缸</td></tr>
<tr><td>液压马达</td><td>液压马达属于液压执行元件，用于输出旋转运动，它与液压缸一样，都是将压力能转换成机械能的能量转换装置
图 12.1.11 为液压马达实物图，图 12.1.12 为液压马达结构透视图 
图 12.1.11　液压马达
从能量转换的观点来看，液压泵与液压马达是可逆工作的液压元件，向任何一种液压泵输入工作液体，都可使其变成液压马达工况；反之，当液压马达的主轴由外扭矩驱动旋转时，也可变为液压泵工况。因为它们具有同样的基本结构要素——密封而又可以周期变化的工作容积和相应的配流机构</td></tr>
</table>

续表

<table>
<tr><th>序号</th><th>组成</th><th colspan="2">详细说明</th></tr>
<tr><td>1</td><td>执行部分</td><td>液压马达</td><td> 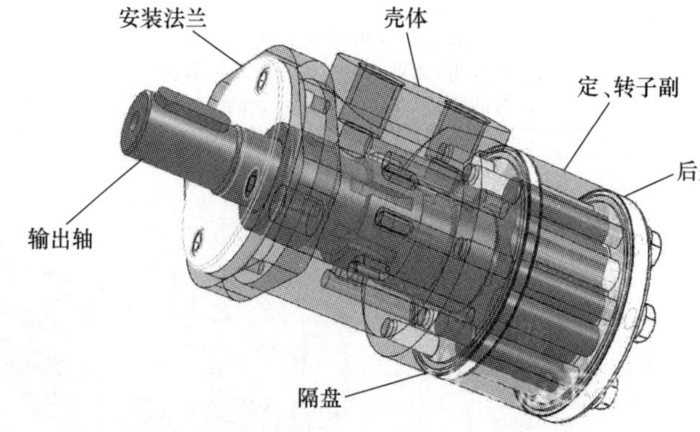图 12.1.12　液压马达结构透视图

但是，由于液压马达和液压泵的工作条件不同，对它们的性能要求也不一样，所以同类型的液压马达和液压泵之间仍存在许多差别。首先，液压马达应能够正、反转，因而要求其内部结构对称；液压马达的转速范围需要足够大，特别是对它的最低稳定转速有一定要求，因此，通常采用滚动轴承或静压滑动轴承。其次，由于液压马达在输入液压油条件下工作，因而不必具备自吸能力，但需要一定的初始密封性，才能提供必要的启动扭矩。由于存在着这些差别，使得许多同类型的液压马达和液压泵虽然在结构上相似，但不能相互替代
液压马达按其排量是否可以调节，可分成定量马达和变量马达；按其结构类型可以分为齿轮式、叶片式和柱塞式等</td></tr>
<tr><td>2</td><td>控制部分</td><td colspan="2">在液压系统中，液压控制阀（简称液压阀）是用来控制系统中油液的流动方向、调节系统压力和流量的控制元件，借助于不同的液压阀，经过适当的组合，可以达到控制液压系统执行元件（液压缸与液压马达）的输出力或力矩、速度与运动方向等的目的，也可以用来卸载，实现过载保护等
图 12.1.13 为常用的典型的液压控制阀 

图 12.1.13　液压控制阀

液压阀的品种与规格繁多。按用途，液压阀可以分为压力控制阀（如溢流阀、顺序阀、减压阀等）、流量控制阀（如节流阀、调速阀等）和方向控制阀（如单向阀、换向阀等）三大类。按控制方式，可以分为定值或开关控制阀、比例控制阀和伺服控制阀。按操纵方式，可以分为手动阀、机动阀、电动阀、液动阀、电液动阀等。按安装形式，可以分为管式连接、板式连接、集成连接等</td></tr>
<tr><td>3</td><td>辅件部分</td><td colspan="2">液压系统辅助元件包括过滤器（图 12.1.14）、油箱（图 12.1.15）、管道及管接头（图 12.1.16）、密封件（图 12.1.17）等。从在液压系统中所起的作用看，这些元件仅起辅助作用，但从保证完成液压系统的任务看，它们是非常重要的，对系统的性能、效率、温升、噪声和寿命影响极大，必须给予足够的重视。除油箱常需自行设计外，其余的辅助元件已标准化和系列化，皆为标准件，但应注意合理选用</td></tr>
</table>

续表

序号	组成	详细说明
3	辅件部分	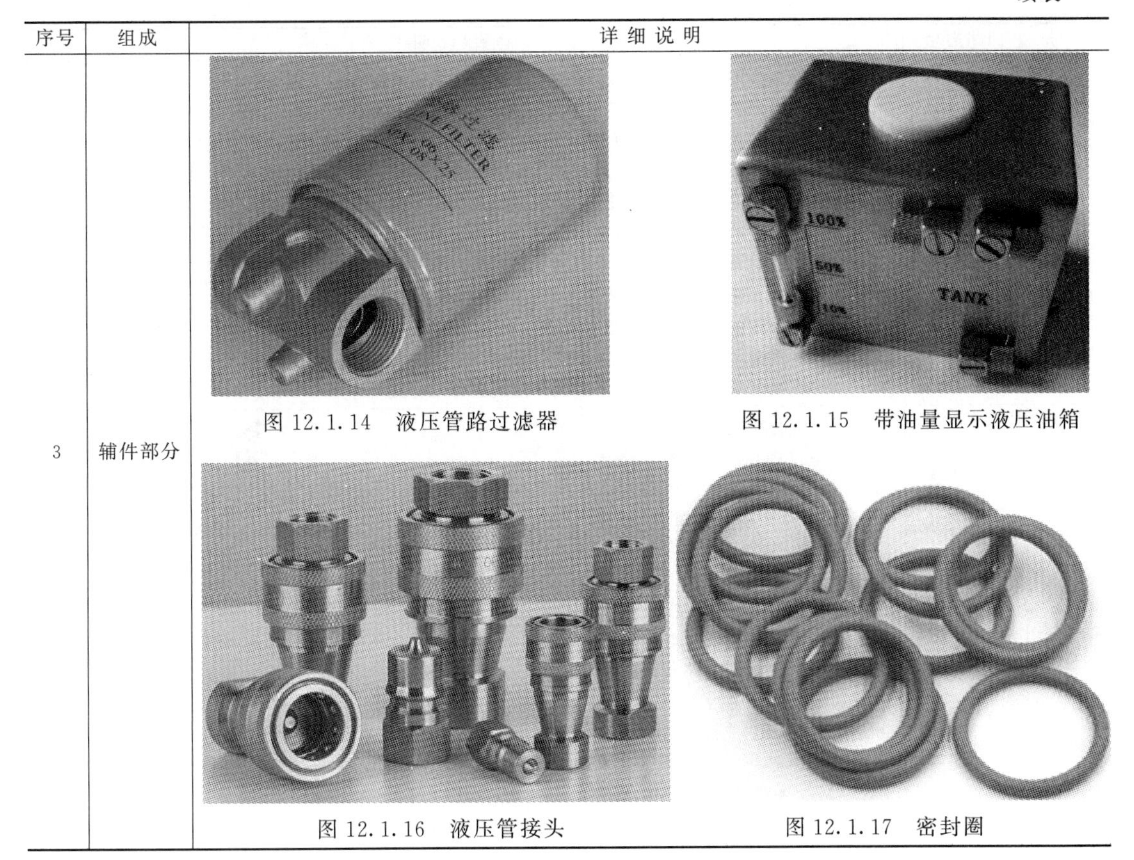图 12.1.14　液压管路过滤器　图 12.1.15　带油量显示液压油箱 图 12.1.16　液压管接头　图 12.1.17　密封圈

第二节　数控机床液压系统回路调试

一、压力控制回路的调压

压力控制回路的功能是利用压力控制元件来控制整个液压系统（或局部油路）的工作压力，以满足执行元件对力（或力矩）的要求，或者达到合理利用功率、保证系统安全等目的。压力控制回路的组成见表 12.2.1。

表 12.2.1　压力控制回路的组成

序号	回路类型	详细说明
1	调压回路	调压回路的功能是控制系统的最高工作压力，使其不超过某一预先调定的数值（即压力阀的调整压力） 图 12.2.1 为常见的调压回路 (a) 单级调压回路　(b) 远程调压回路 图 12.2.1　调压回路

续表

序号	回路类型	详细说明	
1	调压回路	单级调压回路	如图 12.2.1(a)所示，它是最基本的调压回路。溢流阀 2 与液压泵 1 并联，溢流阀限定了液压泵的最高工作压力，也就调定了系统的最高工作压力。当系统工作压力上升至溢流阀的调定压力时，溢流阀开启溢流，便使系统压力基本维持在溢流阀的调定压力上(根据溢流阀的压力流量特性可知，在不同的溢流量下，压力值稍有波动)；当系统工作压力低于溢流阀的调定压力时，溢流阀关闭，此时系统工作压力取决于负载的情况。这里，溢流阀的调定压力必须大于执行元件的最大工作压力和管路上各种压力损失之和，作溢流阀使用时可大 5%～10%，作安全阀使用时可大 10%～20%
		远程调压回路	在先导式溢流阀的遥控口接一远程调压阀(小流量的直动式溢流阀)，即可实现远距离调压，如图 12.2.1(b)所示。远程调压阀 2 可以安装在操作方便的地方。由于远程调压阀 2 与主溢流阀 1 中的先导阀并联，故先导阀的调定压力须大于远程调压阀的调定压力，这样远程调压阀才可起到调压作用
2	减压回路	减压回路的功能是在单泵供油的液压系统中，使某一条支路获得比主油路工作压力低的稳定压力。例如，辅助动作回路、控制油路和润滑油路的工作压力常低于主油路的工作压力 常见的减压回路如图 12.2.2 所示。在与主油路并联的支路上串接减压阀 2，使这条支路获得较低的稳定压力。主油路的工作压力由溢流阀 1 调定；支路的压力由减压阀 2 调定，减压阀 2 的调压范围在 0.5MPa 至溢流阀的调定压力之间。单向阀 3 的作用是：主油路压力降低(低于减压阀的调定压力)时防止油液倒流。需要注意的是，当支路上的工作压力低于减压阀的调定压力时，减压阀不起减压作用，处于常开状态 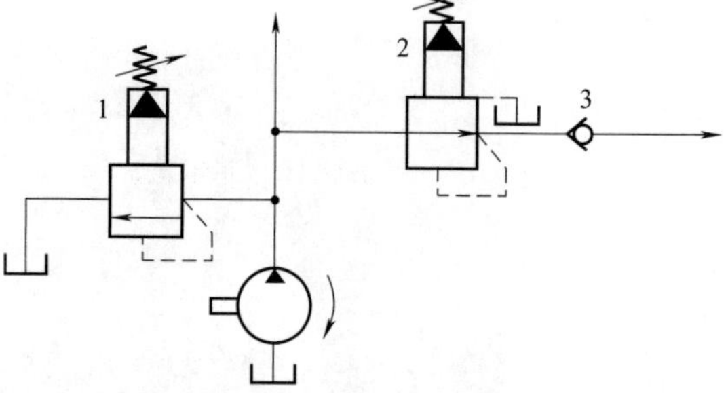 图 12.2.2　减压回路 由于减压阀工作时有阀口的压力损失和泄漏引起的容积损失，所以减压回路总有一定的功率损失，故大流量回路不宜采用减压回路，而应采用辅助泵低压供油	
3	增压回路	当液压系统中某一支路需要压力很高、流量很小的液压油，若采用高压泵不经济，或根本没有这样高压力的液压泵时，就要采用增压回路来提高压力 常见的增压回路如 12.2.3 所示 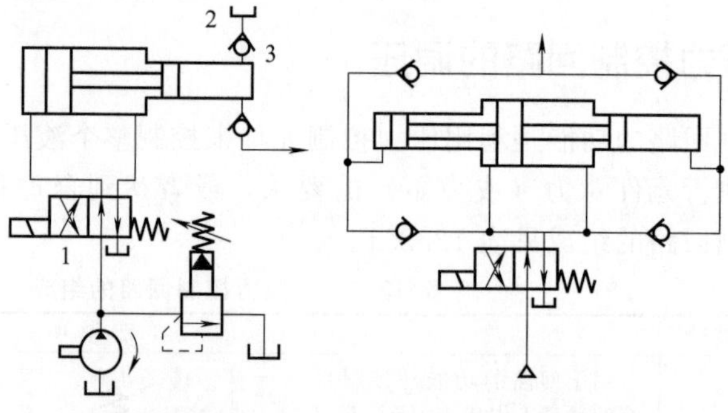 (a) 单作用增压回路　(b) 双作用增压回路 图 12.2.3　增压回路	
		单作用增压回路	如图 12.2.3(a)所示，此回路利用单作用增压缸来增压。处于图示位置时，液压泵供给增压缸大活塞腔以较低压力的液压油，在小活塞腔即可输出较高压力的液压油；电磁换向阀 1 换位后，增压缸活塞返回，高位辅助油箱 2 经单向阀 3 向小活塞腔补油。可见，此回路只能实现间歇增压
		双作用增压回路	图 12.2.3(b)所示回路采用双作用增压缸来增压。由电磁换向阀的反复换向(通过增压缸的行程控制来实现)，使增压缸活塞做往复运动，其两端交替输出高压油，从而实现连续增压

续表

序号	回路类型		详细说明
4	卸荷回路		卸荷回路是在执行元件短时间停止运动，而原动机仍然运转的情况下，能使液压泵卸去载荷(即泵做空载运转)的回路。所谓“卸荷”，是指液压泵以很小的输出功率运转，即液压泵输出油液以很低的压力排回油箱，或液压泵输出流量很小的液压油，这样既减少了功率的消耗，降低了系统的温升，又延长了液压泵的使用寿命。采用了卸荷回路，可以避免原动机的频繁启动与停止；若在启动时先行卸荷，还可使原动机在空载下启动 常见的卸荷回路如 12.2.4 所示 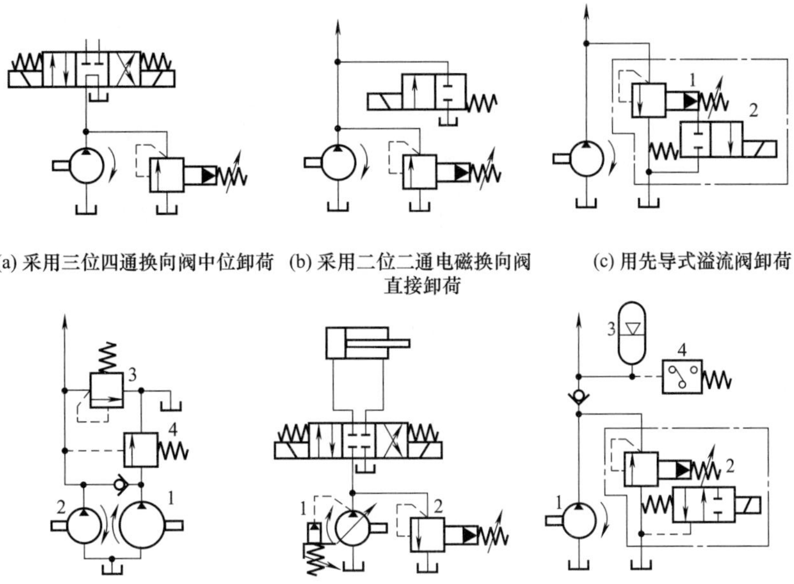 (a) 采用三位四通换向阀中位卸荷　(b) 采用二位二通电磁换向阀直接卸荷　(c) 用先导式溢流阀卸荷 (d) 用外控顺序阀卸荷　(e) 压力补偿变量泵的卸荷　(f) 保压卸荷 图 12.2.4　卸荷回路
		使用换向阀的卸荷回路	使用换向阀的卸荷回路采用具有中位卸荷机能的三位换向阀，可以使液压泵卸荷，这种方法简单、可靠。中位卸荷机能有 M 型、H 型、K 型。图 12.2.4(a)所示为采用三位四通换向阀(M 型中位机能)的卸荷回路，两电磁铁断电后，执行元件停止运动，液压泵输出的油液经中位直接返回油箱。图 12.2.4(b)所示为用二位二通电磁换向阀直接卸荷的回路，电磁铁通电时，液压泵输出油液经此换向阀直接排回油箱。采用换向阀卸荷，其规格应与液压泵的流量相适应
		使用先导式溢流阀的卸荷回路	如图 12.2.4(c)所示，在先导式溢流阀 1 的遥控口接一小规格的二位二通电磁阀 2。当执行元件工作时，电磁阀断电，液压泵输出的液压油进入系统；执行元件停止运动时，电磁阀通电，先导式溢流阀的遥控口接通油箱，使其在很低的压力下开启，液压泵输出的油液经溢流阀返回油箱，实现液压泵的卸荷。在结构上常将二位二通电磁阀和先导式溢流阀组合使用，称为电磁溢流阀
		使用外控顺序阀的卸荷回路	图 12.2.4(d)所示为双联泵供油系统中，用外控顺序阀 4(或称卸荷阀)使其中一台泵卸荷的回路。外控顺序阀 4 限定了双泵一起供油的最高压力；小流量泵 2 的最高工作压力由溢流阀 3 调定。当系统压力低于顺序阀 4 的设定值时，顺序阀 4 关闭，双泵供油，此为低压大流量工况；当系统压力超过顺序阀 4 的设定值时，顺序阀 4 开启，大流量泵 1 卸荷，小流量泵 2 供油，为高压小流量工况。顺序阀 4 的设定压力应比溢流阀 3 至少低 0.5MPa
		使用压力补偿变量泵的卸荷回路	压力补偿变量泵(如限压式、恒压式、恒功率变量泵)具有压力升高时流量自动变小的特性。图 12.2.4(e)所示为使用压力补偿变量泵的卸荷回路。当换向阀处于中位，执行元件停止运动时，压力补偿变量泵 1 的出口压力升高，达到补偿装置动作所需的压力后，泵的流量自动减少到只需补足系统的泄漏量为止。由于此时泵的输出流量很小，广义地讲这也是一种泵的卸荷状态。为防止变量泵压力补偿装置的调零误差和动作滞缓而使泵的压力异常升高，设置安全阀 2 起安全保护作用

续表

<table>
<tr><th>序号</th><th>回路类型</th><th colspan="2">详细说明</th></tr>
<tr><td>4</td><td>卸荷回路</td><td>保压卸荷回路</td><td>保压卸荷回路有的主机要求液压系统在工作过程中，当液压泵卸荷时系统仍须保持压力。通常可用蓄能器来保持系统压力。图 12.2.4(f)所示为用压力继电器控制电磁溢流阀使液压泵卸荷，用蓄能器保压的回路。电磁阀 2 通电，液压泵 1 正常工作；执行元件停止运动后，液压泵继续向蓄能器 3 供油，随蓄能器充液容积的增大，压力升高至压力继电器 4 的调定值时，压力继电器使电磁阀断电，液压泵卸荷；蓄能器则使系统保持压力，保压的范围可由压力继电器 4 来设定</td></tr>
<tr><td rowspan="4">5</td><td rowspan="4">平衡回路</td><td colspan="2">对于执行元件与垂直运动部件相连(如竖直安装的液压缸等)的结构，当垂直运动部件下行时，都会出现超越负载(或称负负载)的现象。超越负载的特征是：负载力的方向与运动方向相同，负载力将有利于执行元件的运动。在出现超越负载的情况时，若执行元件的回油路无压力，运动部件会因自重自行下滑，甚至可能产生超速(超过液压泵供油流量所提供的执行元件的运动速度)运动。如果在执行元件的回油路设置一定的背压(回油压力)来平衡超越负载，就可以防止运动部件的自行下滑和超速。这种回路因设置背压与超越负载相平衡，故称平衡回路；因其限制了运动部件的超速运动，又称限速回路
常见的平衡回路如图 12.2.5 所示 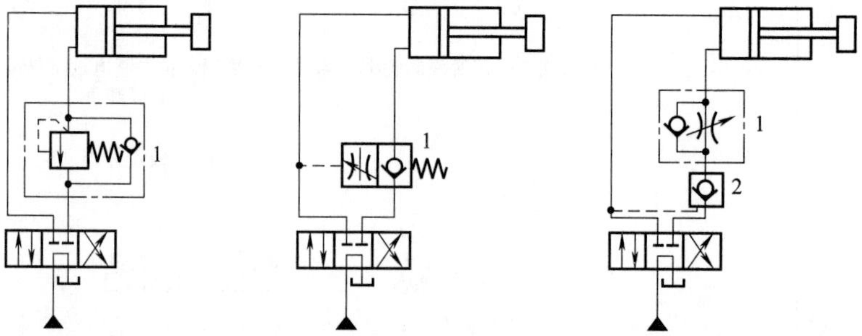
(a) 使用单向顺序阀的平衡回路 (b) 使用液控平衡阀的平衡回路 (c) 使用节流阀的平衡回路
图 12.2.5 平衡回路</td></tr>
<tr><td>使用单向顺序阀的平衡回路</td><td>如图 12.2.5(a)所示，单向顺序阀 1 串接在液压缸下行的回油路上，其调定压力略大于运动部件自重在液压缸下腔中形成的压力。当换向阀处于中位时，运动部件自重在液压缸下腔形成的压力不足以使单向顺序阀开启，防止了运动部件的自行下滑；当换向阀处于左位时，活塞下行，顺序阀开启后在活塞下腔建立的背压平衡了运动部件自重，活塞以液压泵供油流量所提供的速度平稳下行，避免了超速。此回路活塞下行运动平稳，但顺序阀调定后所建立的背压为定值，若下行过程中超越负载变小时，将产生过平衡而增加泵的供油压力，故只适用于超越负载不变的场合</td></tr>
<tr><td>使用液控平衡阀的平衡回路</td><td>图 12.2.5(b)所示为采用液控平衡阀(不是外控顺序阀)的平衡回路。液控平衡阀 1 中的节流口随控制压力的变化而变化，控制压力升高，节流口变大；控制压力降低，节流口变小；控制压力消失，阀口单向关闭(相当于单向阀功能)。这种回路适用于所平衡的超越负载有变化的场合。当超越负载变大时，液压缸上腔的压力(即平衡阀的控制压力)将降低，平衡阀节流口自动变小，背压升高，以平衡变大的超越负载；反之，超越负载变小，节流口自动变大，背压降低，以适应变小的超越负载。当换向阀处于中位时，控制压力消失，平衡阀关闭，活塞停止运动</td></tr>
<tr><td>使用节流阀(或调速阀)的平衡回路</td><td>如图 12.2.5(c)所示，此回路在回油路上串联单向节流阀 1(或单向调速阀)和液控单向阀 2，由节流阀(或调速阀)建立背压，平衡超越负载；用液控单向阀防止活塞停止运动后的自行下滑。采用节流阀仅适用于固定的超越负载，改用调速阀则适用于变化的超越负载</td></tr>
</table>

二、速度控制回路的调速

速度控制回路是控制和调节液压执行元件运动速度的基本回路。按被控制执行元件的运动状态、运动方式以及调节方法分，速度控制回路有调速、制动、限速和同步回路等，在这里我们详细描述速度控制回路中的分调速回路和速度变换回路。

调速是指调节执行元件的运动速度。改变执行元件运动速度的方法，可从其速度表达式中寻求。

液压缸的速度公式为

$$v=q/A$$

液压马达的转速为

$$n_{\mathrm{m}}=q/V_{\mathrm{m}}$$

可见，改变进入执行元件的流量 q，或者改变执行元件的几何尺寸（液压缸的工作面积 A 或液压马达的排量 V_{m}），都可以改变其运动速度。改变进入执行元件的流量 q，可以通过定量泵与节流元件的配合来实现，也可以直接用变量泵来实现。对于液压缸来讲，要改变其工作面积 A，在结构上是有困难的，所以只能通过改变输入流量来实现调速；对于液压马达，既可以通过改变输入流量，也可以通过改变其排量（采用变量马达）来实现调速。

根据以上分析，可以归纳出以下两类基本调速方法：一是节流调速，即采用定量泵供油，利用节流元件来改变并联支路的油流分配，进而改变进入执行元件的流量来实现调速；二是容积调速，即利用改变液压泵或液压马达有效工作容积（排量）来实现调速。如果将以上两种调速方法结合起来，用变量泵与节流元件相配合的调速方法，则称为容积节流调速。

1. 调速回路

调速回路的工作见表 12.2.2。

表 12.2.2　调速回路的工作

<table>
<tr><th>序号</th><th>类型</th><th colspan="3">详细说明</th></tr>
<tr><td rowspan="4">1</td><td rowspan="4">节流调速回路</td><td colspan="3">根据节流元件在回路中的安放位置不同，节流调速回路有进口节流、出口节流和旁路节流三种基本形式。根据使用要求，节流元件可以是节流阀或调速阀</td></tr>
<tr><td>进口节流调速回路</td><td>将节流阀装在液压缸的进口油路上，即串联在定量泵和液压缸之间，与进口油路并联一溢流支路，如图 12.2.6 所示。调节节流阀阀口的大小，改变了并联支路的油流分配（如调小节流阀口时，将减小进口油路的流量，增大溢流支路的溢流量），也就改变了进入液压缸的流量，实现了对活塞运动速度的调节</td><td>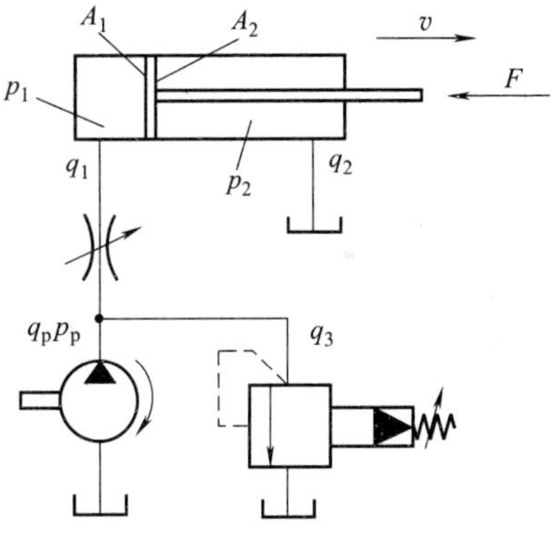

图 12.2.6　进口节流调速回路</td></tr>
<tr><td>出口节流调速回路</td><td>将节流阀装在液压缸的出口油路上，与进口油路并联一溢流支路，如图 12.2.7 所示。与进口节流调速回路的调速原理相似，调节节流阀阀口的大小，改变了并联支路的油流分配（如调小节流阀口时，将减小出口油路的流量，同时减小进口油路的流量，而增大溢流支路的溢流量），也就改变了液压缸排出的流量，实现了对活塞运动速度的调节</td><td>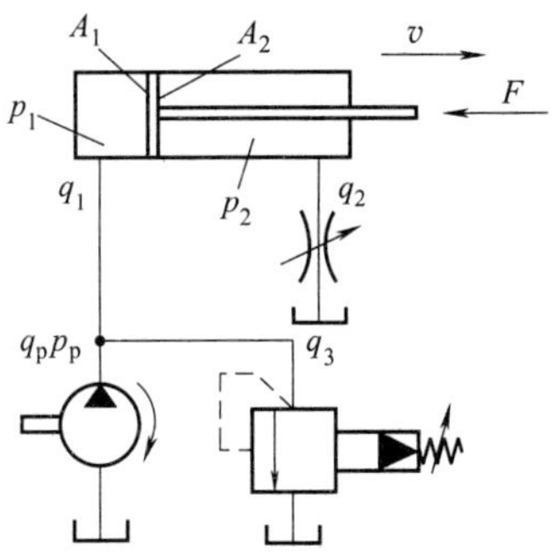

图 12.2.7　出口节流调速回路</td></tr>
<tr><td>旁路节流调速回路</td><td colspan="2">如图 12.2.8 所示，将节流阀装在与液压缸进口油路相并联的支路上，溢流阀起安全阀作用，正常工作时处于常闭状态。调节节流阀阀口的大小，改变了通过节流阀的流量，即改变了进入液压缸的流量，从而实现了对活塞运动速度的调节</td></tr>
</table>

续表

序号	类型	详细说明	
1	节流调速回路	旁路节流调速回路	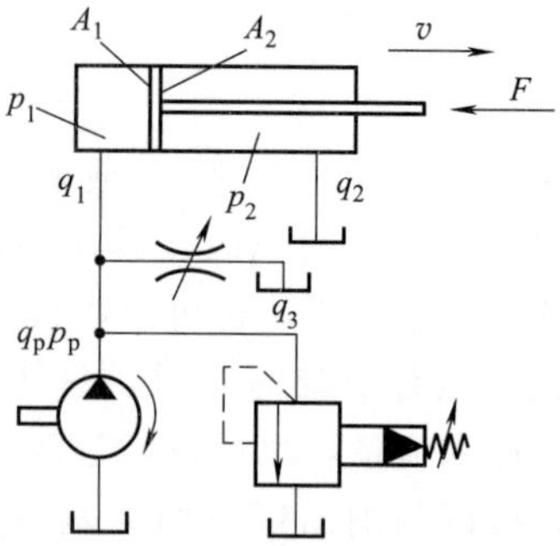 图 12.2.8　旁路节流调速回路
		使用调速阀的节流调速回路	前文分析的采用节流阀的三种节流调速回路有一个共同缺点，就是执行元件的运动速度都随负载的增加而降低，即速度刚性差。这主要是由于负载变化引起了节流阀前后压差的变化，从而改变了通过节流阀的流量，造成了执行元件速度的变化。如果能设法保证节流阀的前后压差不变，就可以提高执行元件的速度稳定性 调速阀的特点就是在进口或出口压力变化的情况下，调速阀中的减压阀能自动调节其开口的大小，使调速阀中节流阀的前后压差基本保持不变，即在负载变化的情况下，通过调速阀的流量基本不变 用调速阀取代节流阀，就形成了采用调速阀的进口、出口和旁路节流调速回路
2	容积调速回路	根据液压泵和液压马达（或液压缸）的不同组合，容积调速回路有三种形式：变量泵-定量马达（或液压缸）容积调速回路、定量泵-变量马达容积调速回路、变量泵-变量马达容积调速回路	
		变量泵-定量马达（或液压缸）容积调速回路	图 12.2.9 所示为变量泵-液压缸容积调速回路，图 12.2.10 所示为变量泵-定量马达容积调速回路。两回路都是通过改变变量泵的排量来实现调速的。工作时溢流阀关闭，作安全阀用。图 12.2.10 所示是闭式回路，若采用双向变量泵则可直接实现定量马达的换向。泵 4 是补充泄漏用的辅助泵，其流量为变量泵最大输出流量的 10%～15%，压力由低压溢流阀 5 调定，这样可使低压管路保持较低的压力，以防空气渗入和出现空穴现象，从而改善变量泵的吸油条件 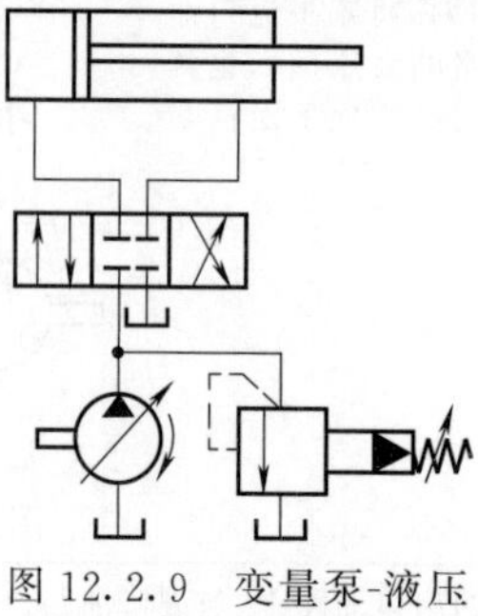 图 12.2.9　变量泵-液压缸容积调速回路 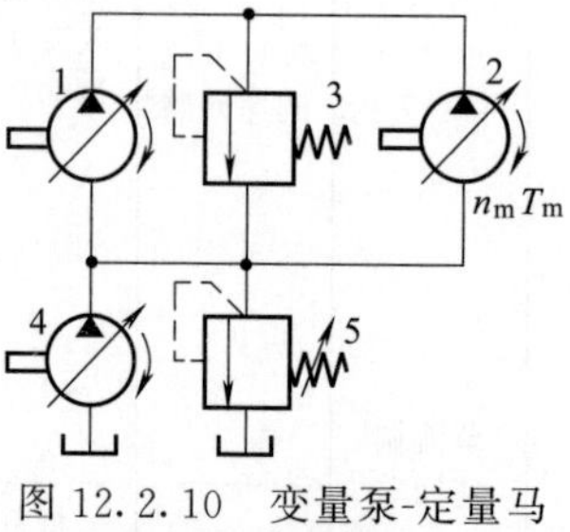 图 12.2.10　变量泵-定量马达容积调速回路
		定量泵-变量马达容积调速回路	图 12.2.11 所示为定量泵-变量马达容积调速回路，定量泵的输出流量基本不变，调节变量马达的排量，便可调节其转速 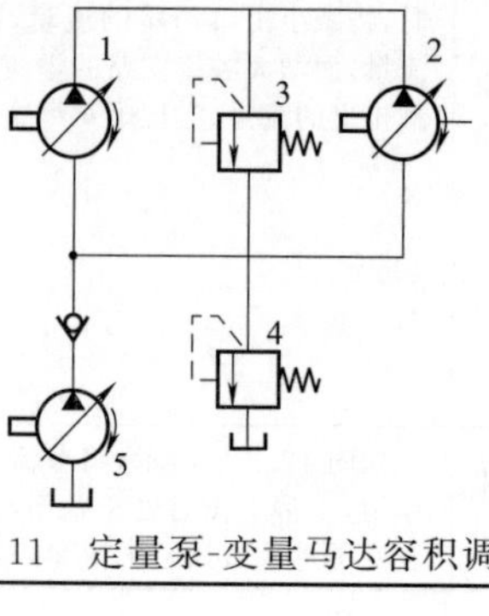 图 12.2.11　定量泵-变量马达容积调速回路

续表

序号	类型		详细说明
2	容积调速回路	变量泵-变量马达容积调速回路	如图 12.2.12 所示，调节双向变量泵 1 或变量马达 2 的排量均可改变马达的转速。通过改变双向变量泵的供油方向来实现马达的换向。由于双向交替供油，在回路中设了四个单向阀 6～9，使安全阀 3 总是限定高压管路的最高压力，辅助泵 4 总是向低压管路补油。如变量泵正向供油时，上侧管路是高压，液压油进入变量马达使其正向旋转，安全阀 3 经单向阀 8 限定上侧高压管路的最高压力。辅助泵 4 经单向阀 7 向下侧低压管路补油 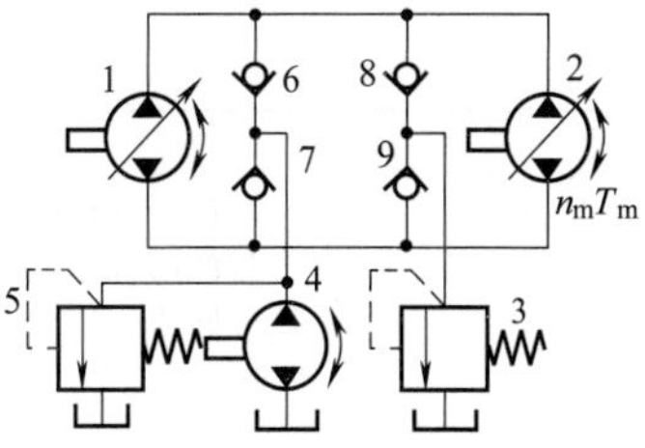 图 12.2.12　变量泵-变量马达容积调速回路 实际上，变量泵-变量马达容积调速回路就是前两种回路的组合，液压马达的转速既可以通过改变变量泵的排量来实现，又可以通过改变变量马达的排量来实现，因此拓宽了这种回路的调速范围，扩大了马达的输出转速和输出功率的可选择性
3	容积节流调速回路		容积节流调速回路是利用变量泵和调速阀组合而成的另一类调速回路。它既保留了容积调速回路无溢流损失、效率高的优点，又具有采用调速阀的节流调速回路速度刚性大的特点，是综合性能较好的调速回路，适用于要求速度稳定、效率较高的液压系统。下面介绍一种典型的容积节流调速回路——由限压式变量泵和调速阀组成的调速回路 如图 12.2.13 所示，调速阀装在进油路上，调节调速阀中节流口通流面积的大小，便可改变进入液压缸的流量，实现液压缸活塞运动速度的调节。而限压式变量泵的输出流量 q_p 总是和液压缸所需流量 q_1（即通过调速阀节流口的流量）相适应。当泵的输出流量 q_p 大于 q_1 时，多余的油液迫使泵的供油压力上升。根据限压式变量泵的工作原理可知，压力升高后，泵的输出流量便自动减少；反之，当 q_p 小于 q_1 时，泵的供油压力下降，泵的输出流量自动增加，直到 q_p 与 q_1 相等为止。由于没有溢流损失，所以容积节流调速回路的效率比节流调速回路高 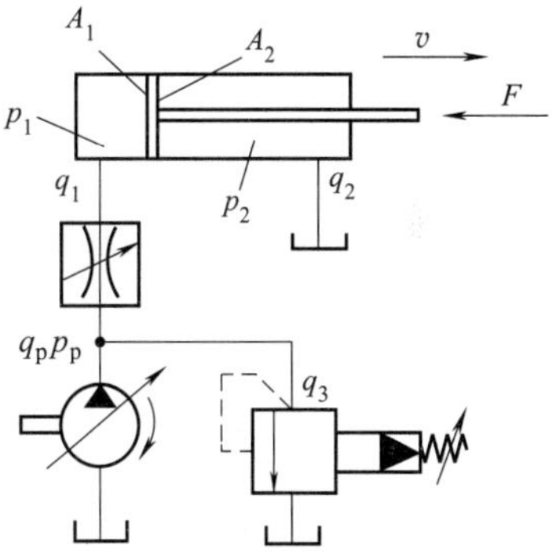 图 12.2.13　由限压式变量泵和调速阀组成的调速回路

2. 速度变换回路

速度变换回路也叫作速度换接回路，是使液压执行机构在一个工作循环中从一种运动速度换到另一种运行速度的回路，因而这个转换不仅包括快速转慢速的换接，而且还包括两个慢速之间的换接。实现这些功能的回路应该具有较高的速度换接平稳性。速度变换回路的工作见表 12.2.3。

三、方向控制回路的调向

方向控制回路的作用是控制液压系统中液流的通、断及流动方向，进而达到控制执行元件运动、停止及改变运动方向的目的。

方向控制回路包括换向回路、锁紧回路和浮动回路。

换向回路主要用于变换液压执行元件的运动方向，一般要求换向时具有良好的平稳性和灵敏性。换向回路可采用液压换向阀等来实现换向，在闭式液压传动系统中，可用双向变量液压泵和双向变量液压马达控制工作介质的流动方向来实现液压执行元件的换向。

锁紧回路的功用是使液压执行元件能在任意位置上停留，且停留后不会因外力作用而移动位置。锁紧的原理就是将液压执行元件的进、回油路封闭。

浮动回路与锁紧回路相反，它的功用是将液压执行元件的进、出油路连通或同时接通液压油箱，使其处于无约束的浮动状态，在自重或负载的惯性力及外力作用下液压执行元件仍可运动。

方向控制回路的工作见表 12.2.5。

表 12.2.3 速度变换回路的工作

序号	类型		详细说明
1	增速回路		增速回路是指在不增加液压泵流量的前提下，提高执行元件速度的回路 图 12.2.14 为常见的增速回路 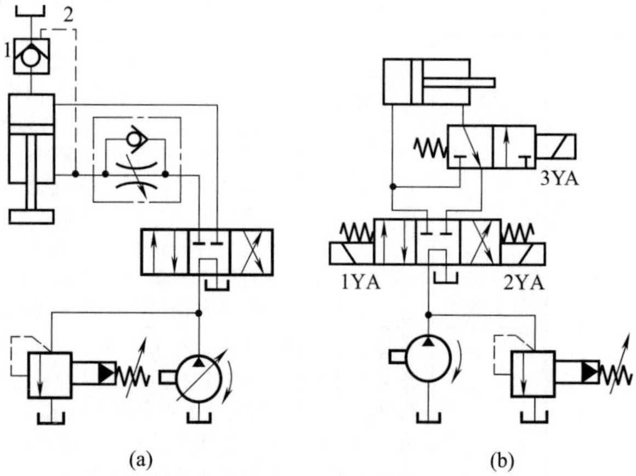 (a) (b) 图 12.2.14 增速回路
		自重充液增速回路	图 12.2.14(a)所示为自重充液增速回路，常用于质量大的立式运动部件的大型液压系统（如大型液压机）。当换向阀右位接通油路时，由于运动部件的自重，活塞快速下降，其下降速度由单向节流阀控制。若活塞下降速度超过液压泵供油流量所提供的速度，液压缸上腔将产生负压，此时通过液控单向阀 1（也称充液阀）从高位油箱 2（也称充液油箱）向液压缸上腔补油；当运动部件接触到工件，负载增加时，液压缸上腔压力升高，液控单向阀关闭，此时仅靠液压泵供油，活塞运动速度降低。回程时，换向阀左位接通油路，液压油进入液压缸下腔，同时打开液控单向阀，液压缸上腔的回油一部分进入高位油箱，一部分经换向阀返回油箱 自重充液增速回路的液压泵按低速加载时的工况选择，快速时利用自重，不需增设辅助动力源，回路构成简单。但活塞下降速度过快时液压缸上腔吸油不充分，为此，高位油箱可用加压油箱或蓄能器代替，以实现强制充液
		差动连接增速回路	图 12.2.14(b)所示为差动连接增速回路。电磁铁 1YA 通电时，活塞向右运动；1YA、3YA 同时通电时，液压油进入液压缸左右两腔，形成差动连接。由于无杆腔工作面积大于有杆腔工作面积，故活塞仍向右运动，此时有效工作面积减小（相当于活塞杆的面积），活塞推力减小，而运动速度增加。2YA 通电、1YA 断电时，活塞向左返回。差动连接可以提高活塞向右运动的速度（一般是空载情况下），缩短工作循环时间，是实现液压缸快速运动的一种简单经济的有效办法
2	减速回路		减速回路是使执行元件由快速转换为慢速的回路。常用的方法有靠节流阀或调速阀来减速，用行程阀或电气行程开关控制换向阀的通断将快速转换为慢速 图 12.2.15 为常见的减速回路 图 12.2.15(a)所示为由行程阀控制的减速回路。在液压缸的回油路上并联接入行程阀 2 和单向调速阀 3。活塞向右运动时，在活塞杆上的挡铁 1 碰到行程阀的滚轮之前，活塞快速运动；挡铁碰上滚轮并压下行程阀的顶杆后，行程阀 2 关闭，液压缸的回油只能通过调速阀 3 排回油箱，活塞做慢速运动。向左返回时，不管挡铁是否压下行程阀的顶杆，液压油 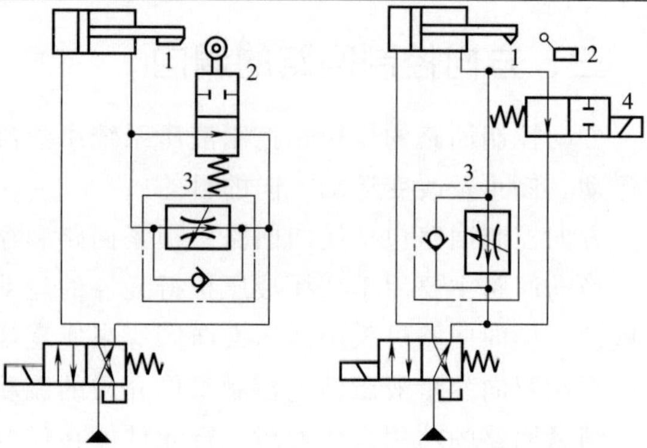 (a) 行程阀控制 (b) 行程开关控制 图 12.2.15 减速回路

续表

序号	类型	详细说明
2	减速回路	均可通过单向阀进入液压缸有杆腔，活塞快速退回。在如图 12.2.15(b)所示的回路中，电气行程开关 2 的电气信号传给二位二通电磁换向阀 4，其他原理同图 12.2.15(a)
3	两种速度转换回路	两种速度转换回路常将两个调速阀串联或并联在执行元件的进油或回油路上，通过换向阀进行转换。图 12.2.16(a)、图 12.2.16(b)分别为调速阀串联和并联的两种速度转换回路，其电磁铁的动作顺序见表 12.2.4 4YA 3YA 1YA 2YA (a) 调速阀串联　(b) 调速阀并联 图 12.2.16　两种速度转换回路

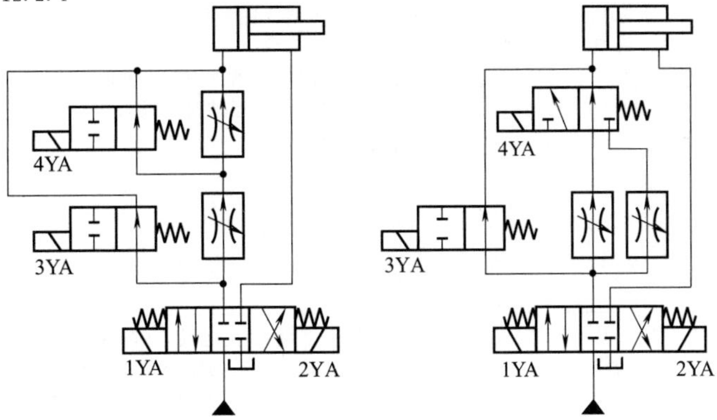

表 12.2.4　电磁铁动作顺序

序号	工步	1YA	2YA	3YA	4YA
1	快进	+	−	−	−
2	一工进	+	−	+	−
3	二工进	+	−	+	+
4	快退	−	+	−	−
5	停止	−	−	−	−

表 12.2.5　方向控制回路的工作

序号	类型	详细说明
1	换向回路	采用二位四通、二位五通、三位四通或三位五通换向阀都可以使执行元件换向。二位阀可以使执行元件向正、反两个方向运动，但不能在任意位置停止。三位阀有中位，可以使执行元件在其行程中的任意位置停止，利用中位不同的滑阀机能又可使系统获得不同的性能(如 M 型中位滑阀机能可使执行元件停止和液压泵卸荷)。五通阀有两个回油口，当执行元件沿正、反两个方向运动时，两回油路上设置不同的背压，可获得不同的速度 如果执行元件是单作用液压缸或差动缸，则可用二位三通换向阀来换向，如图 12.2.17 所示 换向阀的操作方式可根据工作需要来选择，如手动、机动、电磁或电液动等 (a) 控制单作用液压缸换向　(b) 控制差动缸换向 图 12.2.17　采用二位三通换向阀的换向回路

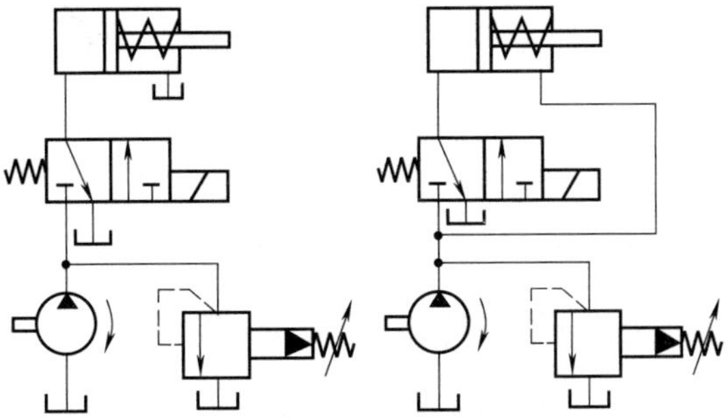

续表

序号	类型	详细说明
1	换向回路	在闭式系统中,可用双向变量泵控制液流的方向来实现液压马达或液压缸的换向。若执行元件是双作用单活塞杆液压缸,回路中应考虑流量平衡问题,如图 12.2.18 所示。主回路是闭式回路,用辅助泵 6 来补充变量泵吸油侧流量的不足,低压溢流阀 7 用来维持变量泵吸油侧的压力,防止变量泵吸空。当活塞向左运动时,液压缸 3 回油流量大于其进油流量,变量泵吸油侧多余的油液经二位二通液动换向阀 4 的右位和低压溢流阀 5 排回油箱。回路中用由一个溢流阀 2 和四个单向阀组成的液压桥路来限定正反运动时的最高压力 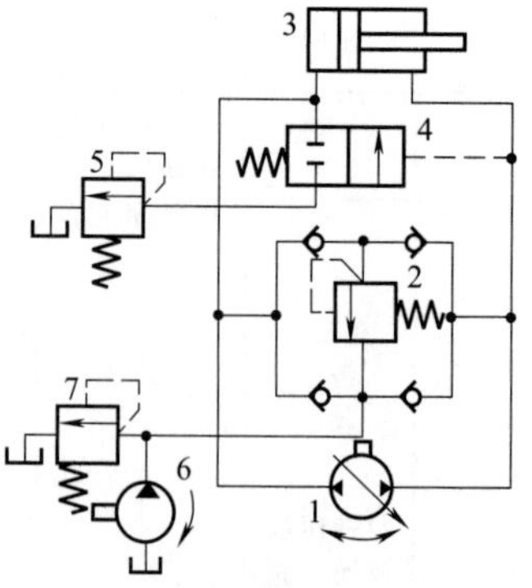 图 12.2.18 采用双向变量泵的换向回路
2	锁紧回路	为了使液压缸活塞能在任意位置上停止运动,并防止其在外力的作用下发生窜动,须采用锁紧回路,锁紧的原理是将执行元件的进、回油路封闭。利用三位四通换向阀的中位机能(O 型或 M 型)可以使活塞在行程范围内的任意位置上停止运动,但由于换向阀(滑阀结构)的泄漏,锁紧效果差 要获得很好的锁紧效果,应采用液控单向阀(因单向阀为锥面密封,泄漏极小)。图 12.2.19 所示为双向锁紧回路,在液压缸两侧油路上串接液控单向阀(也称液压锁),换向阀处于中位时,液控单向阀关闭液压缸两侧油路,活塞被双向锁紧,左右都不能窜动。对于立式安装的液压缸,也可以用一个液控单向阀实现单向锁紧 在采用液控单向阀的锁紧回路中,换向阀中位应采用 Y 型或 H 型滑阀机能,这样当换向阀处于中位时,液控单向阀的控制油路可立即失压,保证单向阀迅速关闭,锁紧油路 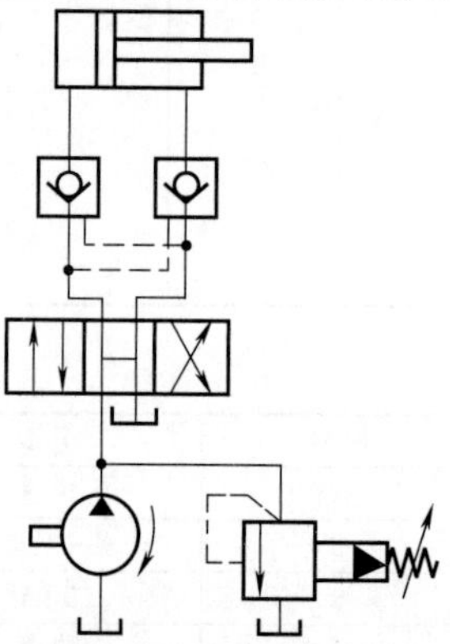 图 12.2.19 用液压控制单向阀的双向锁紧回路
3	浮动回路	由于浮动回路将执行元件的进、回油路连通或同时接回油箱,使之处于无约束的浮动状态,故执行元件在外力作用下仍可运动。利用三位四通换向阀的中位机能(Y 型或 H 型)就可实现执行元件的浮动,如图 12.2.20(a)所示。如果是液压马达(或双活塞杆缸),也可用二位二通换向阀将进、回油路直接连通来实现浮动,如图 12.2.20(b)所示 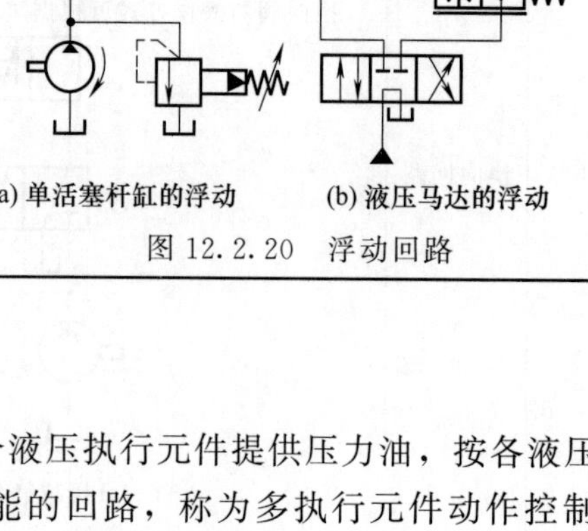 (a) 单活塞杆缸的浮动　(b) 液压马达的浮动 图 12.2.20 浮动回路

四、多执行元件动作控制回路的调序

在液压传动系统中，用一个液压泵向两个或多个液压执行元件提供压力油，按各液压执行元件之间运动关系的要求进行控制，完成预定功能的回路，称为多执行元件动作控制回路。常见的这类回路有顺序动作回路、同步动作回路和互不干扰回路等。

顺序动作回路的功能是使液压传动系统中的多个液压执行元件严格按照预定顺序动作。

同步动作回路是实现多个液压执行元件以相等速度或相同位移运动的回路。

多液压缸快慢速运动互不干扰回路的功用是防止液压传动系统中的几个液压缸因速度快慢的不同而在动作上的相互干扰。多执行元件动作控制回路的工作见表 12.2.6。

表 12.2.6　多执行元件动作控制回路的工作

<table>
<tr><th>序号</th><th>原则</th><th colspan="2">详细说明</th></tr>
<tr><td rowspan="3">1</td><td rowspan="3">顺序动作回路</td><td colspan="2">顺序动作回路是在多执行元件液压系统中，实现多个执行元件按照一定的顺序先后动作的回路。其按控制方式不同分为压力控制和行程控制两种</td></tr>
<tr><td>压力控制</td><td>压力控制的顺序动作回路如图 12.2.21 所示 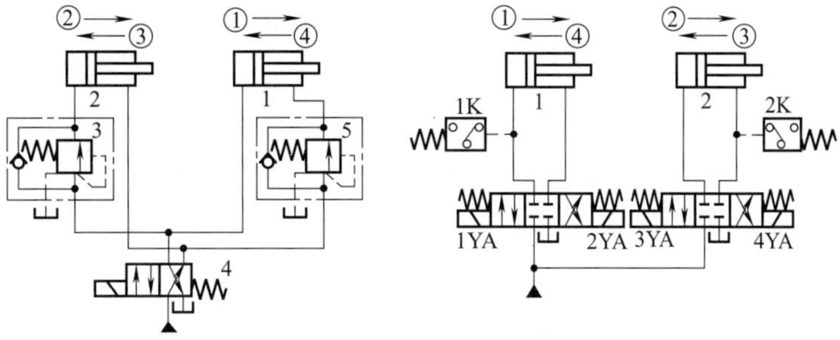
(a) 顺序阀控制顺序动作　(b) 压力继电器控制顺序动作
图 12.2.21　压力控制的顺序动作回路
图 12.2.21(a)所示为由顺序阀控制的顺序动作回路。当换向阀 4 处于左位时，液压缸 1 活塞向右运动，完成动作①后，回路中压力升高达到顺序阀 3 的调定压力，顺序阀 3 开启，液压油进入液压缸 2 的无杆腔，再完成动作②；退回时，换向阀处于右位，先后完成动作③和④
图 12.2.21(b)所示为由压力继电器控制的顺序动作回路。回路中用压力继电器控制电磁换向阀来实现顺序动作。按启动按钮，电磁铁 1YA 通电，液压缸 1 活塞前进到右端点后，回路压力升高，压力继电器 1K 动作，使电磁铁 3YA 通电，液压缸 2 活塞前进；按返回按钮，1YA、3YA 断电，4YA 通电，液压缸 2 活塞先退到左端点，回路压力升高，压力继电器 2K 动作，使 2YA 通电，液压缸 1 活塞退回。至此完成图示的①→②→③→④的顺序动作
压力控制的顺序动作回路中，顺序阀或压力继电器的调定压力必须大于前一动作液压缸的最高工作压力(一般高出 0.8～1MPa)，否则前一动作尚未结束，后一动作的液压缸可能在管路中的压力波动下产生先动现象。另外，在多液压缸顺序动作中，有时在系统给定工作压力的范围内无法安排开各液压缸压力顺序的调定压力值。所以对顺序动作要求严格或超过 3 个液压缸的顺序回路，宜采用行程控制方式来实现</td></tr>
<tr><td>行程控制</td><td>行程控制的顺序动作回路如图 12.2.22 所示
图 12.2.22 所示为采用电气行程开关控制电磁换向阀的顺序动作回路。按启动按钮，电磁铁 1YA 通电，液压缸 1 活塞先向右运动，当活塞杆上的挡铁触动行程开关 2S 时，电磁铁 2YA 通电；液压缸 2 活塞向右运动直至触动 3S，使 1YA 断电，液压缸 1 活塞向左退回，而后触动 1S，使 2YA 断电，液压缸 2 活塞退回，完成①→②→③→④全部顺序动作。此后活塞均退到左端，为下一循环作好准备
采用电气行程开关控制电磁换向阀的顺序动作回路，调整挡铁的位置可调整液压缸的行程，改变电气线路可改变动作顺序，而且利用电气互锁性能使顺序动作可靠，故在液压系统中应用广泛 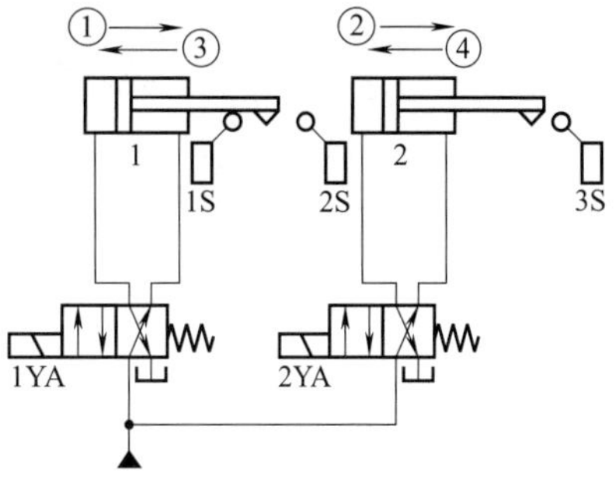
图 12.2.22　行程控制的顺序动作回路</td></tr>
</table>

续表

序号	原则	详 细 说 明
2	同步动作回路	可实现多个执行元件以相同位移或相等速度运动的回路称为同步回路。流量式同步回路通过流量控制阀控制进入或流出两液压缸的流量，使液压缸活塞运动速度相等，实现速度同步。容积式同步回路是指将两相等容积的油液分配到有效工作面积相同的两液压缸，实现位移同步的回路 图 12.2.23 所示为带补偿装置的串联缸同步回路 将两液压缸串联起来(串联油腔的有效面积应相等)，便可实现两液压缸的双向位移同步。但是两串联油腔的泄漏会使两活塞产生位置误差，长期运行时误差会不断积累，应采取措施使一个缸在到达行程终点时，向串联油腔 a 点补油或由此排油，以消除误差。其工作原理是：在两液压缸活塞同时下降时，如果液压缸 1 活塞先到达端点，触动行程开关 1S，使电磁换向阀 4 的电磁铁 3YA 通电，则液压油经换向阀 4 和液控单向阀 3 补入串联油腔，使液压缸 2 活塞继续下降到端点；如果液压缸 2 活塞先到达端点，触动行程开关 2S 使 4YA 通电，则液压油接通液控单向阀 3 的控制油路，串联腔的油液经液控单向阀 3 和换向阀 4 排回油箱，使液压缸 1 活塞也下降到端点，从而在下端点消除累积误差 图 12.2.23 带补偿装置的串联缸同步回路

第三节 数控机床液压系统分析

数控机床对控制的自动化程度要求很高，液压传动由于能方便地实现电气控制与自动化，所以成为数控机床中广为采用的传动与控制方式之一。

本节我们以 MJ-50 数控车床和 TH6350 卧式加工中心的液压系统为例，来分析数控机床液压系统的工作原理和工作方式。

一、 MJ-50 数控车床液压系统分析

图 12.3.1 为 MJ-50 数控车床。

图 12.3.1 MJ-50 数控车床

图 12.3.2 所示是 MJ-50 数控车床液压系统原理图。整个系统由卡盘、回转刀盘与尾架套筒三个分系统组成，以一变量液压泵为动力源，系统的压力调定为 4MPa。

1. 卡盘部分

卡盘分系统的执行元件是一个液压缸，控制油路则由一个有两个电磁铁的二位四通换向阀 1、有一个电磁铁的二位四通换向阀 2 及减压阀 6 和 7 组成。

① 高压夹紧：3Y 失电，1Y 得电，换向阀 2 和 1 均位于左位。分系统的进油路为液压泵→减压阀 6→换向阀 2→换向阀 1→液压缸右腔，回油路为液压缸左腔→换向阀 1→＋油箱。这时活塞左移使卡盘夹紧（称正卡或外卡），夹紧力的大小可通过减压阀 6 调节。由于阀 6 的调定值高于阀 7，所以卡盘处于高压夹紧状态。松夹时，2Y 得电，1Y 失电，阀 1 切换至右位。此时进油路为液压泵→减压阀 6→换向阀 2→

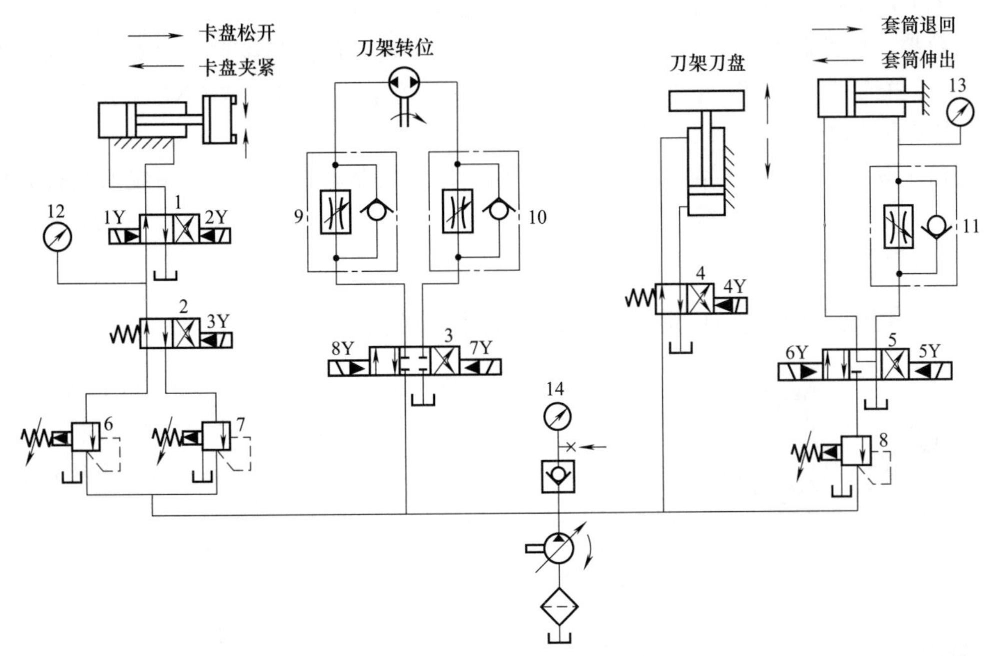

图 12.3.2　数控车床液压系统原理图

1～5—换向阀；6～8—减压阀；9～11—调速阀；12～14—压力表

换向阀 1→液压缸左腔；回油路为液压缸右腔→换向阀 1→+油箱。活塞右移，卡盘松开。

② 低压夹紧油路与高压夹紧状态基本相同，唯一不同的是，这时 3Y 得电而使阀 2 切换至右位，因而液压泵的供油只能经减压阀 7 进入分系统。通过调节阀 7 便能获得低压夹紧状态下的夹紧力。

2. 回转刀盘部分

回转刀盘分系统有两个执行元件，刀盘的松开与夹紧由液压缸执行，而液压马达则驱动刀盘回转。因此，分系统的控制回路也有两条支路。第一条支路由三位四通换向阀 3 和单向调速阀 9、10 组成。通过三位四通换向阀 3 的切换控制液压马达，即控制刀盘正、反转，而单向调速阀 9、10 与变量液压泵则使液压马达在正、反转时都能通过进油路容积节流调速来调节旋转速度。第二条支路控制刀盘的放松与夹紧是通过二位四通换向阀的切换来实现的。

刀盘的完整旋转过程是：刀盘松开→刀盘通过左转或右转就近到达指定刀位→刀盘夹紧。因此，电磁铁的动作顺序是：4Y 得电（刀盘松开）→8Y（正转）或 7Y（反转）得电（刀盘旋转）→8Y（正转时）或 7Y（反转时）失电（刀盘停止转动）→4Y 失电（刀盘夹紧）。

3. 尾架套筒部分

尾架套筒通过液压缸实现顶出与缩回，控制回路由减压阀 8、三位四通换向阀 5、单向调速阀 11 组成。分系统通过调节减压阀 8 将系统压力降为尾架套筒顶紧所需的压力，单向调速阀 11 用于在尾架套筒伸出时控制伸出速度。所以，尾架套筒伸出时 6Y 得电，其油路为：系统供油经阀 8、阀 5 左位进入液压缸的无杆腔，而有杆腔的液压油则经阀 11 的调速阀和阀 5 回油箱；尾架套筒缩回时 5Y 得电，系统供油经阀 8、阀 5 右位、阀 11 的单向阀进入液压缸的有杆腔，而无杆腔的油液则经阀 5 直接回油箱。

通过以上分析，可以看出数控机床液压系统的特点为：

① 数控机床控制的自动化程度要求较高，类似于机床的液压控制，它对动作的顺序要求较严格，并有一定的速度要求。液压系统一般由数控系统的PLC或CNC来控制，所以动作顺序大多直接由电磁换向阀切换来实现。

② 由于数控机床的主运动已趋于直接用伺服电动机驱动，所以液压系统的执行元件主要承担各种辅助功能，其负载变化幅度虽不是太大，但要求稳定。因此，常采用减压阀来保证支路压力恒定。

二、 TH6350卧式加工中心液压系统分析

图12.3.3 TH6350卧式加工中心

图12.3.3所示为TH6350卧式加工中心，图12.3.4所示为TH6350卧式加工中心结构及组成图。该机床的链式刀库作为一个独立部件置于机床左侧，通过地脚螺钉及调整装置，保证刀库与机床的相对位置，以实现准确地换刀。

图12.3.5所示为TH6350卧式加工中心的液压系统原理图。该系统由液压油箱、管路和控制阀等组成。控制阀采取分散布局，分别装在刀架和立柱上，电磁控制阀上贴上磁铁号码，便于用户维修。

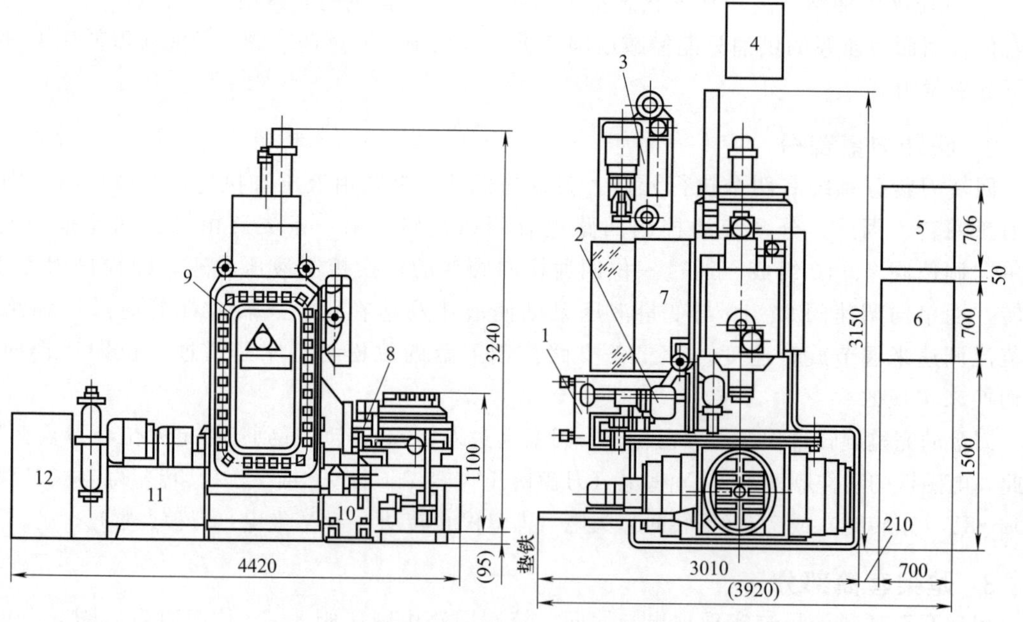

图12.3.4 TH6350卧式加工中心结构及组成图

1,10—冷却水箱；2—机械手；3,11—液压油箱；4—油温自动控制箱；5—强电柜；6—NC柜；7,9—刀库；8—排屑器；12—油温自动控制器

1. 油箱泵源部分

液压泵采用双级压力控制变量柱塞泵，低压调至4MPa，高压调至7MPa。低压用于控

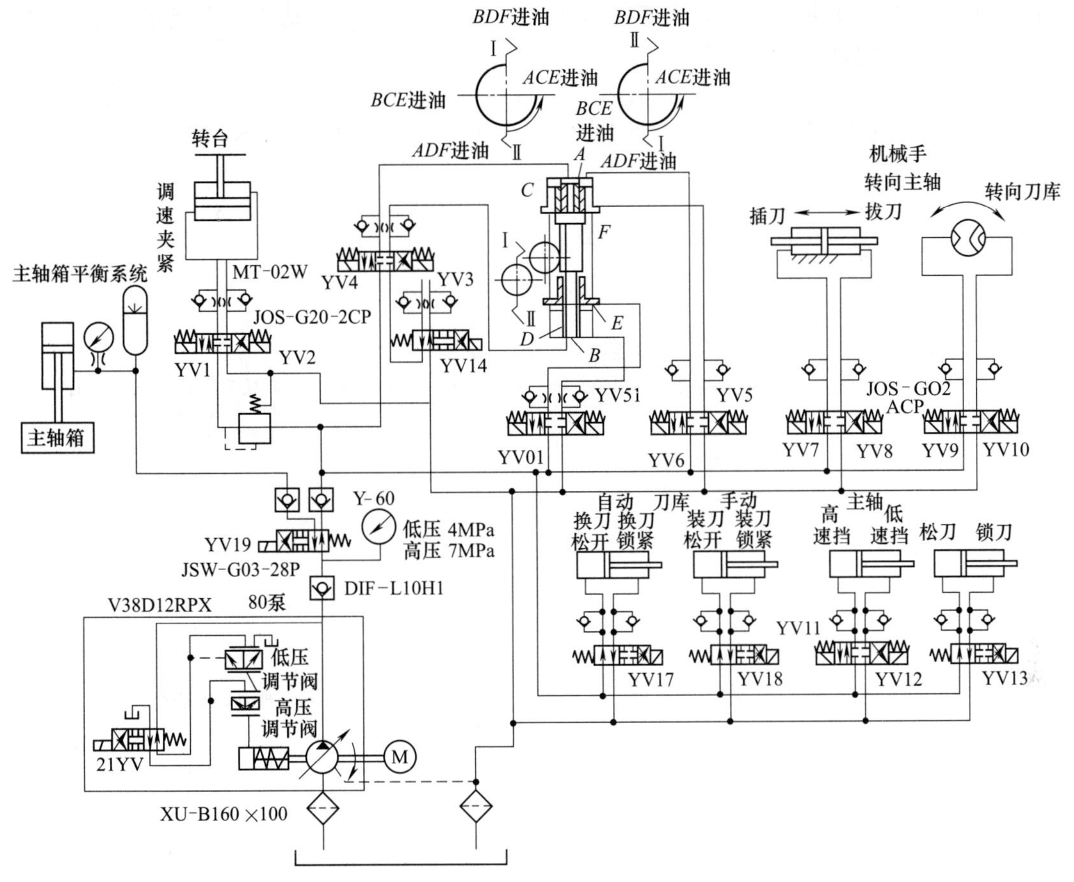

图 12.3.5 TH6350 卧式加工中心的液压系统原理图

制分度转台抬起、下落及夹紧，机械手交换刀具的动作，刀具的松开与夹紧，主轴速度高、低挡的变换等；高压用于控制主轴箱的平衡。液压平衡采用封式油路，系统压力由蓄能器补油和吸油来保持稳定。

2. 刀库刀具锁紧装置和自动换刀部分

刀库存刀数有 30 把、40 把、60 把 3 种供用户选用，由伺服电动机带动减速齿轮副并通过链轮机构带动刀库回转。

① 刀具锁紧装置在弹簧力的作用下，刀套下部两夹紧块处于闭合状态，夹住刀具尾部的拉紧螺钉使刀具固定。换刀时，松开液压缸活塞，活塞杆伸出将夹紧块打开，即可进行插刀、拔刀。

② 机械手是完成主轴与刀库之间刀具交换的自动装置，该机床采用回转式双臂机械手。机械手手臂装在液压缸套筒上，活塞杆固定，由进入液压缸的液压油控制手臂同液压缸一起移动，实现不同的动作。液压缸行程末端可进行节流调节，可使动作得到缓冲。改变液压缸的进油状态，液压缸套与手臂可实现插刀和拔刀运动。利用四位双层液压缸中的活塞带动齿条、齿轮副，并带动手臂回转。大、小液压缸活塞行程相差一倍，可分别带动手臂做 90°、180°回转。

刀库上的刀库中心和主轴中心成 90°，刀库位置在床身左侧。在刀库换刀时，机械手面向刀库；当主轴交换刀具时，机械手面向主轴。机械手做 90°回转由回转液压缸完成，回转缓冲可用节流调节。机械手按如图 12.3.6 所示的换刀动作程序图工作。换刀时，手爪Ⅰ抓新刀，手爪Ⅱ抓旧刀，经过从程序 1 到程序 21 的动作，完成第一个换刀动作循环。执行到程序 22 时，变为手爪Ⅱ抓新刀，手爪Ⅰ抓旧刀，经过 22～42 的动作，完成第二个换刀循环，使手爪Ⅰ回到程序 1 的位置。

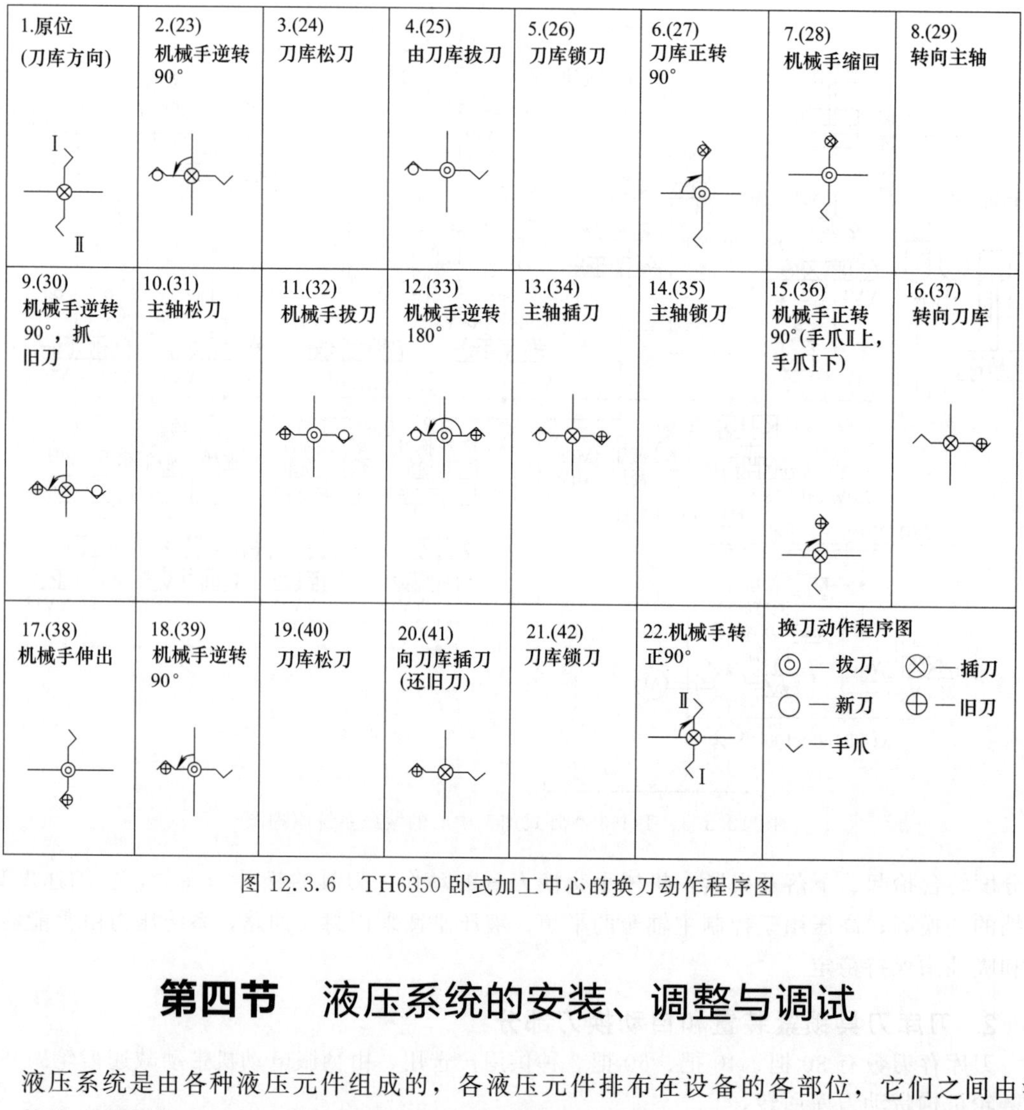

1.原位 (刀库方向) Ⅰ Ⅱ	2.(23) 机械手逆转 90°	3.(24) 刀库松刀	4.(25) 由刀库拔刀	5.(26) 刀库锁刀	6.(27) 刀库正转 90°	7.(28) 机械手缩回	8.(29) 转向主轴
9.(30) 机械手逆转 90°，抓 旧刀	10.(31) 主轴松刀	11.(32) 机械手拔刀	12.(33) 机械手逆转 180°	13.(34) 主轴插刀	14.(35) 主轴锁刀	15.(36) 机械手正转 90°(手爪Ⅱ上， 手爪Ⅰ下)	16.(37) 转向刀库
17.(38) 机械手伸出	18.(39) 机械手逆转 90°	19.(40) 刀库松刀	20.(41) 向刀库插刀 (还旧刀)	21.(42) 刀库锁刀	22.机械手转 正90° Ⅱ Ⅰ	换刀动作程序图 ◎—拔刀 ⊗—插刀 ○—新刀 ⊕—旧刀 ∨—手爪	

图 12.3.6　TH6350 卧式加工中心的换刀动作程序图

第四节　液压系统的安装、调整与调试

液压系统是由各种液压元件组成的，各液压元件排布在设备的各部位，它们之间由油管、管接头等零件有机地连接起来成为一个完整的液压系统。因此，液压系统安装得是否可靠、合理和整齐等，对液压系统的工作性能有很大的影响。

一、液压系统的安装

表 12.4.1 详细描述了液压系统的安装步骤和要求。

表 12.4.1　液压系统的安装

序号	液压系统安装	详 细 说 明
1	安装前的准备工作和要求	液压系统的安装应按液压系统工作原理图，系统管道连接图，有关泵、阀、辅助元件使用说明书的要求进行。安装前应对上述资料进行仔细分析，了解工作原理，元件、部件、辅件的结构和安装使用方法等，按图样准备好所需的液压元件、部件、辅件，并认真进行检查，看元件是否完好、灵活，仪表仪器是否灵敏、准确、可靠；检查密封件型号是否合乎图样要求和完好；管件应符合要求，有缺陷应及时更换，油管应清洗、干燥
2	液压元件的安装与要求	①安装各种泵和阀时，必须注意各油口的位置，不能接反或接错，各接口要固紧，密封应可靠，不得漏气或漏油

续表

序号	液压系统安装	详 细 说 明
2	液压元件的安装与要求	②液压泵输入轴与电动机驱动轴的同轴度误差不应大于 0.1mm，两轴中心线的倾斜角不应大于 1° ③液压缸的安装应保证活塞杆（或柱塞）的轴线与运动部件导轨面的平行度要求 ④阀件安装前后均应检查各控制阀的移动或转动是否灵活，若出现呆滞现象，应查明是否是由脏物、锈斑、平直度超差或紧固螺钉扭紧力不均衡使阀体变形等引起的，应通过清洗、研磨、调整加以消除；如不符合要求应及时更换 机动控制阀的安装一定要注意凸轮或撞块行程以及与阀之间的接近距离，以免试车时撞坏
3	液压管路的安装与要求	液压系统的全部管路在正式安装前要准确下料和弯制，并进行配管试装。试装合适后将油管拆下，用温度为 40～60℃、浓度为 10%～20%的稀硫酸或稀盐酸溶液酸洗 30～40min；取出后再用浓度为 30%～40%的苏打水中和，最后用温水清洗，干燥、涂油，开始正式安装 ①管道的布置要整齐，油路走向应平直、距离短，尽量少转弯。其目的是力求美观、减少沿程损失和便于检修。各平行与交叉的油管之间应有 10mm 以上的空隙，管子安装应牢靠，连接处要拼紧；刚性差的油管应用管夹固定好。对于较复杂的油路系统在拆卸管道时，为了避免重新安装时装错，可着色或编号加以区别。各油管接头要固紧可靠，密封良好，不得出现泄漏现象 ②液压泵吸油管的高度一般不大于 500mm。吸油管和泵吸油口连接处应涂以密封胶，保证密封良好，否则会因混入空气而影响泵的正常工作 ③吸油管路上应设置过滤器，过滤精度为 0.1～0.2mm，要有足够的通油能力（一般为泵容量的 2～3 倍）。对工作条件比较恶劣、极易堵塞的场合，安装时更应考虑能方便地拆卸 ④回油管应插入油面以下的足够深度，以防飞溅形成气泡。伸入油中的一端管口应切成 45°的斜面，并朝向箱壁，使回油平稳，便于散热。凡外部有泄漏管的阀（减压阀、顺序阀等），其泄油路不应有背压，应单独设回油管，且不插入油中 ⑤系统中蓄能器、测压表和流量计等辅助元件应能自由拆装而不影响其他元件。可采用活接头保证其拆装方便，测压表和流量计应布置在便于观察的地方 ⑥溢流阀回油口与泵的吸油口应尽量远些，这样有利于散热和降低油液的温度

二、液压系统的调整

表 12.4.2 详细描述了液压系统安装完成后，对液压系统进行的调整内容。

表 12.4.2　液压系统的调整

序号	液压系统调整	详 细 说 明
1	排除系统内的空气	在机床和液压管路安装完毕后，向油箱注入清洁的 L-HM32 液压油 75L。在首次启动或长期停车以后启动液压泵时，应预先将泵上的调压螺钉松开，然后反复启动液压泵，直至液压泵的空气完全排除，使泵无噪声为止。启动驱动部件时，应使液压缸做多次全行程往复运动并打开液压缸的放气孔，排出空气，直至各部件运动平稳为止
2	检查各部分压力	开动机床后，按系统压力的规定检查各部分压力，调好后机床才能进行其他工作。各压力数值由压力表读出，不用压力表时，压力表开关应转到零位，使压力表处于不工作状态，以保护压力表
3	液压部件的维护	使用机床工作时，每 3 个月应清洗一次过滤器，并检查油箱油位，每半年应清洗一次油箱；在机床中，大修时应检查液压叠加阀组及连接件间各密封圈的磨损情况，并需及时更换
4	保持油液清洁	控制油液污染、保持油液清洁是确保液压系统正常工作的重要措施。据统计，液压系统故障中有 80%是由油液污染引发的，油液污染还会加速液压元件的磨损
5	控制液压系统的温度	液压系统中油液的温升是减少能源消耗、提高系统效率的一个重要环节。若一台机床液压系统的油温变化范围大，其后果是：①影响液压泵的吸油能力及容积效率；②系统不正常，压力、速度不稳定，动作不可靠；③液压元件内外泄漏增加；④加速油液的氧化变质
6	控制液压系统泄漏	控制液压系统泄漏极为重要，因为泄漏和吸空是液压系统常见的故障。要控制泄漏，首先要提高液压系统中零部件的加工精度、装配质量以及管道系统的安装质量；其次要提高密封件的质量，注意密封件的安装使用与定期更换；最后要加强日常维护 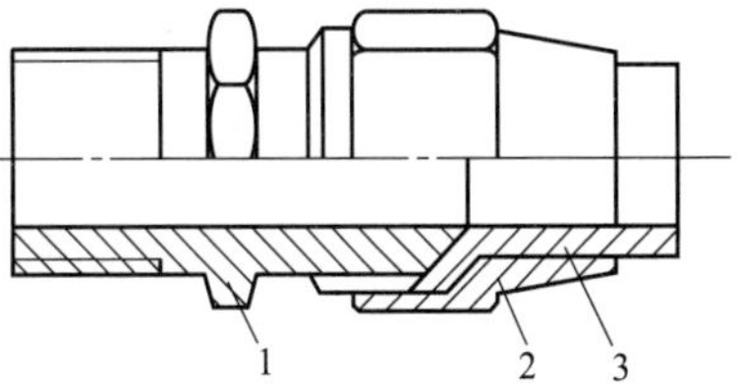 管接头的结构如图 12.4.1 所示。该管接头由具有 74°外锥面的接头体 1、带有 66°内锥孔的螺母 2 和扩过口的冷拉纯铜管 3 等组成，具有结构简单、尺寸紧凑、重量轻、使用简便等优点，适用于机床行业中的中低压（3.5～16MPa）场合。使用时，将扩过口的管子置于接头体的 74°外锥面和螺母的 66° 1　2　3 图 12.4.1　管接头 1—接头体；2—螺母；3—纯铜管

续表

序号	液压系统调整	详细说明
6	控制液压系统泄漏	内锥孔之间。旋紧螺母,使管子的喇叭口受压并挤贴于接头体外锥面和螺母内锥孔的间隙中实现密封。在维修液压设备的过程中,经常发现因管子喇叭口被磨损使接头处漏油或渗油的现象,这往往是扩口质量不好或旋紧用力不当引起的
7	降低液压系统振动与噪声振动	液压系统振动与噪声振动会影响液压件的性能,使螺钉松动、管接头松脱,从而引起漏油。因此,要防止和排除振动现象发生
8	严格执行日常点检制度	液压系统故障存在着隐蔽性、可变性和难于判断性。因此,应对液压系统的工作状态进行点检,把可能产生的故障现象记录在日常点检维修卡上,并将故障排除在初始状态,减少故障的发生
9	严格执行定期紧固、清洗、过滤和更换制度	液压设备在工作过程中,由于冲击振动、磨损和污染等因素,使管件松动,金属件和密封件磨损。因此,必须对液压件及油箱等定期清洗和维修,对油液、密封件执行定期更换制度

三、液压系统的调试

新机床及修理后的机床，在安装和几何精度检验合格后必须进行调试，使其液压系统的性能达到预定的要求。

在进行液压调试之前，应全面地了解被调试机床的用途、性能、结构、使用要求和操作方法，掌握液压系统的工作原理和主要液压元件结构、性能和调整部位，明确机械、液压和电气三者的关系及其联系环节，仔细分析液压系统工作循环压力变化、速度变化及功率利用分配情况。在此基础上确定调试内容、步骤及测试方法，准备测试用的仪表，同时还应考虑调试中可能出现的问题及应采取的措施。

调试应作好必要的检查，检查管路连接和电气线路是否正确、牢固、可靠；泵和电动机的转速、转向是否正确；油箱中油液的牌号及油面高度是否符合要求；各控制手柄是否在关闭或卸荷位置；各行程挡块是否在合适的位置及防护装置是否完好。待各处按试车要求调整好之后，方可进行空载试车。

液压系统的调整和试车一般不能分开，往往是试车中有调整，而调整中也有试车，试车分为空载试车和负载试车，详细内容见表 12.4.3。

表 12.4.3　液压系统的调试

序号	液压系统调试	详细说明
1	空载试车	空载试车是指全面检查液压系统各回路、各液压元件及各辅助装置的工作是否正常,工作循环或各种动作的自动转换是否符合要求,其步骤如下 ① 启动液压泵电动机。先向液压泵内灌油,然后从断续至连续启动液压泵电动机。观察其运转方向是否正确,运转情况是否正常,有无异常噪声等,并观察液压泵是否漏气,油面泡沫情况是否正常,以及液压泵在卸荷状态下,其卸荷压力是否在允许范围内。若液压泵不排油,应检查液压泵电动机接线是否接反 ② 液压缸的排气。放松溢流阀,按下相应的按钮,使各液压缸来回运动。若系统压力低,液压缸不动作,可逐渐旋紧溢流阀,至液压缸能实现全行程往复运动数次,将系统中的空气排除干净。如果对低速性能要求比较高,应注意排气操作,因为在液压缸内混有空气后,会影响液压缸运动的平稳性,引起工作台在低速运动时的爬行,也会影响机床的换向精度,甚至在开车时会使运动部件产生前冲。排气时应先将排气阀打开,调整节流阀使流量加大,然后使液压缸全行程往复多次,即可使液压缸内空气排净,然后将排气阀关闭 ③ 压力阀的调整。各压力阀应按其在液压系统原理图中的位置,从泵源附近的溢流阀开始依次调整。将溢流阀缓慢调到规定的压力值,使液压泵在工作状态下运转,检查溢流阀在调节过程中有无异常声响,压力是否稳定,升压或降压是否平稳;调至调定值时,须检查系统各管道连接处液压元件的结合面处是否漏油。其他压力阀可按其工作需要进行调整。若未发现异常现象,即可将压力阀的锁紧螺母拧紧并将相应的压力表油路关闭,以防压力变化损坏压力表

续表

序号	液压系统调试	详细说明
1	空载试车	④ 其他控制阀的调整。操纵相应的控制阀(包括行程挡铁、微动开关),使各液压缸(液压马达)在空载条件下按预定的顺序和设计要求动作,以检查它们的动作是否正确,启动、换向、速度和速度变换是否平稳,有无爬行、跳动和冲击现象等 系统工作以后,液压油进入液压缸和管道内部,油箱的油面下降,必须及时向油箱补油,以保证达到规定的油面要求 各工作部件在空载条件下,按预定的工作循环或工作顺序连续运转 2～4h 后,应再检查油温及液压系统所要求的各项精度,一切正常后,方可开始负载试车
2	负载试车	负载试车是在规定负载条件下运转,进一步检查系统的运行质量和存在的问题,检查机器的工作情况,安全保护装置的工作效果,有无噪声、振动和外泄漏现象,系统的功率损耗和油液温升等 负载试车时,一般应先在低于最大负载和速度的情况下试车,如果轻载试车一切正常,才可逐渐将压力阀和流量阀调节到规定值,进行最大负载试车。若系统工作正常,便可交给使用者使用

第五节　液压系统的故障与维修

一、油液污染对机床系统的危害

液压系统使用的液压介质即是液压油，在液压系统中起着能量传递、系统润滑、防腐、防锈、冷却等作用。一个液压系统的好坏不仅取决于系统设计的合理性和系统元件性能的优劣，还因系统的污染防护和处理，系统的污染直接影响液压系统工作的可靠性和元件的使用寿命。据统计，国内外的液压系统故障大约有 70%是由于污染引起的，因此有必要掌握油污对机床的危害。

如图 12.5.1 所示，左侧瓶子为使用过后收集的废液压油，右侧瓶子为未使用的液压油。

油液污染对机床系统的主要危害见表 12.5.1。

表 12.5.1　油液污染对机床系统的危害

序号	维护要点	说明
1	元件的污染磨损	油液中各种污染物引起元件各种形式的磨损,固体颗粒进入运动副间隙中,对零件表面产生切削磨损或疲劳磨损。高速液流中的固体颗粒对元件的表面冲击引起冲蚀磨损。油液中的水和油液氧化变质的生成物对元件产生腐蚀作用。此外,系统的油液中的空气引起汽蚀,导致元件表面剥蚀和破坏
2	元件堵塞与卡紧故障	固体颗粒堵塞液压阀的间隙和孔口,引起阀芯阻塞和卡紧,影响工作性能,甚至导致严重的事故
3	加速油液性能的劣化	油液中的水和空气的热能是油液氧化的主要条件,而油液中的金属微粒对油液的氧化起重要催化作用,此外,油液中的水和悬浮气泡显著降低了运动副间油膜的强度,使润滑性能降低

图 12.5.1　使用过后的液压油与未使用的液压油对比

二、液压系统常见故障及其诊断方法

做好对液压系统的日常维护与定期检查工作，可减少故障发生的次数，但仍然不能完全避免液压系统的故障。这种情况是由液压系统的复杂性所决定的。表 12.5.2 为液压系统常见故障及其诊断维修方法。

表 12.5.2 液压系统常见故障及其诊断维修方法

序号	故障内容	故障原因	排除方法
1	液压油外漏	各结合面紧固螺钉、调压螺钉螺母松动或堵塞	紧固相应部件
		振动	调整机床，减少振源
		腐蚀	更换腐蚀的管路
		压差	按照要求调整压力
		温度	保证机床的正常温度
		装配不良	重新进行装配调整到位
		液压元件的质量差	选择质量好的元件
		管路连接不良	重新对管路接头进行连接，确保其密封面能够紧密接触，且紧固螺母和接头上的螺纹要配合适当，然后再用合适的扳手拧紧，还要防止拧过劲而使管接头损坏
		系统设计不当	更改设计
		液压缸活塞杆碰伤拉毛	用极细的砂纸或油石修磨；不能修的，更换新件
		液压缸活塞和活塞杆上的密封件磨损与损伤	更换新密封件
		液压缸安装定心不良	拆下来检查安装位置是否符合要求
		由于压力调节螺钉过松，压力调节弹簧过松，定子不能偏心	将压力调节螺钉按顺时针方向转动到弹簧被压缩时，再转 3～4 转，启动油泵、调整压力
		流量调节螺钉调节不正确，定子偏心方向相反	按逆时针方向逐步转动调节油量调节螺钉
		油泵转速太低，叶片不能甩出	将转速控制在最低转速以上
		油泵转向接反	调转向
		油口安装法兰面密封不良	检查相应部位的紧固和密封
		油的黏度过高使叶片在转子槽内运动不灵活	采用规定牌号的油
		油箱内油量不足，吸油管漏出油面而进空气	把油加到规定油位，将滤油器埋入油面下
		吸油管堵塞	清除堵塞物
		进油口漏气	修理更换密封件
		叶片在转子槽内卡死	拆开油泵修理，清除毛刺，重新装配
2	液压油供油量不足	泵体裂纹与气孔泄漏	泵体出现裂纹需要更换泵体，泵体与泵盖间加入纸垫，紧固各连接处螺钉
		滤油器有污物，管道不畅通	清除污物，更换油液，保持油液清洁
		油液黏度太高或油温过高	用 20 号机械油并选用适合的温度，该 20 号机械油适合在 10～50℃的温度下工作，如果三班工作，应装冷却装置
		轴向间隙与径向间隙过大	由于齿轮泵的齿轮两侧端面在旋转过程中座圈产生相对运动会造成磨损，因而轴向间隙和径向间隙过大时必须更换零件与轴承
3	异常噪声、振动或压力下降	油箱油量不足，滤油器露出油面	按规定容量加油
		吸油管处吸入空气	找出泄漏部位，更换修理
		回油管高出油面，回油时空气被带入油池	保证油位最低时回油管埋入油面下一定深度
		进油口滤油器容量不足	更换滤油器，进油量应是油泵最大排量的 2 倍以上
		滤油器局部堵塞	清洗滤油器
		油泵转速过高或油泵接反	按规定方向安装转子
		油泵与电动机连接同轴度差	连接不同轴是产生噪声的主要原因，连接处同轴度应在 0.05mm 之内，更改要求为 0.02mm 之内
		定子和叶片严重损伤，轴承和轴损坏	更换零件
		泵与其他机械件产生共振	更换缓冲胶垫
		泵体与泵盖的两侧没有加上纸垫产生硬物冲撞	泵体与泵盖间加上纸垫，泵体用金刚砂在平板上研磨使泵体与泵盖平直度不超过 0.005mm
		液压元器件的间隙因磨损增大	查找磨损源，增加润滑
		工作油液不清洁，有杂质混入液压元件	更换新的工作油，并保证其清洁

续表

序号	故障内容	故障原因	排除方法
3	异常噪声、振动或压力下降	液压泵的滤油器被污物阻塞不能起滤油作用	用干净的清洗油将滤油器中的污物去除
		泵体与泵盖不垂直密封,旋转时吸入空气	紧固泵体与泵盖的连接,不得有泄漏现象
		泵齿轮啮合精度不够	对研齿轮,达到齿轮啮合精度
4	油泵发热油温过高	油泵工作压力超载	按规定的压力工作
		油泵吸油管和系统回油管靠得太近	调整油管,使工作后的油不直接进入油泵
		油箱油量不足	按规定加油
		由于摩擦阻力引起的机械损失或泄漏引起的容积损失	检查机械零件是否有故障,更换零件和密封圈
		压力过高	油的黏度过大,按规定更换
5	油泵运转不正常或有咬死现象	油泵轴向间隙及径向间隙过小	应更换零件,并调整轴间、径向间隙
		盖板与轴的同心度不好	更换盖板,使其与轴同心
		压力阀失灵	检查阀体小孔是否被污物堵塞,滑阀和阀体是否失灵,更换弹簧,清除阀体小孔污物或更换滑阀
		泵轴与电动机联轴器不同心	调整泵轴与电动机联轴器的同心度,使其不超过 0.20mm
6	系统压力低,工作压力不高,运动部件产生爬行	泄漏	检查各漏油部位,修理或换件
			检查是否内泄,即从高压腔到低压腔的泄漏
			各管件与接头和阀体泄漏,修理或更换
		压力油路与回油路短接	重新连接油路
		液压机组本身根本无压力油输入液压系统或压力不足	检查液压机本身
		电动机方向反转	重新调整电动机或重接电动机电源
		电动机功率不足	调整电动机设置或更换电动机
		溢流阀调定压力偏低	调整溢流阀压力
		溢流阀的滑阀卡死	将溢流阀拆开清洗并重新组装
		系统管路压力损失太大	更换管路或在允许压力范围内调整溢流阀压力
		液压缸内进入空气或油中有气泡	松开接头,将空气排出
		液压缸活塞杆全长和局部弯曲	活塞杆全长校正至直线度≤0.3mm/100mm或更换活塞
		缸内锈蚀或拉伤	修磨油缸内表面,严重的更换缸筒
7	尾座顶不紧或不运动	压力不足	用压力表检查
		液压缸活塞拉毛或研损	更换或维修
		密封圈损坏	更换密封圈
		液压阀断线或卡死	清洗、更换阀体或重新接线
		套筒研损	修理研损部件
8	导轨润滑不良	分油器堵塞	更换损坏的定量分油器
		油管破裂或渗漏	修理或更换油管
		没有气压源	检查气动柱塞泵是否堵塞,是否灵活
		油路堵塞	清除污物,使油路畅通
9	滚珠丝杠润滑不良	分油管是否分油	检查定量分油器
		油管是否堵塞	清除污物,使油路畅通

三、电磁换向阀的常见故障与排除方法

表 12.5.3 为液压系统电磁换向阀常见故障及其排除方法。

表 12.5.3　液压系统电磁换向阀常见故障及其排除方法

序号	故障内容	故障原因		排除方法
1	阀芯不动或不到位	滑阀卡住	滑阀与阀体配合间隙过小，阀芯在阀孔中卡住不能动作或动作不灵活	检查滑阀，检查间隙情况，研修或更换阀芯
			阀芯被碰伤，油液被污染	检查滑阀，检查、修磨或重配阀芯，换油
			阀芯几何形状误差大，阀芯与阀孔装配不同轴，产生轴向液压卡紧现象	检查滑阀，检查、修正形状误差及同轴度，检查液压卡紧情况
			阀体因安装螺钉的拧紧力过大或不均而变形，使阀芯卡住不动	检查滑阀，使拧紧力适当、均匀
		液动换向阀控制油路有故障	油液控制压力不够，弹簧过硬，使滑阀不动，不能换向或换向不到位	检查控制回路，提高控制压力，检查弹簧是否过硬，更换弹簧
			节流阀关闭或堵塞	检查控制回路，清洗节流口
			液动滑阀（电磁阀专用）的两端泄油口没有接回油箱或泄油管堵塞	检查控制回路，将泄油口接回油箱，清洗回油管使之畅通
		电磁铁故障	因滑阀卡住交流电磁铁的铁芯，使得吸不到底面而烧毁	检查电磁铁，清除滑阀卡住故障，更换电磁铁
			漏磁，吸力不足	检查电磁铁，检查漏磁原因，更换电磁铁
			电磁铁接线焊接不良，接触不好	检查电磁铁，检查并重新焊接
			电源电压太低造成吸力不足，推不动阀芯	检查电磁铁，提高电源电压
		弹簧折断、漏装、太软，不能使滑阀恢复中位		检查、更换或补装弹簧
		电磁换向阀的推杆磨损后长度不够，使阀芯移动过小，引起换向不灵或不到位		检查并修复，必要时更换推杆
2	电磁铁过热或烧毁	电磁铁线圈绝缘不良		更换电磁铁
		电磁铁铁芯与滑阀轴线同轴度太差		拆卸重新装配
		电磁铁铁芯吸不紧		修理电磁铁
		电压不对		改正电压
		电线焊接不好		重新焊线
		换向频繁		减少换向次数，或采用高频性能换向阀
3	电磁铁动作响声大	滑阀卡住或摩擦力过大		修研或更换滑阀
		电磁铁不能压到底		校正电磁铁高度
		电磁铁接触面不平或接触不良		清除污物，修整电磁铁
		电磁铁的磁力过大		选用电磁力适当的电磁铁

四、液压油质量品质好坏判断的常用方法

液压油品质好坏判断见表 12.5.4。

表 12.5.4　液压油品质好坏判断

序号	鉴别的内容	检测方法	具体检测方法
1	液压油水分含量的鉴别	目测法	如油液呈乳白色混浊状，则说明油液中含有大量水分
		燃烧法	用洁净、干燥的棉纱或棉纸蘸少许待检测的油液，然后用火将其点燃。若发现“噼啪”的炸裂声响或闪光现象，则说明油液中含有较多水分
2	液压油杂质含量的鉴别	感观鉴别	油液中有明显的金属颗粒悬浮物，用手指捻捏时直接感觉到细小颗粒的存在；在光照下，若有反光闪点，则说明液压元件已严重磨损；若油箱底部沉淀有大量金属屑，则说明主油泵或马达已严重磨损
		加温鉴别	对于黏度较低的液压油可直接放入洁净、干燥的试管中加热升温。若发现试管中油液出现沉淀或悬浮物，则说明油液中已含有机械杂质
		滤纸鉴别	对于黏度较高的液压油，可用纯净的汽油稀释后，再用干净的滤纸进行过滤。若发现滤纸上存留大量机械杂质（金属粉末），则说明液压元件已严重磨损

续表

序号	鉴别的内容	检测方法	具体检测方法
2	液压油杂质含量的鉴别	声音鉴别	若整个液压系统有较大的、断续的噪声和振动，同时主油泵发出“嗡嗡”的声响，甚至出现活塞杆“爬行”的现象，这时观察油箱液面、油管出口或透明液位计，会发现大量的泡沫。这种情况说明液压油已浸入了大量的空气
3	液压油黏度变化的鉴别	玻璃板倾斜法	取一块干净的玻璃板，将其水平放置，并将被测液压油滴一滴在玻璃上，同时在旁边再滴一滴标准液压油(同牌号的新品液压油)，然后将玻璃板倾斜，并注意观察：如果被测油液的流速和流动距离均比标准油液大，则说明其黏度比标准油液低，反之，则说明其黏度比标准油液高
		玻璃瓶倒置法	将被测的液压油液与标准油液分别盛在两个大小和长度相同的透明玻璃瓶中(不要装得太满)，再用塞子将两瓶口堵上。将两瓶并排放置在一起，然后同时迅速将两瓶倒置。如果被测液压油在瓶中的气泡比标准油液在瓶中的气泡上升得快，则说明油液的黏度比标准油液黏度低，反之，则说明油液黏度比标准油液黏度高；若两种油液气泡上升的速度接近，则说明黏度也相似
4	液压油质量变化的鉴别	油泵油液的鉴别	从油泵中取出少许被测油液，若发现其已呈乳白色混浊状(有时像淡黄色的牛奶)，且用燃烧法鉴别时，发现其含大量水分，用手感觉已失去黏性，则说明该油液已彻底乳化变质，不宜再用
		油箱油液的鉴别	从油箱中取出少许被测油液，用滤纸过滤，若滤纸上存留有黑色残渣，且有一股刺鼻的异味，则说明该油液已氧化变质，也可直接从油箱底部取出部分沉淀油泥，若发现其中有许多沥青和胶质沉淀，将其放在手指上捻捏，若感觉到胶质多，黏附性强，则说明该油已氧化变质

五、液压油使用注意要点

液压油使用注意要点见表 12.5.5。

表 12.5.5　液压油使用中的注意要点

序号	注意要点	详 细 说 明
1	不要轻视液压油的黏度变化	液压油黏度理论上随着温度的变化而变化，温度升高黏度降低，温度降低黏度升高，但在实际情况中，黏度变化多是液压油中掺杂了杂质、液压油发生变质而引起的
2	禁止使用高黏度液压油	高黏度的液压油会使机械部件运动阻力增大，电动机输出功率产生额外损耗，并可导致电动机和运动部件温度升高，影响加工效率
3	不要轻视液压油的氧化对设备的影响	液压油接触到空气中的氧产生氧化作用后渐渐变质老化，在油中生成油泥，会造成液压阀和执行机构动作不良或生锈的现象
4	禁止液压油中混入水溶性油剂	使用水溶性切削油的机床设备若在液压装置中混入切削油剂的话，会生成泥浆。泥浆造成的故障如下 ①过滤器堵塞、泵吸引不良、噪声 ②方向切换阀咬死、液压缸黏合、液压泵叶片黏合等液压动作不良 ③启动时的动作不稳定产生热机的时间长或机械停机
5	禁止污染液压油	油被污染的话，造成活塞垫圈或垫片被磨损，引起漏油
6	不许怠慢对液压油进行油温检查	液压油的温度一般而言 60℃为上限。超过 60℃，每上升 10℃，液压油的寿命降低 1/2。这主要是由于高温加速了油的氧化
7	不许怠慢对液压油进行定期检查	对非常精密的控制机构而言，5～10μm 的细微污染物是天敌，即使有效地使用静电净油机，也要定期对液压油进行检查。水分也是液压油的天敌，水分能促进氧化老化、产生生锈、造成异常的磨损
8	不许对液压油中发生的气泡放任不管	对液压油内发生的气泡放任不管的话，会产生液压油的变质、液压泵噪声增大、控制不良，容易引起原因不明的故障。因此发现油箱中有气泡，必须尽早点检，采取防止对策
9	禁止误选液压油和密封材料	各种驱动机构转动部件的密封材料不适应它的液压油的话，会产生种种故障。如当在矿物油系列的油中使用苯乙烯橡胶 (SBR)时，橡胶膨胀会发生漏油，动作变得沉重，动作不良
10	禁止在设备停机时采集油样	停机时，润滑油滞留在油箱内时，油中的异物、水、空气等从油中分离，异物和水被留在了底部，空气则被排放至大气中。在该状态下对油实施分析是有差别的。为了获得正常的油的性状，应在运转过程中采集分析用的试样油
11	禁止从油箱排油孔中提取液压装置的试样油	排油孔是个比较容易滞留污染物质和水分的地方

续表

序号	注意要点	详细说明
12	禁止从油箱底部采集试样油	为了不让油箱内的污垢混入，请不要从油箱的底部采集试样用油
13	禁止在室外保管油桶	室外温度温差大，液压油内部容易发生变质等化学反应，如果桶内液压油太满而温度又过高时，容易发生爆裂
14	禁止开着油桶盖	液压油表面与空气接触易发生氧化等变质情况
15	禁止油桶在污染的状态下打开盖子	易产生污染变质，操作前先用湿抹布擦净，再用酒精抹拭一遍后开启盖子

六、液压系统的点检与定检

点检是设备维修的基础，通过点检可以把启动系统中存在的问题排除在萌芽状态，还可以为设备维修提供第一手资料，从中可确定修理项目，编制检修计划。表 12.5.6 列出了液压设备日常点检项目和内容。

表 12.5.6 液压设备的点检项目及内容

序号	点检项目	点检内容
1	油箱液位	应在规定范围内
2	油温	
3	系统(或回路)压力	压力稳定，并与要求的设定值相一致
4	噪声、振动	无异常噪声和振动
5	行程开关和限位块	紧固螺钉无松动，位置正确
6	漏油	全系统无漏油
7	执行机构的动作	动作平稳，速度符合要求
8	各执行机构的动作循环	按规定程序协调动作
9	系统的联锁功能	按设计要求动作准确
10	液压件安装螺栓、液压管路法兰连接螺栓、管接头	定期紧固：10MPa 以上系统，每月一次；10MPa 以下系统，每三个月一次
11	蓄能器充气压力检查	每三个月检查一次，充气压力应符合设计要求
12	蓄能器壳体的检验	按压力容器管理的有关规定
13	滤油器及空气滤清器	一般系统 4～6 周定期清洗或更换；处于粉尘等恶劣环境下工作的系统，2 周左右定期清洗或更换
14	液压软管	根据设备的工作环境(如温度、振动、冲击等)确定检查更换周期

七、液压系统拆卸和检修时的注意事项

液压系统拆卸和检修时的注意事项见表 12.5.7。

表 12.5.7 液压系统拆卸和检修时的注意事项

序号	拆卸及检修项目	详细说明
1	液压油的处理	拆卸前，应将液压油排放到干净的油桶内，并盖好桶盖，经过观察或化验，质量没有变化的液压油允许继续使用。取下液压油箱的盖时，必须用塑料板盖好，并用螺钉压紧
2	拆卸前	必须先清除各元件表面黏附的砂土等污物
3	释放回路中残余压力	①在拆卸液压系统以前，必须弄清液压回路内是否有残余的压力。拆卸装有蓄能器的液压系统之前，必须把蓄能器所有能量全部释放。如不了解系统中有无残余压力而盲目行事，可能发生重大事故 ②在拆卸挖掘机、装载机和推土机等液压系统前，必须将挖斗或铲斗放到地面或用支柱支好
4	拆卸步骤	液压系统的拆卸，最好按部件进行。从待修的机械上拆下一个部件，经过性能实验，低于额定指标 90%的部件才作进一步分解拆卸，检查修理操作方法如下

续表

序号	拆卸及检修项目	详细说明
4	拆卸步骤	①拆卸时不能乱敲乱打，以防损坏螺纹和密封表面 ②在拆卸缸时，不应将活塞硬性从缸筒中打出，以免损坏表面。正确的方法是在拆卸前依靠液压油压力使活塞移动到缸筒的末端，然后进行拆卸 ③拆下零件的螺纹部分和密封面都要用筏布缠好，以防碰伤 ④拆下的小零件要分别装入塑料袋中保存 ⑤除非有必要，不要将多联阀拆成单体
5	拆卸油管	①在拆卸油管时，要及时做好标签，以防装错位置 ②拆卸下来的油管，要用冲洗设备将管内冲洗干净，然后在两端堵上塑料塞。拆下来的液压泵、液压马达和阀的孔口，也要用塑料塞塞好。在没有塑料塞时，可以用塑料袋套在管口上，然后用胶纸黏牢。禁止用碎纸、棉纱代替
6	防尘	拆卸修理时，应在满足防尘要求的专用房间内进行。如在临时性的简易厂房修理元件时，应该用塑料板(布)围成专用的操作室或帐篷，以避风沙
7	清洗和防尘设备	修理间应备有塑料板、塑料袋、塑料塞、纸张和棉纱、胶布和胶纸、清洗和冲洗设备(如高压空气和干净的油桶等)
8	拆卸工具	应保证齐全和清洁
9	元件存放	应将拆下的液压元件，保管在专门的柜子或木架上，不得放置在地面上
10	密封材料的选择	材料应具备的条件，除了耐油性、耐热性、耐寒性及耐化学药品性等物理性能之外，还要求具有一定的反弹性和抗拉强度等力学性能
11	活塞杆的表面处理	一般情况下，活塞杆的表面应镀硬铬，铬层的厚度通常为0.02～0.06mm。对于挖掘机的铲斗回转滚压缸等的活塞杆，应先做表面淬火。硬度达到50～60HRC，淬火层深0.5～1mm，然后再镀以硬铬
12	防止密封件挤出或拧扭	由于压力的作用，使密封件从间隙中挤出或拧扭，这就会引起密封件挤裂而漏油。为此需在不受压力的一侧加置挡圈，以防止此故障的发生
13	认真保护密封件的唇边	唇形密封圈的唇边是保证实现密封的关键部位。所以在液压系统修理的全过程中，必须认真保护密封件唇边
14	液压元件的焊接	进行局部修理时要注意保护液压元件。当进行焊修时，不能让电流通过液压缸，以免产生火花，引起事故
15	重要液压元件的试验	有承压通道的重要零件在修理之前，都应进行耐压试验。试验压力为额定压力的1.5倍，保压1min不得有渗漏现象
		高速旋转的液压元件，在修理以后都要进行平衡与动平衡实验
16	密封面的表面粗糙度值要适当	密封面的表面粗糙度是密封技术中的一个重要问题。若表面粗糙会出现拉伤，无论采用什么样的密封，也都会发生漏油。但表面粗糙度值过小，在 $Ra=0.08\mu m$ 以下，也会造成完全密封，工作面上形成不了油膜，从而加速了磨耗

第十三章　气动系统的故障诊断与维修

气动系统与液压系统一样，其目的是驱动用于各种不同目的的机械装置。一个气动系统通常包括气源装置、气源处理元件、压力控制阀、润滑元件、方向控制阀、各类传感器、流量控制阀、气动执行元件以及其他辅助元件。

气动系统的气源容易获得，机床可以不必再单独配置动力源，装置结构简单，工作介质不污染环境，工作速度快和动作频率高，适合于完成频繁启动的辅助工作。其过载时比较安全，不易发生过载损坏机件等事故。气动系统在数控机床中主要用于对工件、刀具定位面（如主轴锥孔）和交换工作台的自动吹屑，清理定位基准面，作安全防护门的开关以及完成刀具、工件的夹紧、放松等。气动系统中的分水滤气器应定期放水，分水滤气器和油雾器还应定期清洗。

数控设备上的气动系统用于换刀时主轴内锥孔的清洁和防护门的开关。有些加工中心依靠气液转换装置实现机械手的动作和主轴松刀。

第一节　数控机床气动系统的构成

一、气源装置

向气动系统提供压缩空气的装置称为气源装置。其主体是空气压缩机，由空气压缩机产生的压缩空气含有过量的杂质、水分及油分，因此不能直接使用，必须经过降温、除尘、除油、除水和过滤等一系列处理后才能用于气动系统。

如图 13.1.1 所示为典型气源装置的组成。电动机驱动空气压缩机，将大气压力状态下的气体升压并输出。压力开关将根据小气罐内的压力高低来控制电动机的启闭，保证小气罐内压力在调定范围内。安全阀用于因意外原因使小气罐内压力超过允许值时向外排气降压。

为阻止压缩空气反向流动而设有单向阀。后冷却器通过降温将压缩空气中水蒸气及油雾冷凝成液滴，经油水分离器将液滴与空气分离。在冷却塞、油水分离器及大气罐最低点，都设有排气器以排除液态的水和油。

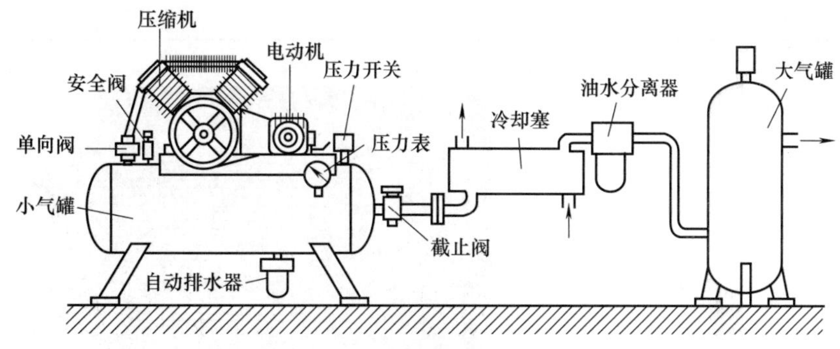

图 13.1.1　典型气源装置的组成

表 13.1.1 详细描述了气源装置的各个组成部分。

表 13.1.1　气源装置的组成

<table>
<tr><th>序号</th><th>气源装置组成</th><th colspan="2">详细说明</th></tr>
<tr><td>1</td><td>空气压缩机</td><td colspan="2">空气压缩机是将机械能转换成空气压力能的装置，是产生压缩空气的设备。空气压缩机的种类很多，按工作原理可分为容积式和速度式两大类。在气压传动中，一般采用容积式空气压缩机
在容积式空气压缩机中，最常用的是活塞式空气压缩机，其工作原理如图 13.1.2 所示。曲柄 6 做回转运动，带动气缸活塞 2 做直线往复运动，当活塞 2 向右运动时，气缸腔 1 因容积增大形成局部真空，在大气压的作用下，吸气阀 7 打开，大气进入气缸腔 1，此过程为吸气过程；当活塞向左运动时，气缸腔 1 容积缩小，气体被压缩，压力升高，吸气阀 7 关闭，排气阀 8 打开，压缩空气排出，此过程为排气过程。单级单缸的空气压缩机就这样循环往复地运动，不断地产生压缩空气。在实际应用中，大多数空气压缩机是由多缸多活塞组合而成的
图 13.1.2　单杆活塞式空气压缩机的工作原理
1—气缸腔；2—活塞；3—活塞杆；4—十字头与滑道；5—连杆；6—曲柄；7—吸气阀；8—排气阀；9—弹簧</td></tr>
<tr><td rowspan="2">2</td><td rowspan="2">气源净化装置</td><td colspan="2">一般选用的空气压缩机都是油润滑式的，使用这种压缩机压缩空气时，温度可升高到 140～170℃，这时部分润滑油变成气态，与空气中的水分和灰尘形成混合杂质。如含有这些杂质的压缩空气供气动设备使用，将会导致系统工作不稳定、气路不畅通和影响元件的使用寿命等不良后果。由此可见，在气动系统中设置除水、除油、除尘和干燥等气源净化装置是十分必要的。常用的气源净化装置有以下几种</td></tr>
<tr><td>后冷却器</td><td>后冷却器一般安装在空气压缩机的出口管路上，其作用是把空气压缩机排出的压缩空气的温度由 140～170℃降至 40～50℃或更低，使得其中大部分的气态水和气态润滑油转化成液态，以便于排出
后冷却器一般采用水冷却法，其结构形式有蛇管式、列管式、散热片式和套管式等。热的压缩空气由管内流过，冷却水从管外水套中流动进行冷却，在安装时应注意压缩空气和水的流动方向
图 13.1.3 为列管式后冷却器，图 13.1.4 为散热片式后冷却器
图 13.1.3　列管式后冷却器</td></tr>
</table>

续表

序号	气源装置组成	详细说明	
2	气源净化装置	后冷却器	 图 13.1.4　散热片式后冷却器
		油水分离器	油水分离器的作用是将经后冷却器降温析出的水滴、油滴等杂质从压缩空气中分离出来，其结构形式有环形回转式、撞击挡板式、离心旋转式和水浴式等。压缩空气自入口进入分离器壳体，气流受隔板的阻挡撞击折向下方，然后环形回转而上升，油滴、水滴等杂质由于惯性力和离心力的作用析出并沉于壳体的底部，由放油水阀定期排出。为达到较好的效果，气流回转后上升速度应缓慢 图 13.1.5　为油水分离器及其组成部分 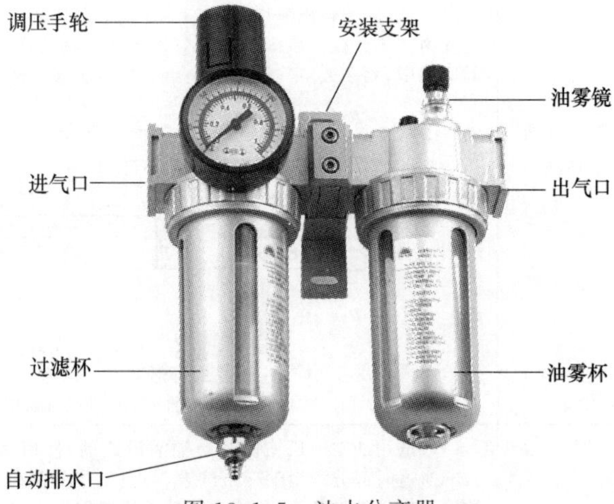 调压手轮　安装支架　油雾镜　进气口　出气口　过滤杯　油雾杯　自动排水口 图 13.1.5　油水分离器
		气罐	气罐的作用是消除压力波动，保证供气的连续性、稳定性；储存一定数量的压缩空气以备应急时使用；进一步分离压缩空气中的油分、水分等 图 13.1.6 为气罐及其组成 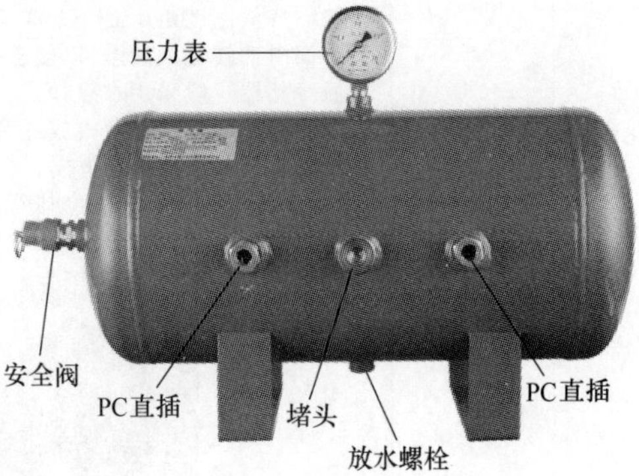 压力表　安全阀　PC直插　堵头　PC直插　放水螺栓 图 13.1.6　气罐

续表

序号	气源装置组成		详细说明
2	气源净化装置	干燥器	经过以上净化处理的压缩空气已基本能满足一般气动系统的要求,但对于精密的气动装置和气动仪表用气,还需经过进一步净化处理后才能使用。干燥器的作用是进一步除去压缩空气中的水、油和灰尘,其方法主要有吸附法和冷冻法。吸附法是利用具有吸附性能的吸附剂(如硅胶、铝胶和分子筛等)吸附压缩空气中的水分而达到干燥的目的的。冷冻法是将多余水分降至露点以下,并把它分离出来,从而达到所需要干燥度的方法。 图 13.1.7 为一种典型的干燥器  图 13.1.7　干燥器 当吸附剂使用一段时间之后,水分达到饱和状态时,吸附剂将失去继续吸湿的能力,因此需要设法将吸附剂中的水分排除,使吸附剂恢复到干燥状态,即重新恢复吸附水分的能力,这就是吸附剂的再生。经过一段时间的再生之后,吸附剂即可恢复吸湿的性能。在气压系统中,为保证供气的连续性,一般设置两套干燥器,一套使用,另一套对吸附剂进行再生,交替工作
		分水排水器	分水排水器又称二次过滤器,其主要作用是分离水分、过滤杂质,滤灰效率可达70%～99%。在气动系统中,一般把分水排水器、减压阀、油雾器称为气动三大件,又称气动三联件,它们是气动系统中必不可少的气动元件 图 13.1.8 为分水排水器  图 13.1.8　分水排水器
3	辅助元件	油雾器	气动系统中的各种气阀、气缸、气动马达等,其可动部分需要润滑,但以压缩空气为动力的气动元件都是密封气室,不能用普通方法注油,只能以某种方法将油混入气流中,随气流带到需要润滑的地方。油雾器就是一种特殊的注油装置,它可以使润滑油雾化后随空气流入需要润滑的运动部件。用这种方法加油,具有润滑均匀、稳定和耗油量少等特点 图 13.1.9 为油雾器及其组成部分 油雾器可以在停气或不停气的情况下加油,但不停气加油压力不得低于 0.1MPa 油雾器一般应安装在分水滤气器、减压阀之后,尽量靠近换向阀,应避免把油雾器安装在换向阀与气缸之间,以免漏掉对换向阀的润滑

续表

<table>
<tr><th>序号</th><th>气源装置组成</th><th colspan="4">详细说明</th></tr>
<tr><td rowspan="4">3</td><td rowspan="4">辅助元件</td><td>油雾器</td><td colspan="3">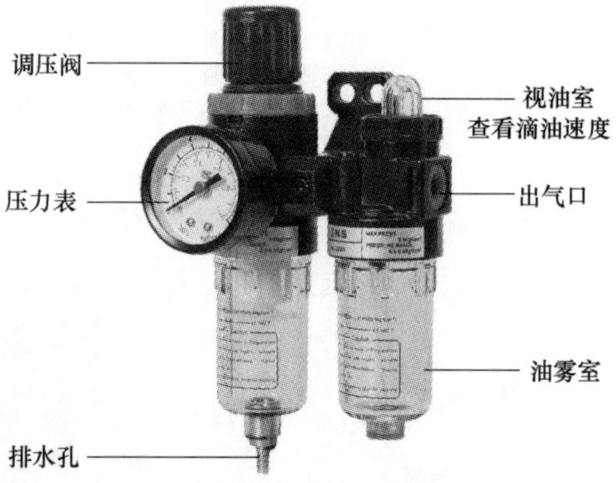
图 13.1.9　油雾器</td></tr>
<tr><td rowspan="3">消声器</td><td colspan="3">气动回路与液压回路不同，它没有回收气体的必要，压缩空气使用后直接排入大气，因排气速度较高，会产生尖锐的排气噪声。为降低噪声，一般在换向阀的排气口上安装消声器，如图 13.1.10 所示

图 13.1.10　消声器
常用的消声器有以下几种</td></tr>
<tr><td>吸收型消声器</td><td>这种消声器主要依靠吸声材料消声，QXS 型消声器就是吸收型消声器，如图 13.1.11 所示。消声套是多孔的吸声材料，用聚苯乙烯颗粒或铜粒烧结而成。当有压气体通过消声套排出时，气体受到阻力流速降低，从而降低了噪声
这种消声器结构简单，吸声材料的孔眼不易堵塞，可以较好地消除中频、高频噪声，可降低噪声 20dB 左右。气动系统的排气噪声主要是中频、高频噪声，以高频噪声居多，所以这种消声器适合于一般气动系统使用</td><td>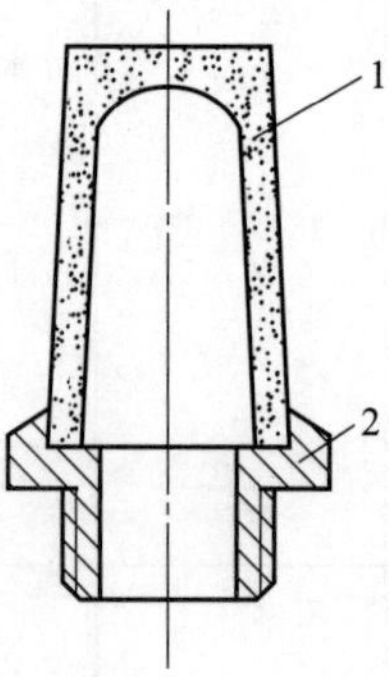
图 13.1.11　吸收型消声器
1—消声套；2—连杆螺栓</td></tr>
<tr><td>膨胀干涉型消声器</td><td colspan="2">这种消声器的直径比排气孔直径大得多，气流在里面扩散、碰壁反射，互相干涉，降低了噪声的强度，这种消声器的特点是排气阻力小，可消除中频、低频噪声，但结构不够紧凑</td></tr>
</table>

续表

序号	气源装置组成	详细说明			
3	辅助元件	消声器	膨胀干涉吸收型消声器	它是上述两种消声器的结合，即在膨胀干涉型消声器的壳体内表面敷设吸声材料而制成。图 13.1.12 所示为膨胀干涉吸收型消声器的结构图。这种消声器的入口开设了许多中心对称的斜孔，它使得高速进入消声器的气流被分成许多小的流束，在进入无障碍的扩张室后，气流被迅速减速，碰壁后反射到腔室中，气流束的相互撞击、干涉而使噪声减弱，然后气流经过吸声材料的多孔侧壁排入大气，噪声又一次被降低。这种消声器的效果比前两种更好，低频噪声可降低 20dB 左右，高频噪声可降低 40dB 左右 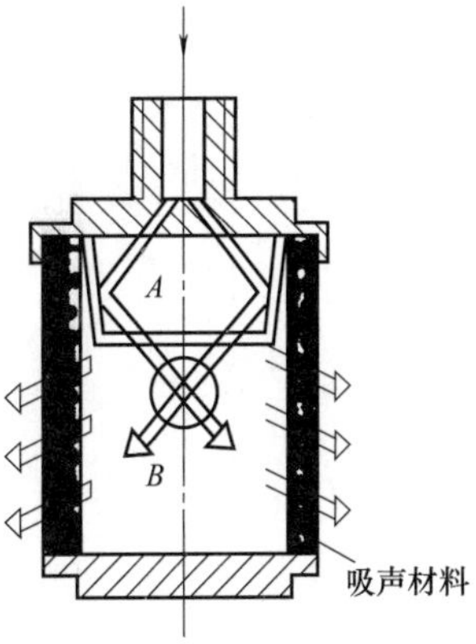	图 13.1.12　膨胀干涉吸收型消声器
				在一般使用场合，可根据换向阀的通径选用吸收型消声器；对消声效果要求高的，可选用后两种消声器	

二、气动执行元件

气动执行元件的作用是将压缩空气的压力能转变成机械能并对外做功。气动执行元件包括气缸和气动马达，气缸用以实现直线运动或摆动，气动马达用于实现连续的回转运动。

表 13.1.2 详细描述了气压系统的气动执行元件。

表 13.1.2　气动执行元件

序号	组成元件	详细说明
1	气缸	按活塞两侧端面的受压状态，气缸可分为单作用气缸和双作用气缸。按结构特征，气缸可分为活塞式气缸、柱塞式气缸、薄膜式气缸、叶片式摆动气缸和齿轮齿条式摆动气缸等。按功能，气缸可分为普通气缸和特殊气缸。普通气缸是指一般活塞式气缸，用于无特殊要求的场合。特殊气缸用于有特殊要求的场合，如气液阻尼缸、薄膜式气缸、冲击气缸和伸缩气缸等。普通气缸的工作原理及用途类似于液压缸，此处不再赘述。图 13.1.13 为螺杆空压机活塞式伺服气缸，图 13.1.14 为薄膜式气缸  图 13.1.13　螺杆空压机活塞式伺服气缸 　　图 13.1.14　薄膜式气缸
2	气动马达	气动马达是将压缩空气的压力能转换成回转机械能的能量转换装置，其作用相当于电动机或液压马达。它输出转矩，驱动执行机构做旋转运动。在气压传动中使用最广泛的是叶片式气动马达和活塞式气动马达，其工作原理与叶片式液压泵类似。图 13.1.15 为一典型的活塞式气动马达的安装方式。图 13.1.16 为一典型的活塞式气动马达与各种减速机的配合方式

续表

序号	组成元件	详细说明
2	气动马达	 (a) 基本安装 (b) 立式安装 (c) IEC法兰安装 (d) 卧式安装 图 13.1.15 典型的活塞式气动马达的安装方式 (a) 配立式齿轮减速机 (b) 配卧式齿轮减速机 (c) 配蜗轮减速机 (c) 配立式摆线针减速机 图 13.1.16 活塞式气动马达与各种减速机的配合方式

三、气动控制元件

气动控制元件是在气压传动系统中，控制、调节压缩空气的压力、流量和方向等的控制阀，其按功能可分为压力控制阀、流量控制阀和方向控制阀，以及能实现一定逻辑功能的气动逻辑元件等。

表 13.1.3 详细描述了气压系统的气动控制元件。

表 13.1.3 气动控制元件

序号	气动控制元件	详细说明
1	压力控制阀	在气压传动系统中，通过控制压缩空气的压力来控制执行元件的输出力或控制执行元件实现顺序动作等的阀统称为压力控制阀，包括减压阀、顺序阀和安全阀。压力控制阀是利用压缩空气作用在阀芯上的力和弹簧力相平衡的原理来工作的 图 13.1.17 为压力控制阀

续表

序号	气动控制元件	详细说明
1	压力控制阀	 图 13.1.17　压力控制阀
2	流量控制阀	流量控制阀是通过改变阀的通流面积来调节压缩空气的流量，从而控制气缸的运动速度等的气动控制元件。流量控制阀包括节流阀、单向节流阀和排气节流阀等 图 13.1.18 为流量控制阀  图 13.1.18　流量控制阀
3	方向控制阀	方向控制阀用于控制压缩空气的流动方向和气路的通断，它是气动系统中应用最多的一种控制元件 图 13.1.19 为方向控制阀 按气流在阀内的流动方向，方向控制阀可分为单向型控制阀和换向型控制阀，按控制方式，换向型控制阀又分为手动控制、气压控制、电磁控制、机动控制和电气动控制等；按切换的通路数目，方向控制阀分为二通阀、三通阀、四通阀和五通阀等；按阀芯工作位置的数目，方向控制阀分为二位阀和三位阀等  图 13.1.19　方向控制阀
4	气动逻辑元件	气动逻辑元件是指在控制回路中能够实现一定逻辑功能的器件，它属于开关元件。它与微压气动逻辑元件相比，具有通径较大（一般为 2～2.5mm）、抗污染能力强、对气源净化要求低等特点。通常该元件在完成动作后，具有关断能力，因此耗气量小 图 13.1.20 为气动逻辑元件  图 13.1.20　气动逻辑元件

第二节 数控机床气压系统的回路调试

数控机床上的气压控制系统，往往是由若干个气压基本回路组合而成的。调试一个完整的气压控制回路，除了能够实现程序预先要求的动作以外，还要考虑调压、调速、手动和自动等一系列的问题。因此，熟悉和掌握气动基本回路的工作原理和特点，可为调整、分析和使用比较复杂的气压控制系统打下良好的基础。

气压基本回路的种类很多，应用范围很广，主要有压力控制、速度控制和方向控制等基本回路。

一、压力控制回路的调压

压力控制回路的功能是使系统的气体压力保持在规定的范围之内。

在一个气动控制系统中，进行压力控制主要有两个目的。第一是提高系统的安全性，在此主要指控制一次压力。如果系统中的压力过高，除了会增加压缩空气输送过程中的压力损失和泄漏外，还会使配管或元件破裂而发生危险。因此，压力应始终控制在系统的额定值以内，一旦超过所规定的允许值，应能够迅速溢流降压。第二是给元件提供稳定的工作压力，使其能充分发挥自身的功能和性能，这主要指二次压力控制。

表 13.2.1 详细描述了压力控制回路的类型。

表 13.2.1 压力控制回路的类型

序号	压力控制回路类型	详细说明
1	一次压力控制回路	一次压力控制，是指把空气压缩机的输出压力控制在一定值以下。一般情况下，空气压缩机的出口压力为 0.8MPa 左右，并设置气罐，气罐上装有压力表、安全阀等。气源的选取可根据使用单位的具体条件，采用压缩空气站集中供气或小型空气压缩机单独供气，只要它们的容量能够与用气系统压缩空气的消耗量相匹配即可。当空气压缩机的容量选定以后，在正常向系统供气时，气罐中的压缩空气压力由压力表显示出来，其值一般低于安全阀的调定值，因此安全阀通常处于关闭状态。当系统用气量明显减少，气罐中的压缩空气过量而使压力升高到超过安全阀的调定值时，安全阀自动开启溢流，使罐中压力迅速下降；当罐中压力降至安全阀的调定值以下时，安全阀自动关闭，使罐中压力保持在规定范围内。可见，安全阀的调定值要适当，若调得过高，则系统不够安全，压力损失和泄漏也要增加；若调得过低，则会使安全阀频繁开启溢流而消耗能量。安全阀的压力调定值，一般可根据气动系统工作压力的范围，调整到 0.7MPa 左右 如图 13.2.1 所示，一次压力控制回路的作用是控制空气压缩机使气罐内的气体压力不超过规定值。常用外控卸荷阀来控制（压力超过规定值，空压机卸荷运转；反之，空压机加载运转），也可用电接点式压力表来控制空气压缩机电动机的启动和停止（压力超过规定值，空压机停转；反之，空压机运转），使气罐内压力保持在规定的范围内。采用外控卸荷阀时，结构简单，工作可靠，但气量浪费大；采用电接点式压力表时，则对电动机及其控制要求较高，常用于小功率空压机 2 1 图 13.2.1 一次压力控制回路 1—外控卸荷阀；2—电接点式压力表
2	二次压力控制回路	二次压力控制是指把空气压缩机输送出来的压缩空气，经一次压力控制后作为减压阀的输入压力 p_0，再经减压阀减压、稳压后得到输出压力 p（称为二次压力），将其作为气动控制系统的工作气压使用。可见，气源的供气压力 p_0 应高于二次压力 p 所必需的调定值 在选用如图 13.2.2 所示的回路时，可以用三个分离元件（即空气过滤器、减压阀和油雾器）组合而成，也可以采用气源处理装置。组合时三个分离元件的相对位置不能改变，由于空气过滤器的过滤精度较高，因此，在它的前面还要加一级粗过滤装置。若控制系统不需要加油雾器，则可省去油雾器或在油雾器之前用三通接头引出支路

续表

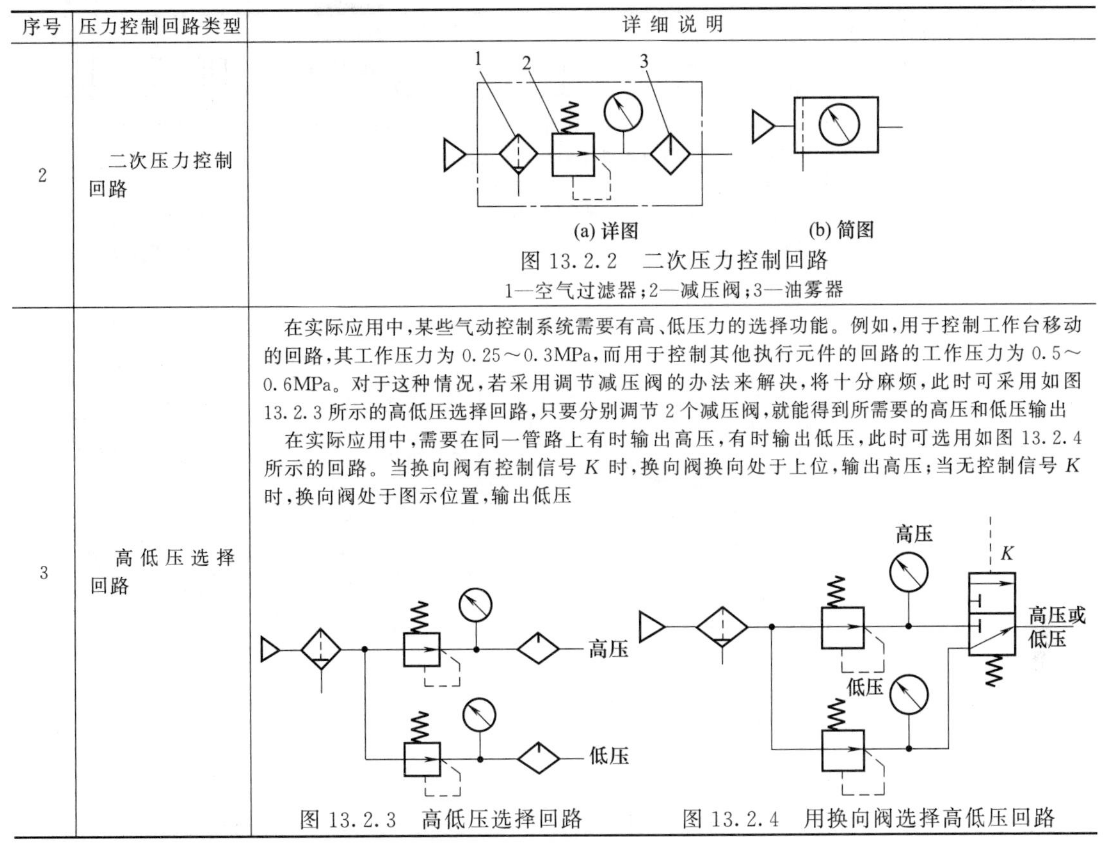

序号	压力控制回路类型	详 细 说 明
2	二次压力控制回路	(a) 详图　(b) 简图 图 13.2.2　二次压力控制回路 1—空气过滤器；2—减压阀；3—油雾器
3	高低压选择回路	在实际应用中，某些气动控制系统需要有高、低压力的选择功能。例如，用于控制工作台移动的回路，其工作压力为 0.25～0.3MPa，而用于控制其他执行元件的回路的工作压力为 0.5～0.6MPa。对于这种情况，若采用调节减压阀的办法来解决，将十分麻烦，此时可采用如图 13.2.3 所示的高低压选择回路，只要分别调节 2 个减压阀，就能得到所需要的高压和低压输出 在实际应用中，需要在同一管路上有时输出高压，有时输出低压，此时可选用如图 13.2.4 所示的回路。当换向阀有控制信号 K 时，换向阀换向处于上位，输出高压；当无控制信号 K 时，换向阀处于图示位置，输出低压 高压　低压 图 13.2.3　高低压选择回路 高压　K　高压或低压　低压 图 13.2.4　用换向阀选择高低压回路

表 13.2.1 描述的几种压力控制回路中所提及的压力，都是指常用的工作压力值（一般为 0.4～0.5MPa）。如果系统压力要求很低，如气动测量系统的工作压力在 0.05MPa 以下，此时普通减压阀因其调节的线性度较差就不适用了，应选用精密减压阀或气动定值器。

二、方向控制回路的调向

方向控制回路又称换向回路，它是通过换向阀的换向来改变执行元件的运动方向的。因为控制换向阀的种类较多，所以方向控制回路的种类也较多，下面介绍几种较为典型的方向控制回路。

表 13.2.2 详细描述了方向控制回路的类型。

表 13.2.2　方向控制回路的类型

序号	方向控制回路类型	详 细 说 明
1	单作用气缸的换向回路	单作用气缸的换向回路如图 13.2.5 所示。当电磁换向阀通电时，该阀换向，处于右位。此时，压缩空气进入气缸的无杆腔，推动活塞并压缩弹簧使活塞杆伸出。当电磁换向阀断电时，该阀复位至图示位置，活塞杆在弹簧力的作用下回缩，气缸无杆腔的余气经换向阀排气口排入大气。这种回路具有简单、耗气少等特点；但气缸有效行程较短，承载能力随弹簧的压缩量而变化。应用中气缸的有杆腔要设呼吸孔，否则不能保证回路正常工作 2　1 图 13.2.5　单作用气缸的换向回路 1—换向阀；2—气缸

续表

序号	方向控制回路类型	详细说明
2	双气控换向阀的换向回路	图13.2.6所示为一种采用二位五通双气控换向阀的换向回路。当有K_1信号时，换向阀换向处于左位，气缸无杆腔进气，有杆腔排气，活塞杆伸出；当K_1信号撤除，加入K_2信号时，换向阀处于右位，气缸进、排气方向互换，活塞杆回缩。由于双气控换向阀具有记忆功能，故气控信号K_1、K_2使用长、短信号均可，但不允许K_1、K_2两个信号同时存在 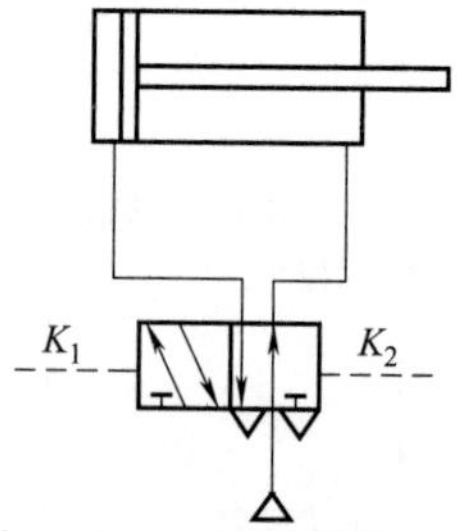 图13.2.6 双气控换向阀的换向回路
3	差动控制回路	所谓差动控制是指当气缸无杆腔的进气活塞杆伸出时，有杆腔排出的气又回到进气端的无杆腔，如图13.2.7所示。该回路用一只二位三通手拉阀控制差动式气缸。当操作手拉阀使该阀处于右位时，气缸的无杆腔进气，有杆腔排出的气经手拉阀也回到无杆腔成为差动控制回路。该回路与非差动连接回路相比较，在输入同等流量的条件下，其活塞的运动速度可提高，但活塞杆上的输出力要减小。当操作手拉阀处于左位时，气缸有杆腔进气，无杆腔余气经手拉阀排气口排空，活塞杆缩回 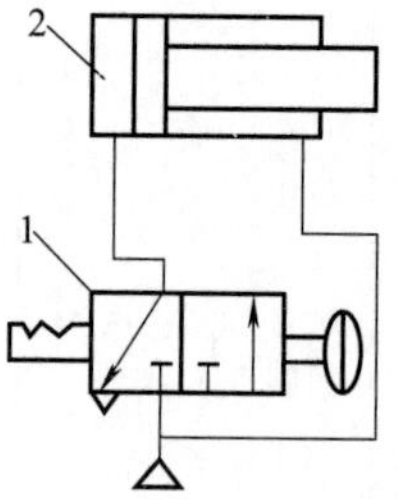 图13.2.7 差动控制回路 1—手拉阀；2—差动缸
4	多位运动控制回路	采用一只二位换向阀的换向回路，一般只能在气缸的两个终端位置停止。如果要使气缸有多个停止位置，就必须增加其他元件。采用三位换向阀实现多位控制比较方便，其组成回路如图13.2.8所示。该回路利用三位换向阀不同的中位机能，得到不同的控制方案 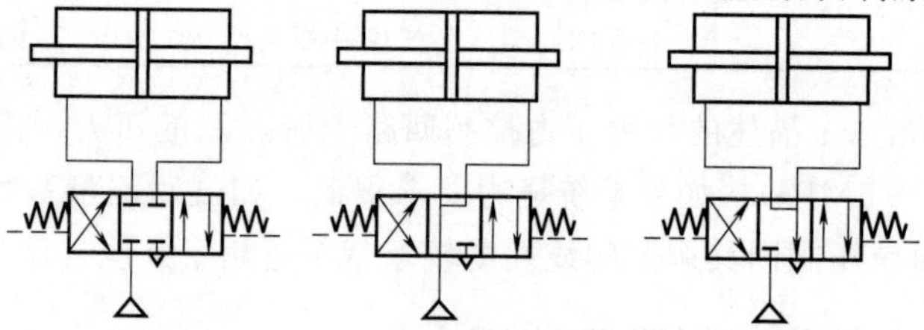 (a) O形 (b) P形 (c) Y形 图13.2.8 多位运动控制回路 其中，图13.2.8(a)所示是中封式控制回路，当三位换向阀两侧均无控制信号时，阀处于中位，此时气缸停留在某一位置上。当阀的左端加入控制信号时，使阀处于左位，气缸右端进气，左端排气，活塞向左运动；在活塞运动过程中若撤去控制信号，则阀在对中弹簧的作用下又回到中位，此时气缸两腔里的压缩空气均被封住，活塞停止在某一位置上。要使活塞继续向左运动，必须在换向阀左侧加入控制信号。如果阀处于中位上，要使活塞向右运动，只要在换向阀右侧加入控制信号使阀处于右位即可。图13.2.8(b)和图13.2.8(c)所示控制回路的工作原理与图13.2.8(a)的回路基本相同，但三位阀的中位机能不一样。当阀处于中位时，图13.2.8(b)所示气缸两端均与气源相通，即气缸两腔均保持气源的压力，由于气缸两腔的气源压力和有效作用面积都相等，所以活塞处于平衡状态而停留在某一位置上；图13.2.8(c)所示回路中气缸两腔均与排气口相通，即两腔均无压力作用，活塞处于浮动状态

三、速度控制回路的调速

速度控制主要是指通过对流量阀的调节，实现对执行元件运动速度的控制。对于气动系统来说，其承受的负载较小，如果对执行元件的运动速度平稳性要求不高，那么，选择一定的速度控制回路，以满足一定的调速要求是可能的。对于气动系统的调速来讲，较易实现气缸运动的快速性是其独特的优点，但是由于空气的可压缩性，要想得到平稳的低速，其难度较大。对此，可采取一些措施，如通过气-液阻尼或气-液转换等方法，来得到平稳的低速性能。

速度控制回路的实现，都是改变回路中流量阀的通流面积以达到对执行元件调速的目的，其具体方法见表 13.2.3。

表 13.2.3　速度控制回路的类型

序号	速度控制回路类型	详细说明	
1	单作用气缸的速度控制回路	双向调速回路	如图 13.2.9 所示的回路采用了两只单向节流阀串联连接，分别实现进气节流和排气节流来控制气缸活塞杆伸出和缩回的运动速度 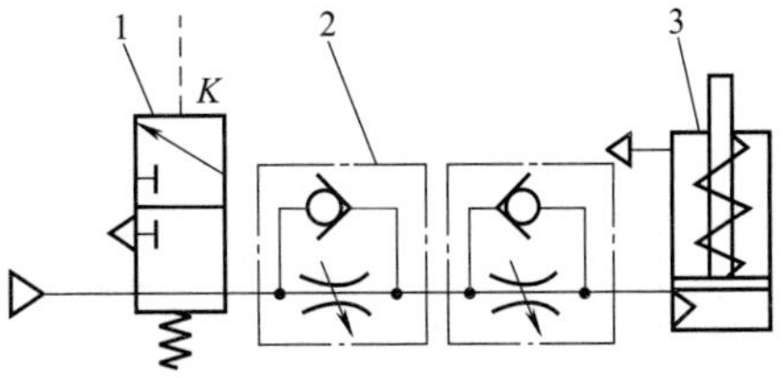 图 13.2.9　双向调速回路 1—换向阀；2—单向节流阀；3—单作用气缸
		慢进快退调速回路	如图 13.2.10 所示，当有控制信号 *K* 时，换向阀换向，其输出经节流阀、快排阀进入单作用气缸的无杆腔，使活塞杆慢速伸出，伸出速度的大小取决于节流阀的开口量；当无控制信号 *K* 时，换向阀复位，无杆腔的余气经快速排气阀(快排阀)排入大气，活塞杆在弹簧的作用下缩回。快排阀至换向阀连接管内的余气经节流阀、换向阀的排气口排空。这种回路适用于要求执行元件慢速进给、快速返回的场合，尤其适用于执行元件的结构尺寸较大、连接管路细而长的回路 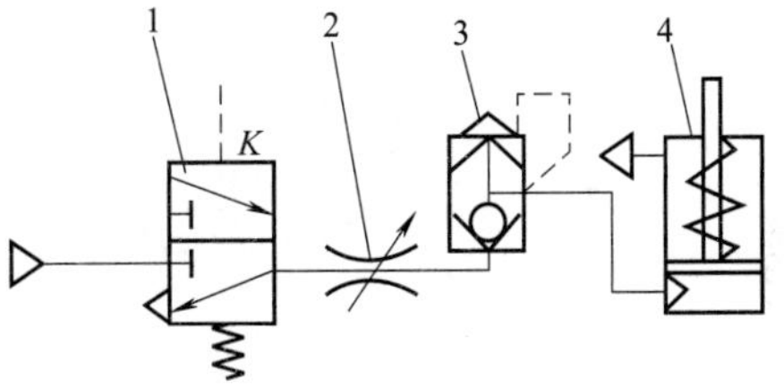 图 13.2.10　慢进快退调速回路 1—换向阀；2—节流阀；3—快排阀；4—单作用气缸
2	双作用气缸的速度控制回路	双向调速回路	图 13.2.11 所示是双作用气缸的双向调速回路。其中，图 13.2.11(a)所示为采用单向节流阀的调速回路，图 13.2.11(b)所示回路是在换向阀的排气口上安装排气节流阀的调速回路。这两种调速回路的调速效果基本相同，都属于排气节流调速。从成本上考虑，图 13.2.11(b)所示的回路经济一些 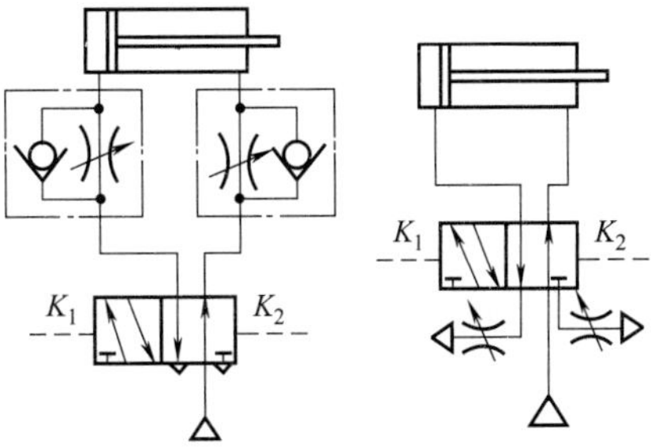 (a) 使用单向节流阀　(b) 使用排气节流阀 图 13.2.11　双向调速回路

续表

序号	速度控制回路类型	详细说明	
2	双作用气缸的速度控制回路	慢进快退调速回路	在许多应用场合，为了提高工作效率，希望气缸在空行程时快速退回，此时，可选用如图 13.2.12 所示的调速回路。当控制活塞杆伸出时，采用排气节流控制活塞杆慢速伸出；活塞杆缩回时，无杆腔余气经快排阀排空，使活塞杆快速退回 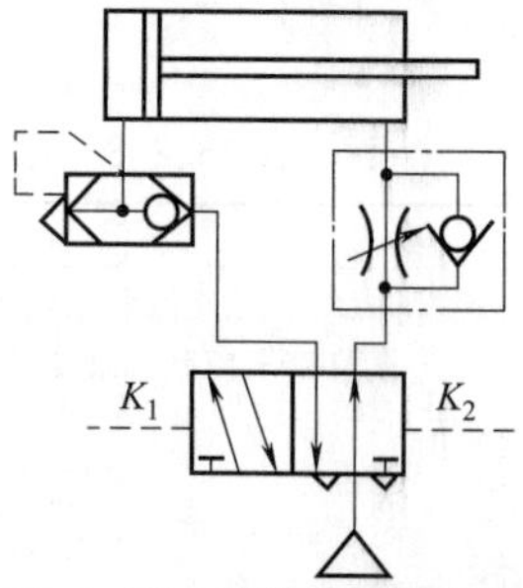 图 13.2.12 慢进快退调速回路
		缓冲回路	对于气缸行程较长、速度较快的应用场合，除考虑气缸的终端缓冲外，还可以通过回路来实现缓冲。图 13.2.13(a)所示为快速排气阀和溢流阀配合使用的缓冲回路。当活塞杆缩回时，由于回路中节流阀 4 的开口量调得较小，其气阻较大，使气缸无杆腔的排气受阻而产生一定的背压，余气只能经快排阀 3、溢流阀 2 和节流阀 1(开口量比节流阀 4 大)排空 当气缸活塞左移接近终端，无杆腔压力下降至打不开溢流阀 2 时，剩余气体只能经节流阀 4、换向阀的排气口排出，从而取得缓冲效果。图 13.2.13(b)所示回路是单向节流阀与二位二通机控行程阀配合使用的缓冲回路。当换向阀处于左位时，气缸无杆腔进气，活塞杆快速伸出，此时，有杆腔余气经二位二通行程阀 7、换向阀排气口排空。当活塞杆伸出至活塞杆上的挡块压下二位二通行程阀 7 时，该阀的快速排气通道被切断。此时，有杆腔余气只能经单向节流阀 6 和换向阀的排气口排空，使活塞的运动速度由快速转为慢速，从而达到缓冲的目的 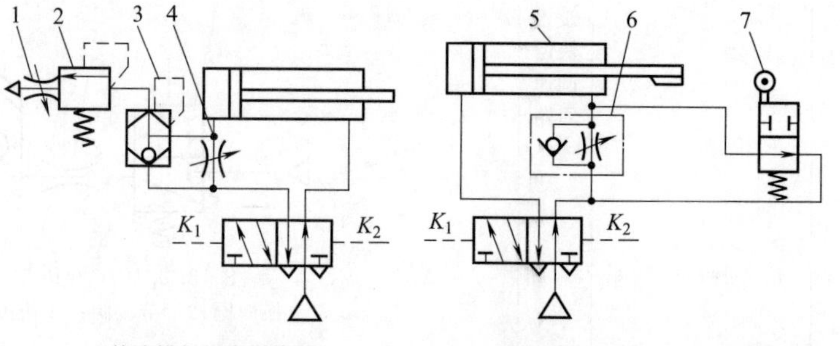 (a) 快速排气阀和溢流阀配合使用的缓冲回路　(b) 单向节流阀与二位二通机控行程阀配合使用的缓冲回路 图 13.2.13 缓冲回路 1,4—节流阀；2—溢流阀；3—快排阀；5—气缸；6—单向节流阀；7—行程阀
3	气-液联动的速度控制回路		采用气-液联动得到平稳运动速度的常用方式有两种。一种是应用气-液阻尼缸的回路，另一种是应用气-液转换器的速度控制回路。这两种调速回路都不需要设置液压动力源，却可以获得如液压传动那样平稳的运动速度
		气-液阻尼缸调速回路 慢进快退回路	在许多应用场合中，如组合机床的动力滑台，一般都希望以平稳的运动速度实现进给运动，在返程时则尽可能快速，以提高工效。如图 13.2.14 所示，气-液阻尼缸是由气缸和阻尼缸串联而成的，气缸是动力缸，液压缸是阻尼缸。当换向阀处于左位时，气缸无杆腔进气，有杆腔排气，活塞杆伸出；此时，液压缸右腔的油液经单向节流阀流到左腔，其活塞的运动速度取决于节流阀开口量的大小。当换向阀处于右位时，气缸活塞杆缩回；此时，液压缸左腔的油液经单向阀流回右腔，因液阻很小，故可实现快退动作 图 13.2.14 所示的回路中油杯是补油用的，其作用是防止油液泄漏以后渗入空气而使运动平稳性变差，它应放置在比阻尼缸高的地方

续表

序号	速度控制回路类型	详细说明		
3	气-液联动的速度控制回路	气-液阻尼缸调速回路	慢进快退回路	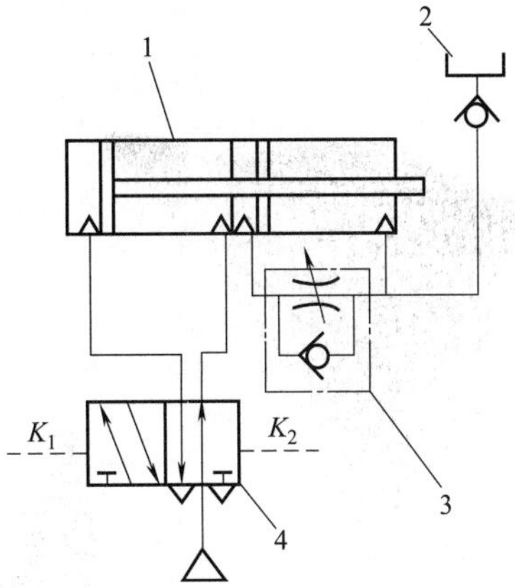 图 13.2.14　慢进快退回路 1—气-液阻尼缸；2—油杯；3—单向节流阀；4—换向阀
			变速回路	图 13.2.15 所示为采用气-液阻尼缸的调速回路。其中，当如图 13.2.15(a)所示回路的换向阀处于左位时，活塞杆伸出，在伸出过程中，ab 段为快速进给行程[图 13.2.15(c)]，b 为速度换接点；bc 段行程为慢速进给，进给速度取决于节流阀的开口量。换向阀处于右位时，活塞杆快速缩回，液压缸左腔油液经单向阀快速流回右腔。图 13.2.15(a)中口 b 段可通过外接管路沟通，也可以在液压缸内壁加工一条较窄的长槽沟通。图 13.2.15(b)所示回路是借助二位二通行程阀实现速度换接的，当活塞杆伸出，其上的挡块未压下行程阀时，可实现快速进给；一旦挡块压下行程阀，活塞杆就变快进为慢进运动。活塞杆缩回时同样为快速运动。由此可见，这两种回路基本相同，其不同之处是：前者速度换接的行程不可变，外接管路简单；后者安装行程阀要占空间位置，但只要改变行程阀的安装位置，就可改变速度换接的行程 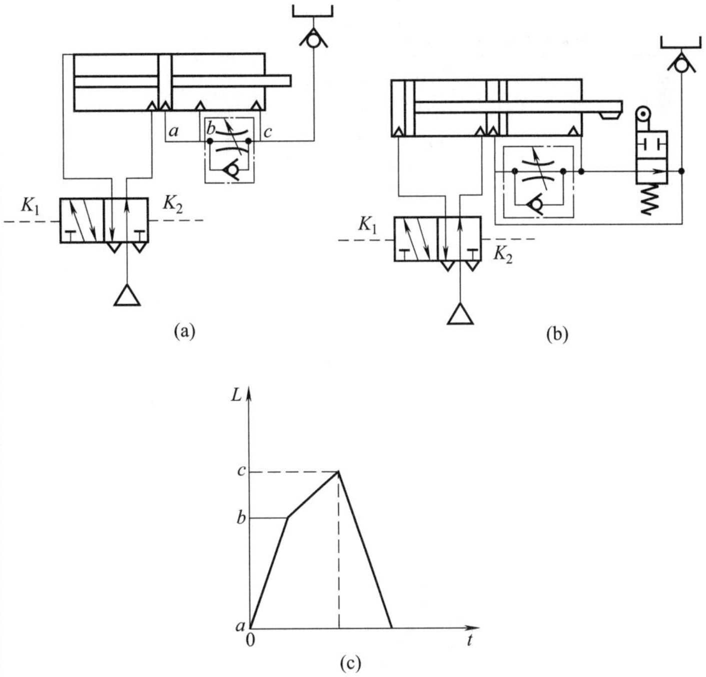 (a)　(b) (c) 图 13.2.15　变速回路

续表

序号	速度控制回路类型	详细说明	
3	气-液联动的速度控制回路	气-液转换器的调速回路	采用气-液转换器的调速回路与采用气-液阻尼缸的调速回路相同，也能得到平稳的运动速度。如图13.2.16(a)所示的回路，当换向阀处于左位时，压缩空气进入气-液缸的无杆腔，推动活塞右移，有杆腔油液经节流阀进入气-液转换器的下端，上端的压缩空气经换向阀排气口排空。此时，活塞杆以平稳的速度伸出，伸出的速度由节流阀调节。当换向阀处于右位时，压缩空气进入气-液转换器的上端，油液受压后从下端经单向阀进入气-液缸的有杆腔，活塞杆缩回，无杆腔的余气经换向阀的排气口排空。气-液缸的活塞杆伸出时，如需速度换接，可借助于图13.2.16(b)所示的带机控行程阀的回路。在此回路中的活塞杆伸出过程中，当其上挡块未压下行程阀时为快速运动，一旦压下行程阀，就立刻转为慢速运动，进给速度取决于节流阀的开口量。选用这两种回路时要注意气-液转换器的安装位置，正确的方法是气腔在上，液腔在下，不能颠倒 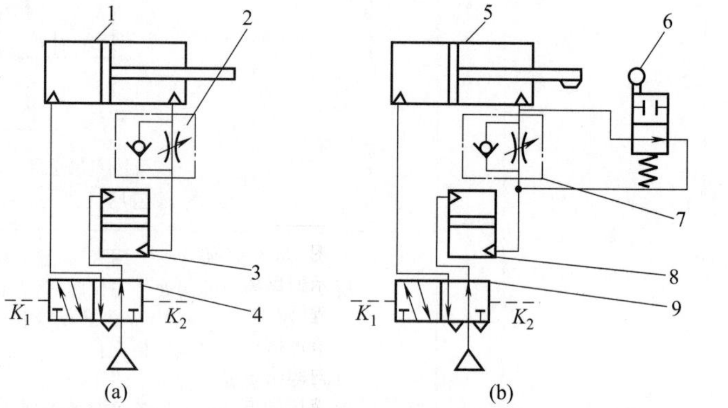 图13.2.16 气-液转换器的调速回路 1,5—气-液缸；2,7—单向节流阀；3,8—气-液转换器；4,9—换向阀；6—行程阀 采用气-液转换器的调速回路不受安装位置的限制，可任意放置在方便的地方，而且加工简单、工艺性好

四、安全保护回路

表13.2.4详细描述了安全保护回路的类型。

表13.2.4 安全保护回路的类型

序号	安全保护回路类型	详细说明	
1	互锁回路	单缸互锁回路	这种回路应用极为广泛，例如送料、夹紧与进给之间的互锁，即只有送料到位后才能夹紧，夹紧工件后才能进行切削加工(进给)等。图13.2.17所示为a和b两个信号之间的互锁回路。只有当a和b两个信号同时存在时，才能够得到信号$a \cdot b$，使二位四通换向阀换向至右位，其输出使气缸活塞杆伸出，否则，换向阀不换向，气缸活塞杆处于缩回状态 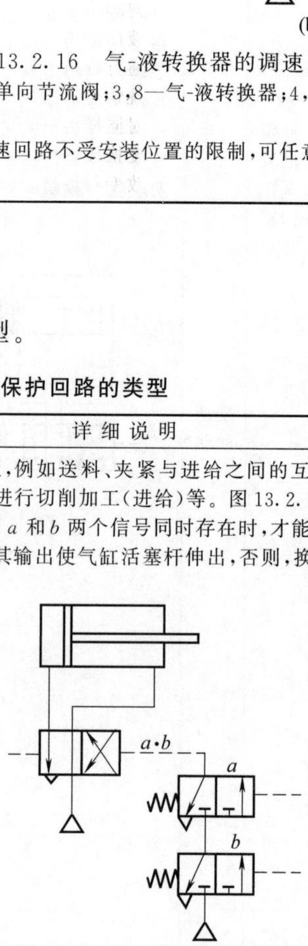 图13.2.17 单缸互锁回路

续表

序号	安全保护回路类型	详细说明
1	互锁回路	多缸互锁回路：图 13.2.18 所示为 A、B 和 C 三缸互锁回路。在操作二位三通气控换向阀(1)、(2)和(3)时，只允许与所操作的二位三通气控换向阀相应的气缸动作，其余两个气缸都被锁于原来位置。例如，操作二位三通阀(1)，使它换向处于左位，其输出使二位五通双气控阀(1′)也处于左位，该阀的输出进入 A 缸的无杆腔，使 A 缸的活塞杆伸出。此时，A 缸的进气管路与梭阀(1″)和(3″)的输出端相连，梭阀(1″)、(3″)有输出信号。由图可知，梭阀(1″)的输出与二位五通双气控换向阀(3′)的右侧相连，即梭阀的输出使该阀处于右位，换向阀(3′)的输出把 C 缸锁于退回状态；而梭阀(3″)的输出与二位五通双气控换向阀(2′)的右侧相连，同样把 B 缸锁于退回状态。同理，操作二位三通单气控换向阀(2)，B 缸活塞杆伸出，A 缸和 C 缸被锁于退回状态；操作二位三通单气控阀(3)，C 缸活塞杆伸出，A 缸和 B 缸被锁于退回状态 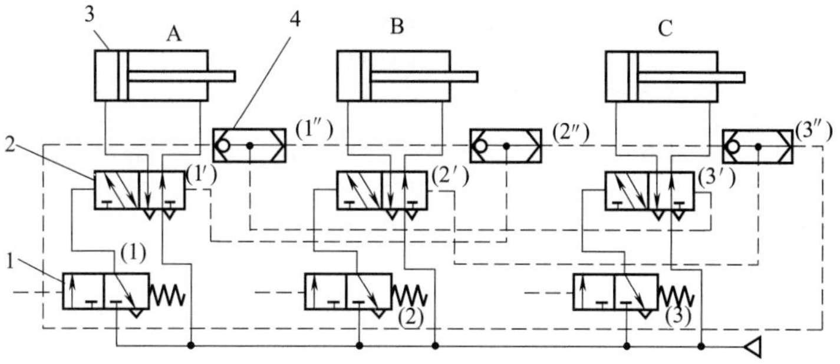 图 13.2.18　多缸互锁回路 1—单气控换向阀；2—双气控换向阀； 3—气缸；4—梭阀
2	过载保护回路	图 13.2.19 所示为一种过载保护回路。操作手动按钮阀 2 发出手动信号，使换向阀 3 换向处于左位，通过该阀向气缸 4 的无杆腔供气，有杆腔余气经换向阀排气口排空。当气缸的推力克服正常负载时，活塞杆伸出，直至杆上的挡块压下机控行程阀 7 时，行程阀发出行程信号，此信号经梭阀 6 使换向阀 3 换向处于右位，换向阀 3 的输出使活塞杆缩回。再操作手动按钮阀 2 一次，又重复上述动作一次。当气缸活塞杆伸出过程中需克服超常负载时，气缸左腔压力随负载的增加而升高，当压力升高到顺序阀 5 的调定值时，该阀被打开，其输出经梭阀使换向阀 3 换向并处于右位，使活塞杆立刻缩回，防止了系统因过载而造成事故 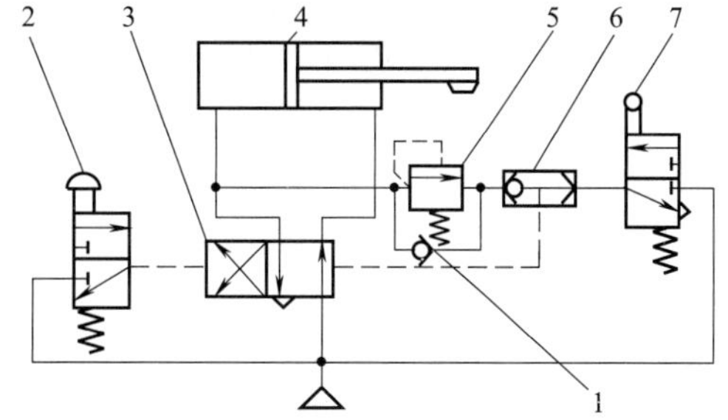 图 13.2.19　过载保护回路 1—单向阀；2—按钮阀；3—换向阀；4—气缸； 5—顺序阀；6—梭阀；7—行程阀

五、往复运动回路

表 13.2.5 详细描述了往复运动回路的类型。

表 13.2.5 往复运动回路的类型

<table>
<tr><th>序号</th><th>原则</th><th colspan="2">详细说明</th></tr>
<tr><td rowspan="3">1</td><td rowspan="3">一次往复运动回路</td><td colspan="2">一次往复运动回路是指操作一次，实现前进后退各一次往复运动的回路</td></tr>
<tr><td>加压控制回路</td><td>如图 13.2.20 所示，操作手动按钮阀 1，其输出使换向阀 4 换向且处于左位，气缸 2 无杆腔进气，有杆腔余气经换向阀排气口排空，活塞杆伸出。当活塞杆上的挡块压下机控行程阀时，其输出使换向阀换向(图示位置)，此时气缸的有杆腔进气，无杆腔余气经换向阀排气口排空，活塞杆缩回，完成了一次往复运动。再操作一次手动按钮阀，又自动实现一次往复运动。因这种回路使换向阀换向是靠加入压力信号来实现的，故称为加压控制回路 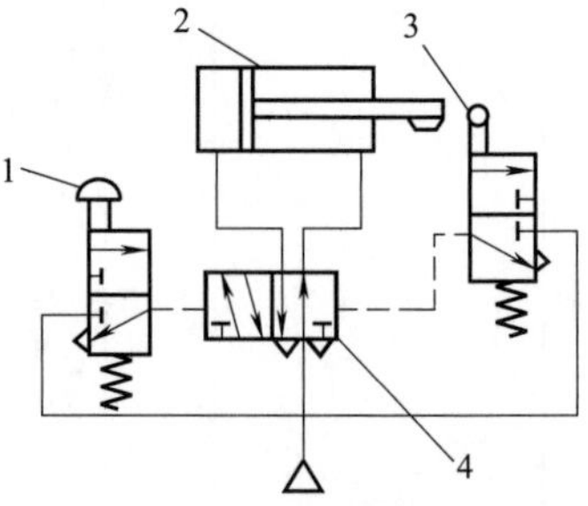

图 13.2.20 加压控制回路
1—按钮阀；2—气缸；3—行程阀；4—换向阀</td></tr>
<tr><td>单向顺序阀控制回路</td><td>如图 13.2.21 所示，操作手动按钮阀 1，使换向阀 2 换向并处于左位，其输出气流进入气缸 3 的无杆腔，活塞杆伸出。当活塞运动到终端时，系统内的压力升高，当压力升至顺序阀 4 的调定值时，顺序阀打开，其输出气压使换向阀换向(图示位置)，气缸有杆腔进气，无杆腔排气，活塞杆缩回 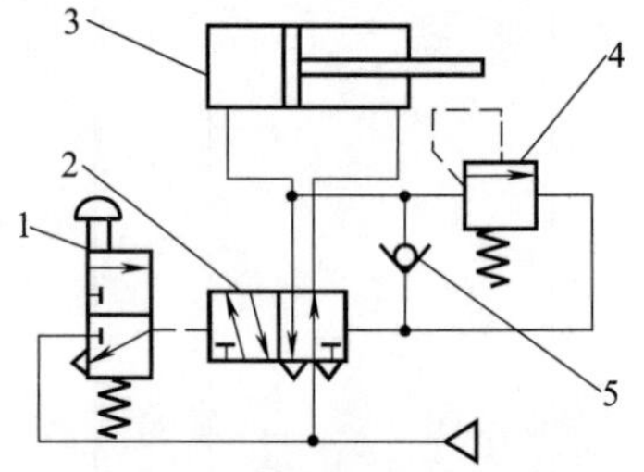

图 13.2.21 单向顺序阀控制回路
1—按钮阀；2—换向阀；3—气缸；
4—顺序阀；5—单向阀</td></tr>
<tr><td>2</td><td>二次自动往复运动回路</td><td colspan="2">如图 13.2.22 所示，操作手动阀 2，其输出的压缩空气经换向阀(1)的下位、梭阀(1′)进入气缸的无杆腔，有杆腔余气经梭阀(2′)和换向阀(3)的排气口排空，气缸活塞杆第一次伸出。与此同时，手动阀的输出又向气罐(1″)充气，并经单向节流阀(1‴)中的节流阀加在换向阀(1)的控制端，当此信号压力上升至换向阀(1)的切换压力时，该阀换向处于上位。其输出又分两路，一路经换向阀(2)输出，并经梭阀(2′)进入气缸的有杆腔，无杆腔的排气经梭阀(1′)、换向阀(1)的排气口排空，气缸活塞杆第一次缩回。另一路给气罐(2″)充气，并经单向节流阀(2‴)给换向阀(2)控制信号，当此信号上升至使换向阀(2)切换时，其输出又分两路，一路经换向阀(3)和梭阀(1′)进入气缸的无杆腔，有杆腔余气经梭阀(2′)、换向阀(3)的排气口排空，气缸活塞杆第二次伸出。另一路向气罐(3″)充气，并经单向节流阀(3‴)给换向阀(3)施加一控制信号，当此信号压力上升至使换向阀(3)切换时，其输出经梭阀(2′)进入气缸的有杆腔，无杆腔余气经梭阀(1′)、换向阀(3)的排气口排空，气缸活塞杆第二次缩回。可见，操作一次手动阀，气缸可实现两次连续往复运动 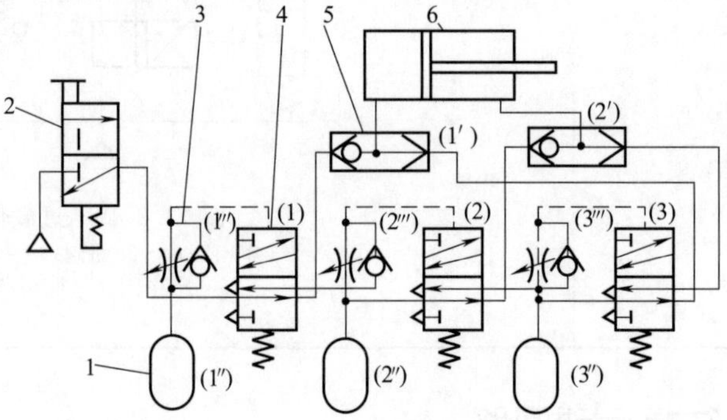

图 13.2.22 二次自动往复运动回路
1—气罐；2—手动阀；3—单向节流阀；4—换向阀；5—梭阀；6—气缸</td></tr>
</table>

续表

序号	原则	详 细 说 明
3	连续往复运动回路	如图 13.2.23 所示，操作手动阀 5，其输出经处于压下状态的行程阀(1′)给换向阀 2 一个控制信号，使换向阀 2 换向并处于左位。该阀的输出进入气缸的无杆腔，有杆腔余气经换向阀和排气节流阀(2″)排入大气，气缸活塞杆伸出。当活塞杆伸出时，行程阀(1′)复位把来自手动阀的气路断开。当气缸活塞杆伸出至其挡块压下行程阀(2′)，换向阀控制端的余压经行程阀(2′)排空，使换向阀复位，活塞杆缩回。此时行程阀(1′)又处于压下状态，再一次给换向阀施加控制信号，使它换向，又使气缸重复以上动作。只要手动阀不关闭，上述动作就会一直进行下去，实现了连续往复运动。关闭手动阀后，气缸在循环结束后回到图示位置。图中排气节流阀(1″)和(2″)用于调节气缸活塞运动速度 图 13.2.23　连续往复运动回路 1—排气节流阀；2—换向阀；3—气缸；4—行程阀；5—手动阀

六、供气点选择回路

图 13.2.24 所示的回路可通过对四个手动阀的选择，分别给四个点供气。当操作手动阀（1）时，其输出分为两路，一路经梭阀（1′）给换向阀（3″）左侧一个控制信号，使该阀换向，处于左位。这时从主气源来的压缩空气经换向阀（3″）输出。另一路给换向阀（1″）左控制端一个控制信号，使该阀换向处于左位，此时，向供气点 1 供气。操作手动阀（2）时，其输出也分为两路，一路经梭阀（1′）使换向阀（3″）切换处于左位；另一路给换向阀（1″）右侧一个控制信号，换向阀（1″）切换处于右位，此时向供气点 2 供气。同理，当分别操作手动阀（3）或（4）时，可向供气点 3 或 4 供气。

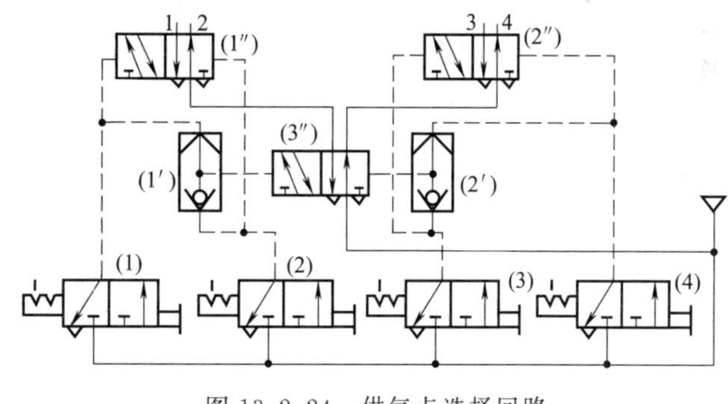

图 13.2.24　供气点选择回路

第三节　数控机床气动系统分析

气压传动装置结构简单、无污染、工作速度快、动作频率高，适宜完成频繁启动的辅助动作，且过载时比较安全，不易发生过载损坏机件等事故，故常用于功率要求不大、精度不太高的中小型数控机床。

这里以 H400 型卧式加工中心气动传动系统、数控车床真空卡盘气动回路和加工中心气动换刀系统来进行分析说明。

一、卧式加工中心气动传动系统分析

加工中心气动系统的设计及布置与加工中心的类型、结构、要求完成的功能等有关，结合气压传动的特点，一般在要求力或力矩不太大的情况下采用气压传动。

图 13.3.1　H400 型卧式加工中心

H400 型卧式加工中心如图 13.3.1 所示，它是一种中小功率、中等精度的加工中心，为降低制造成本、提高安全性、减少污染，结合气、液压传动的特点，该加工中心的辅助动作由以气压驱动为主的装置来完成。

图 13.3.2 所示为 H400 型卧式加工中心气压传动系统原理图。该系统主要包括松刀气缸、双工作台交换、工作台夹紧、鞍座定位、鞍座锁紧、工作台定位面吹气、刀库移动、主轴锥孔吹气等气压传动支路。

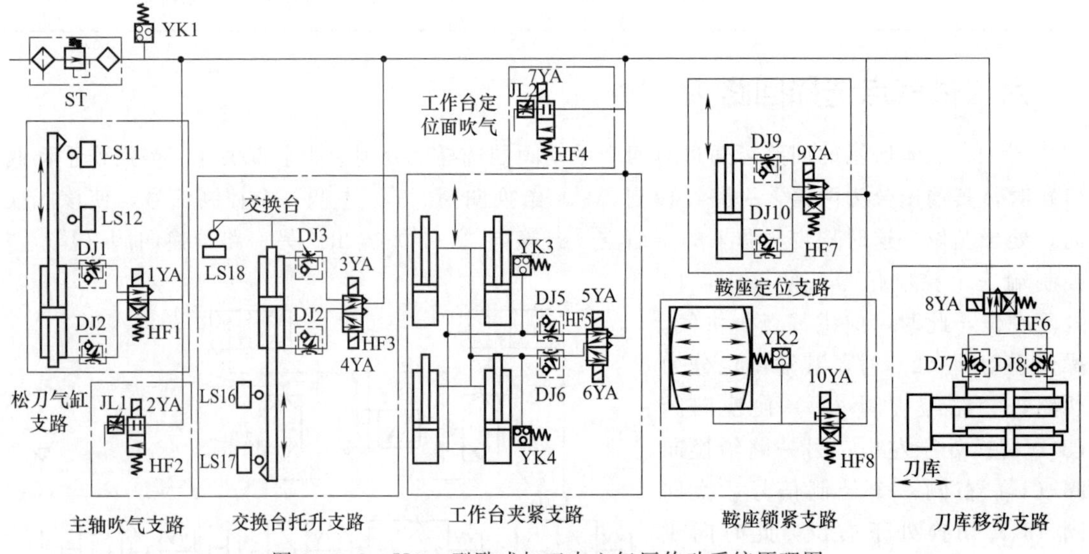

图 13.3.2　H400 型卧式加工中心气压传动系统原理图

H400 型卧式加工中心气压传动系统要求提供额定压力为 0.7MPa 的压缩空气。压缩空气通过 ϕ8mm 的通道连接到气压传动系统的气源处理装置 ST，经过气源处理装置 ST 后，得以干燥、清洁并加入适当润滑用油雾，然后提供给后面的执行机构使用，从而保证整个气动系统的稳定安全运行，避免或减少执行部件、控制部件的磨损，延长寿命。YK1 为压力开关，该元件在气压传动系统达到额定压力时发出电参量开关信号，通知机床气压传动系统正常工作。在该系统中，为了减小载荷的变化对系统工作稳定性的影响，设计气压传动系统时均采用单向出口节流的方法调节气缸的运行速度。

1. 松刀气缸支路

松刀气缸是完成刀具的拉紧和松开的执行机构。为保证机床切削加工过程的稳定、安全、可靠，刀具拉紧拉力应大于 12kN，抓刀、松刀动作时间应在 2s 以内。换刀时，通过气压传动系统对刀柄与主轴间的 7∶24 定位锥孔进行清理，使用高速气流清除结合面上的杂物。为达到这些要求，应尽可能地使其结构紧凑、重量减轻，并且结构上要求工作缸直径不能大于 150mm，采用复合双作用气缸（额定压力 0.5MPa）可达到设计要求。图 13.3.3 为 H400 型卧式加工中心主轴气压传动结构图。

在无换刀操作指令的状态下，松刀气缸在自动复位控制阀 HF1 的控制下始终处于上位状态，并由感应开关 LS11 检测该位置信号，以保证松刀气缸活塞杆与拉刀杆脱离，避免主轴旋转时活塞杆与拉刀杆摩擦损坏。主轴对刀具的拉力由碟形弹簧受压产生的弹力提供。当进行自动或手动换刀时，二位四通电磁阀 HF1 线圈得电，松刀气缸上腔通入高压气体，活塞向下移动，活塞杆压住拉刀杆克服弹簧弹力向下移动，直到拉刀爪松开刀柄上的拉钉，刀柄与主轴脱离。感应开关 LS12 检测到到位信号，通过变送扩展板传送到 CNC 的 PMC，作为对换刀机构进行协调控制的状态信号。DJ1 和 DJ2 是调节气缸压刀和松刀速度的单向节流阀，用于避免气流的冲击和振动的产生。电磁阀 HF2 是用来控制主轴和刀柄之间的定位锥面在换刀时的吹气清理气流的开关，主轴锥孔吹气的气体流量大小用节流阀 JL1 调节。

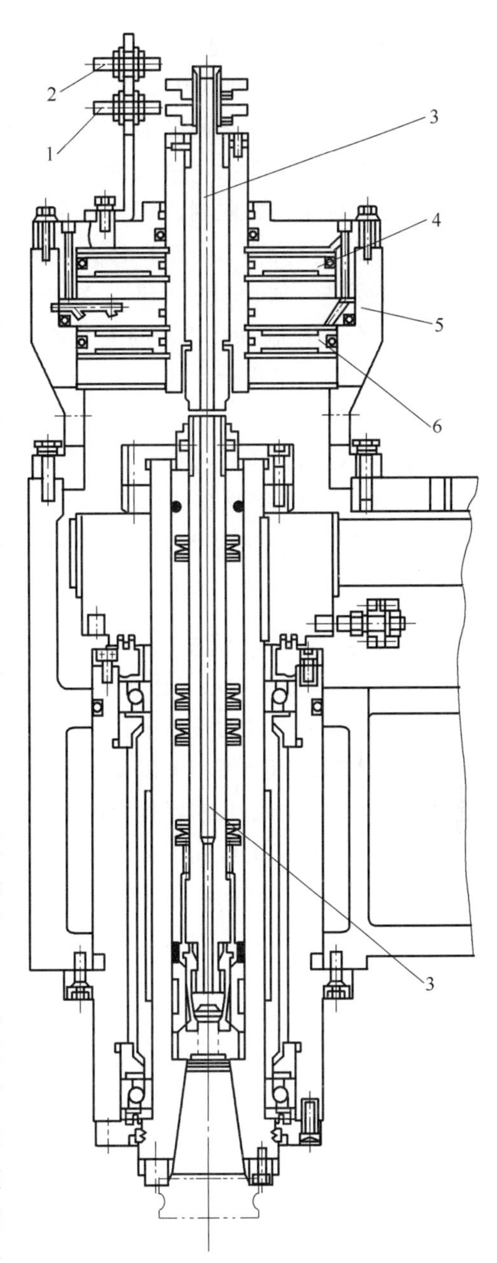

图 13.3.3　H400 型卧式加工中心主轴气压传动结构图

1，2—感应开关；3—吹气孔；4，6—活塞；5—缸体

2. 工作台交换支路

交换台是实现双工作台交换的关键部件。由于 H400 型加工中心交换台的提升载荷较大（达 12kN），工作过程中冲击较大，设计上升、下降动作时间为 3s，且交换台位置空间较大，故采用大直径气缸（D＝350mm）和 6mm 内径的气管，才能满足设计载荷和交换时间的要求。机床无工作台交换时，在二位双电控电磁阀 HF3 的控制下，交换台托升缸处于下位，感应开关 LS17 有信号，工作台与托叉分离，工作台可以自由运动。当进行自动或手动的双工作台交换时，数控系统通过 PMC 发出信号，使二位双电控电磁阀 HF3 的 3YA 得电，托升缸下腔通入高压气，活塞带动托叉连同工作台一起上升，当达到上下运动的上终点位置时，由接近开关 LS16 检测其位置信号，并通过变送扩展板传送到 CNC 的 PMC，控制交换台回转 180°的运动开始动作。接近开关 LS18 检测到回转到位的信号，并通

过变送扩展板传送到 CNC 的 PMC，控制 HF3 的 4YA 得电，托升缸上腔通入高压气体，活塞带动托叉连同工作台在重力和托升缸的共同作用下一起下降。当达到上下运动的下终点位置时，由接近开关 LS17 检测其位置信号，并通过变送扩展板传送到 CNC 的 PMC，双工作台交换过程结束，机床可以进行下一步的操作。在该支路中，采用单向节流阀 DJ3、DJ4 调节交换台上升和下降的速度，以避免较大的载荷冲击及损伤机械部件。

3. 工作台夹紧支路

由于 H400 型卧式加工中心要进行双工作台的交换，为了节约交换时间，保证交换的可靠进行，工作台与鞍座之间必须具有能够快速而可靠的定位、夹紧及迅速脱离的功能。可交换的工作台固定于鞍座上，由四个带定位锥的气缸夹紧，以达到拉力大于 12kN 的可靠工作要求。因受位置结构的限制，该气缸采用了弹簧增力结构，在气缸内径仅为 63mm 的情况下就达到了设计拉力要求。工作台夹紧支路采用二位双电控电磁阀 HF4 进行控制，当双工作台交换将要进行或已经完毕时，数控系统通过 PMC 控制电磁阀 HF4，使线圈 5YA 或 6YA 得电，分别控制气缸活塞的上升或下降，通过钢珠拉套机构放松或拉紧工作台上的拉钉，来完成鞍座与工作台之间的放松或夹紧动作。为了避免活塞运动时的冲击，在该支路采用具有得电动作、失电不动作、双线圈同时得电不动作特点的二位双电控电磁阀 HF4 进行控制，可避免在动作进行过程中因突然断电而造成的机械部件冲击损伤。该支路还采用了单向节流阀 DJ5、DJ6 来调节夹紧的速度，以避免产生较大的冲击载荷。该位置由于受结构限制，用感应开关检测放松与拉紧信号较为困难，故采用可调工作点的压力继电器 YK3、YK4 检测压力信号，并以此信号作为气缸到位信号。

4. 鞍座定位与锁紧支路

H400 型卧式加工中心工作台具有回转分度功能，回转工作台的结构如图 13.3.4 所示。

与工作台连为一体的鞍座采用蜗杆副使之可以进行回转，鞍座与床鞍之间具有相对的回转运动，并分别采用插销和可以变形的薄壁气缸实现床鞍和鞍座之间的定位与锁紧。当数控系统发出鞍座回转指令并作好相应的准备后，二位单电控电磁阀 HF7 得电，定位插销缸活塞向下带动定位销从定位孔中拔出，到达下运动极限位置后，由感应开关检测到到位信号，通知数控系统可以进行鞍座与床鞍的放松，此时二位单电控电磁阀 HF8 得电动作，锁紧薄壁缸中的高压气体放出，锁紧活塞弹性变形回复，使鞍座与床鞍分离。该位置由于受结构限制，检测放松与锁紧信号较困难，故采用可调工作点的压力继电器 YK2 来检测压力信号，并以此信号作为位置检测信号。该信号送入数控系统，控制鞍座进行回转动作，鞍座在电动机、同步带、蜗杆副的带动下进行回转运动，当达到预定位置时，由感应开关发出到位信号，停止转动，完成回转运动的初次定位。电磁阀 HF7 失电，插销缸下腔通入高压气，活塞带动插销向上运动，插入定位孔，进行回转运动的精确定位。定位销到位后，感应开关发出信号通知锁紧缸锁紧，电磁阀 HF8 失电，锁紧缸充入高压气体，锁紧活塞变形，YK2 检测到压力达到预定值后，鞍座与床鞍夹紧完成。至此，整个鞍座回转动作完成。另外，在该定位支路中，DJ9、DJ10 是为避免插销冲击损坏而设置的调节上升、下降速度的单向节流阀。

5. 刀库移动支路

H400 型卧式加工中心采用盘式刀库，具有 10 个刀位。在加工中心进行自动换刀时，由气缸驱动刀盘前后移动，与主轴的上下左右方向的运动进行配合来实现刀具的装卸，并要

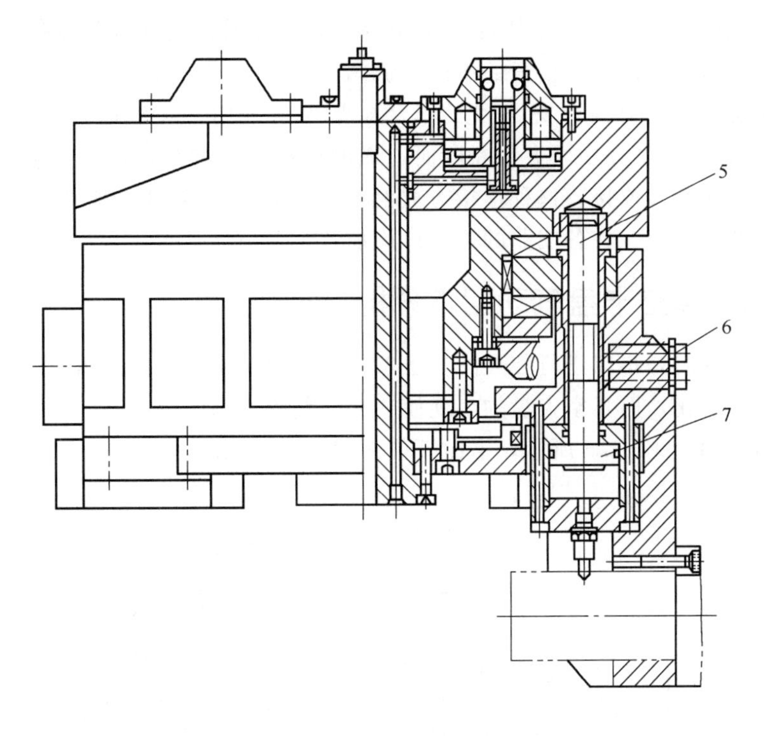

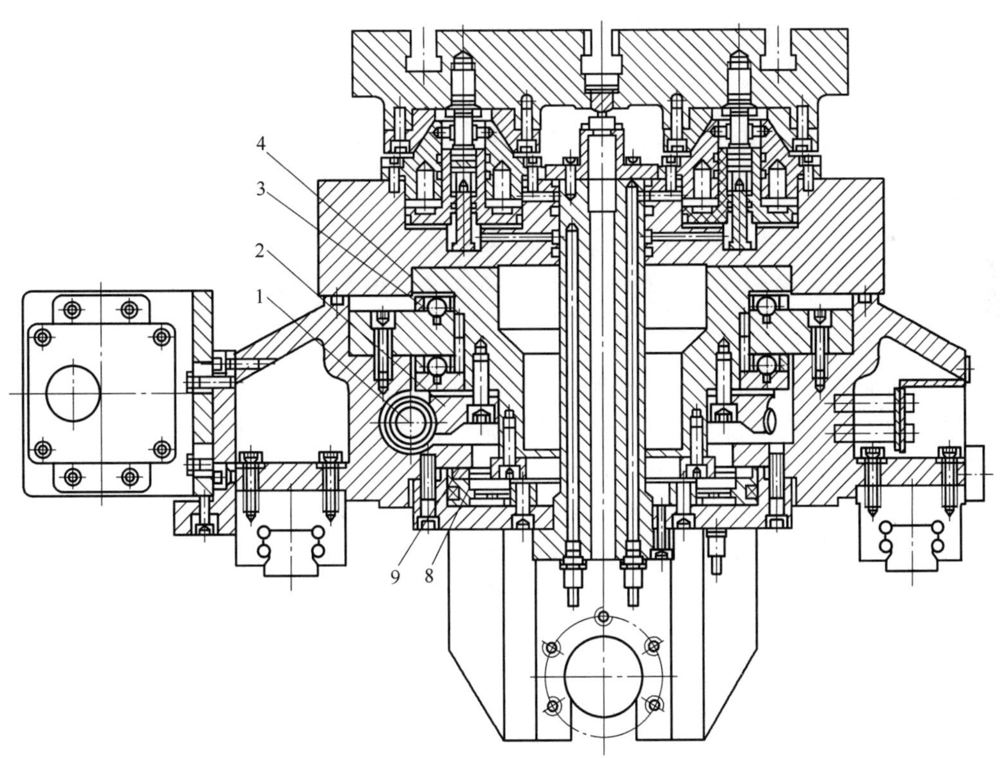

图 13.3.4　H400 型卧式加工中心回转工作台的结构

1—蜗杆；2—蜗轮；3—径向支承；4—轴向支承；5—插销；6—接近开关；7—活塞；8—薄膜气缸；9—制动盘

求运行过程稳定、无冲击。换刀时，当主轴到达相应位置后，通过令电磁阀 HF6 得电和失电使刀盘前后移动，到达两端的极限位置，并由位置开关感应到位信号，与主轴运动、刀盘回转运动协调配合完成换刀动作。其中 HF6 断电时，远离主轴的刀库部件复位。DJ7、DJ8 是为避免装刀和卸刀时产生冲击而设置的单向节流阀。

该气压传动系统中，在交换台支路和工作台拉紧支路采用二位双电控电磁阀（HF3、HF4），以避免在动作进行过程中因突然断电而造成的机械部件的冲击损伤。系统中所有的控制阀完全采用板式集装阀连接，这种连接方式结构紧凑，易于控制、维护与检测故障点。为降低气流排出时产生噪声，在各支路的排气口均加装了消声器。

二、数控车床真空卡盘气动回路分析

车削加工薄的工件时是难以进行装夹的。虽然钢铁材料的工件可以使用磁性卡盘进行装夹，但是工件容易被磁化，而真空卡盘的出现使这一问题得以圆满解决。

真空卡盘的结构如图 13.3.5 所示，下面简单介绍其工作原理。

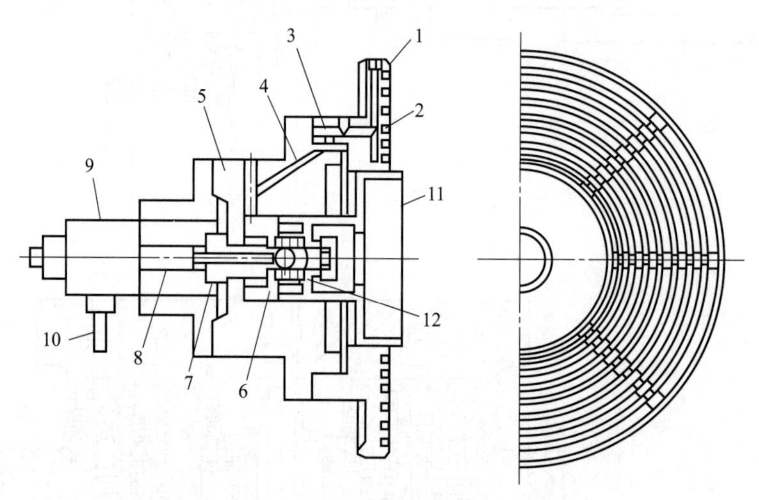

图 13.3.5 真空卡盘的结构简图

1—卡盘本体；2—沟槽；3—小孔；4—孔道；5—转接件；6—腔室；7—孔；8—连接管；9—转阀；10—软管；11—活塞；12—弹簧

卡盘的前面装有吸盘，盘内形成真空，而薄的被加工件就靠大气压力被压在吸盘上以达到夹紧的目的。一般在卡盘本体 1 上开有数条圆形的沟槽 2，这些沟槽就是吸盘。这些吸盘通过转接件 5 的孔道 4 与小孔 3 相通，然后与卡盘体内气缸的腔室 6 相连接。另外，腔室 6 通过气缸活塞杆后部的孔 7 通向连接管 8，然后与装在主轴后面的转阀 9 相通。通过软管 10 同真空泵系统相连接，按上述的气路造成卡盘本体沟槽内的真空，以吸附工件。反之，要取下被加工件时，可向沟槽内通以空气。气缸腔室 6 内有时真空，有时充气，所以活塞 11 有时缩进，有时伸出。此活塞前端的凹形结构在卡紧时起到吸着的作用，即工件被安装之前缸内腔室与大气相通，所以在弹簧 12 的作用下活塞伸出卡盘的外面。当工件被卡紧时缸内形成真空，则活塞头缩进。一般真空卡盘的吸引力与吸盘的有效面积和吸盘内的真空度成正比。在自动化应用时，有时要求卡紧速度要快，而卡紧速度则由真空卡盘的排气量来决定。

真空卡盘的卡紧与松夹是由图 13.3.6 中电磁阀 1 的换向来进行的，即打开包括真空罐 3 在内的回路以造成吸盘内的真空，实现卡紧动作。松夹时，在关闭真空回路的同时，通过电磁阀 4 迅速地打开空气源回路，以实现真空下瞬间松夹的动作。电磁阀 5 用在开闭压力继电器 6 的回路中。在卡紧的情况下此回路打开，当吸盘内真空度达到压力继电器的规定压力时，给出夹紧完毕的信号。在松夹的情况下，回路转换成松夹气源的压力回路，为了不损坏检测真空的压力继电器，应将此回路关闭。如上所述，卡紧与松夹时，通过上述三个电磁阀自动地进行操作，而卡紧力的调节是由真空调节阀 2 来控制的，可根据被加工工件的尺寸、形状选择最合适的夹紧力数值。

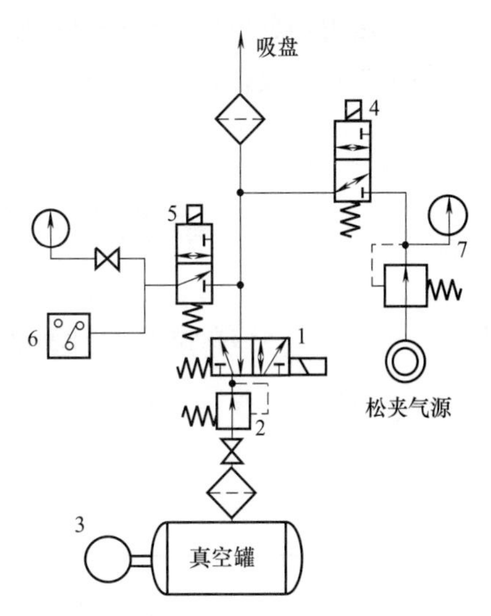

图 13.3.6　真空卡盘的气动回路

1,4,5—电磁阀；2—调节阀；3—真空罐；6—开闭压力继电器；7—压力表

三、加工中心气动换刀系统分析

图 13.3.7 所示为某数控加工中心气动换刀系统原理图，该系统在换刀过程中可实现主轴定位、主轴松刀、拔刀、向主轴锥孔吹气和插刀等动作。具体工作原理如下。

当数控系统发出换刀指令时，主轴停止旋转，同时 4YA 通电，压缩空气经气源处理装置 1、换向阀 4、单向节流阀 5 进入主轴定位缸 A 的右腔，缸 A 的活塞左移，使主轴自动定位。定位后压下无触点开关，使 6YA 通电，压缩空气经换向阀 6、快速排气阀 8 进入气液增压器 B 的上腔，增压腔的高压油使活塞伸出，实现主轴松刀，同时使 8YA 通电，压缩空气经换向阀 9、单向节流阀 11 进入缸 C 的上腔，缸 C 下腔排气，活塞下移实现拔刀。由回转刀库交换刀具，同时 1YA 通电，压缩空气经换向阀 2、单向节流阀 3 向主轴锥孔吹气。稍后 1YA 断电、2YA 通电，停止吹气，8YA 断电、7YA 通电，压缩空气经换向阀 9、单向节流阀 10 进入缸 C 的下腔，活塞上移，实现插刀动作。之后，6YA 断电、5YA 通电，压缩空气经阀 6 进入气液增压器 B 的下

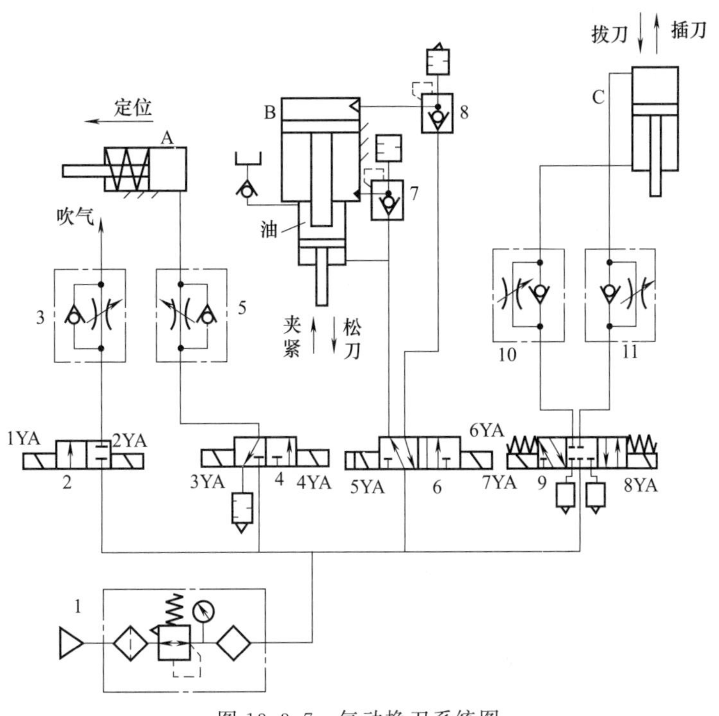

图 13.3.7　气动换刀系统图

腔，使活塞退回，主轴的机械机构使刀具夹紧。最后，4YA 断电、3YA 通电，缸 A 的活塞在弹簧力作用下复位，回复到开始状态，换刀结束。

第四节　气动系统的故障及维修

一、气动系统常见故障及其诊断方法

做好对气动系统的日常维护与定期检查工作，可减少故障发生的次数，但仍然不能完全避免气动系统的故障。表 13.4.1 为气动系统常见故障及其诊断维修方法。

表 13.4.1　气动系统常见故障及其诊断维修方法

序号	故障内容	故障原因	排除方法
1	气缸的泄漏	密封圈损坏	更换密封圈
		密封圈压缩量大或膨胀变形	
		润滑不良	加润滑油
		气缸中进入杂质、粉尘	清除杂质，并检查气缸有无破口
		减压阀阀座有伤痕或阀座橡胶有剥离	修复阀座，更换阀座橡胶
2	输出力不足，动作不平稳	活塞杆偏心或有损伤	重新安装活塞杆使之不受偏心负荷
		缸筒内表面有锈蚀或缺陷	修复气缸
		进入了冷凝水杂质	检查过滤器有无毛病，不好用要更换
		活塞或活塞杆卡住	重新调整活塞和活塞杆
		调节螺钉损坏	更换新的螺钉
3	缓冲效果不好以及外载造成的气缸损伤	气缸速度太快	调节气缸工作速度
		偏心负载或冲击负载等引起的活塞杆折断等	避免偏心负载和冲击负载加在活塞杆上，在外部或回路中设置缓冲机构
		缓冲部分密封圈损坏或性能差	更换缓冲装置调节螺钉或密封圈
4	二次压力升高	减压阀调压弹簧损坏	更换新的调压弹簧
5	压降很大（流量不足）	阀体中进入灰尘	清除灰尘，检查密封装置
		减压阀阀座橡胶老化、剥离	修复阀座，更换阀座橡胶
6	异常振动	活塞导向部分摩擦阻力大	清理活塞及其周围区域，减少摩擦源
		减压阀阀体接触面有伤痕	研磨阀体或更换减压阀
		溢流阀压力上升速度慢，阀放出流量过多引起振动	调节溢流阀流量，使之达到正常工作要求
		密封圈压缩量大或膨胀变形	更换密封圈
		尘埃或油污等被卡在滑动部分或阀座上	清除油污和灰尘
		弹簧卡住或损坏	更换新的弹簧
		节流阀阀杆或阀座有损伤	修复损伤部位，无法修复的更换新的
7	压力虽已上升但不溢流	溢流阀阀内部混入杂质或异物，将孔堵塞或将阀的移动零件卡死	注意清洗阀内部，微调溢流量使其与压力上升速度相匹配
8	压力未超过设定值却溢流		
9	节流阀不能换向	润滑不良	加润滑油
		滑动阻力和始动摩擦力大	提高电源电压，提高先导操作压力

二、气动系统维护的要点

气动系统维护的要点见表 13.4.2。

表 13.4.2　气动系统维护的要点

序号	维护要点	说　　明
1	保证供给压缩空气清洁	压缩空气过滤装置如图 13.4.1 所示。压缩空气中通常都含有水分、油分和粉尘等杂质。水分会使管道、阀和气缸腐蚀；油分会使橡胶、塑料和密封材料变质；粉尘造成阀体动作失灵。选用合适的过滤器，可以清除压缩空气中的杂质。使用过滤器时应及时排除积存的液体，否则，当积存液体接近挡水板时，气流仍可将积存物卷起 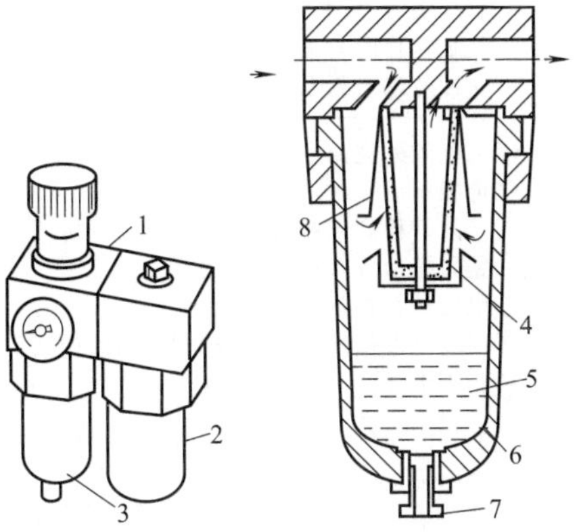 (a) 外形图　　(b) 空气过滤器结构图 图 13.4.1　压缩空气过滤装置 1—调压器；2—油雾器；3—空气过滤器；4—过滤器； 5—冷凝物；6—滤杯；7—排放螺栓；8—挡板
2	保证空气中含有适量的润滑油	大多数气动执行元件和控制元件都要求适度的润滑。如果润滑不良将会发生以下故障 ①由于摩擦阻力增大而造成气缸推力不足，阀芯动作失灵 ②由于密封材料的磨损而造成空气泄漏 ③由于生锈造成元件的损伤及动作失灵 润滑的方法一般采用油雾器进行喷雾润滑，油雾器一般安装在过滤器和减压阀之后。油雾器的供油量一般不宜过多，通常每 $10m^3$ 的自由空气供 1mL 的油量(40～50 滴油)。检查润滑是否良好的一个方法是：找一张清洁的白纸放在换向阀的排气口附近，如果阀在工作 3～4 个循环后，白纸上只有很淡的斑点时，表明润滑是良好的
3	保持气动系统的密封性	漏气不仅增加能量的消耗，也会导致供气压力的下降，甚至造成气动元件工作失常。严重的漏气在气动系统停止运行时，由漏气引起的响声很容易发现；轻微的漏气则利用仪表或用涂抹肥皂水的办法进行检查
4	保证气动元件中运动零件的灵敏性	从空气压缩机排出的压缩空气中，包含粒度为 0.01～0.08μm 的压缩机油微粒，在排气温度为 120～220℃的高温下，这些油粒会快速氧化，氧化后油粒颜色变深，黏性增大，并逐步由液态固化成油泥。这种微米级以下的颗粒一般过滤器无法滤除。当它们进入到换向阀后，便附着在阀芯上，使阀的灵敏度逐步降低，甚至动作失灵。为了清除油泥，保证灵敏度，可在气动系统的过滤器之后安装油雾分离器，将油泥分离出来。此外，定期清洗换向阀也可以保证阀的灵敏度
5	保证气动装置工作压力和运动速度	调节工作压力时，压力表应当工作可靠，读数准确。减压阀与节流阀调节好后，必须紧固调压阀盖或锁紧螺母，防止松动

三、气动系统的点检项目及内容

气动系统的点检项目及内容见表 13.4.3。

表 13.4.3　气动系统的点检项目及内容

序号	点检项目	点 检 内 容	备注
1	冷凝水	冷凝水的排放，一般应当在气动装置运行之前进行。但是当夜间温度低于 0℃时，为防止冷凝水冻结，气动装置运行结束后，就应开启放水阀门将冷凝水排放	管路系统

续表

序号	点检项目	点检内容	备注
2	润滑油	补充润滑油时，要检查油雾器中油的质量和滴油量是否符合要求。此外，点检还应包括检查供气压力是否正常、有无漏气现象等	管路系统
3	气缸	①活塞杆与端盖之间是否漏气 ②活塞杆是否划伤、变形 ③管接头、配管是否松动、损伤 ④气缸动作时有无异常声音 ⑤缓冲效果是否合乎要求	气动元件
4	电磁阀	①电磁阀外壳温度是否过高 ②电磁阀动作时，阀芯工作是否正常 ③气缸行程到末端时，通过检查阀的排气口是否有漏气来确诊电磁阀是否漏气 ④紧固螺栓及管接头是否松动 ⑤电压是否正常，电线有否损伤 ⑥通过检查排气口是否被油润湿，或排气是否会在白纸上留下油雾斑点来判断润滑是否正常	
5	油雾器	①油杯内油量是否足够，润滑油是否变色、浑浊，油杯底部是否沉积有灰尘和水 ②滴油量是否适当	
6	减压阀	①压力表读数是否在规定范围内 ②调压阀盖或锁紧螺母是否锁紧 ③有无漏气	
7	过滤器	①储水杯中是否积存冷凝水 ②滤芯是否应该清洗或更换 ③冷凝水排放阀动作是否可靠	
8	安全阀及压力继电器	①在调定压力下动作是否可靠 ②校验合格后，是否有铅封或锁紧 ③电线是否损伤，绝缘是否合格	

第十四章 自动换刀装置及工作台的故障诊断与维修

生产中，一般将刀架、刀库、换刀装置及工作台这些直接与工件相接触的部位考虑在一起，而刀架、刀库、换刀装置综合称为自动换刀装置，因此，本章讲解的内容是自动换刀装置和工作台的故障与维修。

图 14.0.1 为数控车床转塔头换刀装置，图 14.0.2 为加工中心的斗笠式刀库换刀装置。

图 14.0.1 数控车床转塔头换刀装置

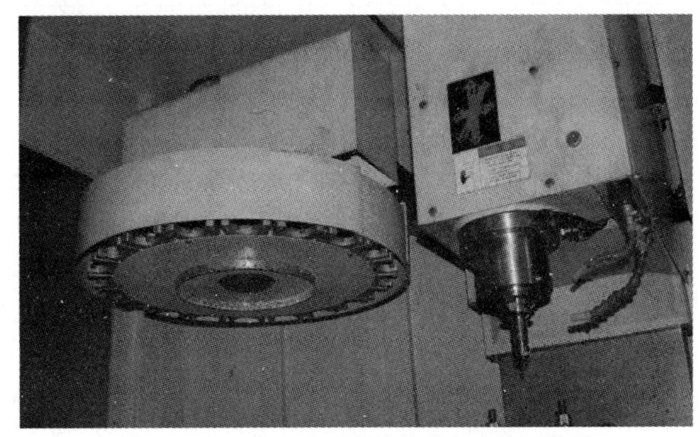

图 14.0.2 加工中心的斗笠式刀库换刀装置

为了进一步提高生产效率，压缩非切削时间，现代的数控机床逐步发展为一台机床在一次装夹后能完成多工序或全部工序的加工工作。这类多工序的数控机床在加工过程中要使用多种刀具，因此必须有自动换刀装置，以便选用不同刀具，完成不同工序的加工工艺。自动换刀装置应当满足的基本要求包括：刀具换刀时间短，换刀可靠，刀具重复定位精度高，足够的刀具存储量，刀库占地面积小，安全可靠等。

第一节 自动换刀装置

一、自动换刀装置概述

换刀装置的换刀形式有回转刀架换刀、更换主轴换刀、更换主轴箱换刀、带刀库的自动换刀等。各类数控机床的自动换刀装置的结构和数控机床的类型、工艺范围、使用刀具种类和数量有关。图 14.1.1 为通过动力转塔刀架装置进行车铣复合加工。

图 14.1.1　通过动力转塔刀架装置进行车铣复合加工

数控机床常用的自动换刀装置的类型、特点、适用范围如表 14.1.1 所示。

表 14.1.1　自动换刀装置的主要类型、特点及适用范围

<table>
<tr><th>序号</th><th>类别</th><th>自动换刀装置的类型</th><th>特　　点</th><th>适用范围</th></tr>
<tr><td rowspan="2">1</td><td rowspan="2">转塔式</td><td>回转刀架</td><td>多为顺序换刀,换刀时间短、结构简单紧凑、容纳刀具较少</td><td>各种数控车床、数控车削加工中心</td></tr>
<tr><td>转塔头</td><td>顺序换刀,换刀时间短,刀具主轴都集中在转塔头上,结构紧凑。但刚性较差,刀具主轴数受限制</td><td>数控钻、镗、铣床</td></tr>
<tr><td rowspan="3">2</td><td rowspan="3">刀库</td><td>刀具与主轴之间直接换刀</td><td>换刀运动集中,运动部件少,但刀库运动多,布局不灵活,适应性差,刀库容量受限</td><td rowspan="3">各种类型自动换刀数控机床,尤其是对使用回转类刀具的数控镗、铣床类立式、卧式加工中心机床
要根据工艺范围和机床特点,确定刀库容量和自动换刀装置类型,也可用于加工工艺范围的立、卧式车削中心机床</td></tr>
<tr><td>用机械手配合刀库进行换刀</td><td>刀库只有选刀运动,机械手进行换刀运动,比刀库做换刀运动惯性小、速度快,刀库容量大</td></tr>
<tr><td>用机械手、运输装置配合刀库换刀</td><td>换刀运动分散,由多个部件实现,运动部件多,但布局灵活,适应性好</td></tr>
<tr><td>3</td><td colspan="2">有刀库的转塔头换刀装置</td><td>弥补转塔头换刀数量不足的缺点,换刀时间短</td><td>扩大工艺范围的各类转塔式数控机床</td></tr>
</table>

二、典型的自动换刀装置

刀架是数控机床的重要功能部件，其结构形式很多，下面介绍几种典型刀架结构。

回转刀架是数控车床最常用的一种典型换刀刀架，是一种最简单的自动换刀装置。回转刀架回转头各刀座用于安装或支持各种不同用途的刀具，通过回转头的旋转、分度和定位，实现机床的自动换刀。回转刀架定位可靠，重复定位精度高，转位速度快，夹紧性好，可以保证数控车床的高精度和高效率。根据加工要求，回转刀架可设计成四方刀架、六方刀架或圆盘式刀架，并相应地安装 4 把、6 把或更多的刀具。回转刀架根据刀架回转轴与安装底面的相对位置，分为立式刀架和卧式刀架两种，立式回转刀架的回转轴垂直于机床主轴，多用于经济型数控车床；卧式回转刀架的回转轴平行于机床主轴，可径向与轴向安装刀具。

1. 经济型数控车床方刀架

经济型数控车床方刀架是在普通车床四方刀架的基础上发展的一种自动换刀装置，如图 14.1.2 所示，其功能和普通四方刀架一样，有 4 个刀位，能装夹 4 把不同功能的刀具，方刀架回转 90°时，刀具交换一个刀位，但方刀架的回转和刀位号的选择是由加工程序指令控制的。

图 14.1.2　数控车床方刀架

换刀时方刀架的动作顺序是：刀架抬起→刀架转位→刀架定位→夹紧刀架。为完成上述动作要求，要有相应的机构来实现，下面就以 WZD4 型刀架为例说明其具体结构，如图 14.1.3 所示。

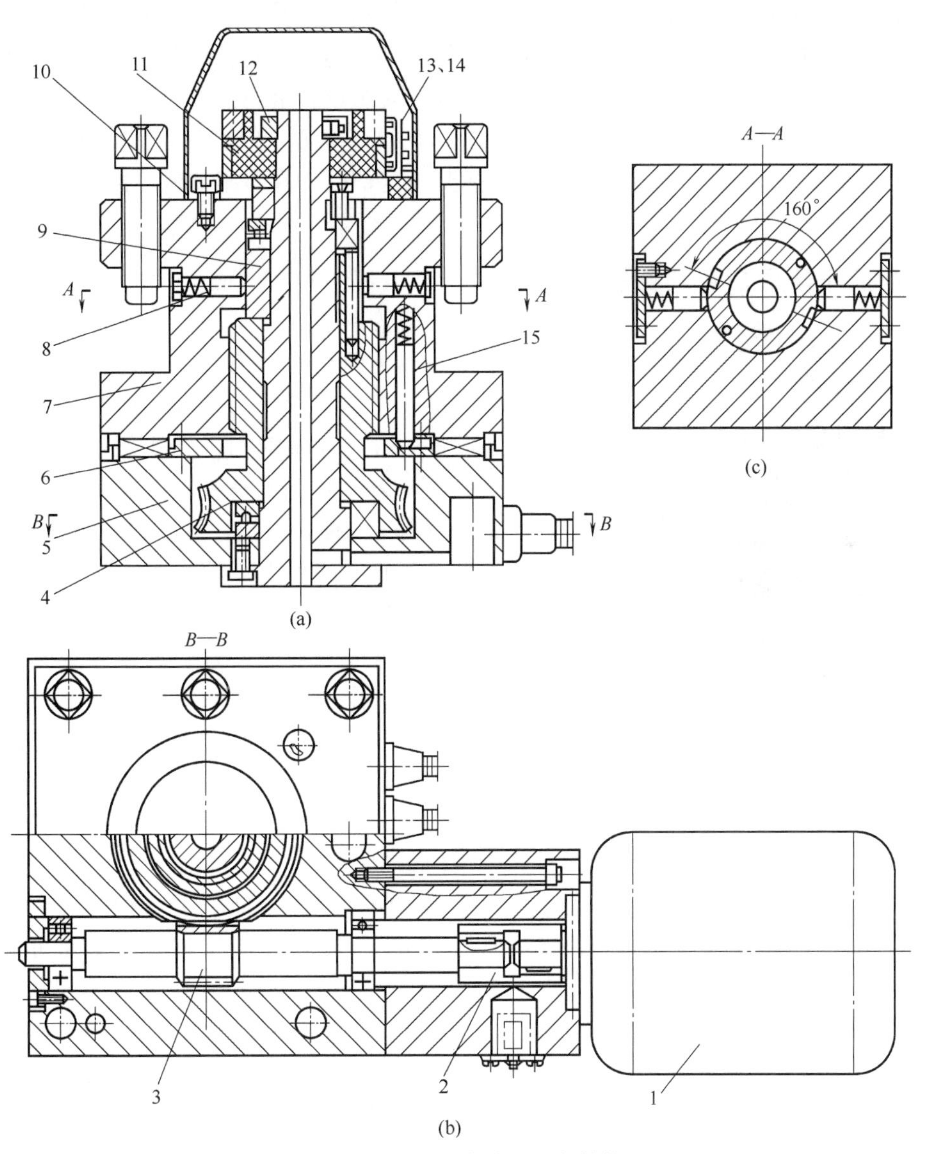

图 14.1.3　数控车床方刀架结构

1—电动机；2—联轴器；3—蜗杆轴；4—蜗轮丝杠；5—刀架底座；6—粗定位盘；7—刀架体；8—球头销；9—转位套；10—电刷座；11—发信体；12—螺母；13，14—电刷；15—粗定位销该刀架可以安装4把不同的刀具，转位信号由加工程序指定。当换刀指令发出后，小型电动机1启动正转，通过平键套筒联轴器2使蜗杆轴3转动，从而带动蜗轮丝杠4转动。蜗轮的上部外圆柱加工有外螺纹，所以该零件称蜗轮丝杠。刀架体7内孔加工有内螺纹，与蜗轮丝杠旋合。蜗轮丝杠内孔与刀架中心轴外圆是滑动配合，在转位换刀时，中心轴固定不动，蜗轮丝杠环绕中心轴旋转。当蜗轮开始转动时，由于在刀架底座5和刀架体7上的端面齿处在啮合状态，且蜗轮丝杠轴向固定，这时刀架体7抬起。当刀架体抬至一定距离后，端面齿脱开。转位套9用销钉与蜗轮丝杠4连接，随蜗轮丝杠一同转动，当端面齿完全脱开，转位套正好转过160°［图14.1.3（c)］，球头销8在弹簧力的作用下进入转位套9的槽中，带动刀架体转位。刀架体7转动时带着电刷座10转动，当转到程序指定的刀号时，粗定位销15在弹簧的作用下进入粗定位盘6的槽中进行粗定位，同时电刷13、14接触导通，使电动机1反转。由于粗定位槽的限制，刀架体7不能转动，使其在该位置垂直落下，刀架体7和刀架底座5上的端面齿啮合，实现精确定位。电动机继续反转，此时蜗轮停止转动，蜗杆轴3继续转动，译码装置由发信体11与电刷13、14组成，电刷13负责发信，电刷14负责位置判断。刀架不定期位出现过位或不到位时，可松开螺母12调好发信体11与电刷14的相对位置。随夹紧力增加，转矩不断增大，达到一定值时，在传感器的控制下，电动机1停止转动。

2. 数控车床盘形自动回转刀架

图14.1.4　车床盘形自动回转刀架

回转刀架用于数控车床，可安装在转塔头上用于夹持各种不同用途的刀具，通过料塔头的旋转分度来实现机床的自动换刀动作，如图14.1.4所示。它的形式一般有立轴式和卧轴式。立轴式一般为四方或六方刀架，分别可安装4把或6把刀具；卧轴式通常为圆盘式回转刀架，可安装的刀具数量较多。

为了在加工过程中自动换刀，需要实现刀架转位自动化。自动转位刀架有夹持3把刀具的三角刀架、有夹持4把刀具的方刀架及夹持多把刀具的转塔式刀架等。按转位的传动装置又可分为液压、气动、电气和机械式。自动转位刀架应当有较高的重复定位精度和刚性，便于控制，并能与改装机床相适应。

图14.1.5所示为CK7815型数控车床采用的BA200L型刀架的结构。

该刀架可配置12位（A型或B型)、8位（C型）刀盘。A型、B型回转刀盘的外切刀可使用25mm×150mm标准刀具和刀杆截面为25mm×25mm的可调刀具，C型可使用尺寸为20mm×20mm×125mm的标准刀具。镗刀杆最大直径为32mm，刀架转位为机械传动，端面齿盘定位。转位过程如下。

① 回转刀架的松开。转位开始时，电磁制动器断电，电动机11通电转动，通过齿轮8～10带动蜗杆7旋转，使蜗轮5转动。蜗轮内孔有螺纹，与轴6上的螺纹配合。端面齿盘3被固定在刀架箱体上，轴6和端面齿盘2固定连接，端面齿盘2和3处于啮合状态，因此，蜗轮5转动时，轴6不能转动，只能和端面齿盘2、刀架1同时向左移动，直到端面齿盘2和3脱离啮合为止。

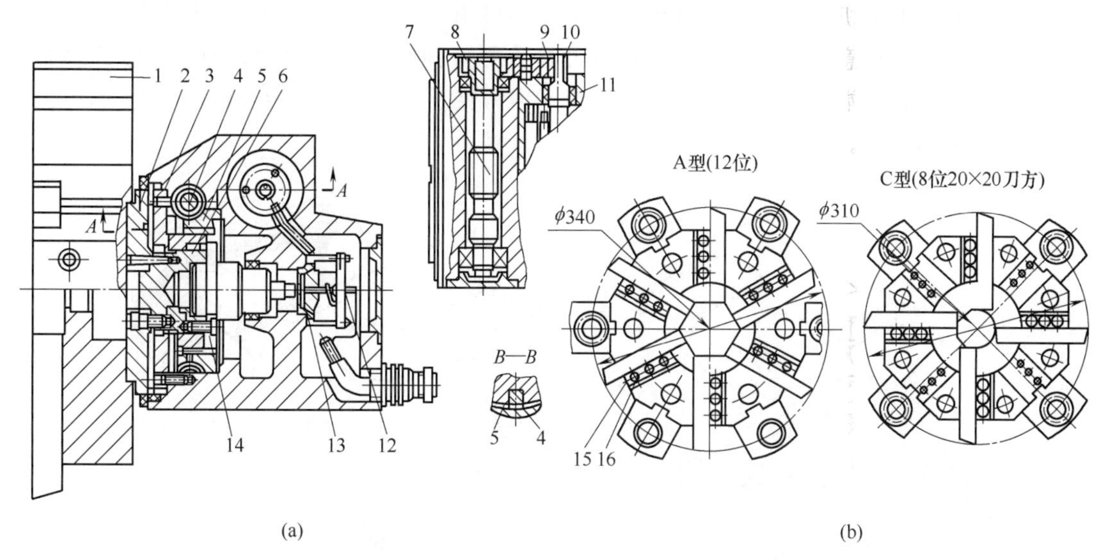

图 14.1.5　BA200L 型回转刀架的结构

1—刀架；2,3—端面齿盘；4—滑块；5—蜗轮；6—轴；7—蜗杆；8～10—传动齿轮；11—电动机；12—微动开关；13—小轴；14—圆环；15—压板；16—锲铁

② 转位。轴 6 外圆柱面上有两个对称槽，内装滑块 4。当端面齿盘 2 和 3 脱离啮合后，蜗轮 5 转到一定角度时，与蜗轮 5 固定在一起的圆环 14 左侧端面的凸块便碰到滑块 4，蜗轮继续转动，通过圆环 14 上的凸块带动滑块连同轴 6、刀架 1 一起进行转位。

③ 回转刀架的定位。到达要求位置后，电刷选择器发出信号，使电动机 11 反转，这时蜗轮 5 与圆环 14 反向旋转，凸块与滑块 4 脱离，不再带动轴 6 转动。同时，蜗轮 5 与轴 6 上的旋合螺纹使轴 6 右移，端面齿盘 2 和 3 啮合并定位。当齿盘压紧时，轴 6 右端的小轴 13 压下微动开关，发出转位结束信号，电动机断电，电磁制动器通电，维持电动机轴上的反转力矩，以保持端面齿盘之间有一定的压紧力。刀具在刀盘上由压板 15 及调节楔铁 16 来夹紧，更换和对刀十分方便。刀位选择由刷型选择器进行，松开、夹紧位置检测由微动开关 12 控制。整个刀架控制系统是一个纯电气系统，结构简单。

3. 车削中心动力转塔刀架

图 14.1.6 为车削中心常用的动力转塔刀架，可以进行圆周的车削加工和镜像的铣削加工。

图 14.1.7（a）所示为意大利 Baruffaldi 公司生产的适用于全功能型数控车床及车削中心的动力转塔刀架。刀盘上既可以安装各种非动力辅助刀夹（车刀夹、镗刀夹、弹簧夹头、莫氏刀柄），夹持刀具进行加工，还可以安装动力刀夹进行主动切削，配合主机完成车、铣、钻、镗等各种复杂工序，实现加工程序自动化、高效化。

图 14.1.6　动力转塔刀架

图 14.1.6（b）所示为该转塔刀夹的传动示意图。刀架采用端面齿盘作为分度定位元件，刀架

转位由三相异步电动机驱动，电动机内部带有制动机构，刀位由二进制绝对编码器识别，并可正反双向转位和任意刀位就近选刀。动力刀具由交流伺服电动机驱动，通过同步齿型带、传动轴、传动齿轮、端面齿离合器将动力传至动力刀夹，再通过刀夹内部的齿轮传动，刀具回转，实现主动切削。

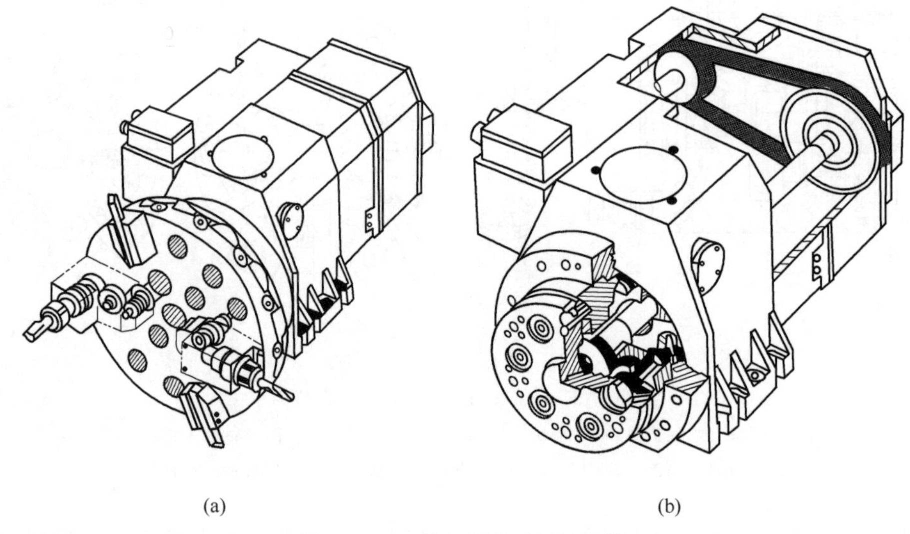

(a) (b)

图 14.1.7 动力转塔刀架结构图

4. 排刀式刀架

排刀式刀架一般用于小规格数控车床，图 14.1.8 所示的排刀式刀架在以加工棒料为主的机床上较为常见。

图 14.1.8 排刀式刀架

它的结构形式为夹持着各种不同用途刀具的刀夹，沿着机床的 X 坐标轴方向排列在横向滑板或快换台板上。刀具的典型布置方式如图 14.1.9 所示。

这种刀架的特点如下：

① 刀具布置和机床调整都比较方便，可以根据具体工件的车削工艺要求，任意组合各种不同用途的刀具；一把刀完成车削任务后，横向滑板只要按程序沿 X 轴移动预先设定的距离，第二把刀就可到达加工位置，这样就完成了机床的换刀动作。这种换刀方式迅速省时，有利于提高机床的生产效率。

② 使用了图 14.1.10 所示的快换台板，可以实现成组刀具的机外预调，即在机床加工某一工件的同时，可以利用快换台板在机外组成加工同一种零件或不同零件的排刀组，利用对刀装置进行预调。当刀具磨损或需要更换零件品种时，可以通过更换台板成组地更换刀具，从而使换刀的辅助时间大为缩短。

③ 可以安装各种不同用途的动力刀具来完成一些简单的钻、铣、攻螺纹等二次加工工序，以使机床可在一次装夹中完成工件的全部或大部分加工工序。

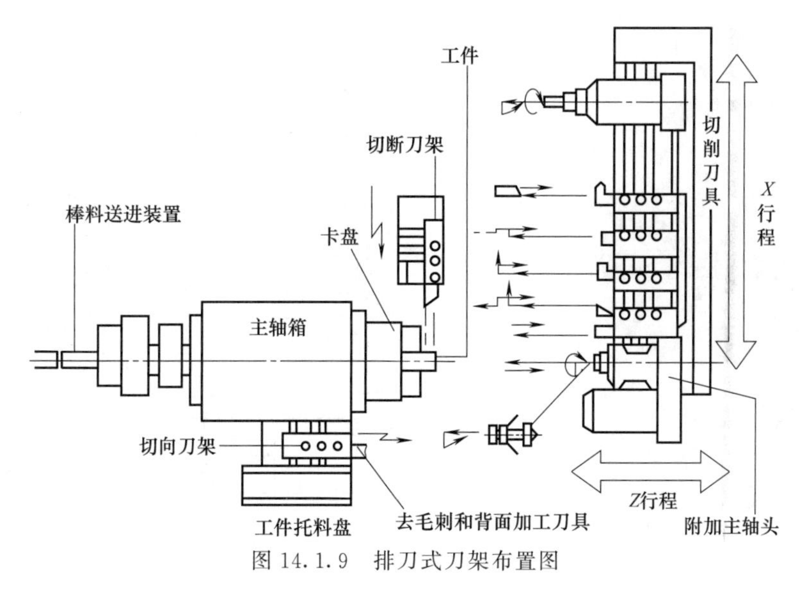

图 14.1.9　排刀式刀架布置图

④ 排刀式刀架结构简单，可在一定程度上降低机床的制造成本。

然而，采用排刀式刀架只适合加工旋转直径比较小的工件，且只适合较小规格的机床配置，不适用于加工较大规格的工件或细长的轴类零件。一般来说，旋转直径超过 100mm 的机床大都不用排刀式刀架，而采用转塔式刀架。

在数控车床刀架安装和调试完成后，刀架的工作顺序应按照图 14.1.11 所示的步骤完成工作要求，同时需要使用相应的辅助机构。

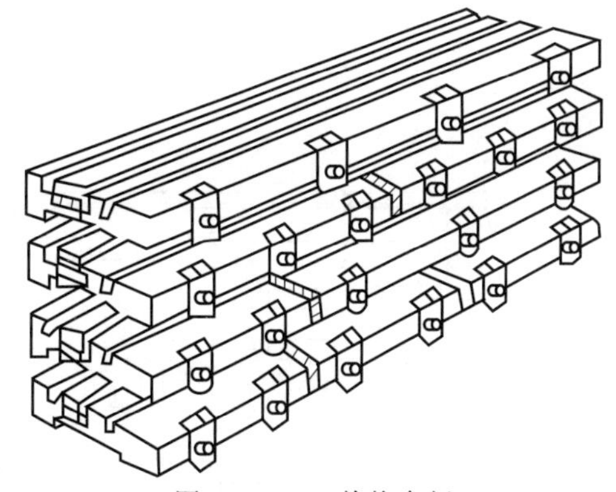
图 14.1.10　快换台板

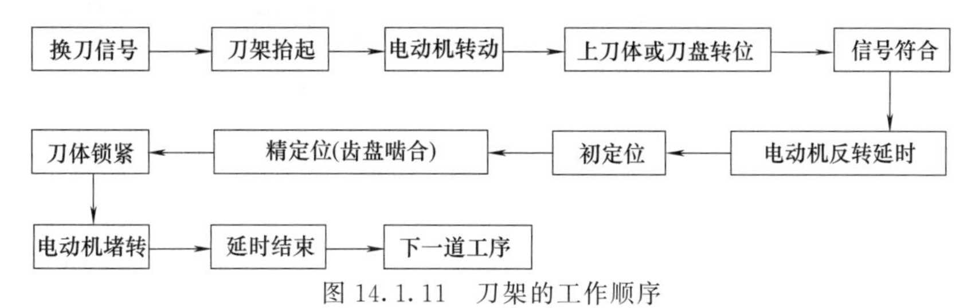

图 14.1.11　刀架的工作顺序

5. 转塔头式换刀装置

在带有旋转刀具的数控镗铣床中，常采用多主轴转塔头换刀装置，如图 14.1.12 所示。通过多主轴转塔头的转位来换刀是一种比较简单的换刀方式，这种机床的主轴转塔头就是一个转塔刀库，转塔头有卧式和立式两种。

图 14.1.13 所示是数控转塔式镗铣床的外观图，八方形转塔头上装有 8 根主轴，每根主轴上装有 1 把刀具。这种机床可根据工序的要求按顺序自动将装有所需刀具的主轴转到工作位置，实现自动换刀，同时接通主传动，不处在工作位置的主轴便与主传动脱开，转塔头的转位（即换刀）由槽轮机构来实现。转塔头换刀装置的结构如图 14.1.14 所示，每次换刀包括下列动作。

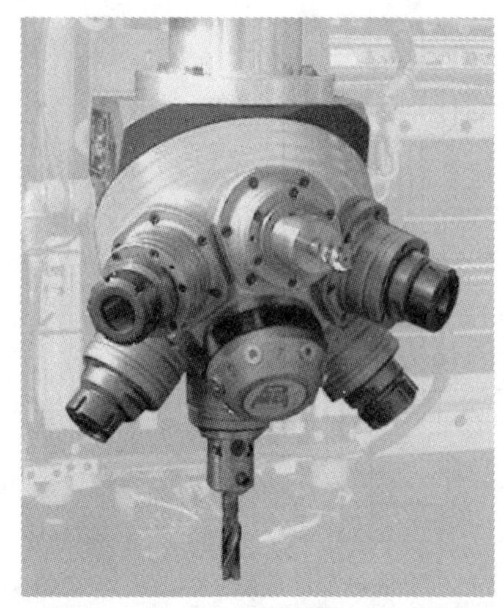

图 14.1.12　多主轴转塔头换刀装置

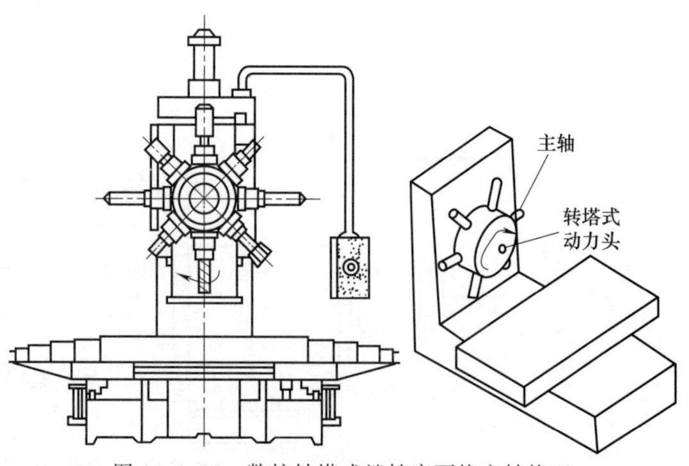

图 14.1.13　数控转塔式镗铣床更换主轴换刀

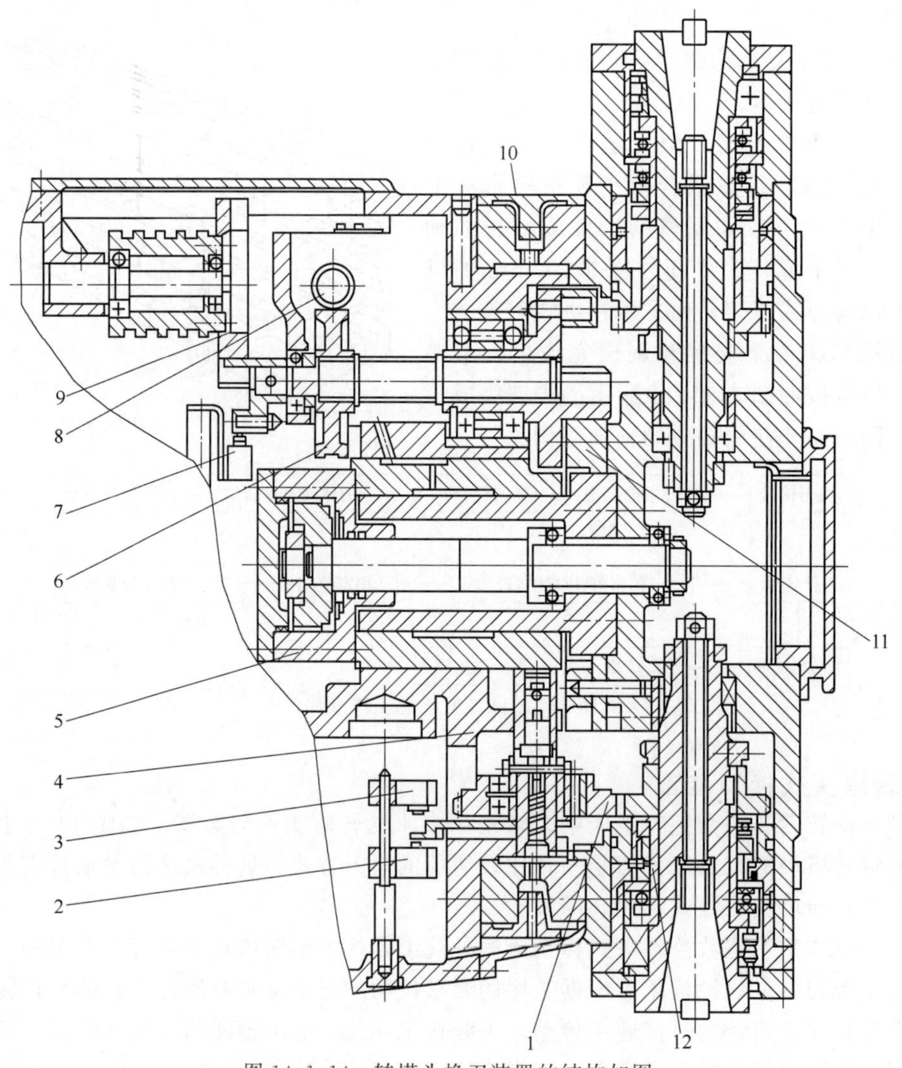

图 14.1.14　转塔头换刀装置的结构如图

1,12—齿轮；2,3,7—行程开关；4,5—液压缸；6—蜗轮；8—蜗杆；9—支架；10—鼠牙盘；11—槽轮

① 脱开主传动接到数控装置发出的换刀指令后，液压缸 4 卸压，弹簧推动齿轮 1 与主轴上的齿轮 12 脱开。

② 转塔头脱开固定在支架上的行程开关 3，表示主传动已脱开。控制电磁阀，使液压油进入液压缸 5 的左腔，液压缸活塞带动转塔头向右移动，直至活塞与液压缸端部接触。固定在转塔头上的鼠牙盘 10 便脱开。

③ 转塔头转位鼠牙盘脱开后，行程开关发出信号启动转位电动机，经蜗杆 8 和蜗轮 6 带动槽轮机构的主动曲柄使槽轮 11 转过 45°，并由槽轮机构的圆弧槽来完成主轴头分度位置的粗定位。主轴号的选择通过行程开关组来实现，若处于加工位置的主轴不是所需要的主轴，转位电动机将继续回转，带动转塔头间歇地再转 45°，直至选中所需主轴为止。主轴选好后，行程开关 7 使转位电动机停转。

④ 转塔头定位压紧行程开关 7 使转位电动机停转的同时接通电磁阀，使液压油进入液压缸 5 的右腔，转塔头向左返回，由鼠牙盘 10 精确定位。液压缸 5 右腔的油压作用力将转塔头可靠地压紧。

⑤ 主轴传动的接通。转塔头定位夹紧时，由行程开关发出信号接通电磁阀，控制液压油进入液压缸 4，压缩弹簧，使齿轮 1 与主轴上的齿轮 12 啮合，此时换刀动作全部完成。

这种换刀装置的优点在于通过更换主轴来换刀，省去了自动松夹、卸刀、装刀以及搬运刀具等一系列的操作，从而缩短了换刀时间，并提高了换刀的可靠性。但是其储存刀具的数量少，适用于加工较简单的工件；由于空间位置的限制，使主轴部件结构尺寸不能太大，因而影响了主轴系统的刚性。为了保证主轴的刚性，必须限制主轴的数目。转塔主轴头通常适用于工序较少、精度要求不太高的机床，如数控钻、铣床等。

为了弥补转塔换刀数量少的缺点，近年来出现了一种机械手和转塔头配合刀库进行换刀的自动换刀装置，如图 14.1.15 所示。它实际上是转塔头换刀装置和刀库式换刀装置的结合。它的工作原理是：转塔头 5 上安装两个刀具主轴 3 和 4，当用一个刀具主轴上的刀具进行加工时，机械手 2 将下一个工序需要的刀具换至不工作的主轴上，待本工序完成后，转塔头回转 180°，完成换刀。

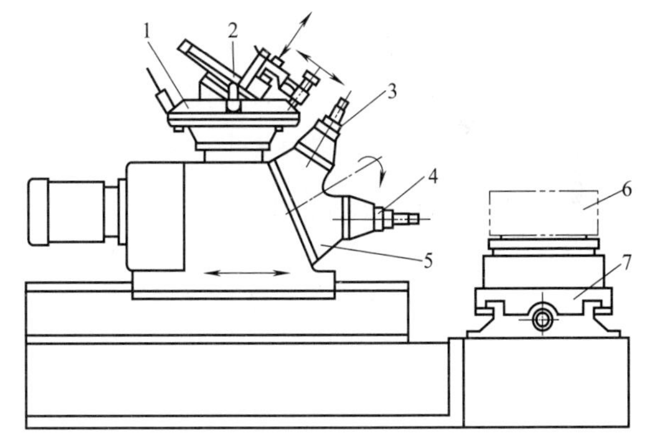

图 14.1.15　机械手和转塔头配合刀库进行换刀的自动换刀装置

1—刀库；2—机械手；3,4—刀具主轴；5—转塔头；6—工件；7—工作台

因为它的换刀时间大部分和机械加工时间重合，只需要转塔头转位的时间，所以换刀时间很短，而且转塔头上只有两个主轴，有利于提高主轴的结构刚度，但还未能达到精镗加工所需要的主轴刚度。这种换刀方式主要用于数控钻床，也可用于数控铣镗床和数控组合机床。

6. 更换主轴箱换刀

机床上有很多主轴箱，一个主轴箱在动力头上进行加工，其余的主轴箱停放在主轴箱库中（备用）。更换主轴箱换刀方式主要适用于组合机床，采用这种换刀方式，在加工长箱体类零件时可以提高生产率。

采用这种方式换刀的数控机床与组合机床相似。采用多主轴的主轴箱，通过更换主轴箱达到换刀的目的，如图 14.1.16 所示。

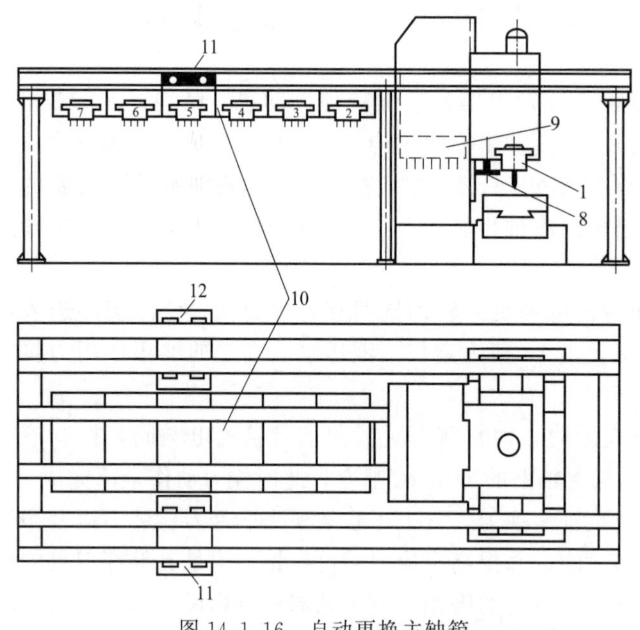

图 14.1.16　自动更换主轴箱

1—工作主轴箱；2～7—备用主轴箱；8—机械手；9—刀库；10—主轴箱库；11,12—小车

主轴箱库 10 吊挂着备用主轴箱 2～7。主轴箱库两侧的导轨上装有同步运动的小车 11 和 12，它们在主轴箱库与机床动力头之间运送主轴箱。

根据加工要求，先选好所需的主轴箱，待两小车运行至该主轴箱处时，将它推到小车 11 上，小车 11 与小车 12 同时运动到机床动力头两侧的更换位置。当上一道工序完成后，动力头带着主轴箱上升到更换位置，夹紧机构将工作主轴箱 1 松开，定位销从定位孔中拔出，推杆机构将工作主轴箱 1 推到小车 12 上，同时又将小车 11 上的待用主轴箱推到机床动力头上，并进行定位夹紧。与此同时，两小车返回主轴箱库，停在下次待换的主轴箱旁。推杆机构将下次待换主轴箱推到小车 11 上，并把用过的主轴箱从小车 12 上推入主轴箱库的空位，也可通过机械手 8 在刀库 9 和工作主轴箱 1 之间进行刀具交换。对于箱体类零件的加工，这种换刀形式可以提高生产率。

7. 带刀库的自动换刀系统

刀库式的自动换刀方法在数控机床上的应用最为广泛，主要应用于加工中心上。加工中心是一种备有刀库并能自动更换刀具对工件进行多工序加工的数控机床。工件经一次装夹后，数控系统能控制机床连续完成多工步的加工，工序高度集中。自动换刀装置是加工中心的重要组成部分，主要包括刀库、选刀机构、刀具交换装置及刀具在主轴上的自动装卸机构等。图 14.1.17 为加工中心的斗笠式刀库系统。

刀库可装在机床的立柱、主轴箱或工作台上。当刀库容量大及刀具较重时，也可装在机床之外，作为一个独立部件。常常需要附加运输装置，来完成刀库与主轴之间刀具的运输，为了缩短换刀时间，还可采用带刀库的双主轴或多主轴换刀系统。

图 14.1.17　加工中心的斗笠式刀库系统

带刀库的换刀系统的整个换刀过程较为复杂，首先要把加工过程中要用的全部刀具分别安装在标准的刀柄上，在机外进行尺寸调整后，按一定的方式放入刀库。换刀时，根据选

刀指令先在刀库上选刀，刀具交换装置从刀库和主轴上取出刀具，进行刀具交换，然后将新刀具装入主轴，将主轴上取下的旧刀具放回刀库。这种换刀装置和转塔主轴头相比，由于主轴的刚度高，有利于精密加工和重切削加工；可采用大容量的刀库，以实现复杂零件的多工序加工，从而提高了机床的适应性和加工效率。但换刀过程的动作较多，换刀时间较长，同时，影响换刀工作可靠性的因素也较多。

具体内容我们将在下一节详细阐述。

三、刀台接近开关

接近开关是一种无须与运动部件进行机械直接接触而可以操作的位置开关。

图 14.1.18 为刀台接近开关原理图，当物体接近开关的感应面到动作距离时，不需要机械接触及施加任何压力即可使开关动作，从而驱动直流电器或给计算机装置提供控制指令。接近开关是种开关型传感器（即无触点开关），它既有行程开关、微动开关的特性，又具有传感性能，且动作可靠、性能稳定、频率响应快、应用寿命长、抗干扰能力强等，并具有防水、防震、耐腐蚀等特点。产品有电感式、电容式、霍尔式、磁感应式等。

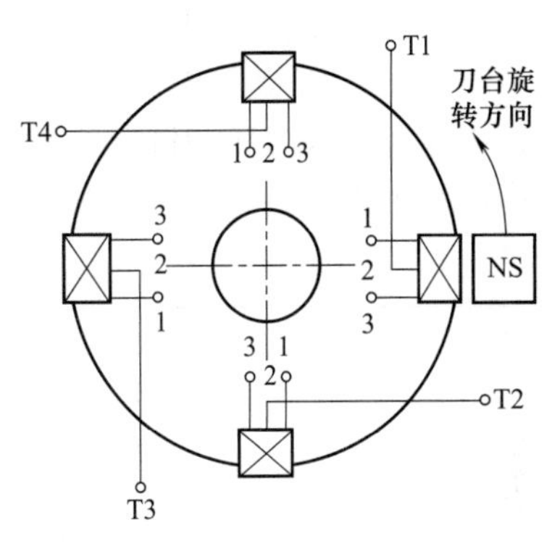

图 14.1.18　刀台接近开关原理图

1～3—接线端；T1～T4—刀位

表 14.1.2 详细描述了接近开关的种类、特点和检测方法。

表 14.1.2　接近开关的种类、特点和检测方法

序号	名　　称	种类和特点
1	霍尔式接近开关	①组成：霍尔式接近开关是将霍尔元件、稳压电路、放大器、施密特触发器和集电极开路（OC）门等电路做在同一个芯片上的集成电路，典型的霍尔集成电路有 UGN3020 等 ②原理：霍尔集成电路受到磁场作用时，集电极开路门由高电阻态变为导通状态，输出低电平信号；当霍尔集成电路离开磁场作用时，集电极开路门重新变为高阻态，输出高电平信号 ③应用：霍尔集成电路在 LD4 系列电动刀架中应用较多，其动作过程为：数控装置发出换刀信号→刀架电动机正转使锁紧装置松开且刀架旋转→检测刀位信号→刀架电动机反转定位并夹紧→延时→换刀动作结束。动作过程中的刀位信号是由霍尔式接近开关检测的，如果某个刀位上的霍尔式接近开关损坏，数控装置检测不到刀位信号，会造成转台连续旋转不定位
2	电感式接近开关	①接近开关内部有一个高频振荡器和一个整形放大器，具有振荡和停振两种不同状态。由整形放大器转换成开关量信号，从而达到检测位置的目的 ②在数控机床中电感式接近开关常用于刀库、机械手及工作台的位置检测 ③判断电感式接近开关好坏最简单的方法是用金属片接近开关进行检测，如果无开关信号输出，可判定开关或外部电源有故障。在实际位置控制中，如果感应块和开关之间的间隙变大，会使接近开关的灵敏度下降，甚至无信号输出。因此在日常检查维护中要注意经常观察感应块和开关之间的间隙，随时调整
3	电容式接近开关	电容式接近开关的外形与电感式接近开关类似，除了可以对金属材料进行无接触式检测外，还可以对非导电性材料进行无接触式检测。和电感式接近开关一样，在使用过程中要注意间隙调整
4	磁感应式接近开关	磁感应式接近开关又称磁敏开关，主要对气缸内活塞位置进行非接触式检测。固定在活塞上的永久磁铁使传感器内振荡线圈的电流发生变化，内部放大器将电流转换成开关信号输出。根据气缸形式的不同，磁感应式接近开关有绑带式安装和支架式安装等类型

第二节 刀　　库

一、刀库的概述

在自动换刀装置中，刀库是最主要的部件之一，其作用是用来储存加工刀具及辅助工具。它的刀具容量从几把到上百把。刀库要有使刀具运动及定位的机构来保证换刀的可靠。刀库的形式很多，结构也各不相同，根据刀库的容量和取刀方式，可以将刀库设计成各种形式，常用的有盘式刀库、链式刀库和格子盒式刀库等，如表 14.2.1 所示。加工中心普遍采用的刀库有盘式刀库和链式刀库。密集型的鼓轮式刀库或格子箱式刀库，多用于柔性制造系统中的集中供刀系统。

表 14.2.1　刀库的主要形式

序号	刀库形式	详细说明	
1	直线刀库	刀具在刀库中呈直线排列,结构简单,存放刀具数量少(一般 8～12 把),现已很少使用	
2	单盘式刀库	轴向轴线式	常置于主轴侧面,刀库轴心线可垂直放置,也可以水平放置
		径向轴线式	取刀方便
		斜向轴线式	结构简单
		可翻转式	使用广泛
3	鼓轮式刀库	容量大,结构紧凑,选刀、取刀动作复杂	
4	链式刀库	单排链式刀库	最多容纳 45 把刀
		多排链式刀库	最多容纳 60 把刀
		加长链条刀库	容量大
5	多盘式刀库	容量大,结构复杂,很少使用	
6	格子盒式刀库		

二、盘式刀库

盘式刀库结构简单、紧凑，取刀也很方便，因此应用广泛，在钻削中心上应用较多。盘式刀库的储存量少则 6～8 把，多则 50～60 把，个别可达 100 余把。图 14.2.1 为典型的盘式刀库。

1. 盘式刀库结构

目前，大部分的刀库安装在机床立柱的顶面和侧面，当刀库容量较大时，为了防止刀库转动造成的振动对加工精度的影响，也有的安装在单独的地基上。为适应机床主轴的布局，刀库上刀具轴线可以按不同的方向配置，图 14.2.2 所示为刀具轴线与鼓盘轴线平行布置的刀库，其中图 14.2.2 (a) 所示为径向取刀式，图 14.2.2 (b) 所示为轴向取刀式。图 14.2.3 (a) 所示为刀具径向安装在刀库上的结构，图 14.2.3 (b) 所示为刀具轴线与鼓盘轴线成一定角度布置的结构。这两种结构占地面积较大。

图 14.2.1　盘式刀库

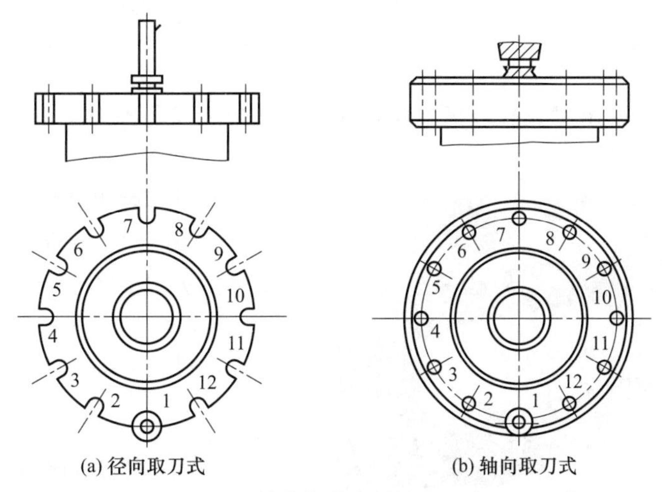

图 14.2.2　刀具轴线与鼓盘轴线平行布置的刀库

盘式刀库又可分为单盘式刀库和双盘式或多盘式刀库。单盘式刀库的结构简单，取刀也较为方便，但刀库的容量较小，一般为 30～40 把，空间利用率低。双盘式或多盘式刀库结构紧凑，但选刀和取刀动作复杂，因而较少应用。

2. 盘式刀库换刀流程

图 14.2.4 为盘式刀库换刀流程简图。

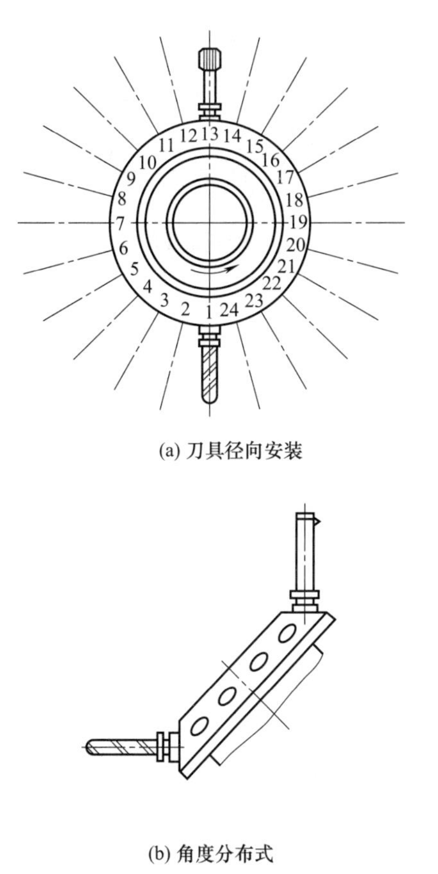

图 14.2.3　刀具轴线与鼓盘轴线成一定角度布置的结构

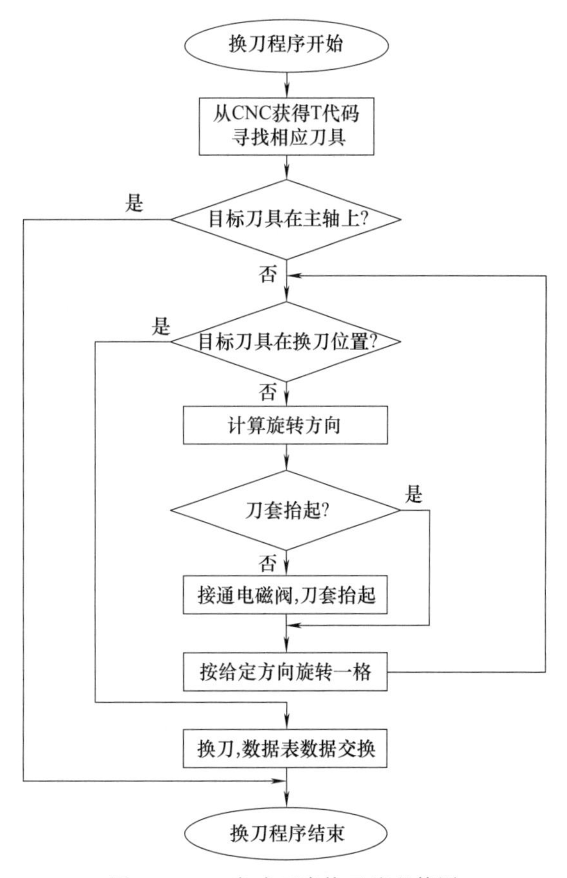

图 14.2.4　盘式刀库换刀流程简图

三、链式刀库

链式刀库在环形链条上装有许多刀座，刀座的孔中装夹各种刀具，链条由链轮驱动。图 14.2.5 为典型的链式刀库。

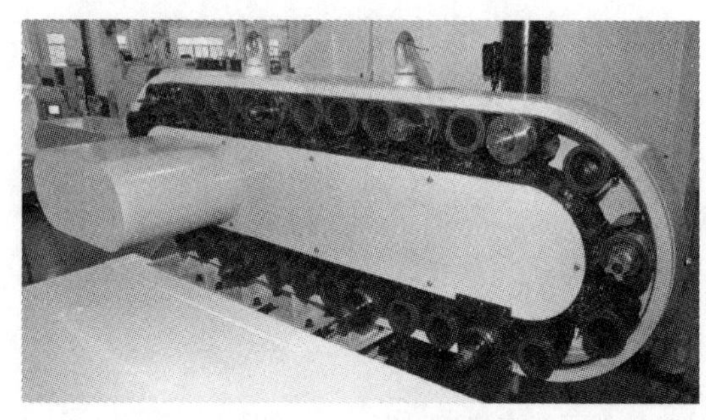

图 14.2.5 链式刀库

链式刀库有单环链式、多环链式和折叠链式等几种。单环链式和多环链式如图 14.2.6（a)、图 14.2.6（b）所示。当链条较长时，可以增加支承链轮的数目，使链条折叠回绕，提高空间利用率，如图 14.2.6（c）所示。

1. 链式刀库的结构

如图 14.2.7 所示为链式刀库自动换刀装置的外形与组成。该链式装置位于机床主轴箱立柱的左侧，X 向坐标工作台的后面。图 14.2.8 所示为链式刀库的刀座结构。

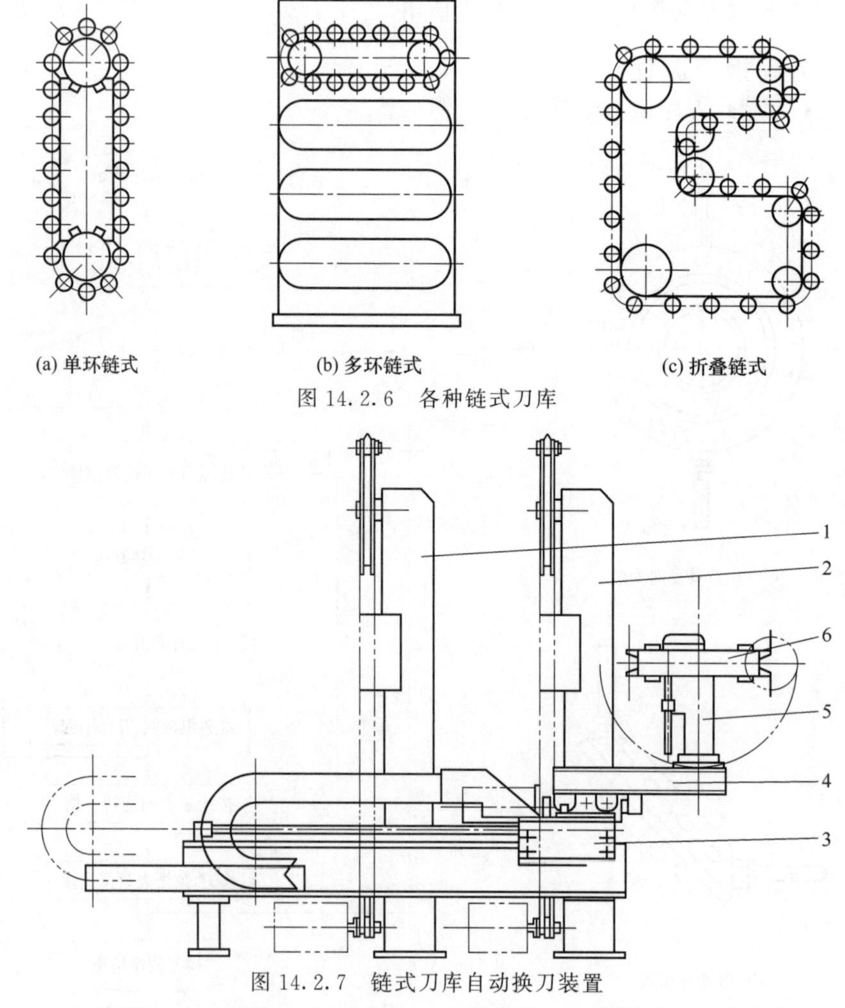

(a) 单环链式　(b) 多环链式　(c) 折叠链式

图 14.2.6 各种链式刀库

图 14.2.7 链式刀库自动换刀装置

1—刀库Ⅰ；2—刀库Ⅱ；3—T 向滑台；4—D 向滑台；5—回转立柱；6—机械手

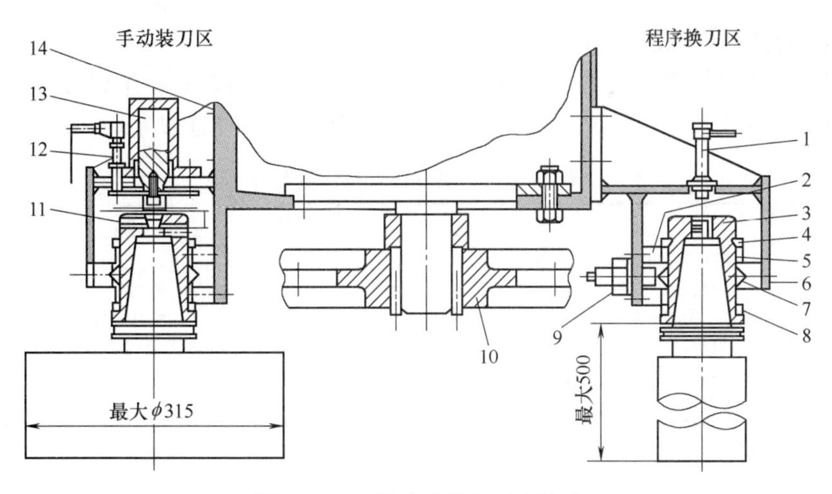

图 14.2.8　链式刀库的刀座结构

1—反射光电子检测器；2—导向条；3—刀座；4—外链片；5—隔套；6—V形导向条；7—V形环；8—内链片；9—定位检测器；10—主动链轮；11—弹簧、滚珠；12—接近开关；13—液压缸；14—刀座支架

此类装置的各部分的作用见表 14.2.2。

表 14.2.2　链式刀库自动换刀装置各部分作用

序号	组成部件	作用说明
1	链式刀库	①刀库形式与容量：刀库为双排链式刀库，刀库容量 50×2 ②链传动组成与运动：刀库刀座（套）通过内外链片连成整根链条，随主动链轮和从动链轮形成的链传动运动，刀座链条可以正反、快慢运行，完成库内刀具选刀换位运动 ③刀库驱动与刀座识别：主、从动链轮分别位于刀库下部和上部，通过位于刀库下部的电动机和减速箱驱动，减速箱另一端通过齿轮副带动刀座编码器旋转，识别刀座编码 ④导向与定位：刀库中的刀具装入刀座（套），在刀库的内外侧，设有手动装刀区和程序换刀区。如图 14.2.8 所示，进入换刀区的刀座具有导向装置，使刀座链条得到导向和定位，并承受插、拔刀的轴向载荷 ⑤装刀与换刀：如图 14.2.8 所示，手动装刀区设有液压缸用来顶出刀座中的刀柄；程序换刀区设有反射光电子检测器检测刀位是否空缺，定位检测器用于精确定位
2	T向滑台	①在刀库与主轴之间传递刀具 ②完成在刀库上的装（插）刀、拔刀 ③机床主轴抓刀及退回
3	D向滑台	①完成在主轴上的装（插）刀、拔刀动作 ②刀库抓刀及退回
4	回转立柱	完成水平回转 90°运动，使机械手面向刀库或面向机床主轴
5	机械手	①手臂在垂直面内回转 180°，实现刀具交换 ②手抓夹持部分张开与夹紧，实现对刀柄的夹紧和松开动作

2. 自动换刀装置的换刀循环

参考图 14.2.7 链式刀库自动换刀装置，自动换刀装置的换刀循环为：机床进入换刀位置→发出刀具交换指令→机械手进入加工区的门打开→T 向滑台移动使机械手臂靠向主轴→机械手左卡爪夹持待装刀具，右卡爪张开引入刀柄夹持部→右卡爪合拢，夹持主轴上待卸刀具→主轴刀柄（刀具）松夹→压缩空气接通→D 向滑台移动 240mm，机械手拔刀→机械手回转 180°交换刀具→D 向滑台移动机械手装刀→切断压缩空气，主轴夹紧刀柄（刀具）→T 向滑台移动机械手退出复位→关闭加工区门，机床可进入加工程序。

3. 刀具的选择方式

按数控装置的刀具选择指令，从刀库中挑选各工序所需刀具的操作称为自动换刀。目前有顺序选刀和任意选刀两种方式，表 14.2.3 详细描述了这两种选刀方式。

表 14.2.3　顺序选刀和任意选刀

<table>
<tr><th>序号</th><th>选刀方式</th><th colspan="2">详细说明</th></tr>
<tr><td>1</td><td>顺序选刀</td><td colspan="2">在加工之前先将加工零件所需的刀具按照工艺要求依次插入刀库的刀套中，顺序不能有差错，加工时再按顺序调刀。在顺序选刀方式下，加工不同的工件时必须重新调整刀库中的刀具顺序，因此操作十分烦琐；而且加工同一工件中各工序的刀具不能重复使用，因为这样会增加刀具的数量；另外，刀具的尺寸误差也容易造成加工精度的不稳定。顺序选刀的优点是刀库的驱动和控制都比较简单，适用于加工批量较大、工件品种数量较少的中、小型数控机床</td></tr>
<tr><td rowspan="3">2</td><td rowspan="3">任意选刀</td><td colspan="2">任意选刀的换刀方式可分为刀具编码式、刀座编码式、附件编码式、计算机记忆式等几种。刀套编码或刀具编码都需要在刀具或刀套上安装用于识别的编码条，再根据编码条对应选刀。这类换刀方式的刀具制造困难，取送刀具十分麻烦，换刀时间长。记忆式任意换刀方式能将刀具号和刀库中的刀套位置对应地记忆在数控系统的计算机中，无论刀具放在哪个刀套内，计算机始终都记忆着它的踪迹。刀库上装有位置检测装置，可以检测出每个刀套的位置，这样就可以任意取出并送回刀具</td></tr>
<tr><td>刀具编码式</td><td>这种选择方式采用了一种特殊的刀柄结构，并对每把刀具进行编码。换刀时，编码识别装置根据换刀指令代码，在刀库中寻找所需要的刀具
由于每一把刀都有自己的代码，因而刀具可以放入刀库的任何一个刀座内，这样不仅刀库中的刀具可以在不同的工序中多次重复使用，而且换下来的刀具也不必放回原来的刀座，这对装刀和选刀都十分有利，刀库的容量相应减小，而且可避免由于刀具顺序的差错所发生的事故。但每把刀具上都带有专用的编码系统。刀具编码识别有两种方式：接触式识别和非接触式识别。接触式识别编码的刀柄结构如图 14.2.9 所示：在刀柄尾部的拉紧螺杆 4 上套装着一组等间隔的编码环 2，并由锁紧螺母 3 将它们固定
图 14.2.9　接触式识别编码的刀柄结构
1—刀柄；2—编码环；3—锁紧螺母；4—拉紧螺杆
编码环的外径有大小两种不同的规格，每个编码环的大小分别表示二进制数的“1”和“0”。通过对两种编码环的不同排列，可以得到一系列的代码。例如，图 14.2.10 中的 7 个编码环，就能够区别出 127 种刀具（2^7-1）。通常全部为零的代码不允许使用，以免和刀座中没有刀具的状况相混淆。当刀具依次通过编码识别装置时，编码环的大小就能使相应的触针读出每一把刀具的代码，从而选择合适的刀具
接触式编码识别装置结构简单，但可靠性较差，寿命较短，而且不能快速选刀
非接触式刀具识别采用磁性或光电识别法。磁性识别法是利用磁性材料和非磁性材料磁感应的强弱不同，通过感应线圈读取代码的方法。编码环分别由软钢和塑料制成，软钢代表“1”，塑料代表“0”，将它们按规定的编码排列
当编码环通过感应线圈时，只有对应软钢圆环的那些感应线圈才能感应出电信号“1”，而对应于塑料的感应线圈状态保持不变“0”，从而读出每一把刀具的代码
磁性识别装置没有机械接触和磨损，因此可以快速选刀，而且结构简单、工作可靠、寿命长</td></tr>
<tr><td>刀座编码式</td><td>对刀库中所有的刀座预先编码，一把刀具只能对应一个刀座，从一个刀座中取出的刀具必须放回同一刀座中，否则会造成事故。这种编码方式取消了刀柄中的编码环，使刀柄结构简化，长度变短，刀具在加工过程中可重复使用，但必须把用过的刀具放回原来的刀座，送取刀具麻烦，换刀时间长</td></tr>
</table>

续表

序号	选刀方式	详细说明	
2	任意选刀	计算机记忆式	目前加工中心上大量使用的是计算机记忆式选刀方法。这种方式能将刀具号和刀库中的刀座位置(地址)对应地存放在计算机的存储器或可编程控制器的存储器中。这样刀具可在任意位置(地址)存取,刀具不需设置编码元件,结构大为简化,控制也十分简单。在刀库机构中通常设有刀库零位,执行自动选刀时,刀库可以正反方向旋转,每次选刀时,刀库转动不会超过1/2圈

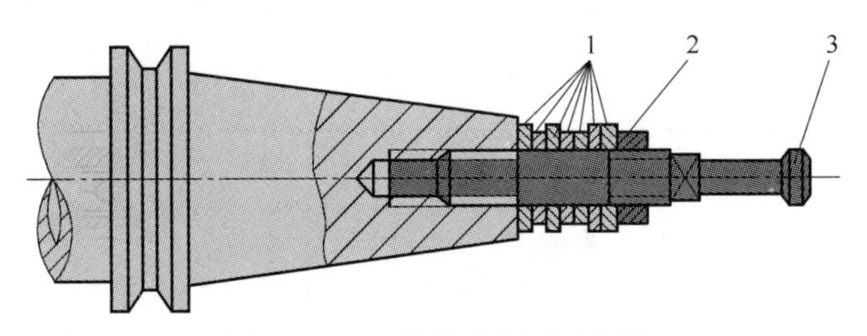

图 14.2.10　编码环的不同排列

1—编码环；2—锁紧螺母；3—拉紧螺钉

第三节　刀具交换装置

一、刀具交换装置概述

实现刀具交换动作的装置称为刀具交换装置。自动换刀的刀具可靠固紧在专用刀夹内，每次换刀时将刀夹直接装入主轴。刀具的交换方式通常有两种：机械手交换刀具方式和无机械手交换刀具方式。表 14.3.1 详细描述了数控机床对自动换刀装置的要求。

表 14.3.1　数控机床对自动换刀装置的要求

序号	数控机床对自动换刀装置的要求
1	换刀时间短
2	换刀路径合理
3	刀具重复定位精度高
4	识刀、选刀可靠,换刀动作简单
5	刀库容量合理,占地面积小,并能与主机配合,使机床外观完整;刀具装卸、调整、维护方便

二、刀具交换装置典型结构

1. 机械手换刀

机械手交换刀具方式应用最为广泛，因为机械手交换刀具有很大的灵活性，换刀时间也较短，机械手的结构形式多种多样，换刀运动也有所不同，图 14.3.1 为典型机械手换刀装置，图 14.3.2 为机械手臂、手爪结构示意图。数控机床一般采用机械手实现刀具交换。

图 14.3.1　典型机械手换刀装置

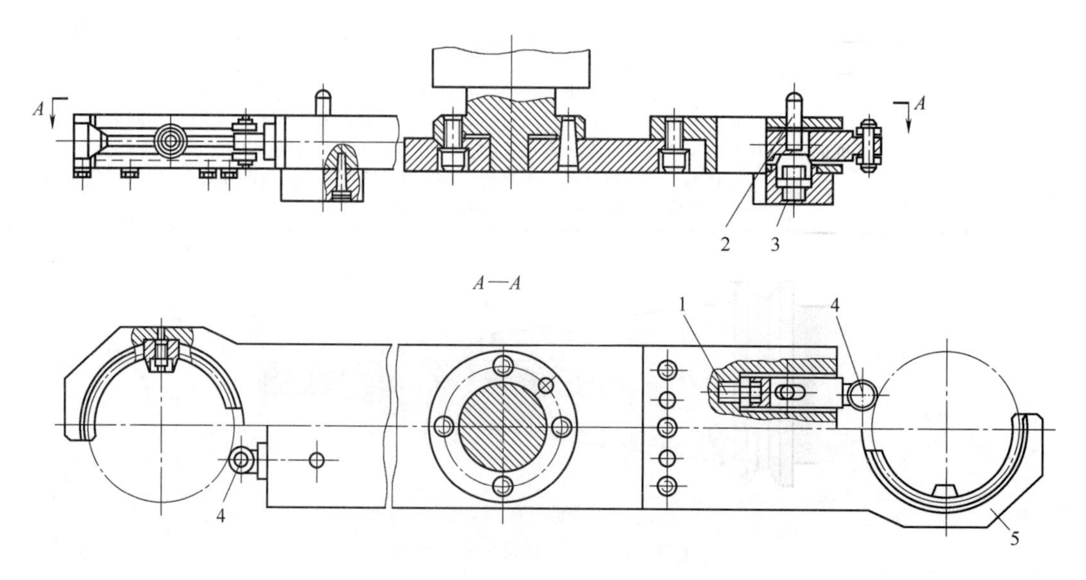

图 14.3.2　机械手臂、手爪结构

1,3—弹簧；2—锁紧销；4—活动销；5—手爪

两种最常见的机械手换刀形式见表 14.3.2。

表 14.3.2　机械手换刀装置的换刀形式

序号	换刀形式	详细说明
1	180°回转刀具交换装置	最简单的刀具交换装置是 180°回转刀具交换装置。接到换刀指令后，机床控制系统便将主轴控制到指定换刀位置；同时刀库运动到适当位置完成选刀，机械手回转并同时与主轴、刀库的刀具相配合；拉杆从主轴刀具上卸掉，机械手向前运动，将刀具从各自的位置上取下；机械手回转 180°，交换两把刀具的位置，与此同时刀库重新调整位置，以接受从主轴上取下的刀具；机械手向后运动，将夹持的刀具和卸下的刀具分别插入主轴和刀库中；机械手转回原位置待命。至此换刀完成，程序继续。这种刀具交换装置的主要优点是结构简单，涉及的运动少，换刀快；主要缺点是刀具必须存放在与主轴平行的平面内，与侧置后置的刀库相比，切屑及切削液易进入刀夹，刀夹锥面上有切屑会造成换刀误差，甚至损坏刀夹和主轴，因此必须对刀具另加防护。这种刀具交换装置既可用于卧式机床也可用于立式机床
2	回转插入式刀具交换装置	回转插入式刀具交换装置是最常用的形式之一，是回转式的改进形式。这种装置中刀库位于机床立柱一侧，避免了切屑造成主轴或刀夹损坏的可能。但刀库中存放的刀具的轴线与主轴的轴线垂直，因此机械手需要三个自由度。机械手沿主轴轴线的插拔刀具动作由液压缸实现；绕竖直轴摆动 90°进行刀库与主轴间刀具的传送的动作由液压马达实现；绕水平轴旋转 180°完成刀库与主轴上刀具的交换的动作也由液压马达实现

常见的机械手结构和动作过程见表 14.3.3。

表 14.3.3　换刀形式

序号	换刀过程	详细说明
1	单臂单手机械手	图 14.3.3(a)所示是机械手转轴轴向移动的形式，通过刀库的转位、机械手的回转和轴向移动等配合运动，以完成刀具从主轴中轴向卸刀、装刀(Ⅱ)，从轴向鼓盘式刀库中插刀、抓刀、拔刀(Ⅲ)，以及返回(Ⅰ)等刀具交换过程。图 14.3.3(b)所示是主轴轴向移动的形式，动作过程与上述形式机械手基本类似

续表

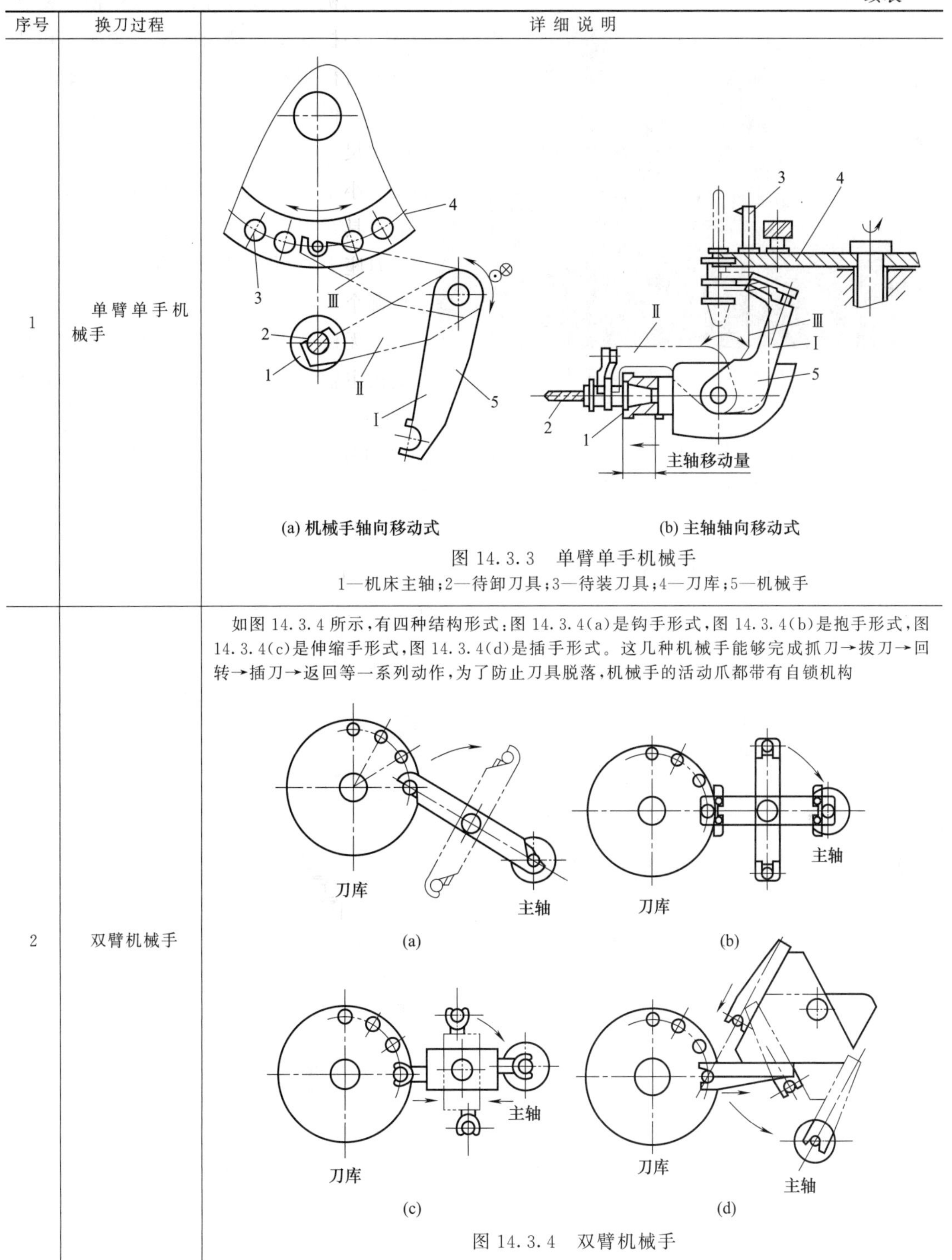

序号	换刀过程	详细说明
1	单臂单手机械手	(a) 机械手轴向移动式　(b) 主轴轴向移动式 图 14.3.3　单臂单手机械手 1—机床主轴；2—待卸刀具；3—待装刀具；4—刀库；5—机械手
2	双臂机械手	如图 14.3.4 所示，有四种结构形式：图 14.3.4(a)是钩手形式，图 14.3.4(b)是抱手形式，图 14.3.4(c)是伸缩手形式，图 14.3.4(d)是插手形式。这几种机械手能够完成抓刀→拔刀→回转→插刀→返回等一系列动作，为了防止刀具脱落，机械手的活动爪都带有自锁机构 (a)　(b)　(c)　(d) 图 14.3.4　双臂机械手

2. 无机械手换刀

无机械手换刀的方式是利用刀库与机床主轴的相对运动实现刀具交换的，也称主轴直接式换刀。XH715A 型卧式加工中心就是采用这类刀具交换装置的实例，如图 14.3.5 所示。

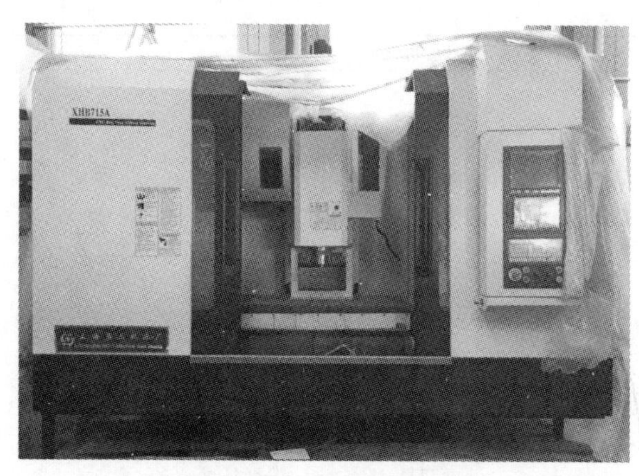

图 14.3.5　XH715A 型卧式加工中心

无机械手换刀方式特点是换刀机构不需要机械手，结构简单、紧凑。由于换刀时机床不工作，所以不会影响加工精度，但机床加工效率下降。由于刀库结构尺寸受限，装刀数量不能太多，常用于小型加工中心。这种换刀方式的每把刀具在刀库上的位置是固定的，从哪个刀座上取下的刀具，用完后仍然放回到哪个刀座上。

无机械手换刀装置一般采用把刀库放在主轴箱可以达到的位置或整个刀库（或某一刀位）能移动到主轴箱可以达到的位置；同时，刀库中刀具的存放方向一般与主轴上的装刀方向一致。换刀时，由主轴运动到刀库上的换刀位置，利用主轴直接取走或放回刀具。

图 14.3.6 所示是 TH5640 无机械手换刀装置的换刀过程。

TH5640 的自动换刀装置由刀库和自动换刀机构组成。通过上、下运动气缸及左、右运动气缸，刀库可在导轨上做左右及上下移动，以完成卸刀和装刀动作。刀库的选刀是利用电动机经减速后带动槽轮机构回转实现的。为确定刀号，在刀库内安装有原位开关和计数开关。换刀时，刀库首先由左、右运动气缸驱动在导轨上做水平移动，刀库鼓轮上一空缺刀位插入主轴上刀柄凹槽处，刀位上的夹刀弹簧将刀柄夹紧，如图 14.3.6（a）所示；然后主轴刀具松开装置工作，刀具松开，如图 14.3.6（b）所示；刀库在上、下运动气缸的作用下向下运动，完成拔刀过程，如图 14.3.6（c）所示；接着刀库回转选刀，当刀位选定后，在上、下运动气缸的作用下，刀库向上运动，选中的刀具被装入主轴锥孔，主轴内的拉杆将刀具拉紧，完成刀具装夹；左、右运动气缸带动刀库沿导轨返回原位，完成一次换刀。无机械手换刀装置的优点是结构简单、成本低，换刀的可靠性较高；其缺点是换刀时间长，刀库因结构所限容量不大。这种换刀装置在中、小型加工中心上经常采用。

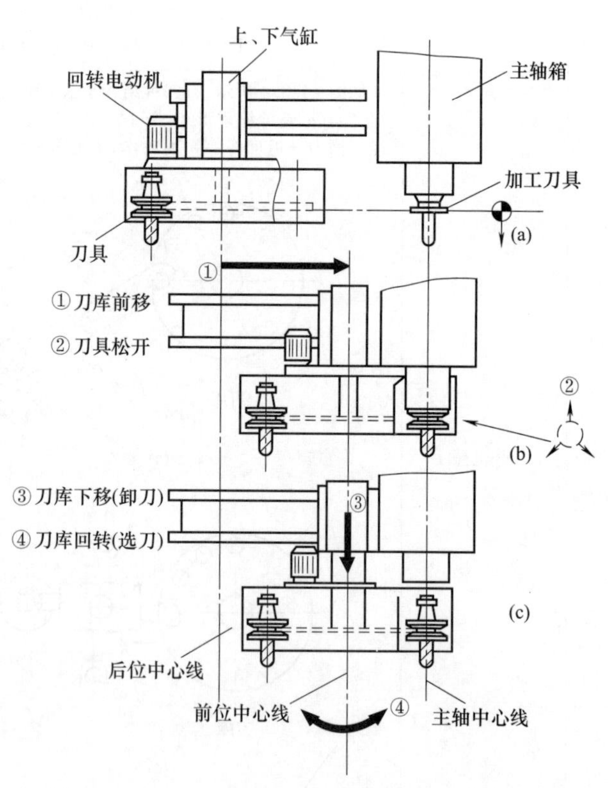

图 14.3.6　TH5640 无机械手换刀装置动作示意图

第四节　数控机床工作台

为了扩大数控机床的加工性能，适应某些零件加工的需要，数控机床的进给运动，除 X、Y、Z 三个坐标轴的直线进给运动之外，还可以有绕 X、Y、Z 三个坐标轴的圆周进给运动。通常数控机床的圆周进给运动，可以实现精确的自动分度，改变工件相对于主轴的位置，以便分别加工各个表面，这对箱体类零件的加工带来了便利。对于自动换刀的多工序数控机床来说，回转工作台已成为一个不可缺少的部件。

图 14.4.1、图 14.4.2 分别是 HLTK13 系列数控立卧回转工作台和 TK95500 高精度工作台自动交换装置（APC）。

图 14.4.1　HLTK13 系列数控立卧回转工作台

图 14.4.2　TK95500 高精度工作台自动交换装置（APC）

下面详细介绍数控机床中常用的工作台：数控分度工作台和数控回转工作台。

一、数控分度工作台

分度工作台是按照数控系统的指令，在需要分度时工作台连同工件回转规定角度的工作台，有时也可采用手动分度。分度工作台只能够完成分度运动而不能实现圆周运动，并且它的分度运动只能完成一定的回转度数如 90°、60°或 45°等。为满足分度精度的要求，要使用专门的定位元件。常用的定位元件有插销定位、反靠定位、齿盘定位和钢球定位等几种。

图 14.4.3 为 Nikken 5AX-1200 分度工作台。

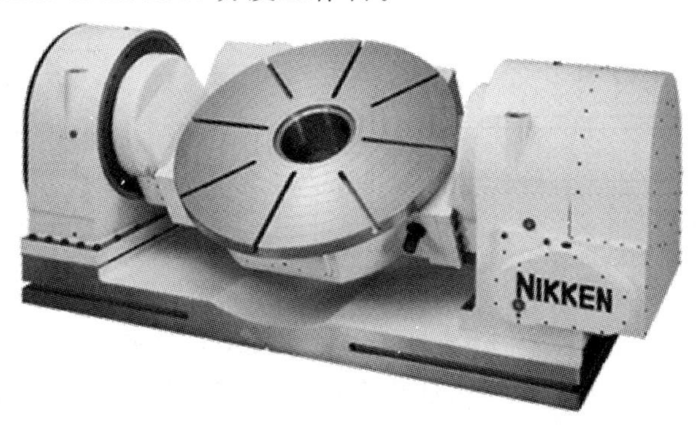

图 14.4.3　分度工作台

齿盘式分度工作台主要由工作台面底座、升降液压缸、分度液压缸和齿盘等零件组成，其结构如图 14.4.4 所示。齿盘是保证分度精度的关键零件，在每个齿盘的端面有数目相同

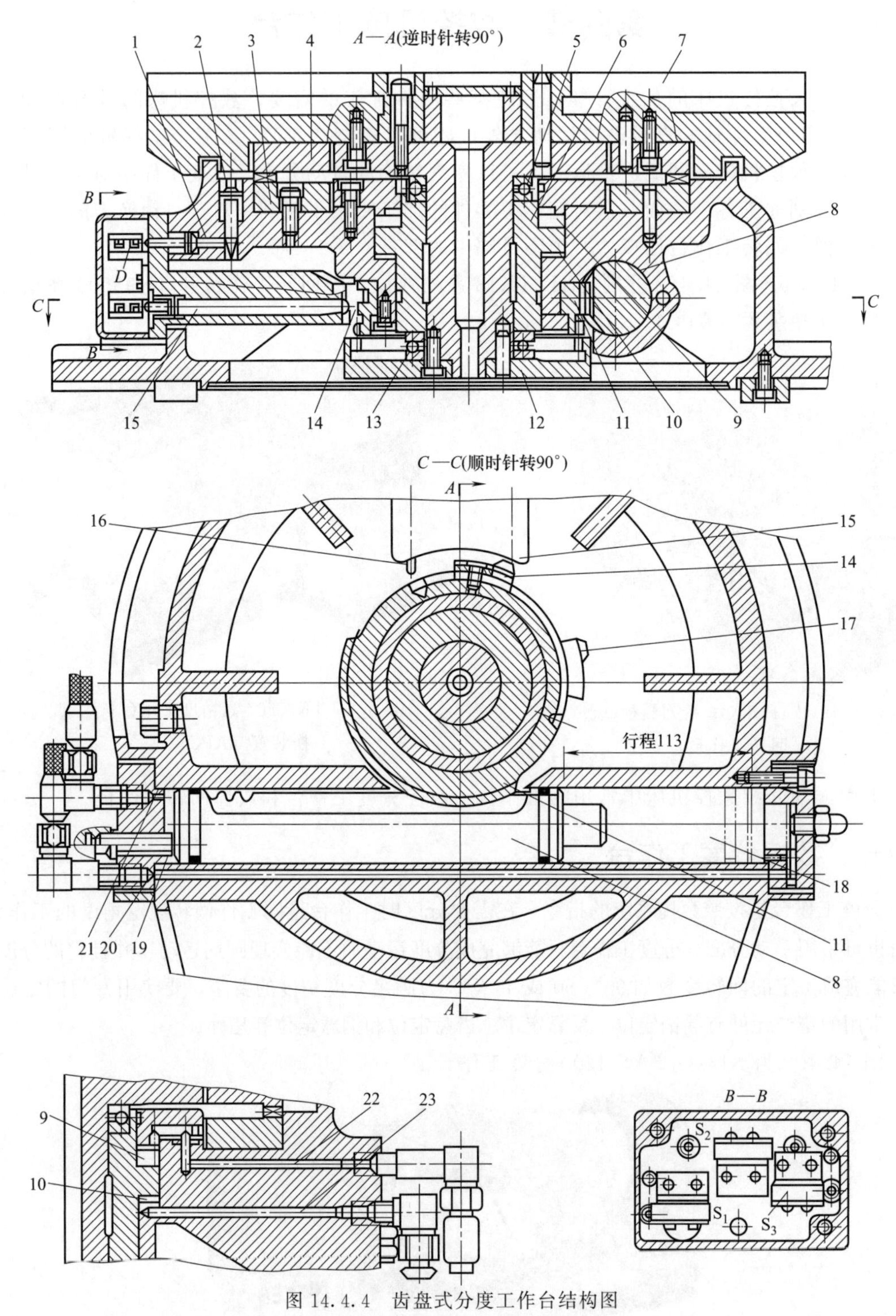

图 14.4.4　齿盘式分度工作台结构图

1,2,15,16—推杆；3—下齿盘；4—上齿盘；5,13—推力轴承；6—活塞；7—工作台；8—齿条活塞；9—升降液压缸上腔；10—升降液压缸下腔；11—齿轮；12—内齿轮；14,17—挡块；18—分度液压缸右腔；19—分度液压缸左腔；20,21—分度液压缸进回油管道；22,23—升降液压缸进回油管道

的三角形齿。当两个齿盘啮合时，能自动确定周向和径向的相对位置。

机床需要进行分度工作时，数控装置就发出指令，电磁铁控制液压阀，使压力油经管道23进入到工作台7中央的升降液压缸下腔10推动活塞6向上移动，经推力轴承5和13将工作台7抬起，下齿盘3和上齿盘4脱离啮合，与此同时，在工作台7向上移动过程中带动内齿轮12向上套入齿轮11，完成分度前的准备工作。

当工作台7上升时，推杆2在弹簧力的作用下向上移动使推杆1能在弹簧作用下向右移动，离开微动开关S_2，使S_2复位，控制电磁阀使压力油经管道21进入分度油缸左腔19，推动齿条活塞8向右移动，带动与齿条相啮合的齿轮11做逆时针方向转动。由于齿轮11已经与内齿轮12相啮合，分度台也将随着转过相应的角度。回转角度的近似值将由微动开关和挡块17控制，开始回转时，挡块14离开推杆15使微动开关S_1复位，通过电路互锁，始终保持工作台处于上升位置。

当工作台转到预定位置附近，挡块17通过推杆16使微动开关S_3工作。控制电磁阀开启使压力油经管道22进入到升降液压缸上腔9。活塞6带动工作台7下降，上齿盘4与下齿盘3在新的位置重新啮合，并定位压紧。升降液压缸下腔10的回油经节流阀可限制工作台的下降速度，保护齿面不受冲击。

当分度工作台下降时，通过推杆2及1的作用启动微动开关S_2，分度液压缸右腔18通过管道20进压力油，齿条活塞8退回。齿轮11顺时针方向转动时带动挡块17及14回到原处，为下一次分度做好准备。此时内齿轮12已同齿轮11脱开，工作台保持静止状态。

齿盘式分度工作台的优点是定位刚度好，重复定位精度高，它的分度精度可达到±0.5″～3″，结构简单。缺点是齿盘制造精度要求很高，且不能任意角度分度，它只能分度能除尽齿盘齿数的角度。这种工作台不仅可与数控机床做成一体，也可作为附件使用，广泛应用于各种加工和测量装置中。

二、数控回转工作台

数控回转工作台能实现进给运动，它在结构上和数控机床的进给驱动机构有许多共同点。不同点在于数控机床的进给驱动机构实现的是直线进给运动，而数控回转工作台实现的是圆周进给运动。图14.4.5为Nikken CNC1200数控回转台。

数控回转工作台的外形和分度工作台没有多大区别，但在内部结构和功用上则具有较大的不同。数控回转工作台分为开环和闭环两种。

闭环数控工作台的结构与开环的大致相同，其区别在于闭环数控回转工作台有转动角度测量元件（圆光栅或圆感应同步器）。所测量的结果经反馈与指令值进行比较，按闭环原理进行工作，使工作台分度精度更高。

图14.4.5　Nikken CNC1200数控回转台

图14.4.6所示为闭环数控回转工作台结构图。

闭环回转工作台由电液脉冲马达1驱动，在它的轴上装有主动齿轮3（$z_1=22$），它与从动齿轮4（$z_2=66$）相啮合，齿的侧隙靠调整偏心环2来消除。从动齿轮4与蜗杆10用楔形的拉紧销钉5来连接，这种连接方式能消除轴与套的配合间隙。蜗杆10系双螺距式，即相邻齿的厚度是不同的。因此，可用轴向移动蜗杆的方法来消除蜗杆10和蜗轮11的齿侧

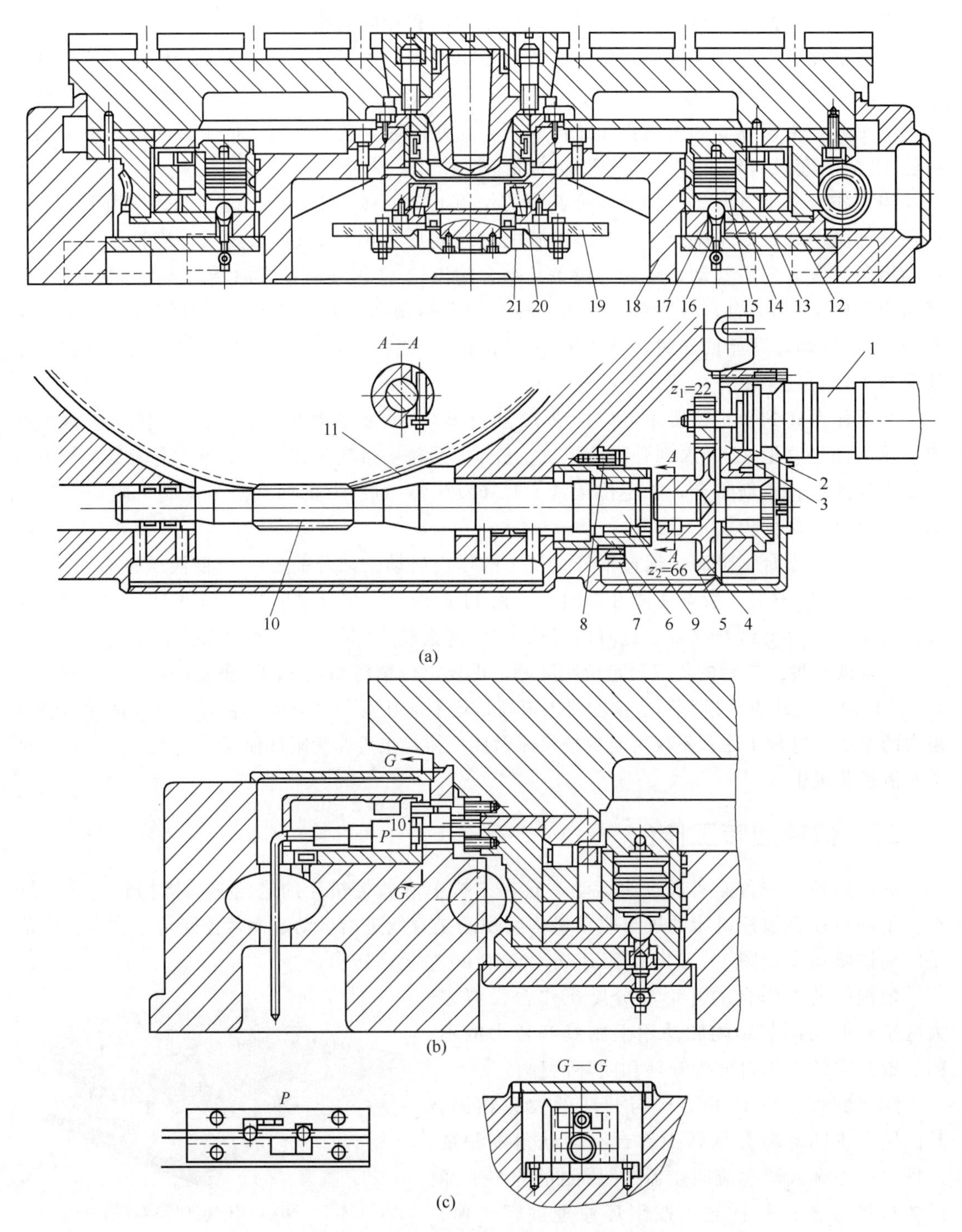

图 14.4.6 闭环数控回转工作台结构图

1—电液脉冲马达；2—偏心环；3—主动齿轮；4—从动齿轮；5—销钉；6—锁紧瓦；7—套筒；8—螺钉；9—丝杠；10—蜗杆；11—蜗轮；12,13—夹紧瓦；14—液压缸；15—活塞；16—弹簧；17—钢球；18—底座；19—光栅；20,21—轴承

间隙。调整时，先松开壳体螺母套筒 7 上的锁紧螺钉 8，使锁紧瓦 6 把丝杠 9 放松，然后转动丝杠 9，它便和蜗杆 10 同时在壳体螺母套筒 7 中做轴向移动，消除齿侧间隙。调整完毕

后，再拧紧锁紧螺钉 8，把锁紧瓦 6 压紧在丝杠 9 上，使其不能再做转动。

蜗杆 10 的两端装有双列滚针轴承作径向支承，右端装有两只止推轴承承受轴向力，左端可以自由伸缩，保证运转平稳。蜗轮 11 下部的内、外两面均有夹紧瓦 12 及 13。当蜗轮 11 不回转时，回转工作台的底座 18 内均布有 8 个液压缸 14，其上腔进压力油时，活塞 15 下行，通过钢球 17，撑开夹紧瓦 12 和 13，把蜗轮 11 夹紧。当回转工作台需要回转时，控制系统发出指令，使液压缸上腔油液流回油箱。由于弹簧 16 恢复力的作用，把钢球 17 抬起，夹紧瓦 12 和 13 就不夹紧蜗轮 11，然后由电液脉冲马达 1 通过传动装置，使蜗轮 11 和回转工作台一起按照控制指令做回转运动。回转工作台的导轨面由大型滚柱轴承支承，并由圆锥滚子轴承 21 和双列圆柱滚子轴承 20 保持准确的回转中心。

闭环数控回转工作台设有零点，当它做返零控制时，先用挡块碰撞限位开关，使工作台由快速变为慢速回转，然后在无触点开关的作用下，使工作台准确地停在零位。数控回转工作台可做任意角度的回转或分度，由光栅 19 进行读数控制。光栅 19 沿其圆周上有 21600 条刻线，通过 6 倍频电路，刻度的分辨能力为 10″。

这种数控回转工作台的驱动系统采用开环系统时，其定位精度主要取决于蜗杆蜗轮副的运动精度，虽然采用高精度的五级蜗杆蜗轮副，并用双螺距杆实现无间隙传动，但还不能满足机床的定位精度（±10″）。因此，需要在实际测量工作台静态定位误差之后，确定需要补偿的角度位置和补偿脉冲的符号（正向或反向），记忆在补偿回路中，由数控装置进行误差补偿。

图 14.4.7 所示为双蜗杆传动结构，用两个蜗杆分别实现对蜗轮的正、反向传动。蜗杆 2 可轴向调整，使两个蜗杆分别与蜗轮左右齿面接触，尽量消除正反传动间隙。调整垫 3、5 用于调整一对锥齿轮的啮合间隙。

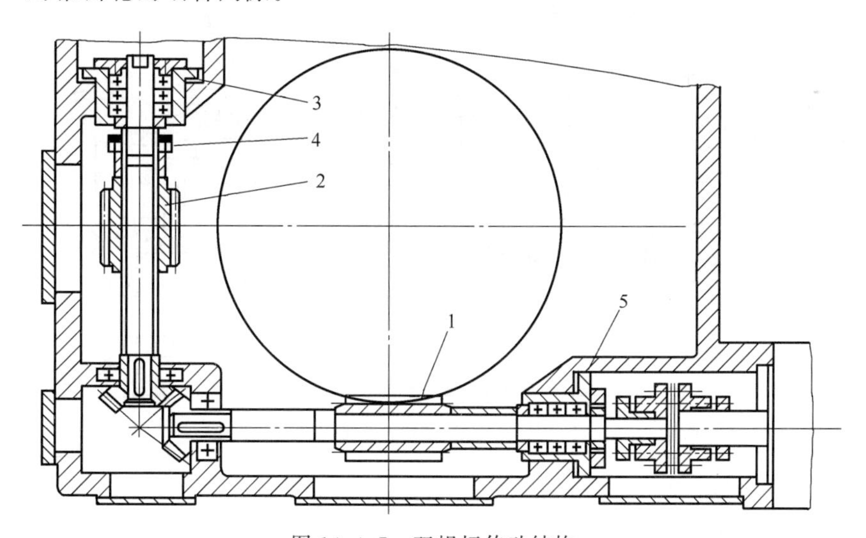

图 14.4.7　双蜗杆传动结构

1—轴向固定蜗杆；2—轴向调整蜗杆；3,5—调整垫；4—锁紧螺母

三、带有交换托盘的工作台

双托盘 APC 系统的主要优点是，当一个托盘在机床上运行工作的时候，操作员可以在另一个托盘上装卡调试零件。采用自动化托盘交换系统以后，可以让操作员在机床运行的同

时，将已加工完的零件从托盘上卸除，并装卡调试需要新加工的零件。操作员再也不需要呆靠在机床旁边，所以整个工作环境十分安全。图 14.4.8 为托盘交换系统动作示意图。

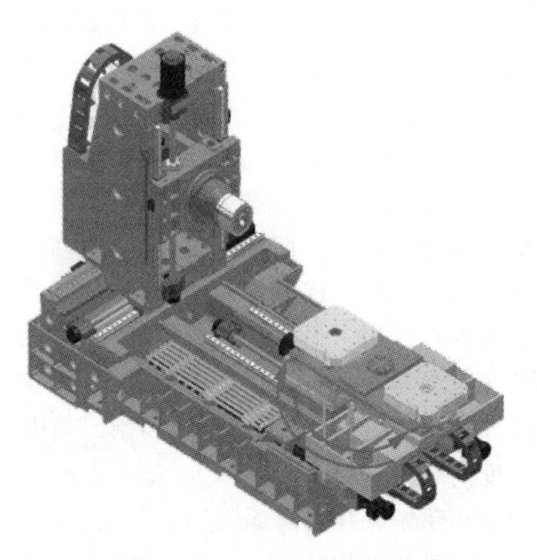

图 14.4.8　托盘交换系统动作示意图

图 14.4.9 所示是 ZHS-K63 卧式加工中心上的带有交换托盘的多齿盘分度结构。

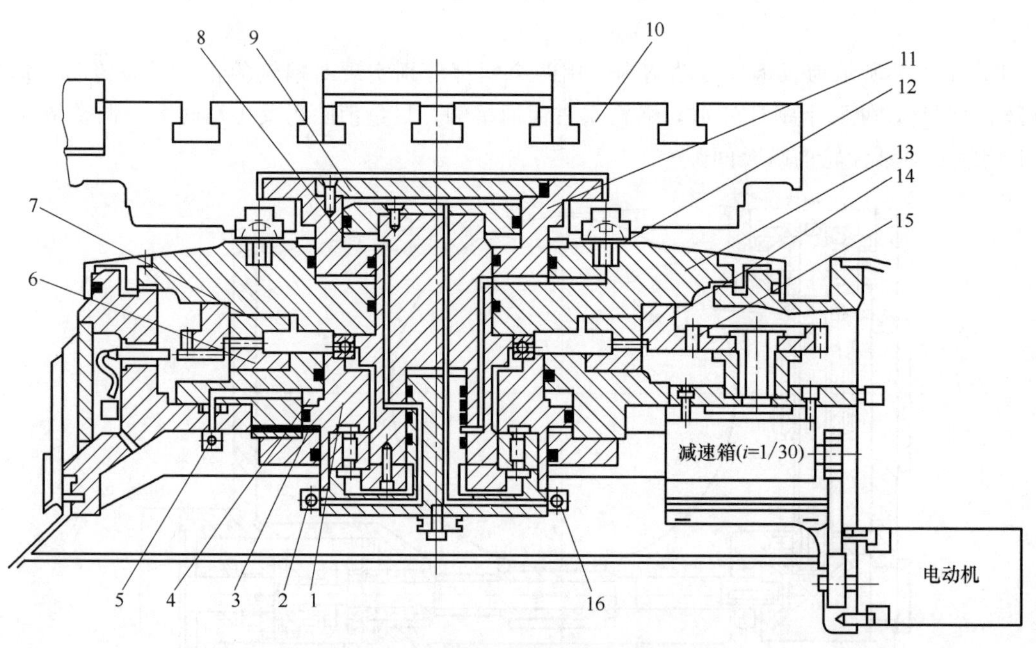

图 14.4.9　带有交换托盘的分度工作台

1—活塞体；2,5,16—液压阀；3,4,8,9—油腔；6,7—齿盘；10—托板；11—液压缸；12—定位销；13—工作台体；14—齿圈；15—驱动齿轮

当回转工作台不转位时，上齿盘 7 和下齿盘 6 总是啮合在一起。当控制系统给出分度指令后，电磁铁控制换向阀运动（图 14.4.9 中未画出），使液压油进入油腔 3，活塞体 1 向上移动，并通过球轴承带动整个工作台体 13 向上移动。工作台体 13 的上移使得鼠齿盘 6 与 7 脱开，装在工作台体 13 上的齿圈 14 与驱动齿轮 15 保持啮合状态，电动机通过传送带和一

个降速比为 $i=1/30$ 的减速箱带动驱动齿轮 15 和齿圈 14 转动。当控制系统给出转动指令时，驱动电动机旋转并带动上齿盘 7 旋转进行分度。当转过所需角度后，驱动电动机停止，液压油通过液压阀 5 进入油腔 4，迫使活塞体 1 向下移动并带动整个工作台体 13 下移，使上、下齿盘相啮合，两者可准确定位，从而实现工作台的分度回转。

驱动齿轮 15 上装有剪断销（图 14.4.9 中未画出），如果分度工作台发生超载或碰撞等现象，剪断销将自动切断，从而避免了机械部分的损坏。

分度工作台根据编程命令可以正转，也可以反转，由于该齿盘有 360 个齿，故最小分度单位为 10。

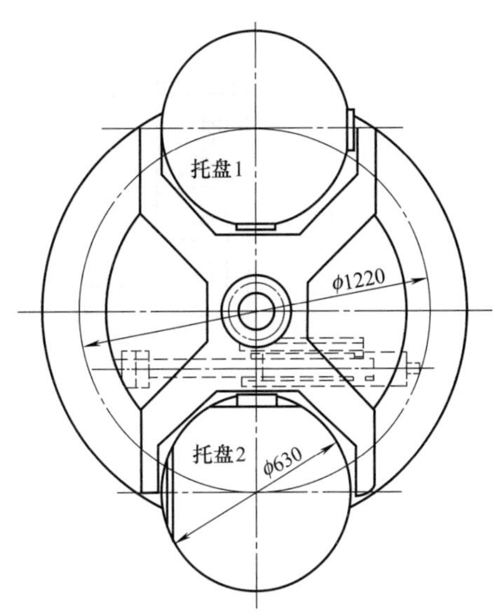

图 14.4.10　托盘交换装置

分度工作台上的两个托盘是用来交换工件的，托盘规格为 ϕ630mm。托盘台面上有 7 个 T 形槽，可用来安装夹具和零件，两个边缘定位块用来定位夹紧。托盘靠 4 个精磨的圆锥定位销 12 在分度工作台上定位，由液压夹紧。托盘的交换过程如下：当需要更换托盘时，控制系统发出指令，使分度工作台返回零位，此时液压阀 16 接通，使液压油进入油腔 9，使得液压缸 11 向上移动，托盘脱开定位销 12；托盘被顶起后，液压缸带动齿条（图 14.4.10 中的虚线部分）向左移动，从而带动与其相啮合的齿轮旋转，使托盘沿着滑动轨道旋转 180°，从而达到交换托盘的目的。

当新的托盘到达分度工作台上面时，空气阀接通，压缩空气经管路从托盘定位销 12 中间吹出，清除托盘定位销孔中的杂物。同时，电磁液压阀 2 接通，液压油进入油腔 8 迫使液压缸 11 向下移动，并带动托盘夹紧在 4 个定位销 12 中，完成整个托盘的交换过程。

第五节　数控工作台的拆装与调试

一、数控工作台的拆装

数控工作台是数控设备中的重要附件之一，它可将两个一维数控工作台组装在一起，构成 X-Y 二维数控工作台，实现两个坐标的定位和联动。图 14.5.1 为数控工作台实物图，图 14.5.2 为数控工作台结构图。

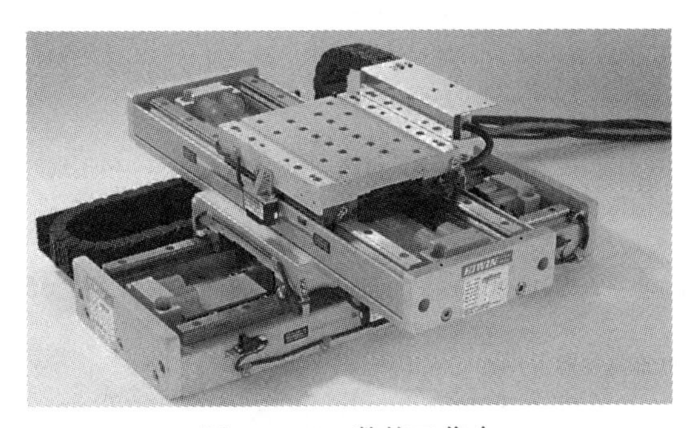
图 14.5.1　数控工作台

数控工作台是由底座、导轨、滚珠丝杠螺母副、电动机座、丝杠支承机构、滑板、行程开关、防护罩等部件组成的。数控工作台装配完成后，要求运动平稳、轻松，滑板运行到不同位置时，空载推动力一致，滑板移动的直线性、滑板平面与移动方向的平行

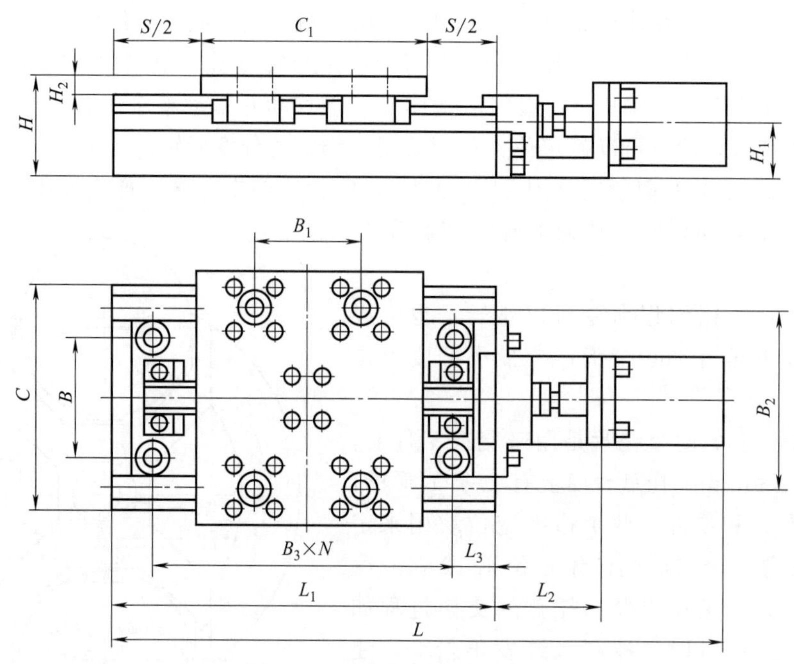

图 14.5.2 数控工作台结构图

度、滑板平面与底座底面的平行度都必须符合规定的技术要求。拆卸时要排列好拆下的每一个零件并进行登记，装配时按与拆卸相反的顺序进行，并对数控工作台进行认真的检测，使其装配精度和运动精度符合要求。

表 14.5.1 详细说明了数控工作台的拆装工序。

表 14.5.1 数控工作台的拆装工序

序号	工序	详细说明
1	工具准备	①数控工作台一台 ②百分表及磁力表架一套 ③检测平尺(300mm)一把 ④活动扳手两把 ⑤木柄螺钉旋具两把 ⑥内六角扳手一套
2	操作步骤	①拆下工作台与导轨滑块、螺母支座的定位销钉和连接螺钉，取下工作台(滑板) ②检查工作台上导轨滑块的接触面、螺母支座的接触面与工作台面的平行度并做记录 ③检查导轨与滚珠丝杠的平行度并做记录 ④卸下连接滚珠丝杠支架与底座的定位销和螺钉，取下滚珠丝杠螺母副，松开联轴器，卸下驱动电动机 ⑤检查底座上滚珠丝杠支架的接触面与导轨的平行度 ⑥卸下连接滚动导轨与底座的定位销钉和螺钉，取下滚动导轨 ⑦检查底座上滚动导轨安装面的平面度和导向面的直线度并做记录 ⑧清洗已经拆卸的各个部件，准备进行组装 ⑨在底座上安装滚动导轨并检查安装精度，应达到拆卸前的精度值 ⑩将滚珠丝杠组件安装在底座上，并检查丝杠与导轨的平行度，应达到拆卸前的精度值。然后安装驱动电动机，紧固联轴器 ⑪将工作台安装在导轨滑块上，再将丝杠螺母座连接到工作台上 ⑫安装完毕后，检查几何精度

续表

序号	工序	详 细 说 明
3	注意事项	在装配过程中，必须认真检查滑板平面与底座底面的平行度、滑板移动的直线度、滑板平面与运动方向的平行度及滚珠丝杠与导轨的平行度等指标，并与装配前的测量精度进行比较。若装配后几何误差超过了允许范围，应重新进行调整
4	经验总结	①应事先搜集、掌握有关资料，做好充分的准备。在此基础上，制订好拆卸、检修步骤及注意事项 ②严格按照有关资料(图样、说明书等)的规定操作，注意参考资料中的数据，数据是指导设备维修的重要依据，如旋紧螺钉所用的扭矩是以技术数据为依据的。由此可见，资料的保管和整理很重要

二、数控工作台的调试

通常工作台是不回转的，其形状一般为长方形，如图 14.5.3 所示。1、2、4 槽为装夹用 T 形槽，3 槽为基准 T 形槽。

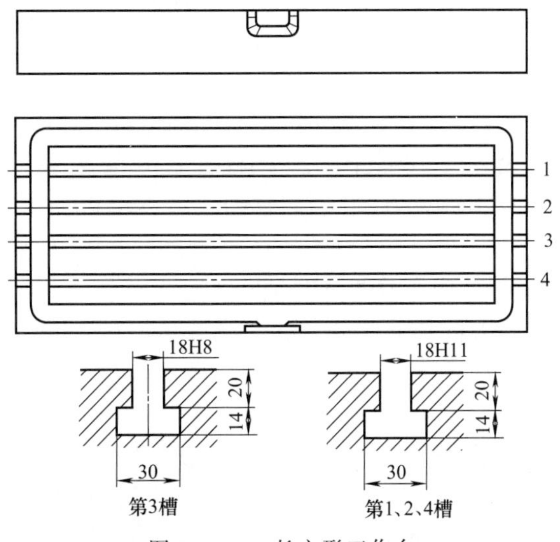

图 14.5.3　长方形工作台

1. 工作台纵向传动机构的调试

工作台纵向传动机构如图 14.5.4 所示。

交流伺服电动机 20 的轴上装有圆弧齿同步带轮 19，通过同步带 14 和装在丝杠右端的同步带轮 11 带动丝杠旋转，使底部装有螺母 1 的工作台 4 移动。同步带轮与电动机轴和与丝杠之间采用锥环无键式连接。这种连接方法不需要开键槽，而且无间隙，对中性好。滚珠丝杠两端采用角接触球轴承支承，左端为一个 7602025TN/P4 轴承，右端支承采用三个 7602030TN/P4TFTA 轴承，精度等级为 P4，径向载荷由三个轴承分担。两个开口向右的轴承 6、7 承受向左的轴向载荷；开口向左的轴承 8 承受向右的轴向载荷。轴承的预紧力由轴承 7、8 的内、外圈轴向尺寸差实现。旋转螺母 10，通过挤压隔套将轴承内圈压紧，此时，由于外圈比内圈的轴向尺寸稍小，因此仍有微量间隙；转动螺钉 9，使法兰盘 12 做轴向移动，以压紧轴承外圈，由此得到预紧力，调整时修磨垫片 13 的厚度即可。

丝杠左端的角接触球轴承除承受径向载荷外，还可通过调整螺母 3，使丝杠产生预拉伸，以提高丝杠的刚度，减少丝杠的热变形。

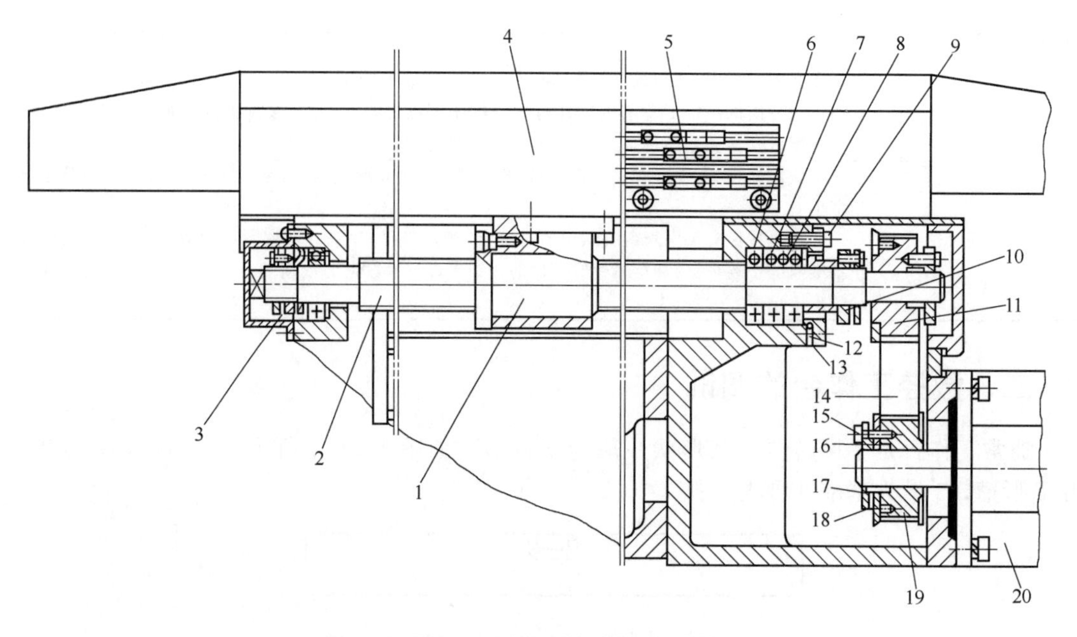

图 14.5.4　工作台纵向传动机构

1,3,10—螺母；2—丝杠；4—工作台；5—限位挡铁；6～8—轴承；9,15—螺钉；11,19—同步带轮；12—法兰盘；13—垫片；14—同步带；16—外锥环；17—内锥环；18—端盖；20—交流伺服电动机

2. 升降台传动机构及自动平衡机构的调试

图 14.5.5 所示是升降台升降传动部分。

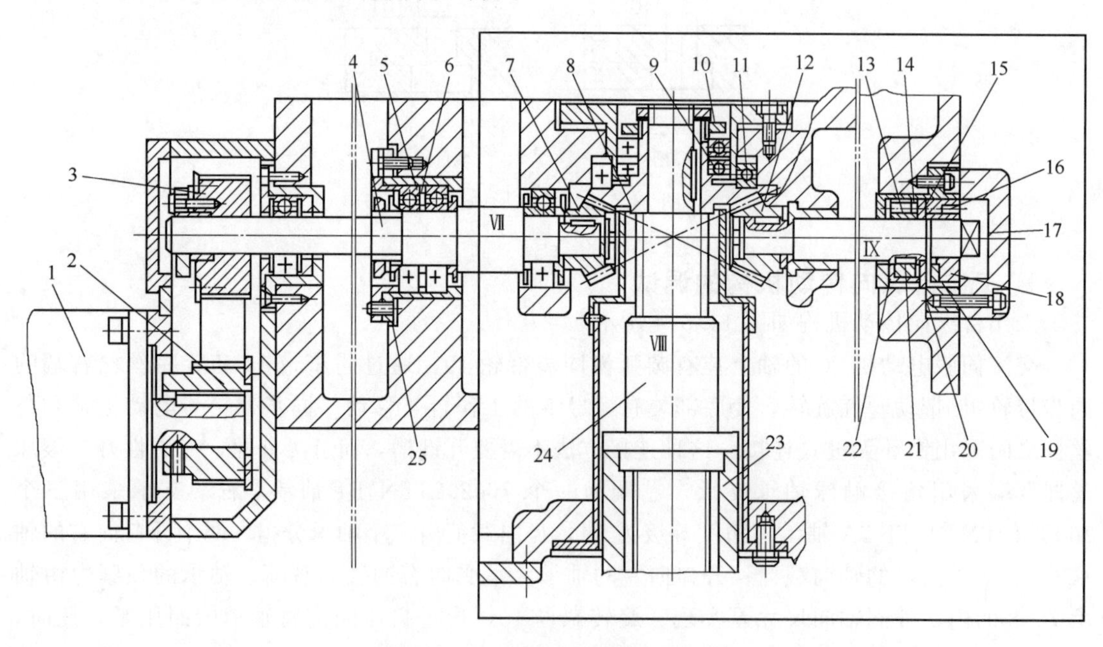

图 14.5.5　升降台升降传动部分

1—交流伺服电动机；2,3—同步带轮；4,18,24—螺母；5,6—隔套；7,8,12—锥齿轮；9—深沟球轴承；10—角接触球轴承；11—圆柱滚子轴承；13—滚子；14—外环；15,22—摩擦环；16,25—螺钉；17—端盖；19—碟形弹簧；20—防转销；21—星轮；23—支承套

交流伺服电动机1经同步带轮2、3将运动传到轴Ⅶ，轴Ⅶ右端的弧齿锥齿轮7带动锥齿轮8转动，使垂直滚珠丝杠Ⅷ旋转，升降台实现上升和下降。传动轴采用左、中、右3点支承。其轴向定位由中间支承的一对角接触球轴承来保证，由螺母4锁定轴承与传动轴的轴向位置，并对轴承预紧，预紧量通过修磨两轴承内、外圈之间的隔套5、6的厚度来保证。传动轴的轴向定位由螺钉25调节。垂直滚珠丝杠螺母副的螺母24由支承套23固定在机床底座上，丝杠通过锥齿轮8与升降台连接，其支承由深沟球轴承9和角接触球轴承10承受径向载荷；由精度为D级的圆柱滚子轴承Ⅱ承受轴向载荷。

注意，图中轴Ⅸ的实际安装位置在水平面内，与轴Ⅶ的轴线呈90°相交（图中为展开画法），其右端为自动平衡机构。设置平衡机构是因为滚珠丝杠无自锁能力，垂直放置时，移动部件会因自重而自动下移。因此，除升降台驱动电动机带有制动器外，传动机构中还安装有自动平衡机构，一方面能防止升降台因自重下落，另一方面还能平衡上升、下降时的驱动力。

升降台自动平衡装置的结构如图14.5.5中右端实线框所示。它由自锁器和单向超越离合器组成。其工作原理是：丝杠旋转时，锥齿轮8带动锥齿轮12转动，通过轴Ⅸ上的键，带动单向超越离合器的星轮21转动。工作台上升时，星轮21的转向使滚子13脱离由星轮21和超越离合器外环14构成的楔缝，外环14不随星轮21转动，自锁器不起作用。当工作台下降时，星轮21的转向使滚子13在由星轮21和超越离合器的外环14构成的楔缝内，使外环14随轴Ⅸ一起转动。外环14与两端固定不动的摩擦环15、22（由防转销20固定）形成相对运动，在碟形弹簧19的作用下，产生摩擦力，增加升降台下降时的阻力，起自锁作用，并使上下运动的力量平衡。

调整时，先拆端盖17，再松开螺钉16，转动螺母18，压紧碟形弹簧19，即可增大自锁力，调整前需用辅助装置支承升降台。

第六节　自动换刀装置的维修与调整

为进一步提高数控机床的加工效率，数控机床正向着工件在一台机床一次装夹即可完成多道工序或全部工序的方向发展，因此出现了各种类型的加工中心机床，如车削中心、镗铣加工中心、钻削中心等。这类多工序加工的数控机床在加工过程中要使用多种刀具，因此必须有自动换刀装置，以便选用不同刀具，完成不同工序的加工工艺。自动换刀装置应当具备换刀时间短、刀具重复定位精度高、足够的刀具储备量、占地面积小、安全可靠等特性。

一、自动装置常见故障及排除方法

自动机构回转不停或没有回转、有夹紧或没有夹紧、没有切削液等，换刀定位误差过大、机械手夹持刀柄不稳定、机械手运动误差过大等都会造成换刀动作卡住，使整机停止工作；刀库中的刀套不能夹紧刀具、刀具从机械手中脱落、机械手无法从主轴和刀库中取出刀具，这些都是刀库及换刀装置易产生的故障。考虑到数控车床的转塔刀架也有常见的一些故障，故列在一起。表14.6.1为自动换刀装置常见故障及排除方法。

表 14.6.1　自动换刀装置常见故障及排除方法

序号	故障内容	故障原因	排除方法
1	转塔刀架没有抬起动作	控制系统无T指令输出信号	请电器人员排除
		抬起电磁铁断线或抬起阀杆卡死	修理或清除污物，更换电磁阀
		压力不够	检查油箱并重新调整压力
		抬起液压缸研损或密封圈损坏	修复研损部分或更换密封圈
		与转塔抬起连接的机械部分研损	修复研损部分或更换零件
2	转塔转位速度缓慢或不转位	无转位信号输出	检查转位继电器，使之吸合
		转位电磁阀断线或阀杆卡死	修理或更换
		压力不够	检查液压，调整到额定压力
		转位速度节流阀卡死	清洗节流阀或更换
		液压泵研损卡死	检修或更换液压泵
		凸轮轴压盖过紧	调整调节螺钉
		抬起液压缸体与转塔平面产生摩擦、研损	松开连接盘进行转位试验；取下连接盘调整平面轴承下的调整垫，并使相对间隙保持在0.04mm之内
		安装附具不配套	重新调整附具安装，减少转位冲击
		刀架电动机三相反相或缺相	将刀架电动机线中两条互调或检查外部供电
		系统的正转控制信号TL＋无输出	用万用表测量系统出线端，量度＋24V和TL＋两触点，同时手动换刀，看这两点的输出电压是否有＋24V，若电压不存在，则为系统故障，需送厂维修或更换相关元器件
		系统的正转控制信号输出正常，但控制信号这一回路存在断路或元件损坏	检查正转控制信号线是否断路，检查这一回路各触点接触是否良好；检查直流继电器或交流接触器是否损坏
		刀架电动机无电源供给	检查刀架电动机电源供给回路是否存在断路，各触点是否接触良好，强电电气元件足否损坏；检查熔断器是否熔断
		上拉电阻未接入	将刀位输入信号接上2kΩ上拉电阻，若不接此电阻，刀架似乎表现为不转，实际上的动作为先进行正转后立即反转，使刀架看似不动
		机械卡死	手摇使刀架转动，通过松紧程度判断是否卡死。若是，则需拆开刀架，调整机械，加入润滑液
		反锁时间过长造成的机械卡死	在机械上放松刀架，然后通过系统参数调节刀架反转时间
		刀架电动机损坏	拆开刀架电动机，转动刀架，看电动机是否转动，若不转动，在确定线路没问题时，更换刀架电动机
		刀架电动机进水造成电动机短路	烘干电动机，加装防护，做好绝缘措施
3	刀架有时转不到位	刀架的控制信号受干扰	系统可靠接地，特别注意变频器的接地，接入抗干扰电容
		刀架内部机械故障，有时会卡死	维修刀架，调整机械
4	转塔转位时碰牙	抬起速度或抬起延时时间短	调整抬起延时参数，增加延时时间

续表

序号	故障内容	故障原因	排除方法
5	转塔不到位	转位盘上的撞块与选位开关松动，使转塔到位时传输信号超期或滞后	拆下护罩，使转塔处于正位状态，重新调整撞块与选位开关的位置并紧固
		上下连接盘与中心轴花键间隙过大，产生位移偏差大，落下时易碰牙顶，引起不到位	重新调整连接盘与中心轴的位置，间隙过大可更换零件
		转位凸轮与转位盘间隙大	塞尺测试滚轮与凸轮：将凸轮调至中间位置，转塔左右窜动量保持在两齿中间，确保落下时顺利咬合；转塔抬起时用手摆，摆动量不超过两齿的1/3
		凸轮在轴上窜动	调整并紧固固定转位凸轮的螺母
		转位凸轮轴的轴向预紧力过大或有机械干涉，使转塔不到位	重新调整预紧力，排除干涉
6	刀架的每个刀位都转不停	两计数开关不同时计数或复位开关损坏	调整两个撞块位置及两个计数开关的计数延时，修复复位开关
		转塔上的24V电源断线	接好电源线
		系统无＋24V、COM输出	用万用表测量系统出线端，看这两端输出电压是否正常存在，若电压不存在，则为系统故障，需更换主板或送厂维修
		系统有＋24V、COM输出，但与刀架发信盘连接断路；或＋24V对COM地短路	用万用表检查刀架上的＋24V、COM地与系统的接线是否存在断路；检查＋24V是否对COM地短路，将＋24V电压降低
		系统有＋24V、COM输出，连接正常，发信盘的发信电路板上＋24V和COM接地网络断路	发信盘长期处于潮湿环境造成线路氧化断路，用焊锡或导线重新连接
		刀位上＋24V电压低偏，电路上的上拉电阻开路	用万用表测量每个刀位上的电压是否正常，如果偏低，检查上拉电阻，若是开路，则更换上拉电阻
		系统反转控制信号无输出	用万用表测量系统出线端，看这一端的输出电压是否正常或存在，若电压不存在，则为系统故障，需更换主板或送厂维修
		系统有反转信号有输出，但与刀架电动机之间的回路存在问题	检查各中间连线是否存在断路，检查各触点是否接触不良，检查强电柜内直流继电器和交流接触器是否损坏
		刀位电平信号参数未设置好	检查刀位电平参数是否正常，修改参数
		霍尔元件损坏	在对刀位无断路的情况下，若所对的刀位线有低电平输出，则霍尔元件无损坏，否则需要更换刀架发信盘或其上的霍尔元件。一般四个霍尔元件同时损坏的概率很小
		磁块故障，磁块无磁性或磁性不强	更换磁块或增强磁性，若磁块在刀架抬起时位置太高，则需调整磁块的位置，使磁块对正霍尔元件
7	刀架某一位刀转不停	此刀位的霍尔元件损坏	确认是哪个刀位使刀架转动不停，在系统上转动该位刀，用万用表测量该刀位信号触点对＋24V触点是否有电压变化，若无变化，则可判定为该位刀霍尔元件损坏，更换发信盘或霍尔元件
		此刀位信号线断路，造成系统无法检测到刀位的到位信号	检查该刀位信号与系统的连线是否断路
		系统的刀位信号接收电路有问题	在确定该刀位霍尔元件没问题，以及该刀位与系统信号连线也没有问题的情况下更换主板

续表

序号	故障内容	故障原因	排除方法
8	输入刀号能转动刀架，直接按换刀键刀架不能转动	霍尔元件偏离磁块，置于磁块前面。手动键换刀时，刀架刚一转动就检测到刀架的到位信号，然后马上反转刀架	检查刀架发信盘上的霍尔元件是否偏离位置，调整发信盘位置，使霍尔元件对正磁块
		手动换刀键失灵	更换手动换刀键
9	刀架锁不紧	发信盘位置没对正	拆开刀架盖，旋动并调整发信盘位置，使刀架的霍尔元件对准磁块，使刀位停在准确位置
		系统反锁时间不够长	调整系统反锁时间参数
		机械锁紧机构故障	拆开刀架，调整锁紧机构，检查定位销是否折断
		刀架刚性达不到标准要求，出现颤动	应刮研前轴瓦，必要时更换刀架
		活动刀架热度高	仔细检查其配合间隙是否符合要求，并细致地加以调整
10	转塔刀重复定位精度差	液压夹紧力不足	检查压力并调到额定值
		上下牙盘受冲击，定位松动	重新调整固定
		两牙盘间有污物或滚针脱落在牙盘中间	清除污物保持转塔清洁，检修更换滚针
		转塔落下夹紧时有机械干涉(如夹铁屑)	检查排除机械干涉
		夹紧液压缸拉毛或研损	检修拉毛研损部分，更换密封圈
		转塔液压缸拉毛或研损	修理调整压板和楔铁，以 0.04mm 塞尺塞不入为合格
11	让刀系统失灵或让刀量时大时小	让刀系统失灵	清洗液压油路系统，排出空气，使液压油路畅通
		压力达不到标准要求，工作台浮动，让刀量时大时小	应使工作台两端压力保持平衡(方法是转动调整螺钉)。同时通过液压缸的调整垫来解决让刀量时大时小的不正常状况
		液压缸有响声，辊子易破损	应调整弹簧使液压系统压力保持在 3MPa 以消除响声。对辊子易破损问题，应先清除液压系统故障，再更换辊子
12	换刀动作卡住，整机停止工作	换刀定位误差过大	重新修调定位基准点，必要时联系厂家维修
		机械手夹持刀柄不稳定	检查紧固机械手夹紧装置并增加少许润滑油
		机械手运动误差过大	用专用起子和扳手修调机械手起始位置
13	刀具不能夹紧	风泵气压不足	检查增压风泵是否漏气，补足气压
		刀具卡紧油缸漏油	检修刀具卡紧油缸装置，必要时进行更换
		刀具松卡弹簧上的螺母松动	紧固松卡弹簧上的螺母
14	刀具卡紧后不能松开	松锁刀的弹簧是否压合过紧	旋转松锁刀弹簧上的螺母，使其最大载荷不得超过额定数值
15	刀库中的刀套不能夹紧刀具	刀套调整螺母、压紧弹簧、卡销错位	检查刀套上的调整螺母，顺时针旋转刀套两边的调整螺母，压紧弹簧，顶紧卡销
		刀具超重	在保证刀具加工要求的前提下更换轻质量刀具
16	刀套不能拆卸或停留一段才能拆卸	负责拆卸的气压阀压力不动作或压力不足	检查操纵刀套 90°拆卸的气阀是否动作，如漏气则需进行检修、更换
		刀套的转动轴锈蚀	将刀套转动轴拆卸，清除锈迹，并涂抹润滑油。无法清除干净的则需更换转动轴
17	刀具从机械手中脱落	刀具是否超重	选择机械手承重范围之内的刀具
		机械手夹紧销损坏	更换损坏的夹紧销

续表

序号	故障内容	故障原因	排除方法
18	刀具交换时发生掉刀	主轴箱和机械手的换刀点位置产生漂移	重新操作主轴箱，使其回到换刀位置，调整机械手手臂，旋出75°气缸杆上的螺栓
19	机械手换刀速度过快或过慢	换刀快：气压太高或节流阀开口过大	降低气泵压力和流量，旋转节流阀至换刀速度合适为止
		换刀慢：气压太低或节流阀开口过小	升高气泵压力和流量，旋转节流阀至换刀速度合适为止
20	机械手在主轴上装不进刀	主轴准停装置失灵或装刀位置不对	检查主轴的准停装置，并校准检测元件
21	刀库不能转动	连接电动机轴与蜗杆轴的联轴器松动	按标准要求重新紧固
		变频器有故障	检查变频器的输入、输出电压是否正常
		PLC无控制输出，接口板中的继电器失效	更换新的同规格的继电器
		机械连接过紧或黄油黏涩	对松紧进行调整，涂抹适量的黄油
		电网电压过低（低于370V）	增加稳压电源装置，保证电网供电
22	刀库转动不到位	电动机转动故障	检修电动机，无法检修的更换新电动机
		传动机构误差	按照机床说明书重新调整传动机构
23	刀库刀套上、下不到位	装置调整不当或加工误差过大而造成拨叉位置不正确	重新调整
		限位开关安装不准或调整不当而造成反馈信号错误	对限位开关重新安装并进行调试

二、数控机床刀架故障检修流程

数控机床刀架故障是数控机床的常见故障，数控机床都配置工件自动卡盘装置，通常都是由液压系统驱动的，通过PLC程序控制工件卡紧与松开、检测卡紧液压的压力开关及检测卡盘张开和卡紧状态的位置开关，将卡紧状态反馈给PLC，以实现自动控制。熟悉数控刀架的检修流程也是对其他刀架、刀库系统维修的一个有益的帮助。图14.6.1是数控机床

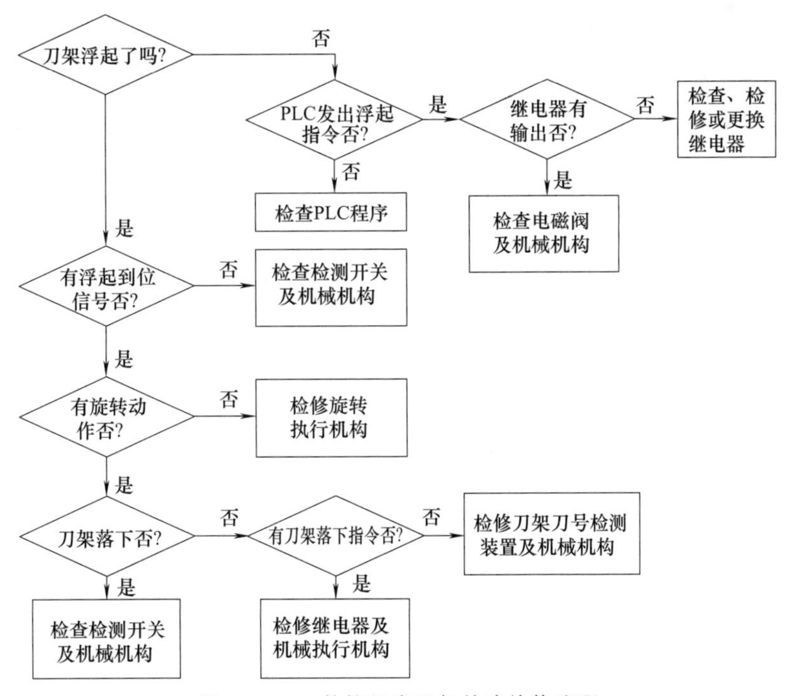

图14.6.1　数控机床刀架故障检修流程

刀架故障检修流程。

第七节　工作台的故障与维修

数控机床工作台形式可以有很多种的分类方法。根据形状可以分为圆形数控机床工作台、方形数控机床工作台、长方形数控机床工作台等，其中圆形和方形数控机床工作台一般可以360°旋转。但是工作位置还是以0°、90°、180°、270°四个位置为主。长方形数控机床工作台只能前后左右移动而不能转动。根据工作台是否运动，可以分为移动数控机床工作台和固定数控机床工作台。

图 14.7.1　T 槽工作台

一、T 槽工作台的特点

机床工作台分为开槽工作台、焊接工作台、镗铣床工作台等，数控铣床、加工中心一般采用 T 形开槽工作台，即 T 槽工作台，如图 14.7.1 所示。T 槽工作台主要用于机床加工工作平面使用，上面有孔和 T 形槽，用来固定工件和清理加工时产生的铁屑。

数控机床 T 槽工作台的特点见表 14.7.1。

表 14.7.1　T 槽工作台的特点

序号	数控机床对 T 槽工作台的要求
1	耐潮，耐腐蚀，不用涂油，不生锈，不褪色
2	温度系数最低，基本不受温度影响
3	几乎不用保养，能迅速容易地清洁/擦拭，精度稳定性好
4	一律是最坚硬的面
5	光滑的“轴承”面，不着土，耐磨，无磁性

二、平面工作台的常见故障及排除方法

平面工作台的常见故障及排除方法见表 14.7.2。

表 14.7.2　平面工作台的常见故障及排除方法

序号	故障现象	故障原因	排除方法
1	工作台换向迟缓及冲击太大	换向阀体内卡阻或间隙太小，使阀在体内动作不灵敏	应调整清洗换向阀，除掉脏物和毛刺
		针形阀构造不标准	可改成三角槽形针阀，扩大调节使用范围
		滤油器堵塞，使液压降低，换向阀不动作	要使液压保持在 0.3～0.5MPa
		单向阀失效，针形阀节流开口太大	应换掉损坏的钢珠，并使它同盖板上的接触面密合良好
		针形阀孔不同心	可使用三角槽形针阀或将锥形针形阀适当锯短，在盖板阀孔内装入钢珠，使它起节流作用

续表

序号	故障现象	故障原因	排除方法
2	机床开动后,工作台继续动作	液压油压力太低	应调整到0.7～0.9MPa的压力
		液压系统油量不够或吸入空气	要将油液加足,并排出系统内空气
		工作台导轨油量少	应将油压调到规定值
3	工作台移动时有噪声	油箱内油不干净或油位低吸进空气	应清洗过滤油液,并排出油箱内空气
		油管间出现相碰现象,产生振动	要使油管之间保持一定的间距
		过滤器堵塞或进油管损坏,使系统内窜入空气	应仔细检查管路系统,更换损坏零件,清洗过滤器,并排出空气
4	工作台跳动	导轨间出现了不符合要求的间隙,工作台内形成部分漂移,失掉定心	对导轨进行研磨,使其定义达到0.005～0.011mm
		加工时异物进入导轨内部	拆下工作台,清除异物
		导轨严重缺油	拆下工作台,做深度保养,安装后加足符合要求的润滑油
5	工作台往复动作速度偏差太大	导轨润滑油量不够	要加足符合要求的润滑油
		液压缸两端泄漏量不一致或一端油管损坏、接头处漏油、液压缸活塞间隙不符合要求等	对液压管路系统进行检查,更换损坏的管件,拧紧连接部位,调整好活塞与液压缸的间隙
		活塞拉杆弯曲或活塞与拉杆两者不同心	应进行仔细调整,并使活塞和液压缸的配合间隙保持在0.04～0.06mm的范围内
		导轨出现单向研损	对导轨进行研磨或者更换

三、回转工作台的常见故障及排除方法

回转工作台的常见故障及排除方法见表14.7.3。

表14.7.3 回转工作台的常见故障及排除方法

序号	故障现象	故障原因	排除方法
1	工作台没有抬起动作	控制系统没有抬起信号输入	检查控制系统是否有抬起信号输出
		抬起液压阀卡住没有动作	修理或清除污物,更换液压阀
		液压压力不够	检查油箱内油是否充足,并重新调整压力
		抬起液压缸研损或密封损坏	修复研损部位或更换密封圈
		与工作台连接的机械部分研损	修复研损部位或更换零件
2	工作台不转位	工作台抬起或松开完成信号没有发出	检查信号开关是否失效,更换失效开关
		控制系统没有转位信号输入	检查控制系统是否有转位信号输出
		与电动机或齿轮相连的胀紧套松动	检查胀紧套连接情况,拧紧胀紧套压紧螺钉
		液压转台的转位液压缸研损或密封损坏	修复研损部位或更换密封圈
		液压转台的转位液压阀卡住没有动作	修理或清除污物,更换液压阀
		工作台支承面同转轴及轴承等机械部分研损	修复研损部位或更换新的轴承
3	工作台转位分度不到位,发生顶齿或错齿	控制系统输入的脉冲数不够	检查系统输入的脉冲数
		机械传动系统间隙太大	调整机械传动系统间隙,轴向移动蜗杆,或更换齿轮、锁紧胀紧套等
		液压转台的转位液压缸研损,未转到位	修复研损部位
		转位液压缸前端的缓冲装置失效,死挡铁松动	修复缓冲装置,拧紧死挡铁螺母
		闭环控制的圆光栅有污物或裂纹	修理或清除污物,或更换圆光栅

续表

序号	故障现象	故障原因	排除方法
4	工作台不夹紧,定位精度差	控制系统没有输入工作台夹紧信号	检查控制系统是否有夹紧信号输出
		夹紧液压阀卡住没有动作	修理或清除污物,更换液压阀
		液压压力不够	检查油箱内油是否充足,并重新调整压力
		与工作台相连接的机械部分研损	修复研损部位或更换零件
		上下齿盘受到冲击,两齿牙盘间有污物,影响定位精度	重新调整固定
			修理或清除污物
		闭环控制的圆光栅有污物或裂纹,影响定位精度	修理或清除污物,或更换圆光栅

第十五章　润滑系统的故障诊断与维修

机床润滑系统在机床整机中占有十分重要的位置，其设计、调试和维修保养，对于提高机床加工精度、延长机床使用寿命等都有着十分重要的作用。现代机床导轨、丝杆等滑动副的润滑，基本上都采用集中润滑系统。集中润滑系统由一个液压泵提供一定排量、一定压力的润滑油，为系统中所有的主、次油路上的分流器供油，而由分流器将油按所需油量分配到各润滑点，同时，由控制器完成润滑时间、次数的监控和故障报警以及停机等功能，以实现自动润滑的目的。集中润滑系统的特点是定时、定量、准确、效率高，使用方便可靠，有利于提高机器寿命，保障使用性能。

对于加工工件表面质量来说，特定的润滑剂也能使金属在加工工艺中提高表面光洁度，得以延长工具寿命，提升加工物的防锈性能。

图 15.0.1 为机床运动部件涂抹润滑，图 15.0.2 为数控车床加工中的润滑，图 15.0.3 为加工中心加工中的润滑。

图 15.0.1　机床运动部件涂抹润滑

图 15.0.2　数控车床加工中的润滑

图 15.0.3　加工中心加工中的润滑

第一节 润滑系统概述

一、润滑剂的类型

图 15.1.1 全损耗系统油

润滑剂用以降低摩擦副的摩擦阻力、减缓其磨损的润滑介质。润滑剂对摩擦副还能起冷却、清洗和防止污染等作用。为了改善润滑性能，在某些润滑剂中可加入合适的添加剂。选用润滑剂时，一般须考虑摩擦副的运动情况、材料、表面粗糙度、工作环境和工作条件，以及润滑剂的性能等多方面因素。在机械设备中，润滑剂大多通过润滑系统输配给各需要润滑的部位。图 15.1.1 为全损耗系统油。

工业生产中润滑剂一般有机械油（高速润滑油）、织布机油、主轴油、道轨油、轧钢油、汽轮机油、压缩机油、冷冻机油、气缸油、船用油、齿轮油、机压齿轮油、车轴油、仪表油、真空泵油等。图 15.1.2 详细列出了润滑剂的分类及成分，表 15.1.1 详细描述了润滑剂的类型、成分、使用方法、适用范围等。

表 15.1.1 润滑剂的类型、成分、使用方法、适用范围

序号	润滑剂类型	详细说明
1	液体润滑剂	液体润滑剂是用量最大、品种最多的润滑材料，它包括矿物油、合成油、水基液和动植物油。液体润滑剂有较宽的黏度范围，对不同的负荷、速度和温度条件下工作的摩擦副和运动部件都提供了较宽的选择余地。此外，它资源丰富，产品价廉，尤其是以矿物油为基础的润滑油，用途非常广泛 合成油是以化学合成方法制备成有机液体，再经过调配或加工而制成的。它具有一定的化学结构和预定的物理化学性质，多使用在比较苛刻的工况下，例如极高温、极低温、高真空度、重载、高速、腐蚀性以及辐射环境等 水基液多半用于金属加工液及难燃性液压介质。常用的水基液有水、乳化液（油包水或水包油型）、水-乙二醇以及其他化学合成液或半合成液 动植物油常用于难燃液压介质。其优点是油性、生物降解性好，可满足环境保护要求；缺点是氧化安定性、热稳定性和低温性能不理想，需进一步改善
2	润滑脂	润滑脂一般由基础油、稠化剂和添加剂（或填料）在高温下混合而成。主要品种按稠化剂的组成可分为皂基脂、烃基脂、无机脂和有机脂等。润滑脂除了具有抗摩、减磨和润滑性能外，还能起密封、减震、阻尼、防锈等作用。其润滑系统简单、维护管理容易，可节省操作费用；缺点是流动性小，散热性差，高温下易产生相变、分解等

续表

序号	润滑剂类型	详细说明
3	固体润滑剂	固体润滑剂分为软金属、金属化合物、无机物和有机物等。按其物质形态可分为固体粉末、薄膜和自润滑复合材料等。固体粉末分散在气体、液体及胶体中使用；薄膜可通过喷涂、电泳沉积、溅射、真空沉积、电镀、烧结、化学生成、浸渍、黏结等工艺方法做成 固体润滑剂的适应范围广，能够适应高温、高压、低速、高真空、强辐射等特殊使用工况，特别适用于给油不方便、维护拆卸困难的场合。它的缺点是摩擦系数较大，冷却散热较差，干膜在使用过程中补充困难等
4	气体润滑剂	气体润滑剂取用方便，不会变质，不会引起对周围环境及支承元件的污染，使用气体润滑剂的支承元件摩擦小，工作温度范围较广，能够保持较小间隙，容易获得较高精度。在放射性环境及其他特殊环境下能正常工作。其缺点是必须有气源，由外部供给干净而干燥的气体；支承元件动态稳定性较差，对支承制造精度及材质有较高要求。常用的气体有空气、氢、氧、氮、一氧化碳、氦、水蒸气等

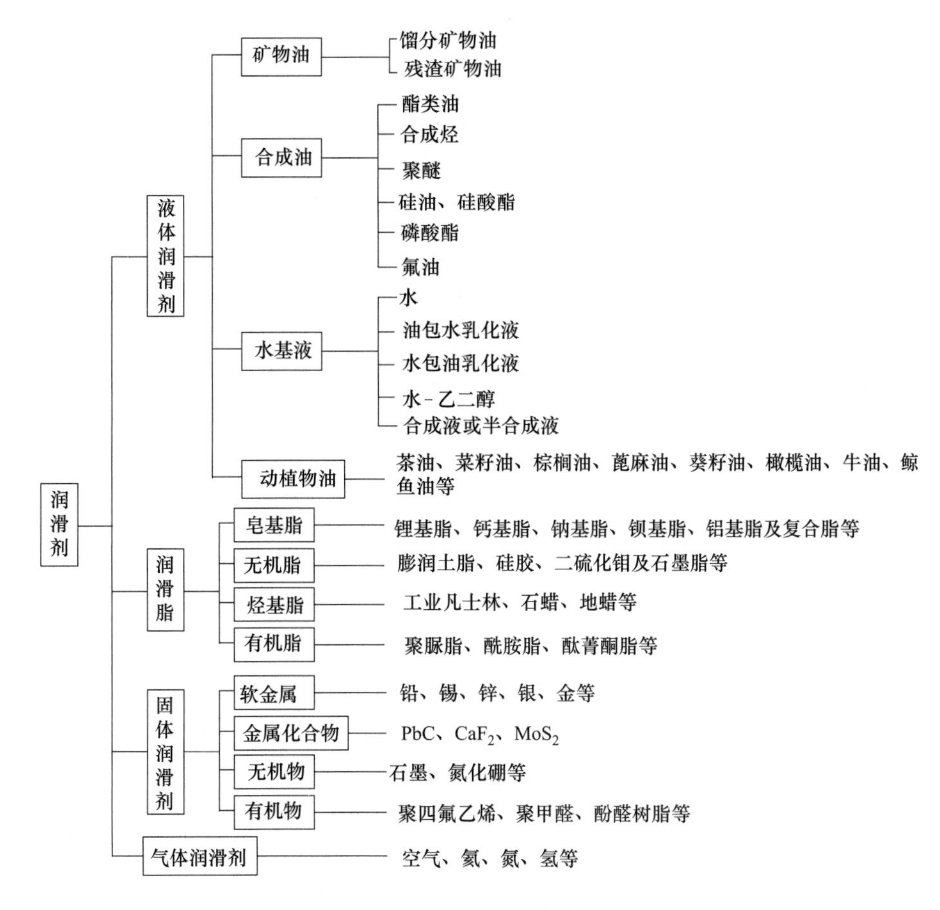

图 15.1.2　润滑剂的分类及成分

二、润滑剂的性能比较

润滑剂性能比较见表 15.1.2。

表 15.1.2 润滑剂性能比较

序号	润滑剂类型 润滑剂性能	液体润滑剂	润滑脂	固体润滑剂	气体润滑剂
1	液体动压润滑	优	一般	无	良
2	边界润滑	差至优	良至优	良至优	差
3	冷却	很好	差	无	一般
4	低摩擦	一般至良	一般	差	优
5	易于加入轴承	良	一般	差	良
6	保持在轴承中的能力	差	良	很好	很好
7	密封能力	差	很好	一般至良	很好

三、润滑类型

目前，机械设备所使用的润滑方法主要有分散润滑和集中润滑两大类型。按润滑方式，润滑又可分为全损耗性润滑、循环性润滑及静压性润滑等三种基本类型。此外，还根据润滑剂类型又分为润滑油和润滑脂润滑，见表 15.1.3。

表 15.1.3 润滑类型

序号	润滑类型		详细说明
1	按润滑方法分类	分散润滑	分散润滑是指针对个别的、分散的润滑点实施的润滑方式 分散润滑也有全损耗性和循环性润滑两种 润滑方式有手工加油、油绳、油垫、飞溅式、油浴式、油杯及油链等 常用加油工具有油壶、油枪、气溶胶喷枪等
		集中润滑	集中润滑是指对设备中多润滑点使用供油系统提供润滑的方式。根据操纵方法，集中润滑可分为手动、半自动及自动操纵三种类型
2	按润滑方式分类	全损耗性润滑	全损耗性润滑是指润滑剂送于润滑点以后，不再回收循环使用的润滑方式，常用于润滑剂回收困难或无须回收、需油量很小、难以安置油箱或油池的场合
		循环性润滑	循环润滑系统的润滑剂送至润滑点进行润滑以后流回油箱再循环使用
		静压性润滑	静压性润滑系统则是利用外部的供油装置，将具有一定压力的润滑剂输送到静压轴承中进行润滑的系统

四、润滑系统选择的原则

润滑系统和装置对于设备保持良好润滑状态和工作性能，以及获得较长使用寿命都具有重要的现实意义，所以应合理选择和设计机械设备的润滑方法。

由于科学技术的发展，高速度、高精度、高自动化及大功率设备的大量使用，对设备的润滑系统的可靠性也提出相应的高要求。

润滑系统的选择和设计包含润滑剂的输送、控制（分配、调节）、冷却、净化，以及压力、流量、温度等参数的监控。同时，还应考虑摩擦副类型及工作条件、润滑剂类型及其性能、润滑方法及供油条件。

设备的润滑系统应满足的要求见表 15.1.4。选择润滑系统的原则见表 15.1.5。

表 15.1.4 润滑系统应满足的要求

序号	设备的润滑系统应满足的要求
1	连续均匀，可调，可靠性高
2	保证润滑剂具有需要的压力，密封可靠
3	结构简单，便于使用、维护
4	有状态监测系统，以便及时发现润滑故障

表 15.1.5　选择润滑系统的原则

序号	选择润滑系统的原则
1	确定润滑剂的品种
2	首先保证主要零部件润滑，然后综合考虑其他部位润滑点
3	避免产生不适当的摩擦、噪声、温升、过早失效和损伤
4	便于保养维修

第二节　数控机床润滑系统

数控机床的润滑系统主要包括对机床导轨、传动齿轮、滚珠丝杠及主轴箱等的润滑，润滑泵内的过滤器需定期清洗、更换，一般每年应更换一次。

图 15.2.1　大型的数控机床专用润滑系统

所有加工中心都使用自动润滑单元用于机床导轨、滚珠丝杠等的润滑。操作人员应每周定期加油一次，找出耗油量的规律，发现供油减少时，应及时通知维修工检修。操作者应随时注意显示器上的运动轴监控画面，发现电流增大等异常现象时，及时通知维修工维修。操作人员每年应进行一次润滑油分配装置的检查，发现油路堵塞或漏油等故障时应及时疏通或修复。

图 15.2.1 为大型的数控机床专用润滑系统车间实拍图。

有些加工中心的主轴轴承和旋转工作台的润滑也使用自动润滑单元，有的则单独润滑，对这些润滑部位，也应注意维护保养。

一、数控机床润滑的特点

正是由于数控机床量大面广、品种繁多，故其结构特点、加工精度、自动化程度、工况条件及使用环境条件有很大差异，对润滑系统和使用的润滑剂有不同的要求，因此，先对数控机床润滑剂的特点做一个详细的了解，见表 15.2.1。

表 15.2.1　数控机床润滑的特点

序号	润滑的特点	说　明
1	润滑的对象为典型机械零部件，标准化、通用化、系列化程度高	例如滑动轴承、滚动轴承、齿轮、蜗轮副、滚动及滑动导轨、螺旋传动副（丝杠螺母副）、离合器、液压系统、凸轮等，润滑情况各不相同
2	润滑对象的使用环境条件比较严格	机床通常安装在室内环境中使用，夏季环境温度最高为 40℃，冬季气温低于 0℃时多采取供暖方式，使环境温度高于 5～10℃。高精度机床要求恒温空调环境，一般在 20℃上下。但由于不少机床的精度要求和自动化程度较高，对润滑油的黏度、抗氧化性（使用寿命）和油的清洁度的要求较严格
3	机床的工况条件对润滑要求的变化性	不同类型的不同规格尺寸的机床，甚至在同一种机床上由于加工件的情况不同，工况条件有很大不同，对润滑的要求也有所不同。例如高速内圆磨床的砂轮主轴轴承与重型机床的重载、低速主轴轴承对润滑方法和润滑剂的要求有很大不同。前者需要使用油雾或油/气润滑系统润滑，使用较低黏度的润滑油，而后者则需用油浴或压力循环润滑系统润滑，使用较高黏度的油品

续表

序号	润滑的特点	说　明
4	润滑油品与润滑冷却液、橡胶密封件、油漆材料等的适应性	在大多数机床上使用了润滑冷却液，在润滑油中，常常由于混入冷却液而使油品乳化及变质、机件生锈等，使橡胶密封件膨胀变形，使零件表面油漆涂层产生气泡、剥落。因此需考虑油品与润滑冷却液、橡胶密封件、油漆材料的适应性，防止漏油等。特别是随着机床自动化程度的提高，在一些自动化和数控机床上使用了润滑/冷却通用油，既可作润滑油，也可作为润滑冷却液使用

二、不同机床、系统对润滑方法的要求

数控机床的润滑方式及润滑油脂的选择是根据机床的结构、自动化程度、机床使用的工况及对精密度的要求进行综合衡量而作出决定的，机床润滑在满足减磨降耗的同时要力求避免温升和振动。机床作为复杂而精密的机器，会采用多种多样的传动装置，根据设备的种类、工作环境及所要求的精密度要求，对润滑油品的黏度、油性、抗氧化性、抗极压性能等相关性能都有不同的要求，见表 15.2.2。

表 15.2.2　不同机床、系统对润滑方法的要求

序号	润滑方法的要求	详 细 说 明
1	润滑点多的机床或多台机床	机床的润滑点多而复杂，而且有许多机床同时润滑，因而多采用自动润滑，也称强制循环润滑，以节省人力，并保证可靠的润滑
2	液压与润滑系统共用	机床多靠液压传动，为简化润滑系统，许多机床是液压与润滑系统共用的，因而要考虑在保证液压系统工作正常的同时要满足各个润滑点对润滑的要求。在考虑运行成本的前提下尽可能选用黏度指数高、抗磨性能和抗氧化性能好的润滑油(脂)
3	单机大型机床的导轨和主轴承	单机大型机床的导轨和主轴承的润滑，通常采用重力加油(滴油、油芯)润滑方式。用这种润滑方式要考虑润滑油的流动性，以保证润滑油可以自动流进摩擦副
4	大型机床的齿轮传动装置、滑动和滚动轴承	大型机床有很多齿轮传动装置、滑动和滚动轴承，特别是万能磨床都有很复杂的传动装置，因摩擦损失的功率达到 30%～40%，因此在选用润滑油时必须考虑到适当的黏度及良好的抗磨润滑性，力求最大限度地降低摩擦损失以节省动力消耗
5	粗加工机床	粗加工机床大多是间歇式工作，因此会产生冲击负荷并伴有边界润滑，所以要考虑适当的黏度、良好的润滑性能和抗极压性能
6	精密加工机床	精密机床对润滑油的温升有很严格的要求，一般不能超过室温 2～5℃，因此对油品的黏度及润滑方式及油箱的容量要做周密的计算和设计
7	相关系统的密封要求	机床润滑系统、液压系统及各个摩擦副密封不良，会使加工过程中的金属磨屑、研磨粉粒进入润滑系统中，不但可能堵塞油路造成磨损，还会加速油品的变质。因此对系统密封的关注是必要的
8	金属切削、研磨机床	在金属切削、研磨机床上为冷却、润滑刀具和加工工件，大多使用的乳化液以及在磨床上用的三磷酸钠水溶液都有可能进入到润滑油，促进油的变质和乳化。因此在选择润滑油时必须考虑到油品的抗乳化性、耐水、防锈及防腐蚀性
9	机床导轨的机床润滑	机床导轨是机床润滑的重点和难点，导轨的运动是反复式的，而且速度及载荷变化很大，容易出现爬行现象，造成加工精度降低甚至导致机床报废。所以在选择润滑油时要考虑适当的黏度和抗爬行好的润滑油

三、数控机床常用的润滑方法

数控机床有多种润滑方法，不同的润滑方法效果有所差异，而由此所引发的润滑系统的故障也多种多样，先行了解不同的润滑方法显得尤为必要，见表 15.2.3。

表 15.2.3　数控机床常用的润滑方法

序号	润滑方法	详 细 说 明
1	手工加油润滑	由人手将润滑油或润滑脂加到摩擦部位，用于轻载、低速或间歇工作的摩擦副。如普通机床的导轨、挂轮及滚子链（注油润滑）、齿形链（刷油润滑）、滚动轴承及滚珠丝杠副（涂脂润滑）等
2	滴油润滑	润滑油靠自重（通常用针阀滴油油杯）滴入摩擦部位，用于数量不多、易于接近的摩擦副，如需定量供油的滚动轴承、不重要的滑动轴承（圆周速度＜4～5m/s，轻载）、链条、滚珠丝杠副、圆周速度＜5m/s 的片式摩擦离合器等
3	油绳润滑	用浸入油中的油绳毛细管作用或利用回转轴形成的负压进行自吸润滑，用于中、低速齿轮，需油量不大的滑动轴承，装在立轴上的中速、轻载滚动轴承等
4	油垫润滑	利用浸入油中的油垫毛细管作用或利用回转轴形成的负压进行自吸润滑，用于圆周速度＜4m/s 的滑动轴承等
5	自吸润滑	利用回转轴形成的负压进行自吸润滑，用于圆周速度＞3m/s、轴承间歇＜0.01mm 的精密机床主轴滑动轴承
6	离心润滑	在离心力的作用下，润滑油沿着圆锥形表面连续地流向润滑点，用于装在立轴上的滚动轴承
7	油浴润滑	摩擦面的一部分或全部浸在润滑油内运转，用于中、低速摩擦副，如圆周速度＜12～14m/s 的闭式齿轮；圆周速度＜10m/s 的蜗杆、链条、滚动轴承；圆周速度＜12～14m/s 的滑动轴承；圆周速度＜2m/s 的片式摩擦离合器等
8	油环润滑	使转动零件从油池中通过，将油带到或激溅到润滑部位，用于载荷平稳、转速为 100～2000r/min 的滑动轴承
9	飞溅润滑	使转动零件从油池中通过，将油带到或激溅到润滑部位，用于闭式齿轮、易于溅到油的滚动轴承、高速运转的滑动轴承、滚子链、片式摩擦离合器等
10	刮板润滑	使转动零件从油池中通过，将油带到或激溅到润滑部位，用于低速（30r/min）滑动轴承
11	滚轮润滑	使转动零件从油池中通过，将油带到或激溅到润滑部位，用于导轨
12	喷射润滑	用油泵使高压油经喷嘴射入润滑部位，用于高速旋转的滚动轴承
13	手动泵压油润滑	利用手动泵间歇地将润滑油送入摩擦表面，用过的润滑油一般不再回收循环使用，用于需油量少、加油频度低的导轨等
14	压力循环润滑	使用油泵将压力油送到各摩擦部位，用过的油返回油箱，经冷却、过滤后供循环使用，用于高速、重载或精密摩擦副的润滑，如滚动轴承、滑动轴承、滚子链和齿形链等
15	自动定时定量润滑	用油泵将润滑油抽起，并使其经定量阀周期地送入各润滑部位，用于数控机床等自动化程度较高的机床上的导轨等
16	油雾润滑	利用压缩空气使润滑油从喷嘴喷出，将其雾化后再送入摩擦表面，并使其在饱和状态下析出，让摩擦表面黏附上薄层油膜，起润滑作用并兼起冷却作用，可大幅度地降低摩擦副的温度。用于高速、轻载的中小型滚动轴承，高速回转的滚珠丝杠，齿形链，闭式齿轮，导轨等。一般用于密闭的腔室，使油雾不易跑掉

四、数控机床的润滑系统

集中润滑系统按使用的润滑元件可分为阻尼式润滑系统、递进式润滑系统和容积式润滑系统。

图 15.2.2 为阻尼式润滑系统；图 15.2.3 为递进式润滑系统；图 15.2.4 为容积式润滑系统；表 15.2.4 为数控机床的润滑系统的分类及工作方式。

图 15.2.2 阻尼式润滑系统

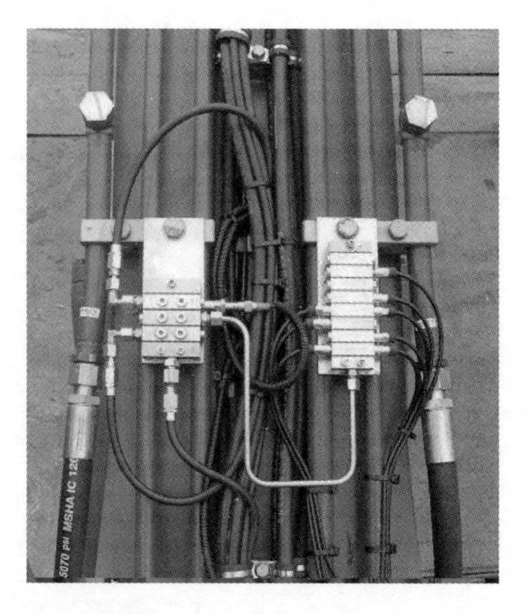

图 15.2.3 递进式润滑系统

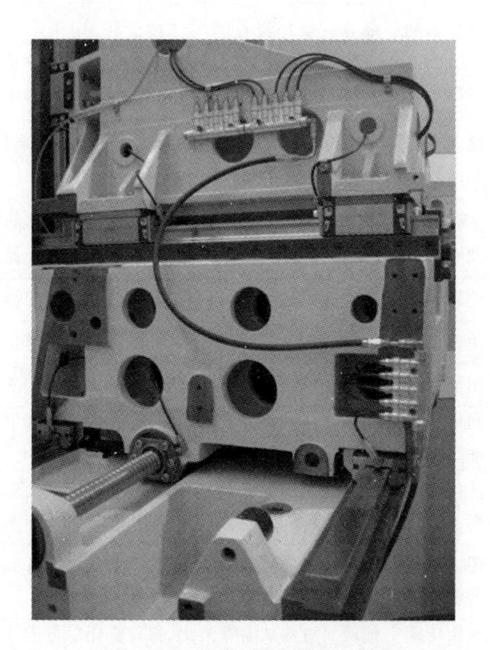

图 15.2.4 容积式润滑系统

表 15.2.4 数控机床的润滑系统的分类及工作方式

序号	数控机床润滑系统	详细说明
1	单线阻尼式润滑系统	图 15.2.5 所示为单线阻尼式润滑系统。此系统适合于机床润滑点需油量相对较少,并需周期供油的场合。它利用阻尼式分配器,把泵打出的油按一定比例分配到润滑点,一般用于循环系统,也可以用于开放系统,可通过时间的控制,以控制润滑点的油量

续表

序号	数控机床润滑系统	详细说明
1	单线阻尼式润滑系统	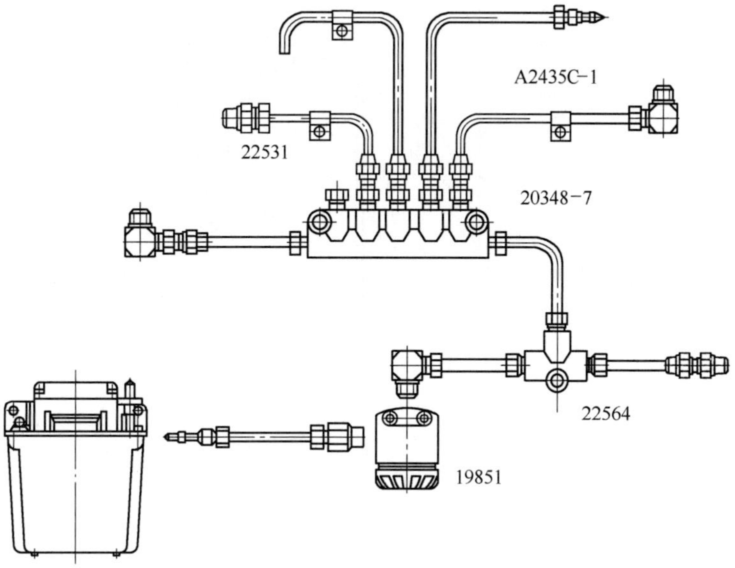 图 15.2.5　单线阻尼式润滑系统 单线阻尼式润滑系统具有以下特点 ①结构紧凑、经济,操作、维护方便 ②润滑系统非常灵活,增加或减少润滑点较方便(多一个润滑点或少一个都可以),并可由用户安装 ③润滑点由计量件或控制件控制比例供油,控制比可达 1∶128 ④独特的密封设计可有效防止结合处的泄漏 ⑤当某一点发生阻塞时,不影响其他点的使用
2	递进式润滑系统	如图 15.2.6 所示,递进式润滑系统主要由泵站、递进片式分流器组成,并可附有控制装置加以监控。其特点如下 ①能对任一润滑点的堵塞进行报警并终止运行,以保护设备 ②定量准确、压力高 ③不但可以使用稀油,而且还适用于使用油脂润滑的情况 ④润滑点可达 100 个,压力可达 21MPa 递进片式分流器由一块底板、一块端板及最少三块中间板组成。一组阀最多可有 8 块中间板,可润滑 18 个点。其工作原理是由中间板中的柱塞从一定位置起依次动作供油,若某一点产生堵塞,则下一个出油口就不会动作,因而整个分流器停止供油。堵塞指示器可以指示堵塞位置,便于维修

续表

序号	数控机床 润滑系统	详 细 说 明
2	递进式润滑系统	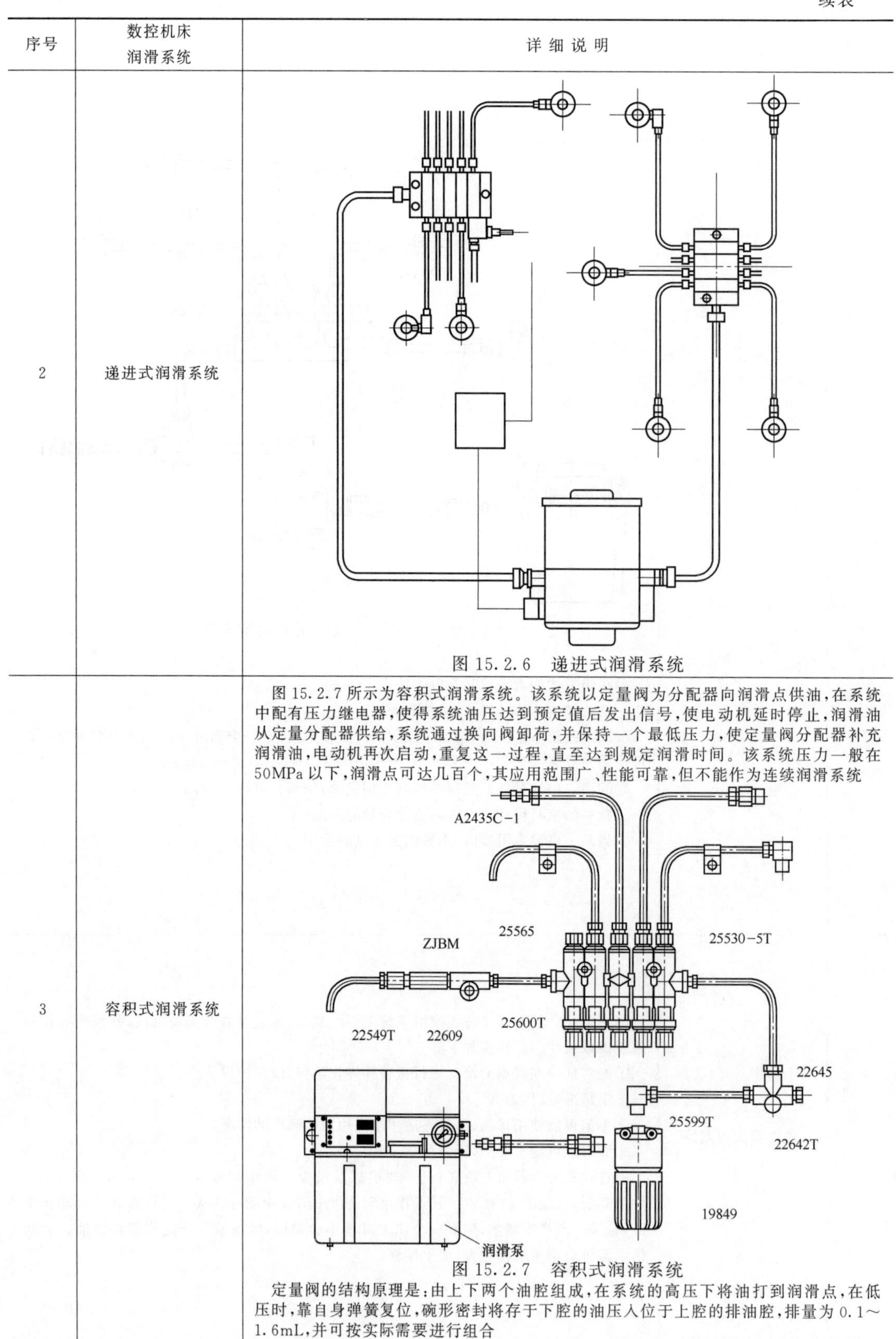 图 15.2.6　递进式润滑系统
3	容积式润滑系统	图 15.2.7 所示为容积式润滑系统。该系统以定量阀为分配器向润滑点供油，在系统中配有压力继电器，使得系统油压达到预定值后发出信号，使电动机延时停止，润滑油从定量分配器供给，系统通过换向阀卸荷，并保持一个最低压力，使定量阀分配器补充润滑油，电动机再次启动，重复这一过程，直至达到规定润滑时间。该系统压力一般在 50MPa 以下，润滑点可达几百个，其应用范围广、性能可靠，但不能作为连续润滑系统 图 15.2.7　容积式润滑系统 定量阀的结构原理是：由上下两个油腔组成，在系统的高压下将油打到润滑点，在低压时，靠自身弹簧复位，碗形密封将存于下腔的油压入位于上腔的排油腔，排量为 0.1～1.6mL，并可按实际需要进行组合

第三节　滑动轴承的润滑

滑动轴承，是在滑动摩擦下工作的轴承。滑动轴承工作平稳、可靠、无噪声。在液体润滑条件下，滑动表面被润滑油分开而不发生直接接触，还可以大大减小摩擦损失和表面磨损，油膜还具有一定的吸振能力。但启动摩擦阻力较大。轴被轴承支承的部分称为轴颈，与轴颈相配的零件称为轴瓦。为了改善轴瓦表面的摩擦性质而在其内表面上浇铸的减摩材料层称为轴承衬。轴瓦和轴承衬的材料统称为滑动轴承材料。滑动轴承一般应用在高速轻载工况条件下。

图 15.3.1 为滑动轴承实物图，图 15.3.2 为滑动轴承结构图。

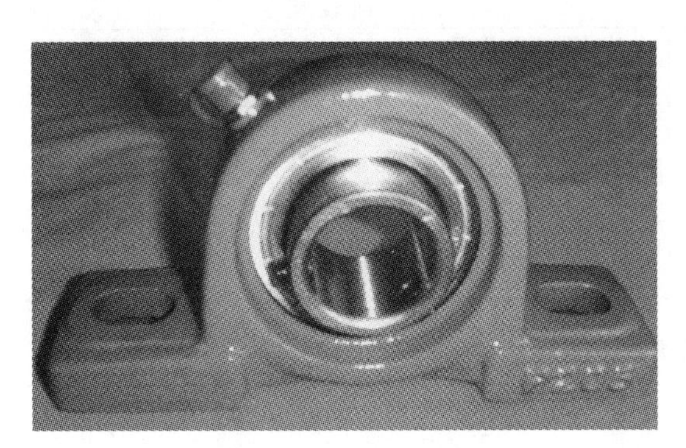

图 15.3.1　滑动轴承

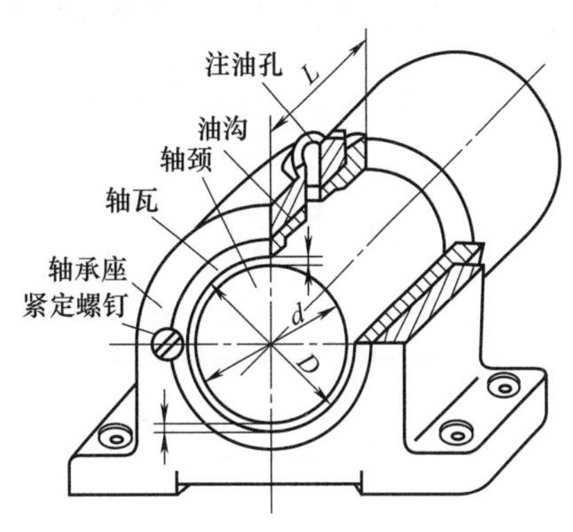

图 15.3.2　滑动轴承结构图

一、滑动轴承的失效

表 15.3.1 列出了滑动轴承失效的类型和原因。其中润滑材料缺乏和润滑材料污染引起的失效是明显的，例如，滑动面的擦伤、刮伤、磨损、腐蚀等。当黏度选择不当时，尤其对于小间隙的精密机床滑动轴承副易造成抱轴情况。

表 15.3.1　滑动轴承失效的类型和失效的原因

失效原因 失效类型			擦伤	刮伤	磨损	接触形式不均匀	抱轴	裂缝	衬层材料剥落	裂开（掉皮）	浸蚀	汽蚀	腐蚀	变形
1	接触材料有气孔									●				
2	安装不当													●
3	不对中					●								
4	咬粘失效								●					
5	轴承油槽污染													●
6	液流紊乱										●		●	
7	多种工况										●	●		
8	过载		●	●	●			●						
9	材料疲劳							●	●					
10	润滑剂	缺乏	●	●	●									●
		污染	●	●	●		●				●		●	
		黏度选择不当					●							

若机床主轴采用动压轴承，其主轴与轴承的配合间隙比较小，在主轴速度较高的情况下，容易出现主轴温度升高、变形较大的现象，从而引起主轴和元件的相对位移，使工件的加工精度、表面质量达不到要求。

二、润滑剂的性能和轴承金属的抗腐蚀能力

实际使用中的滑动轴承大多数在流体动压润滑状态下工作。一般使用普通矿物润滑油和润滑脂作润滑剂；在特殊情况下，比如高温系统，可用合成油、水和其他液体。这些类型润滑剂的一般性能见表 15.3.2。需要考虑轴承金属对润滑油中添加剂的适应性时，参考表 15.3.3。

表 15.3.2　润滑剂的一般性能

序号	油润滑剂种类	运转范围	详细说明
1	矿物油	各种负荷和速度	油的黏度变化大，某些带添加剂的油对轴瓦发生腐蚀作用
2	合成油	如黏度合适，所有情况都能通用	油黏度变化小
3	润滑脂	速度小于 1～2m/s	简谐运动，要对污物和水分密封
4	其他液体	根据液体性质而定	为了防止对食品和化学药品的污染，特别注意轴承的设计和材料的选择

表 15.3.3　轴承金属的抗腐蚀能力

序号	轴承金属材料名称	最高运转温度/℃	添加剂或污染物				
			极压添加剂	抗氧剂	弱有机酸	强无机酸	合成油
1	铅基巴氏合金	130	良	良	差到中等	可	良
2	锡基巴氏合金	130	良	良	优	优	良
3	铜铅(无表面层)	170	良	良	差	可	良
4	铅青铜(无表面层)	180	高质量青铜(良)	良	差	中等	良
5	铅锡合金	170	良	良	良	可	良
6	银	180	含硫添加剂不可用	良	良(除硫外)	中等	良
7	磷青铜	220	要看青铜的质量，含锌添加剂会促进腐蚀	良	可	可	良
8	铜铅或铅青铜(有适当的表面层)	170	良	良	良	中等	良

注：轴承金属的腐蚀问题非常复杂，本表指出的是一般规律，对于使用含极压添加剂的油，要特别注意它们对轴承金属的适应性，最好通过实验后再使用。

三、滑动轴承润滑剂选择的主要因素

在选择滑动轴承用的润滑油时，要综合考虑负荷、速度、间隙、温度、轴承结构等的影响，见表 15.3.4。

表 15.3.4　滑动轴承润滑考虑的主要因素

序号	考虑因素	详细说明
1	负荷	按一般规律，重负荷采用黏度较高的润滑油，轻负荷则采用黏度较低的润滑油。表 15.3.5 列出了滑动轴承负荷等级
2	速度	主轴线速度是选择润滑油黏度时要考虑的重要因素。根据油楔形成理论，高速时，主轴与轴承间的润滑处于液体润滑的范围，为降低内摩擦，必须采用黏度较低的润滑油；低速时，则处于边界润滑状态，此时必须采用高黏度的润滑油

续表

序号	考虑因素	详 细 说 明
3	轴承间隙	轴承间隙是指主轴与其相匹配的轴承之间的间隙，它取决于工作温度、负荷、最小油膜厚度、相对于轴承主轴的偏心度、轴和轴承表面粗糙度、摩擦损失，以及被加工工件表面粗糙度的要求等。一般而言，间隙大的轴承要求用高黏度润滑油，间隙小的则采用低黏度润滑油
4	轴承温度	对于滑动轴承，黏度是润滑剂的最重要性质。若黏度过低，轴承的承载能力不足；若黏度过高，则会出现功率损耗和运转温度过高的情况。图 15.3.3 给出了一定速度和载荷范围内允许使用的最小黏度值。要注意这些黏度值是指润滑油在平均轴承温度下工作的黏度。要降低轴承温度，必须控制润滑剂的供给量，使流经轴承后的润滑剂的温升限制在 20℃以下 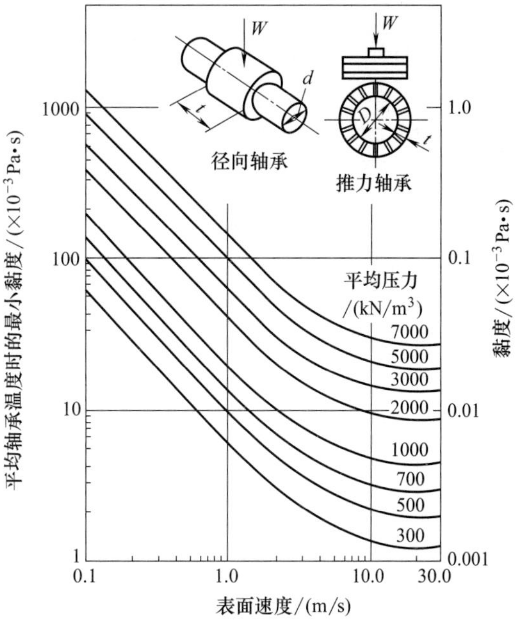 图 15.3.3　一定速度和载荷范围内允许使用的最小黏度值
5	轴承结构	实现动压润滑的轴承结构有单油楔、双油楔及多油楔几种形式。这时主轴必须以较高速度回转，主轴与轴承间隙要小，润滑油必须具有一定的黏度。为了保证轴承温升较低，多油楔轴承的黏度选择主要依赖于轴承间隙。轴承结构见图 15.3.4。 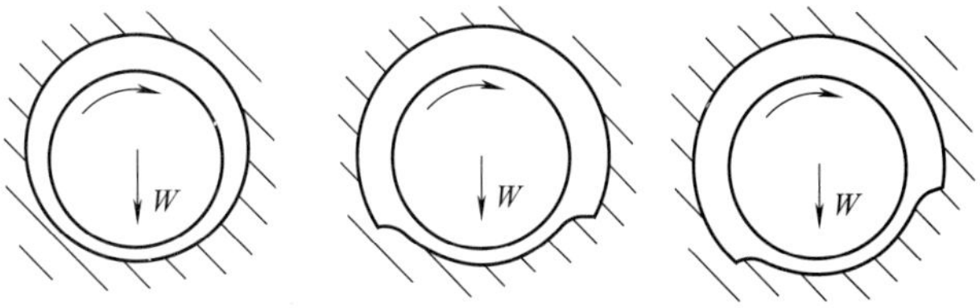 (a) 整片瓦轴承(单油楔)　(b) 中心负荷对开轴承(双油楔)　(c) 偏心负荷对开轴承(双油楔) 图 15.3.4　轴承结构

表 15.3.5　滑动轴承负荷等级

序号	负荷分类	单位面积压力/MPa
1	轻负荷	0.3～1
2	中负荷	1～3
3	重负荷	3～7.5
4	极重负荷	4.5～30

应当指出，在低速重载、有冲击或供油不充分，以及启动、停止、变速时，轴承往往处于边界润滑状态，此时，润滑油的油性和极压性起较大作用。

四、滑动轴承润滑油的选择

滑动轴承润滑油的选择见表 15.3.6～表 15.3.8。

表 15.3.6　滑动轴承润滑油的选择（轻、中载荷）

序号	主轴轴径线速度/(m/s)	工作温度 10～60℃，轴颈压力 3MPa 以下	
		40℃时黏度/(mm²/s)	适用的润滑油
1	<0.1	80～150	①LN-AN100、L-AN150 全损耗系统用油 ②30 号、40 号汽油机油
2	0.1～0.3	70～150	①LN-AN68、L-AN100、L-AN150 全损耗系统用油 ②30 号汽油机油
3	0.3～1	42～80	①LN-AN46、L-AN68 全损耗系统用油 ②L-TSA46 汽轮机油 ③20 号汽油机油
4	1～2.5	42～70	①LN-AN46、L-AN68 全损耗系统用油 ②L-TSA46 汽轮机油 ③20 号汽油机油
5	2.5～5	30～60	①LN-AN32、L-AN46 全损耗系统用油 ②L-TSA46 汽轮机油
6	5～9	15～50	①LN-AN15、L-AN32 全损耗系统用油 ②L-TSA32、L-TSA46 汽轮机油
7	>9	5～27	LN-AN5、L-AN10、L-AN15 全损耗系统用油

表 15.3.7　滑动轴承润滑油的选择（中、重载荷）

序号	主轴轴径线速度/(m/s)	工作温度 10～60℃，轴颈压力 3～7.5MPa 以下	
		40℃时黏度/(mm²/s)	适用的润滑油
1	<0.1	100～220	①L-AN150 全损耗系统用油 ②40 号汽油机油
2	0.1～0.3	100～220	①L-AN100、L-AN150 全损耗系统用油 ②40 号汽油机油
3	0.3～0.6	68～150	①LN-AN100、L-AN150 全损耗系统用油 ②30 号汽油机油 ③N100 压缩机油
4	0.6～1.2	68～110	①LN-AN68、L-AN100 全损耗系统用油 ②20 号、30 号汽油机油
5	1.2～2	68～100	①LN-AN68、L-AN100 全损耗系统用油 ②20 号汽油机油

表 15.3.8　滑动轴承润滑油的选择（重、特重载荷）

序号	主轴轴径线速度/(m/s)	工作温度 20～80℃，轴颈压力 7.5～30MPa 以下		
		40℃时黏度/(mm²/s)	润滑方式	适用的润滑油
1	<0.1	150～460	循环、油浴	①28 号轧钢机油 ②38 号气缸油
		460～680	滴油、手浇	①38 号气缸油 ②52 号气缸油
2	0.1～0.3	100～150	循环、油浴	N100、N150 齿轮油
		150～460	滴油、手浇	①28 号轧钢机油 ②38 号气缸油
3	0.3～0.6	100～220	循环、油浴	①40 号汽油机油 ②N150 压缩机油
		150～400	滴油、手浇	①24 号气缸油 ②N150 压缩机油
4	0.6～1.2	100～150	循环、油浴	①L-AN100、L-AN150 全损耗系统用油 ②30 号、40 号汽油机油
		100～180	滴油、手浇	①40 号汽油机油 ②N100、N150 压缩机油

第四节　滚动轴承的润滑

使用中的滚动轴承既存在滚动摩擦，也存在滑动摩擦。由于滚动轴承在表面曲线上的偏差和负载作用下的轴承变形，因而在滚动体与轴承内外圈之间，在滚动体与保持架，以及保持架与内外圈之间都会存在滑动摩擦。

图 15.4.1 为滚动轴承实物图，图 15.4.2 为滚动轴承结构图。

图 15.4.1　滚动轴承

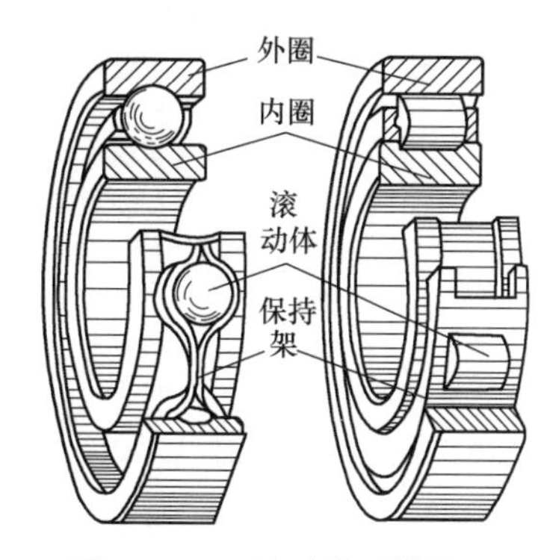

图 15.4.2　滚动轴承结构图

滑动摩擦随转动速度及承受的负载的增加而变大。为减少摩擦和磨损，降低噪声和温升，防止轴承及部件生锈，提高轴承使用寿命，应正确选用润滑剂，采用合理的润滑方式，适当地控制润滑剂的供给量。

滚动轴承的润滑机理是弹性流体动压润滑理论。滚动轴承的润滑剂若选用最佳黏度能延长它们的寿命。而最佳黏度是负荷分布、运动类型、几何尺寸、环境条件等方面参数的函数。所以，在许多应用中，黏度的选择是通过实验来确定的，这就避免在没有理解轴承润滑剂黏度为其参数的函数关系时，而产生黏度选择的错误。

滚动轴承润滑的主要目的在于使滚动元件之间保持良好的润滑状态，以防止滚动元件、内外圈及保持架之间的相互损伤和磨损。

一、滚动轴承选用润滑脂应考虑的因素

滚动轴承选用润滑脂应考虑的主要因素见表 15.4.1。

表 15.4.1　滚动轴承脂润滑考虑的主要因素

序号	考虑因素	详细说明
1	速度	主轴转速及轴承内径是选用滚动轴承用润滑脂(或润滑油)的重要依据，各类轴承使用润滑脂时，通常存在一个使用速度系数极限。不同轴承的速度系数极限相差很大，以 d_n 值或 d_{mn} 值表示这个极限，见表 15.4.2
2	温度	轴承的工作温度及其变化幅度明显地影响到润滑脂的润滑效果和它的寿命 润滑脂是一个胶体分散体系，当温度升高时，润滑脂的基础油会出现蒸发、氧化变质等现象，润滑脂的胶体结构也发生变化，从而加速分油，当温度达到润滑脂稠化剂的熔点，或稠化剂纤维骨架维系基础油的临界点时，胶体结构将被完全破坏，润滑脂不能继续使用 如果温度变化幅度大，且变化很频繁，其凝胶分油现象将更为严重。润滑脂的最高或最低使用温度往往指的是极限温度。在极限温度条件下，润滑脂的性能往往与其初始性能相差很远，往往会出现润滑不足等问题，甚至出现无法满足润滑需要的情况。因此，确定一个能够满足润滑需要的润滑脂的使用温度范围十分必要。因此必须了解低温极限、低温性能极限、高温性能极限和高温极限的定义 ①低温极限：润滑脂允许轴承可容易地启动时的最低温度 ②低温性能极限：在该温度极限以下，滚动元件和套圈接触表面的润滑脂供应可能不足 ③高温性能极限：在该温度极限以上，润滑脂将以不受控制的方式发生氧化，因此将无法精确地确定润滑脂的使用寿命 ④高温极限：当超出该温度极限时，润滑脂将永久失去其稳定结构(如皂基润滑脂的滴点) 一般来讲，润滑脂高温失效的主要原因是凝胶萎缩及基础油蒸发。当基础油损失达 50%～60%时，润滑脂即失去了润滑能力。轴承温度每升高 10～15℃，润滑脂的寿命将缩短 50% 高温部位润滑，应考虑选用抗氧化性能好，热蒸发损失较小，滴点较高的润滑脂；低温条件下使用的润滑脂，应具有启动阻力低、相似黏度小的特点，这类润滑脂的基础油大多是合成油，例如酯类油、硅油等，都具有良好的低温性能 一些常见的矿物油型润滑脂的最佳使用温度范围见表 15.4.3
3	负荷	对于重负荷机械使用润滑脂润滑时，应选用基础油黏度高、稠化剂含量高的润滑脂。因为稠度大，可以承受较高负荷。也可以选用加有极压添加剂或填料(二硫化钼、石墨)的润滑脂。对于中、低负荷的机械，应选用 1 号或 2 号锥入度的复纤维润滑脂肪；基础油则以中等黏度为宜
4	环境条件	环境条件包含润滑部位的工作环境以及所接触的介质，比如，空气中的湿度、尘埃、是否有腐蚀性介质等。在潮湿环境或与水有接触的情况下，应选用抗水性良好的润滑脂，如钙基、锂基、复合钙基脂。条件苛刻时，应选用加有防锈剂的润滑脂。处于有强烈化学介质环境的润滑部件，应选用抗化学介质的合成润滑油脂，例如氟碳润滑脂

表 15.4.2　滚动轴承使用的各种润滑剂的速度系数极限（d_n 值）

单位：mm/(r/min)

序号	轴承结构	保持架	润滑脂	油浴润滑	滴油润滑	油雾润滑
1	深沟球轴承	冲压保持架	300000	500000	600000	1000000
		实体保持架	300000	500000	500000	1000000
2	角接触推力轴承($\alpha=12°$)	实体保持架	200000	500000	500000	1000000
		酚醛树脂保持架	400000	700000	800000	1000000
3	角接触推力轴承($\alpha=27°$)	冲压保持架	280000	400000	—	—
		实体保持架	280000	500000	500000	900000
		酚醛树脂保持架	400000	600000	800000	900000

续表

序号	轴承结构	保持架	润滑脂	油浴润滑	滴油润滑	油雾润滑
4	角接触推力轴承($\alpha=36°$)	冲压保持架	250000	350000	—	—
		实体保持架	250000	400000	400000	—
5	自动调心球轴承	冲压保持架	200000	300000	—	—
		实体保持架	200000	300000	—	—
6	成对安装角接触球轴承	冲压保持架	150000	300000	—	—
		实体保持架	150000	—	—	—
7	推力球轴承	冲压保持架	70000	100000	—	—
		实体保持架	100000	150000	200000	—
8	圆柱滚子轴承	冲压保持架	300000	300000	300000	—
		实体保持架	300000	500000	500000	—
9	圆锥滚子轴承	冲压保持架	250000	350000	350000	450000
10	自动调心滚子轴承	实体保持架	150000	250000	—	—

注：推力调心滚子轴承一般不用润滑脂润滑，成对安装角接触推力球轴承 d_n 值约为角接触球轴承的 70%。

表 15.4.3　常见的矿物油型润滑脂的最佳使用温度范围

序号	润滑脂	滴点/℃	最佳使用温度范围/℃
1	钙基润滑脂	80～90	－20～70
2	钙基润滑脂/锂钙基润滑脂	150～180	－20～120
3	锂基润滑脂	170～190	－30～130
4	钠基润滑脂	150～180	－20～130
5	铝基润滑脂	70～90	－10～80
6	复合锂基润滑脂	＞230	－30～140
7	复合钠基润滑脂	＞220	－30～160
8	复合铝基润滑脂	＞230	－30～160
9	复合钙基润滑脂	200～280	－20～150
10	复合钡基润滑脂	＞220	－30～140
11	膨润土润滑脂	—	－30～160
12	脲基润滑脂	＞250	－30～160

二、滚动轴承使用润滑油润滑的优点

滚动轴承润滑由于可以使用油润滑，也可以使用脂润滑，我们就有必要区别对待，一般来说油润滑适合于长时间机械加工使用，相比较脂润滑，滚动轴承润滑油润滑有其独特的特点，见表 15.4.4。

表 15.4.4　滚动轴承润滑油润滑的优点

序号	滚动轴承润滑油润滑的优点
1	在一定操作规范下，比用润滑脂润滑时的启动力矩和摩擦损失明显减小
2	在循环中，润滑油可带走机件的热量，有冷却作用，所以，轴承可达到比较高的转速
3	齿轮箱的轴承用润滑油润滑时，利用齿轮转动形成的飞溅式润滑，达到同时润滑齿轮与轴承的目的

三、滚动轴承润滑油的选择

滚动轴承润滑油的选择见表 15.4.5、表 15.4.6。滚动轴承运转条件与适用润滑油黏度之间的关系见表 15.4.7。

表 15.4.5　滚动轴承润滑油的选择（普通载荷）

序号	轴承工作温度/℃	速度系数极限（d_n 值）/[mm/(r/min)]	工作条件：普通载荷(3MPa) 40℃时黏度/(mm^2/s)	工作条件：普通载荷(3MPa) 适用的润滑油
1	－30～0		18～32	L-DRA22、L-DRA32 冷冻机油
2	0～60	15000 以下	32～70	①L-AN32、L-AN46、L-AN68 全损耗系统用油 ②L-TSA32、L-TSA46 汽轮机油
		15000～75000	32～50	①L-AN32、L-AN46 全损耗系统用油 ②L-TSA32 汽轮机油
		75000～150000	15～32	①L-AN15、L-AN32 全损耗系统用油 ②L-TSA32 汽轮机油
		150000～300000	9～12	①L-AN5、L-AN10 全损耗系统用油 ②N5、N7 主轴油
3	60～100	15000 以下	100～192	①L-AN150 全损耗系统用油 ②30 号汽油机油
		15000～75000	70～120	①L-AN68、L-AN100 全损耗系统用油 ②20 号汽油机油
		75000～150000	50～90	①L-AN46、LN-AN68、L-AN100 全损耗系统用油 ②L-TSA46、L-TSA68 汽轮机油 ③20 号汽油机油
		150000～300000	32～70	①L-AN32、LN-AN46、L-AN68 全损耗系统用油 ②L-TSA32、L-TSA46 汽轮机油
4	100～150		13～16 (100℃)	①40 号柴油机油 ②40 号汽油机油
5	0～60	滚针轴承	50～70	①LN-AN46、L-AN68 全损耗系统用油 ②L-TSA46 汽轮机油
	60～100		70～90	①LN-AN68、L-AN100 全损耗系统用油 ②L-TSA68 汽轮机油 ③20 号汽油机油

表 15.4.6　滚动轴承润滑油的选择（重载荷、冲击载荷）

序号	轴承工作温度/℃	速度系数极限（d_n 值）/[mm/(r/min)]	工作条件：重载荷、冲击载荷(3～20MPa) 40℃时黏度/(mm^2/s)	工作条件：重载荷、冲击载荷(3～20MPa) 适用的润滑油
1	－30～0		18～50	L-DRA32、L-DRA46 冷冻机油
2	0～60	15000 以下	70～192	①L-AN68、L-AN100、L-AN150 全损耗系统用油 ②L-TSA68、L-TSA100 汽轮机油 ③20 号、30 号汽油机油
		15000～75000	42～90	①L-AN46、L-AN68、L-AN100 全损耗系统用油 ②L-TSA46、L-TSA68 汽轮机油
		75000～150000	32～42	①L-AN32 全损耗系统用油 ②L-TSA32 汽轮机油
		150000～300000	18～32	①L-AN15 全损耗系统用油 ②N15 主轴油
3	60～100	15000 以下	195～240 (100℃)	①40 号汽油机油 ②L-DAA150 压缩机油
			150～240 (100℃)	①24 号气缸油 ②L-DAA150 压缩机油
		15000～75000	100～92	①L-AN150 全损耗系统用油 ②30 号汽油机油
		75000～150000	70～120	①L-AN68、L-AN100 全损耗系统用油 ②L-TSA68、L-TSA100 汽轮机油

续表

<table>
<tr><th rowspan="2">序号</th><th rowspan="2">轴承
工作温度
/℃</th><th rowspan="2">速度系数极限
(d_n 值)
/[mm/(r/min)]</th><th colspan="2">工作条件:重载荷、冲击载荷(3～20MPa)</th></tr>
<tr><th>40℃时黏度
/(mm²/s)</th><th>适用的润滑油</th></tr>
<tr><td>3</td><td>60～100</td><td>150000～300000</td><td>50～90</td><td>①L-AN46、L-AN68、L-AN100 全损耗系统用油
②L-TSA46、L-TSA68 汽轮机油
③20 号汽油机油</td></tr>
<tr><td>4</td><td>100～150</td><td></td><td>15～25
(100℃)</td><td>①20 号气缸油
②40 号汽油机油</td></tr>
<tr><td rowspan="2">5</td><td>0～60</td><td rowspan="2">滚针轴承</td><td>70～90</td><td>①LN-AN68、L-AN100 全损耗系统用油
②L-TSA68 汽轮机油
③20 号汽油机油</td></tr>
<tr><td>60～100</td><td>110～192</td><td>①L-AN150 全损耗系统用油
②30 号汽油机油</td></tr>
</table>

表 15.4.7　滚动轴承运转条件与适用润滑油黏度

<table>
<tr><th rowspan="2">序号</th><th rowspan="2">轴承
工作温度
/℃</th><th rowspan="2">速度系数极限
(d_n 值)
/[mm/(r/min)]</th><th colspan="2">50℃时适用黏度(40℃时适用黏度)/(mm²/s)</th></tr>
<tr><th>一般负荷</th><th>重载荷、冲击载荷</th></tr>
<tr><td>1</td><td>－10～0</td><td>各种全部</td><td>10～20(15～30)</td><td>15～30(27～55)</td></tr>
<tr><td rowspan="4">2</td><td rowspan="4">0～60</td><td>>15000</td><td>20～35(30～60)</td><td>40～60(80～110)</td></tr>
<tr><td>15000～80000</td><td>15～30(22～50)</td><td>30～45(55～70)</td></tr>
<tr><td>80000～150000</td><td>10～20(15～30)</td><td>15～25(22～45)</td></tr>
<tr><td>150000～500000</td><td>6～10(10～15)</td><td>10～20(15～32)</td></tr>
<tr><td rowspan="4">3</td><td rowspan="4">60～100</td><td>15000 以下</td><td>50～80(100～150)</td><td>90～150(150～240)</td></tr>
<tr><td>15000～80000</td><td>40～60(80～110)</td><td>60～90(110～140)</td></tr>
<tr><td>80000～150000</td><td>25～35(45～60)</td><td>40～80(70～140)</td></tr>
<tr><td>150000～500000</td><td>15～20(22～32)</td><td>25～35(45～60)</td></tr>
<tr><td>4</td><td>100～150</td><td>各种全部</td><td colspan="2">120～250(200～380)</td></tr>
<tr><td>5</td><td>0～60</td><td rowspan="2">自动调心滚动轴承</td><td colspan="2">20～35(35～60)</td></tr>
<tr><td>6</td><td>60～100</td><td colspan="2">50～90(100～160)</td></tr>
</table>

第五节　齿轮传动的润滑

齿轮传动是指由齿轮副传递运动和动力的装置，它是现代各种设备中应用最广泛的一种机械传动方式。它的传动比较平稳准确，效率高，结构紧凑，工作可靠，寿命长。

齿轮传动是利用两齿轮的轮齿相互啮合传递动力和运动的机械传动。按齿轮轴线的相对位置分平行轴圆柱齿轮传动、相交轴圆锥齿轮传动和交错轴螺旋齿轮传动。齿轮传动也是用主、从动轮轮齿直接传递运动和动力的装置。在所有的机械传动中，齿轮传动应用最广，可用来传递相对位置不远的两轴之间的运动和动力。齿轮传动使用的功率、速度和尺寸范围大。例如传递功率可以从很小至几十万千瓦，速度最高可达 300m/s，齿轮直径可以从几毫米至二十多米。但是制造齿轮需要有专门的设备，啮合传动会产生噪声。

图 15.5.1 所示为多种齿轮传动结构方式。

当动力机械的输出转速、转矩和输出轴的几何位置等与工作机械要求不相适应时，可选用齿轮传动装置将它们连接起来，以满足不同工况的不同要求。技术经济综合指标是选择齿

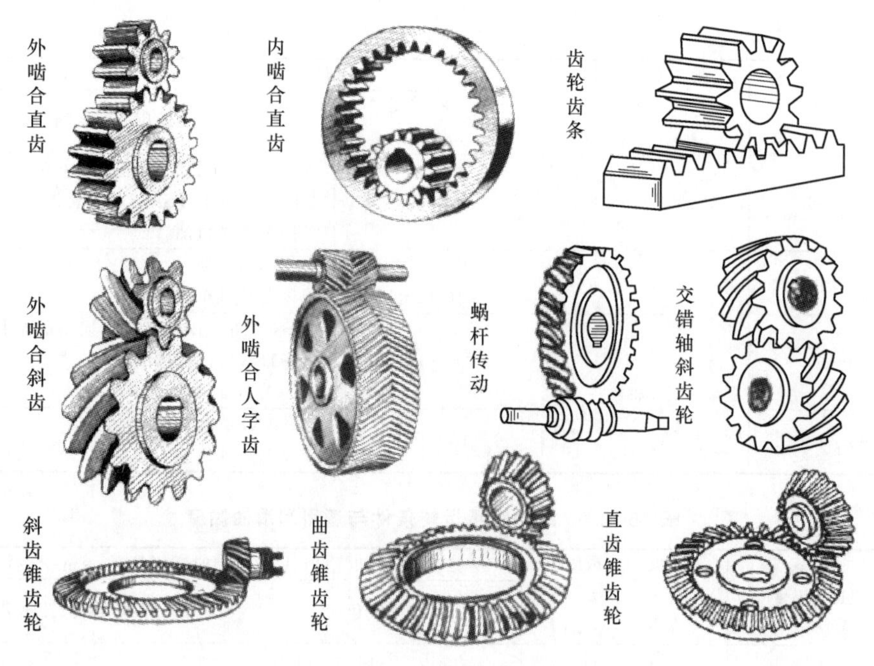

图 15.5.1　多种齿轮传动结构方式

轮传动方案的最根本的因素，特别对于重要的或大功率传动应以此为选型的出发点。一般对较小功率传动，应在满足工作性能的前提下，选用结构简单、初始费用低的传动装置；对于较大功率的传动，应优先考虑齿轮传动的效率，以节约能源，降低运转与维修费用。另外，齿轮传动装置的选用必须与设计制造技术水平相适应，通常尽可能选用齿轮与齿轮装置专业生产的标准通用齿轮传动产品。

一、齿轮的主要损坏类型

图 15.5.2 为齿轮失效区域示意图，图 15.5.3 为齿轮损伤区域示意图。齿轮损坏类型见表 15.5.1。

图 15.5.2　齿轮失效区域示意图

图 15.5.3　齿轮损伤区域示意图

表 15.5.1　齿轮损坏类型

序号	齿轮损坏类型	详细说明
1	齿轮表面严重磨损	图 15.5.4 所示为齿轮表面严重磨损的情况。当齿轮表面不规则、齿轮齿形的误差大、负荷有变化、润滑剂黏度不足或润滑剂中有磨料都会产生中等磨损

续表

序号	齿轮损坏类型	详细说明
1	齿轮表面严重磨损	 图 15.5.4　齿轮表面严重磨损 在完全没有润滑剂的条件下，或严重过载或接触齿表面的严重偏移都会发生严重磨损。它将迅速去除齿面材料，破坏齿的形状及齿轮装置的传动平稳性，甚至产生胶合，导致齿轮装置的寿命缩短
2	疲劳断裂	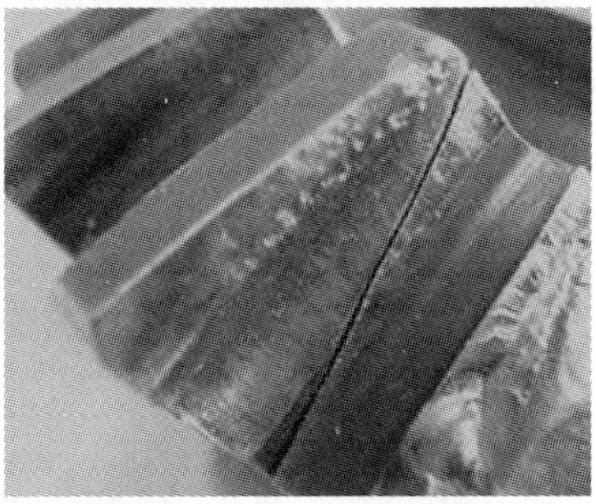 图 15.5.5　疲劳断裂 图 15.5.5 所示为疲劳断裂。轮齿承载时，弯曲应力超过材料疲劳极限，将会出现损坏性失效，破坏轮齿的一部分或整个齿。这种断裂开始时会出现裂纹，在重度载荷作用下，裂纹不断扩展，直至轮齿断裂。这是一种典型的疲劳失效。但有时断裂是由于冲击负荷、强烈振动引起的负荷、大块磨屑通过啮合区或者由于齿轮偏移造成齿宽上局部小面积来承受载荷引起的 齿表面在交变接触应力反复作用下产生表面疲劳，随后在次表面产生微观裂缝，分离出磨粒或屑片并剥落，形成小凹坑或麻点，称之为点蚀。当接触的表面足以支承负荷时，点蚀可能停止，其表面开始抛光。若点蚀不断扩展，齿面材料将逐渐减少，最后导致齿破裂。这种现象往往是由齿轮轮齿的偏移而产生，由于齿面的局部面积承受负荷，导致轮齿承受高应力作用，或使用的齿轮材料太软，或运转中使用了大于设计值的负荷，都会产生点蚀现象 点蚀会引起材料剥落，当硬齿面或表面硬化齿面上去除由于热处理不当而引起的应力，也会引起剥落，还有材料缺陷、过载或其他使用问题也会引起剥落
3	塑性流动	图 15.5.6 所示为塑性流动。在重载作用下，使齿表面应力超过轮齿材料的弹性极限所引起的轮齿表面材料流动。造成轮齿变形，一般在较软材料中出现这种情况  图 15.5.6　塑性流动 表面材料可能沿齿端面和齿顶挤压，最后在齿面上形成飞边，也可能出现节线起皱突起或齿根凹陷。如果这类破坏现象是由强烈振动或冲击负荷引起的，使用高黏度润滑剂则有缓冲负荷的作用。实践证明，改变润滑剂是不能从根本上解决塑性流动这种破坏现象的

续表

序号	齿轮损坏类型	详细说明
4	齿轮表面擦伤	图 15.5.7 所示为齿轮表面擦伤。当齿轮啮合中有尺寸大于齿轮润滑油膜厚度的硬颗粒进入啮合区时，由于齿轮既有滚动又有滑动，所以在其滑动方向上会出现擦伤  图 15.5.7 齿轮表面擦伤 这些颗粒可能是铸铁氧化皮、零件磨损微粒、砂或灰尘等，它们以各种方式进入润滑系统。解决表面擦伤的办法是对润滑剂实施精过滤、改善维护条件等以除掉这些硬颗粒
5	腐蚀磨损	图 15.5.8 所示为腐蚀磨损。主要表现为润滑油中的冷凝水或热交换器中漏出的水或油中的酸、有腐蚀作用的添加剂使齿面轻微点蚀，或齿表面产生锈蚀等  图 15.5.8 腐蚀磨损

二、闭式齿轮传动润滑的方法

1. 闭式齿轮传动的润滑特点

按齿轮传动的工作条件，齿轮传动可分为开式传动和闭式传动两类，由于它们各有特点。我们将分别讨论它们的润滑问题。

同其他零件的润滑情况相比，闭式齿轮传动的润滑特点见表 15.5.2。

表 15.5.2 闭式齿轮传动的润滑特点

序号	闭式齿轮传动的润滑特点	详细说明
1	齿廓曲线曲率半径较小	与滑动轴承相比，多数齿轮的齿廓曲线的曲率半径较小，所以形成油楔的条件较差
2	齿轮接触压力非常高	齿轮的接触压力非常高
3	齿面同时存在滚动和滑动	齿面同时存在滚动和滑动，而且滑动的速度和方向变化剧烈
4	断续性润滑	润滑是断续性的，每次啮合时都需重新建立油膜，形成油膜的条件较轴承苛刻
5	影响因素繁杂	齿轮的材料、热处理、机械加工、装配等条件对齿轮的润滑状态有影响，尤其是齿面形貌和表面粗糙度对润滑状态影响最为明显

2. 闭式齿轮传动对润滑剂的要求

闭式齿轮传动对润滑剂的要求见表 15.5.3。

表 15.5.3　闭式齿轮传动对齿轮润滑剂的要求

序号	对齿轮润滑剂的要求	备　注
1	黏附性良好	配伍性好是指齿轮油的基础油在与不同品种、含量的各种添加剂掺台时，处于最佳组合，其复合效果最好，相互间不产生对抗作用。配伍性好的齿轮油，可发挥所含各种添加剂的复合相加作用，而且在使用中不会产生过量胶泥和沉淀
2	配伍性好	
3	对机构的其他零件（如密封件等）影响最小	
4	极压抗磨性良好	
5	氧化安定性好	
6	抗乳化性能良好	
7	抗泡沫性良好	
8	黏温性能良好	
9	抗剪切安定性良好	
10	成本低廉	

3. 工业闭式齿轮传动的润滑

选择齿轮使用的齿轮油，可利用美国齿轮制造协会（AGMA）标准规范中关于工业闭式齿轮传动润滑的有关图表。

表 15.5.4 是 AGMA 润滑剂类型，从表中可以看出，在一定操作条件下，直齿轮、斜齿轮及锥齿轮的润滑要求是一样的。由于蜗杆副的速度高，且接触面积大，故要求其润滑油有特殊的添加剂。极压油和复合油都能提供满意的效果。大部分蜗轮制造厂推荐使用复合油，因为脂肪酸添加剂能稍微提高蜗杆副所固有的低传动效率。双曲线齿轮必须使用极压油，因为它承受重负荷和很高的滑动速度。

表 15.5.4　各种类型齿轮应用的润滑剂类型

序号	齿轮类型 / 润滑剂类型	直齿轮	斜齿轮	蜗杆	锥齿轮	准双曲面齿轮
1	抗氧化和抗腐蚀的矿物油	正常负荷	正常负荷	轻负荷低速	正常负荷	不推荐使用
2	极压油	重负荷或冲击负荷	重负荷或冲击负荷	大多数应用场合能满足要求	重负荷或冲击负荷	大多数应用场合能满足要求
3	复合油（约加脂肪 5%）	通常不推荐使用	通常不推荐使用	大多数齿轮生产厂优先选用	通常不推荐使用	只用于轻负荷下
4	高黏度的开式齿轮油	低速开式齿轮传动	低速开式齿轮传动	低速（需要使用加极压剂的开式齿轮油）	低速开式齿轮传动	低速（需要使用加极压剂的开式齿轮油）
5	润滑脂	—	—	—	—	不推荐

表 15.5.5 和表 15.5.6 分别为 AGMA 润滑剂黏度等级和根据各种齿轮的中心轴和环境温度来选择油品黏度。

表 15.5.5　AGMA 润滑剂的黏度范围

序号	R+O 型齿轮油（AGMA 润滑剂牌号）	ASTM2422[①] 黏度范围（40℃）/（mm^2/s）	相应的 ISO3448[②] 黏度等级	EP 型齿轮油（AGMA 润滑剂牌号）[③]	AGMA[④] 以前的黏度系统（100℉，SSU）
1	1	41.4～50.6	46	—	193～235
2	2	61.2～74.8	68	2 EP	284～347
3	3	90～110	100	3 EP	417～510
4	4	135～165	150	4 EP	626～765

续表

序号	R+O 型齿轮油（AGMA 润滑剂牌号）	ASTM2422① 黏度范围（40℃）/（mm^2/s）	相应的 ISO3448② 黏度等级	EP 型齿轮油（AGMA 润滑剂牌号）③	AGMA④ 以前的黏度系统（100 ℉，SSU）
5	5	198～242	220	5 EP	918～1122
6	6	288～352	320	6 EP	1335～1632
7	7comp⑤	414～506	460	7 EP	1919～2346
8	8comp	612～748	680	8 EP	2837～3467
9	8A comp	900～1100	1000	8A EP	4171～5098

① ASTM2422 为工业液体润滑剂的黏度系统，它与英国标准 B. S. 4231 相同。
② ISO3448 为工业液体润滑剂 ISO 黏度等级分类。
③ EP 型齿轮油只在齿轮制造厂的推荐下使用。
④ AGMA250. 30 制定于 1972 年 5 月，而 AGMA251. 02 制定于 1974 年 10 月。
⑤ 符号 comp 表示在基础油中加入 30%～10%脂肪油或合成脂肪油。

表 15. 5. 6　AGMA 推荐关于闭式斜齿、人字齿、直齿锥齿、螺旋锥齿和正齿轮装置的 AGMA 润滑剂牌号

序号	低速级齿轮		AGMA 润滑剂牌号	
			环境温度/℃	
	装置类型	中心距/mm	−10～10℃	10～50℃
1	平行轴（单级减速）	<200	2～3	3～4
		200～500	2～3	4～5
		>500	3～4	4～5
2	平行轴（双级减速）	<200	2～3	3～4
		>200	3～4	4～5
3	平行轴（三级减速）	<200	2～3	3～4
		200～500	3～4	4～5
		>500	4～5	5～6

4. 我国工业齿轮润滑油选用

（1）工业齿轮润滑油的使用要求见表 15. 5. 7。

表 15. 5. 7　工业齿轮润滑油的使用要求

序号	工业齿轮润滑油的使用要求
1	需考虑使用时的环境温度（一般不低于−5℃）和所选用油品的低温性能。在寒冷地区，齿轮传动装置必须保证润滑油流动性好，在自然状态下仍能循环流动，以及不会引起过大的启动扭矩。可选用合适的低凝工齿轮油或给油箱配置加热器。一般来说，所选用润滑油的倾点比环境温度的最小值至少要低 5℃，若两者很接近，则需要给油箱配加热器，帮助启动
2	在潮湿、多灰尘、受化作用影响显著的环境下，应采取相应措施，以确保润滑作用可靠、有效
3	润滑油的工作温度是指润滑油能够正常、稳定地工作的温度，见表 15. 5. 8。它受润滑油性能以及润滑功能的限制，在高于或低于规定的工作温度范围时，必须采取措施以降低或升高润滑油的温度

表 15. 5. 8　润滑油的工作温度

序号	润滑油种类	工作温度/℃
1	抗氧防锈工业齿轮油	5～80
2	中负荷工业齿轮油	5～80
3	重负荷工业齿轮油	5～95

（2）工业齿轮润滑油种类的选择见表 15. 5. 9。

表 15.5.9　工业齿轮润滑油种类的选择

<table>
<tr><th rowspan="2">序号</th><th colspan="4">条　　件</th><th rowspan="2">推荐使用的工业齿轮润滑油</th></tr>
<tr><th colspan="2">齿面接触应力/(N/mm²)</th><th>齿轮状况</th><th>使用工况</th></tr>
<tr><td>1</td><td colspan="2"><350</td><td></td><td rowspan="2">一般齿轮传动</td><td rowspan="2">抗氧防锈工业齿轮油</td></tr>
<tr><td>2</td><td colspan="2">低负荷齿轮传动
350～500</td><td>①调质处理，啮合精度=8级
②每级齿数比 $i<8$
③最大滑动速度与分度圆圆周速度之比 $v_g/v<0.3$
④变位系数 $x_1=x_2$</td></tr>
<tr><td rowspan="2">3</td><td rowspan="2">中负荷齿轮传动</td><td><500～750</td><td>①调质处理，啮合精度≥8级
②最大滑动速度与分度圆圆周速度之比 $v_g/v>0.3$</td><td rowspan="2">矿井提升机、露天采掘机、水泥磨、化工机械、水利电力机械、冶金矿山机械、船舶海港机械等齿轮传动</td><td rowspan="2">中负荷工业齿轮油</td></tr>
<tr><td><750～1100</td><td>渗碳淬火、表面淬火和热处理硬度58～62HRC</td></tr>
<tr><td>4</td><td colspan="2">重负荷齿轮传动
>1100</td><td>—</td><td>冶金轧钢、井下采掘、高温有冲击、含水部位的齿轮传动等</td><td>重负荷工业齿轮油</td></tr>
</table>

三、开式齿轮传动的润滑

1. 开式齿轮传动润滑的特点

同其他零件的润滑情况相比，开式齿轮传动润滑的特点见表 15.5.10。

表 15.5.10　开式齿轮传动的润滑特点

序号	开式齿轮传动的润滑特点	详细说明
1	容易落入外部介质	开式齿轮传动容易落入颗粒状等外部介质，从而造成润滑油的污染，使齿轮产生磨料磨损
2	润滑油必须具备高黏度以及较强的黏附性	开式齿轮传动的润滑方法一般是全损耗型的，而任何全损耗型润滑系统，最终在其齿轮表面只有薄层覆盖膜，它们常处在边界润滑条件下。若同时考虑齿轮磨合作用，要求润滑油必须具备高黏度以及较强的黏附性，以确保有一层连续的油膜保持在齿轮表面上
3	加工环境不断变化	开式齿轮暴露在变化的环境条件中工作，在自动化生产的工厂中，对大型机械冲床中的大型开式齿轮，其环境虽不是苛刻的因素，但如果齿轮上的润滑剂被抛离，那么，齿轮损坏的危险依然存在

2. 开式齿轮传动对其润滑剂的要求

开式齿轮传动润滑油的最通用类型是一种像焦油沥青，具有黑色、胶黏的极重石油残渣材料。这种材料对齿轮起保护作用。使用它们时，必须加热软化。为了方便使用，供油者在油中加入一种挥发性强、无毒氯化碳氢化合物作为溶剂，使其成为液体。使用时，将它直接涂在齿部或喷在齿部。溶剂挥发后，留下一层塑性、似橡胶一样的物质覆盖在齿面上，起到阻止磨损、防止灰尘和水的损害的作用，最终达到保护齿轮的目的。

表 15.5.11 为开式齿轮传动对齿轮润滑剂的要求。

3. 开式齿轮传动润滑油的选用方法

① 根据美国齿轮制造协会（AGMA）推荐的开式齿轮油有关表格进行选用。表 15.5.12～表 15.5.14 列出了 AGMA 推荐的开式齿轮油的有关表格。

表 15.5.11　开式齿轮传动对齿轮润滑剂的要求

序号	对齿轮润滑剂的要求
1	使用时需添加溶剂
2	必须考虑开式齿轮的封闭程度
3	契合匹配齿轮传动的圆周速度
4	合适的齿轮节圆尺寸
5	考虑整个机器及齿轮的工作环境
6	适当的润滑油使用方法
7	齿轮的可接近性
8	某些类型的开式齿轮润滑剂还要加入极压抗磨添加剂

表 15.5.12　美国齿轮制造协会推荐的开式齿轮油牌号

序号	R+O 型齿轮油 (AGMA 润滑剂牌号)	黏度范围 (37.8℃)/(mm^2/s)	EP 型齿轮油 (AGMA 润滑剂牌号)	残渣复合物 (AGMA 润滑剂牌号)①	黏度范围 (37.8℃)/(mm^2/s)
1	4	140～170	4 EP	14R	428.5～856.0
2	5	200～250	5 EP	15R	857.0～1714.0
3	6	300～360	6 EP		
4	7	420～500	7 EP		
5	8	650～800	8 EP		
6	9	1400～1700	9 EP		
7	10	3000～3600	10 EP		
8	11	4200～5200	11 EP		
9	12	6300～7700	12 EP		
10	13	190～220(98.9℃)②	13 EP		

① 溶剂型残渣复合物是一种在重油中加入非燃性溶剂的物质，便于使用，溶剂挥发后，在齿轮表面留下一层厚膜，表中所指黏度是指未加入溶剂前的黏度。其溶剂要求是无毒、对皮肤无刺激，使用时要求听从油品公司的指导。

② 由于重油难于在 37.8℃条件下测定其黏度，所以 AGMA13 是在 98.9℃条件下测定的。

表 15.5.13　美国齿轮制造协会推荐用于连续润滑的润滑剂牌号

序号	环境温度①/℃	操作特点	节圆速度/(m/s)				
			压力润滑		飞溅润滑		浸油润滑
			<5	>5	<5	5～10	<1.5
1	-9～16②	连续运行	5 或 5EP	4 或 4EP	5 或 5EP	4 或 4EP	8～9 8EP～9EP
		正、反转或经常启动、停车	5 或 5EP	4 或 4EP	7 或 7EP	6 或 6EP	8～9 8EP～9EP
2	10～52②	连续运行	7 或 7EP	6 或 6EP	7 或 7EP	6 或 6EP	11 或 11EP 8EP～9EP
		正、反转或经常启动、停车	7 或 7EP	6 或 6EP	9～10③ 9EP～10EP	8～9④ 8EP～9EP	

① 所谓环境温度是指靠近操作齿轮的温度。

② 当环境温度达到表中所列温度的最低点时，要求装上加热装置，以便于能正确循环，以防止其油品成沟，并核对润滑剂和泵的制造商所提供的性能是否一致。

③ 当环境温度在所有时间内都在 32～52℃范围内时，要求采用 10EP 或 10EP 油。

④ 当环境温度在所有时间内都在 32～50℃范围内时，要求采用 9EP 或 9EP 油。

注：尽管此表中可同时采用 R+O 型齿轮油和 EP 型齿轮油，但最好采用 LP 型齿轮油。

表 15.5.14　美国齿轮制造协会推荐关于圆周速度小于 8m/s 时的间隔润滑的 AGMA 润滑剂牌号①

序号	环境温度②/℃	机械喷射法加油③		重力法或滴油法加油
		极压齿轮油	残渣复合油	使用极压齿轮油
1	-9～16	—	14R	—
2	4～38	12EP	15R	12EP

续表

序号	环境温度②/℃	机械喷射法加油③		重力法或滴油法加油使用极压齿轮油
		极压齿轮油	残渣复合油	
3	21～52	13EP	16R	13EP

① 加油装置必须能使所选用的齿轮油准确加到所需要的位置上。

② 所谓环境温度是指靠近操作齿轮的温度。

③ 有时利用机械喷射法把润滑脂射到开式齿轮上，一般来说应选择 No1 极压润滑脂，但是用前必须咨询齿轮制造商和机械喷射器制造商。

注：使用这种产品时，要用溶剂稀释以便于使用。

② 根据日本润滑学会推荐的开式齿轮及蜗轮传动润滑油黏度表进行选用。表 15.5.15 列出了日本润滑学会推荐的开式齿轮及蜗轮传动润滑油黏度表。

表 15.5.15　日本润滑学会推荐的开式齿轮润滑油适宜黏度表

序号	润滑方法	适宜使用润滑油黏度/(mm^2/s)		
		环境温度－15～15℃	环境温度 5～35℃	环境温度 20～50℃
1	油浴润滑	150～220	15～20(100℃)	20～25(100℃)
2	加热涂抹	180～260	180～260	320～530
3	常温涂抹	20～25(100℃)	32～40(100℃)	180～260
4	手填充	150～220	20～25(100℃)	32～40(100℃)

第六节　机床导轨的润滑

导轨是组成机床床身的重要部分，它具有支承、定位的作用，要求其在高速进给时不发生振动，低速进给时不出现爬行，且灵敏度高，耐磨性好，可在重载荷下长期连续工作，精度保持性好等。这就要求导轨副具有好的摩擦特性。

图 15.6.1 为滚动导轨实物透视图，图 15.6.2 为滚动导轨结构图。

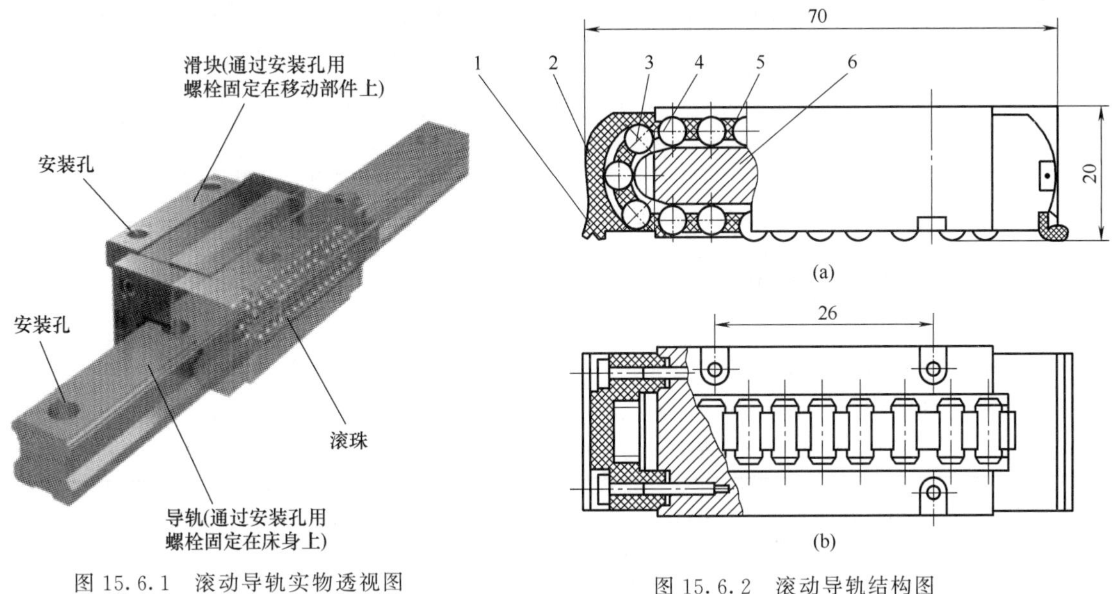

图 15.6.1　滚动导轨实物透视图

图 15.6.2　滚动导轨结构图

1—防护板；2—端盖；3—滚柱；4—导向片；5—保持器；6—本体

机床导轨引导部件沿一定轨迹准确运动。按照运动的形式可分为直线运动导轨和圆周运动导轨两类；按照运动面间的摩擦性质，可分为滑动导轨、滚动导轨及复合导轨三种类型，其中滑动导轨又可分为普通滑动导轨、流体静压导轨及卸荷导轨等；按照导轨的截面形状又可分为V形导轨、矩形导轨、燕尾形导轨、圆柱形导轨以及平面形导轨。

一、导轨工作的特点

导轨工作的特点见表15.6.1。

表15.6.1　导轨工作的特点

序号	导轨工作的特点
1	机床导轨所承受的载荷及运动速度都有较宽的变化范围。导轨上载荷分布不均，作用位置经常变化，可能会造成局部过载及刚度较低的现象
2	导轨副间要求有较小的配合间隙和摩擦力，较高的精度、刚度、运动均匀性和耐磨性
3	根据导轨的结构及其工作条件(载荷、速度、温度等)的不同，导轨副可能在液体摩擦、混合摩擦、边界摩擦或干摩擦状态下工作
4	在导轨副接触范围内，有可能存在尘土、砂砾、切屑、磨料、氧化铁皮、乳化液等的污染，因此，在导轨润滑系统中必须设置滤油器过滤润滑剂，并在导轨上设置保护装置，比如刮屑板、防护罩等保护导轨，减少污染物对导轨的损害

二、导轨的磨损

导轨的磨损与机床类型、导轨类型都有十分密切的关系，比如得到广泛应用的开式滑动导轨，如果在导轨摩擦区受到污染，加上润滑不良，以及滑动部分（如工作台、拖板、刀架等）的频繁开停和反向运动，由于速度低，移动缓慢，在导轨副间难以形成具有足够承载能力的油楔，就会造成导轨的不均匀磨损。导轨磨损的形式见表15.6.2。

表15.6.2　导轨磨损的形式

序号	导轨磨损形式	详细说明
1	黏附磨损	导轨副两表面相对运动时，若润滑剂不足或局部过载，将会出现黏附磨损，甚至出现胶合，使导轨产生大面积刮伤。对于大型和重型机床而言，常常会由于油温过高或较大的热变形、局部压力过高，润滑油被挤出，造成润滑不足而引起黏附磨损
2	磨料磨损	磨料磨损是导轨上常见的磨损状况。落在导轨面上的切屑、粉尘、砂砾、磨料或氧化铁皮等污染导轨表面，使其产生磨损、擦伤等现象 在导轨上设置刮屑板及密封装置可以最大限度地减少磨损，防止擦伤。此外，滚动导轨在交变载荷的作用下，其表面层也可能会产生疲劳磨损现象

三、机床导轨润滑剂的作用和选择

1. 导轨润滑剂的作用

导轨润滑剂的作用见表15.6.3。

表15.6.3　导轨润滑剂的作用

序号	导轨润滑剂的作用
1	导轨润滑剂应使导轨尽量在接近液体摩擦状态下工作，以减小摩擦阻力、降低驱动功率，提高效率
2	减少导轨磨损。流动的润滑油还有带走污染物、冲洗导轨表面的作用
3	防止导轨腐蚀，隔离腐蚀性气体、液体与导轨表面的接触
4	避免低速重载下发生爬行现象，并减少振动，提高阻尼特性
5	降低高速运动中产生的摩擦热，减少热变形

2. 选用导轨润滑油应考虑的因素

选择机床导轨用润滑油时，主要考虑的因素见表 15.6.4。

表 15.6.4　选用导轨润滑油应考虑的因素

序号	选用导轨润滑油应考虑的因素
1	同时用作液压系统工作介质的导轨润滑油，既要满足导轨的润滑要求，又要满足液压系统压力传递的要求
2	按滑动速度和比压选择润滑油黏度。可利用表 15.6.5 选择润滑油的黏度
3	选用导轨润滑油时，还可借鉴国内外现有机床导轨润滑的实际应用例子，与之作出类比，帮助作出正确的选择

表 15.6.5　选择润滑油的黏度

滑动速度/(mm/min) 比压/MPa	0.01	0.1	1	10	200	100
0.05～0.1	N68	N68	N68	N68	N32	N32
0.2～0.4	N150 或 N220	N150 或 N220	N150 或 N220	N150 或 N220	N68	N68

四、机床的爬行

1. 机床的爬行现象

低速、重载的重型机床，定位精度高的精密机床的工作台、溜板和刀架等，一切具有直线往复运动的导轨副，在一定工况条件下，都有可能出现时而停顿时而跳跃，或者忽快忽慢运动不均匀的爬行现象。比如上述运动机构在低速时，使用 L-AN 全损耗系统用润滑油就会产生爬行现象。

爬行现象是一种由于摩擦副间的摩擦特性所引起的张弛型自激振动。机床部件（如工作台）发生爬行，破坏了进给运动的均匀性，影响工件的加工精度和表面粗糙度；摩擦表面的磨损增加，机床不能正常工作。

产生爬行的主要原因与导轨状况（表面摩擦特性、材质、加工方法、加工精度等）、工况条件、机床部件和驱动系统的刚度和振动，以及润滑特性都有关。不同的机床在不同的工况条件下工作时，都有可能产生爬行现象。表 15.6.6 列出了机床导轨面润滑状态的调查数据。

表 15.6.6　机床导轨面润滑状态数据

序号	机床名称	平均压力/MPa	滑动速度/(mm/min)	润滑状态	有无爬行	备注
1	大型车床	0.3	350～400	过渡	有	
		0.13	500	过渡	无	
		0.06	30～250	混合润滑	无	
2	铣床	0.1	650	流体润滑	无	加工发动机零件
		0.13	1055	流体润滑	无	加工气缸盖
		0.09	85	过渡	无	
3	精密铣床	0.04	950	流体润滑	无	
		0.06	72	过渡	无	
		0.04	1300	流体润滑	无	
4	龙门铣床	0.05～0.15	400～300	过渡	有	
5	曲轴铣床	0.12	200	过渡	无	
6	深孔钻床	0.1	87～240	过渡	无	
7	卧式镗床	0.2～0.27	100～600	过渡	无	

续表

序号	机床名称	平均压力/MPa	滑动速度/(mm/min)	润滑状态	有无爬行	备注
8	卧式镗床(旋转工作台)	0.03	230	过渡	有	
9	磨床	0.12	200	混合润滑	有	加工曲轴
		0.07	76	过渡	无	加工连杆
		0.15	276	过渡	有	
10	轧辊磨床	0.05	54～60	流体润滑	无	
		0.07	10～30	混合或过渡	有	
		0.19	10～70	过渡	无	
11	大型平面磨床	0.15	10～25	混合或过渡	无	
12	旋压机	0.07	180～400	过渡	有	

表 15.6.6 指出，机床导轨的润滑状态多处于过渡状态，即呈现液体摩擦与混合摩擦之间的不稳定的润滑状态。在这种情况下，出现爬行现象的可能性极大。

爬行的产生与导轨面的摩擦特性关系很大，这就要求润滑油的静摩擦系数与动摩擦系数间的差值要小。

2. 导轨润滑油的防爬性能

低速、重载条件下运行的导轨副不能形成流体润滑的工况，提高润滑剂的黏度虽然可以减轻导轨的爬行现象，但不能完全消除爬行现象，还必须设法使润滑油在摩擦副表面形成牢固的润滑膜，并且这些润滑膜即使在边界润滑的条件下也不至于破裂，仍能起润滑作用。为此，经常在基础油中添加少量的、被称为油性添加剂的极性化合物。这种极性化合物的分子极性较强，能在金属表面形成牢固的物理吸附膜和化学吸附膜，其极性的一端紧靠金属表面，而表面分子层的分子依靠侧面的内聚力彼此黏着，各分子之间则靠极性的引力面形成多层的垂直定向排列。所以，它们具有阻止被金属表面刺穿的能力，从而防止金属间的直接接触。在边界润滑条件下，油膜厚度极薄（厚度尺寸小于 0.1μm)，不可能形成流体摩擦。

表 15.6.7 是部分润滑油和加有各种油性添加剂的导轨油的静摩擦系数值 μ_s、动摩擦系数值 μ_k 以及静动摩擦系数之差值 $\Delta\mu$。表内数据是在导轨油黏-滑特性试验机上进行一系列试验后得到的，相应的试验条件是 $p=0.06$MPa，$v=5$mm/s。

表 15.6.7　部分润滑油静、动摩擦系数表

序号	润滑油名称	黏度(50℃)/(mm^2/s)	油性添加剂	μ_s	μ_k	$\Delta\mu$
1	22 号汽轮机油	18～22		0.323	0.185	0.138
2	30 号汽轮机油	18～22		0.315	0.158	0.157
3	40 号汽轮机油	38～42		0.357	0.178	0.179
4	20-1 号导轨-液压油	18～22	0.2%硬脂酸	0.107	0.107	0
5	20-2 号导轨-液压油	18～22	1%6411、2%744A	0.205	0.121	0.084
6	30 号导轨-液压油	28～32	5%硫化棉籽油	0.215	0.123	0.092
7	40-1 号导轨油	38～42	0.3%硬脂酸、1%硬脂酸铝	0.113	0.113	0
8	40-2 号导轨油	38～42	0.5%油酸	0.185	0.185	0
9	40-3 号导轨油	38～42	5%硫化鲸鱼油	0.196	0.098	0.098
10	40-4 号导轨油	38～42	5%硫化棉籽油	0.210	0.118	0.092
11	70-1 号导轨油	68～72	2%硬脂酸铝	0.229	0.123	0.106
12	70-2 号导轨油	68～72	10%744A	0.242	0.147	0.095
13	70-3 号导轨油	68～72	7.5%硫化棉籽油	0.168	0.084	0.084

续表

序号	润滑油名称	黏度(50℃)/(mm^2/s)	油性添加剂	μ_s	μ_k	$\Delta\mu$
14	90-1 号导轨油	90～100	1%硬脂酸铝	0.194	0.099	0.095
15	90-2 号导轨油	90～100	3%硬脂酸	0.155	0.077	0.078
16	90-3 号导轨油	90～100	5%744A	0.217	0.110	0.107
17	Sun Lube Way 150	20		0.153	0.153	0
18	Shell Tonna27	25		0.237	0.147	0.090
19	Shell Tonna33	41		0.180	0.090	0.090
20	Shell Tonna72	96		0.144	0.072	0.072
21	Mobil Vactra No4	85		0.119	0.119	0
22	Mobil Vactra No2	38		0.180	0.090	0.090
23	Mobil Vactra Extra Heavy	69		0.308	0.154	0.154

注：该表数据为 20 世纪 90 年代实验结果，仅供参考。

从表 15.6.7 的数据我们可以得知消除爬行的相关因素及其注意点，消除爬行的相关因素及其注意点的详细内容描述见表 15.6.8。

表 15.6.8　消除爬行的相关因素及其注意点

序号	消除爬行的相关因素及其注意点
1	脂肪酸类是消除爬行现象最好的油性添加剂，在基础油中加入 0.3%～0.5%的硬脂酸或油酸就能使 $\Delta\mu=0$，即能够完全消除爬行现象
2	脂肪酸皂类和硫化动植物油的防爬能力为中等水平。如表 15.6.7 中数据所示，若用适当比例的硬脂酸铝、硫化鲸鱼油、硫化植物油等添加剂配成的油样，其 $\Delta\mu=0.08\sim0.10$
3	国外的几种导轨油中，美国的 Mobil Vactra No4 和日本的 Sun Lube Way 150 的防爬力最好，$\Delta\mu=0$；英国的 Shell Tonna 导轨油系列的防爬能力次之，其 $\Delta\mu=0.07\sim0.09$ 实践证明，润滑油静动摩擦系数之差值 $\Delta\mu$ 与其防爬效果之间的关系是很明显的。目前我国生产的中高档导轨油、导轨液压油已可以解决许多类型机床，包括龙门铣床、磨床、车床、镗床及滚齿机等的爬行问题
4	加有油性添加剂的各种牌号的导轨油都具有一定防爬能力，并能降低动力消耗
5	静动摩擦系数之差 $\Delta\mu$ 越小，其防爬能力越强。各类油性添加剂的防爬能力有如下的趋势：脂肪酸大于脂肪酸皂类；脂肪酸皂类大于硫化动、植物油；同一种油性添加剂加到不同黏度的基础油中，高黏度的油防爬性能大于低黏度的润滑油
6	实践证明，组成导轨副的材料若选用铸铁与处理好的聚四氧乙烯，则静动摩擦系数之差 $\Delta\mu$ 较小，有很好的防爬效果
7	从根本上讲，若形成流体润滑状态就不会有爬行，所以，可考虑设计使用静压导轨
8	如果机械传动装置运转时不稳定，刚度差，以及电气元件、电子元件的特性差等，还必须采取其他措施，仅依靠导轨润滑油是不能解决由这些因素引起的爬行问题的

第七节　液压系统的润滑

液压系统广泛应用于车辆、飞机、舰船以及工厂、矿山的各种机械设备。虽然各种机械设备液压系统具体构造不尽相同，但均是由动力部分、控制系统、工作部件和辅助装置四大部分构成的。

图 15.7.1 所示为数控机床的液压系统。

液压泵（齿轮泵、叶片泵、柱塞泵、螺杆泵）将原动机输入的机械能转换成液压能，通过控制系统（压力阀、方向阀、流量阀等）输送到执行机构，执行机构中的液压缸（作动筒）将液压能转变为往复运动的机械能，或由液压动力机转换成旋转的机械能，用以操纵工作部件。

在液压系统中液压油是根据帕斯卡原理传递液体的静压能，通过液压系统实现能量传递，推动机械运动。此外，液压油还应具有润滑、冷却、防锈、减震等作用，以保证液压系统在不同的环境及工作条件下长期、有效地进行工作。

图 15.7.1　数控机床的液压系统

一、液压油的重要特殊性能

液压油的主要作用是传递液压能，保证液压系统长期、有效地工作，所以除与一般润滑油相同的性能外，它还必须具备良好的黏温特性、剪切安定性、润滑性、与密封材料的适应性、抗泡沫性和空气释放性、抗乳化性和水解安定性、清洁度等重要的特殊性能，其详细描述见表 15.7.1。

表 15.7.1　液压油的重要特殊性能

序号	特殊性能	详细说明
1	液压油的黏温特性	液压油应具备适当的黏度，以保证系统的阻力小、液压油的漏失少和减少零件的磨损。但由于液压系统启动以后温度要发生变化，所以要求液压油的黏度随温度的变化要小，即黏温特性要好，以满足液压系统在使用温度变化范围内的要求 在使用温度变化范围较宽的场合，必须选用黏度指数较高的液压油，才不至于对液压系统的工作有较大的影响
2	液压油的剪切安定性	含增黏剂的液压油在使用过程中，例如通过泵、阀件和微孔等元件时，在高速剪切下由于增黏剂分子破坏引起黏度下降，同样也使液压油的漏失增加，并影响润滑特性及其他工作性能 在选用时，应注意液压油增黏剂的用量和分子结构，以保证液压油有良好的剪切安定性
3	液压油的润滑性	液压油不仅是液压系统中传递能量的工作介质，而且也是润滑剂。为了使系统中各运动部件磨损尽量减小，液压油应具有良好的润滑性能 液压系统中大部分摩擦副在正常情况下都处于流体润滑状态，液压油应具有适当的黏度来保证润滑、降低磨损。液压系统中的某些液压泵和液压马达在启动和停车时，可能处于边界润滑状态，所以液压油还需满足在边界润滑条件下保证润滑的要求，即液压油中还需加入油性剂和抗磨剂
4	液压油与密封材料的适应性	液压油与各种和它接触的材料之间，互不发生损坏作用和显著影响的性质称为液压油与材料的适应性或相容性 一般来说，液压油应与液压系统中所接触到的各种材料相适应，实际存在的突出问题是液压油与密封材料的适应性问题 液压系统比较普遍采用橡胶密封件，还采用尼龙、塑料、皮革等其他密封材料。选用液压油时，应考虑与液压系统的密封材料的适应性，如果不适应则不能使用此液压油。如果一定要选用某种性能好的液压油，就必须改用其他与之相适应的密封材料
5	液压油的抗泡沫性和空气释放性	液压系统中可能混进空气，空气在液压油中有溶解和掺混两种状态。溶解于油中的空气量与绝对压力成正比，掺混的空气则以气泡状态悬浮于油中 气泡在油中可上升，有的浮至液面时即自行破灭；但有的气泡较稳定，升到液面后聚集为网状气泡，即泡沫层 液压油在系统中要经历低压区至高压区的反复循环。在低压区，油中的细微气泡聚集成较大的气泡，又不能及时从油中释放出去，形成气穴。气穴若出现在管道中会产生气阻，妨碍液压油的流动，严重时会使泵吸空而断流。气穴还会降低液压系统的容积效率，并使系统的压力、流量不稳定而产生强烈的振动和噪声。当气穴随油流进入高压区时，受到压力作用，体积急剧缩小甚至溃灭。当气穴溃灭时，周围液体以高速来填补这一空间，因而发生碰撞，产生局部高温、高压。这种高温、高压如果作用在液压系统零件的表面上，会使表面材料剥蚀，这种现象称为汽蚀 为了减少液压系统中发生的气穴和汽蚀现象，要求油中不容易或尽量少地产生泡沫，并且一旦产生后能迅速消失，要求溶解和分散在油中的气泡应尽快地从油中释放出来。这就要求液压油具有良好的空气释放性和抗泡沫性

续表

序号	特殊性能	详细说明
6	液压油的抗乳化性和水解安定性	如果液压油在工作中有水分进入，在调节装置、泵及其他元件的剧烈搅动下极易形成乳化液，导致油水难以分开，使液压油性能劣化，还促使液压元件锈蚀及液压系统的磨损。所以要求液压油应具有良好的抗乳化性(指油水不容易乳化的能力)和水解安定性(指油水混合时，液压油抵抗与水反应的能力)
7	液压油的清洁度	液压油的清洁度是指液压油无水分及机械杂质 液压油中进入水分后会造成油乳化，有时会发生水解。特别要注意的是，当用硅酸酯或磷酸酯作基础油的液压油遇到水分后，会产生水解，生成相应的酸腐蚀金属零件，因此要求液压油中尽量不要有水分 液压油中若有机械杂质进入液压系统，则容易引起磨料磨损与腐蚀磨损而导致液压元件工作表面的破坏，使液压元件寿命缩短，为了保证液压系统正常工作，延长液压元件的寿命，要求进入液压系统的液压油必须十分清洁，不容许有超过要求的机械杂质。尤其是电液伺服阀，由于伺服阀里的滑阀间隙仅 2～5μm，对液压油的清洁度则提出更高要求，不仅要控制液压油内机械杂质的数量而且要控制机械杂质颗粒直径的大小

二、液压元件的润滑

具有液压系统的任何机械设备，液压系统的润滑都包含着两个方面的内容，即液压元件的润滑和非液压元件的润滑。它们虽不相同，但却相关。液压元件的润滑见表 15.7.2。

表 15.7.2　液压系统的润滑内容

<table>
<tr><th>序号</th><th>润滑内容</th><th colspan="2">详细说明</th></tr>
<tr><td>1</td><td>控制系统润滑</td><td colspan="2">控制系统是由压力、方向、流量等类型控制元件按需要组合成各类回路所形成的系统，各类元件的润滑是该系统的关键
阀类元件的作用不同，但有许多共同之处，表现在以下各方面：结构方面，阀体、阀芯及弹簧相应通路；动作方面，阀芯在油液压力、弹簧力及电磁力的共同作用下相对阀体运动，实现各种通路的切换；摩擦类型方面，阀芯与阀体间的摩擦属滑动摩擦
由于工作介质也是润滑剂，在压力作用下它们渗入到阀体与阀芯的间隙中，足以形成一定的油膜。在正常状态下，这些油膜满足厂润滑要求，但在更多的情况下，因间隙、油液压力、零件加工的精度等原因，阀芯与阀体轴线并不重合，也不平行，所以，阀芯与阀体间的润滑不是一个简单状态，可能处于静压润滑与动压润滑并存、流体润滑与边界润滑交替的润滑状态</td></tr>
<tr><td rowspan="3">2</td><td rowspan="3">执行系统润滑</td><td colspan="2">执行系统主要指向外做功，传递运动或力的活塞缸或油马达系统
油马达即液压马达，其工作原理和结构与油泵系统类似。活塞缸系统由活塞缸体、活塞、活塞杆、端盖、密封及缓冲装置组成。其运动的特点：在液压油的作用下，活塞和活塞杆在缸体内做往复运动；运动的频率、行程随设备的功能不同有很大的差异
活塞与活塞缸体、活塞杆与缸体端盖间存在滑动摩擦，这也是需考虑润滑的部位</td></tr>
<tr><td>活塞杆与缸体端盖</td><td>活塞缸内外有一定压差，为了减少油液泄漏，保证缸体内部压力稳定，在端盖上设置密封元件。它的存在使弹性体摩擦代替了原有活塞杆与端盖间的摩擦。既要保证密封，又不能影响活塞杆的运动，它们间必然存在一定的间隙，加上密封形状(如 O 形密封圈形成的楔形)、油液压力、温度影响、油液黏度的变化等因素，使这里的润滑表现为较为复杂的弹流润滑状态</td></tr>
<tr><td>活塞与活塞缸体</td><td>因为密封要求，设计的活塞较缸体内径小，活塞与缸体无直接接触(但差别不大，形成环形间隙)，摩擦产生在嵌入活塞的密封元件与活塞缸体内壁之间，由于活塞两侧压差很大(为了向外产生足够的推力)，密封元件具有特殊的结构，常用的密封元件有 O 形、V 形及 Y 形密封圈
以 Y 形密封圈(图 15.7.2)为例分析它的密封与润滑。密封圈以唇边与缸体内表面接触，在油液压力作用下，唇边粘贴内壁，贴紧程度与油压密切相关。为减少密封圈与缸体间的摩擦，密封圈后部与缸体间有一间隙，它既有利于油液进入密封部位，又可保证有足够的润滑长度。唇边与缸体内壁间的润滑则依赖于内壁形成的油膜以及唇边变形中的油液的渗入</td></tr>
</table>

续表

序号	润滑内容	详细说明
2	执行系统润滑	图 15.7.2　Y 形密封圈 1—活塞缸体；2—活塞；3—密封元件
3	液压泵润滑	常用的液压泵有齿轮泵、柱塞泵和叶片泵 各类泵的结构不同，但向外提供压力油的基本原理都相同：利用泵体与活动元件形成的密封容积变化，低压时吸油，高压时泵出油。其润滑部位在摩擦副，但因结构差异，摩擦表现及润滑要求也各有不同 齿轮泵：一对齿轮啮合，同时与泵体内壁、两侧端盖组成贮油腔。摩擦存在于两齿轮之间，齿轮外圆与泵体，齿轮端面与端盖之间 柱塞泵：在柱塞与泵体间存在摩擦，斜盘（迫使柱塞移动）与柱塞头部之间存在摩擦 叶片泵：叶片与转子、定子、端盖间存在摩擦，这些摩擦副的润滑剂就是工作油液，要使它们能形成润滑油膜主要靠结构设计，使运动部分有合理的间隙，保证密封及润滑。此外，油液的黏度，以及影响黏度的因素对油膜的形成也有影响

三、非液压元件的润滑

液压系统不是单独存在的，还有相应的其他部分，并有相应的运动，也有相应的润滑问题。机械设备不同，这部分的润滑也各异，但可以划分为两种形式：由液压系统提供润滑和另设润滑系统。单独润滑系统的设置已在前边讲述，本节将介绍一些由液压系统提供非液压元件润滑的例子。

1. M1432A 万能外圆磨床的润滑

图 15.7.3　M1432A 万能外圆磨床

M1432A 万能外圆磨床如图 15.7.3 所示，图 15.7.4 为 M1432A 万能外圆磨床的液压系统图。

液压系统包括三部分：工作油路、控制油路及润滑油路。前两种是液压系统的功能部分。在系统图的右下方及右上方分别表示了导轨润滑及丝杠螺母润滑。

油液自油泵出来后经精过滤器 3，进入组合阀（由节流阀 14 和溢流阀 9 组成）。油液先进入下方的节流阀，再分四路流出，其中一路进入测量压力的换向阀，其余三路分别经可调节流阀进入 V 形导轨、平导轨及砂轮架移动螺母上，满足工作台移动、砂轮架进给的润滑需要。溢流阀的作用是调节，当压力过高时，油液可由此直接返回油箱。

由系统结构可知，导轨和丝杠螺母的润滑属静压润滑形式。

2. 平面磨床的润滑

平面磨床利用静压润滑解决了平面磨头主轴的润滑以及导轨润滑问题。图 15.7.5 为 M7140 平面磨床。

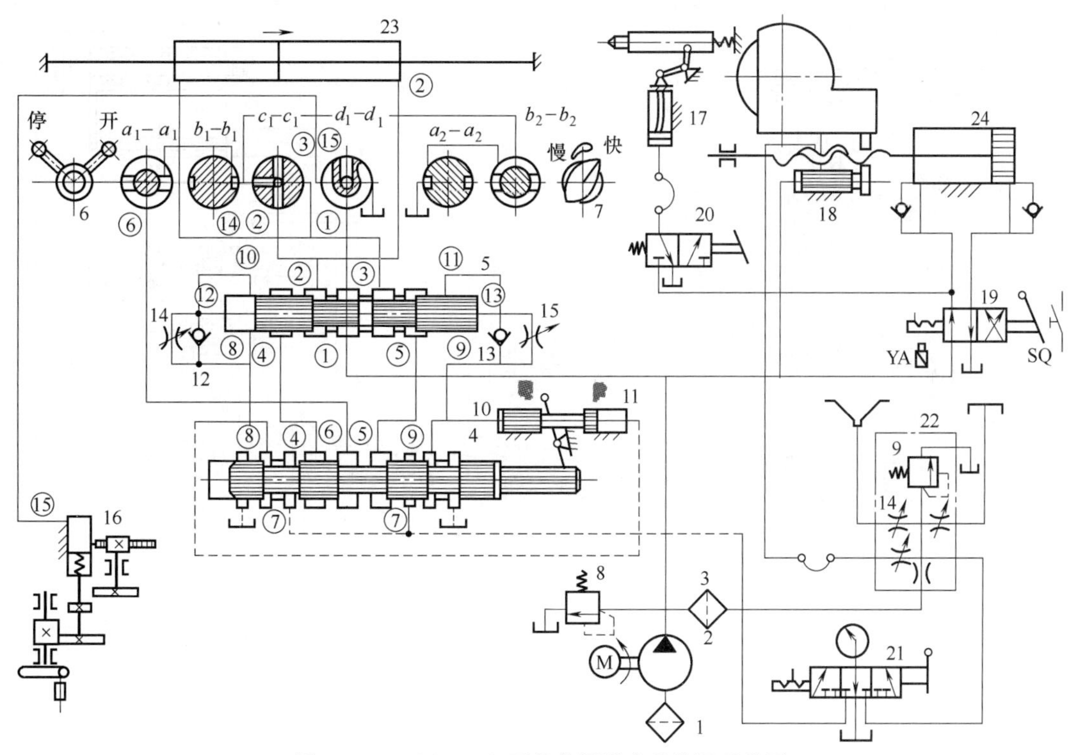

图 15.7.4　M1432A 万能外圆磨床的液压系统图

1,3—过滤器；2—定量泵；4—先导阀；5—换向阀；6—开停阀；7—节流阀；8,9—溢流阀；10,11—抖动缸；12,13—单向阀；14,15—节流阀；16—手摇机构液压缸；17—尾架液压缸；18—柱塞缸；19—手动换向阀；20—脚踏式换向阀；21—手动换向阀；22—润滑油稳定器；23—工作台液压缸；24—快速进退液压缸；YA—电磁铁；SQ—行程开关；①～⑮—油路

(1) 磨头静压轴承　如图 15.7.6 所示，磨头 25 包含砂轮、主轴静压轴承等部分。使用中，砂轮高速旋转，平稳，无振动（否则影响磨削质量）。静压轴承原理如下：

图 15.7.5　M7140 平面磨床

带动油泵 1 的电机同时带动双泵 19。

双泵启动后，同时向磨头部分和水银开关供油。油液经过滤器 23 后直接进入静压轴承，回油经双泵，再进入水银开关。

水银开关的作用：油液进入水银开关，内部浮筒上升，推动杠杆，接通使磨头主轴转动的电机线路，为磨头启动作好准备。此时，接通电源，砂轮可转动。若油液不足，则润滑不良，磨头不能启动。所以，水银开关是磨头润滑的安全开关。

若系统油液太多，可用旁路节流阀 24 放回油箱。

(2) 床身导轨润滑　主泵 1 将油液泵入精滤器 22 后进入跳动阻尼阀，经可调节流阀后，分别从相关油路到达平导轨和 V 形导轨。稳定器 4 起稳压作用，压力过高可经单向阀返回油箱。上部调节螺钉可调节稳定器压力。

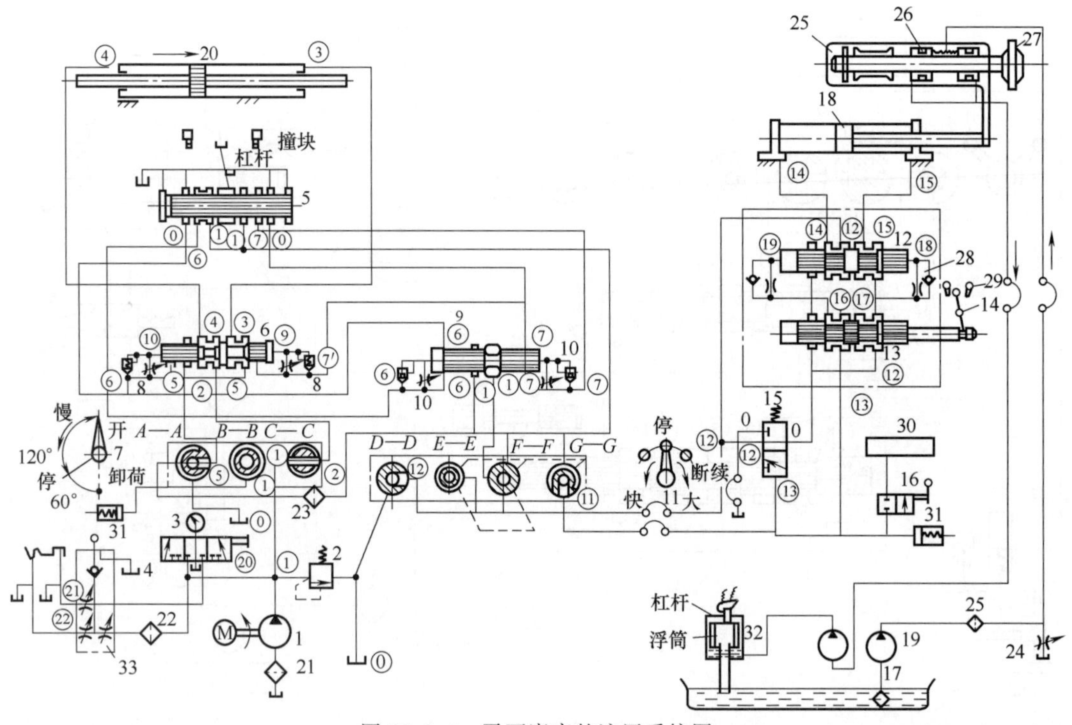

图 15.7.6　平面磨床的液压系统图

1—齿轮泵；2—溢流阀；3—压力表开关；4—润滑油稳定器；5—先导阀；6—工作台液动换向阀；7—工作台开停节流阀；8,10—单向节流阀；9—磨头进给阀；11—磨头进刀开停节流与选择阀；12—磨头液动换向阀；13—磨头先导阀；14—换向杠杆；15—互通阀；16—手柄式操纵阀；17,21～23—过滤器；18—磨头液压缸；19—双联齿轮泵；20—工作台液压缸；24—节流阀；25—磨头；26—轴承；27—砂轮；28—单向节流阀；29—磨头撞块；30—磨头导轨润滑；31—磨头手摇机构液压缸；32—水银开关装置；33—跳动阻尼阀

(3) 磨头导轨润滑　手柄式二位二通操纵阀 16 控制磨头导轨的润滑。油液来自主泵，经开停阀进入换向阀。磨头工作时，手动换向进入润滑状态。

如前所述，液压系统的润滑分别由液压系统的功能油路、专用润滑油路承担。

功能油路，即工作油路和控制油路，是系统的主要油路，具有封闭性和复杂性，使故障的诊断难度加大。由于润滑故障与系统的其他故障伴随产生，所以要准确判断是润滑故障还是其他故障则更加困难。实际上，润滑不良与系统其他故障有一定的因果关系，即润滑不良产生的故障必然诱发液压元件在功能上、动作上的故障。

第八节　主轴的润滑

数控机床主轴部件是影响机床加工精度的主要部件，它的回转精度影响工件的加工精度；它的功率和回转速度影响加工效率；它的自动变速、准停和换刀等影响机床的自动化程度。因此，要求主轴部件具有与本机床工作性能相适应的高回转精度、刚度、抗震性、耐磨性和低的温升。在结构上，必须很好地解决刀具和工件的装夹、轴承的配置、轴承间隙的调整和润滑密封等问题。

图 15.8.1 为一种常用的主轴自动润滑器。

主轴应根据数控机床的规格、精度采用不同的主轴轴承。一般中、小规格的数控机床的主轴部件多采用成组高精度滚动轴承，重型数控机床采用液体静压轴承，高精度数控机床采用气体静压轴承，转速达20000r/min的主轴采用磁力轴承或氮化硅材料的陶瓷滚珠轴承。

注意：导轨润滑油和主轴润滑油的区别在于黏度，导轨润滑油的黏度高于主轴润滑油。

图15.8.1　主轴自动润滑器

一、主轴的润滑方式

为了保证主轴有良好的润滑，减少摩擦发热，同时又能把主轴组件的热量带走，通常采用循环式润滑系统。用液压泵供油强力润滑，在油箱中使用油温控制器控制油液温度。现在许多数控机床的主轴采用高级锂基润滑脂封闭方式润滑，每加一次油脂可以使用7～10年，简化了结构，降低了成本，且维护保养简单，但是需要防止润滑油和油脂混合，通常采用迷宫式密封方式。为了适应主轴转速向更高速化发展的需要，新的润滑冷却方式被相继开发出来。这些新的润滑冷却方式不仅要减少轴承温升，还要减少轴承内、外圈的温差，以保证主轴热变形小。主轴的润滑方式见表15.8.1。

表15.8.1　主轴的润滑方式

序号	润滑方式	详细说明
1	油气润滑方式	这种润滑方式近似于油雾润滑方式，所不同的是，油气润滑是定时、定量地把油雾送进轴承空隙中，这样既实现了油雾润滑，又不至于使油雾太多而污染周围空气；油雾润滑则是连续供给油雾 使用油气润滑系统的主轴称为油气润滑型主轴。油气润滑型电主轴选用多路、大气量、少油润滑系统，其润滑油是应用微机控制定量泵定时定量供给的，因此可大大减少电主轴高速旋转时的油耗。主轴轴承发热程度大幅度降低，主轴的d_{mn}值得以进一步提升。一般来说，同型号轴承采用油气润滑可比油雾润滑速度提升15%～20%，属各类主轴中可达转速最高的主轴。由于油气润滑型主轴用气量大，用油量少，故可以有效地减轻或避免对环境的污染。采用油气润滑的主要技术参数为：气源进气压力0.35～0.4MPa，油黏度为20～50mm^2/s，电源电压为220V(单相)，功率为60W，油杯容量为2～4L，定量泵每动作一次为0.2～1.0mL，定量元件0.025mL/次
2	喷注润滑方式	它是用较大流量(每个轴承3～4L/min)的恒温油喷注到主轴轴承，以达到润滑冷却的目的。需要特别指出的是，较大流量的油不是自然回流，而是用排油泵强制排油。采用专用高精度大压力润滑油通过密封的润滑管道进入轴承工作区域使之得以充分润滑的电主轴称之为喷油润滑型电主轴。由于这种形式的电主轴轴承能承受长久性的持续不断的润滑，其轴承润滑效果极佳，因此能获得很高的转速因数，高速性好。但这种电主轴必须依靠一套完整的密闭的供油系统来维持工作，故不宜用于常规生产实践中
3	油脂润滑方式	速度因数d_{mn}值不甚高的主轴可选用油脂润滑。由于油脂型主轴是一次性装脂供使用的，因此其使用寿命有限，通常在满速运行状态下两班倒可用三个月。油脂建议使用润滑性能优异的润滑脂。填充量约为轴承空隙的1/6。在填充油脂时，应注意周边环境的清洁度和成组轴承的排列次序。油脂润滑油型主轴在高速旋转时无气流阻隔主轴前端冷却水的侵入，因此要加装气密封

续表

序号	润滑方式	详细说明
4	油雾润滑方式	速度因数 d_{mn} 值较高的主轴应选用油雾润滑。油雾润滑是指主轴润滑油经压缩空气从油杯中压出，在输油管内成微雾随压缩空气一起喷入轴承工作区，使主轴轴承得到充分润滑和冷却。油雾润滑型电主轴连续不间断润滑，因此在满速运行状态下，两班倒可使用5～6个月。油品建议使用7号主轴油或32号汽轮机油，油雾器可选用二次雾化器，进气压力控制在0.3MPa左右，用油量为80～90滴/min。油雾润滑型主轴油雾废气无法集中排除，因此对环境有所污染。非全封闭设备，无环境保护措施的工厂，应谨慎使用

主轴油长期使用不会渍垢及变色，可延长机械设备的使用寿命，不必频繁换油保养设备，降低维护成本。主轴油特性见表15.8.2。

表15.8.2　数控机床主轴油的特性

序号	主轴油特性	详细说明
1	润滑性	主轴油内含多种减磨抗磨添加剂，虽然黏度低，但依然可在主轴各零件表面形成有效润滑，能有效地保护使之不被磨损。良好的抗氧化性能使其在密闭循环系统内不会产生沉渍物，杜绝由此而产生的对定子及轴承的磨损，确保设备精度始终如一
2	防锈性	主轴油具有良好的防锈性及防腐蚀性，可有效抑制由于水分的入侵而对设备造成的锈蚀
3	冷却性	设备运行使用主轴油具有极佳散热性能，可快速带走主轴由于在超高速运转时所产生的热量
4	清洁性	主轴油即使在严苛条件下长期24h运转亦不会形成油泥和沉渍物，杜绝由此而产生的对主轴的磨损，并具有良好的溶解及冲洗能力。该项特性对于精密机床的心脏——主轴至关重要，确保设备精度始终如一，提供最佳的加工精度

二、主轴的防泄漏措施

在密封件中，被密封的介质往往是以穿漏、渗透或扩散的形式越界泄漏到密封连接处的另一侧。造成泄漏的基本原因是流体从密封面上的间隙中溢出，或是由于密封部件内外两侧密封介质的压力差或浓度差，致使流体向压力或浓度低的一侧流动。图15.8.2所示为卧式加工中心主轴前支承的密封结构，采用的是双层小间隙密封装置。主轴前端车出两组锯齿形护油槽，在法兰盘4和5上开沟槽及泄漏孔，当喷入轴承2内的油液流出后被法兰盘4内壁挡住，经过其下部的泄油孔9和套筒3上的回油斜孔8流回油箱，少量油液沿着主轴6流出时，主轴护油槽在离心力的作用下被甩至法兰盘4的沟槽内，经过回油斜孔8重新流回油箱，达到了防止润滑介质泄漏的目的。

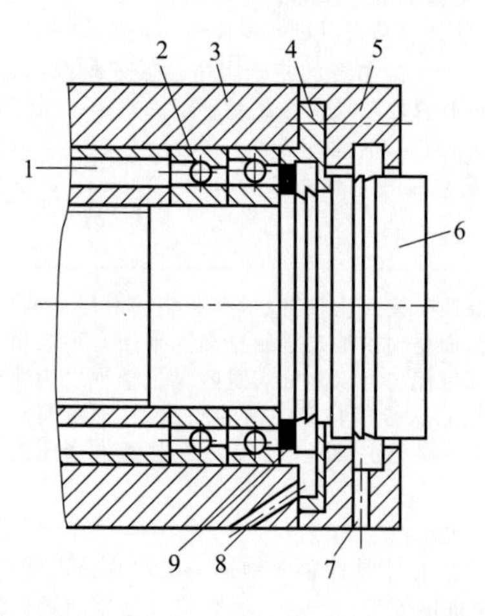

图15.8.2　主轴前支承的密封结构

1—进油口；2—轴承；3—套筒；4,5—法兰盘；6—主轴；7—泄漏孔；8—回油斜孔；9—泄油孔

当外部切削液、切屑及灰尘等沿主轴6与法兰盘5之间的间隙进入时，可经法兰盘5的沟槽由泄漏孔7排出。少量的切削液、切屑及灰尘进入前锯齿沟槽，在主轴6高速旋转的离心力的作用下仍被甩至法兰盘5的沟槽内，由泄漏孔7排出，达到了主轴端部密封的目的。要使间隙密封结构能在一定

的压力和温度范围内具有良好的密封防泄漏性能，必须保证法兰盘 4 和 5 与主轴及轴承端面的配合间隙符合如下条件：

① 法兰盘 4 与主轴 6 的配合间隙应控制在 0.1～0.2mm（单边）。如果间隙偏大，则泄漏量将按照间隙的 3 次方扩大；若间隙过小，由于加工及安装的误差，容易与主轴局部接触使主轴局部升温并产生噪声。

② 法兰盘 4 内端与轴承端面的间隙应控制在 0.15～0.3mm。小间隙可使液压油直接被挡住并沿法兰盘 4 内端面下部的泄油孔 9 经回油斜孔 8 流回油箱。

③ 法兰盘 5 与主轴的配合间隙应控制在 0.15～0.25mm（单边）。间隙太大，进入主轴 6 内的切削液及杂物会显著增多；间隙太小，则容易与主轴接触。法兰盘 5 沟槽深度应大于 10mm（单边）；泄漏孔 7 的直径应大于 6mm，并位于主轴下端靠近沟槽内壁处。

④ 法兰盘 4 的沟槽深度应大于 12mm（单边），主轴上的锯齿尖而深，一般为 5～7mm，以确保具有足够的甩油空间。法兰盘 4 处的主轴锯齿向后倾斜，法兰盘 5 处的主轴锯齿向前倾斜。

⑤ 法兰盘 4 上的沟槽与主轴 6 上的护油槽对齐，以保证被主轴甩至法兰盘沟槽内腔的油液能可靠地流回油箱。

⑥ 套筒前端的回油斜孔 8 及法兰盘 4 泄油孔 9 的流量为进油口 1 的 2～3 倍，以保证液压油能顺利地流回油箱。

主轴的密封形式分为接触式和非接触式，图 15.8.3 所示是几种非接触密封的形式。图 15.8.3（a）所示为利用轴承盖与轴的间隙密封，轴承盖的孔内开槽是为了提高密封效果，这种密封用在工作环境比较清洁的油脂润滑处；图 15.8.3（b）所示是在螺母的外圆上开锯齿形环槽实现密封，当油向外流时，靠主轴转动的离心力把油沿斜面甩到端盖 1 的空腔内，油液流回箱内；图 15.8.3（c）所示是迷宫式密封结构，其在切屑多、灰尘大的工作环境中可获得可靠的密封效果，这种结构适用于油脂或油液润滑的密封。采用非接触式的油液密封方式时，为了防漏，重要的是保证回油能尽快排掉，保证回油孔的畅通。

接触式密封主要有油毡圈和耐油橡胶密封圈密封两种方式，如图 15.8.4 所示。

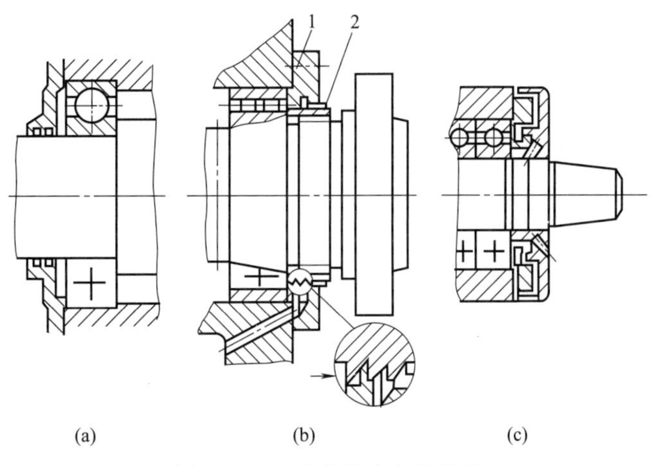

图 15.8.3　非接触密封的形式

1—端盖；2—螺母

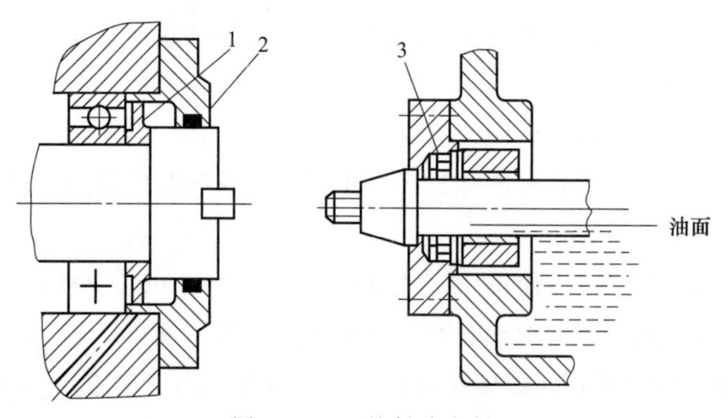

图 15.8.4　接触式密封

1—甩油环；2—油毡圈；3—耐油橡胶密封圈

第九节　润滑系统的故障与维修

一、润滑系统常见故障及其诊断方法

润滑系统并不像液压系统、进给传动系统、伺服系统有复杂的电气结构，表 15.9.1 为润滑系统常见故障及其诊断维修方法。

表 15.9.1　润滑系统常见故障及其诊断维修方法

序号	故障内容	故障原因	排除方法
1	润滑泵压力不足	油箱空	向油箱内补油，启动润滑循环，直到各润滑点注油正常
		润滑脂内有气泡	启动润滑循环，松开安全阀与主管路的连接，直到润滑脂中没有气泡
		泵芯的进油口被堵塞	取出泵芯，检查泵芯进油口的杂物并清理
		泵芯磨损	更换泵芯
		泵芯的单向阀失效或堵塞	更换或清洗泵芯
2	递进式分配器下游管路堵塞	分配器堵塞	更换分配器或按照手册清理
		分配器到润滑点的管路堵塞或轴承堵塞	清理管路的堵塞或检查并清理轴承
3	泵运行，但是注油器不动作	系统压力低	确保泵的气压或液压压力设置正确
			主管有泄漏，检查并排除泄漏
			注油器磨损或损坏，修理或更换注油器
		油箱空	向油箱内补油
		泵或主管路内有空气	对泵或主管路进行排气
4	泵运行，只有部分注油器动作	系统压力低	增加系统压力，并检查离泵最远处的注油器的压力
		油箱空	向油箱内补油
		泵或主管路内有空气	对泵或主管路进行排气
		系统没有完全卸压	在间歇时间检查系统压力，保证系统压力低到足够所有注油器再循环
		系统上安装了错误类型的注油器	确保所有注油器都是正确的
5	润滑泵吸油不足	润滑油泵工作不好	调整润滑油泵，直至满足工作要求
		润滑油贮量(润滑油盘内)不足	及时补充润滑油
		润滑油吸油浮子堵塞	检查并清理吸油浮子
		齿轮与泵壳间隙过大	调整齿轮与泵壳的间隙

续表

序号	故障内容	故障原因	排除方法
6	润滑油泵压力表/灯异常	无压力指示	检查油泵电源，检查压力指示信号线
		开机即显示最大压力值	适当放油
		润滑油压力报警指示灯不亮	检查指示灯信号线
		润滑油压力指示灯不熄灭	检查信号线、润滑油油量，适当放油

二、润滑油常见故障及其诊断维修方法

润滑油常见故障及其诊断维修方法见表15.9.2。

表15.9.2　润滑油常见故障及其诊断维修方法

序号	故障内容	故障原因	排除方法
1	润滑油黏度不足	润滑油黏度标号低	更换黏度标号更高的润滑油
		润滑油劣化(混有其他油或水分)	更换清洁的润滑油
		润滑油温度过高	检查油泵系统各个位置间隙，检查热源
2	润滑油油压过低	润滑油油位低	将润滑油添加到正确油位
		量表、报警灯或传感器不准确	检查和按需要更换
		润滑油温度过高	修复发动机过热问题
		由于稀释、质量差或等级不对而导致润滑油过稀	排干并用推荐的润滑油加注曲轴箱
		润滑油压力卸压阀弹簧软或卡在打开位置	卸下并检查润滑油压力卸压阀总成
		润滑油进口管和滤网总成堵塞或漏气	拆下并检查润滑油进口管和滤网总成(向进口管中注入稀释剂来找到泄漏)
		润滑油泵间隙过大	检查并按需要更换
		主轴承、连杆轴承或凸轮轴轴承间隙过大	测量轴承间隙，按需要进行维修
3	润滑油压力过高	润滑油牌号选择不当，黏度过高	排干润滑油，重新充入正确黏度的润滑油
		润滑油压力表或发送单元不正确	检查并按需要更换
		润滑油压力卸压阀卡在关闭位置	拆开并检查润滑油卸压阀总成
		润滑泵衬垫断裂或安装不到位	更换衬垫
		油泵内限压阀失灵	更换限压阀
		气缸体润滑油道堵塞，阻碍润滑油流动	清理润滑油道堵塞物
		主轴承或连杆轴承间隙过小，影响润滑油流动	调整主轴承或连杆轴承间隙，如无效则更换小一号轴承
		滤油器滤芯堵塞，旁路阀开启困难	清理滤油器滤芯
		润滑油压力表或传感器工作不良	更换传感器
4	润滑油压力突然升高	润滑油滤清器滤芯突然堵塞	清理润滑油滤清器滤芯
		旁路阀弹簧过紧或过硬	调整弹簧，如无效则更换弹簧
		润滑系统油道突然堵塞	清理润滑油道堵塞物
		润滑油等级选择不当，达到临界点	更换适合等级的润滑油
5	润滑油泄漏	缸盖罩RTV密封胶断裂或涂抹不到位	更换密封胶；检查缸盖罩密封胶凸缘和缸盖密封胶表面是否变形或破裂
		润滑油滤清器盖泄漏或脱落	更换滤清器盖
		润滑油滤清器衬垫断裂或安装不到位	更换润滑油滤清器
		油底壳侧衬垫断裂、安装不到位或RTV密封胶断裂	更换衬垫或修理密封胶的开裂；检查油底壳衬垫凸缘是否变形
		油底壳前油封断裂或安装不到位	更换油封；检查正时齿轮室盖和油底壳油封凸缘是否变形
		油底壳后油封断裂或安装不到位	更换油封；检查油底壳后油封凸缘；检查后主轴承盖是否断裂，润滑油返回通道是否堵塞或油封是否变形

续表

序号	故障内容	故障原因	排除方法
5	润滑油泄漏	正时齿轮室盖油封断裂或安装不到位	更换油封
		由于PCV阀阻塞导致曲轴箱压力过大	更换PCV阀
		油底壳放油塞松动或螺纹刮伤	根据需要进行修理并拧紧
		油道塞松动	在油道塞上涂上适当的密封胶并拧紧
6	润滑油消耗过大	润滑油油位过高,检查是否被污染(混有其他油、水分、冷却液)	将润滑油排放到规定的油位
		使用的润滑油黏度不对	更换为规定的润滑油
		PCV阀卡在关闭位置	更换PCV阀
		密封圈断裂或脱落	更换密封圈
		密封圈磨伤	
		密封圈环隙不正确	测量密封圈环隙,按需要进行修理
		密封圈密封在槽中卡住或过送	测量密封圈侧隙,按需要进行修理
		密封圈隙交错不正确	按需要进行修理
		主轴承或连杆轴承间隙过大	测量轴承间隙,并按需要进行修理
7	润滑油变质	润滑油使用时间过长,在高温和氧化作用下形成氧化聚合物	更换润滑油
		密封圈漏气	更换密封圈
		通风不良,润滑油中混杂其他油	增加通风,并且保持注入润滑油的单一性
		泵体有裂纹,冷却水渗漏入油底壳	更换油泵(注意:油泵有裂纹必须更换,不可带病作业)
		泵膜片破裂,其他油进入油底壳	更换油泵膜片
		润滑油滤清器过脏堵塞或密封不好使润滑油短路	清理滤清器
		润滑油路阻塞	清理润滑油路堵塞物
8	润滑油冒烟	密封圈磨损或损坏,或密封圈装反	更换密封圈,注意安装方向
		导管磨损过甚,润滑油从配合间隙处大量溢出	检查润滑油滤清器有无渗漏,润滑油管有无破裂漏油现象
		润滑油的黏度过低,易上窜,且油膜薄,易被磨损,且黏度低的润滑油易挥发	更换黏度更高的润滑油
		通风装置堵塞,使泵内气体压力和润滑油的温度升高	检查曲轴箱的通风装置有无堵塞现象

第十六章　其他装置的故障诊断与维修

第一节　卡　　盘

一、卡盘的结构及分类

卡盘一般由卡盘体、活动卡爪和卡爪驱动机构三部分组成，如图 16.1.1 所示。卡盘体直径最小为 65mm，最大可达 1500mm，中央有通孔，以便通过工件或棒料；背部有网柱形或短锥形结构，直接或通过法兰盘与机床主轴端部相连接。卡盘通常安装在车床、外圆磨床和内圆磨床上使用，也可与各种分度装置配合，用于铣床和钻床上。

图 16.1.1　卡盘及其组成

卡盘按驱动卡爪所用动力不同，分为手动卡盘和动力卡盘两种。手动卡盘为通用附件。常用的有自动定心式的三爪卡盘和每个卡爪可以单独移动的四爪卡盘。三爪卡盘由小锥齿轮驱动大锥齿轮，大锥齿轮的背面有阿基米德螺旋槽与三个卡爪相啮合。因此，用扳手转动小锥齿轮，便能使三个卡爪同时沿径向移动，实现自动定心和夹紧，适用于夹持圆形、正三角形或正六边形等工件。四爪卡盘的每个卡爪底面有内螺纹与螺杆连接，用扳手转动各个螺杆便能分别使相连的卡爪做径向移动，适用于夹持四边形或不对称形状的工件。动力卡盘多为自动定心卡盘，配以不同的动力装置（气缸、液压缸或电动机），便可组成气动卡盘、液压卡盘或电动卡盘。气缸或液压缸装在机床主轴后端，用穿在主轴孔内的拉杆或拉管推拉主轴前端卡盘体内的楔形套，由楔形套的轴向进退使三个卡爪同时径向移动。这种卡盘动作迅速，卡爪移动量小，适用于在大批量生产中使用。上述几种卡盘示意结构见表 16.1.1。

表 16.1.1　卡盘的类型

序号	名称	结构图
1	三爪自动定心卡盘	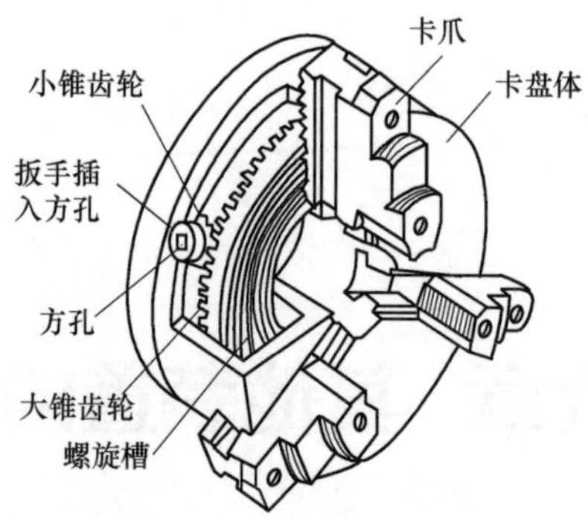
2	四爪单动卡盘	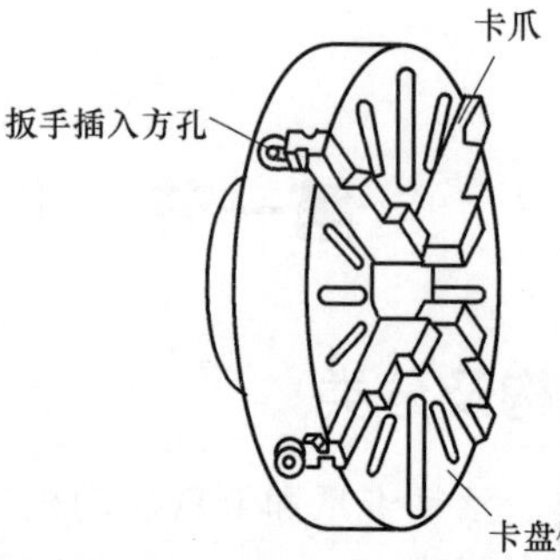
3	楔形套式动力卡盘	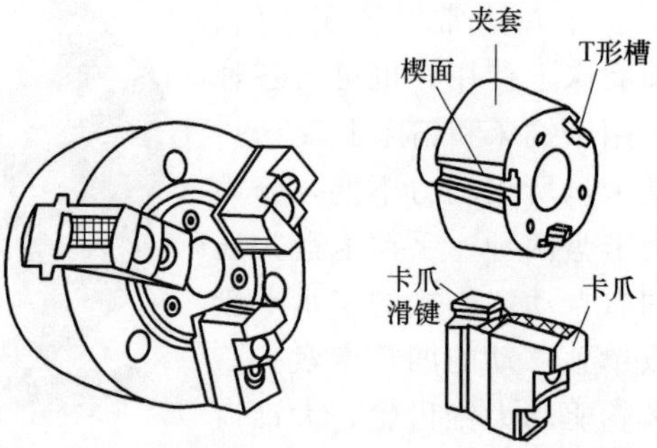

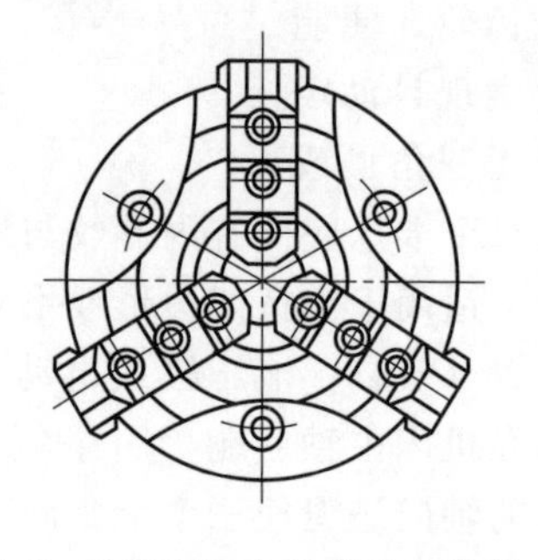

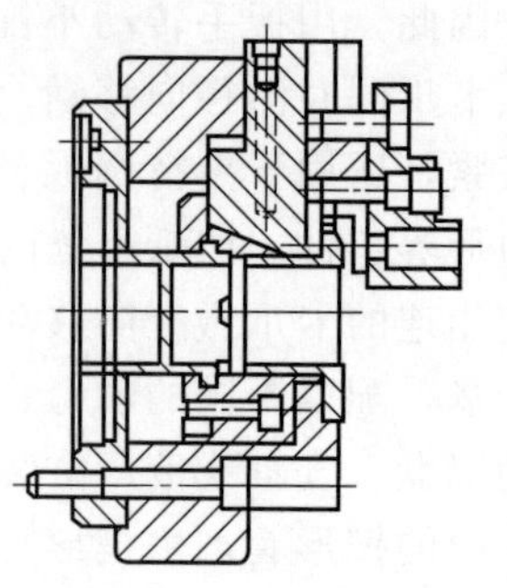

图 16.1.2　KEF250 中空式动力卡盘

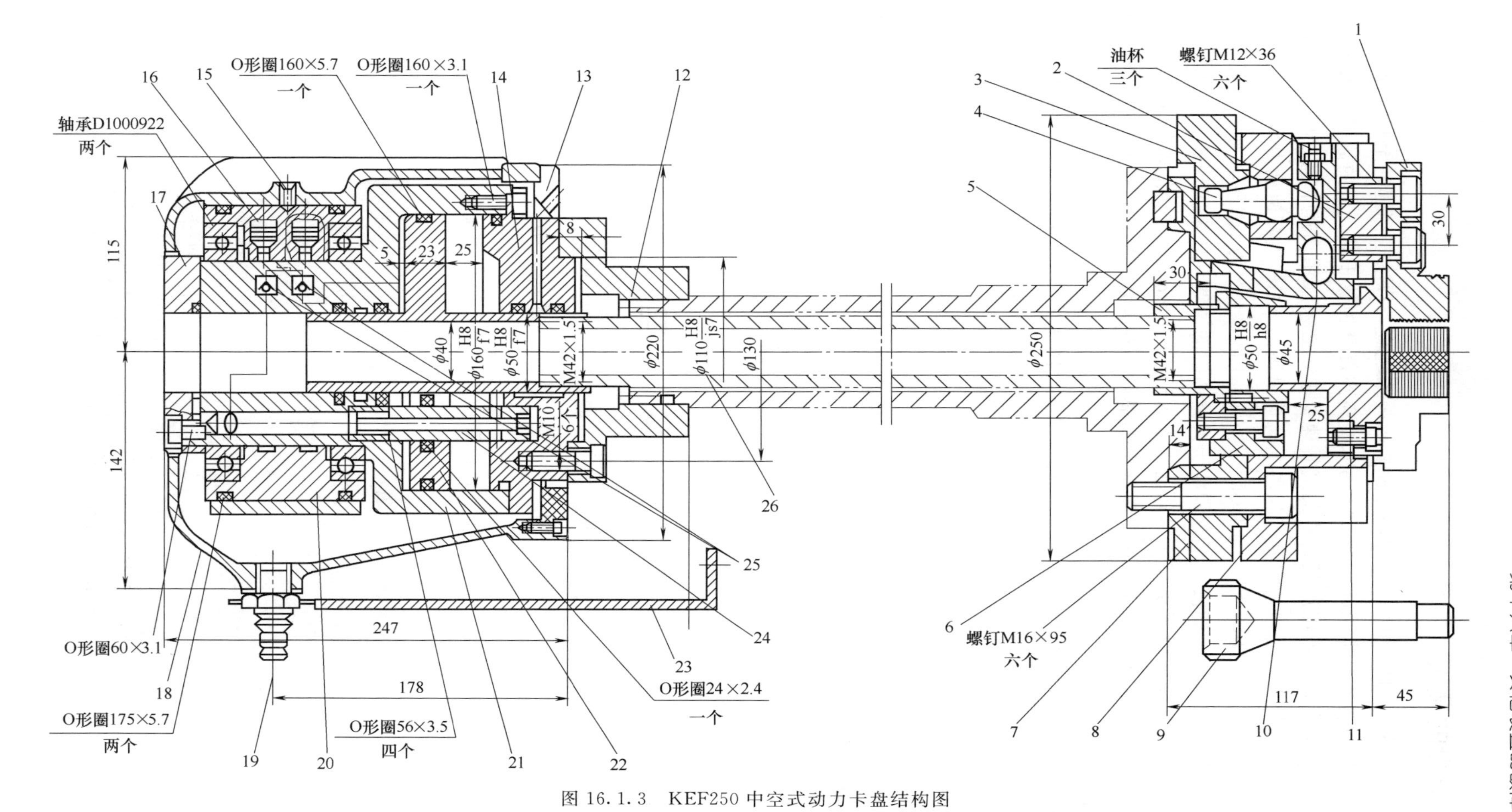

图 16.1.3　KEF250 中空式动力卡盘结构图

1—卡爪；2—T 形块；3—平衡块；4—杠杆；5—连接螺母；6—滑体；7,12—法兰盘；8—盘体；9—扳子；10—卡爪座；11—防护盘；13—前盖；14—油缸盖；15—紧定螺钉；16—压力管接头；17—后盖；18—罩壳；19—漏油管接头；20—导油套；21—液压缸；22—活塞；23—防转支架；24—导向杆；25—安全阀；26—中空拉杆

二、卡盘的调试

为提高数控车床的生产率，对主轴转速要求越来越高，以实现高速甚至超高速切削。现在数控车床的最高转速已由1000～2000r/min提高到每分钟数千转，有的数控车床甚至达到10000r/min。普通卡盘已不能胜任这样的高转速要求，必须采用高速卡盘。早在20世纪70年代中期，德国福尔卡特公司就研制了世界上转速最高的KGF型高速动力卡盘，其试验转速达到了10000r/min，实用速度达到了8000r/min。图16.1.2为KEF250中空式动力卡盘，卡盘的松夹是靠用拉杆连接的液压卡盘和液压夹紧油缸的协调动作来实现的。卡盘配带梳齿坚硬卡爪和软爪各一副，适用于高速（转速小于等于4000r/min）全功能数控车床上进行各种棒料、盘类零件的加工。由于高速卡盘基本上都采用液压系统操作，通常也将这种卡盘称为液压卡盘。

图16.1.3为KEF250中空式动力卡盘结构图，图中右端为KEF250型卡盘，左端为P24160A型液压缸。这种卡盘的动作原理是：当液压缸21的右腔进油使活塞22向左移动时，通过与连接螺母5相连接的中空拉杆26，使滑体6随连接螺母5一起向左移动，滑体6上有三组斜槽分别与三个卡爪座10相啮合，借助10°的斜槽，卡爪座10带着卡爪1向内移动夹紧工件。反之，当液压缸21的左腔进油使活塞22向右移动时，卡爪座10带着卡爪1向外移动松开工件。当卡盘高速回转时，卡爪组件产生的离心力使夹紧力减小。与此同时，平衡块3产生的离心力通过杠杆4（杠杆力肩比2∶1）变成压向卡爪座的夹紧力，平衡块3越重，其补偿作用越大。为了实现卡爪的快速调整和更换，卡爪1和卡爪座10采用端面梳形齿的活爪连接，只要拧松卡爪1上的螺钉，即可迅速调整卡爪位置或更换卡爪。

第二节　尾　　座

数控车床尾座作为加工常用的辅助设备，一般有以下几点用途：安装时利用尾座调整车床精度；使用尾座可以钻孔，打中心孔，加工长轴可以顶着另一端；利用尾座可以车偏心轴。

车床尾座在加工中起着支撑、钻孔、定位等重要作用，而在传统加工中尾座的每一个动作都是靠操纵者手动完成的，对于不同操纵者以及不同的操作方式对加工结果有很大的误

图16.2.1　传统尾座

差，这也使得加工过程繁杂，大大降低了加工效率和质量，对于这一情况，对机床尾座采用液压自动控制，实现其自动化操作。

图 16.2.1 为传统尾座，图 16.2.2 为液压尾座。

图 16.2.2　液压尾座

一、传统尾座的概述

图 16.2.3 为传统尾座结构图，图 16.2.4 为传统尾座主轴卡紧结构图，表 16.2.1 描述了传统尾座的缺点。

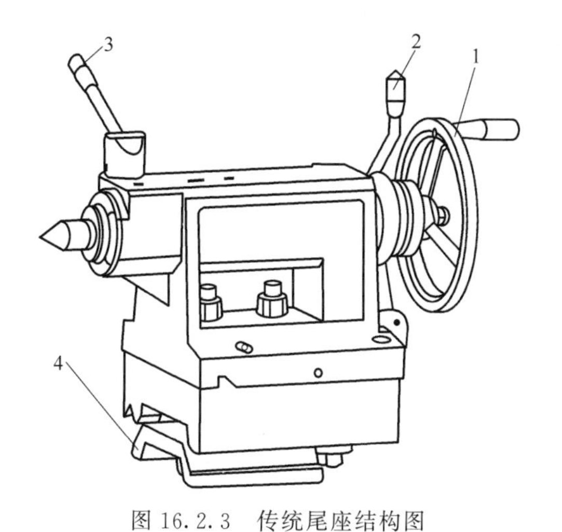

图 16.2.3　传统尾座结构图

1—主轴手轮；2—尾座固定手柄；3—主轴卡紧手柄；4—尾座底板

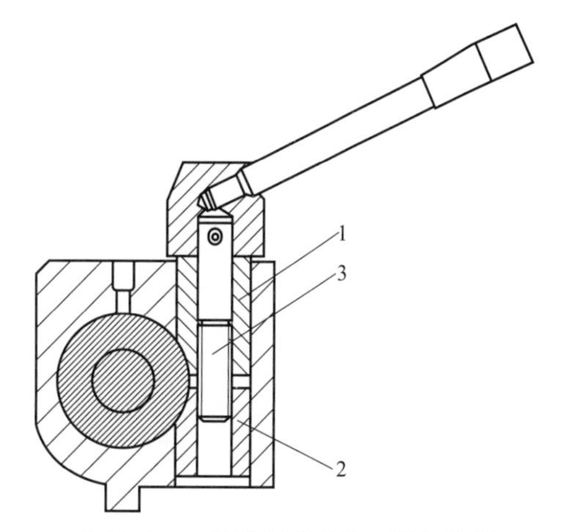

图 16.2.4　传统尾座主轴卡紧结构图

1—上闸块；2—下闸块；3—螺杆

表 16.2.1　传统尾座的缺点

序号	传统尾座的缺点	详细说明
1	尾座移动困难	传统尾座使用的是床身硬轨，由于滑动摩擦力较大，使得尾座在移动时比较费劲，需要加工人员在尾座后端用力推尾座才能使之移动。对于全封闭防护的机床和力气小的工人操作机床非常不方便
2	尾座主轴伸缩手轮的位置不当	如图 16.2.3 所示，传统尾座主轴伸缩的控制手轮在尾座的后端，而尾座又在整个机床的尾部。这样要控制主轴进行顶件和钻孔、铰孔等操作，就需要加工人员远离加工区或者伸长手臂进行操作，一方面不利于观察加工效果，另一方面难以用力旋转手轮
3	尾座整体固定手柄的位置不当	如图 16.2.3 所示，尾座整体固定手柄的位置在尾座的后端，通过推动手柄使底部压板压紧导轨底面，从而达到固定尾座的目的。这种卡紧方式结构复杂，床身大件需要导轨面较多，成本高，造价贵，工人在固定尾座时操作也不是很方便
4	尾座主轴卡紧方式不当	如图 16.2.4 所示，尾座主轴的卡紧是采用上下两个闸块，用螺杆旋转进行卡紧的，卡紧部位面积小，卡紧力大，两个闸块的弧度与尾座主轴不一致，长时间使用会造成尾座主轴的研伤，影响尾座的使用和精度

二、液压尾座的结构

数控车床尾座采用液压控制代替传统的手动式控制。数控车床的液压系统用于机床的工件夹紧、夹紧保护，顶针采用注油润滑。液压控制采用变量泵供油，系统压力为7MPa，由减压阀调节所需的压力，压力根据加工的需要调节。为保证机床在工件预紧和尾座套筒锁紧后再开始切削加工，在进给油路上接有电接点压力表，当压下工件的压力达到所需压力时压力表发出信号，机床才能进行切削加工。图16.2.5为液压尾座结构图。表16.2.2为液压尾座结构详细说明。

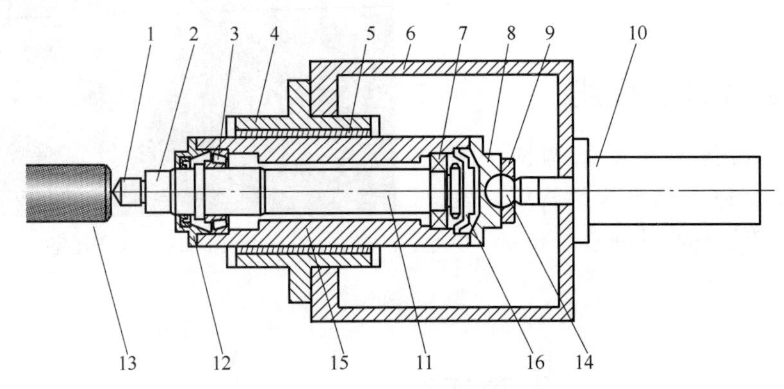

图16.2.5　液压尾座结构图

1—回转顶尖；2—尾座轴；3—圆锥滚子轴承；4—尾座法兰；5—滑套；6—尾座箱体；7—深沟球轴承；8—第二端盖；9—连接卡盘；10—液压缸；11—动力轴；12—第一端盖；13—工件；14—球头顶端；15—套筒；16—预紧螺母

表16.2.2　液压尾座的结构

序号	液压尾座结构	详细说明
1	主体结构	数控车床液压尾座结构包括尾座主体及设置于尾座主体中的套筒，尾座主轴采用前后支承结构，前端用一个双列滚子轴承和一个双向推力角接触轴承，后端用一个双列滚子轴承，前后端轴承装在套筒内，尾座主轴能在尾座套筒内的轴承上转动，顶尖装在尾座主轴上
2	液压结构	数控车床尾座采用液压控制机构，套筒中设有主轴，一端与顶紧工件的顶针连接，顶针部设有突出的顶针定位部分，顶针定位部分设置在主轴定位孔中，顶针再通过螺钉固定在主轴的端面上，套筒和顶针可以在尾座主体上左右移动来夹紧和松开工件，套筒在靠近顶针一端设有支撑主轴另一端的双列圆柱滚子轴承。主轴设置在双向推力角接触球轴承、双列圆柱滚子轴承及另一双列圆柱滚子轴承之间，主轴的支承结构采用前后端轴承支承，具有刚性强、夹紧牢固可靠的特点。尾座主体在套筒的轴向上连接有一可推动套筒水平移动的顶紧推杆，顶紧推杆与设置于尾座主体轴向一端部的顶紧油缸连接，尾座主体在套筒的径向上连接有一可在径向压紧套筒的压紧块，压紧块与设置于尾座主体径向外侧的锁紧油缸连接。在尾座主体径向且靠近顶针一侧设有开口，压紧块设置于开口中，压紧块与锁紧推杆连接，锁紧推杆再与锁紧油缸连接

三、液压尾座的特点

机床尾座采用液压控制机构，与传统尾座结构不同，其特点见表16.2.3。

表16.2.3　液压尾座的特点

序号	液压尾座特点	详细说明
1	顶紧力大小、移动速度自动调节	尾座套筒由液压油缸驱动，顶紧力大小及移动速度由液压系统调节，克服了手动方式夹紧力大小难以控制的缺点
2	尾座套筒行程自动化程度高	尾座套筒行程大小通过行程开关控制，尾座套筒的进退可通过操作面板上的按钮，也可通过脚踏开关控制，具有自动化程度高、工件夹紧拆卸方便、定位准确性好和稳定性好的特点
3	提高主轴和顶尖刚性	尾座主轴支承结构采用前后端轴承支承，提高了尾座主轴和顶尖刚性，夹紧牢固可靠，延长了尾座主轴的使用寿命

四、液压尾座的工作原理

当车床装上工件后，启动液压装置油缸推动尾座套筒带动尾座主轴使顶针向左快速移动，顶针顶向工件快速的定位夹紧、顶针的顶紧力大小及位移速度由液压系统调节，尾座套筒行程的大小通过行程开关控制。由于套筒的进退可通过操作面板上的按钮，也可通过脚踏开关控制，因此工作者方便装卸工件。尾座套筒动作与主轴互锁，即在主轴转动时，按动尾座套筒退出按钮，套筒并不动作，只有在主轴停止状态下，尾座套筒才能退出，以保证安全。

液压尾座具体的液压原理如图16.2.6所示。

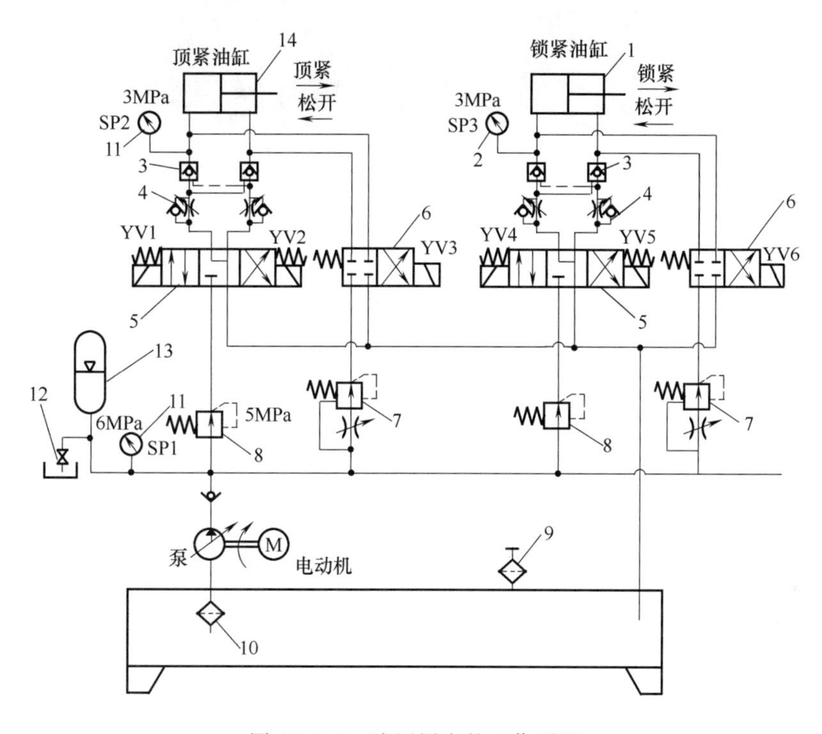

图16.2.6　液压尾座的工作原理

1—锁紧油缸；2—电接点压力表；3—单向节流阀；4—单向阀；5—三位四通电磁阀；6—电磁阀；7—调速阀；8—减压阀；9—漏油器；10—过滤器；11—压力表；12—截止阀；13—蓄能器；14—顶紧油缸

电动机带动油泵运转，当系统压力达到5MPa时电接点压力表SP1发讯，电动机停止工作，这时系统由蓄能器供油。控制阀组单元中，当磁铁YV1及YV3通电，压力油经各换向阀进入顶紧油缸14，无杆腔通过顶紧推杆推动尾座套筒快进，碰到行程开关后，磁铁YV3断电，套筒转换为工进，接触工件后开始加压，当工件夹紧后即压力达到所需压力时，电接点压力表SP2发讯，磁铁YV1断电，磁铁YV4和YV6通电，压力油进入锁紧油缸1，无杆腔通过锁紧推杆推动锁紧块锁紧尾座套筒，当压力达到所需压力时电接点压力表SP3发讯，磁铁YV4和YV6断电。在锁紧套筒与顶紧工件期间，如果压力低于设定压力，则分别由各自的电接点压力表控制YV1、YV4通电来提供压力。当工件加工完成后，磁铁YV5通电，电磁阀换向工作，锁紧块松开后退回到位，接着磁铁YV2通电，电磁阀换向工作，顶紧油缸松开工件。

五、尾座的调试

图 16.2.7 为 CK7815 型数控车床，图 16.2.8 为 CK7815 型数控车床尾座结构图。

图 16.2.7　CK7815 型数控车床

当尾座移动到所需位置后，先用螺钉 16 进行预定位，紧螺钉 16 时，使两楔块 15 上的斜面顶出销轴 14，使得尾座紧贴在矩形导轨的两内侧面上，然后，用螺母 3、螺栓 4 和压板 5 将尾座紧固。这种结构可以保证尾座的定位精度。

尾座套筒内轴 9 上装有顶尖，因套筒内轴 9 能在尾座套筒内的轴承上转动，故顶尖是活顶尖。为了使顶尖保证高的回转精度。前轴承选用 NN3000K 双列短圆柱滚子轴承，轴承径向间隙用螺母 8 和 6 调整；后轴承为三个角接触球轴承，由防松螺母 10 来固定。

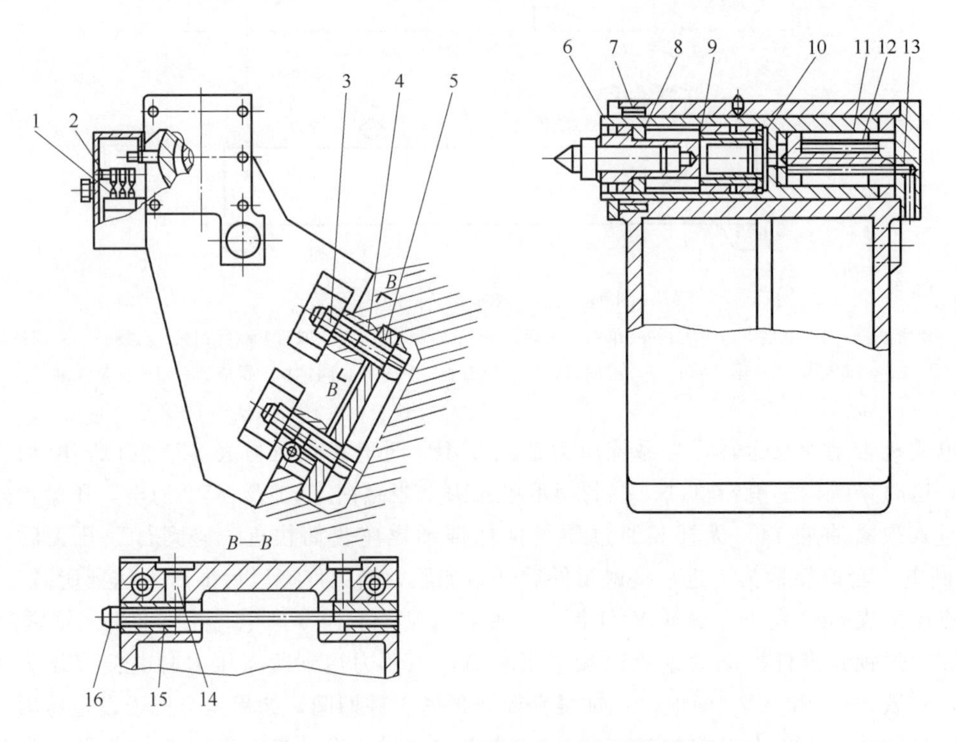

图 16.2.8　CK7815 型数控车床尾座结构图

1—行程开关；2—挡铁；3,6,8,10—螺母；4—螺栓；5—压板；7—锥套；9—套筒内轴；11—套筒；12,13—油孔；14—销轴；15—楔块；16—螺钉尾座套筒与尾座孔的配合间隙用内、外锥套7来做微量调整。当向内压外锥套时，使得内锥套内孔缩小，即可使配合间隙减小；反之变大，压紧力用端盖来调整。尾座套筒用压力油驱动。若在油孔13内通入压力油，则尾座套筒11向前运动，若在油孔12内通入压力油，尾座套筒就向后运动。移动的最大行程为90mm，预紧力的大小用液压系统的压力来调整。在系统压力为（5～15）$\times 10^5$Pa时，液压缸的推力为1500～5000N。

尾座套筒行程大小可以用安装在套筒11上的挡铁2通过行程开关1来控制。尾座套筒的进退由操作面板上的按钮来操纵。在电路上尾座套筒的动作与主轴互锁，即在主轴转动时，按动尾座套筒退出按钮套筒并不动作，只有在主轴停止状态下尾座套筒才能退出，以保证安全。

第三节　排屑装置

一、排屑装置的概述

数控机床加工效率高，在单位时间内数控机床的金属切削率大大高于普通机床，而金属在变成切屑后所占的空间也成倍增大。如果切屑不及时清除，就会覆盖或缠绕在工件或刀具上，一方面，使自动加工无法继续进行，另一方面，这些炽热的切屑向机床或工件散发热量，将会使机床或工件产生变形，影响加工精度。因此，迅速、有效地排除切屑才能保证数控机床正常加工。图16.3.1为数控机床常用的一种排屑装置。

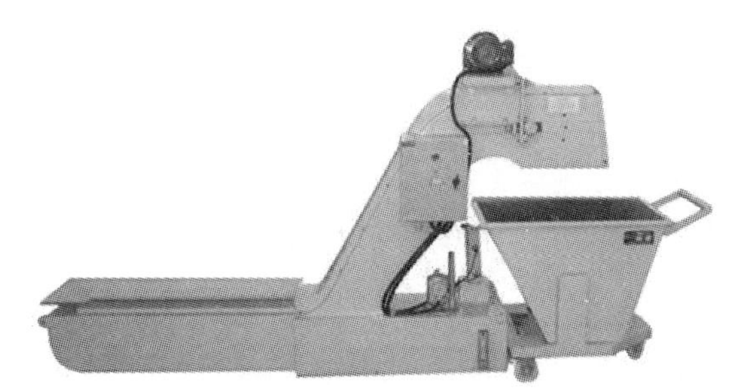

图16.3.1　排屑装置

排屑装置是数控机床的必备附属装置，其主要作用是将切屑从加工区域排到数控机床之外。切屑中往往都混合着切削液，排屑装置从其中分离出切屑，并将它们送入切屑收集箱（车）内，而切削液则被回收到冷却液箱。数控铣床、加工中心和数控镗铣床的工件安装在工作台上，切屑不能直接落入排屑装置，往往需要采用大流量冷却液冲刷，或采用压缩空气吹扫等方法使切屑进入排屑槽，然后回收切削液并排出切屑。

排屑装置是一种具有独立功能的附件，它的工作可靠性和自动化程度随着数控机床技术的发展而不断提高，并逐步趋向标准化和系列化，由专业工厂生产。数控机床排屑装置的结构和工作形式应根据机床的种类、规格、加工工艺特点、工件的材质和使用的冷却液等来选择。

排屑装置的安装位置一般都尽可能靠近刀具切削区域，如车床的排屑装置装在回转工件下方；铣床和加工中心的排屑装置装在床身的回水槽上或工作台边侧位置，以利于简化机床或排屑装置结构，减小机床占地面积，提高排屑效率。排出的切屑一般都落入切屑收集箱或小车中，有的则直接排入车间排屑系统。

二、排屑装置的分类

排屑装置的种类繁多，常见的几种排屑装置结构见表16.3.1。

表 16.3.1　排屑装置的类型

序号	名称	详细说明
1	平板链式排屑装置	平板链式排屑装置如图 16.3.2 所示 该装置以滚动链轮牵引钢制平板链带在封闭箱中运转，加工中的切屑落到链带上，经过提升将废屑中的切削液分离出来，切屑排出机床，落入存屑箱。这种装置主要用于收集和输送各种卷状、团状、条状、块状切屑，广泛应用于各类数控机床加工中心和柔性生产线等自动化程度高的机床，也可作为冲压、冷墩机床小型零件的输送机。同时也是组合机床冷却液处理系统的主要排屑功能部件，适应性强。在车床上使用时多与机床切削液箱合为一体，以简化机床结构 图 16.3.3 为平板链式排屑装置结构图  图 16.3.2　平板链式排屑装置 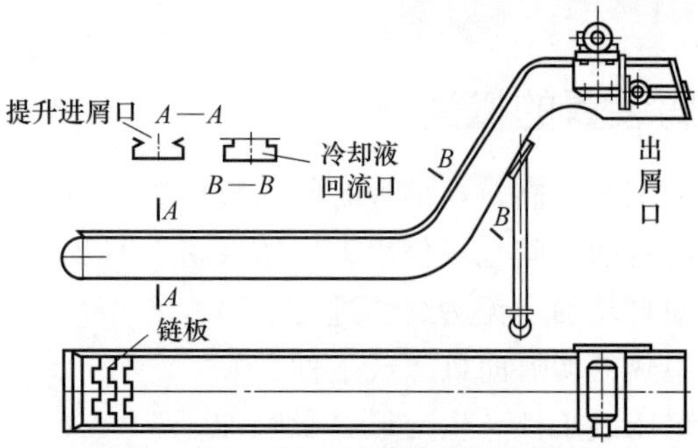 图 16.3.3　平板链式排屑装置结构图
2	刮板式排屑装置	刮板式排屑装置如图 16.3.4 所示 该装置的传动原理与平板链式基本相同，只是链板不同，它带有刮板链板。刮板两边装有特制滚轮链条，刮屑板的高度及间距可随机设计，有效排屑宽度多样化，因而传动平稳，结构紧凑，强度好，工作效率高。这种装置常用于输送各种材料的短小切屑，尤其是处理磨削加工中的砂粒、磨粒以及汽车行业中的铝屑效果比较好，排屑能力较强，可用于数控机床、加工中心、磨床和自动线。因其负载大，故需采用较大功率的驱动电动机 图 16.3.5 为刮板式排屑装置结构图 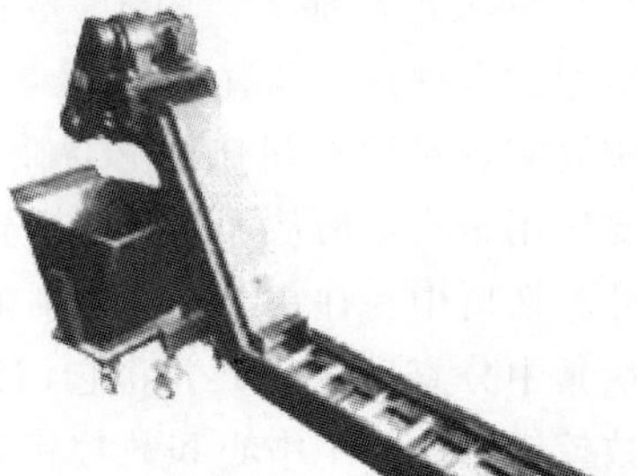 图 16.3.4　刮板式排屑装置 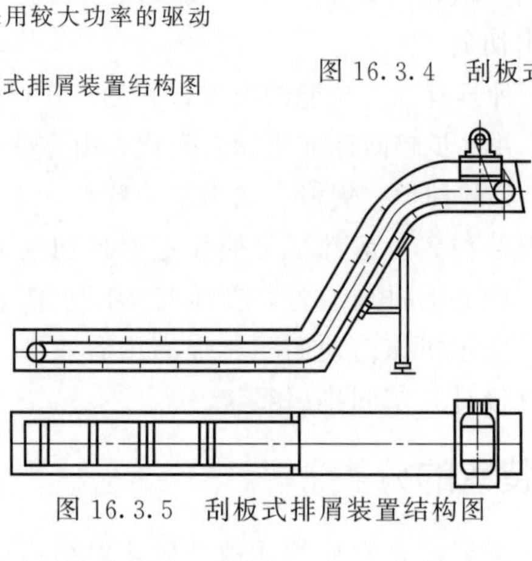 图 16.3.5　刮板式排屑装置结构图

续表

序号	名称	详细说明
3	螺旋式排屑装置	螺旋式排屑装置如图 16.3.6 所示 该装置是采用电动机经减速装置驱动安装在沟槽中的一根长螺旋杆进行驱动的。螺旋杆转动时，沟槽中的切屑即由螺旋杆推动连续向前运动，最终排入切屑收集箱。螺旋杆有两种形式，一种是用扁形钢条卷成螺旋弹簧状，另一种是在轴上焊上螺旋形钢板。螺旋杆主要用于输送金属、非金属材料的粉末状、颗粒状和较短的切屑。这种装置占据空间小，安装使用方便，传动环节少，故障率极低，尤其适用于排屑空隙狭小的场合。螺旋式排屑装置结构简单，排屑性能良好，但只适合沿水平或小角度倾斜直线方向排屑，不能用于大角度倾斜、提升或转向排屑 图 16.3.7 为螺旋式排屑装置结构图  图 16.3.6　螺旋式排屑装置 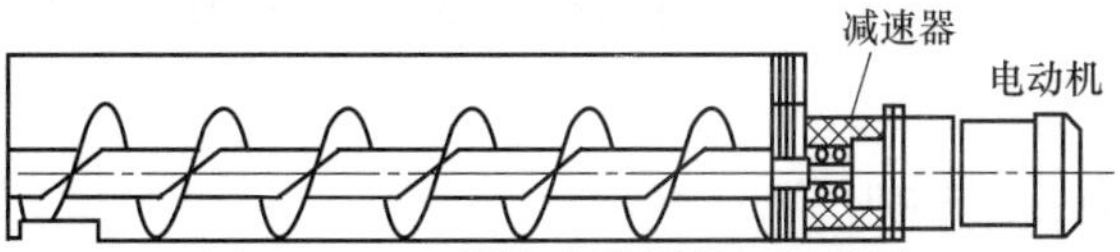 减速器 电动机 图 16.3.7　螺旋式排屑装置结构图
4	磁性板式排屑装置	磁性板式排屑装置如图 16.3.8 所示 该装置利用永磁材料的强磁场的磁力吸引铁磁材料的切屑，在不锈钢板上滑动达到收集和输送切屑的目的（不适用大于 100mm 长卷切屑和团状切屑），广泛应用在加工铁磁材料的各种机械加工工序的机床和自动线，也是水冷却和油冷却加工机床冷却液处理系统中分离铁磁材料切屑的重要排屑装置，尤其以处理铸铁碎屑、铁屑及齿轮机床落屑效果最佳 图 16.3.9 为磁性板式排屑装置结构图  图 16.3.8　磁性板式排屑装置 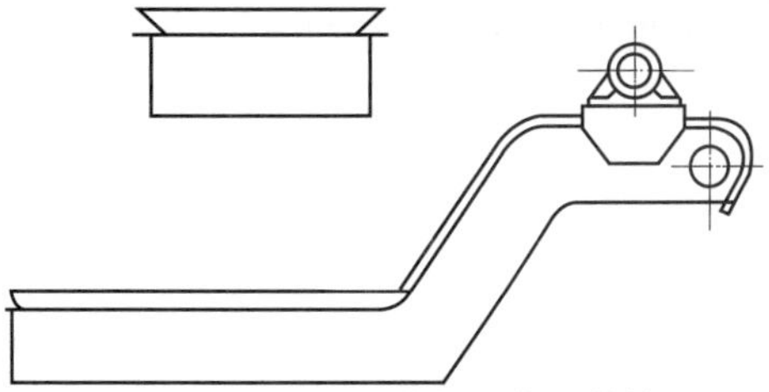 图 16.3.9　磁性板式排屑装置结构图
5	磁性辊式排屑装置	磁性辊式排屑装置如图 16.3.10 所示 该装置利用磁辊的转动，将切屑逐级在每个磁辊间传动，以达到输送切屑的目的。该排屑装置是在磁性排屑器的基础上研制的。它弥补了磁性排屑器在某些使用方面性能和结构上的不足，适用于湿式加工中粉状切屑的输送，更适用于切屑和切削液中含有较多油污状态下的排屑 图 16.3.11 为磁性辊式排屑装置结构图  图 16.3.10　磁性辊式排屑装置

续表

序号	名称	详细说明
5	磁性辊式排屑装置	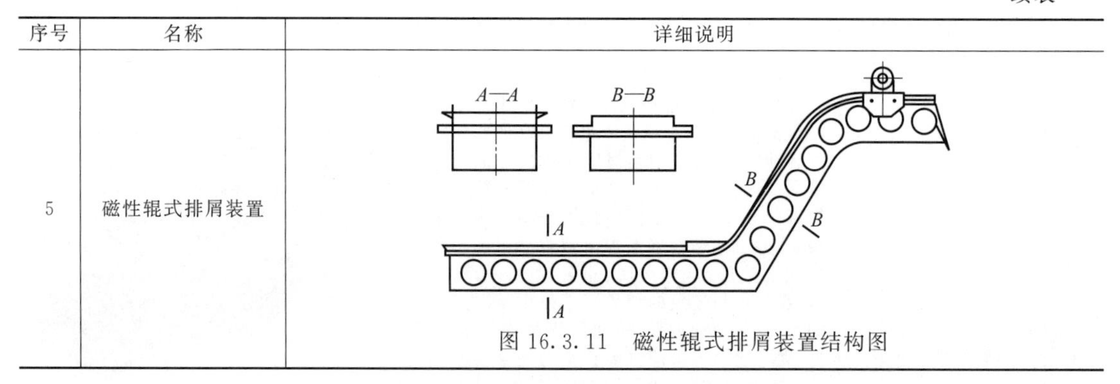 图 16.3.11　磁性辊式排屑装置结构图

第四节　防护装置

一、机床防护门

在数控加工中，为防止切屑飞出伤人及意外事故的发生，数控机床一般配置机床防护门，防护门多种多样。数控机床在加工时，应关闭机床防护门，如图 16.4.1 所示。机床防护门结构如图 16.4.2 所示。

图 16.4.1　机床防护门

现在的机床防护门一般都会带有门机联锁装置。门机联锁可以有效防止设备运行中操作者违规触碰带来的机械伤害，防止切屑飞溅伤人，防止工件和刀具意外飞出伤人，防止冷却液飞溅到机床外地面而导致人员滑倒等，这是本质化安全措施，也是数控机床安全性区别于普通机床的重要一点。

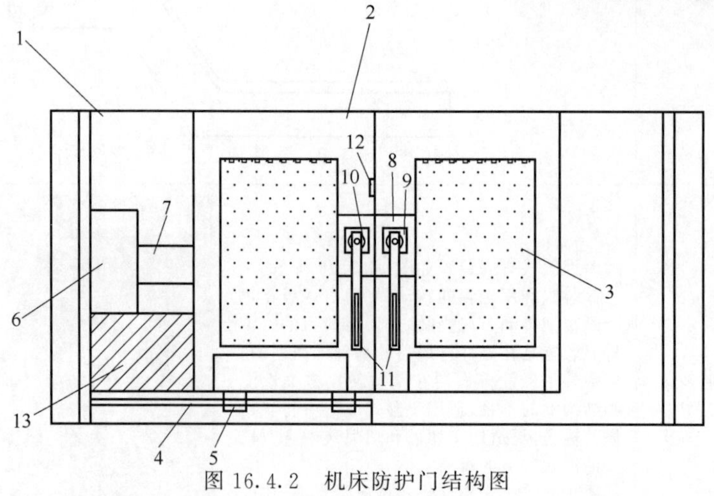

图 16.4.2　机床防护门结构图

1—围板；2—移门；3—玻璃窗；4—导轨；5—滑块；6—伸缩电机（选配）；7—伸缩板；8—驱动电机（选配）；9—减速器；10—自动复位器；11—拉手；12—压力传感器；13—控制器（选配）

二、机床导轨防护罩

机床导轨防护罩是用来保护机床设备的，它可以保护机床的导轨、丝杆等不受外界的腐蚀和破坏。它有很多种类，有风琴防护罩、钢板防护罩，这两种是导轨上使用的；还有丝杠上使用的丝杠防护罩，包括圆形、方形、多边形。

图 16.4.3 为不同造型的机床导轨防护罩。

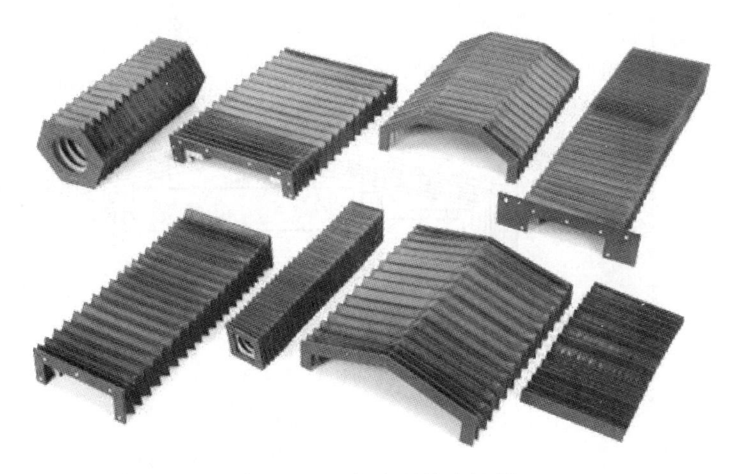

图 16.4.3 机床导轨防护罩

防护罩种类繁多，几种常见的机床防护罩见表 16.4.1。

表 16.4.1 常见的机床防护罩

序号	名称	结构简图
1	柔性风琴防护罩	柔性风琴防护罩实物见图 16.4.4 该防护罩用尼龙革、塑料织物或合成橡胶折叠或缝制热压而成，内有 PVC 板材支撑，可耐热、耐油、耐冷却液，最大接触温度可达 400℃，最大行程速度可达 100m/min。不怕脚踩，硬物冲撞不变形，寿命长，密封和运行方便。折叠罩内无零件，不用担心护罩工作时会出现零件松动而给机器造成损坏，是折叠罩中最先进的一种形式。根据用户要求，柔性风琴防护罩除生产平面风箱式以外，上面可带不锈钢片，还可生产成圆形、六角形、八角形等 图 16.4.4 柔性风琴防护罩 图 16.4.5 为柔性风琴防护罩结构图 压缩后长度 行程 最大长度 图 16.4.5 柔性风琴防护罩结构图

续表

序号	名称	结构简图
2	钢板机床导轨防护罩	钢板机床导轨防护罩实物见图 16.4.6 该防护罩每层钢板端部都装有弹性密封垫，可在运动时清洁钢板表面，伸缩板式防护罩可水平和垂直使用，最大运行速度可达 60m/min，可生产成平板形、拱形、圆形、八角形等 图 16.4.7 为钢板机床导轨防护罩结构图 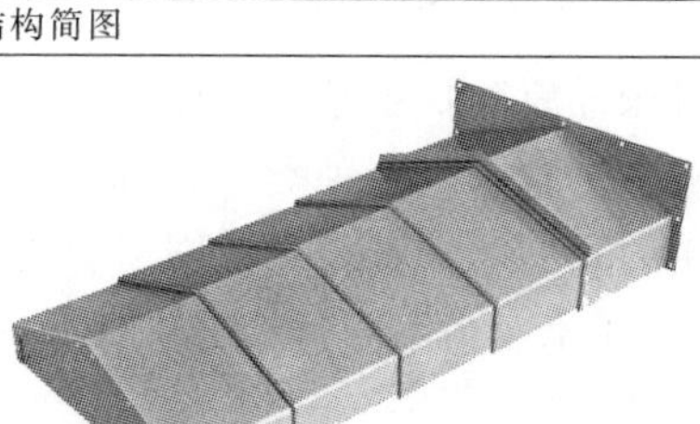 图 16.4.6　钢板机床导轨防护罩 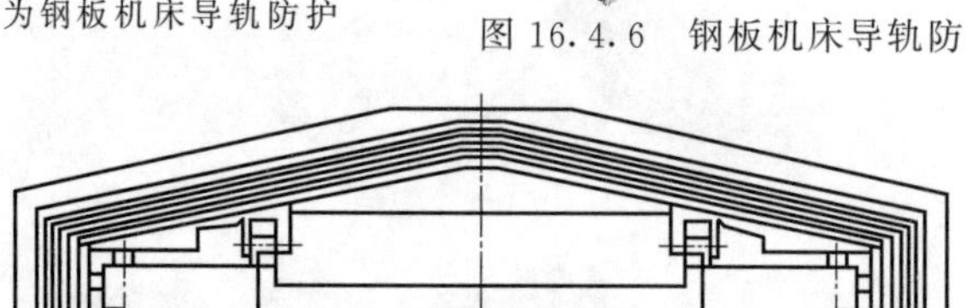 图 16.4.7　钢板机床导轨防护罩结构图
3	盔甲式不锈钢机床防护罩	盔甲式不锈钢机床防护罩实物见图 16.4.8  图 16.4.8　盔甲式不锈钢机床防护罩 该防护罩的折层能经受强烈的振动而不变形，同时应用在风箱上，以 900℃ 的高温仍保持原有的状态，它们之间彼此支持，起着阻碍小碎片渗透的作用 图 16.4.9 为盔甲式不锈钢机床防护罩结构图 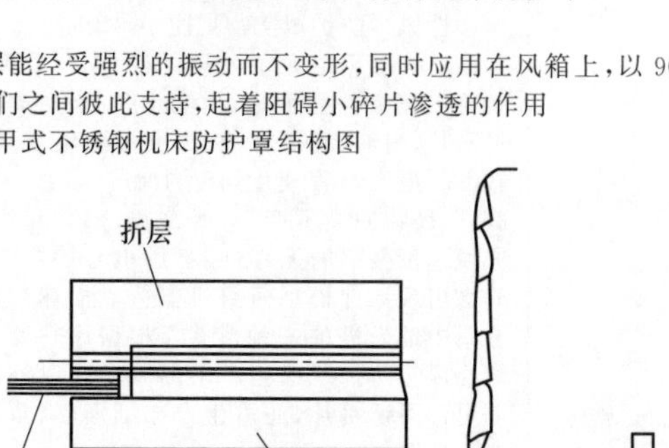 图 16.4.9　盔甲式不锈钢机床防护罩结构图
4	卷帘式防护罩	卷帘式防护罩实物见图 16.4.10 该防护罩由外壳、弹簧轴和纤维布等组成。外壳是用不锈钢或冷轧板材料制成的自动伸缩式防护带，并经表面防腐处理，内部结构是由经过热处理的钢带组装而成的。此产品结构紧凑、合理、无噪声，适合空间小、行程大且运动快的机床设备使用 图 16.4.11 为卷帘式防护罩结构图  图 16.4.10　卷帘式防护罩

续表

<table>
<tr><th>序号</th><th>名称</th><th>结构简图</th></tr>
<tr><td>4</td><td>卷帘式防护罩</td><td> 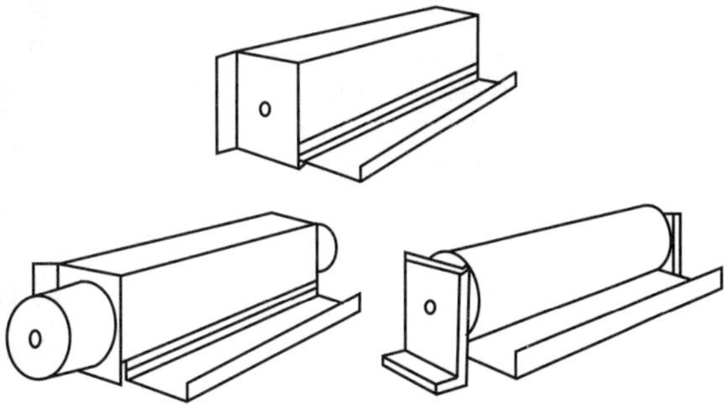图 16.4.11　卷帘式防护罩结构图</td></tr>
<tr><td>5</td><td>防护帘</td><td>防护帘实物见图 16.4.12
防护帘用高强度聚酯织物制成，两侧涂有 PVC 以增加强度，在卷帘表面有钢条或铝条，耐热、耐油、耐冷却液，特别适合于安装位置小、切屑又较多的垂直或平面导轨
图 16.4.13 为防护帘结构图 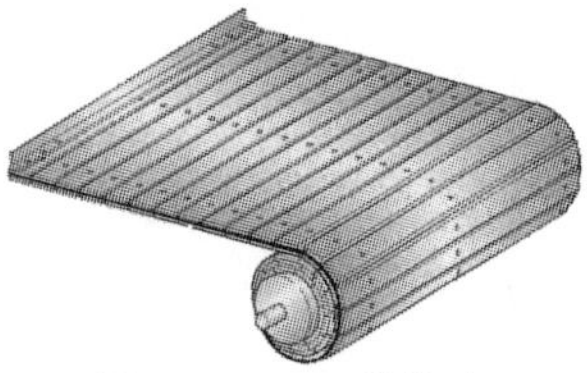
图 16.4.12　防护帘 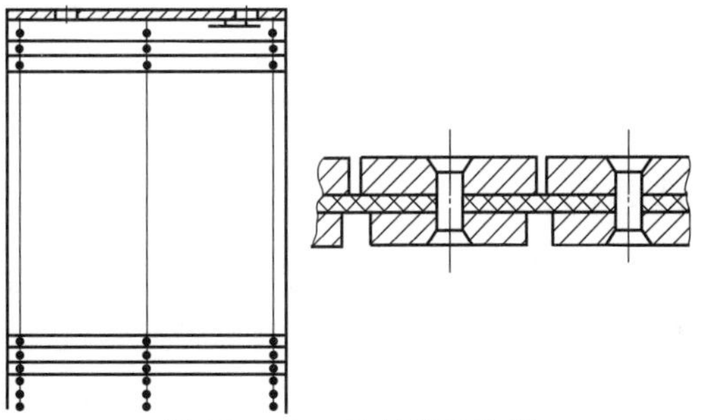
图 16.4.13　防护帘结构图</td></tr>
<tr><td>6</td><td>防尘折布</td><td>防尘折布实物见图 16.4.14
防尘折布用高强度聚酯织物制成，两侧涂有 PVC 以增加强度，在折布表面有钢条或铝条，耐热、耐油、耐冷却液，特别适合于安装位置小、切屑又较多的垂直或平面导轨
图 16.4.15 为防尘折布结构图 
图 16.4.14　防尘折布 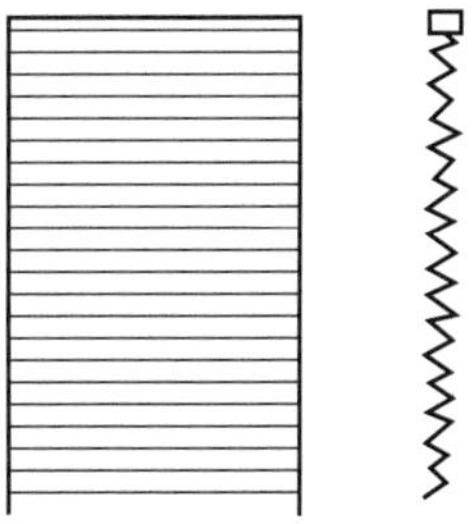
图 16.4.15　防尘折布结构图</td></tr>
</table>

三、防护套

几种常见的机床用防护套见表 16.4.2。

表 16.4.2 常见的机床用防护套

序号	名称	结构简图
1	丝杠、光杠圆筒式橡胶防护套	丝杠、光杠圆筒式橡胶防护套如图16.4.16所示。丝杠、光杠圆筒式橡胶防护套由三防布和耐油橡胶做成，外部面料是三防布，内有坚硬的钢丝圈支撑，可防尘、防水、防油、防乳化剂和化学药品，能在－40～110℃环境温度下工作  图 16.4.16 丝杠、光杠圆筒式橡胶防护套
2	丝杠防护套及螺旋钢带防护套	丝杠防护套及螺旋钢带防护套如图16.4.17所示。此类防护套可保护丝杠、轴、光杠等类零件不受灰尘污染，能随机床部件做伸开或压缩运动，安装在机床内部或外部，垂直或水平使用均可 螺旋钢带保护套采用优质碳钢经热处理制造而成，可对滚珠丝杠、轴、杆类零件实行保护 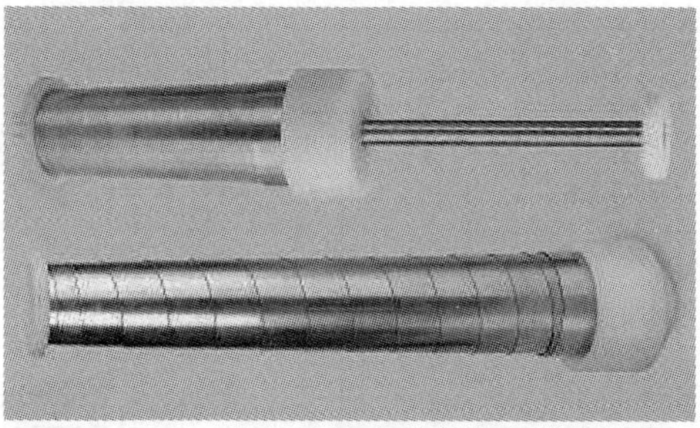 图 16.4.17 丝杠防护套及螺旋钢带防护套

四、拖链系列

各种拖链可有效地保护电线、电缆、液压与气动的软管，可延长被保护对象的寿命，降低消耗，并改善管线分布零乱状况，增强机床整体艺术造型效果。常见的拖链见表16.4.3。

表 16.4.3 常见的机床拖链

序号	名称	结构简图
1	桥式工程塑料拖链	桥式工程塑料拖链如图16.4.18所示。它是由玻璃纤维加强尼龙注塑而成的。移动速度快，允许温度－40～130℃，耐磨、耐高温、低噪声、装拆灵活、寿命特长，适用于短距离和承载轻的场合 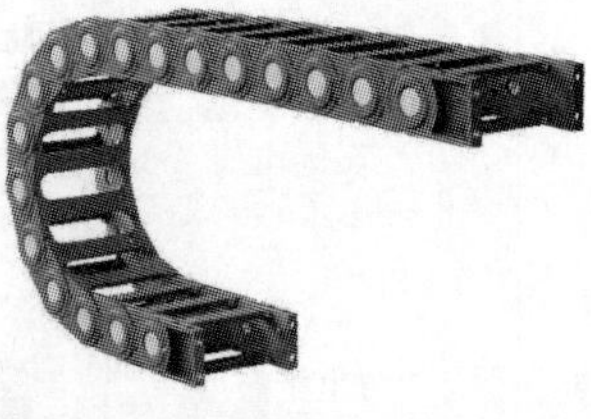 图 16.4.18 桥式工程塑料拖链
2	全封闭式工程塑料拖链	全封闭式工程塑料拖链如图16.4.19所示。其材料与性能均与桥式工程塑料拖链相同，不过是在外形上做成了全封闭式。 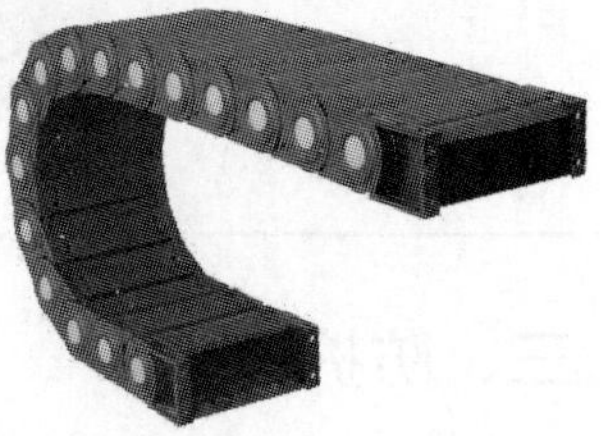 图 16.4.19 全封闭式工程塑料拖链

续表

序号	名称	结构简图
3	加重型工程塑料拖链	加重型工程塑料拖链如图 16.4.20 所示。加重型工程塑料拖链由玻璃纤维加强尼龙注塑而成，强度较大，主要用于运动距离较长、较重的管线  图 16.4.20　加重型工程塑料拖链
4	S 形工程塑料拖链	S形工程塑料拖链主要用于机床设备中多维运动的线路，如图 16.4.21 所示  图 16.4.21　S形工程塑料拖链
5	DGT 导管防护套	DGT 导管防护套如图 16.4.22 所示。它用不锈钢及工程塑料制成，全封闭型的外壳极为美观，适用于短的移动行程和较低的往返速度，能完美地保护电线、电缆、软管、气管 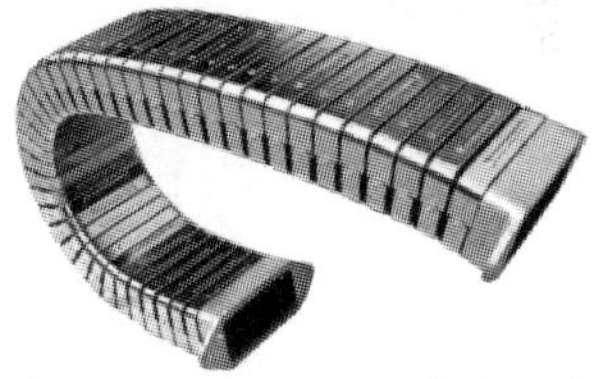 图 16.4.22　DGT 导管防护套
6	JR-2 型矩形金属软管	JR-2 型矩形金属软管如图 16.4.23 所示。该管采用金属结构，适用于各类切削机床及切割机床，用来防止高热铁屑对供电、水、气等线路的损伤 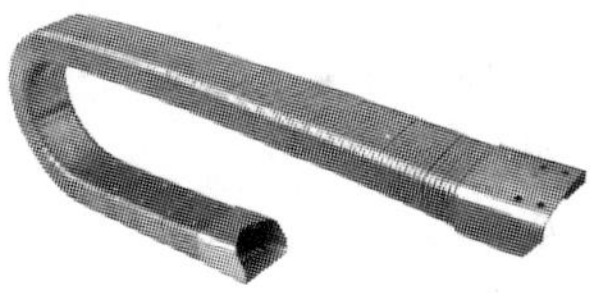 图 16.4.23　JR-2 型矩形金属软管
7	钢制拖链	钢制拖链如图 16.4.24 所示。它是由碳钢侧板和铝合金隔板组装而成的，主要用于重型、大型机械设备管线的保护 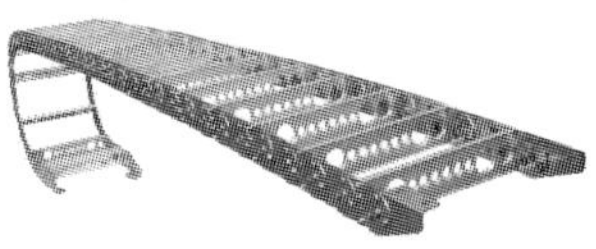 图 16.4.24　钢制拖链

第五节　辅助装置的故障及维修

一、卡盘常见故障诊断及排除方法

数控机床卡盘常见故障诊断及排除方法见表 16.5.1。

表 16.5.1 数控机床卡盘常见故障诊断及排除方法

序号	故障现象	故障原因	排除方法
1	卡盘无法动作	卡盘零件损坏	拆下并更换
		滑动件研伤	拆下，然后去除研伤零件的损坏部分并修理或更换新件
		液压缸无法动作	测试液压系统
2	底爪的行程小	卡盘内部残留大量的碎屑	分解并清洁
		连接管松动	拆下连接管并重新锁紧
		底爪的行程不足	重新选定工件的夹持位置，以便使底爪能够在行程中点附近的位置进行夹持
		夹持力量不足	确认油压是否达到设定值
3	工件打滑	软爪的成型直径与工件不符	依照正确的规程重新成型
		切削力量过大	重新推算切削力量，并确认此切削力是否符合卡盘的规格要求
		底爪及滑动部位失油	自黄油嘴处施加润滑油，并空车实施夹持动作数次
		转速过高	降低转速直到能够获得足够的夹持力
4	精密度不足	卡盘偏摆	确认卡盘圆周及端面的偏摆度，然后锁紧螺栓予以校正
		底爪与软爪的齿状部位积尘，软爪的固定螺栓没有锁紧	拆下软爪，彻底清扫齿状部位，并按规定扭力锁紧螺栓
		软爪的成型方式不正确	确认成型圆是否与卡盘的端面相对面平行，平行圆是否会因夹持力而变形。同时，也须确认成型时的油压、成型部位粗糙度等
		软爪高度过高，软爪变形或软爪固定螺栓已拉伸变形	降低软爪的高度(更换标准规格的软爪)
		夹持力量过大而使工件变形	将夹持力降低至机械加工得以实施而工件不会变形的程度

二、卡盘的维护

数控机床卡盘的维护方法见表 16.5.2。

表 16.5.2 卡盘的维护方法

序号	维护项目
1	每班工作结束时，及时清扫卡盘上的切屑
2	液压卡盘长期工作以后，在其内部会积一些细屑，这种现象会引起故障，所以应每月进行一次拆装，清理卡盘
3	每使用一次用润滑油润滑卡爪周围
4	定期检查主轴上卡盘的夹紧情况，防止卡盘松动
5	采用液压卡盘时，要经常观察液压夹紧力是否正常，否则因液压力不足易导致卡盘夹紧力不足，卡盘失压。工作中禁止压碰卡盘液压夹紧开关
6	及时更换卡紧液压缸的密封元件，及时检查卡盘和摩擦副的滑动情况，及时检查电磁阀芯的工作可靠性
7	装卸卡盘时，床面要垫木板，不准开车装卸卡盘。机床主轴装卸卡盘要在停机后进行，不可借助于电动机的力量摘取卡盘
8	及时更换液压油，如果油液温度太高会导致数控车床开机时液压站响声异常
9	注意液压电动机轴承保持完好
10	注意液压站输出油管不要堵塞，否则会产生液压冲击，发出异常噪声
11	卡盘运转时，应让卡盘夹一个工件负载运转。禁止卡爪张开过大和空载运行。空载运行时容易使卡盘松懈，卡爪飞出伤人
12	液压卡盘液压缸的使用压力必须在许用范围内，不得任意提高
13	及时紧固液压泵与液压电动机连接处，及时紧固液压缸与卡盘间连接拉杆的调整螺母

三、尾座常见故障诊断及排除方法

液压尾座的常见故障是尾座顶不紧或不运动，其故障诊断及排除方法见表 16.5.3。

表 16.5.3　尾座常见故障诊断及排除方法

序号	故障现象	故障原因	排除方法
1	尾座顶不紧	压力不足	用压力表检查
		液压缸活塞拉毛或研损	更换或维修
		密封阀损坏	更换密封圈
		液压阀断线或卡死	清洗、更换阀体或重新接线
2	尾座不运动	使尾座顶不紧的原因均可能造成尾座不运动	同上述排除方法
		操作者保养不善、润滑不良使尾座研死	数控设备上没有自动润滑装置的附件，应保证做到每天人工注油润滑
		尾座端盖的密封不好，进入铸铁屑以及切削液，使套筒锈蚀或研损，尾座研死	检查其密封装置，采取一些特殊手段避免铁屑和切削液的进入；修理研损部件
		尾座体较长时间未使用，尾座研死	较长时间不使用时，要定期使其活动，做好润滑工作

四、尾座的维护

数控机床尾座的维护方法见表 16.5.4。

表 16.5.4　尾座的维护方法

序号	维护项目
1	尾座精度调整。当尾座精度不够高时，先以百分表测出其偏差度，稍微放松尾座固定杆把手，再放松底座紧固螺钉，然后利用尾座调整螺钉调整到所要求的尺寸和精度，最后拧紧所有被放松的螺钉，即完成调整工作。注意：机床精度检查时，按规定尾座套筒中心应略高于主轴中心
2	定期润滑尾座本身
3	及时检查尾座套筒上的限位挡铁或行程开关的位置是否变动
4	定期检查更换密封元件
5	定期检查和紧固其螺母、螺钉等，以确保尾座的定位精度
6	定期检查尾座液压油路控制阀，看其工作是否可靠
7	检查尾座套筒是否出现机械磨损
8	定期检查尾座液压缸移动时工作是否平稳
9	液压尾座液压油缸的使用压力必须在许用范围内，不得任意提高
10	主轴启动前，要仔细检查尾座是否顶紧
11	定期检查尾座液压系统测压点压力是否在规定范围内
12	注意尾座所在导轨的清洁和润滑工作
13	重视尾座所在导轨的清洁和润滑。对于 CK7815 和 FANUC-0TD 及 0TE-A2 设备，其尾座体在一斜向导轨上可前后滑动，视加工零件长度调整与主轴间的距离。如果操作者只是注意尾座本身的润滑而忽略了尾座所在导轨的清洁和润滑工作，时间一长，尾台和导轨间挤压上脏物，不但移动起来费力，而且使尾座中心严重偏离主轴中心线。轻者造成加工误差大，重者造成尾台及主轴故障

五、排屑装置常见故障诊断及排除方法

排屑装置常见故障诊断及排除方法见表 16.5.5。

表 16.5.5　排屑装置常见故障诊断及排除方法

序号	故障现象	故障原因	排除方法
1	执行排屑器启动指令后，排屑器未启动	排屑器上的开关未接通	将排屑器上的开关接通
		排屑器控制电路故障	应由数控机床的电气维修人员来排除故障
		电动机保护热继电器跳闸	测试检查，找出跳闸的元凶，排除故障后将热继电器复位
2	执行排屑器启动指令后，只有一个排屑器启动	另一个排屑器上的开关未接通	将未启动的排屑器上的开关接通
		控制电路故障	应由数控机床的电气维修人员来排除故障
		电动机保护热继电器跳闸	测试检查，找出跳闸的元凶，排除故障后将热继电器复位
3	排屑器噪声增大	排屑器机械变形或有损坏	检查修理，更换损坏部分
		铁屑堵塞	及时将堵塞的铁屑清理掉
		排屑器固定松动	重新紧固牢固
		电动机轴承润滑不良或损坏	定期检修，加润滑脂，更换已损坏的轴承
4	排屑困难	排屑口切屑卡住	及时清除排屑口积屑
		机械卡死	机械修理
		刮板式排屑装置摩擦片的压紧力不足	调整碟形弹簧压缩量或调整压紧螺钉

六、排屑装置维护

数控机床排屑装置的维护方法见表 16.5.6。

表 16.5.6　排屑装置的维护方法

序号	维护项目
1	正确的使用是有效维护的前提，应根据机床加工时切屑等情况选好合适的排屑装置
2	经常清理排屑装置内切屑，检查有无卡住等
3	工作时应检查排屑装置是否正常，工作是否可靠
4	平板链式排屑装置是一种具有独立功能的附件。接通电源之前应先检查减速器润滑油是否低于油面线，如果不足，应加入型号为 L-AN68 的全损耗系统用油至油面线。电动机启动后，应立即检查链轮的旋转方向是否与箭头所指方向相符，如果不符应立即改正
5	排屑装置链轮上装有过载保险离合器，在出厂调试时已作了调整。如果电动机启动后发现摩擦片有打滑现象，应立即停止开动，检查具体原因，如链带是否被异物卡住等。等弄清原因后，方可再次启动电动机

七、防护装置维护

数控机床防护装置的维护方法见表 16.5.7。

表 16.5.7　防护装置的维护方法

序号	维护项目
1	操作者在每班结束后应清除切削区内防护装置上的切屑与脏物，并用软布擦净，以免切屑堆积损坏防护罩
2	每周用导轨润滑油润滑伸缩式滚珠丝杠罩，每周使用润滑脂润滑导轨罩，每周使用润滑脂润滑各保护环
3	检查机床防护门运动是否灵活，有没有错位、卡死、关不严现象，如果有则修理校正机床防护门
4	定期检查折叠式防护罩的衔接处是否松动
5	对叠层式防护罩应经常用刷子蘸机油清理接缝，以免产生碰壳现象
6	每月应检查机床、导轨等防护装置表面有无松动，检查各个部位的防护罩有无漏水，并用软布擦净
7	检查各轴的防护罩，必要时更换。如果防护罩不好，会直接加速导轨的磨损；如果有较大的变形，不但会加重机床的负载，还会对导轨造成较大的伤害。如果防护装置有明显的损坏或严重的划痕，应当给予更换。如果有裂纹，必须更换
8	定期更换防护玻璃。机床的防护门和防护窗的玻璃具有特殊的防护作用，由于它们经常处于切削液和化学物质的浸蚀下，其强度会渐渐削弱。切削液最有害的是矿物油，当使用有过于强烈的化学成分的切削液时，防护玻璃每年要损失约 10% 的强度。因此一定要定期更换防护玻璃，最好每两年更换一次
9	每年应根据维护需要，对各防护装置进行全面拆卸清理。另外，操作时需注意，机床在加工过程中不要打开防护门
10	千万不要用压缩空气清洁机床内部，因为吹起的碎屑有可能会伤害到人，而且碎屑可能会楔入机床防护罩和主轴，引起各种各样的麻烦

下篇

数控机床大修

第十七章　数控机床的大修

若干个零部件组装在一起构成基本单元，再由若干个基本单元总装而成数控机床。因此，典型、关键零部件的修理是机械数控机床修理的重要内容，修理时应根据其特点及技术要求确定修理方案和编制修理工艺，确保修理质量。本章在介绍数控机床拆卸方法和主轴、丝杠、蜗轮、导轨等部件常用修理方法的基础上，详细讨论了修理装配方法和卧式升降台铣床的维修与大修理方法。

第一节　数控机床的大修理

一、数控机床大修的前期立项工作

前期立项准备工作如果能争得大修改造企业的技术支持可能会更好、更快些，见表 17.1.1。

表 17.1.1　数控机床大修前期立项工作

序号	大修立项工作	详细说明
1	技术可行性分析	主要是对被大修机床进行结构、性能、精度等技术现状的全面分析。其中包括：机床原来的结构设计是否合理；机床的基础部件和结构件是否仍然完好；考察各坐标轴的机械传动结构及导轨副的形式等是否适用；测量机床目前的各项精度与出厂精度进行对比，是否存在差距 综合总结目前机床存在的一切故障和历史上出现过的重大故障。针对上述问题，对照改造目标和典型工件，编写改造任务书，做到改造后的机床达到一定的先进性和实用性
2	经济可行性分析	从实际可操作性出发列出几种应考虑的情况：从机床自身的价值考虑，分析要达到大修目标所需投入是否偏高；从该机床在本单位产品制造中的地位和重要程度来分析大修的价值 机床大修可提高机床精度，增加功能，能使本单位产品提高水平，有利于开发新产品，从而获得附加效益
3	选择机床改造者	这是一个很关键的问题。选择得好，则能顺利完成改造任务，达到改造目标；选择不好，不仅是机床大修的失败，而且浪费了资金和时间，影响生产。用户可根据后文讨论的机床大修应具备的条件来慎重选择

二、大修理的内容

数控机床大修理简称数控机床大修，它是工作量大、修理时间长的一种修理。数控机床大修的内容见表 17.1.2。

表 17.1.2　数控机床大修的内容

序号	数控机床大修的内容
1	对数控机床的全部或大部分部件解体并进行检查
2	编制数控机床大修技术文件，准备好技术资料、工具、检具以及备件和材料
3	修复基础件
4	更换或修复磨损、损坏的零件
5	修理、调整机械数控机床的电器系统
6	更换或修复机械数控机床附件
7	大修总装配，并调试到达大修质量标准
8	数控机床全新涂装
9	数控机床大修质量验收
10	对数控机床使用中发现的原设计制造缺陷进行改造，以及按实际需要提高少数主要部件的精度

三、数控机床大修的要求

数控机床大修的要求见表 17.1.3。

表 17.1.3　数控机床大修的要求

序号	数控机床大修的要求	详细说明
1	应达到预定的技术要求	各种机电数控机床大修的技术要求有所不同，大修之后均应达到数控机床出厂的性能和精度标准，也可达到企业大修标准。数控机床大修之后应清除大修前所有缺陷
2	应降低修理成本，提高经济效益	在数控机床大修过程中，要积极采用现代管理方法，做好技术、生产和经济的管理工作。在保证修理质量的前提下，尽量缩短停机修理时间，降低修理成本，提高经济效益
3	尽量采用新技术、新材料、新工艺，提高大修的技术水平	不仅仅是对本次维修的要求，也可以为其他机床的大修积累宝贵的经验

四、数控机床大修前的准备

数控机床大修的准备工作包括技术准备和生产准备两方面的内容。

大修前的技术准备由主修技术员负责，主要工作包括预检调查准备、预检、编制大修技术文件。大修前的生产准备工作由备件、材料、工具管理人员和修理单位的生产计划人员负责，主要工作包括材料、备件和专用工、检、研具的订购、制造和验收入库以及制订大修作业计划。数控机床大修前的准备见表 17.1.4。

表 17.1.4　数控机床大修前的准备

序号	大修前的准备	详细说明
1	预检调查准备工作（为了全面了解数控机床状态劣化的具体情况）	查阅数控机床档案，包括：数控机床出厂检验记录；数控机床安装验收的精度、性能检验记录；历次数控机床事故、故障情况及修理内容，修后的遗留问题；历次修理的内容，更换修复的零件，修后的遗留问题；数控机床运行中的状态监测记录，数控机床普查记录

续表

<table>
<tr><th>序号</th><th>大修前的准备</th><th colspan="2">详细说明</th></tr>
<tr><td rowspan="3">1</td><td rowspan="3">预检调查准备工作（为了全面了解数控机床状态劣化的具体情况）</td><td colspan="2">阅读数控机床说明书和数控机床图册</td></tr>
<tr><td colspan="2">向数控机床操作者和维修工调查：数控机床运行中易发生故障的部位及原因；数控机床的精度、性能状况；数控机床现存的主要缺陷；大修中需要修复和改进的具体意见等</td></tr>
<tr><td colspan="2">向技术、质量和生产管理等部门征求对数控机床局部改进的意见</td></tr>
<tr><td rowspan="8">2</td><td rowspan="8">预检（通过预检可以全面深入掌握数控机床劣化状况，更加明确产品工艺对数控机床精度、性能的要求，以确定需要更换或修复的零件，进而测绘或核对这些零件的图纸，满足制造修配的需要）</td><td colspan="2">按国家或企业的数控机床出厂精度标准和检验方法逐项检验几何精度和工作精度，记录实测值</td></tr>
<tr><td colspan="2">检查机床运行状况：运动时操作系统是否灵敏、可靠；各种运动是否达到规定的数值；运动是否平稳，有无振动、噪声、爬行等</td></tr>
<tr><td colspan="2">检查机床导轨、丝杠、齿条的磨损情况，测出磨损量</td></tr>
<tr><td colspan="2">检查液压、气动、润滑系统：动作是否准确，元件有无损坏，有无泄漏，若有泄漏查找原因</td></tr>
<tr><td colspan="2">检查电器系统：电器元件是否老化和失效</td></tr>
<tr><td colspan="2">检查安全保护装置：各限位装置、互锁装置是否灵敏、可靠，各种指标仪表和防护门罩有无损坏</td></tr>
<tr><td colspan="2">检查数控机床外观及附件：数控机床有无掉漆，各种手柄有无损坏，标牌是否齐全，附件是否完整，有无磨损等</td></tr>
<tr><td colspan="2">部分解体检查，以便根据零件磨损情况确定零件是否更换和修复。在预检中尤其对大型复杂的铸锻件、高精度的关键件和外购件要逐一检查，确定是否更换和修复</td></tr>
<tr><td rowspan="10">3</td><td rowspan="10">编制大修技术文件（通过预检，掌握数控机床状况，确定修、换件之后就可以分析制订修理方案和编制修理技术文件。修理技术文件是数控机床大修的依据）</td><td rowspan="3">编制修理技术任务书</td><td>数控机床大修前的技术状况</td></tr>
<tr><td>主要修理内容包括说明数控机床解体、清洗和零件检查的情况，确定需要修换的零件；简要说明基础件、关键件的修理方法；说明必须仔细检查和调整的机构和其他需要修理的内容；指出结合大修进行改善维修的部位和内容</td></tr>
<tr><td>修理质量要求应指出数控机床大修各项质量检验应用的通用技术标准的名称及编号，将专用技术标准的内容附在任务书后面</td></tr>
<tr><td rowspan="7">编制修理工艺（修理工艺是数控机床大修时必须认真遵守和执行的修理技术文件。编制大修工艺时应根据实际情况，做到技术上可行，经济上合理。数控机床大修工艺可编成典型修理工艺和专用修理工艺两类）</td><td>整机和部件的拆卸程序、方法以及拆卸过程中应检测的数据和注意事项</td></tr>
<tr><td>主要零部件的检查、修理和装配工艺以及应达到的技术条件</td></tr>
<tr><td>总装配程序和装配工艺应达到的精度要求、技术要求以及检查测量方法</td></tr>
<tr><td>关键部位的调整工艺及应达到的技术条件</td></tr>
<tr><td>总装配后试车程序、规范及应达到的技术条件</td></tr>
<tr><td>数控机床大修过程中需要的通用或专用工、检、研具和量仪明细表，其中对专用的用具应加以注明</td></tr>
<tr><td>大修作业中的安全措施等</td></tr>
<tr><td>大修理质量标准</td><td>在机械数控机床修理验收时可参照国家和部委等制定和颁布的一些数控机床大修理通用技术条件，如金属切削机床大修理通用技术条件等。行业、企业可参照相关通用技术条件编制专用数控机床大修理质量标准。没有以上标准应按照机械数控机床出厂技术标准作为大修理质量标准</td></tr>
<tr><td>4</td><td>备件、材料、专用工、检、研具的准备</td><td colspan="2">主修技术人员应及时将修换件明细表，材料明细表，专用工、检、研具明细表以及有关图样交给管理人员。管理人员核对库存后提出订货或安排制造，保证按时供给，以便数控机床大修时使用</td></tr>
</table>

续表

序号	大修前的准备	详细说明
5	制订大修作业计划［大修作业计划由修理部门的计划员负责编制，由数控机床管理人员、主修技术人员和修理工（组）长一起审定］	作业程序，即数控机床大修的操作程序
		分部阶段作业所需工人数及作业天数，以及对分部作业之间相互衔接的要求
		对委外单位协作的项目和时间要求等

五、数控机床大修的工艺过程

数控机床大修的工艺过程如图 17.1.1 所示。

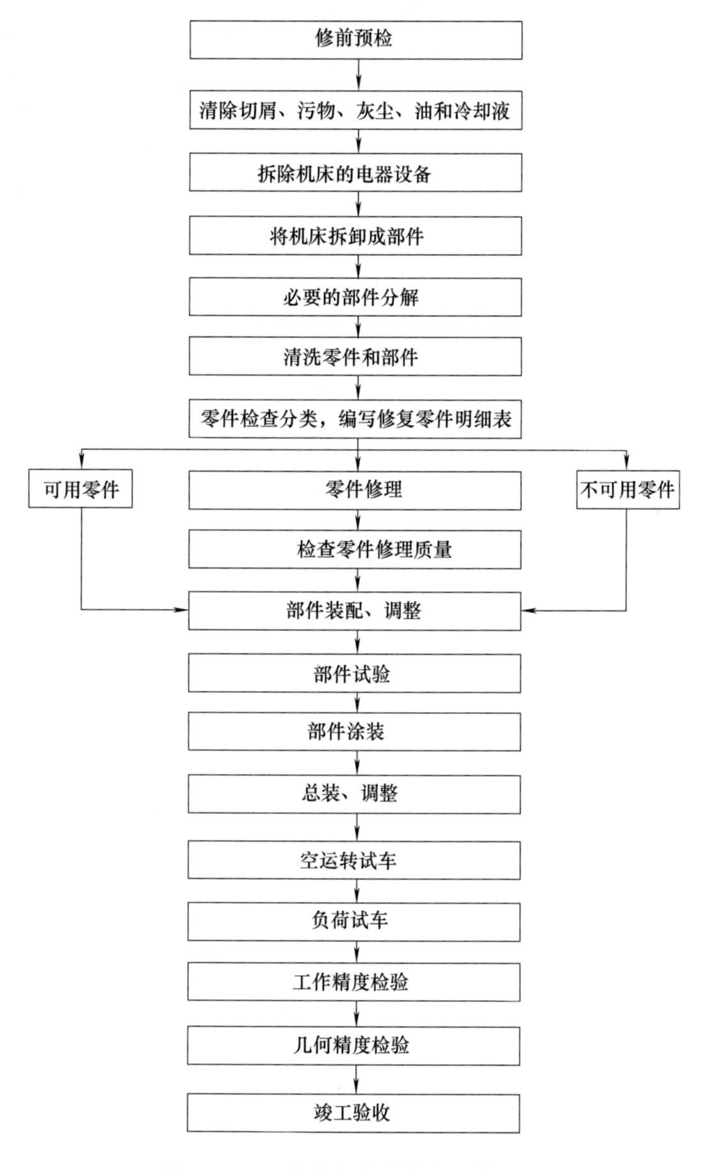

图 17.1.1　数控机床大修的工艺过程

六、数控机床大修的质量要求

1. 数控机床大修理质量检验通用技术要求

数控机床大修理质量检验通用技术要求见表 17.1.5。

表 17.1.5　数控机床大修理质量检验通用技术要求

序号	技术要求	详细说明
1	零件加工质量	更换或修复工件的加工质量应符合图样要求
		滑移齿轮的齿端应倒角。丝杠、蜗杆等第一圈螺纹端部厚度小于 1mm 部分应去掉
		刮削面不应有切削加工的痕迹和明显的刀痕，刮削点应均匀。用涂色法检查时，每 25mm×25mm 面积内，接触点不得少于表 17.1.6 的规定数
		各类机床刮削接触点的计算面积，按高精度机床、精密机床和不大于 10t 的通用机床为 $100cm^2$，大于 10t 的机床为 $300cm^2$ 来计算
		对于两配合件的结合面，若一件采用切削加工，另一件是刮削面，则用涂色法检验刮削面的接触点不少于表 17.1.6 规定的 75%
		两配合件的结合面均采用切削加工时，用涂色法检查，接触应均匀，接触面积不得小于表 17.1.7 的规定
		零件刻度部分的刻线、数字和标记应准确、均匀、清晰
2	装配质量	装配到机床上的零部件，要符合质量要求。不允许放入总装图样上未规定的垫片和套等
		变位机构应保证准确定位。啮合齿轮宽度小于 20mm 时，轴向错位不得大于 1mm；齿轮宽度大于 20mm 时，轴向错位不超过齿轮宽度的 5%，但不得大于 5mm
		重要结合面应紧密贴合，紧固后用 0.04mm 塞尺检验，不得插入。特别重要的结合面，除用涂色法检验外，在紧固前、后均应用 0.04mm 的塞尺检验，不得插入
		对于滑动结合面，除用涂色法检验外，还要用 0.04mm 的塞尺检验，插入深度按下列规定：机床质量≤10t，小于 20mm；机床质量＞10t，小于 25mm
		采用静压装置的机床，其"节流比"应符合设计要求。静压建立后，运动应轻便、灵活。静压导轨空载时，运动部件四周的浮升量差值不得超过设计要求
		装配可调整的轴承和镶条时，应有调修的余量
		有刻度装置的手轮、手柄，其反向空程量不得超过下列规定：高精度机床 1/40r；不大于 10t 的通用机床和精密机床 1/20r；大于 10t 的通用机床和精密机床 1/4r
		手轮、手柄的操纵力在行程范围内应均匀，不得超过表 17.1.8 的规定
		对于机床的主轴锥孔和尾座锥孔与芯轴锥体的接触面积，除用涂色法检验外，锥孔的接触点应靠近大端，并不得低于下列数值：高精度机床，工作长度的 85%；精密机床，工作长度的 80%；普通机床，工作长度的 75%
		机床运转时，不应有不正常的周期性尖叫声和不规则的冲击声
		机床上滑动和滚动配合面、结合缝隙、润滑系统、滚动及滑动轴承，在拆卸的过程中均应清洗干净。机床内部不应有切屑和污物
3	液压系统的装配质量	液压数控机床的拉杆、活塞、缸、阀等零件修复或更换后，工作表面不得有划伤
		在液压传动过程中，在所有速度下都不得发生振动，不应有噪声以及显著的冲击、停滞和爬行现象
		压力表必须灵敏可靠、字迹清晰。调节压力的安全装置应可靠，并符合说明书的规定
		液压系统工作时，油箱内不应产生泡沫，油温一般不得超过 60℃。当环境温度高于 35℃时连续工作 4h，油箱温度不得超过 70℃
		液压油路应排列整齐，管路尽量缩短，油管内壁应清洗干净，油管不得有压扁、明显坑点和敲击的斑痕
		储油箱及进油口应有过滤装置和油面指示器，油箱内外清洁，指示器清晰明显
		所有回油管的出口必须伸入油面以下足够的深度，以防止产生泡沫和吸入空气

续表

序号	技术要求	详细说明
4	润滑系统的质量	润滑系统必须完整无缺，所有润滑元件（如油管、油孔）必须清洁干净，以保证畅通。油管排列整齐，转弯处不得弯成直角，接头处不得有漏油现象
		所有润滑部位都应有相应的注油装置，如油杯、油嘴、油壶或注油孔。油杯、油嘴、油孔必须有盖或堵，以防止切屑、灰尘落入
		油位的标志要清晰，能观察油面或润滑油滴入情况
		毛细管用作润滑滴油时，必须装置清洁的毛线绳，油管必须高出储油部位的油面
5	电气部分的质量	对不同的电路，应采取不同颜色的电线；如用同一颜色线，则必须在端部装有不同颜色的绝缘管
		在机床的控制线路中，电线两端应装有与接线板上表示接线位置相同的数字标志。标志数字应不易脱落和被污损
		对于机床电气部件，应保证其安全，不受切削液和润滑油及切屑等物的影响
		机床电气部分全部接地处的绝缘电阻，用500V摇表测不得低于1MΩ；电动机绕组（不包括电线）的绝缘电阻不得小于0.5MΩ
		用磁力接触器操纵的电动机，应有零压保护装置。在突然断电或供电电路电压降低时，能保证电路切断，电压复原后能防止自行接通
		为了保护机床的电动机和电气装置不发生短路，必须安装可熔保险或类似的保险装置，并要符合电气装置的安全要求。按照机床使用说明书的要求，将机床安装在符合要求的基础上并调平。调平的目的是要保证机床的静态稳定性，以利于检验时的测量，特别是那些与零件直线度有关的测量

2. 数控机床大修理质量检验部分专项技术要求

数控机床大修理质量检验部分专项技术要求见表17.1.6～表17.1.8。

表17.1.6　刮削面的接触点数　　点数/(25mm×25mm)

刮削面性质 / 机床类别	静压导轨		移动导轨		主轴滑动轴承		镶条压板滑动面	特别重要的固定结合面
	导轨宽度/mm		导轨宽度/mm		直径(mm)			
	≤250	>250	≤100	>100	≤120	>120		
高精度机床	20	16	16	12	20	16	12	12
精密机床	16	12	12	10	16	12	10	8
普通机床	10	8	8	6	12	10	6	6

表17.1.7　结合面的接触程度标准　　%

结合面性质 / 机床类别	滑动、滚动导轨		移动导轨		特别重要的固定结合面	
	全长上	全宽上	全长上	全宽上	全长上	全宽上
高精度机床	80	70	70	50	70	45
精密机床	75	60	65	45	65	40
普通机床	70	50	60	40	60	35

表17.1.8　手轮、手柄的操纵力　　N

机床类别 / 机床行程/mm	高精度机床		精密和普通机床	
	常用	不常用	常用	不常用
≤2	40	60	60	100
>2	60	100	80	120
>5	80	120	100	160
>10	100	160	160	200

七、数控机床大修的精度检验

由于机床的几何精度是在静态下进行检验的，因而它不能完全代表机床的修理质量。机床在运动状态和负载作用下能否保持原有的几何精度，必须通过机床的各种试验才能鉴定。机床大修理检验的内容，主要包括机床空运转试验、负载试验以及工作精度试验，见表17.1.9。

表 17.1.9 数控机床大修的精度检验

序号	检验内容	详细说明
1	机床空运转试验	机床空运转试验的目的是进一步鉴定机床各部件动作的正确性、可靠性、操作是否方便正常，以及各运动部件的温升、噪声等是否正常 机床空运转试验的主要内容是在试验主轴速度、进给速度的同时，检查有关部位的运转情况 机床空运转试验之前，应该检查是否全部完成大修内容，各项修理是否达到质量要求，然后对各油池加油，并对各润滑点进行润滑。在按安全操作规程做好各项准备之后，方可按照所用机床精度检验标准规定的空运转试验方法进行各项检查
2	机床负载试验	机床空运转试验合格后，可以进行负载试验。负载试验的目的是检验机床的刚度和各工作机构的强度，特别是考核机床主传动系统是否能承受设计所允许的最大转矩和功率 进行负载试验时，要求机床所有机构、各运动部件动作平稳、工作正常、无振动和噪声。主轴的转速不得比空运转转速降低5%以上 机床负载试验主要是进行切削负载试验，就是按规定的要求选择刀具和切削用量，对某种材料、规格的试件的加工表面进行切削。在负载试验时，主轴转速以及进给量与理论数据相比，允许偏差在5%以内
3	机床工作精度试验	机床工作精度试验的目的是试验机床在加工过程中各个部件之间的相互位置精度能否满足被加工零件的精度要求 在试验之前，必须对其几何精度进行复查。方法是按机床精度检验标准规定的工作精度试验要求选用刀具和切削用量，对规定试件的加工表面进行加工。被加工试件表面的几何精度应在所采用机床精度标准规定的公差范围之内，粗糙度值不高于规定标准 1. 几何精度编辑 数控机床的几何精度反映机床的关键机械零部件(如床身、溜板、立柱、主轴箱等)的几何形状误差及其组装后的几何形状误差，包括工作台面的平面度、各坐标方向上移动的相互垂直度、工作台面 X、Y 坐标方向上移动的平行度、主轴孔的径向圆跳动、主轴轴向的窜动、主轴箱沿 Z 坐标轴心线方向移动时的主轴线平行度、主轴在 Z 轴坐标方向移动的直线度和主轴回转轴心线对工作台面的垂直度等 常用检测工具有精密水平尺、精密方箱、千分表或测微表、直角仪、平尺、高精度主轴芯棒及千分表杆磁力座等 1.1 检测方法 数控机床的几何精度的检测方法与普通机床类似，检测要求较普通机床高 1.2 检测时的注意事项 ①检测时，机床的基座应已完全固化 ②检测时要尽量减小检测工具与检测方法的误差 ③应按照相关的国家标准，先接通机床电源对机床进行预热，并让机床各坐标轴往复运动数次，使主轴以中速运行数分钟后再进行 ④数控机床几何精度一般比普通机床高。普通机床用的检具、量具，往往因自身精度低，满足不了检测要求。且检测数控机床所用工具的精度等级要比被测的几何精度高一级 ⑤几何精度必须在机床精调试后一次完成，不得调一项测一项，因为有些几何精度是相互联系与影响的 ⑥对大型数控机床还应实施负载试验，以检验机床是否达到设计承载能力。在负载状态下检查各机构是否正常工作，机床的工作平稳性、准确性、可靠性是否达标 另外，在负载试验前后，均应检验机床的几何精度。有关工作精度的试验应于负载试验后完成

续表

序号	检验内容	详细说明
3	机床工作精度试验	2. 定位精度编辑 数控机床的定位精度是指所测机床运动部件在数控系统控制下运动时所能达到的位置精度。该精度与机床的几何精度一样，会对机床切削精度产生重要影响，特别会影响到孔隙加工时的孔距误差 目前通常采用的数控机床位置精度标准是 ISO 230-2 标准和国标 GB 17421.2—2016。 测量直线运动的检测工具有标准长度刻线尺、成组块规、测微仪、光学读数显微镜及双频激光干涉仪等。标准长度测量以双频激光干涉仪的测量结果为准。回转运动检测工具有 360 齿精密分度的标准转台或角度多面体、高精度圆光栅和平行光管等。目前通用的检测仪为双频激光干涉仪 2.1 检测方法(用双频激光干涉仪时) ①安装与调节双频激光干涉仪 ②预热激光仪，然后输入测量参数 ③在机床处于运动状态下对机床的定位精度进行测量 ④输出数据处理结果 2.2 检测时的注意事项 ①仪器在使用前应精确校正 ②螺距误差补偿应在机床几何精度调整结束后再进行，以减少几何精度对定位精度的影响 ③进行螺距误差补偿时应使用高精度的检测仪器(如激光干涉仪)，以便先测量再补偿，补偿后还应再测量，并应按相应的分析标准(VDI3441、JIS6330 或 GB 17421.2—2016)对测量数据进行分析，直到达到机床的定位精度要求 ④ 机床的螺距误差补偿方式包括线性轴补偿和旋转轴补偿这两种方式，可对直线轴和旋转工作台的定位精度分别补偿 3. 切削精度编辑 机床切削精度的检查，是在切削加工条件下对机床几何精度和定位精度的综合检查，包括单项加工精度检查和所加工的铸铁试样的精度检查(硬质合金刀具按标准切削用量切削)。检查项目一般包括镗孔尺寸精度及表面粗糙度、镗孔的形状及孔距精度、端铣刀铣平面的精度、侧面铣刀铣侧面的直线精度、侧面铣刀铣侧面的圆度精度、旋转轴转 90°侧面铣刀铣削的直角精度、两轴联动精度

八、数控机床大修单

数控机床大修单是对机床大修的总结性记录，要求完整、直观和明了，参考模板见表 17.1.10。

表 17.1.10 数控机床大修单

<table>
<tr><td colspan="10">数控机床大修单</td></tr>
<tr><td colspan="2">维修编号</td><td colspan="3"></td><td colspan="2">填单人</td><td colspan="3"></td></tr>
<tr><td colspan="2">生产日期</td><td colspan="3"></td><td colspan="2">填单日期</td><td colspan="3"></td></tr>
<tr><td colspan="2">设备名称</td><td colspan="3"></td><td colspan="2">设备编号</td><td colspan="3"></td></tr>
<tr><td colspan="2">型号规格</td><td colspan="3"></td><td colspan="2">复杂系数</td><td colspan="3"></td></tr>
<tr><td colspan="2">承修单位</td><td colspan="3"></td><td colspan="2">合同编号</td><td colspan="3"></td></tr>
<tr><td rowspan="4">精度测定</td><td>测定项目</td><td>允差</td><td>实测</td><td>测定项目</td><td>允差</td><td>实测</td><td>测定项目</td><td>允差</td><td>实测</td></tr>
<tr><td></td><td></td><td></td><td></td><td></td><td></td><td></td><td></td><td></td></tr>
<tr><td></td><td></td><td></td><td></td><td></td><td></td><td></td><td></td><td></td></tr>
<tr><td></td><td></td><td></td><td></td><td></td><td></td><td></td><td></td><td></td></tr>
<tr><td>修理内容</td><td colspan="9"></td></tr>
</table>

续表

	部位	图号	名称	数量	价格	费用合计/元	
更换零件明细						材料费	
						备件费	
						人工费	
						其　他	
						总　计	
						开修日期	
						完工日期	
实物测定	测定项目	允差	实测	验收意见		验收人	工艺员	
							检验员	
							操作人	
							验收日期	
分单	本表一式四份，车间、生产部、采购部、承修单位各持一份						

第二节　数控机床部件的拆卸、清洗与换修

一、数控机床的拆卸原则和注意事项

机械数控机床在拆卸之前，应当制订详细的拆卸计划。数控机床拆卸时，应遵守拆卸原则，注意有关事项，做好详细记录。其拆卸原则和注意事项见表 17.2.1。

表 17.2.1　数控机床的拆卸原则和注意事项

序号	数控机床大修的拆卸原则和注意事项	
1	拆卸的一般原则	拆卸之前，应详细了解机械数控机床的结构、性能和工作原理，仔细阅读装配图，弄清装配关系
		在不影响修换零部件的情况下，其他部分能不拆就不拆，能少拆就少拆
		要根据机械数控机床的拆卸顺序选择拆卸步骤。一般由整机到部件，由部件到零件，由外部到内部
2	拆卸的注意事项	拆卸前做好准备工作。准备工作包括选择并清理好拆卸工作地，保护好电气数控机床和易氧化、锈蚀的零件，将机械数控机床中的油液放尽
		正确选择和使用拆卸工具。拆卸时尽量采用合适的专用工具，不能乱敲和猛击。用锤子直接打击拆卸零件时，应该用铜或硬木作衬垫。连接处在拆卸之前最好使用润滑油浸润，不易拆卸的配合件，可用煤油浸润或浸泡
		保管好拆卸的零件。注意不要碰伤拆卸下来零件的加工表面，丝杠、轴类零件应涂油后悬挂于架上，以免生锈、变形。拆卸下来的零件，应按部件归类并放置整齐，对偶件应打印记并成对存放，对有特定位置要求的装配零件需要作出标记，重要、精密零件要单独存放

二、零件的拆卸方法

数控机床零件的拆卸方法见表 17.2.2。

表 17.2.2　数控机床零件的拆卸方法

序号	拆卸部位	详细说明	
1	螺纹连接的拆卸（选用合适的呆扳手或一字旋具，尽量不用活扳手。在弄清螺纹的旋向之后，按螺纹相反的方向旋转即可拆下）	成组螺纹连接件	为了避免连接力集中到最后一个连接螺纹件上，拆卸时先将各螺纹件旋转 1～2 圈，然后按照先四周后中间、十字交叉的顺序逐一拆卸。拆卸前应将零部件垫放平稳，将成组螺纹全都拆卸完成后，才可将连接件拆分
		锈蚀螺纹	先用煤油润湿或者浸泡螺纹连接处，然后轻击震动四周，再行旋出。不能使用煤油的螺纹连接，可以用敲击震松锈层的方法
			可以先旋紧 1/4 圈，再退出来，反复松紧，逐步旋出
			采用气割或锯断的方法拆卸锈蚀螺纹
		断头螺纹	螺钉断头有一部分露在外面可以在断头上用钢锯锯出沟槽或加焊一个螺母，然后用工具将其旋出。断头螺钉较粗时，可以用錾子沿圆周剔出
			螺钉断在螺孔里面，可以在螺钉中心钻孔，打入多角淬火钢杆将螺钉旋出。也可以在螺钉中心钻孔，攻反向螺纹，拧入反向螺钉将断头螺钉旋出
2	滚动轴承的拆卸	使用拆卸器。拆卸滚动轴承通常都要使用拆卸器。一般用一个环形件顶在轴承内圈上，拆卸器的卡爪作用于环形件，就可以将拉力传给轴承内圈，如图 17.2.1 所示。在拆卸轴承中，有时还会遇到轴承与相邻零件的空间较小的情况，这时要选用薄些的卡爪，将卡爪直接作用在轴承圈上	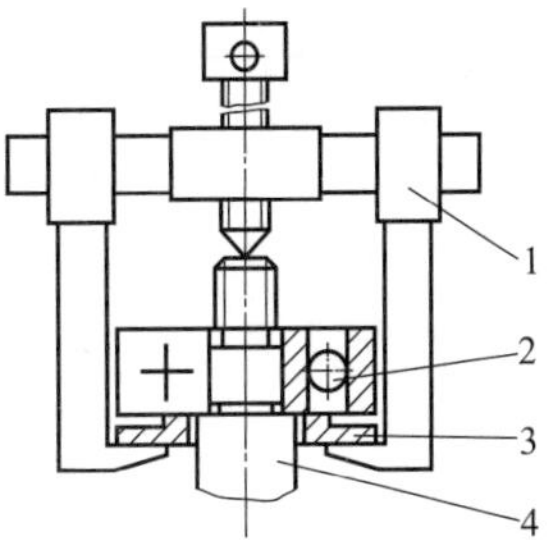 图 17.2.1　拆卸器拆卸轴承 1—拆卸器；2—轴承；3—环形件；4—轴
		使用压力机拆卸滚动轴承，如图 17.2.2 所示。使用这种方法拆卸轴末端的轴承时，可用两块等高的半圆形垫铁或方铁，同时抵住轴承内、外圈，压力压头施力时，着力点要正确	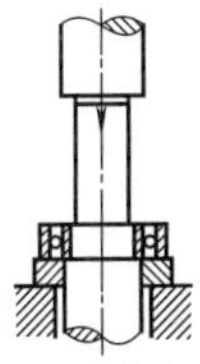 图 17.2.2　压力机拆卸轴承
		使用手锤、铜棒。在没有专用工具的情况下，可以使用手锤、铜棒拆卸滚动轴承。拆卸位于轴末端的轴承时，在轴承下垫以垫块，用硬木棒、铜棒抵住轴端，再用手锤敲击	
		利用热胀冷缩拆卸尺寸较大的滚动轴承。拆卸轴承内圈时，可以用热油加热内圈，使内圈膨胀、孔径变大，便于拆卸。在加热前用石棉把靠近轴承的那一部分轴隔离开来，用拆卸器卡爪钩住轴承内圈，然后迅速将加热到 100℃左右的热油倒入轴承，使轴承内圈加热，随后从轴上开始拆卸轴承 拆卸直径较大或配合较紧的圆锥滚子轴承时，可用干冰局部冷却轴承外圈，使用倒钩卡爪形式的拆卸器，迅速从轴承座孔中拉出轴承外圈	
3	轴上零件的拆卸	齿轮副	为了提高传动链精度，对传动比为 1 的齿轮副，装配时将一外齿轮的最大径向跳动处的齿与另一个齿轮的最小径向跳动处的齿相啮合。因此为恢复原装配精度，拆卸齿轮副时，应在两齿轮啮合处作上标记
		轴承及垫圈	精度要求高的主轴部件，主轴轴颈与轴承内圈、轴承外圈与箱体孔在周向的相对位置是经过测量和计算后装配的。因此在拆卸时，应在周向作出标记，便于按原始方向装配，保证装配精度

续表

<table>
<tr><th>序号</th><th>拆卸部位</th><th colspan="2">详细说明</th></tr>
<tr><td rowspan="2">3</td><td rowspan="2">轴上零件的拆卸</td><td>轴和定位元件</td><td>拆卸齿轮箱中的轴类零件时，先松开装在轴上不能通过轴盖孔的齿轮、轴套等零件的轴向定位零件，如紧固螺钉、弹簧卡圈、圆螺母等，然后拆去两端轴盖。在了解轴的阶梯方向，确定拆轴时的移动方向之后，并注意轴上的键能随轴通过各孔，才能用木槌打击轴端，将轴拆出箱中</td></tr>
<tr><td>铆、焊件</td><td>铆接件拆卸时可用锯、錾或者气割等方法割掉铆钉头。焊接件拆卸可用锯、錾或气割切割，也可用小钻头钻排孔再錾、再锯等</td></tr>
</table>

三、数控机床零部件的清理

从机械数控机床上拆卸下来的零件，其表面沾满脏物，应立即清洗，以便进行检查。零件的清洗包括清除油污、水垢、积炭、锈层以及旧涂装层等，见表 17.2.3。

表 17.2.3　数控机床零部件的清洗

<table>
<tr><th>序号</th><th>清理内容</th><th colspan="2">详细内容</th></tr>
<tr><td rowspan="4">1</td><td rowspan="4">清除油污①</td><td>人工清洗</td><td>把零件放在装有煤油、轻柴油或化学清洗剂的容器中，用毛刷刷洗或棉丝擦洗。清洗时，不准使用汽油，如非用不可，要注意防火</td></tr>
<tr><td>机械清洗</td><td>把零件放入清洗箱中，由传送带输送，经过被搅拌器搅拌的洗涤液清洗干净后送出箱中</td></tr>
<tr><td>喷洗</td><td>将具有一定压力和温度的清洗液喷射到工件上，清除油污。喷洗的生产效率高</td></tr>
<tr><td colspan="2">①零件经清洗后应立即用热水冲洗，以防止碱性溶液腐蚀零件表面
②零件经清洗，在干燥后应涂机油，防止生锈
③零件在清洗及运送过程中，不要碰伤工件表面。清洗后要使油孔、油路畅通，并用塞堵封闭孔口，以防止污物掉入，装配时拆去塞堵
④清洗数控机床零件时，应保持足够的清洗时间，以保证清洗质量
⑤精密零件和铝合金零件不宜采用强碱性溶液浸洗
⑥采用三氯乙烯清洗时，要在一定装置中按规定的操作条件进行，工作场地要保持干燥和通风，严禁烟火，避免与油漆、铝屑和橡胶等相互作用，注意安全</td></tr>
<tr><td rowspan="3">2</td><td rowspan="3">清除锈蚀</td><td>机械法除锈</td><td>人工刷擦、打磨，或者使用机器磨光、抛光、滚光以及喷砂等方法除去表面锈蚀</td></tr>
<tr><td>化学法除锈</td><td>利用一些酸性溶液溶解零件表面氧化物，去除锈蚀。除锈的工艺过程是：脱脂→水冲洗→除锈→水冲洗→中和→水冲洗→去氧化物</td></tr>
<tr><td>电化学法除锈</td><td>电化学法除锈又称电解腐蚀，常用的有阳极除锈，即把锈蚀的零件作为阳极。还有阴极除锈，即把锈蚀的零件作为阴极，用铅或铅锑合金作阳极。这两种除锈方法效率高、质量好。但是，阳极除锈使用电流过高时，易腐蚀过度，破坏零件表面，故适用于外形简单的零件。阴极除锈没有过蚀问题，但易产生氢脆，使零件塑性降低</td></tr>
<tr><td>3</td><td>清除涂装层</td><td colspan="2">清除零件表面的保护、装饰涂装层时，可根据涂装层的损坏情况和要求，进行部分或全部清除。涂装层清除后，要冲洗清洁，准备按涂装层工艺喷涂新层。清除涂装层的一般方法是采用刮刀、砂纸、钢丝刷或手提式电动、风动工具进行刮、磨、刷等。也可采用化学方法，即用配制好的各种退漆剂②退漆</td></tr>
</table>

① 清洗剂一般使用碱性化学溶液和有机溶剂。碱性化学溶液是采用氢氧化钠、碳酸钠、磷酸钠和硅酸钠等化合物，按一定比例配制而成的一种溶液，是最常用的清洁用溶剂，但是其具有一定的腐蚀性。有机溶剂主要有煤油、轻柴油、丙酮、三氯乙烯等，其中三氯乙烯是一种溶脂能力很强的氯烃类有机溶剂，稳定性好，对多数金属不产生腐蚀，其毒性比苯、四氯化碳小。企业产品大批量高净度清洗，有时用三氯乙烯溶液来脱脂。

② 退漆剂有碱性溶液退漆剂和有机溶液退漆剂。使用碱性溶液退漆剂时，涂刷在零件的涂层上，使之溶解软化，然后要用手工工具进行清除。使用有机溶液退漆剂时，要特别注意安全，操作者要穿戴防护用具，工作地要防火、通风。

四、零件的检查与换修原则

数控机床拆卸后，通过检查，把零件分为继续使用件、更换件和修复件3类。需要更换的零件，要准备备件或者重新制作。修复件经过修理，经检验合格，才可重新使用。

机械数控机床修理时对零件的检查，需要综合考虑零件损坏对零件使用性能的影响，例如裂纹对强度、研伤对运动、划痕对密封、磨损对配合性质的影响等。零件的检查与换修原则见表17.2.4。

表17.2.4　零件的检查与换修原则

序号	项目	详细说明
1	零件的检查原则	目测：对零件表面进行宏观检查，如表面有无裂纹、损伤、腐蚀等
		耳听：通过机械数控机床运转发出的声音，判断零件的状况
		测量：使用测量工具对零件的尺寸、形状位置精度进行检测
		试验：某些性能可通过耐压试验、无损检测等方法来测定
		分析：如通过金相分析了解材料组织，通过射线分析了解零件的隐蔽缺陷，通过化学试验分析了解材料的成分等
2	零件的换修原则	根据磨损零件对数控机床精度的影响情况，决定零件是否换修，如数控机床的床身导轨、滑座导轨、主轴轴承等基础零件磨损严重，引起被加工的工件几何精度超差，以及相配合的基础零件间隙增大，引起数控机床振动加剧，影响加工工件的表面粗糙度时，应该对磨损的基础零件进行换修
		根据磨损零件对数控机床性能的影响情况，决定零件是否换修，如离合器失去传递动力的作用，凸轮因磨损不能保持预定的运动规律时，零件应该进行换修
		重要的受力零件在强度下降接近极限时，应进行更换，如低速蜗轮由于轮齿不断磨损，齿厚逐渐减薄，超过强度极限，锻压数控机床的曲轴、起重数控机床的吊钩发生表面裂纹时，都应该进行更换
		对磨损零件是修复使用还是更换新件的确定原则：主要考虑修、换的经济性、零件修复的工艺性和零件修复后的使用性和安全性等

五、数控车床回转刀架拆卸及维护保养实例

这里以数控车床回转刀架的保养来讲解其拆卸和维护的过程，其详细的操作图解见图17.2.3～图17.2.23。由于刀架的安装是拆卸的逆向操作，在此就不做图解了。

1. 拆除上刀体

拆除上刀体见图17.2.3～图17.2.16。

图17.2.3　拆除发信盘的保护帽

图17.2.4　拆除发信盘各种连接线

图 17.2.5 用绝缘胶带将连接线固定

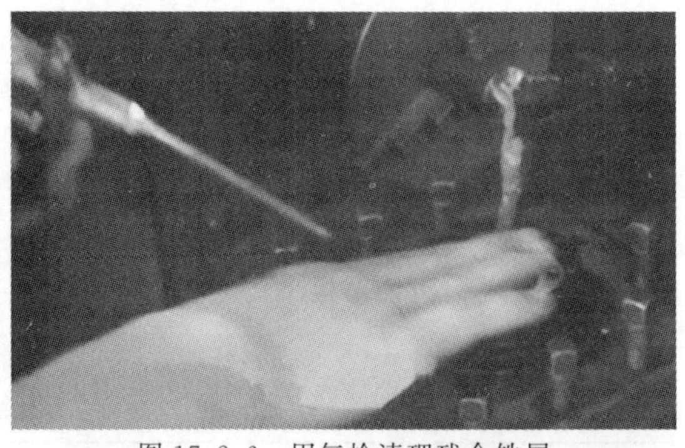

图 17.2.6 用气枪清理残余铁屑

图 17.2.7 松开六角螺钉，并拆下磁钢支架

图 17.2.8 拧松发信盘紧固螺母

图 17.2.9 取下发信盘

图 17.2.10 拆卸调整螺母

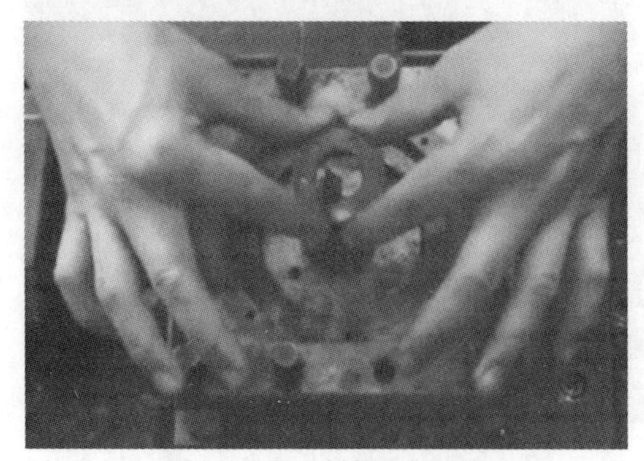

图 17.2.11 拆卸防松垫圈

图 17.2.12 取下离合盘

图 17.2.13　拆卸弹簧销

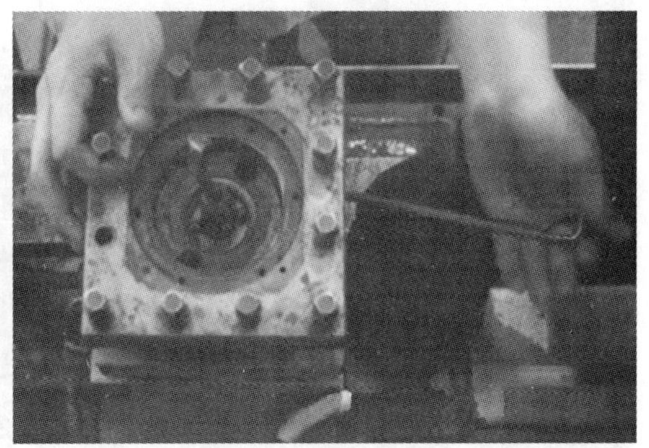
图 17.2.14　用六角扳手松动侧面固定螺钉

图 17.2.15　逆时针旋转上刀体直至取出

图 17.2.16　取出大螺母

2. 拆除下刀体

拆除下刀体见图 17.2.17～图 17.2.22。

图 17.2.17　用抹布清理螺杆及其周边区域

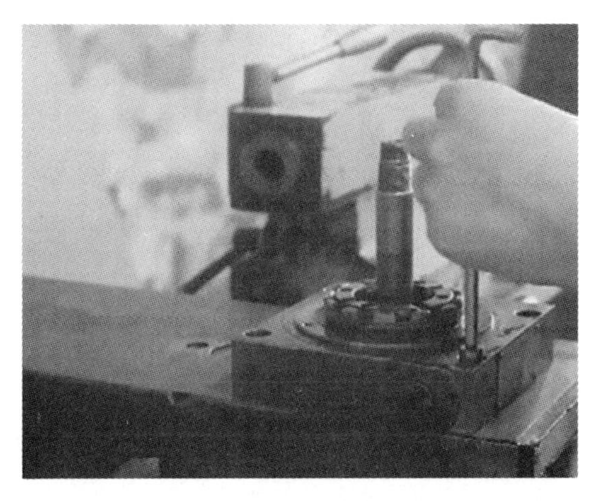
图 17.2.18　用内六角扳手拆除下刀体紧固螺钉

图 17.2.19　翻转下刀体拆除底部主轴紧固螺钉

图 17.2.20　取出主轴

图 17.2.21　取出轴承

图 17.2.22　拆卸蜗盘

3. 清洗保养部件

用清洗剂（柴油等）清洗拆下的部件如图 17.2.23 所示。

图 17.2.23　用清洗剂（柴油等）清洗拆下的部件

第三节　电动机的大修

数控机床中，电动机相对其他部件使用时间更长，工作方式变换更加频繁。电动机在长期运行过程中，经常会出现各种故障，由于电动机使用的这些特点，在除了大修之外，还要进行小修，大修和小修也就是我们常说的年维修和月维修。

因此，本节专门对数控机床的电动机的大修做一个简单讲解，有关电动机的结构、原理、工作方式等还需要查看专门的书籍进行了解。

一、电动机的拆卸原则

电动机的拆卸原则见表17.3.1。

表17.3.1　电动机的拆卸原则

序号	电动机的拆卸原则
1	在拆卸前，要用压缩空气吹净电动机表面灰尘，并将表面污垢擦拭干净
2	选择电动机解体的工作地点，清理现场环境
3	熟悉电动机结构特点和检修技术要求
4	准备好解体所需工具(包括专用工具)和设备
5	为了进一步了解电动机运行中的缺陷，有条件时可在拆卸前做一次检查试验。为此，将电动机带上负载试转，详细检查电动机各部分温度、声音、振动等情况，并测试电压、电流、转速等，然后再断开负载，单独做一次空载检查试验，测出空载电流和空载损耗，做好记录
6	切断电源，拆除电动机外部接线，做好记录
7	选用合适电压的兆欧表测试电动机绝缘电阻。为了跟上次检修时所测的绝缘电阻值相比较以判断电动机绝缘变化趋势和绝缘状态，应将不同温度下测出的绝缘电阻值换算到同一温度，一般换算至75℃
8	测试吸收比。当吸收比大于1.33时，表明电动机绝缘不曾受潮或受潮程度不严重。为了跟以前数据进行比较，同样要将任意温度下测得的吸收比换算到同一温度

二、电动机小修（月维修）的项目

电动机小修的项目见表17.3.2。

表17.3.2　电动机小修的项目

序号	项　目	内　容
1	电动机外部检查	清除和擦去机壳外部尘垢
		测量绝缘电阻
2	检查电动机接线端子	检查接线盒接线螺钉是否松动、烧伤
		拧紧螺母
3	检查各固定部分螺栓和接地线	检查接地螺钉
		检查端盖、轴承盖螺钉
		检查接地线连接及安装情况
4	检查轴承	拆下轴承盖，检查轴承油是否变脏、干涸，缺少时须适量补充
		检查轴承是否有杂声
5	检查传动装置	检查带或联轴器有无破裂损坏，安装是否牢固
		检查带及其连接扣是否完好
		检查联轴器是否有螺栓松动、损伤、磨损和变形现象
6	集电环检查	检查集电环表面的异常磨损、圆度情况、局部变色以及火花痕迹程度
		检查集电环绝缘轮毂绝缘螺栓上的炭粉附着程度
7	电刷和刷架检查	检查电刷石墨部分磨损、刮伤、龟裂、凹痕和接触情况
		检查电刷引线有无断线．接线部位是否松动
		检查弹簧的破损、固紧与弹簧压力情况
8	检查和启动数控机床	擦去外部尘垢
		轻擦触头，检查有无烧损
		检查接地线是否良好
		测量绝缘电阻

三、电动机大修（年维修）的项目

电动机大修的项目见表 17.3.3。

表 17.3.3　电动机大修的项目

序号	项　目	内　容
1	电动机外部检查	外部有无损坏，零部件是否齐全
		彻底清除尘垢，补修损坏部分
2	电动机内部清理和检查	检查定子绕组污染和损伤情况：先去掉定子上的灰尘，擦去污垢，若定子绕组积留油垢，先用干布擦去，再用干布蘸少量汽油擦净，同时仔细检查绕组绝缘是否出现老化痕迹（深棕色）或有无脱落，若有，应补修，刷漆
		检查转子绕组污染和损伤情况：目测或比色检查转子端环是否断裂、污损；目测或用手锤敲击检查绕组端部绑扎线和铁芯是否松动
		检查定、转子铁芯有无磨损变形，如有变形，应予修整
3	绕组检查	检查定子绕组和绕线转子绕组是否有相间短路、匝间短路、断路、错接等现象；检查笼型转子是否断条，应针对发现的问题予以修理
		用兆欧表测量所有带电部位的绝缘电阻，阻值应大于 1MΩ
4	清洗轴承并检查轴承磨损情况	清洗轴承
		检查轴承，若轴承表面粗糙，说明轴承油中有酸碱物质或水分，改用合格的润滑脂；若滚珠或轴圈等处出现蓝紫色，则说明轴承已受热退火，严重者应更换轴承
		有条件时，对轴承的尺寸精度和其他指标应进行全面测量
		检查密封档的油环是否变形、磨损，轴颈是否有条痕，表面粗糙度如何
5	安装基础检查	用水平仪测定基础的水平误差，用锤子和扳手检查螺栓的固紧状况
6	修理后试车	若电动机的绕组完好，大修后要作一般性试运转。测量绝缘电阻，检查各部分是否良好，电动机空载运转半小时，然后带负载运转。若绕组已重绕，进行必要的试验

四、电动机拆卸及维护保养实例

这里以电动机的保养来讲解其拆卸和维护的过程，其详细的操作图解见图 17.3.1～图 17.3.35。注意：电动机的拆卸和安装不完全是逆向操作，其间有不同的操作方法，是值得注意的。

1. 拆卸前端盖和轴承

拆卸前端盖和轴承见图 17.3.1～图 17.3.5。

图 17.3.1　用棘轮扳手拆除前端端盖紧固螺钉

图 17.3.2　用平錾松动前端端盖

图 17.3.3　取下前端盖

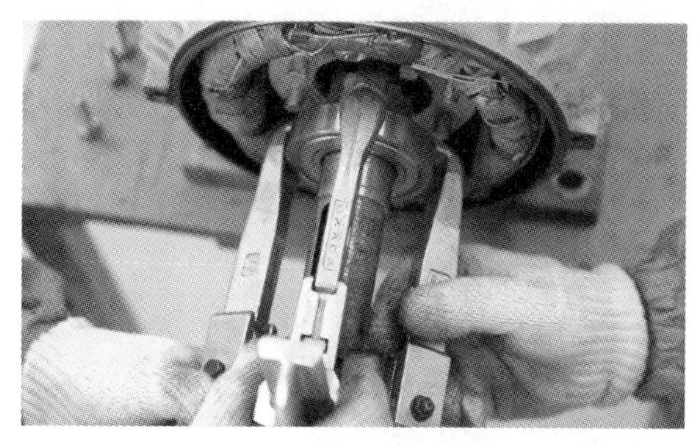

图 17.3.4　将拉马调至适当位置

2. 拆卸后端盖和轴承

拆卸后端盖和轴承见图 17.3.6～图 17.3.14。

图 17.3.5　用撬棒反向固定拉马，将轴承拉出

图 17.3.6　用棘轮扳手拧下后盖螺钉

图 17.3.7　双手均匀用力抱住罩壳并拆下

图 17.3.8　用卡簧钳取下末端紧固卡簧

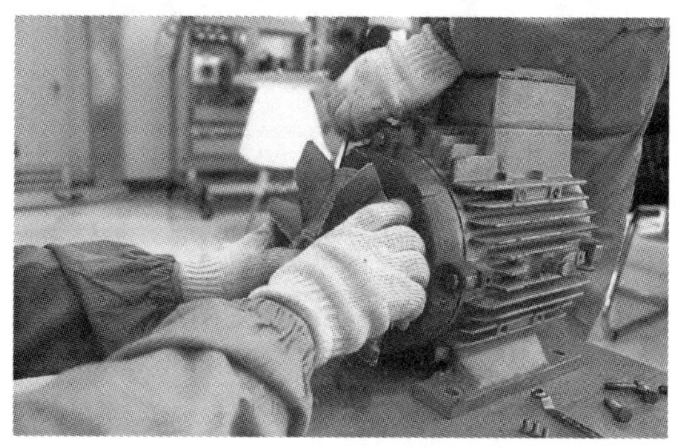

图 17.3.9　拆除散热风扇

图 17.3.10　利用一字起取转子定位平键

图 17.3.11　用棘轮扳手拆除后端盖紧固螺钉

图 17.3.12　用平錾松动后端端盖

图 17.3.13　取下后端端盖

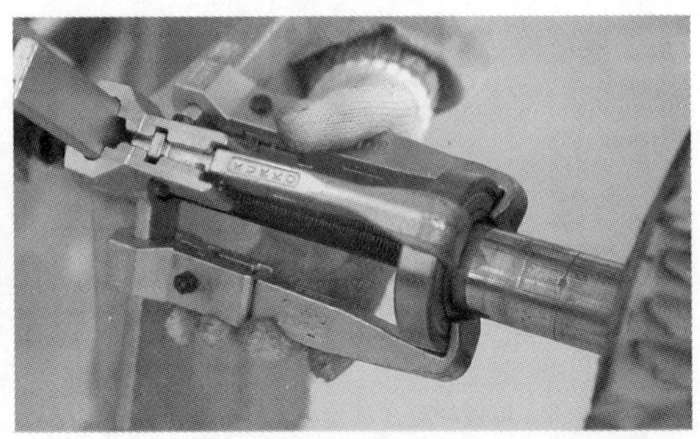

图 17.3.14　使用拉马拆除轴承

3. 轴承的保养

轴承的保养见图 17.3.15～图 17.3.17。

图 17.3.15　用清洗剂浸透轴承，并用毛刷清理

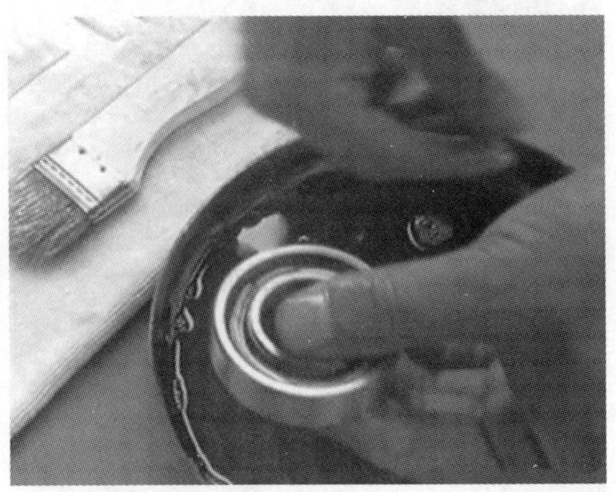

图 17.3.16　手动拨动并旋转轴承，以旋转流畅为准

4. 安装前端盖和轴承

安装前端盖和轴承见图 17.3.18～图 17.3.23。

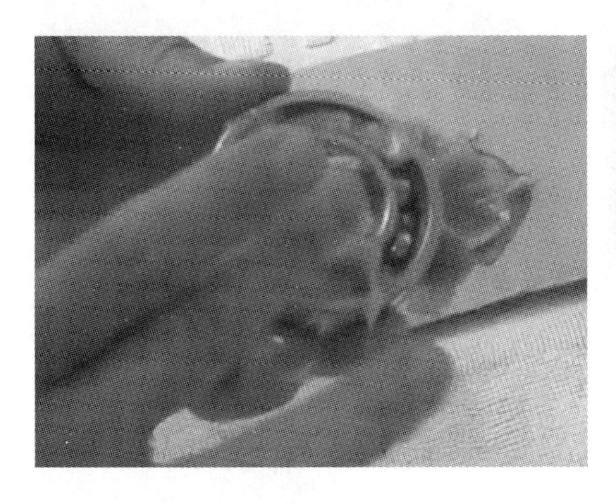

图 17.3.17　在轴承上均匀涂抹润滑脂

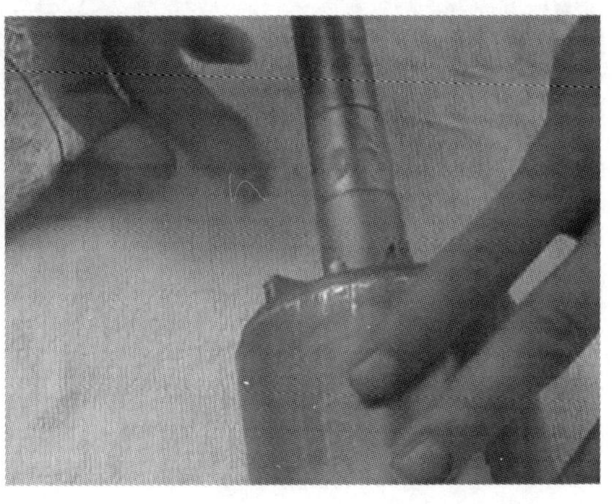

图 17.3.18　在转轴上涂抹适量润滑脂

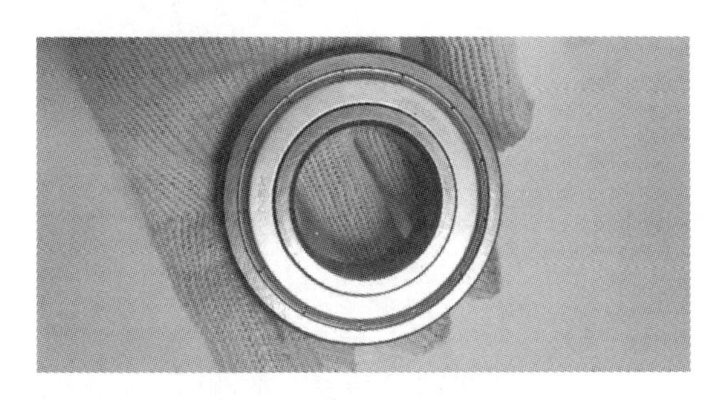

图 17.3.19　安装时，将轴承标注型号的一面朝外

图 17.3.20　选取与轴承相适应的安装工具

图 17.3.21　将轴承敲至正确位置

图 17.3.22　安装前端端盖

5. 安装后端盖和轴承

安装后端盖和轴承见图 17.3.24～图 17.3.35。

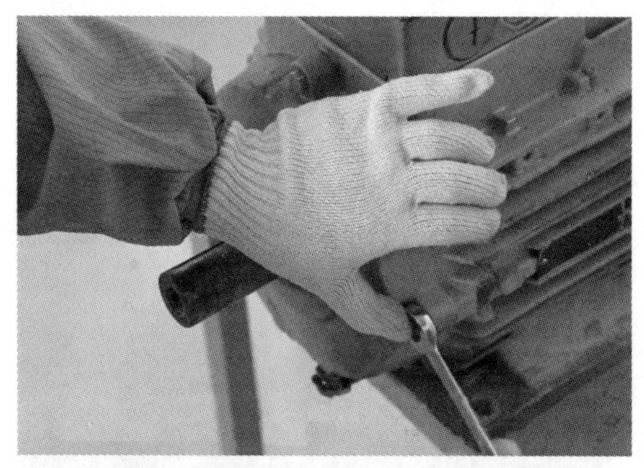

图 17.3.23　用棘轮扳手成对将螺钉拧紧

图 17.3.24　在转轴上涂抹适量润滑脂

图 17.3.25　安装时，将轴承标注型号的一面朝外

图 17.3.26　安装轴承

图 17.3.27　选取安装工具并将轴承敲击到位

图 17.3.28　安装后端端盖

图 17.3.29　将后盖敲击到位

图 17.3.30　用棘轮扳手成对将螺钉拧紧

图 17.3.31　安装定位平键

图 17.3.32　安装散热风扇

图 17.3.33　安装卡簧

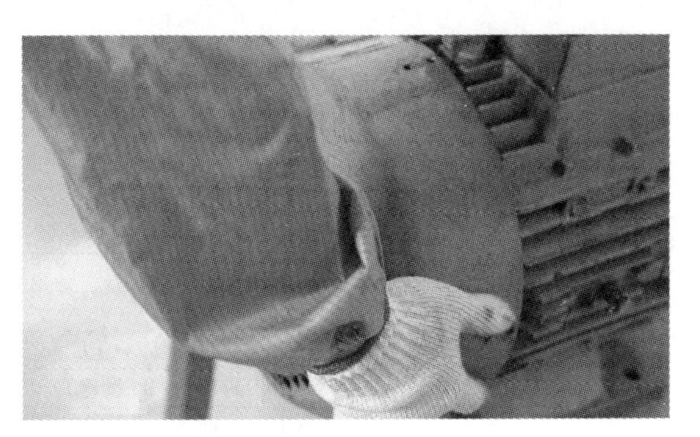

图 17.3.34　安装后罩壳

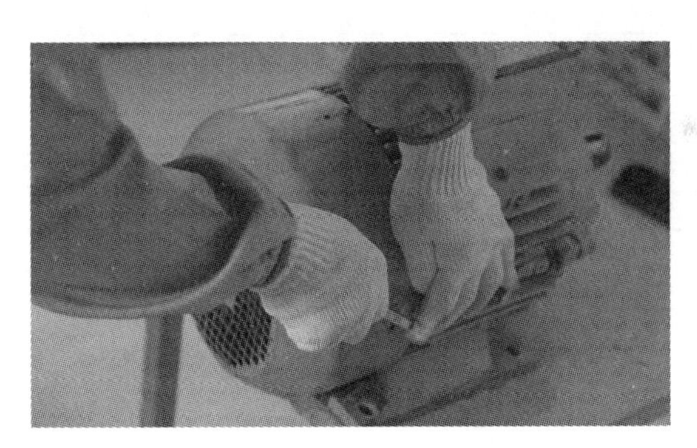

图 17.3.35　用棘轮扳手将螺钉拧紧

附录一 FANUC系统报警信息一览

一、控制器的故障诊断

STATUS	ALARM	含　义
0000	—	电源未接通
1111	—	电源接通的初始化状态(CPU 尚未运行)
1011	—	等待子 CPU 的回答(ID 设定)
0011	—	检测子 CPU 的回答(ID 设定完成)
1101	—	FANUC 总线初始化
0101	—	PMC 初始化完成
1001	—	全部 CPU 配置完成
1110	—	PMC 完成初始化运行
0110	—	等待数字伺服初始化
1000	—	CNC 完成全部初始化,进入运行状态
0100	110	RAM 奇偶校验出错(主板、伺服驱动器或附加 CPU 板)
0100	011	伺服驱动器监控报警(WATCH DOG)
0100	010	CNC 存在报警
1111	010	CNC 未运行
1111	011	
1111	110	
1111	111	
1100	000	基本 SRAM 出错

二、伺服驱动器的故障诊断

数码管显示	含　义	备注
—	速度控制单元未准备好	
0	速度控制单元准备好	
1	风机单元报警	
2	速度控制单元+5V 欠电压报警	
5	直流母线欠电压报警	主回路断路器跳闸
8	L 轴电动机过电流	一轴或二、三轴单元的第一轴
9	M 轴电动机过电流	二、三轴单元的第二轴

续表

数码管显示	含　　义	备注
A	N 轴电动机过电流	二、三轴单元的第三轴
b	L/M 轴电动机同时过电流	
C	M/N 轴电动机同时过电流	
d	L/N 轴电动机同时过电流	
E	L/M/N 轴电动机同时过电流	
8.	L 轴的 IPM 模块过热、过流、控制电压低	一轴或二、三轴单元的第一轴
9.	M 轴的 IPM 模块过热、过流、控制电压低	二、三轴单元的第二轴
A.	N 轴的 IPM 模块过热、过流、控制电压低	二、三轴单元的第三轴
b.	L/M 轴的 IPM 模块同时过热、过流、控制电压低	
C.	M/N 轴的 IPM 模块同时过热、过流、控制电压低	
d.	L/N 轴的 IPM 模块同时过热、过流、控制电压低	
E.	L/M/N 轴的 IPM 模块同时过热、过流、控制电压低	

三、主轴驱动器的故障诊断

PIL	ALM	ERR	号码	内　　容	故障处理
0	0	0	—	控制电源未输入	
0	—	—	—	控制电源已输入	
1	1	0	A0 A	程序不能正常启动 SPM 控制 PCB 上的 ROM 系统错误，或者硬件异常	①更换 SPM 控制印制板上的 ROM ②更换 SPM 控制印制板
1	1	0	A1	在 SPM 控制回路 CPU 的外围电路上检查出了异常	更换 SPM 控制印制板
1	1	0	01	线圈内的温度控制器动作了；电动机内部超过了规定温度。连续在额定值以上使用或者冷却异常	①确认周围温度和负载状况 ②当风扇停止时，更换风扇
1	1	0	02	电动机的速度不能跟从指令速度，电动机负载转矩过大；参数 4082 中的加速度时间不足	①确认切削条件后减少负载 ②修改参数 4082
1	1	0	03	PSM 准备好(显示“00”)时，SPM 中 DC 回路电源不足；SPM 内部的 DC 回路熔丝断了(电源不良或电动机短路)；JX1A/JX1B 连接电缆异常	①更换 SPM 单元 ②检查电动机绝缘状态 ③更换接口电缆
1	1	0	04	检查出 PSM 电源缺相(PSM 显示 5 报警)	检查 PSM 输入电源状态
1	1	0	07	电动机速度超过了额定转速 115%。主轴在位置控制方式时，位置偏差量积存超过极限值(主轴同步时 SER、SRV 为 OFF 等)	确认顺序上是否错(主轴不能在旋转状态指令同步等)
1	1	0	09	功率晶体管冷却用散热器的温度异常升高	①改善散热器的冷却状况 ②当散热器冷却风扇停止时要换 SPM 单元
1	1	0	11	检查出 PSM DC 回路过电压(PSM 报警显示 7)；PSM 选型错误(超过了 PSM 的最大输出规格)	①确认 PSM 的选定 ②确认输入电源电压和电动机减速时的电源变动。当超过了 AC 253V(200V 系)、AC 530V(400 系)时，改善电源阻抗
1	1	0	12	电动机输出电流过大，电动机固有参数与电动机型号不同，电动机绝缘不良	①检查电动机绝缘状态 ②确认主轴参数 ③更换 SPM 单元

续表

PIL	ALM	ERR	号码	内　容	故障处理
1	1	0	15	主轴切换输出切换时的切换顺序异常。切换用的MC的接点状态确认信号和指令不一致	①确认、修改梯形图顺序 ②更换用于切换的MC
1	1	0	16	检测出SPM控制回路部件异常(外部数据RAM异常)	更换SPM控制印制板
1	1	0	18	检测出SPM控制回路部件异常(程序ROM数据异常)	更换SPM控制印制板
1	1	0	19	检测出SPM部件异常(U相电流检测回路初始值异常)	更换SPM单元
1	1	0	20	检测出SPM部件异常(V相电流检测回路初始值异常)	更换SPM单元
1	1	0	24	检测出CNC电源OFF(通常为OFF或电缆断线),检测出与CNC通信数据异常	①使CNC和主轴间电缆远离动力线 ②更换电缆
1	1	0	26	Cs轮廓控制用电动机检测信号(插头JY5)的信号振幅异常(电缆没连接,调整不良等)	①更换电缆 ②再调整前置放大器
1	1	0	27	①主轴位置编码器(插头JY5)的信号异常 ②MZ、BZ传感器的信号振幅(插头JY2)异常(电缆没连接,参数设定等)	①更换电缆 ②再调整BZ传感器信号
1	1	0	28	Cs轮廓控制用位置检测信号(插头JY5)异常(电缆未接,调整不良)	①更换电缆 ②再调整前置放大器
1	1	0	29	在一段连接时间内有过大负载(在励磁状态下电动机抱轴时也发生)	确认和修改负载状态
1	1	0	30	在PSM主回路上检测出过电流(PSM报警显示1);电源不平衡;PSM选型错(超出PSM最大输出规格)	确认和修改电源电压
1	1	0	31	不能按电动机指令速度旋转(旋转指令一直在SST电平以下);速度检测信号异常	①确认和修改负载状态 ②更换电动机传感器的电缆(JY2或JY5)
1	1	0	32	检测出SPM控制电路的部件异常(串行传送LST异常)	更换SPM控制印制板
1	1	0	33	放大器内部的电磁接触器ON时,电源回路的直流电源电压没有充分地充电(缺相、充电电阻不良等)	①确认和修改电源电压 ②更换SPM单元
1	1	0	34	设定了超过允许值的参数	参照参数说明书进行修改,不知道号码时,连接主轴检查板,确认显示参数
1	1	0	35	设定了超过允许值的齿轮比数据	参照参数说明书修改参数
1	1	0	36	错误计数器溢出了	确认位置增益的值是否过大,并修正
1	1	0	37	速度检测器的脉冲数的参数设定不正确	参照参数说明书修改参数
1	1	0	39	Cs轮廓控制时,检测出一转信号和AB相脉冲数的关系不正确	①调整前置放大器的一转信号 ②确定电缆的屏蔽状态 ③更换电缆
1	1	0	40	Cs轮廓控制时,不发生一转信号	①调整前置放大器的一转信号 ②确定电缆的屏蔽状态 ③更换电缆

续表

PIL	ALM	ERR	号码	内　　容	故障处理
1	1	0	41	①主轴位置编码器(插头JY4)的一转信号异常 ②MZ、BZ传感器一转信号(连接器JY2)异常 ③参数设定错	①确认和修改参数 ②更换电缆 ③再调整BZ传感器的信号
1	1	0	42	①主轴位置编码器(插头JY4)的一转信号断线 ②MZ、BZ传感器一转信号(连接器JY2)断线	①更换电缆 ②再调整BZ传感器的信号
1	1	0	43	在SPM Type3中差速位置编码器信号(连接器JY8)异常	更换电缆
1	1	0	44	检测出SPM控制回路部件异常(A/D转换器异常)	更换SPM控制印制板
1	1	0	46	螺纹切削动作时,检测出了相当于41号报警的故障	①确认和修改参数 ②更换电缆 ③再调整BZ传感器的信号
1	1	0	47	①主轴位置编码器(连接器)的A/B相信号异常 ②MZ、BZ传感器的A/B相信号(连接器JY2)异常。A/B相和一转信号的关系不正确(脉冲间隔不一致)	①更换电缆 ②再调整BZ传感器的信号 ③改善电缆配置(接近电源线处)
1	1	0	49	在差速方式下,转换后的速度值超过了允许值	确认计算值是否超过了电动机最高转速
1	1	0	50	在主轴同步控制中,速度指令计算值超过了允许值(主轴旋转指令乘以齿轮比,计算电动机速度)	确认计算值是否超过了电动机最高转速
1	1	0	51	输入电压低(PSM报警显示4)(瞬间停电、MC接触不良)	①确认和修正电源电压 ②更换MC
1	1	0	52	检测出NC间接口异常(ITB信号停止)	①更换SPM控制印制板 ②更换CNC侧的主轴接口P、C、B
1	1	0	53	检测出NC间接口异常(ITB信号停止)	①更换SPM控制印制板 ②更换CNC侧的主轴接口P、C、B
1	1	0	56	SPM控制回路的冷却风扇不动作	更换SPM单元
1	1	0	57	再生电阻过负载(PSMR报警显示8);检测出热控制器动作或短时间过负载;检测出再生电阻断线或电阻值异常	①降低加减速功耗 ②确认冷却条件(外围湿度) ③冷却风扇停止时,更换电阻 ④电阻值异常时更换再生电阻
1	1	0	58	PSM的散热器的温度异常高(PSM报警显示3)	①检测PSM的冷却状况 ②更换PSM单元
1	1	0	59	PSM内部冷却风扇停止动作(PSM报警显示2)	更换PSM单元
1	0	1	01	ESP及MRDY(机械准备好信号)输入了SFR(正转信号)/SRV(反转信号)/ORCM(定向指令)	请确认ESP、MRDY的顺序(请注意MRDY信号的使用。不使用的参数设定No. 4001#0)
1	0	1	02	装有高分辨率磁传感器的主轴电动机(No. 4001#6,5=0,1)速度检测器参数设定错	请确认主轴电动机速度检测器的参数(No. 4011#2,1,0)
1	0	1	03	装有高分辨率磁传感器的设定(No. 4001#5=1)或装有α传感器的Cs轮廓控制功能的设定错误(No. 4018#4=1),但输入了Cs轮廓控制,此时电动机不能励磁	请确认Cs轮廓控制用检测器的参数(No. 4001#5,No. 4018#4)

续表

PIL	ALM	ERR	号码	内　　容	故障处理
1	0	1	04	使用位置编码器的信号错误(No. 4001＃2=1),但输入了伺服方式(刚性攻螺纹、主轴定位)主轴同步控制指令。此时电动机不能励磁	请确认位置编码器信号的参数(No. 4001＃2)
1	0	1	05	没有设定选择定向,却输入了定向指令(ORCM)	请确认定向的软件选择
1	0	1	06	没有设定选择输出切换,却选择了低速线圈(RCH=1)	请确认主轴输出切换软件的选择及动力线状态信号(RCH)
1	0	1	07	虽然指令了Cs轮廓控制方式,但SFR/SRV没有输入	请确认顺序(CON,SFR,SRV)
1	0	1	08	指令了伺服方式(刚性攻螺纹、主轴定位),但没有输入SFR/SRV	请确认顺序(SFR,SRV)
1	0	1	09	指令了主轴同步控制方式,但没有输入SFR/SRV	请确认顺序(SPSYC,SFR,SRV)
1	0	1	10	在Cs轮廓控制方式中,又指令了其他运行方式(伺服方式、主轴同步控制、定位)	在Cs轮廓控制指令中,请不要指令其他运行方式;解除Cs轮廓控制指令之后再指令其他方式
1	0	1	11	伺服方式(刚性攻螺纹、主轴定位),指令了其他运行方式(Cs轮廓控制、主轴同步控制、定位)	在伺服指令中,请不要指令其他运行方式;解除伺服指令之后再指令其他方式
1	0	1	12	在主轴同步控制中,指令了其他运行方式(Cs轮廓控制、伺服方式、定位)	在主轴同步控制指令中,请不要指令其他运行方式;解除主轴同步控制指令之后再指令其他方式
1	0	1	13	在定向指令中,指令了其他运行方式(Cs轮廓控制、伺服方式、同步控制)	在定向指令中,请不要指令其他运行方式;解除定向指令之后再指令其他方式
1	0	1	14	同时输入了SFR信号和SRV信号	请输入SFR/SRV两信号中的一个信号
1	0	1	15	具有差速方式功能的参数设定(No. 4000＃5=1)时,指令了Cs轴轮廓控制	请确认参数(No. 4000＃5)的设定和PMC信号
1	0	1	16	参数设定上是无差速方式功能(No. 4000＃5=0),但输入了差速方式指令(DEFMD)	请确认参数(No. 4000＃5)的设定和PMC信号(ORCM)
1	0	1	17	速度检测器设定的参数(No. 4011＃2,1,0)不合适(无该速度检测器)	请确认参数(No. 4011＃2)的设定和PMC信号(ORCM)
1	0	1	18	按不使用位置编码器设定的参数(No. 4001＃2=0),却输入了位置编码器方式的定向指令(OECMA)	请确认参数(No. 4001＃2)的设定和PMC信号(ORCM)
1	0	1	19	在磁传感器方式定向中,指令了其他运行方式	在定向指令中,不要指令其他运行方式;在解除定向指令之后,再指令其他方式
1	0	1	20	设定了从属运行方式功能的参数(No. 4014＃5=1),并设定了使用高分辨率磁传感器(No. 4001＃5=1),或设定了用α传感器的Cs轮廓控制功能(No. 4018＃4=1),以上不能同时设定	请确认参数(No. 4001＃5,No. 4014＃5,No. 4018＃4)的设定
1	0	1	21	在位置控制(伺服方式、定向等)动作中,输入了从属运行方式指令(SLV)	从属运行方式(SLV)请在通常运行方式状态中输入
1	0	1	22	从属运行方式中(SLVS=1)输入了位置控制指令(伺服方式、定向等)	位置控制指令请在通常运行方式状态输入

续表

PIL	ALM	ERR	号码	内　　容	故障处理
1	0	1	23	在参数设定上没有从属运行方式功能(No. 4014＃5＝0)，却输入了从属运行方式指令(SLV)	请确认参数(No. 4014＃5)的设定和PMC信号
1	0	1	24	最初用增量指令(INCMD＝1)进行定向，接着又输入了从属运行方式指令(SLV)	请确认PMC信号(INCMD)。最初请用绝对指令进行定向
1	0	1	25	不是SPM4型主轴放大器，却设定了α传感器的Cs轮廓控制功能(No. 4081＃4＝1)	请确认主轴放大器规格和参数(No. 4081＃4)

四、电源部分的故障诊断

PIL	ALM	ERR	号码	含　　义	原因及处理方法
0	0	0	—	控制电源未输入	
1	0	0	—	控制电源已输入	
1	1	0	—	电源模块未准备好(MCC OFF)	紧停信号被输入
1	1	0	00	电源模块已准备好(MCC ON)	正常工作状态
1	1	0	01	主回路IPM检测错误	①IGBT或IPM不良 ②输入电阻器不匹配
1	1	0	02	风机不转	①风机不良 ②风机连接错误
1	1	0	03	电源模块过热	①风机不良 ②模块污染引起散热不良 ③长时间过载
1	1	0	04	直流母线电压过低	①输入电压过低 ②输入电压存在短时间下降 ③主回路缺相或断路器断开
1	1	0	05	主回路直流母线电容不能在规定的时间内充电	①电源模块容量不足 ②直流母线存在短路 ③充电限流电阻不良
1	1	0	06	输入电源不正常	电源缺相
1	1	0	07	直流母线过电压或过电流	①再生制动能量太大 ②输入电源阻抗过高 ③再生制动电路故障 ④IGBT或IPM不良

五、程序错误报警信息

号码	故障源	信息	含　　义	处 理 方 法
000	程序/操作	PLEASE TURN OFF POWER	输入了要求切断电源的参数	应切断电源
001	程序/操作	TH PARITY ALARM	TH报警(输入了带有奇偶性错误的字符)	应修改程序或纸带
002	程序/操作	TV PARITY ALARM	TV报警(一个程序段内的字符为奇数)，只有在设定画面上的TV校验为“1”时，才产生报警	
003	程序/操作	TOO MANY DIGITS	输入了超过允许值的数据，按操作说明书的最大指令值	修改数据
004	程序/操作	ADDRESS NOT FOUND	程序开头无地址，只输入了数值或符号	修改程序
005	程序/操作	NO DATA AFTER ADDRESS	地址后没有紧随相应的数据，而输入了地址EOB代码	修改程序

续表

号码	故障源	信息	含　义	处理方法
006	程序/操作	ILLEGAL USE OF NEGATIVE SIGN	符号"－"(负)输入错误(在不能使用"－"符号的地址后输入了该符号,或输入了两个或两个以上的"－")	修改程序
007	程序/操作	ILLEGAL USE OF DECIMAL POINT	小数点"."输入错误。如地址之后紧接着输入了小数点,或输入了两个小数点,均会产生本报警	修改地址
009	程序/操作	ILLEGAL ADDRESS INPUT	在有意义的信息区输入了不可用的地址	修改程序
010	程序/操作	IMPROPER G-CODE	指定了一个不能用的G代码或针对某个没有提供的功能指定了某个G代码	修改程序
011	程序/操作	NO FEEDRATE COMMANDED	没有指定切削进给速度,或进给速度指令不合格	修改程序
014	程序/操作	OT COMMAND G95	没有螺纹切削/同步进给功能指令了同步	修改程序
015	程序/操作	TOOL MANY AXESCOMMAND	指定的移动坐标轴数超过了联动轴数	修改程序
020	程序/操作	OVER TOLERANCE OF RADIUS	在圆弧插补(G02或G03)中,圆弧始点半径值与圆弧终点半径值的差超过了3410号参数的设定值	修改程序
021	程序/操作	ILLEGAL PLANE AXES COMMANDED	在圆弧插补中,指令了不在指定平面(G17、G18、G19)的轴	修改程序
022	程序/操作	NO CIRCLE	在圆弧插补指令中,没有指定圆弧半径R或圆弧的起始点到圆心之间的距离的坐标值I、J或K	
025	程序/操作	CANNOT COMMAND F0 IN G02/G03	在圆弧插补中,用F1一位数进给指令了F0(快速进给)	修改程序
027	程序/操作	NO AXES COMMANDED IN G43/G44	在刀具长度补偿C中,在G43和G44的程序段,没有指定轴;在刀具长度补偿C中,在没有取消补偿状态下,又对其他轴进行补偿	修改程序
028	程序/操作	ILLEGAL PLANE SELECT	在平面选择指令中,同一方向上指令了两个或更多的坐标轴	修改程序
029	程序/操作	ILLEGAL OFFSET VALUE	用H代码选择的偏置量的值太大	修改程序
030	程序/操作	ILLEGAL OFFSET NUMMBER	用D/H代码指令的刀具半径补偿、刀具长度补偿的偏置号过大	修改程序
031	程序/操作	ILLEGAL P COMMAND IN G10	在程序输入偏置量(G10)中,指定偏置量的P值太大,或者没有指定P值	修改程序
032	程序/操作	ILLEGAL OFFSET VALUE IN G10	偏置量程序输入(G10)或用系统变量写偏置量时,指定的偏置量过大	修改程序
033	程序/操作	NO SOLUTION AT CRC	刀具R补偿C的交点计算中,没有求到交点	修改程序
034	程序/操作	NO CIRC ALLOWED IN STUP/EXT BLK	刀具半径补偿C中,在G02/G03方式进行起刀或取消刀补	修改程序
036	程序/操作	CAN NOT COMMANDED G31	刀具半径补偿方式中,指令了G31跳步切削	修改程序
037	程序/操作	CAN NOT CHANGE PLANE IN CRC	刀具半径补偿C中,切换了补偿平面(G17、G18、G19)	修改程序
038	程序/操作	INTERFERENCE IN CIRCULAR BLOCK	刀具半径补偿C中,圆弧的始点或终点一致,可能产生过切	修改程序

续表

号码	故障源	信息	含　义	处 理 方 法
041	程序/操作	INTERFERENCE IN CRC	刀具半径补偿C中,可能产生过切;在刀具半径补偿方式中,辅助功能、暂停指令等不移动的程序段连续指令两个以上	修改程序
042	程序/操作	G48/G45 NOT ALLOWED IN CRC	在刀具半径补偿方式中,指令了刀具位置补偿(G45～G48)	修改程序
044	程序/操作	G27-G30 NOT ALLOWEN IN FIXED	在固定循环方式中,指令了G27～G30	修改程序
046	程序/操作	ILLEGAL REFENCE RETURN CONNAND	在返回第2、3、4参考点指令中,指令了非P2、P3、P4指令	修改程序
050	程序/操作	CHF/CNR NOT ALLOWED IN THRD BLK	在螺纹切削程序段中,指令了任意角度的倒角、拐角R	修改程序
051	程序/操作	MIDDING MOVE AFTER CHF/CNR	任意角度的倒角、拐角R程序段的下个程序段移动或移动量不合适	修改程序
052	程序/操作	CODE IN NOT G01 AFTER CHF/CNR	在指令任意角度的倒角、拐角R程序段的下一个程序段,不是G01、G02、G03的程序段	修改程序
053	程序/操作	TOO MANY ADDRESS COMMANDS	在没有任意角度的倒角、拐角R功能的系统中,指令了逗号“,”,或者在任意角度的倒角、拐角R指令中,逗号“,”之后不是R、C指令	修改程序
055	程序/操作	MISSING MOVE VALUE IN CHF/CNR	在任意角度倒角、拐角R的程序段中指定的移动量比倒角、拐角R的量还小	修改程序
058	程序/操作	END POINT NOT FOUND	任意角度倒角、拐角R中,指令了选择平面以外的轴	修改程序
059	程序/操作	PROGRAM NUMBER NOT FOUND	在外部程序号检索中,没有发现指定的程序号;或者检索了后台编辑中的程序号	确认程序号和外部信号,或者终止后台编辑操作
060	程序/操作	EQUENCE NUMBER NOT FOUND	指定的顺序号在顺序号检索中未找到	确认顺序号
070	程序/操作	NO PROGRAM SPACE IN MENORY	存储器的存储量不够	删除各种不必要的程序并再执行一次程序登录
071	程序/操作	DATA NOT FOUND	没有发现检索的地址数据,或者在程序号检索中,没有找到指定的程序号	再次确认要检索的数据
072	程序/操作	TOO MANY PROGRAMS	登录的程序数超过了200个	删除不要的程序,再次登录
073	程序/操作	PROGRAM NUMBER ALREADY IN USE	要登录的程序号与已登录的程序号相同	变更程序号或删除旧的程序号后再次登录
074	程序/操作	ILLEGAL PROGRAM NUMBER	程序号不在1～9999之内	修改程序号
075	程序/操作	PROTECT	登录了被保护的程序号	修改程序号
076	程序/操作	ADDRESS NOT DEFINED	在包括M98、G65或G66Z指令的程序中,没有指定地址P(程序号)	修改程序
077	程序/操作	SUB PROGRAM NESTING ERROR	调用5重子程序	修改程序
078	程序/操作	NUMBER NOT FOUND	M98、M99、G65或G66的程序段中的地址P指定的程序号或顺序号未找到,或者GOTO语句指定的顺序号未找到,或调用了正在被后台编辑的程序	修改程序或终止后台编辑操作

续表

号码	故障源	信息	含　义	处理方法
079	程序/操作	PROGRAM VERIFY ERROR	在存储器与程序校对中，存储器中的某个程序与外部I/O设备中的不一致	检查存储器中的程序以及外部设备中的程序
080	程序/操作	G37 ARRIVAL SIGNAL NOT ASSERTED	在刀具长度自动测量功能(G37)中，在参数6254(e值)设定的区域内，测量位置到达信号(XAE,YAE,ZAE)没有变为ON	设定或操作错误
081	程序/操作	OFFSET NUMBER NOT FOUND G37	在刀具长度自动补偿功能中，没有指令H代码，而只指令了刀具长度自动测量(G37)	修改程序
082	程序/操作	H-CODE NOT ALLOWED G37	在刀具长度自动测量功能中，在同一程序段指令了H代码和刀具长度自动测量(G37)	修改程序
083	程序/操作	ILLEGAL AXIS COMMAND IN G37	在刀长自动测量功能(G37)中，轴指定错，或者移动指令是增量指令	修改程序
085	程序/操作	COMMUNICATION ERROR	用阅读机/穿孔机接口进行数据读入时，出现溢出错误、奇偶错误或成帧错误	可能是输入的数据位数不吻合，或波特率的设定、设备的规格不对
086	程序/操作	DR SIGNAL OFF	用阅读机/穿孔机接口进行数据输入时，I/O设备的动作准备信号(DR)断开	可能是I/O设备电源没有接通，电缆断线或印制电路板出故障
087	程序/操作	BUFFER OVER FLOW	用阅读机/穿孔机接口进行数据读入时，虽然指定了读入停止，但超过了10个字符后输入仍未停止	I.O设备或印制电路板出故障
090	程序/操作	REDERENCE RETURN INCOMPLETE	由于起始点离参考点太近或速度太低而不能正常进行参考点返回	把起始点移到离参考点足够远的距离后，再进行参考点返回操作；或提高返回参考点的速度，再进行参考点返回
091	程序/操作	REDERENCE RETURN INCOMPLETE	自动运行暂停时，不能进行手动返回参考点	
092	程序/操作	AXES NOT ON THE REFERENCE POINT	在返回参考点检测(G27)中，被指定的轴没有返回参考点	需确定程序内容
094	程序/操作	PTYPE NOT ALLOWEN (COORD CHG)	程序再启动中不能指令P型(自动运行中断后，又进行了坐标系设定)	按照操作说明书，重新进行正确的操作
095	程序/操作	PTYPE NOT ALLOWEN (EXT OFS CHG)	程序再启动中不能指令P型(自动运行中断后，变更了外部工件偏置量)	按照操作说明书，重新进行正确的操作
096	程序/操作	PTYPE NOT ALLOWEN (WRK OFS CHG)	程序再启动中不能指令P型(自动运行中断后，变更了工件偏置量)	按照操作说明书，重新进行正确的操作
097	程序/操作	PTYPE NOT ALLOWEN (AUTO EXEC)	程序再启动中不能指令P型(接通电源紧急停止后，或P/S报警094～097的复位后，一次也没有进行自动运行)	请进行自动运行
098	程序/操作	G28 FOUND IN SEQUENCE RETURN	电源接通后，或紧急停止后一次也没有返回参考点	指令程序在启动、检索中发现了G28，进行返回参考点
099	程序/操作	MDI EXEC NOT ALLOWED AFT SEARCH	在程序再启动中、检索结束后进行轴移动之前，用MDI进行了移动指令	应先进行轴移动，不能介入MDI运行
100	程序/操作	PARAMETER WRITE ENABLE	参数设定画面，PWE(参数可写入)被定为“1”	请设为“0”，再使系统复位

续表

号码	故障源	信息	含　　义	处 理 方 法
101	程序/操作	PLEASE CLEAR MENORY	用程序编辑改写存储器时，出现了电源断电	当此报警发生时，同时按下[PROG]和[RESET]键，只删除编辑中的程序，报警被解除后，请再次登录编辑中的程序
109	程序/操作	FORMAT ERROR IN G08	G08后面的P值不是0、1或没有指令	修改程序
110	程序/操作	DATA OVERFLOW	固定小数点显示的数据的绝对值超过了允许范围	修改程序
111	程序/操作	ALCULATED DATA OVERFLOW	宏程序功能的宏程序命令的运算结果超出了允许范围(-10^{47}～-10^{-29},0,10^{-29}～10^{47})	修改程序
112	程序/操作	DIVIDED BY ZERO	除数为“0”(包括tan90°)	修改程序
113	程序/操作	IMPROPER COMMAND	指定了用户宏程序不能使用的功能	修改程序
114	程序/操作	FORMAT ERROR IN MACRO	(公式)以外的格式错误	修改程序
115	程序/操作	ILLEGAL VARIABLE NUMBER	用户宏程序中指定了没有定义的值作为变量号	修改程序
116	程序/操作	WRITE PROTECTED VARLABLE	赋值语句的左侧是禁止输入的变量	修改程序
118	程序/操作	PARENTHESIS NESTING ERROR	括号的嵌套次数已超过了上限值(5重)	修改程序
119	程序/操作	ILLEGAL ARGUMENT	SQRT的自变量是负值，或者BCD的自变量是负值，BIN自变量的各位为0～9以外的值	修改程序
122	程序/操作	FOUR FOLD MACRO MODALCALL	宏程序模态调出，指定为4重	修改程序
123	程序/操作	CAN NOT USE MARCO COMMAND IN DNC	在DNC运转中，使用了宏程序控制指令	修改程序
124	程序/操作	MISSING END STATEMENT	DO-END语句不是一一对应	修改程序
125	程序/操作	FORMAT ERROR IN MARCO	公式的格式不对	修改程序
126	程序/操作	ILLEGAL LOOP NUMBER	在DOn中，n的值不在$1\leqslant n\leqslant 3$中	修改程序
127	程序/操作	NC MARCO STATEMENT IN SAME BLOCK	NC命令与宏指令混用	修改程序
128	程序/操作	ILLEGAL MARCO SEQUENCE NUMBER	在GOTO n中，n不在$0\leqslant n\leqslant 9999$的范围之内，或者没有找到转移点的顺序号	修改程序
129	程序/操作	ILLEGAL ARGUMENT ADDRESS	在自变量赋值中，使用了不允许的地址	修改程序
130	程序/操作	ILLEGAL AXIS OPERATION	PMC对CNC控制轴给出了轴控制指令，反之，CNC对PMC的控制的轴给出了轴控制指令	修改程序
131	程序/操作	TOO MANY EXTERNAL ALARM MESSAGE	外部报警信息中，发生了5个以上的报警	从PMC梯形图中找原因
132	程序/操作	ALARM NUMBER NOT FOUND	外部报警信息中没有对应的报警号	检查PMC梯形图

续表

号码	故障源	信息	含义	处理方法
133	程序/操作	ILLEGAL DATA IN EXT ALARM	外部报警信息或外部操作信息中，小分区数据有错误	检查 PMC 梯形图
135	程序/操作	ILLEGAL ANGLE COMMAND	分度工作台定位角度指令了非最小角度的整数倍的值	修改程序
136	程序/操作	ILLEGAL AXIS COMMAND	在分度工作台分度功能中，与 B 轴同时指令了其他轴	修改程序
137	程序/操作	M-CODE & MOVE CMD IN SAME BLK	在有关主轴分度的 M 代码的程序段指令了其他轴的移动指令	修改程序
139	程序/操作	CAN NOT CHANGE PMC CONTROL AXIS	PMC 轴控制中，指令了轴选择	修改程序
141	程序/操作	CAN NOT COMMAND G51 IN CRC	在刀具补偿方式中，指令了 G51(比例缩放有效)	修改程序
142	程序/操作	ILLEGAL SCALE RATE	指令的比例缩放倍率值在 1～999999 之外	请修正比例缩放倍率值(G51 Pp…；或参数 5411,5412)
143	程序/操作	SCALED MOTION DATA OVERFLOW	比例缩放的结果、移动量、坐标值、圆弧半径等超过了最大指令值	请参照操作说明书附录(指令范围一览表)修改程序或比例缩放倍率
144	程序/操作	ILLEGAL PLANE SELECTED	坐标旋转平面与圆弧或刀具补偿 C 平面必须一致	修改程序
148	程序/操作	ILLEGAL STTING DATA	自动拐角倍率的减速比超过了角度允许设定值的范围	修改参数 1710～1714 的设定值
149	程序/操作	FORMAT ERRORIN G10L3	在扩展刀具寿命计数器的设定中，指令了 Q1、Q2、P1、P2 以外的形式	修改程序
150	程序/操作	ILLEGAL TOOL GROUP NUMBER	刀具组号超出了允许的最大值	修改程序
151	程序/操作	TOOL GROUP NUMBER NOT FORMAT	在加工过程中，没有设定指定刀的组号	修改程序或参数设定值
152	程序/操作	NO SPACE FOR TOOL ENTRY	1 组内的刀具数量超过了可以登录的最大值	修改刀具数的设定值
153	程序/操作	T-CODE NOT FOUND	在刀具寿命数据登录时，在应指定 T 代码的程序段没有指定 T 代码	修改程序
154	程序/操作	NOT USING TOOL IN LIFE GROP	在没有指令刀具组时，却指令了 H99 或 D99	修改程序
155	程序/操作	ILLEGAL T-CODE IN M06	在加工程序中，M06 程序段的 T 代码与现在使用的组不对应	修改程序
156	程序/操作	P/L COMMAND MOT FOUND	在设定刀具组的程序开头时，没有指令 P/L	修改程序
157	程序/操作	TOO MANY TOOL GROUPS	设定刀具组数超过了允许的最大值	参照参数 6800＃0 和＃1 修改程序
158	程序/操作	ILLEGAL TOOL LIFE DATA	设定的寿命值太大	修改设定值
159	程序/操作	TOOL DATA SETTING INCOMPLETE	执行设定程序时，电源断了	请再次设定
190	程序/操作	ILLEGAL AXIS SELECT	恒定线速度切削过程中，轴指定错；参照参数 3770 的设定指定的 P 轴超出指定范围	修改程序
194	程序/操作	SPINDLE COMMAND IN SYNCHRO-MODE	串行主轴控制中，指令了轮廓控制方式或者主轴定位(Cs 轴控制)和刚性攻螺纹方式	修改程序以便事先解除同步控制方式

续表

号码	故障源	信息	含　义	处理方法
195	程序/操作	MODE CHANGE ERROR	串行主轴控制中，切换为轮廓控制方式或者主轴定位(Cs轴控制)和刚性攻螺纹方式和主轴控制方式(主轴转速控制)时，不能正常完成(对NC来的切换指令，有关主轴控制单元切换的响应发生了异常。本报警不是操作错，此种状态若继续运行是危险的，故作为P/S报警)	
197	程序/操作	C-AXIS COMMANDED IN SPINDLE MODE	CON信号(DEG=G027.7)为OFF时，程序指令了沿Cs轴的移动	从PMC梯形图查找CON信号不接通的原因
199	程序/操作	MARCO WORD UNDEFINED	使用了未定义的宏语句	修改用户宏程序
200	程序/操作	ILLEGAL CODE COMMAND	刚性攻螺纹中的S值超出了允许范围，或没指令	修改程序
201	程序/操作	FEEDRATE NOT FOUND IN RIGID TAP	刚性攻螺纹中，没有指令F值	修改程序
202	程序/操作	POSITION LSIOVERFLOW	刚性攻螺纹中主轴分配值过大(系统错)	
203	程序/操作	PROGRAM MISS AT RIGID TAPPING	刚性攻螺纹中M代码(M29)或S指令位置不对	修改程序
204	程序/操作	ILLEGAL AXIS OPERATION	刚性攻螺纹中在刚性攻螺纹M代码(M29)和M系的G84或G74(T系的G84或G88)的程序段间，指令了轴移动	修改程序
205	程序/操作	RIGID MODE DISIGNAL OFF	在刚性攻螺纹M代码(M29)中，当执行M系的G84或G74(T系的G84或G88)的程序段时，刚性方式的DI信号(DNG=G061.0)没有成为ON状态	从PMC梯形图查DI信号不为ON的原因
206	程序/操作	CAN NOT CHANGE PLANE(GIGID TAP)	刚性攻螺纹中，指令了平面切换	修改程序
210	程序/操作	CAN NOT COMMAND M198/M199	在程序运行中，执行了M198、M199，或者DNC运行中执行了M198。在复合型固定循环的小型加工中中断宏程序而执行M99	修改程序
211	程序/操作	G31(HIGH)NOT ALLOWED IN G99	选择高速跳步时，在每转指令中，指令了G31	修改程序
212	程序/操作	ILLEGAL PLANE SELECT	在含有附加轴的平面中，指令了任意角度、拐角R	修改程序
213	程序/操作	ILLEGAL COMMAND IN SYNCHRO-MODE	在同步(简易同步控制)运行中，发生以下异常 ①对于从动轴，在程序中指令了移动 ②对于从动轴指令了JOG进给/手轮进给/增量进给 ③电源接通后不进行手动返回参考点就指令了自动返回参考点 ④主动轴和从动轴的位置偏差量超过参数(No. 8313)中的设定值	
214	程序/操作	ILLEGAL COMMAND IN SYNCHRO-MODE	在同步控制中，执行了坐标系设定或位移型刀具补偿	修改程序
221	程序/操作	ILLEGAL COMMAND IN SYNCHR-MODE	同时进行多边形加工同步运行和Cs轴控制	修改程序
224	程序/操作	RETURN TO REFERENCE POINT	自动运行开始以前没有返回参考点(只在参数1005#0为0时)	请运行返回参考点操作

续表

号码	故障源	信息	含　义	处理方法
231	程序/操作	ILLEGAL FORMAT IN G10 OR L50	在用程序输入参数时，指令格式有以下错误 ①没有输入地址 N 或 R ②输入了不存在的参数号 ③轴号过大 ④有轴型参数，但没有指令轴号 ⑤没有轴型参数，但指令轴号	修改程序
233	程序/操作	DEVICE BUSY	当要使用 RS232C 接口连接设备时，其他的用户正在使用它	
239	程序/操作	BP/S ALARM	用控制外部 I/O 单元功能进行穿孔时，进行了后台编辑操作	
240	程序/操作	BP/S ALARM	MDI 操作时，进行了后台编辑	
253	程序/操作	G05 IS NOT AVAILABLE	在预读控制方式中(G08P1)，指令了高速远程的二进制输入运行 G05	

六、伺服报警

号码	故障源	信息	含　义	处理方法
400	数字伺服	SERVO ALARM: *n*-TH AXIS OVERLOAD	*n* 轴(1～4 轴)出现过载信号	详细内容参照诊断号 200、201
401	数字伺服	SERVO ALARM: *n*-TH AXIS VRDY OFF	*n* 轴(1～4 轴)的伺服放大器的准备信号 DRDY 为 OFF	使 DRDY 为 ON
404	数字伺服	SERVO ALARM: *n*-TH AXIS VRDY ON	轴控制模块的准备信号(MCON)为 OFF，而伺服放大器的准备信号(DRDY)为 ON。或者电源接通时 MCON 为 OFF，但 DRDY 仍是 ON	请确认伺服接口模块和伺服放大器的连接
405	数字伺服	SERVO ALARM: ZERO POINT RETURN FAVLT	位置控制系统异常，由于返回参考点时 NC 内部或伺服系统异常，可能不能正确返回参考点	应重新手动返回参考点
407	数字伺服	SERVO ALARM: EXCESS ERROR	在简易同步控制运行中，出现以下异常 ①同步轴的位置偏差量超过了参数(No. 8314)上设定的值 ②同步轴的最大补偿量超过了参数(No. 8325)上设定的值	
409	数字伺服	TORQUALM: EXCESS ERROR	伺服电动机出现了异常负载，或 Cs 方式中主轴电动机出现了异常负载	
410	数字伺服	SERVO ALARM: *n*-TH AXIS-EXCESS ERROR	发生了以下异常 ①*n* 轴停止中的位置偏差量的值超过了参数(No. 1829)上设定的值 ②简易同步控制中，同步时的最大补偿量超过了参数(No. 8325)上设定的值 此报警只发生在从动轴	
411	数字伺服	SERVO ALARM: *n*-TH AXIS-EXCESS ERROR	*n* 轴(1～4 轴)移动中的位置偏差量大于设定值	需要设定参数(No. 1828)上各轴的限制量
413	数字伺服	SERVO ALARM: *n*-TH AXIS-LSI OVERFLOW	*n* 轴(1～4 轴)的误差寄存器的内容超出 $\pm 2^{31}$ 的范围	这种错误通常是因各种设定错误造成的
414	数字伺服	SERVO ALARM: *n*-TH AXIS-DETECTION RELATED ERRO	*n* 轴(1～4 轴)的数字伺服系统异常	详细内容参照诊断号 200、201、204

续表

号码	故障源	信息	含　义	处理方法
415	数字伺服	SERVO ALARM： *n*-TH AXIS- EXCESS SHIFT	在*n*轴(1～4轴)指令了大于511875检测单位/s的速度	此错误是因CMR的设定错误造成的
416	数字伺服	SERVO ALARM： *n*-TH AXIS- DISCONNECTION	*n*轴(1～4轴)的脉冲编码器的位置检测系统异常(断线报警)	详细内容参照诊断号200、201
417	数字伺服	SERVO ALARM： *n*-TH AXIS-PARAMETER INCORRECT	当*n*轴(1～4轴)满足以下任一条件时，出现本报警(数字伺服报警) ①电动机型号参数(No. 2020)的设定值在指定范围之外 ②电动机旋转方向参数(No. 2022)没有设定正确的值(111或－111) ③在电动机每转的位置反馈脉冲数参数(No. 2023)上设定了0以下的错误数据 ④在电动机每转的位置反馈脉冲数(No. 2024)上设定了0以下的错误数据 ⑤参数(No. 2084、2085)上没有设定柔性进给齿轮比 ⑥参数(No. 1023)(伺服轴号数)上设定了1～4控制轴数的范围外的值(只有3轴，而设定了4轴)或者设定了不连续的值 ⑦PMC轴控制的转矩控制中，参数设定错误(转矩常数的参数为0)	
420	数字伺服	SYNC TORQUE： EXCESS ERROR	简易同步控制中，主动轴与从动轴转矩指令差超过了参数设定值(No. 2031)。此报警只发生在主动轴上	
421	数字伺服	EXCESS ER(D)： EXCESS ERROR	使用双位置反馈功能时，半闭环的误差与全闭环的误差之差值过大	请确认双位置变换系数(参数No. 2078、2079)的设定值
422	数字伺服	EXCESS ER(D)： SPEED ERROR	在PMC轴的转矩控制中，速度超出了允许的速度	
423	数字伺服	EXCESS ER(D)： EXCESS ERROR	在PMC轴控制的转矩控制中，超过了有参数设定的允许移动累计值	

七、超程报警

号码	故障源	信息	含　义
500	超程	OVER TRAVEL：+*n*	超过了*n*轴的正向存储行程检查Ⅰ的范围(参数1320或1326)
501	超程	OVER TRAVEL：－*n*	超过了*n*轴的负向存储行程检查Ⅰ的范围(参数1321或1327)
502	超程	OVER TRAVEL：+*n*	超过了*n*轴的正向存储行程检查Ⅱ的范围(参数1322)
503	超程	OVER TRAVEL：－*n*	超过了*n*轴的负向存储行程检查Ⅱ的范围(参数1324)
506	超程	OVER TRAVEL：+*n*	超过了*n*轴的正向的硬件OT
507	超程	OVER TRAVEL：－*n*	超过了*n*轴的负向的硬件OT

八、PMC报警

号码	故障源	信息	含　义	处理方法
1	PMC	ADDRESS BIT NOTHING	没有设定继电器/线圈的地址	请设定地址
2	PMC	FUNCTION NOT FOUND	没有输入号码的功能指令	
3	PMC	COM FUNCTION MISSING	功能指令COM/(SUB9)的使用方法错，COM和COME(SUB29)不对应	

续表

号码	故障源	信息	含　义	处理方法
4	PMC	EDIT BUFFER OVER	编辑用的缓冲区无空区	请把编辑中 NET(网)缩小
5	PMC	END FUNCTION MISSING	没有 END1、END2 的功能命令。END1、END2 是错误级，END1、END2 的顺序不对	
6	PMC	ERROR NET FOUND	有一错误网	
7	PMC	ILLEGAL FUNCTION NO.	检索了错误的功能指令号	
8	PMC	FUNCTION LINE ILLEGAL	功能指令的连接不正确	
9	PMC	HORIZON TAL LINE ILLEGAL	没有编制指令行的水平线	
10	PMC	ILLEGAL NETS CLEARED	在梯形图编辑画面，因电源被关断，编辑中的指令行被清除	
11	PMC	ILLEGAL OPERATION	操作不正确，只输入了 INPUT 键，地址数据输入错；显示功能指令的空间不够，故功能指令不能作成	
12	PMC	SYMBOL UNDEFINED	输入的符号没有定义	
13	PMC	INPUT INVALID	输入数据错。输入了 COPY、INSLIN、C-UP、C-DOWN 等非法数值的内容。线圈上没有指令的输入地址，数据表上指定了不正确的字符	
14	PMC	NET TOO LARGE	输入的指令行大于编辑缓冲器的容量	减少编辑中的指令行
15	PMC	JUMP FUNCTION MISSING	功能指令 JMP(SUB10)的使用方法错。JMP 和 JMPR(SUB30)不对应	
16	PMC	LADDER BROKEN	梯形图不良	
17	PMC	LADDER ILLEGAL	梯形图不正确	
18	PMC	IMPOSSIBLE WRITE	试图在 ROM 中编辑梯形图	
19	PMC	OBJECT BUFFER OVER	顺序程序地址充满了	减少梯形图
20	PMC	PARAMETER	没有功能指令的参数	
21	PMC	PLEASE COMPLETE NET	梯形图中发现错误的指令行	修改指令行后继续操作
22	PMC	PLEASE KEY IN SUB NO	请输入功能指令号	当没有输入功能指令号时，请再一次按软键 FUNC
23	PMC	PROGRAM MODULE NOTHING	在没有调试用 RAM，也没有顺序程序用 ROM 的情况下，却试图进行程序编辑	
24	PMC	RELAY COIL FORBIT	存在不需要的继电器或线圈	
25	PMC	RELAY OR COIL NOTHING	继电器或线圈不足	
26	PMC	PLEASE CLEAR ALL	为顺序程序不可修复的状态	请全清
27	PMC	SYMBOL DATA DUPLICATE	同一符号名在其他地方定义了	
28	PMC	COMMENT DATA OVERFLOW	注释数据区充满了	减少注释数据
29	PMC	SYMBOL DATA OVERFLOW	符号数据区充满了	减少符号数
30	PMC	VERTICAL LINE ILLEGAL	指令行纵线不正确	

续表

号码	故障源	信息	含　义	处理方法
31	PMC	MESSAGE DATA OVERFLOW	信息数据区充满了	减少信息数据
32	PMC	IST LEVER EXXCUTE TIME OVER	梯形第1级程序太长，使第1级不能按时执行	减少第1级梯形图程序

九、过热报警

号码	故障源	信息	含　义	处理方法
700	过热	OVERIHEAT：CONTROL UNIT	这是控制部分的过热	请检查风扇的动作并对空气过滤网进行清扫
701	过热	OVERHEATFAN：MOTOR	控制部上部的风扇过热	请检查风扇电动机的动作，如有问题请更换风扇
704	过热	OVERHEAT：SPINDLE	坚持主轴波动时，出现主轴过热 ①如果是重切割，请减轻切削条件 ②检查刀具是否很钝了 ③主轴放大器不良	

十、系统报警

号码	故障源	信息	含　义	处理方法
900	系统	ROM PARTTY	F-ROM模块中存储的CNC，宏程序数字伺服等的ROM文件（控制软件）的奇偶错误。F-ROM模块不良	检查F-ROM模块
910	系统	DRAM PARITY(HIGH)	DRAM奇偶错误；主板不良	检查主板
911	系统	DRAM PARITY(HIGH)		
912	系统	SRAM PARITY(LOW)	SRAM奇偶错误	请清除存储器，若再发生时，要更换FROM&RAM模块或者存储&主轴模块。在这些操作后，应再重新设定参数等全部数据
913	系统	SRAM PARITY(HIGH)		
920	系统	SERVO ALARM (1/2 AXIS)	这是伺服报警（第1/2轴）出现了监控报警或伺服模块内RAM奇偶错误	请更换主板上的伺服控制模块
921	系统	SERVO ALARM (3/4 AXIS)	这是伺服报警（第3/4轴）出现了监控报警或伺服模块内RAM奇偶错误	请更换主板上的伺服控制模块
924	系统	SERVO MODULE SETTNG ERROR	没有安装数字伺服模块	请检查主板上的伺服控制模块的安装状态
930	系统	CPU INTERRUPT	CPU报警非正常中断；主板不良	检查主板
940	系统	PCB ERROR	PCB的ID错误；主板或存储模块不良	检查主板或存储模块
950	系统	PMC SYSTEM ALARM	PMC发生了异常；主板上的PMC控制模块、RAM模块不良	检查主板上的PMC控制模块和RAM模块
960	系统	DC24V POWER OFF	DV 24V输入电源异常	检查电源
971	系统	NMIOCCRRED IN SLC	连接I/O单元的接口发生了报警	请检查主板上PMC控制模块和I/O单元的连接，另外要检查I/O单元的电源是否接通，接口模块是否不良
973	系统	MON MASK IN TERRUPT	发生了原因不明的NMT。可能是电源板、主板不良，或者干扰造成的错误动作	检查电源板、主板是否有干扰
974	系统	BUS ERROR	数据总线错；主板不良	检查主板

附录二 SIEMENS系统报警信息一览

一、数控系统报警信息

报警号	报警信息	原因	纠正措施
1	"Battery alarm power supply"电池报警	电池电压低于规定值	更换电池后用应答键消除报警(注意:系统必须带电更换电池)
3	"PLC stop"PLC停机	PLC没有准备	用编程器PG读出中断原因(从ISTACK)并进行分析;分析NC屏幕上的PLC报警
4	"Invalid unit system"非法的单位系统	在机床数据MD5002中选择了非法的单位组合,即测量系统的单位(位置控制分辨率)与输入系统的单位(转换系数大于10)之间的组合	修改机床数据位MD5002,然后关掉电源重开
5	"Too many input buffer parameter"太多的输入缓冲参数	当使用"FORMAT USER M."软键格式化用户程序存储器时扫描这个报警	修改机床数据MD5(输入低一点的数值),然后重新格式化程序存储器
7	"EPROM check error" EPROM检查错误	校对"检查和"发现一个错误	关掉电源重开,屏幕显示出有缺陷的EPROM,换之
8	"Wrong assignment for axis/spindle"进给轴/主轴分配错误	机床数据MD200*或者MD400*或者MD461*设定错误	检查修改机床数据MD200*、MD400*、MD461*
9	"Too small for UMS"UMS太小	系统启动后,UMS的内容被检查,然后准备一个地址清单。这个地址清单需要一定量的内存空间,UMS清单太大	
10	"UMS error"UMS错误	机床数据MD5015位6被设置,但没有插入UMS,UMS不能装载,也就是说是空的	插入UMS,装载UMS(RAM)
11	"Wrong UMS identifier" UMS标识符错误	没有装载UMS;UMS的内容没有定义 ①UMS (RAM)被覆盖 ②UMS(EPROM)是空的;插入了错误的UMS;当连接WS800时出现错误	插入正确UMS,重装UMS(RAM)
12	"PP memory wrongly"工件存储器错误		检查机床数据MD12,清除工件程序

续表

报警号	报警信息	原　因	纠正措施
13	"RAM error on CPU"CPU模块上RAM错误		在初始化菜单中格式化用户存储器,清除工件程序;换模块
14	"RAM error on memory module"存储器模块上RAM错误		在初始化菜单中格式化用户存储器,清除工件程序;换模块
15	"RAM error on machine data card"MD的存储器错误		格式化存储器,重新装入机床数据,更换RAM模块
16	"ParityerrorRS232C(V.24)"RS232C口奇偶错误	在设定参数设置了传送数据需要进行奇偶校验后,在传送过程发现奇偶错误	检查机床设定数据位5011、5013、5019、5021。检查外部传送装置
17	"Overflow error RS232C(V.24)"RS232C口溢出错误	NC系统还没有处理完传输的字符,外部装置又传送来新字符	检查机床设定数据位5011、5013、5019,5021;测试外部装置;使用线控或者字符控制传输;降低传输波特率
18	"Frame error RS232C(V.24)"RS232C口形式错误	接口数据或者程序传输时停止位/波特率/数据位设置不正确	检查设定数据5011、5013、5019、5021;测试外部装置数据位数,7位数据+1位奇偶校验位
19	"I/O device not ready RS232C(V.24)"RS232C口I/O装置没有准备	从外部设备传来的DSR信号弱	激活外部设备;不用DSR
20	"PLC alarm memory not formatted"PLC报警存储器没有格式化		进入初始化操作对报警存储器进行格式化 注意:传入PLC报警文本之前必须格式化报警文本存储器
22	"Time monitoring RS232C(V.24)"RS232C口监视超时	NC系统RS232C启动后,60s内没有传输数据	检查外部设备或者电缆;检查设定数据
23	"Char parity error(RS232)"RS232接口字符奇偶错误	磁带脏或者损坏	检查磁带
24	"Invalid EIA character(RS232)"非法EIA字符	一个EIA字符被读入,奇偶校验正确,但在EIA码中没有定义	检查穿孔纸带;设定机床设定数据5026、5027和50290
26	"Block > 120characters(RS232)"RS232通信时,大于120个字符	输入的程序块有超出120个字符的	分成两个或者更多的程序块
27	"Data input disabled RS232C(V.24)"不能通过RS232C口输入数据	传送NC/PLC机床数据时密码没有解开;PLC程序(PCP)、PLC报警文本只能在初始化状态被读入,并且MD5012.7=0	修改条件
28	"Circ buffer overflow(RS232)"缓冲寄存器溢出	传送速率太高,读入的数据超出NC处理的能力。当再传输程序时,出问题的程序必须先清除掉	降低传送速率
29	"Block>254char.(RS232)"程序块大于254个字符	读入的程序块大于254个字符(包括所有的字符)	分成两个以上的程序块
30	"PP memory over flow RS232C(V.24)"RS232C传输时工件程序存储器溢出	工件程序存储器已满	删除一些无用程序,重新整理存储器
31	"No free PP number RS232C(V.24)"RS232C传输时工件程序数超设定值	工件程序数已超设定	删除一些无用程序,重新整理存储器;或改变机床数据程序数MD8设定,重新格式化程序存储器

续表

报警号	报警信息	原因	纠正措施
32	“Data format error(RS232)”数据格式错误(RS232 口)	一个地址之后的解码允许号不正确；十进制小数点位置错误；工件程序或者子程序定义或者结束不正确；NC 需要一个“=”字符，但这个字符在 EIA 码中没有定义	检查读入的数据
33	“Different program same no.(RS232)”RS232C 传输时不同程序号相同	系统存储的数据与传入的数据程序号相同，经比较后，内容不同产生报警	删除老程序或者把老程序换名
34	“Operator error(RS232)”RS232 操作错误	NC 启动传输，PLC 发出第二启动信号	停止数据输入，重新启动
35	“Reader error(RS232)”RS232 阅读机错误	从西门子磁带阅读机中传来的错误信息	重新启动数据传输，如果错误再次发生，更换西门子阅读机
48	“PLC alarm texts from UMS illegal”来自 UMS 的报警文本非法		复位 NC 机床数据 MD5012 位 7；检查 UMS，如果需要用 WS800 再设定
87	“Illegal software limit switch”非法软件限位开关	在软件限位中输入一个非法数值	检查机床数据 MD224*、MD228*、MD232*、MD236* 或者预限位 MD376*，如果发现错误改之
104 *	“DAC limit”DAC 超限	系统设定的 DAC 比 MD268* 设定的高，不能再增加速度	低速操作，检查实际值，检查机床数据 MD268*，检查驱动单元，检查机床数据 MD364* 和 MD368*
108 *	“Overflow of actual value”实际值溢出	实际机床数值丢失，高速运动时计数器溢出，参考点在这个过程中丢失	减小最大速度，检查机床数据 MD364* 和 MD368*
112 *	“Clamping monitoring”卡紧监视	在伺服轴定位期间，跟随误差消除时间超出机床数据 MD156 设定的数值；在卡紧期间机床数据 MD212* 设定的数据被超过	检 MD212* 必须大于 MD204*，MD156 设定的数据必须保证能够在这个期间减少跟随误差
116 *	“Contour monitoring”轮廓监视	在加速或者减速期间，伺服轴没有在规定时间内达到新的速率	增加允差带 MD332*；检查伺服增益系数；检查速度控制器最优化；检查驱动执行机构
132 *	“Control Loop hardware”控制环硬件	伺服环测量反馈有污染信号，即检测信号不正常	检查测量系统
136 *	“Meas. system dirty”测量系统脏		
148 *	“+SW over travel switch”超过软件正向限位		向相反方向运动即可消除报警
152 *	“-SW over travel switch”超过软件负向限位		
156 *	“Set speed too high”设定速度太高	伺服轴的设定速度高于机床数据 264* 设定的数值	检查 MD264 的数据是否比 MD268 的数据大；检查驱动器；检查测量系统；检查 NC 的中性点是否接地；检查位置控制环的方向
160 *	“Drift too high”漂移太大	NC 修正的漂移太大	执行漂移补偿即可消除此故障
168 *	“Servo enable, trav . axis”进给轴伺服功能	在伺服轴运动期间，伺服轴的伺服使能被 PLC 取消	检查 PLC 程序
172 *	“+Working area limit”超出正向工作区域设置		检查程序是否有问题，程序没问题检查设定数据中工作区域设置
176 *	“-Working area limit”超出负向工作区域设置		

续表

报警号	报 警 信 息	原　　因	纠 正 措 施
180 *	"Axis in several channels"进给轴在几个通道内	在不同通道两个程序同步处理时，一个进给轴在两个程序里编程	检查这两个程序
184 *	"Stop behind ref . Point"在参考点后停	在回参考点时，进给轴停止，在参考点碰块和零点脉冲之间	重回参考点
2000	"Emergency stop"急停	PLC的输出Q78.1变为"0"	检查急停开关，检查限位开关，检查PLC程序
2030	"Path increment incorrect"途径增量不正确		检查G06块，再进行计算，如果发现错误，进行修改
2031	"Evaluation factor too high (MD388 *)"评估因数太高(MD388 *)		检查机床数据MD388 *
2032	"Stop during threading"在攻螺纹期间停止	在切削期间，每转进给被停止，螺纹毁坏	
2034	"Speed reduction area"在减速区域	进给轴到达软件预限位，进给轴减速到设定速率	检查程序，检查机床数据MDO(或者MD376 *)和MD1
2035	"Feed limitation"进给速率极限	程序中的编程速率比进给轴设定的最大速率高	降低编程速率即可消除故障
2036	"G35 thread lead dear. error" G35螺纹螺距减小错误	螺距在攻螺纹期间减小，但减小得太多，以至于在螺纹结束点，直径等于或者小于零	编程减小螺距或者缩短螺纹
2037	"Programmed S value too high"编程S值太高	在程序中编程的主轴速度S值高于"16000"	将S数值设置小于"16000"即可
2039	" Reference point not reached"参考点没有达到	进给轴没有都回参考点	将所有轴回参考点即可(注意：没回参考点，软件限位失效)
2040	"Block not in memory"程序块没在存储器内	在程序块搜索时，没有发现要寻找的程序块；在工件程序中，跳转指令指向的程序号在给定的方向不存在	修改工件程序即可
2041	"Program not in memory"程序没在存储器内	预选工件程序没在存储器里，重新输入存在的程序号；调用的子程序没在存储器里，选用正确子程序	
2042	"Parity error in memory"在存储器中奇偶错误	在存储器中一个或者多个字符被删除，不能被识别(这个字符被输出成"?")	修改程序，或者删除整个程序块重新输入；当很多"?"被显示的时候，可能整个存储器被删除，在这种情况下检查电池
2046	"Block greater than 120 characters"一个程序块中多于120个字符	LF被颠倒使存储器中产生一个大于120字符的程序块	在程序块中插入LF或者删除整个程序块
2047	"Option not available"选件不可用	使用的程序功能与控制器不配套	修改程序，检查机床数据MD
2048	"Circle end point error"圆弧结束点错误	程序中的圆弧结束点没在圆弧上；机床数据规定的公差带被超过	修改程序
2057	"Opt. thread/rev. not available""螺纹/转"选件不可用	虽然G33、G34、G35在控制器中没有设定，在程序中却编辑了车螺纹指令，每转进给速率被编程	检查程序，检查机床数据MD
2058	"3D option not avail. "3D选择不可用	3轴同时编程或者一个程序块编辑了3轴运动	检查程序，检查机床数据MD
2059	"G92 program error" G92程序错误	使用了一个非法地址字符；圆柱插补错误	G92只允许具有地址＋S_(编程主轴速度极限)或者＋P_(圆柱插补)

续表

报警号	报警信息	原因	纠正措施
2060	“T0,Z0 program error”刀具或者零点编程错误	选择了一个不存在的刀具补偿号;选择的零点补偿或者刀具补偿太大	检查程序、刀具补偿或者零点补偿
2061	“General programming error”一般编程错误	轮廓计算不正确;关于多轴功能的机床数据不正确	
2062	“Feed missing/not prig.”进给速率丢失	工件程序中没有编程 F 值或者 F 值太小	检查工件程序,修改进给速度
2063	“Thread lead too high”螺距太高	编程的螺距大于 400mm/r(400mm=16in)	编一个小一些的螺距
2064	“Rotary axis in correctly programmed”旋转轴编程不正确		在程序中修改旋转轴的位置;检查机床数据 MD560 的位 2 和位 3
2065	“Position behind SW over travel”定位在软件限位后	工件程序中编程的进给结束点在软件限位后面	检查修改工件程序
2066	“Thread lead increase/decrease”螺纹螺距增加/减小	螺距的增加或者减小比 16mm/r(0.6in/r)大的设置被编程	编一个较小的螺距增加/减小量
2067	“Max. Speed=0”最大速度为 0	在程序块中进给轴编程的最大速度是 0	检查机床数据 MD280*
2068	“Pos. Behind working area”定位在工作区域后	工件程序编程的进给轴结束点在工作区域外	检查修改程序,或者检查修改设定的工作区域
2072	“Incorrect input value”不正确的输入值	用于轮廓定义计算的输入值不能被计算	输入一个正确的数值
2074	“Incorrect angle value”不正确的角度值	大于等于 360°的角度被编程;对于定义的轮廓角度值不实际	
2075	“Incorrect radius value”不正确的半径值	半径太大,对于定义的轮廓半径不允许	
2076	“Incorrect G02/G03”不正确的 G02/G03	对于限定的轮廓圆弧走向不可能	
2077	“Incorrect block sequence”不正确的块顺序	在计算轮廓定义时几个块是必需的,块顺序不正确,数据不充分	
2078	“Incorrect input parameter”不正确的输入参数	编程参数顺序不允许,对于定义的轮廓参数顺序不完全	
2081	“CRC not allowed”CRC 不允许	选择刀尖半径补偿时,功能 G33、G34、G35、G58、G59、G92、M19S 不能编程	先编程 G40,删除 G41/G42
2082	“CRC plane not determinable”CRC 平面不确定	CRC 平面选择的轴不存在	检查机床数据 MD548*、550*、552*(G16 的基本设定),用 G16 选择正确平面
2087	“Coordinate rotation not permitted”坐标旋转不允许	在 NC 加工程序中,当坐标旋转已经编程时,变化总的旋转角度后,圆弧运动被立即执行	检查 NC 程序
2152	“Spindle speed too high”主轴速度太高	主轴实际速度已经超过了机床数据设定的允差	编一个更小的 S 值。检查机床数据 MD403*~410*。检查机床数据 MD445*和 MD451*。G92 S 对于恒速编程不正确(G96)
2153	“Control loop spindle HW”主轴控制环硬件	见 132*报警	
2154	“Spindle measuring system dirty”主轴测量系统脏	主轴测量反馈有污染信号,即一个检测信号不正常	检查测量系统
2155	“Option M19 not available”选件 M19 不可用	虽然定位指令不可用,但程序中使用了 M19S__	修改程序,或者定购选件 M19

续表

报警号	报警信息	原　因	纠正措施
2160	“Scale factor not allowed”标定系数不允许		检查 G51P＿NC 程序块
2161	“Scale change not allowed”标定变化不允许		用 G51X＿Y＿Z＿U＿P 检查 NC 程序
2171	“Approach not possible”接近不可能	在编程平面控制器增补没有多于一个轴。在编程平面当两个轴被增补时，接近是不可能的	检查 NC 程序，在接近块中完善轴编程；在选择块后立即编辑取消块是不允许的
2172	“React not possible”退出不可能		在接近块中完善轴编程；接近运动必须用 G48 编程以取消运动指令编程
2173	“Wrong app./retract plane”	对于平滑接近/退出功能，选择/取消运动是与选择平面指令 G16、G17、G18、G19 相关联的	检查 NC 程序是否在选择或者取消块后的块中变换了平面
3000	“General program error”一般程序错误	不能准确定义的一般性程序错误已经发生	用“修正块”功能检查错误块。如果可能，光标定位在含有错误的字前面。含义错误的程序块号显示在报警号的后面
3001	“Geometry parameter＞5”几何参数＞5	在程序块中编了 5 个以上的几何参数，例如进给轴、插补参数、半径、角度等。如何排除参见 3000 报警	
3002	“Polar/radius error”极坐标/半径错误	使用极坐标半径编程时没有使用角度、半径、中心点坐标。如何排除参见 3000 报警	
3003	“Invalid address”非法地址	程序中的地址编程在机床数据中没有定义	修改机床数据
3004	“CL800error”CL800 错误	@指令不执行；@后面不正确的地址；@后面地址有不正确的数值；K、R 或者 P 的数值不允许；解码数太大；不允许使用十进制小数点；跳转定义不正确；系统存储器(NCMD、PLCMD 等)不存在；位号太大；不正确的正弦余弦角度数值	按@清单编程；定义跳转向前用“＋”，向后用“－”；检查给定数据的合法性；用单段解码，再检查程序
3005	“Contour definition error”轮廓定义错误	轮廓描述的坐标定义后，没有相交点	如何排除参见 3000 报警
3006	“Wrong block structure”错误块结构	在一个程序块中多于 3 个 M 功能被编程；在一个程序块中编程一个以上的 S 功能；在一个程序块中编程一个以上的 T 功能；在一个程序块中编程一个以上的 H 功能；在一个程序块中多于 4 个辅助功能被编程；在 G00/G01 的程序块中，多于 3 个轴被编程；在 G02/G03 的程序块中，多于 2 个轴被编程；G04 编程地址不是“XI”或者“F”；M19 的编程地址不是“S”；G02/G03 的插补参数不正确或者没有	
3007	“Wrong setting data program”错误设定数据程序	G25/G26 被编程；G92 编程没有使用 S 地址，而使用了其他地址；M19 编程没有使用 S 地址，而使用了其他地址	
3008	“Subroutine error”子程序错误	M30 作为子程序结束指令；在子程序结尾，M17 没有被编程；激活第四层子程序嵌套；在主程序中使用 M17 作为程序结束指令	

续表

报警号	报警信息	原　　因	纠正措施
3009	"Program disabled"程序不可能	在自动方式时预选了 LO 子程序，PLC 调用的程序丢失	如何排除参见 3000 报警
3010	"Intersection error"相交点错误		
3011	"Number faxes > 2/axestwice"进给轴号使用两次以上	在同一程序块中一个进给轴编程两次	
3012	"Block not in memory"块没在存储器里	程序结束时没有使用 M02、M30、M17 指令，跳转指令（@100，11x，12x，13x）使用的块号在要求的方向内找不到	
3013	"Simulation disabled"模拟不可能	当相应的机床数据被设定后，图形模拟（用于检查工件程序）仅可在机床没有同步运行程序时执行	用 RESET 按键在适当的点中断工件程序；处理工件程序，然后模拟
3016	"External data input error"外部数据输入错误	当外部数据从 PLC 输入到 NC 时，编码不正确，尺寸标识不允许，选件不可用	检查 PLC 程序，检查 NC 机床数据、PLC 机床数据
3017	"Part program no. occurs twice"工件程序号出现两次	在存储循环的存储器中有一个程序重复了	检查 UMS
3018	"Distance from contour too great"到轮廓的距离太大	重新定位后，到圆弧轮廓（MD9）的距离太大	检查 MD9，移动一段距离，使到轮廓的距离更近一些
3019	"Option RS232 no tavailable"选件 RS232 不可用	第二个 RS232C（V. 24）接口被 PLC 激活或者使用了没有定购的选件软键	定购选件 C62（第二个 RS232C 接口）；使用第一个 RS232C 接口传递数据
3020	"Option not available"选件不可用	在编程中使用了一个控制器不知道的功能	如何解决见 3000 号报警；定购选件
3021	"CRC contour error" CRC 轮廓错误	在进给运动时，补偿计算结果和程序中的运动方向相反	检查程序
3024	"Display description not available"显示描述不可用	在用户存储器子模块或者系统存储器中，一个设定的软键已经用来跳转到一个不可用的显示	检查显示号；检查软键功能
3025	"Display description error"显示描述错误	控制器没有图形选件，但设定了图形显示；已选的显示有太多的变量和范围；设定了一个控制器没有的显示类型	用编程工作站检查；如果需要定购"图形"选件
3026	"Graphics/text too velum."图形/文本容积太大	在选择显示时设定错误；图形和文本的总和太大	用编程工作站检查显示；如果需要把显示内容分成两个以上的显示
3027	"Graphics command too velum."图形命令容积太大	在选择显示时，设定的图形命令的总和太大	如何排除见报警 3026
3028	"Too many fields/variables"范围/变量太多	在选择显示时设定错误。范围数和变量数是受传递缓冲器特殊长度限制的。由于范围/变量有不同的格式和位置，所以范围/变量的最大数量不能定义	用编程工作站检查显示。减少范围和变量的数量。如果需要把内容分成两个以上的显示
3029	"Graphics option not available"图形选件不可用	在选择显示时，设定的图形元件在控制器上不可用，虽然机床数据 MD5015 的位 2 被设定	定购"图形"选件；不用图形元件构成显示
3030	"Cursor memory not available"光标存储器不可用	在选择显示时，设定的光标存储器不正确（数量不允许或者太大）	用编程工作站重新确定光标存储器
3032	"Too many fields/variables (DIS-GGS)"太多的范围/变量（DIS-GGS）		如何排除见 3028 报警

续表

报警号	报警信息	原　因	纠正措施
3033	"Display text not available"显示文本不可用	说明：在与编程工作站连接期间发现错误	检查连接清单重新连接编程工作站
3034	"Text not available"文本不可用	下列文本有不正确的连接或者在选择显示时根本就没有连接菜单：文本、对话文本、模式文本、报警文本等	用编程工作站检查显示
3040	"Fields/var. not displayable"范围/变量不能显示	范围/变量设定不正确或者没有设定；范围/变量设定位置不充分；范围/变量溢出	用编程工作站检查范围/变量，如果需要删除和重新输入
3041	"Too many fields/variables (DID-DIS)"太多的范围/变量		如何排除见3028报警
3042	"Display description error"显示描述错误	在显示描述中发现一个错误，但无法准确定义，例如一个不存在的范围被编程	用编程工作站检查显示，图形不可用
3043	"Display description error"显示描述错误	见3024和3042报警	
3046	"Variable error"变量错误	选择了一个控制器不能识别的变量	用编程工作站检查显示；如果需要，重新输入变量
3048	"Wrong work piece definition"错误的工件定义	当定义工件时，最大和最小数值被颠倒，例如 $X_{min}=100$，$X_{max}=50$	检查工件定义的数值
3049	"Wrong simulation area"错误的模拟区域	当定义模拟区域时，数值不正确	检查模拟区域数值，模拟只能按复位和报警应答键之后才能重新开始
3050	"Incorrect input"不正确的输入	模拟数据不正确或者没有定义	
3063	"Data block not available"数据块不可用	在PLCSTATUS中被选择的数据块DB号不可用	选择或者建立正确的数据块DB
3081	"CRC not selected on approach"在接近过程中没有选择CRC	"轮廓接近和退出"功能只有在选择了切削半径补偿时才可用，然后选择了G41G42DO	选择CRC

二、 PLC用户报警

报警号	报警信息	原因	纠正措施
6100	"Signal converter missing"信号转换丢失	装载或者传送到外围装置(I/0)的命令不可用，例如LPB、TPB	检查外围地址或者STEP5程序
6101	"Illegal MC5 code"非法MC5码	STEP5指令不能被译码	检查或者重装PLC程序，分析ISTACK
6102	"Illegal MC5 parameter"非法MC5参数	非法MC5参数类型(1、Q、F、C、T)或者非法参数数值	检查PLC程序，分析ISTACK
6103	"Transfer to missing DB"传送缺少DB	执行LDW或者TDW时，预先没有打开数据块DB	检查PLC程序
6104	"Substitution error"替代错误	在BMW或BDW命令中参数化错误	修改PLC程序
6105	"Missing MC5 block"缺少MC5块	调用的OB,PB,SB,FB块不可用	输入丢失的块
6106	"DB missing"缺少数据块	程序中调用数据块不可用	输入数据块
6107	"Illegal segment LIR/TIR"非法程序段LIR/TIR	LIR允许段号0～A；TIR允许段号0～6	修改程序
6108	"Illegal segment block transfer TNB/TNW"非法程序块TNB/TNW传送	源地址或者目的地址不正确。源允许段号0～A；目的允许段号0～6	修改程序

续表

报警号	报警信息	原因	纠正措施
6109	"Overflow-BSTACK"BSTACK溢出	嵌套深度超过120	修改程序
6110	"Overflow-ISTACK" ISTACK溢出	两个以上ISTACK输入 说明：循环程序(OB1)被中断处理器(OB2)中断，中断处理器中断自己	优化OB2的时间，也就是减少中断处理器的激活处理时间
6111	"MC5 instruction STS" MC5指令STS	在FB中编入了STS指令	
6112	"MC5-command STP"MC5的STP指令	编程中有STP指令	
6113	"Illegal MC5 timer/counter"非法MC5定时器和计数器	STEP5定时器或计数器不可用或者MD没有指定	修改程序、修改时间常数，或者改变PLC机床数据MD6
6114	"Function macro"宏功能	功能块使用错误	
6115	"System commands disabled"系统命令不可能	编程命令中使用了LIR、TIR、TNB、TNW指令	检查PLC机床数据MD2003的位40
6116	"MD 0000 Alarm byte No."MD0报警字节号	PLC机床数据MD0设定的数值大于31	修改PLC数据MD0
6117	" MDOOO1CPUload " MDICPU装载错误	PLC机床数据MD1设定的数据大于%200	修改PLC数据MD1
6118	"MD0003 Alarm runtime" MD3运行时间报警	PLC机床数据MD3设定的数据大于2500μs	修改PLC数据MD3
6119	"MD 0005 Cycle time"MD5循环时间错误	PLC机床数据MD5设定的数据大于320μs	修改PLC数据MD5
6121	"MD0006LastMC5time" MD6最后一个MC5定时器错误	PLC机床数据MD6设定的数据大于31	修改PLC数据MD6
6122	"This arrangement n.-permitted"这个配置号码不允许	由DIP-FIX(S6)设定的主PLC连接模块时，设置了一个错误的耦合位置(=0)	设置合适的DIP-FIX(S6)
6123	"Illegal servo sampling time"非法伺服采样时间	NC机床数据MD155设定的数值大于100	修改NC数据MD155
6124	"GapinMC5memory" MC5存储器有空隙	合法和不合法的程序块没有间隙地排列	总复位重装PLC程序
6125	"Inputs assigned twice"输入指定两次	中心和分布的输入使用了相同地址	检查输入模块地址设定
6126	"Outputs assigned twice"输出指定两次	中心和分布的输出使用了相同地址	检查输出模块地址设定
6127	"Alarm byte missing"报警字节丢失	在硬件上选择的中断输入字节不可用	改变PLC数据MDO的设定或者调整中断字节的地址解码
6130	"Synch. error basic program"基本程序同步错误	安装功能模块的同步模式不正确	PLC总复位，如果需要，重装PLC程序
6131	"Synch. error MC5 program"MC5程序同步错误	STEP5程序块的同步模式不正确	PLC总复位，重装PLC程序
6132	"Synch. error MC5 data" MC5数据同步错误	STEP5数据块的同步模式不正确	PLC总复位，重装PLC程序
6133	"Illegal block basic program"非法基本程序块		更换系统软件
6134	"Illegal block MC5 data"非法MC5数据块		PLC总复位，重装PLC程序

续表

报警号	报警信息	原因	纠正措施
6136	“Sum check error MC5 block”MC5 块“检查和”错误		PLC 总复位，重装 PLC 程序
6137	“Sum check error basic program”基本程序“检查和”错误		PLC 总复位，重装 PLC 程序
6138	“No response from EU”EU 没有相应	在 EU 单元上没有操作电压	检查电缆 24V 是否正常，EU 设定地址
6139	“EU trans mission error” EU 传输错误	在中央控制器与 EU 单元之间的协议不正确	检查电缆；遵守光纤安装指导；检查屏蔽
6143	“Decoding DB not available”DB 解码不可用	数据块 DB80 丢失	输入 DB80
6144	“Decoding not modulo 6”解码余数不是 6	在数据块 DB80 中，每个扩展 M 功能有 3 个 DW	数据块 DB 中的 DW 号必须乘 30
6145	“Wrong number of decoding units”解码单元的错误号	解码单元可能号是 2,4,8,16,320	输入到 DB 中的 M 功能号必须是 2,4,8,16 或者 32
6146	“Decoding DB too short”数据块 DB 解码太短	DB80 没有设定到全长度(DB0～95)	在启动过程中，设定 DB80 或者输入子循环
6147	“Distributed I/Os changed” I/O 分配变化	模块在机床运行时插入或者拔下	
6148	“Over temperature in EU” EU 单元超温	EU 上温度升高，风扇故障	检查风扇
6149	“Stop via soft key PG”通过 PG 停	通过 PG(编程器)停止 PLC 工作	通过 PG 启动 PLC，重开电源
6150	“Timeout：User memory”用户存储器超时	精解码错误	分析精解码错误
6151	“Timeout：Link memory”连接存储器产生		检查硬件
6152	“Timeout：LIR/TIR”LIR/TIR 超时	编程通道不可用	检查段和补偿地址、机床硬件是否有问题
6153	“Timeout：TNB/TNW” TNB/TNW 超时	编程错误或者 TNB/TNW 不正确使用	检查源地址和目的地址的可靠性；检查地址是否可用
6154	“Timeout：LPB/LPW/TPB/TPW”LPB/LPW/TPB/TPW 超时	装载、传送到 I/O 装置失败	检查 I/O 装置或者更换模块
6155	“Time out substitution command”置换命令超时		检查 PLC 程序
6156	“Time out not interpretable”超时不能译码	系统程序中没有(超时)应答定义	分析错误精确诊断数据；PLC 总复位，重装 PLC 程序
6157	“Tim out：JUFB/JCFB” JUFB/JCFB 超时	在驻留功能宏中选取了一个不能用的地址	检查硬件
6158	“Time out with I/O transfer”I/O 传送超时	中心 I/O 装置不响应(在启动时检查所有 I/O 模块，如果在循环操作的时候 I/O 模块序号发生变化，报警)	检查连接 I/O 模块的总线
6159	“Time exceeded STEP5” STEP5 时间超出	超出 PLC 数据 MD1 设定的最大运行时间	增大 MD1 的数值，设定数据 2003 的 6 位，PLC 程序时间优化
6160	“Run time exceeded OB2” OB2 运行时间超出	超出 PLC 数据 MD3 设定的最大运行时间	增加 MD3；PLC 程序时间最优化
6161	“Cycle time exceeded”循环时间超出	超出 PLC 数据 MD5 设定的最大运行时间	PLC 程序优化
6162	“Processing time delay0132” OB2 处理时间超时	报警程序中断自己	优化 OB2 的时间，也就是减少中断处理器的激活处理时间

参考文献

［1］ 郭士义．数控机床故障诊断与维修．北京：中央广播电视大学出版社，2006.

［2］ 娄斌超．数控维修电工职业技能训练教程．北京：高等教育出版社，2008.

［3］ 胡学明．数控机床电气维修 1100 例．北京：机械工业出版社，2011.

［4］ 王希波．数控维修识图与公差测量．北京：中国劳动社会保障出版社，2010.

［5］ 崔兆华．数控机床电气控制与维修．济南：山东科学技术出版社，2009.

［6］ 李志兴．数控设备与维修技术．北京：中国电力出版社，2008.

［7］ 卢斌．数控机床及其使用维修．北京：机械工业出版社，2010.

［8］ 张志军．数控机床故障诊断与维修．北京：北京理工大学出版社，2010.

［9］ 周晓宏．数控维修电工实用技能．北京：中国电力出版社，2008.

［10］ 邓三鹏．数控机床结构及维修．北京：国防工业出版社，2008.

［11］ 张萍．数控系统运行与维修．北京：中国水利水电出版社，2010.

［12］ 张思弟，贺暑新．数控编程加工技术．北京：化学工业出版社，2005.

［13］ 任国兴．数控技术．北京：机械工业出版社，2006.

［14］ 龚中华．数控技术．北京：机械工业出版社，2005.

［15］ 胡家富．FANUC 系列数控机床维修案例．上海：上海科学技术出版社，2013.

［16］ 刘峰璧．润滑技术基础．广州：华南理工大学出版社，2012.

［17］ 刘胜勇．数控机床 FANUC 系统模块化维修．北京：机械工业出版社，2013.

［18］ 吴毅．数控机床故障维修情境式教程．北京：高等教育出版社，2013.

［19］ 王永水．数控机床故障诊断及典型案例解析 FANUC 系统．北京：化学工业出版社，2014.

［20］ 刘瑞已．数控机床故障诊断与维护．2 版．北京：化学工业出版社，2014.

［21］ 李敬岩．数控机床故障诊断与维修．上海：复旦大学出版社，2013.

［22］ 王爱玲．数控机床故障诊断与维修．2 版．北京：机械工业出版社，2013.

［23］ 董晓岚．数控机床故障诊断与维修 FANUC．北京：机械工业出版社，2013.

［24］ 李金伴，汪光远，陆一心．数控机床故障诊断与维修实用手册．北京：机械工业出版社，2013.

［25］ 韩鸿鸾，董先．数控机床机械系统装调与维修一体化教程．北京：机械工业出版社，2014.

［26］ 严峻．数控机床机械系统维修与调试实用技术．北京：机械工业出版社，2013.

［27］ 王兵．数控机床结构与使用维护．北京：化学工业出版社，2012.

［28］ 牛志斌．数控机床维修工工作手册．北京：化学工业出版社，2013.

［29］ 吴明友，程国标．数控机床与编程．武汉：华中科技大学出版社，2013.

［30］ 苏宏志．数控加工刀具及其选用技术．北京：机械工业出版社，2014.

［31］ 任建平．现代数控机床故障诊断及维修．北京：国防工业出版社，2002.

［32］ 王爱玲．现代数控机床结构与设计．北京：兵器工业出版社，1999.